并网型风力发电与电力系统的机网相互作用

——分析与控制

解　大　王西田　张延迟　顾承红　著

上海交通大學出版社
SHANGHAI JIAO TONG UNIVERSITY PRESS

内容提要

本书针对次同步相互作用SSI和低频振荡，从当前主流风力发电机组的结构入手，详细推导了其小信号模型，研究了机网相互作用发生、发展的一般规律，扩展到多机风电场，对机网相互作用的传递、风电场保持模态等值进行了探讨，研究了针对机网相互作用的风力发电系统阻尼控制、FACTS装备阻尼控制。本书还初步探索了应用风电场大数据处理技术研究风力发电系统的机网相互作用和谐波、闪变等问题。

本书可作为风力发电机组制造厂的设计、研发等相关工程人员以及电气工程、自动化等专业的教师、研究生的参考书和工具书，也可作为对新能源技术及工程有兴趣读者的参考资料。

图书在版编目(CIP)数据

并网型风力发电与电力系统的机网相互作用：分析与控制／解大等著．—上海：上海交通大学出版社，2022.01

ISBN 978-7-313-25608-9

Ⅰ.①并… Ⅱ.①解… Ⅲ.①风力发电系统—关系—电力系统—研究 Ⅳ.①TM614②TM7

中国版本图书馆CIP数据核字(2021)第206116号

并网型风力发电与电力系统的机网相互作用——分析与控制

BINGWANGXING FENGLI FADIAN YU DIANLI XITONG DE JIWANG XIANGHU ZUOYONG — FENXI YU KONGZHI

著　　者：解　大　王西田　张延迟　顾承红
出版发行：上海交通大学出版社
地　　址：上海市番禺路951号
邮政编码：200030
电　　话：021-64071208
印　　制：上海新艺印刷有限公司
经　　销：全国新华书店
开　　本：787 mm×1092 mm　1/16
印　　张：22　　插页：2
字　　数：535千字
版　　次：2022年1月第1版
印　　次：2022年1月第1次印刷
书　　号：ISBN 978-7-313-25608-9
定　　价：150.00元

前　言

化石能源等非再生资源由于被人类过度开采而渐趋枯竭，资源短缺问题日益突出，伴随化石能源的大量消耗，全球气候变暖等环境问题日渐严重，严峻的资源和环境问题促使人们寻找可再生的清洁能源。风能以其丰富的储量、较高的利用效率引起了各国政府和研究人员的关注，并得到了相关政策的大力扶持。近年来，世界各国的研究人员对风力发电技术进行了广泛而深入的研究，取得了丰硕的成果。这些成果进一步推动了风力发电技术的发展。

现代并网型风电场在规模不断增大的同时，异常运行的事件也在不断增多，其中，风电场有功功率在低于工频频率下振荡的异常运行现象屡见报道，有时还会有风电机组大规模脱网事故。这些振荡有时发生在风电场的内部，从一台或几台风电机组开始，逐渐扩展到其他风电机组；有时发生在风电场与电网的联络线上，表现为有功功率以一个频率大幅波动。因此，对这些风电场有功功率振荡应进行准确评估。更多的相似问题虽未见报道，但是很多风电场的主动解列事件也被怀疑与此有关。笔者认为，这些问题的产生最本质的原因，在于风力发电系统设计时，立足点分布式发电，并未将其作为电网的主干组成部分，因此，随着风电机组数量的增多，缺少电网观点的控制方法往往会表现出缺陷，在变速风电机组的变流器控制中表现得尤其明显。

这些有功振荡现象主要有两种可能性，即低频振荡和次同步相互作用(SSI)。传统理论认为低频振荡由发电机快速励磁的负阻尼作用引起；而对于风电的次同步相互作用的研究近年来才引起研究者的关注，一般认为SSI可分为SSTI和SSCI，相关概念随着研究的深入而不断变化。SSTI被称为次同步扭矩相互作用，认为这种作用与轴系的机械动态有关，最终作用于轴系上表现为机械扭转力矩，可能导致风电机组轴系机械结构的损伤；其中包括SSR/SSO两种不同的作用方式。SSCI被称为次同步控制相互作用，与电力电子的高速控制系统及串补电容相关。上述问题可以归结为一个非线性动态系统问题。

当风力发电系统聚合为风电场后，接入的多源并网系统——含风、光、火的系统的振荡频率覆盖范围广，低频段、次同步频段和超同步频段均存在振荡模态，包括机械扭振和电气振荡频段，振荡模态涉及变流器控制、新能源机组和交直流电网间的动态相互作用，与旋转机组惯性和轴系动态主导的传统低频振荡、次同步振荡有显著区别，而新能源发电装置的变流器有复杂的非线性特征且过载能力有限，控制信号易被限幅，使得振荡往往始于小信号负阻尼发散，而终于非线性持续振荡，又由于系统中的模态频率相互叠加，在研究振荡产生机理时，根据模态主导影响因子，将不同频率模态作用机理分开研究，有利于阐明复杂振荡的产生机理。

复杂振荡按照产生机理可以分为负阻尼振荡和强迫振荡。其中负阻尼振荡产生的机理为风力发电的变流器在次同步频段表现出容性阻抗特性，与弱交流系统构成了电气谐振的回路。多源系统中各电源容量配置不同，将会影响系统短路比，进而影响振荡模态阻尼。风电并网系统的振荡传递到火电机组附近，若频率与火电机组的自然扭振频率耦合，则会引起火电机组的扭振，因此，振荡传递的因素、振荡源辨识和定位、阻尼振荡的方法也是研究的重要方面。

本书从各种风力发电系统的状态方程入手建立了小信号模型，对风力发电系统的各种机网相互作用问题进行了详细的阐述和介绍。本书共有 8 章。第 1 章介绍了风力发电系统机网相互作用的基本概念和理论；第 2 章推导了主流风电机组的小信号模型；第 3 章研究了单机系统的机网相互作用以及内部参数的影响；第 4 章推广到多机风电场等值、机网相互作用的传递和能观能控性方法；第 5 章介绍了机网相互作用研究的阻抗法；第 6 章研究了机网相互作用的阻尼控制；第 7 章研究了风电场大数据技术在机网相互作用的应用；第 8 章研究了风电机组谐波、闪变问题。

本书所述原理可以应用于分析风电场的运行和控制，也可以用于分析各种含电力电子装备的系统，如光伏发电系统等。目前电力用户中电力电子装备的大量应用，使电力系统强电力电子化的倾向不断增强，本书可以作为相关研究人员、电气工程专业研究生和高年级本科生的参考。

本书所介绍的各种分析方法由笔者所在的课题组编写了相应的 MATLAB 软件，这些软件形成了风力发电系统机网相互作用软件包，并已在实际的风电场机网相互作用问题中得到应用。

本书的研究成果是由笔者所在的上海交通大学、上海电机学院以及英国巴斯大学研究组共同完成，其中，王瑞琳、冯骏淇、楚皓翔、孙俊博、鲁玉普、吴汪平、陈爱康、马闻达、杨娜、刘子瑜等做了大量的工作，本书写作过程中，浙江大学甘德强教授、哈尔滨工业大学于继来教授、巴斯大学李芙蓉教授、国网电力科学研究院赵大伟高工、国网上海市电力公司电力科学研究院张宇高工提供了宝贵的意见，上海交通大学电气工程系的领导和同事给予了大力支持，笔者谨表示衷心感谢。

本书有关的研究工作得到了国家自然科学基金“风电场机网扭振作用传递、等值及其阻尼控制研究”项目（项目编号：51277119）、国家自然科学基金“基于风电场结构体大数据物理分层解析的风电场状态认知及多级协调”项目（项目编号：51677114）、国家自然科学基金“基于非线性动力学-算法微分的电力电子化电力系统动态稳定研究”项目（项目编号：52077137）、国家自然科学基金“多机电力系统扭振相互作用的传递及其控制的机理研究”项目（项目编号：50807036）、国家电网总部项目“风光火多源并网场景下复杂振荡的机理与抑制措施研究”项目（项目编号：SGTYHT/16－JS－198）等项目的支持，本书中有关风电机组、风电场数据的实际测试得到了上海电气集团、金风科技集团等生产单位的帮助，在此一并感谢。

本书第 2 章、第 3 章、第 6 章、第 7 章由解大撰写，第 4.4 节、第 4.5 节、第 5 章由王西田撰写，第 8 章由张延迟撰写，第 1 章、第 4.1 节、第 4.2 节、第 4.3 节由解大和顾承红合作撰写，解大和顾承红共同对本书进行了统稿。

本书编写过程中，作者虽然对体系的安排、素材的取舍、文字的描述尽了努力，但由于作者的学识所限，书中难免存在疏漏和不足，恳请读者给予批评和指正。

著　者

2021 年 5 月于上海交通大学

目　录

第 1 章　绪　论

经济社会的发展使得能源需求与日俱增,随之而来的资源环境问题日趋严峻,大规模开发利用可再生能源,实现能源结构革命性调整已经成为世界各国的普遍战略选择。进入 21 世纪以来,我国可再生能源开发利用大幅增速,风电装机容量持续上升。

我国风力资源主要分布区域与电力负荷中心分离的客观现实决定"大规模集中开发,远距离送出"将成为我国风力发电建设的主要形式。而风电具有较强的随机性和波动性,给电网的调峰、调频带来了困难。随着一些地区风电装机容量持续提升,当地电网可再生能源穿透率增大,将造成风电场系统接入点短路比不断下降,呈现"弱同步支撑,强电力电子化倾向"。在此情景下,电力系统稳定机制产生深刻变化,宽频带振荡现象频发,尤其是 100 Hz 以下的次/超同步振荡,因上述各种振荡而导致区域联络线上传输功率振荡甚至解列的问题,严重威胁联网电力系统的安全运行,给风电场正常运行与地区电网安全稳定带来严峻考验。分析并消除风电场及其所在电网中存在的复杂振荡,成为目前风电场并网规划设计和运行工作中必须解决的一个实际问题。

1.1　风力发电发展综述

1.1.1　国内外风力发电发展概况

1. 全球风力发电发展概况

全球风能理事会 2021 年的最新统计结果表明,进入 21 世纪,全球风力发电(简称风电)技术得到突飞猛进的发展。特别是在 2011 年之后,如图 1.1(a)所示,每年新增加的风电装机容量都在 40 GW 之上,且增长速度稳步提升,在 2020 年新增加的风电装机容量达到 93 GW,较 2019 年增长 52.8%,为 1997 年以来的最大值。全球的风力发电累计装机容量在 2020 年更是达到了惊人的 742.689 GW,较 2019 年增长 14.2%。

虽然风力发电在全球范围内整体呈现出较快的增长趋势,但是在不同国家和地区的分布存在较大差异,如图 1.1(b)所示。全球风力发电总量的 40%以上分布在亚洲地区。亚洲地区的风电分布地域差异较大,主要集中在中国、印度和日本,其中中国占比 39%,为 285.77 GW,遥遥领先其他各国。欧洲地区各国的风电占有量则相对平均,德国、西班牙和英国的占有量最多。北美地区的风电主要集中在美国,并且新增装机容量继续领跑北美。

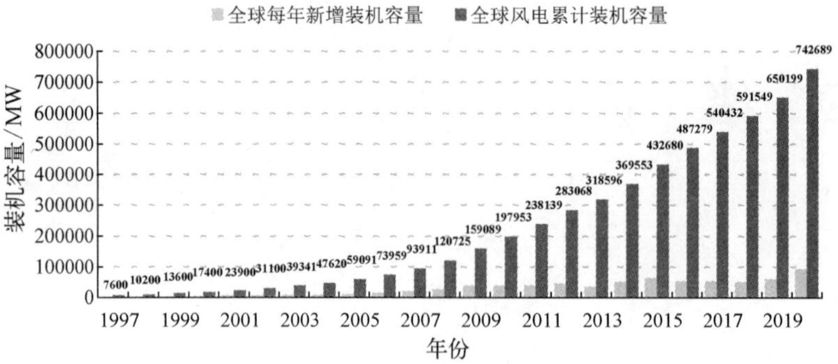

(a) 全球风电装机状况及增长图

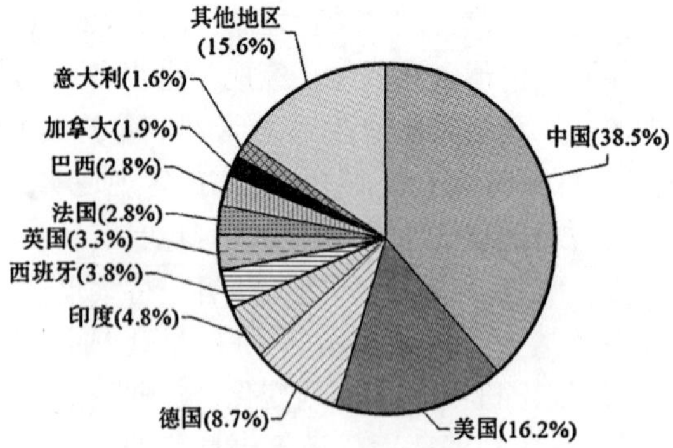

(b) 2020年全球风力发电装机容量排名前10的国家

图 1.1　全球风力发电发展状况图

2020 年美国风电机组年新增装机容量创下历史纪录，北美(18.4%)取代欧洲(15.9%)成为新增装机容量的第二大地区。2020 年，拉丁美洲仍然是第四大地区(5.0%)，其次是非洲和中东(0.9%)。

根据全球风能理事会 2021 年发布的《2021 年全球风能报告》，全球风能市场预计每年平均增长 4%，到 2030 年全球的风电装机容量有望突破 2 000 GW，风力发电的比例可以占到全部发电容量的 17%~19%，每年可以减少的二氧化碳排放量高达 30 亿吨，而到 2050 年，全球 25%~30%的电能将由风力发电提供。

2. 中国风力发电发展概况

在相关政策的大力扶持下，中国的风力发电装机容量稳居世界第一位，特别是在 2017 年国家能源局有针对性地出台了一系列政策后，弃风限电问题得到有效解决，进一步促进了风电的发展。从图 1.2 可以看出，2020 年，中国电网新增容量 49 240 MW，再次领跑全球市场，这是 2019 年的 1.84 倍，占全球安装量的 53%。这使中国的累计装机容量达到 288 320 MW，比上年增长 22%。发电方面，2017 年风力发电量达到 305.7 TW·h，比 2016 年增长 27%，占全国电力供应的 4.8%。这表明风能在中国的发电结构中扮演着越来越重要的角色，化石燃料发电的比例从 2012 年的 79%持续下降到 2017 年的 71%。

同时，我国风电分布区域间差异较大，内陆地区主要集中在新疆、内蒙古、青海、宁夏和河北，沿海地区(除台湾地区外)主要分布在山东、江苏和福建。内蒙古自治区依然保持全国首位，累计装机容量达 22.3 GW，占全国总装机容量的 19.5%，甘肃排在全国第二位，累计装

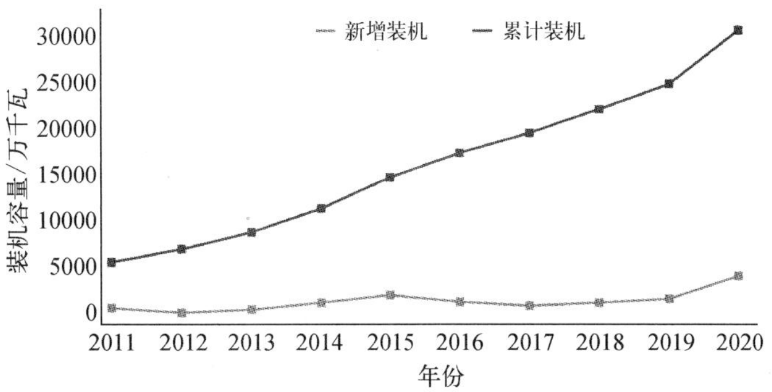

图 1.2 中国风电新增和累计装机容量图

机容量约为内蒙古的一半，占全国总量的 9.36%，而河北和新疆则装机总量相当，分别占全国总装机容量的 8.61%和 8.44%。

1.1.2 风力发电技术

风力发电机组与传统的火电机组、水电机组和燃气轮机相比，具有明显的不同，主要表现为① 单机容量小，现阶段常用的风电机组容量在 2 MW 左右，远小于其他三种机组；② 结构简单，风电机组主要有驱动系统（叶片）、增速系统（齿轮箱）、发电系统和变流系统组成；③ 具有明显的间歇性和随机性，风力发电受风况影响极大，电能输出不稳定；④ 接入电网形式多样化，主要有直接并网和经变流器等电力电子设备并网。

风力发电的关键技术主要包括风力机最大能量捕获技术、整流逆变技术、风电友好并网技术和机网及场网的协调控制技术等几个方面。风力发电机组通常由风力机等机械部分和发电机、控制系统、变压器及线路等电气部分共同组成。

1. 风力机系统

风力机包括风轮叶片、轮毂、低速轴、增速齿轮箱和高速轴等，叶片将捕获的风能转化为低速轴旋转的机械能，然后经齿轮箱增速后通过高速轴驱动发电机发电。在永磁直驱风电机组中，无需经齿轮箱增速，而是通过增加发电机极对数的方法达到增速的效果。风力机的输出功率 P_w 可通过式(1.1)进行计算。

$$P_w = \frac{1}{2}C_p(\lambda, \beta)\rho A v_w^3 \tag{1.1}$$

式中，$C_p(\lambda, \beta)$ 称为风能利用系数；$\lambda = \dfrac{\omega_w R}{v_w}$ 称为叶尖速比，ω_w 为风力机的角速度，R 为风轮的半径，v_w 为风速；β 为桨距角；ρ 为空气的密度；$A = \pi R^2$，为风轮扫过的面积。

当桨距角为定值时，C_p 主要取决于叶尖速比 λ，如式(1.2)所示。

$$\begin{cases} C_p = 0.22\left(\dfrac{116}{\Gamma} - 0.4\beta - 5\right)\exp^{-\frac{12.5}{\Gamma}} \\ \Gamma = \dfrac{1}{1/(\lambda + 0.08\beta) - 0.035/(\beta^3 + 1)} \end{cases} \tag{1.2}$$

2. 风力发电机

目前主流的风力发电机分为两类：定桨失速风电机组和变桨变速风电机组。

定桨距风电机组中，叶片与轮毂刚性连接，当风速大于额定风速时，叶片表面形成涡流，风能利用效率自动降低，从而保证机组的输出功率维持在额定值附近，定速风机由于具有这种失速调节特性，故又被称为失速风机。与失速风机相反，变速风机的叶片可以通过变桨控制系统进行调节，实现变速运行，发电效率和灵活性都显著提高，变速风机可以采用的发电机和变流器种类比较广泛，典型的是双馈风力发电机和永磁风力发电机。

1）失速风力发电系统

失速风力发电系统（fixed speed induction generator，FSIG）一般采用鼠笼式异步电机，在整个系统中不采用电力电子设备，是最早采用的风力发电机组形式，结构如图 1.3(a)所示。

失速风力发电系统由风力机、异步式感应发电机、变压器和并联补偿电容组成。由于鼠笼式感应发电机没有外部励磁，在运行过程中会消耗大量无功功率，因此为提高其功率因数，在发电机的机端母线处通常会接入并补电容，以提供其励磁过程中需要的无功功率。

2）双馈风力发电系统

双馈风力发电系统（doubly fed induction generator，DFIG）的机械部分与失速型风力发电系统基本相同，但其采用的是带滑环的绕线式转子感应电机，发电机的定子和转子皆可向电网馈电，典型结构如图 1.3(b)所示。

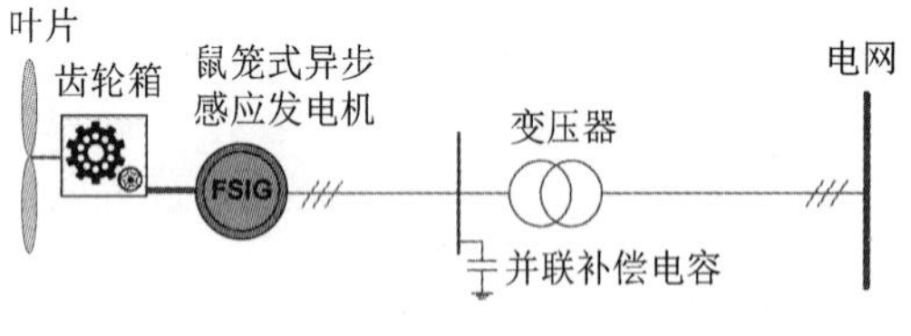

(a) 失速风力发电系统

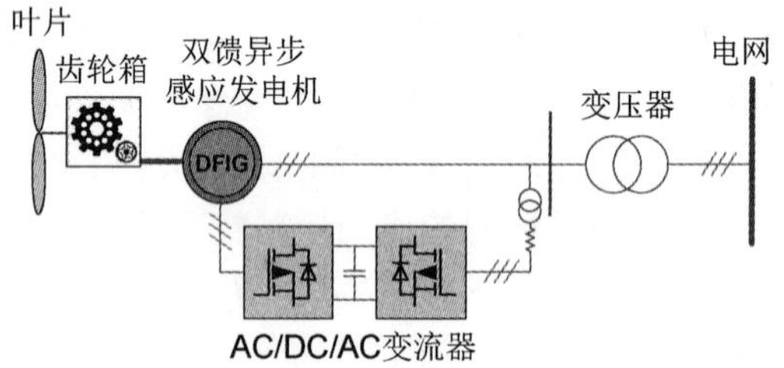

(b) 双馈风力发电系统

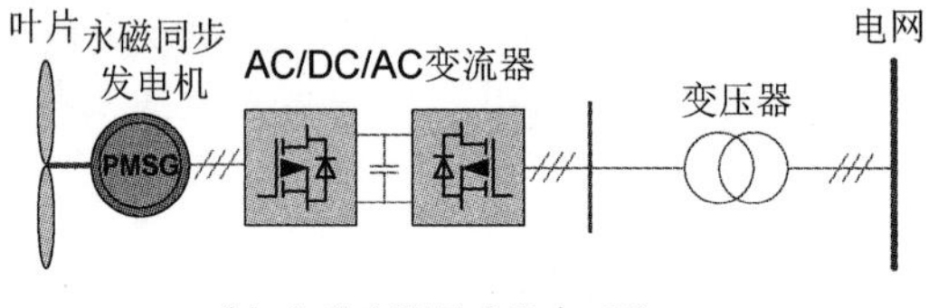

(c) 永磁直驱风力发电系统

图 1.3 主流风力发电机组

双馈风力发电机的定子直接与电网相连，只能向外输送功率；而转子通过 AC/DC/AC 的全功率型变流器与电网相连，功率流向由发电机的运行模式决定。如果发电机的转子转速高于同步速，处于超同步运行状态，转子向外输送功率；当转子转速低于同步速时，则需要从电网吸收功率。双馈风机的转子转速最高可运行在 1.3 倍的同步速，可以大量向外输送功率，具有很高的经济性，同时兼具变速运行的特点，运行范围广，因此双馈风机是当今的主流风机类型。然而双馈风机也有一定的缺点，电刷和滑环的使用降低了其运行可靠性，增加了维护费用，实际风电场的运行也表明齿轮箱也极易发生损坏，成为制约双馈风力发电机的瓶颈。

3）永磁直驱风力发电系统

永磁直驱风力发电系统(permanent magnet synchronous generator, PMSG)的叶轮直接与发电机的转子相连,通过采用多极永磁同步发电机,避免了齿轮箱的使用,提高了运行可靠性。永磁同步发电机无须外部励磁,定子通过全功率变流器直接与电网相连,实现变速运行,极大提高了发电效率。永磁直驱风力发电系统的典型结构如图 1. 3(c)所示,结构相对简单,并且运行更加稳定。

永磁直驱风力发电系统是风力发电系统的重大创新和突破,优势和劣势共存。优势主要表现在① 废除齿轮箱后,由风能波动造成的机械部件损坏概率大幅降低;② 无须外部励磁,系统结构更加简单,发电效率显著提升;③ 全功率变流器在一定程度上弱化了电气系统和风机机械系统之间的联系,相互干扰减弱。劣势主要表现在① 永磁发电机与叶轮直接相连,对轴系的机械强度提出了更高的要求;② 温度对永磁体的影响较大,需要可靠的冷却系统;③ 永磁材料价格比较昂贵,永磁风力发电机的成本要高于另外两种机型。

此外,2007 年,国际大电网会议(International Confere on Large High Voltage Electric System, Conference International des Grands Reseaux Electriques, CIGRE)发布了关于风力发电动态特性的报告,报告根据风电机组的物理特性提出将风电机组动态模型归为 4 类通用动态模型: 恒速异步风力发电机模型(1 型)、可变转子电阻的感应发电机组模型(2 型)、双馈感应风电机组模型(3 型)和全整流型风力发电机组模型(4 型)。本书中为叙述方便和沿用习惯方法,仍采用传统的名称。

1.2 并网风电与电网的相互作用问题

1.2.1 机网相互作用问题概述

大规模风电场并网带来的与电网间潜在的相互作用是近年来被工业界与学术界关注的问题,研究发现,这种相互作用多表现为有功功率的振荡,且对应的振荡频率低于系统工频。首先引起人们关注的机网振荡源自汽轮机组出现的次同步谐振问题,当汽轮机发生次同步谐振时,其电气状态量和机械状态量会产生持续的,甚至增幅的振荡,严重时,会致使汽轮机转子轴系严重损坏。20 世纪 60 年代美国的西北联合系统与西南联合系统进行互联运行时,首次观察到了低频振荡现象,因其高危害性至今仍是电力系统稳定运行中备受关注的问题。20 世纪 70 年代初,美国西部 Mohave 发电厂一年之内发生了两次严重机组大轴损坏事故,两次事故都是因为发电机轴系和串补之间耦合导致的自激扭振。故障录波表明,线路电流中含有明显的 30 Hz 成分,虽然该频率小于系统频率,却不属于低频振荡的范畴。由于该振荡现象是由输电线路上不恰当的串联补偿电容导致,此类机电耦合振荡被定义为次同步谐振(subsynchronous resonance, SSR)。1977 年至 1980 年,美国西部电网的 Navajo 电厂、San Juan 电厂也相继出现 SSR 问题;与此同时,美国的 Square Buttez 电厂在投入高压直流输电(high voltage direct current, HVDC)线路时发生次同步振荡(subsynchronous oscillaiton, SSO)现象,瑞典的 Fenno-Skan。印度的 Rihand-Delhi 等高压直流输电工程事故也都论证了次同步振荡存在的可能性。这一系列的事件引发了学术界对于 SSR/SSO 现象的研究热潮,研究者在机理分析、分析方法及抑制对策等方面取得了显著成果。

随着风电、光伏等可再生能源发电的迅速发展,并通过电力电子变流器大规模集群接入电网,其参与或引发的新型 SSR/SSO 问题得到广泛关注,2009 年美国得克萨斯州南部某电网因线路故障造成双馈风电机群放射式接入串补电网,引发严重 SSR,此后被广泛称为次同步控制相互作用(subsynchronous control interaction, SSCI)。1991 年 IEEE 第 3 次文献补充中提到极长、高并联电容补偿线路也可能引发低阶扭振(模态)相互作用,并针对 HVDC 引发的扭振作用(torsional interaction, TI)提出了次同步扭振相互作用(subsynchronous torsional interaction, SSTI)的概念。表 1.1 介绍了 20 世纪 60 年代以来发生过的由风电场和电网相互作用引发的主要事故及其类型。

表 1.1 机网相互作用主要事故汇总

时间/年	事故地点	类型
1964	北美西北与西南联合系统	低频振荡
1970	美国 Mohave 电厂	SSTI/SSR
1977	美国 Square Butte 直流输电	SSTI/SSO
1978	美国西部电网 Navajo 电厂	SSTI/SSR
1980	美国西部电网 San Juan 电厂	SSTI/SSR
1985	瑞典 Fenno-Skan 高压直流输电	SSTI/SSO
1990	印度 Rihand—Delhi 高压直流输电	SSTI/SSO
1992	美国 Rush 岛	低频振荡
1996	美国西部大停电	低频振荡
	美国西部联合电网	低频振荡
1997	中国河北上安电站到保北变电站	低频振荡
2001	中国安徽肥洛平地区	低频振荡
2006	内蒙古托克托电厂	SSTI/SSR
2006	云南滇西地区电网	低频振荡
2007	广西平班发电站	低频振荡
2008	东北绥中变电站	SSTI/SSO
	中国华能伊敏电厂	SSTI/SSR
	重庆黔江地区电网	低频振荡
	中国佛山丹灶变电站	低频振荡
	中国云南文山电网	低频振荡
2009	美国得克萨斯州风电场	SSCI
2010	内蒙古狼尔沟弱电网	SSTI/SSO
	内蒙古呼伦贝尔电厂	SSTI/SSO
2011	河北沽原地区风电场	SSCI
2013	印度 Raipur 变电站	SSTI/SSR
2015	新疆哈密风电机组	SSTI/SSO

1.2.2 机网相互作用分类

1. IEEE 关于传统汽轮发电机的 SSR 的定义和分类

1992 年，IEEE 工作组提出了标准术语来定义和分类传统汽轮发电机的 SSR 问题。SSR 分为感应发电机效应（induction generator effect, IGE）、扭振相互作用（torsional interaction, TI）和轴系转矩放大（torsional amplification, TA），如图 1.4 所示。

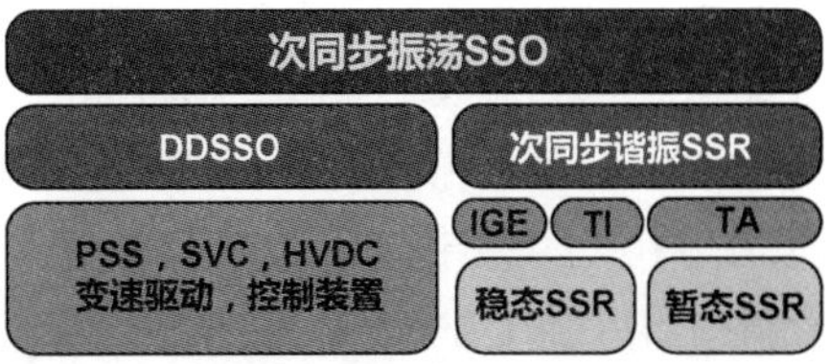

图 1.4 传统的 SSR 现象分类及 IEEE 术语

IEEE 将次同步振荡（SSO）定义为由导致次同步频率范围内振荡以及可忽略或明显的互补超同步频率的任何现象引起的振荡的一般术语。因此，设备相关次同步振荡（device dependent subsynchronous oscillaiton, DDSSO）、IGE、TI、TA 等被认为是现象，而 SSO 是由这些现象引起的振荡。

1）次同步谐振（SSR）

根据 IEEE 术语的定义，SSR 是电力系统的一种状态，电网以低于系统同步频率的一个或多个固有频率与汽轮发电机进行能量交换。SSR 进一步分为自激（也称为稳态 SSR），以及暂态 SSR（包括 TA）。稳态 SSR 包含 IGE 和 TI 引起的次同步谐振。

（1）感应发电机效应（IGE）。

由串联补偿的感应发电机的自激是由感应发电机效应引起的。这是因为转子电路比次同步电枢电流产生的旋转磁场转得更快。在这种情况下，从电枢端子看，转子对次同步电流的电阻变为负值。当负电阻大于某个次同步频率下电枢和电网电阻之和时，就会发生 IGE。

（2）扭振相互作用（TI）。

TI 是机械系统（涡轮发电机）和串联补偿电网之间的相互作用。涡轮发电机的轴以其固有频率响应系统扰动，并在发电机端子处产生相应的次同步电压。如果该次同步频率与电网的电气谐振频率相匹配，则相应的定子电流会产生转矩，激发扭振。扭矩的幅值会不断增加，从而导致振荡的增加。

（3）转矩放大（TA）。

TA 发生在串联电容补偿系统的大扰动之后。系统扰动在电网固有频率的互补频率处引起电磁转矩振荡。如果该频率与轴的某一个固有频率一致，则网络的电气频率和轴的机械频率之间会发生共振。

2）设备相关次同步振荡（DDSSO）

DDSSO 可以定义为涡轮发电机与电力系统部件的各种快速作用控制器（如 HVDC 变换器、静止无功补偿器和高速调速器、控制器等）之间的相互作用引起的振荡。

2. 现有研究对与风力发电系统相关的 SSO 的定义和分类

与风力发电机组相关的振荡机理和特征和与涡轮发电机相关的传统 SSR 事件有很大不同，因此有学者重新定义相关术语和分类，以便更好地理解风力发电机组中 SSCI 的机制。根据次同步振荡交互作用对象和机理不同，将振荡分类为扭振相互作用、网络谐振以及控制相互作用，如图 1.5 所示。该分类对传统发电并网系统和可再生能源发电并网系统的 SSO 均有效。

图 1.5 根据交互机理的振荡分类

1）扭振相互作用

扭振相互作用是指发电机轴（涡轮发电机或风力发电机）的机械部分与电力电子装置[如 HVDC、柔性交流输电系统（flexible AC transmission systems，FACTS）等]的变流器控制装置的相互作用。扭振相互作用可能由传统的蒸汽轮机、低发电机涡轮比的水轮机、1－3 型风力发电机、大型电机的机械部分与固定串联补偿、HVDC 变流器、FACTS 变流器、电力系统稳定器、调速器控制和断路器开关的交互作用引起。这种类型的相互作用涵盖了所有涉及传统涡轮发电机轴系和风力发电机组轴系的振荡问题。它涵盖了 IEEE 与轴系相关术语，如 TI、TA。扭振相互作用引起的振荡频率在次同步频率范围内（$f_r < f_0$），其中 f_r 为振荡频率，f_0为系统基频。

2）网络谐振

电网谐振是指串联补偿电网在低于同步频率的一个或多个固有频率下与感应发电机（涡轮发电机或风力发电机）进行能量交换的电力系统状态。网络谐振发生在安装了电感（L）和电容（C）元件的系统发电侧和输电侧之间。网络谐振也称为 LC 谐振。网络谐振可能由固定串联补偿、可控串联电容器、阻塞滤波器、直流滤波器、并联补偿与同步机、异步机、1－3 型风力发电机和 3－4 型风机的变流器的交互作用引起。LC 谐振包括 IEEE 分类中定义为 IGE 的振荡现象。网络谐振引起的振荡频率在次同步频率范围内。

3）控制相互作用

控制相互作用是电力电子变流器（光伏或风机的变流器）控制与串联补偿或弱交流网络之间的相互作用。这种相互作用中的变流器控制对分析振荡的机理和特性起着关键作用。这种相互作用的基本原理类似于网络谐振，不同的是，这种相互作用是电力电子变流器控制提供的虚拟电容/电感之间的相互作用，而不是物理电容和电感元件之间的相互作用。控制相互作用可能由 3－4 型风机的变流器、基于电压/电流源换流器的 HVDC、FACTS 装置与弱交流电网、3－4 型风机的变流器、VSC－HVDC、基于 VSC 的 FACTS 控制器的交互作用引起。这种振荡不能用 IEEE 现有的术语来解释。控制相互作用引起的振荡频率在次同步或超同步频率范围内（$f_r < f_0$ 或 $f_0 < f_r < 2f_0$）。在实际电力系统中，网络谐振、扭振相互作用和控制相互作用可以同时存在。在河北沽源和新疆哈密风电系统最近发生的 SSO 事件中观察到了这种共存现象。沽源事件中网络谐振与控制相互作用并存。该 SSO 是由网络谐振引发的，并由控制相互作用维持。在哈密风力发电系统中，控制相互作用和扭振相互作用并存。振荡是由控制相互作用引起的，并通过电网传播，引起与附近涡轮发电机的扭振相互作用。

3. 不同类型机网相互作用的关系

基于 IEEE 以及现有研究对振荡的定义和分类，可以从定义和作用的角度给出不同类型的机网相互作用之间的关系，如图 1.6 所示。将多电源并网的复杂振荡分为两类，分别是机网次同步相互作用（subsynchronous interaction，SSI）和低频振荡。传统理论认为低频振荡由发电机快速励磁的负阻尼作用引

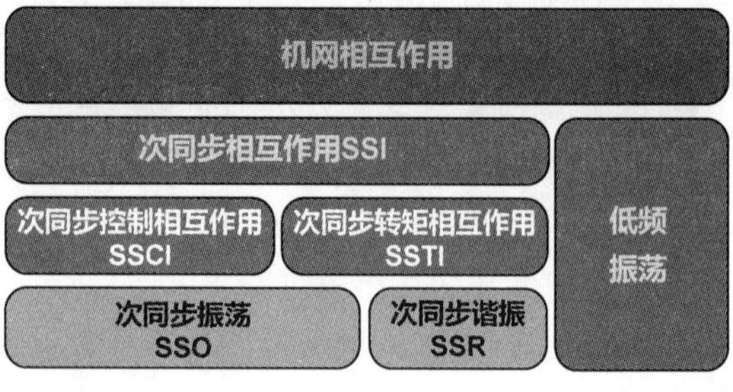

图 1.6 不同类型机网相互作用的关系

起,一般频率为 0.1~2.5 Hz,表现为各电源转子之间或与系统之间的相对摇摆。SSI 通常表现为电机与电网之间功率在一个低于同步转速下的波动,即功率以低于 50 Hz 的频率波动。次同步相互作用包括次同步转矩相互作用(subsynchronous torque interaction, SSTI)与次同步控制相互作用。次同步转矩相互作用与轴系的机械动态有关,最终将作用于轴系上表现为机械扭转力矩,可能导致风电机组轴系机械结构的损伤。如前所述次同步谐振 SSR 是由电网中的串联电容引起谐振;而次同步振荡 SSO 现在被认为是一种含高速电子开关的控制系统稳定性问题,因为控制算法中在振荡频率附近不合适的相位关系,形成正反馈所致。次同步振荡 SSO 包含了次同步控制相互作用 SSCI 和次同步转矩相互作用 SSTI,而次同步转矩相互作用包含了次同步谐振 SSR。

1) 次同步转矩相互作用 SSTI

SSTI 主要指电力系统中电力电子装置和电气元件与发电机的机械系统在低于同步频率的情况下发生的谐振,HVDC 及 FACTS 等电力电子装置的控制器在次同步频率范围内对功率、电流等进行快速控制或响应,会影响到发电机电磁转矩和转速的相位差。如果电磁转矩和转速的相位差超过 90°,这些装置就会给发电机引入负阻尼,从而引起发电机轴系的次同步增幅振荡。

2) 次同步控制相互作用 SSCI

SSCI 是电力电子控制系统与装有串补电容的电力系统之间相互作用所发生的谐振,是随着风电发展出现的不同于火电机组次同步振荡类型的新型振荡形式。SSCI 由风电机组控制器与固定串补相互作用引起,主要由风电机组控制器参数和输电系统参数共同决定,与轴系固有模态频率无关,且谐振频率也不固定。其随风力发电系统的运行状态和变流器所采用的控制算法而改变。SSCI 发生的原因是风电机组的快速直接电流控制导致系统出现负阻尼,系统发生扰动所产生的谐振电流会在发电机转子上感应出对应的次同步电流,进而引起转子电流的变化,变流控制器感受到此变化后会调节逆变器输出电压,引起转子中实际电流的改变。如果输出电压助增转子电流增大,谐振电流的振荡将会加剧,进而导致系统的稳定性破坏。

3) 低频振荡问题

电力系统的低频振荡在国内外均有发生,主要由于电力系统的负阻尼效应,常出现在弱联系、远距离、重负荷输电线路上,在采用快速、高放大倍数励磁系统的条件下更容易发生。当系统中的发电机经输电线并联运行时,不可避免的扰动会使各发电机的转子相对摇摆,若系统阻尼不足或者系统负阻尼就会引起持续振荡,波动频率一般为 0.1~2.5 Hz,通常称之为低频振荡(又称功率振荡或机电振荡)。低频振荡问题归于小扰动稳定分析范畴,它研究的是发电机转子间功角振荡甚至引起失步的问题。按照振荡涉及的范围以及振荡频率的大小,电力系统低频振荡大致分为两类:区域振荡模式和局部振荡模式。

区域振荡模式(inter-area mode),是一部分机群相对于另一部分机群的振荡,在联系薄弱的互联系统,耦合的两个或多个发电机机群间常发生这种振荡,由于电气距离较大,同时发电机群的等值发电机的惯性时间常数较大,其振荡频率较低,一般为 0.1~0.7 Hz。这种振荡的危害性比较大,一经发生会通过联络线向全系统传递。

局部振荡模式(local mode),是厂站内的机组间或电气距离较近的厂站机组间的振荡,其振荡频率一般为 0.7~2.5 Hz,这种振荡局限于局部,相对于前者来说,其影响范围较小且易于消除。

4）风力发电机组的谐波问题

针对风力发电所产生谐波的研究主要集中在对风电机组和风电场的相关谐波计算、风力发电机谐波源以及风电并网后电网状况对风电机组的谐波干扰等方面。

一般而言，风力发电过程中发电机本身带来的谐波很小，而认为整流、逆变装置和并联补偿电容器是风电并网中谐波的主要来源。在失速风电系统中，电力电子装置不会参与风电机组的运行，因而恒速风机不存在上述的整流逆变装置和并联补偿电容带来的谐波问题。同时，机组投入运行时的软启动阶段，软并网装置与电网相连处于工作状态，会产生一定的谐波。但由于投入过程很短，通常注入的谐波含量也很小。对于变速风机而言，并网后变流器始终处于工作状态，若整流和逆变装置的切换频率在产生谐波的范围之内，则将会产生很高的谐波电流。同时，风机结构所处的工作环境极为复杂，其运行状态下会受到多种外部动力荷载的联合影响而诱发风机结构振动，形成环境荷载激励下耦合系统的随机振动。

1.3 机网相互作用机理的研究方法

对并网风力发电系统和电网相互作用进行分析的目的主要是确定风力发电系统中主要存在的振荡模态，判断其稳定性，寻找对不同振荡模态其主导作用的系统变量，研究不同振荡模态之间可能的相互转化关系，为制定相应的振荡抑制策略提供理论依据。根据工程实用性和分析精度，主要的分析方法可分为两大类：一类称为“筛选法”，用于确定哪些机组会与电网之间会发生相互作用，主要包括频率扫描法、机组系数作用法；另一类在对风电机组精细建模后，能够精确、定量地对相互作用的特性进行分析，主要包括复转矩系数法、时域仿真法、Prony 算法和小信号分析法。

对稳定机理的研究可以从两方面入手。如图 1.7 所示，一是利用 PSCAD、EMTDC 等电磁暂态研究软件建立电网的电磁暂态模型，这种模型具有非线性、多时间尺度、随机性的特性，采用的是时域仿真方法来研究振荡模态。仿真得到运行节点的电压电流波形后还可以采用频率扫描法研究振荡模态的频率阻抗特性；采用测试信号法研究振荡模态的阻尼转矩系数；采用 Prony 算法研究各振荡模态的频率、阻尼、振幅和相位规律。

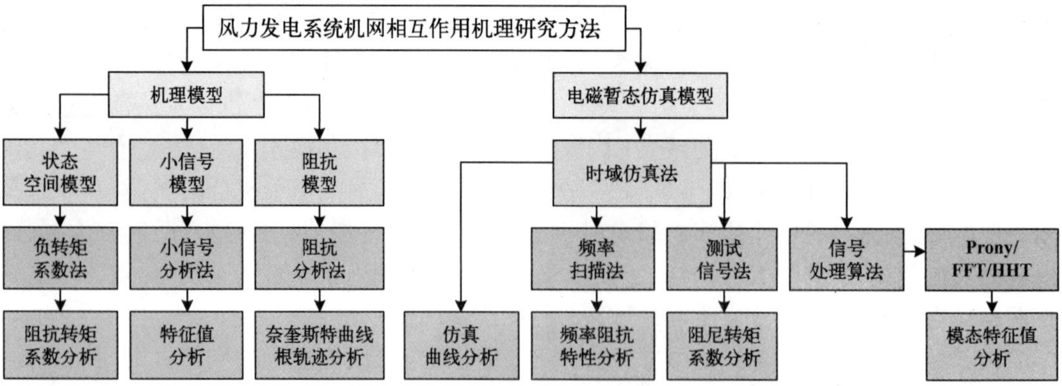

图 1.7 传统的稳定机理研究方法

另一种是建立大电网系统的机理模型,并利用 MATLAB/SIMULINK 等对模型进行求解分析。主要有基于小干扰线性化原理建立的小信号模型,采用特征值分析法对各振荡模态进行分析;基于状态空间模型的复转矩系数法,对阻尼转矩系数进行分析研究。机理建模和仿真建模两者之间可以相互印证,得出模态稳定性的结论。

1.3.1 机理模型分析方法

1. 复转矩系数法

复转矩系数法在 1982 年由 Canay 提出,已经成为分析系统动态问题的基本方法之一。该方法以待研究系统的线性化模型为基础,首先使发电机组在轴系的自然频率附近做等幅振荡,然后通过计算求出风电机组机械转矩和电磁转矩对该振荡的响应曲线,通过相应的机械阻尼和电气阻尼的正负判断该振荡是否收敛通过相应的机械阻尼和电气阻尼的大小判断该振荡的收敛速度,进而判定系统是否会发生相应的相互作用。

复转矩系数法可以用于大型电力系统相互作用的分析,不仅能够将电气阻尼系数随频率变化的趋势完全展现出来,还可以研究系统参数变化对电气阻尼的影响,有助于制定有效的抑制策略。另外,该方法还将各种控制系统的动态过程及机组运行工况对相互作用的影响考虑进去,具有很高的工程实用价值。但是对该研究方法的适用性还存在较大争议,虽然有很多研究人员在多机的电力系统中采用复转矩系数法对各种相互作用进行分析,但是如果对多机系统进行分析,需要将待研究机组外的其他发电机等效为无穷大电源,因此,复转矩系数法只适用于单机对无穷大系统。

2. 阻抗分析法

阻抗分析法的基本原理是将系统分成电源和负载两个子系统,电源子系统通常用其戴维南等效电路来表示,即由一个理想的电压源 U_s 和输出阻抗 Z_s 相串联构成;负载子系统可由一个负载输入阻抗 Z_1 来表示。图 1.8 给出了电压源系统等效电路模型。

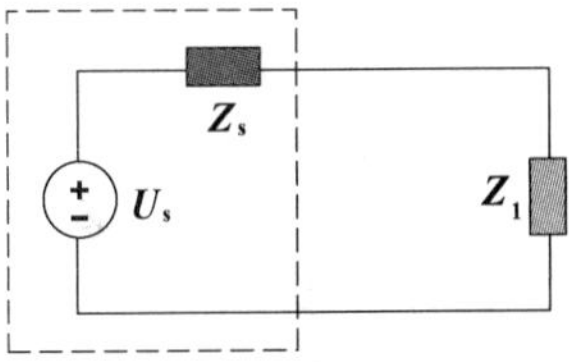

图 1.8 电压源系统等效电路模型

从电源流向负载的电流为

$$I(s)=\frac{U_s(s)}{Z_1(s)}\cdot\frac{1}{1+Z_s(s)/Z_1(s)} \tag{1.3}$$

假设空载时电源电压稳定,理想电源供电时负载电流稳定,在这种情况下, $U_s(s)$ 和 $1/Z_1(s)$ 是稳定的,此时负载电流稳定性取决于式(1.3)右边第 2 项:

$$H(s)=\frac{1}{1+Z_s(s)/Z_1(s)} \tag{1.4}$$

因此交互系统的稳定性取决于 $H(s)$,注意到 $H(s)$ 类似于一个拥有负反馈控制的系统闭环传递函数,该负反馈的前向通道增益是 1,同时反馈通道增益为 $Z_s(s)/Z_1(s)$,即电源输出阻抗与负载输入阻抗之比。根据线性控制理论,只有在 $Z_s(s)/Z_1(s)$ 满足奈奎斯特稳定判据时,$H(s)$ 是稳定的。在推导出风力发电系统的 $Z_s(s)/Z_1(s)$ 后,可以代入相应参数的实际取值,分析开环系统 $Z_s(s)/Z_1(s)$ 的根轨迹,当取值范围内满足奈奎斯特稳定判据,系统是稳定的;当系统失稳时,通过闭环传递函数 $H(s)/Z_s(s)$,对其输入端施加电流信号,可以获得输出电压信号，利用 Prony 算法，FFT 算法和 HHT 算法等对输出波形进行分析，可以识别振荡的模态和振荡类型。

3. 小信号分析法

小信号分析法又称为特征值分析法，是一种准确的、基于线性系统理论的分析方法，能够提供被研究对象的大量特征信息。在采用小信号分析法时，先对研究对象在稳态运行点进行线性化得到其小扰动模型，然后求解系统状态方程状态矩阵的特征值和特征向量，最后通过模态分析和灵敏度分析找到与特定扭振模态强相关系统变量，以便进行监测和制定相应的抑制策略。

小信号分析法的最大优点是所使用的模型非常精确，可以得到所研究系统所有的模态信息和起主导作用的系统变量，分析准确度高，通过控制参数调整前后特征值的变化趋势制定能够有效抑制各种相互作用的控制策略。由于采用小信号分析法时对系统进行了精细建模，因此对大型风电场进行分析时其状态矩阵阶数将会非常高，可能出现“维数灾问题”，但是通过建立风电场的等值简化模型，可以有效地避免该问题的出现。

1.3.2 电磁暂态仿真模型分析方法

时域仿真法采用数值积分的方法逐步求解整个电力系统的微分方程组，可以用于分析各种形式的相互作用。时域仿真法既适用于线性的数学模型，也适用于非线性的数学模型。该方法所使用的模型可以非常精细，网络元件可以采用集中参数模型和分布参数模型，机组轴系的质量块模型可以做得更细，甚至能够采用分布参数模型。因此，时域仿真法可以详细地模拟发电机、系统控制器、系统故障和开关动作等各种网络操作。这种方法所使用的典型电磁暂态仿真软件有 EMTP、PSCAD/EMTDC、SIMPOW 和 NETOMAC 等。

时域仿真法可以得到系统中各变量随时间变化的曲线，适用于各种大扰动后的暂态分析；缺点是不能揭示相互作用的产生机理和影响因素，无法对各模态的振荡频率和阻尼特性鉴别分析。

1. 频率扫描法

采用频率扫描法进行分析时，对待研究的目标系统建立其正序网络模型，系统中的其他发电机采用其次暂态电抗等值电路模型，然后计算特定频率下从待研究发电机转子向系统侧看过去的等效阻抗，最后根据等效电阻-频率曲线和等效电抗-频率曲线对相互作用的情况进行估计。

如果等效电抗过零点或者在接近于零时所对应的频率点上的等效电阻为负，则说明存在感应发电机效应。当根据等效阻抗-频率曲线获得的谐振频率与风电机组某一自然频率互补时，在该模态频率下就会发生 SSTI，如果在该模态下机组轴系阻尼较弱，就会进一步地发生 SSO。当等效电抗-频率曲线的电抗极小值所对应的频率等于或者接近机组某一自然频率的互补频率时，就可能发生轴系扭矩放大现象。

频率扫描法计算简单易行，不需要建立机组的精细模型，经济成本较低；但由于其分析方法过于简单，存在较大的局限性，它不能对含有电力装置等非线性元件的系统进行分析，也没有考虑机组运行工况和控制器的影响，只能对发生相互作用的情况定性分析，还需要采用其他方法进行校核。

2. 测试信号法

测试信号法采用时域仿真的方法实现复转矩系数法。扰动施加在整流侧电流参考环节上,直流闭环控制能直接对扰动做出快速响应。

3. FFT 及 HHT

FFT 和 HHT 是信号处理算法,可以建立在实测数据和时域仿真数据的基础上,对实测或时域仿真的输出电压和电流波形进行进一步的模态分析。

快速傅里叶变换(fast fourier transform, FFT)是信号处理最常用的一种方法,可以将信号从时域变换到频域。通过 FFT 变换,可以得到电力信号的频谱图,在频谱图上可以直观的读取信号的各频率分量的幅值和相角信息。

Huang 在 1996 年提出了一种将信号分解为一系列固有模态函数(intrinsic mode function, IMF)的算法——经验模态分解算法(empirical mode decomposition, EMD),并在此基础上于 1998 年提出了较为完整的希尔伯特-黄变换(HHT)算法。希尔伯特-黄变换包含两部分。第一部分是经验模态分解,经过 EMD 算法分解后,信号被分解为一系列 IMF 信号,其基本原理就是对于非平稳信号而言,将固有的振幅和频率变成随时间变化的一种模态函数,就能够很好地表达信号的非平稳性。第二部分是将每个 IMF 信号进行希尔伯特变换,从而得到信号的希尔伯特谱。希尔伯特谱表示的是信号的时间-频率分布,可以从中得到信号在任意时刻的瞬时频率和瞬时幅值,因此,HHT 算法可以很方便地观察信号的局域动态行为和特性,经 HHT 分解的信号具有唯一性,并且同时在时域与频域有良好的局部特性。

4. Prony 算法

Prony 算法由法国数学家 de Prony 在 1975 年提出,该方法通过一组指数函数的线性组合来拟合等间距采样数据,进而可以从中分析出信号的频率、衰减因子、幅值和相位等信息。与进行频域分析的小信号分析法不同,Prony 算法是对相互作用的相关模态参数进行辨识的时域方法,无须建立待研究系统的详细模型和求解大型电力系统状态矩阵的特征值,其系统模型的阶数可以根据辨识目的和需要等确定。同时可以在系统模型完全未知的情况下,得到降阶的传递函数,对系统中控制器参数的设计具有重大意义。

Prony 算法不仅可以对仿真结果进行分析,还能够对现场的实时测量数据进行分析,具有很高的工程实用性。虽然这种方法无须精细建模,然而在对采集到的信号进行拟合时,系统阶数、采样频率和采样时间对数据拟合精度有很大影响,参数选取不当时会影响分析结果的准确性,甚至导致错误的分析结论。

1.4 机网相互作用的控制方法

机网相互作用的控制方法可按振荡产生的两种机理进行分类,如图 1.9 所示。负阻尼机理诱因来源于轴系部分与电网系统耦合、轴系部分与变流控制部分耦合、变流控制部分与变流控制部分耦合、变流控制部分与电网系统耦合、子网系统与子网系统耦合。而强迫振荡属于间谐波和电源子网引起的振荡。

基于负阻尼机理稳定控制分为三大方向，分别为阻尼控制、参数优化（控制参数优化及滤波电路参数优化）和模型初值修正。阻尼控制一般利用负反馈增加正阻尼，参数优化和运行点调整则着眼于削弱或切断耦合，减少负阻尼。而在强迫振荡部分，因其振荡源主要在于滤波电路间谐波和子网振荡，稳定控制的方法主要是针对滤波电路进行参数优化以及保护和安稳控制研究。参数优化致力于消除振荡源，而保护和安稳控制则可以切除子网、断开耦合，或切除振荡源。此外，针对多种控制方法并存的问题，稳定控制就必然存在对于多种控制方法的协调控制问题，这也是一个研究方向。

阻尼控制是指激励力的频率在受迫振动系统的共振频率附近的一个频段内，系统所表现出的振动性质。这时，振动系统的阻抗主要决定于系统的阻尼，振动的速度近似与频率无关，而与阻尼常数成正比。根据这一性质，可以用增大阻尼的方法，抑制系统在共振频率附近的响应峰值。参数优化的目的在于通过控制器参数的改变来优化系统的负阻尼，同时减少系统的耦合作用，进而达到对系统的控制优化。另外，对于滤波电路的参数优化与控制参数的优化属于同一个原理。模型初值修正问题在于电网是非线性模型，而非线性模型的运行点与其模型初值具有很大的关系，因此改变模型初值后可以在一定程度上控制电网的稳定运行点，进而达到对电网的稳定控制效果（见图 1.9）。

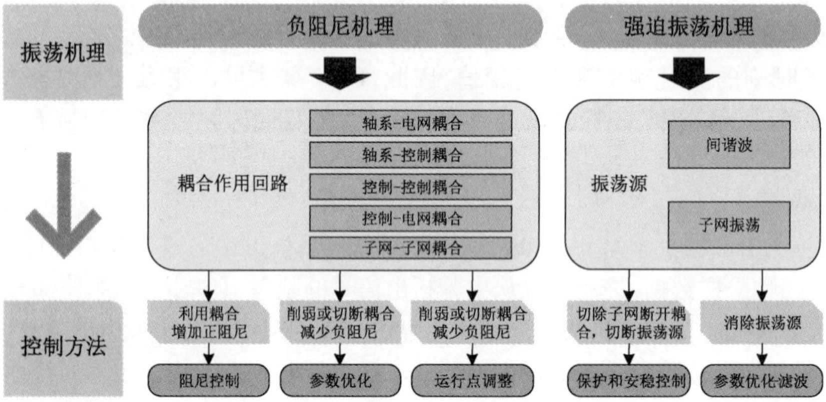

图 1.9 稳定控制的研究方法

1.4.1 阻尼控制

电力系统的动态行为和稳定机理发生显著的变化，其中一个重要原因就是系统的阻尼特性可能受到显著削弱。在阻尼影响方面，有研究通过实例分析了不同类型、不同容量风电机组构成的风电场对系统阻尼的影响，认为大量接入双馈风电机组降低了系统阻尼。在阻尼控制方面，国内外研究人员提出了多种抑制措施，如阻塞滤波器、HVDC 附加次同步阻尼控制器、附加励磁阻尼控制器、基于柔性交流输电系统的次同步阻尼控制装置等。上述措施已在多个电厂和电网中得到了应用，取得了一定的效果，但也存在一些未能很好解决的问题，例如，某些电厂长期存在频繁超标的低幅次同步振荡问题。

常见的阻尼控制方法可分为两种，一种是附加阻尼控制，另一种是辅助装置的阻尼控制。图 1.10（a）为附加阻尼控制框图，阻尼器的输入信号为发电机转速，通过低通滤波器后能够得到转速直流分量，输出的直流信号与测得的转速信号做减法运算得到转速波动信号，

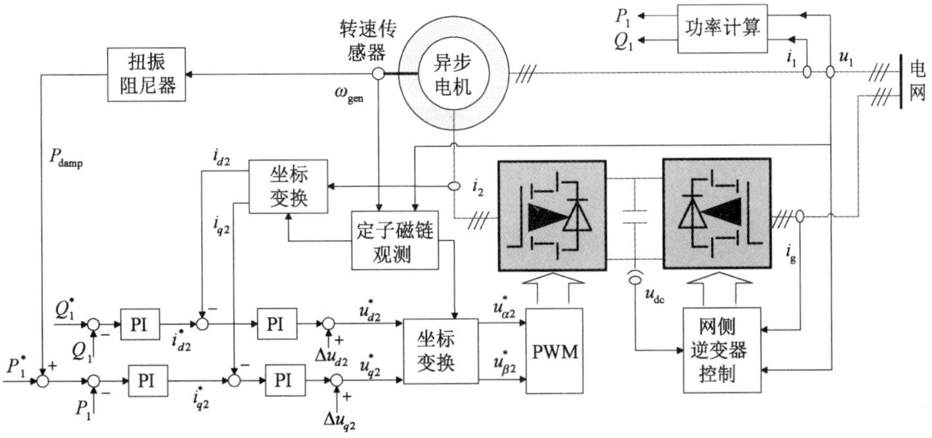

(a) 附加阻尼控制图

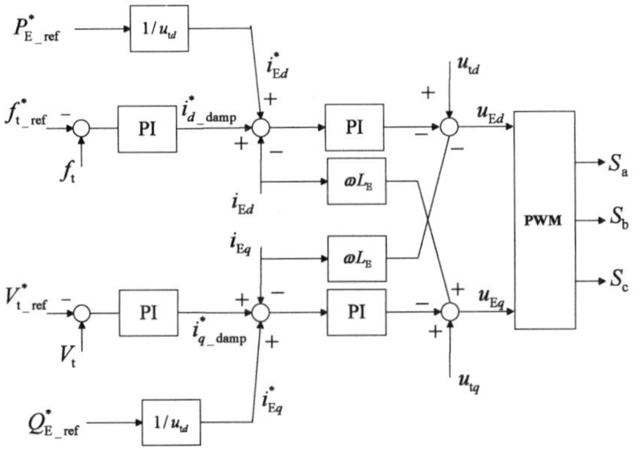

(b) 储能系统附加阻尼控制图

图 1.10　阻尼控制图

再经过增益放大后得到与振荡功率幅值相当的阻尼功率参考值，叠加到转子侧有功功率参考值上，当扭振发生时，附加阻尼控制能够使逆变器输出额外的阻尼功率，抑制转矩振荡。图 1.10(b)所示为储能系统附加阻尼控制框图，引入外环控制，母线电压频率偏差作为有功外环 PI 调节器的输入，输出信号为有功电流附加指令；母线电压幅值偏差作为无功外环 PI 调节器的输入，输出信号即无功电流附加指令。

1.4.2　参数优化

1. Kharitonov 定理

Kharitonov 定理又称区间多项式稳定理论，可用于解决带上下限参数的多项式的稳定性问题。当前，Kharitonov 定理作为研究工具在许多领域有广泛的应用。实际中，风电系统控制系统的参数优化是一个随机、时变和耦合的复杂过程，传统的优化控制方法难以有效应用，而 Kharitonov 定理也不失为一个不错的选择，目前在风电系统中应用还较少。

通过 Kharitonov 定理将控制目标转换为不等式约束凸优化问题，采取其他算法对控制器参数寻优，它可以将问题转化为特定区间多项式的稳定性问题，然后借助劳斯判据判断参数多项式的稳定性。而针对长区间段的研究，或者区间中存在的异常运行点，则可以将区间划分为短区间分别进行分析。

2. *层次分析法*

层次分析法是一种定性与定量相结合的决策分析方法，能有助于决策者将复杂系统的决策思维过程模型化、数量化。首先将一个复杂问题转化为有条理的有序层次，一个递阶层次图能够直观地反映系统内部因素之间各子系统的分解情况，然后再逐级地进行综合。根据对问题的分析，将问题所包含的因素，按照是否共有某些特征进行归纳成组，并把它们之间的共同特性看成是系统中新的层次中的一些因素，而这些因素本身也按照另外的特性组合起来，形成更高层次的因素，直到最终形成单一的最高层次因素。例如，图 1.11 为功率变化过程中控制参数优化结果的分布图，功率变化的间隔为 10%，旁边的虚线框内表示特定功率情况下阻尼比随控制参数变化的趋势。在风力发电系统的控制参数问题优化时，提出计及风力发电系统的调节评价指标体系，使用熵权法修正的层次分析法，建立调控评分序列，并提出优化模型。

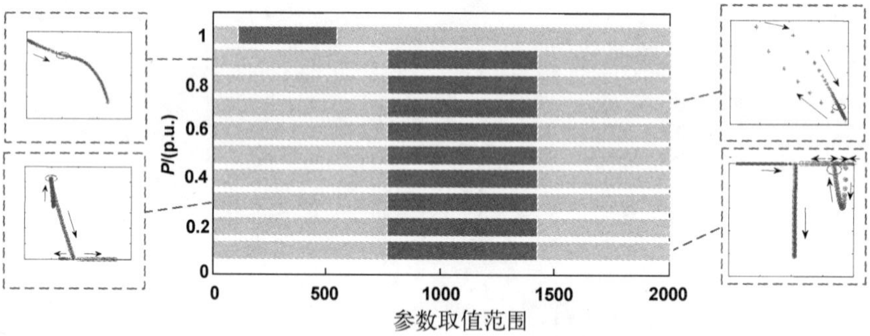

图 1.11 不同功率下的参数优化

层次分析法尤其适合对决策结果难以直接准确计量的场合，层次分析法的步骤如下：

(1) 通过对系统的深刻认识，确定该系统的总目标。

(2) 建立一个多层次的递阶结构，按目标的功能差异将系统分为几个等级层次。

(3) 确定递阶结构中相邻层次元素间相关程度。

(4) 计算各层元素对系统目标的合成权重，进行总排序，确定递阶结构图中最底层各个元素的总目标中的重要程度。

(5) 根据分析计算结果，考虑相应的决策。

1.4.3 运行点调整

风电出力的随机性对大规模风电接入电网的小干扰稳定的影响凸显在① 从时间维度上看，风速具有波动性，而且波动性是随机的、无迹可寻的，因此在小扰动发生后的系统恢复过程中具有波动性；② 初始状态具有随机性，某一时间点下，风速大小是不固定的，具有随机性，由此导致风电出力也具有相应的随机性，而风机的大规模集中接入将在绝对量上放大出力的随机性，使得系统运行过程中潮流具有极大的随机性，导致小扰动发生时的初始运行点具有较大随机性，并且集中接入得越多，这种随机性就越明显。风力发电系统运行点的改变将会直接影响系统的稳定问题。运行点调整常用的方法是超速法,图 1.12 为超速法在 DFIG 风电机组减载运行中的应用。超速法的实质即为通过转移风机的运行点来实现其减载运行,若风速低于额定风速则可将风机 MPPT 运行模式下的工作点右移。

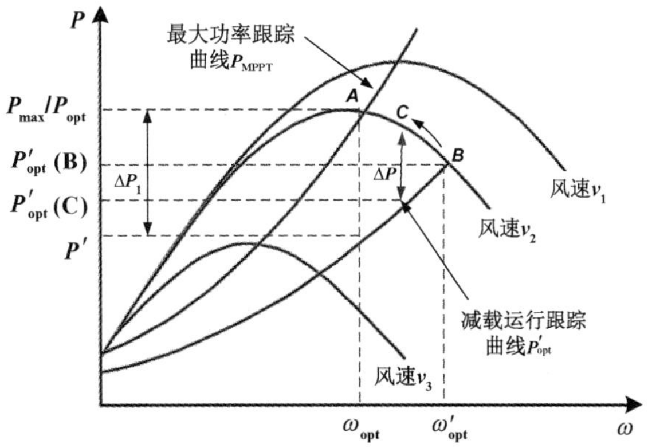

图 1.12 超速减载调频原理

由于小扰动与运行点的初值密切相关,显然,合理调整风电机组运行点也能够有效避免机网相互作用,因此,超速法在机网相互作用问题的实际运行中也具有非常重要的价值。当然,这需要长期、精细的运行观测和运维数据。

第 2 章　并网风电机组的机网小信号模型

通常情况下,电力系统在运行过程中会经常受到各类小扰动,包括负荷的波动以及发电机组调节等影响,如果在这些随机扰动下电力系统产生的振荡能够被抑制,则认为系统是小干扰稳定的;而如果产生等幅振荡甚至发散,则认为系统是小干扰不稳定的。由于电力系统一直处于各类小扰动的环境,保证系统小干扰稳定是实现电力系统的安全稳定运行的前提。

一般情况下,由于小扰动不改变系统的结构,系统运行状态只在初始运行点附近进行小幅振荡,故分析小干扰稳定问题时,一般将非线性系统模型在系统的运行点上进行线性化,得到系统的线性模型,通过求解分析该线性模型的特征值和特征向量得到与小扰动振荡阻尼特性的相关信息,判断原非线性系统在小干扰下的稳定性。风电机组在实际运行期间也会一直受到各类小扰动,这些小扰动可能来自动力源(随时变化着的风),也可能来自与之连接的电网(例如接入点电压的波动)。这些扰动给运行所带来的困扰是,它们引发的振荡可能与风电机组的电气系统相关,也可能与风电机组机械系统相关,还有可能与风电机组控制系统相关;这些振荡可能会逐渐减弱直至消失,但是也可能不会减弱甚至发散。例如,在第 1 章中已经指出,风电机组的空气动力学研究已经对机械振荡给予了关注并设计了振荡阻尼,但是实际风电场机械振荡并不能完全避免,这是由于电网的小扰动所致。因此建立并网型风电机组的机网统一数学模型研究上述小干扰问题具有理论和实践的双重意义。

风电机组与电网连接的系统可以完整地用状态方程描述,并采用小信号方法分析。本章首先对当前主流的双馈风电机组和永磁直驱风电机组分别建立了小信号模型,双馈风电机组小信号模型包括机械系统模型、感应电机模型、双馈逆变器的控制系统模型。永磁直驱风电机组的模型中,电机模型采用的是同步电机模型,其全功率变流器的控制模型则选用了三种方式,即不控整流升压型全功率变流器控制模型、AC/DC/AC(也称为“背靠背”型)全功率变流器 P－Q 解耦控制模型和直接转矩控制模型。上述发电机与系统的连接部分经坐标变换后,建立的风电机组小信号模型实现了与电网的连接。本章所建立的风电机组单机-无穷大系统的小信号模型的种类和内容如表 2.1 所示。

需要说明的是,本书为了叙述的统一和简洁,对于所研究风电机组的容量都选取了同样容量的电机。提出的是具有一般性的小信号分析方法,所列写的方程具有通用性,对实际的风电机组进行小信号分析时,只需将机组容量和机械系统参数进行调整即可采用本书所给出的所有方程进行分析计算。

本章所有给出的方程均已标幺化。

表 2.1　风电机组小信号模型的种类和内容

<table>
<tr><th rowspan="2">模　型</th><th colspan="4">风 力 发 电 机 组</th><th rowspan="2">电　网</th></tr>
<tr><th>双馈风电机组</th><th colspan="3">永磁直驱风电机组</th></tr>
<tr><td>机械系统
电机
并联补偿电容</td><td>三质量块
绕线式异步电机
无</td><td colspan="3">两质量块
永磁同步电机
无</td><td rowspan="2">变压器与输电线路无穷大电源</td></tr>
<tr><td>控制系统</td><td>AC/DC/AC 变流器双馈控制</td><td>不控整流升压型全功率变流器逆变</td><td>AC/DC/AC 全功率变流器 P－Q 解耦控制</td><td>AC/DC/AC 全功率变流器直接转矩控制</td></tr>
</table>

2.1　系统动态稳定的小信号分析法

2.1.1　李雅普诺夫(Lyapunov)稳定性理论

系统的稳定性，是指原来处于平衡状态的系统，在遭受外界扰动后产生了偏离，扰动消失后系统恢复到原来平衡状态的一种能力，即系统在初始偏差作用下过渡过程的收敛性。

线性系统的稳定性只与系统本身的结构和参数有关，但对于非线性系统，其稳定性还与系统的初始条件与外界扰动的大小有关，李雅普诺夫给出了一种具有一般意义的稳定性的概念。

1. 系统的平衡状态

设系统的齐次状态方程为 $\dot{x} = F(x,\ u,\ t)$，若存在状态矢量 $\boldsymbol{x}_{\mathrm{e}}$ 恒有 $\dot{\boldsymbol{x}}_{\mathrm{e}} = 0$，此时 $F(\boldsymbol{x}_{\mathrm{e}},\ u,\ t) = 0$ 成立，则称 $\boldsymbol{x}_{\mathrm{e}}$ 为系统的平衡状态。

对于一个任意系统，不一定都存在平衡状态，有时即使存在也不一定唯一，例如对线性定常系统 $\dot{x} = \boldsymbol{F}(x,\ u,\ t) = \boldsymbol{A}x$，当 $\boldsymbol{A}$ 为非奇异矩阵时，满足 $\boldsymbol{A}\boldsymbol{x}_{\mathrm{e}} \equiv 0$ 的解 $\boldsymbol{x}_{\mathrm{e}} = 0$ 是系统唯一存在的一个平衡状态。而当 $\boldsymbol{A}$ 为奇异矩阵时，则系统将有无穷多个平衡状态。对非线性系统，通常可有一个或多个平衡状态。

稳定性分析都是针对某个特定的平衡状态而言的。对某些系统则由于可能存在多个平衡点，而不同平衡点可能表现出不同的稳定性，因此必须逐个加以讨论。

2. 稳定性的几个定义

若用 $\|\boldsymbol{x} - \boldsymbol{x}_{\mathrm{e}}\|$ 表示状态矢量 $\boldsymbol{x}$ 与平衡状态 $\boldsymbol{x}_{\mathrm{e}}$ 的距离，用点集 $S(\varepsilon)$ 表示以 $\boldsymbol{x}_{\mathrm{e}}$ 为中心 ε 为半径的闭球域，那么 $\boldsymbol{x} \in S(\varepsilon)$，表示为 $\|\boldsymbol{x} - \boldsymbol{x}_{\mathrm{e}}\| \leqslant \varepsilon$。式中，$\|\boldsymbol{x} - \boldsymbol{x}_{\mathrm{e}}\|$ 为欧几里得范数，在 n 维状态空间里，有 $\|\boldsymbol{x} - \boldsymbol{x}_{\mathrm{e}}\| = [(x_1 - x_{1\mathrm{e}})^2 + (x_2 - x_{2\mathrm{e}})^2 + \cdots + (x_n - x_{n\mathrm{e}})^2]^{\frac{1}{2}}$。

1) 李雅普诺夫意义下稳定

如图 2.1(a)所示，系统初始状态(设从 $t = t_0$ 时刻始)位于以平衡状态 $\boldsymbol{x}_{\mathrm{e}}$ 为球心，δ 为半径的闭球域 $S(\delta)$ 内，即 $\|\boldsymbol{x}_0 - \boldsymbol{x}_{\mathrm{e}}\| \leqslant \delta,\ t = t_0$。若能使系统方程的解在 $t \to \infty$ 的过程中，始终位于以 $\boldsymbol{x}_{\mathrm{e}}$ 为球心，任意规定的半径为 ε 的闭球域 $S(\varepsilon)$ 内，即 $\|\boldsymbol{x}_0 - \boldsymbol{x}_{\mathrm{e}}\| \leqslant \varepsilon$，

$t \geq t_0$，则称系统的平衡状态 $\boldsymbol{x}_e$ 在李雅普诺夫意义下稳定。其几何意义下可表示为任给一个闭球域 $S(\varepsilon)$，若存在一个闭球域 $S(\delta)$，使得当 $t \to \infty$ 时，从 $S(\delta)$ 出发的轨迹不离开 $S(\varepsilon)$。

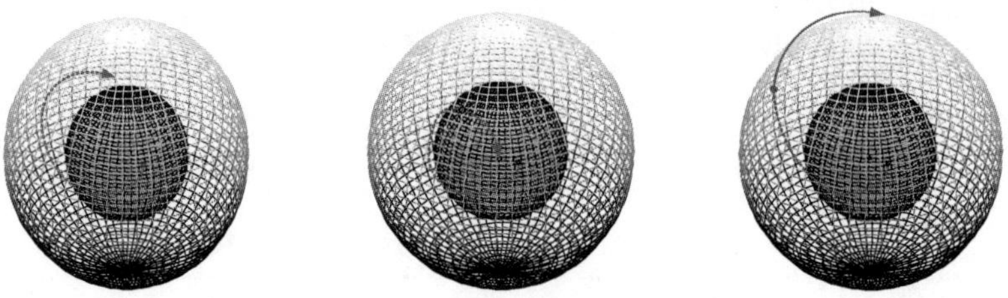

(a) 稳定　　(b) 渐近稳定　　(c) 不稳定

图 2.1　李雅普诺夫意义下的系统状态

2）渐近稳定

图 2.1(b)表示了系统渐近稳定的情况，设系统初始状态位于以平衡状态 $\boldsymbol{x}_e$ 为球心，δ 为半径的闭球域 $S(\delta)$ 内，即 $\| \boldsymbol{x}_0 - \boldsymbol{x}_e \| \leq \delta$，$t = t_0$。若系统的平衡状态 $\boldsymbol{x}_e$ 不仅具有李雅普诺夫意义下的稳定性，且有 $\lim\limits_{t \to \infty} \| \boldsymbol{x}_0 - \boldsymbol{x}_e \| = 0$，则称系统的平衡状态 $\boldsymbol{x}_e$ 是渐近稳定的。其几何意义下可表示为当 $t \to \infty$ 时，从 $S(\delta)$ 出发的轨迹不仅不超过 $S(\varepsilon)$，而且最终收敛于 $\boldsymbol{x}_e$，则称系统的平衡状态是渐近稳定的。如果从状态空间中所有初始状态出发的轨迹都具有渐近稳定性，则称此时的平衡状态 $\boldsymbol{x}_e$ 是大范围渐近稳定的。其几何意义下可表示为当 $t \to \infty$ 时，从状态空间任意一点出发的轨迹都收敛于 $\boldsymbol{x}_e$。

3）不稳定

如果对于某个实数 $\varepsilon > 0$ 和任一实数 $\delta > 0$，不管 δ 这个实数有多小，在 $S(\delta)$ 内总存在着一个状态 x_0，由这一状态出发的轨迹超过 $S(\varepsilon)$，则称此平衡状态是不稳定的，如图 2.1(c)所示。

2.1.2　系统小信号模型及特征值分析法

电力系统小干扰稳定性研究涉及各种各样的动态元件，实质上是一个高维度、强耦合、非线性的复杂动态系统，可用非线性方程组(2.1)表示：

$$\dot{\boldsymbol{x}} = F(\boldsymbol{x},\ u,\ t) \tag{2.1}$$

式中，$\boldsymbol{x} = [x_1,\ x_2,\ \cdots,\ x_n]^{\mathrm{T}}$。

对于非线性系统，当其只在 x_0 的一个领域内运动时，可将其用一阶线性系统近似代替。设对应于 x_0 的状态方程描述为 $\dot{\boldsymbol{x}}_0 = F(x_0,\ u_0,\ t)$。将状态方程在 $(x_0,\ u_0)$ 的领域内进行一阶 Taylor 展开，忽略无穷小量，得线性化后的系统微分方程是

$$\Delta\dot{\boldsymbol{x}} = \boldsymbol{A}\Delta x + \boldsymbol{B}\Delta u \tag{2.2}$$

式中，$\Delta x = x - x_0$；$\Delta u = u - u_0$；$\boldsymbol{A}$ 为非线性系统在 x_0 处的系数矩阵，$\boldsymbol{B}$ 为非线性系统在 u_0 处的系数矩阵，即

$$\boldsymbol{A}=\begin{bmatrix} \dfrac{\partial F_1}{\partial x_1} & \dfrac{\partial F_1}{\partial x_2} & \cdots & \dfrac{\partial F_1}{\partial x_n} \\ \dfrac{\partial F_2}{\partial x_1} & \dfrac{\partial F_2}{\partial x_2} & \cdots & \dfrac{\partial F_2}{\partial x_n} \\ \vdots & \vdots & & \vdots \\ \dfrac{\partial F_n}{\partial x_1} & \dfrac{\partial F_n}{\partial x_2} & \cdots & \dfrac{\partial F_n}{\partial x_n} \end{bmatrix}_{\substack{x=x_0 \\ u=u_0}} \tag{2.3}$$

$$\boldsymbol{B}=\begin{bmatrix} \dfrac{\partial F_1}{\partial u_1} & \dfrac{\partial F_1}{\partial u_2} & \cdots & \dfrac{\partial F_1}{\partial u_n} \\ \dfrac{\partial F_2}{\partial u_1} & \dfrac{\partial F_2}{\partial u_2} & \cdots & \dfrac{\partial F_2}{\partial u_n} \\ \vdots & \vdots & & \vdots \\ \dfrac{\partial F_n}{\partial u_1} & \dfrac{\partial F_n}{\partial u_2} & \cdots & \dfrac{\partial F_n}{\partial u_n} \end{bmatrix}_{\substack{x=x_0 \\ u=u_0}} \tag{2.4}$$

对于非线性系统方程组(2.1)在 x_0 邻域内的小范围稳定性是由该系统线性化后特征方程(2.2)的根,即雅可比矩阵 $\boldsymbol{A}$ 的特征值决定的:

(1) 当 $\boldsymbol{A}$ 的全部特征根的实部都为负值时,线性化后的系统是渐进稳定的,且原来的非线性系统小范围渐进稳定。

(2) 当 $\boldsymbol{A}$ 的全部特征根中至少有一个特征根的实部为正值时,线性化后的系统是不稳定的,且原来的非线性系统小范围不稳定。

(3) 当 $\boldsymbol{A}$ 的全部特征根中至少有一个特征根的实部为零,且其他特征根的实部都为负值时,线性化后的系统处于临界状态,不能用线性化后的系统得出原非线性系统是否小范围稳定的结论。

2.1.3　相关因子

系统状态矩阵 $\boldsymbol{A} \in \mathbf{R}^{n\times n}$ 的特征值可以通过求解如下的特征方程得到:

$$\| \lambda \boldsymbol{I} - \boldsymbol{A} \| = 0 \tag{2.5}$$

一般情况下,满足式(2.5)的 λ 个数与矩阵 $\boldsymbol{A}$ 的维数相同,分别记作 λ_1, λ_2, …, λ_n。对于任一特征值 λ_i, 满足方程:

$$\boldsymbol{A}\boldsymbol{U}_i = \lambda_i \boldsymbol{U}_i \tag{2.6}$$

的向量 $\boldsymbol{U}_i$ 称为矩阵 $\boldsymbol{A}$ 关于特征值 λ_i 的右特征向量, $\boldsymbol{U}_i \in \mathbf{R}^{n\times 1}$。

同理,当向量 $\boldsymbol{V}_i \in \mathbf{R}^{n\times 1}$ 满足:

$$\boldsymbol{V}_i^{\mathrm{T}}\boldsymbol{A} = \lambda_i \boldsymbol{V}_i^{\mathrm{T}} \tag{2.7}$$

时,称向量 $\boldsymbol{V}_i$ 为矩阵 $\boldsymbol{A}$ 关于特征值 λ_i 的左特征向量。

设特征值 $\lambda_i = \sigma_i + \mathrm{j}\omega_i$, 则有

(1) 如果 $\omega_i=0$, 即 λ_i 为实数特征值, λ_i 对应的模态为非振荡模态。如果 $\sigma_i<0$, 表示该 λ_i 对应的模态随时间的推移是衰减的, σ_i 的绝对值越大,该模态的衰减速度越快。如果 $\sigma_i>0$, 表示该 λ_i 对应的模态是非周期性增大的, σ_i 的绝对值越大,该模态的增加速度也越快。

(2) 如果 $\omega_i\neq 0$, 此时必有一对共轭复数特征根,每一对共轭复数特征值对应于一种振荡模态。其中实部 σ_i 表示系统对该振荡模态的阻尼大小,虚部 ω_i 表示该振荡模态的振荡频率 f_i, 且 $f_i=\dfrac{\omega_i}{2\pi}$。如果 $\sigma_i<0$, 表示系统对该振荡模态起到正的阻尼作用,此时振荡是衰减的。如果 $\sigma_i>0$, 表示系统对该振荡模态起到负阻尼作用,此时振荡是增幅的。

为了表示振荡模态的衰减速度,定义阻尼比:

$$\xi_i=\frac{-\sigma_i}{\sqrt{\sigma_i^2+\omega_i^2}} \tag{2.8}$$

阻尼比 ξ_i 越大,振荡幅值的衰减速度越快。

为了全面地反映状态量和各模态的关系,定义参与矩阵

$$\boldsymbol{P}=[\boldsymbol{P}_1\quad \boldsymbol{P}_2\quad \cdots\quad \boldsymbol{P}_n] \tag{2.9}$$

其中, $\boldsymbol{P}_i=[\boldsymbol{P}_{1i}\quad \boldsymbol{P}_{2i}\quad \cdots\quad \boldsymbol{P}_{ni}]^{\mathrm{T}}=[\boldsymbol{U}_{1i}\boldsymbol{V}_{1i}\quad \boldsymbol{U}_{2i}\boldsymbol{V}_{2i}\quad \cdots\quad \boldsymbol{U}_{ni}\boldsymbol{V}_{ni}]^{\mathrm{T}}$。

称 $\boldsymbol{P}_i$ 为第 i 个模态的参与向量,元素 $\boldsymbol{P}_{ki}=\boldsymbol{U}_{ki}\boldsymbol{V}_{ki}$ 为相关因子,表示特征值 λ_i 的第 i 个模态与第 k 个状态变量的相关度,相关度越大,则该模态对相应状态变量的影响也越大。

2.2 风电机组小信号模型——轴系部分

研究风电机组的小扰动问题,必须建立满足分析精度和计算速度要求的风力发电机组模型,模型一般由机械旋转部分(即轴系部分)、电气部分和控制部分组成。由于风电机组的机网相互作用可能造成风机轴系的损坏,因此必须对风机轴系进行较详细的建模,通常情况下,可以用连续质量-弹簧系统模型来对轴系进行建模。有相关文献推导了轴系参数的计算公式,进而建立了相应的风机的三质量块模型,两质量块模型和单质量块模型。轴系模型的研究表明,通过增加质量块的个数可以增强模型精度,一般认为,轴系两质量块模型已经可以满足大部分仿真精度要求,但是如果需要更加准确的细节,可以采用更为详细的三质量块模型。

根据对中国一些实际系统的观测发现,在很多风电场中发生的一些与轴系相关的功率振荡会表现出一到两种的频率,这说明为了详细描述轴系的小干扰问题,至少需要建立一个三质量块的轴系模型才能够对问题进行完整的描述和分析,因此,本书对于有齿轮箱的风电机组采用三质量块模型描述,对于永磁直驱风电机组则采用两质量块模型描述。

2.2.1 风电机组轴系结构

风电机组机械旋转系统一般由叶片、低速轴、齿轮箱、高速轴和发电机转子组成。研究

指出所有旋转轴系系统可以用若干质量块来描述其真实系统的物理参数，且质量块的数目和自由度越多，模型的精度也越高，对于图 2.2 中为含有齿轮箱的风电机组，本书采用三质量块模型。

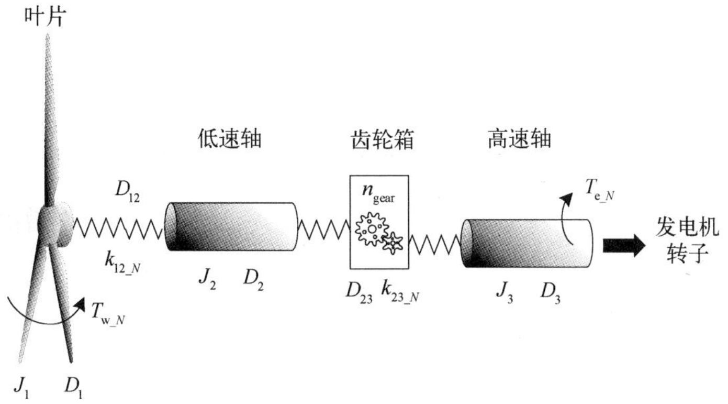

图 2.2　风机三质量块模型

图 2.2 所示的三质量块模型中有渐变阴影效果的模块为集中质量块，包括叶片、低速轴和高速轴。由于风机叶片的质量较大，需要单独等效为一个质量块。低速轴具有一定的柔性，可以等效为一个质量块。齿轮箱具有一定的刚性，需要在模型中体现，大多数模型将其单独作为一个质量块，但本书考虑到齿轮箱的两个啮合齿轮转速不同，故将其质量块分摊到高速轴和低速轴。另外，高速轴和发电机转子集合为一个质量块。图 2.2 的模型中，T_{w_N} 和 T_{e_N} 分别表示风力转矩和发电机电磁转矩，J_i 和 D_i 分别为质量块 i 的转动惯量和自阻尼系数，k_{ij} 和 D_{ij} 分别为质量块 i 和 j 之间的刚度系数和互阻尼系数，齿轮箱简化为理想变速特性，变比为 n_{gear}。低速侧向高速侧归算时，转动惯量和阻尼系数均除以 n_{gear}^2；反之，高速侧向低速侧折算则需乘以 n_{gear}^2。

低速轴和高速轴可以直接参考汽轮发电机组轴系的等效建模方法，由轴的结构尺寸和材料特性参数可以计算出等效质量块的转动惯量（J_2、J_3）和刚度系数（k_2、k_3）。不过对风机叶片的等效转动惯量（J_1）和刚度系数（k_1），目前还没有较为准确的实用计算方法；考虑到风机叶片的主模态固有频率 f_b 可以通过试验测定，本书提出以下等效参数计算方法：

（1）用有限单元法计算等效转动惯量

$$J_1 = \sum_{i=1}^{N} m_i r_i^2 \tag{2.10}$$

式中，m_i 为沿径向划分的单元的质量；r_i 为单元至旋转中心的半径；N 为划分单元的数目。

（2）采用式(2.11)计算等效刚度系数：

$$k_1 = (2\pi f_b)^2 J_1 \tag{2.11}$$

一般来说，用有限单元法计算的等效转动惯量 J_1 以及试验测定的主模态固有频率 f_b 都是比较准确的，因此采用上述方法得到的等效模型参数是准确可靠的。

得到风电机组轴系的 3 个等效质量块的转动惯量和刚度系数之后，可以建立模型。两质量块之间的连接刚度可由式(2.12)计算：

$$\begin{cases}\dfrac{1}{k_{12\_N}}=\dfrac{1}{k_1}+\dfrac{1}{2k_2}\\ \dfrac{1}{k_{23\_N}}=\dfrac{1}{k_3}+\dfrac{1}{2k_2}\end{cases} \tag{2.12}$$

以容量 2 MW 机端电压 690 V 的风电机组为例，轴系模型参数见表 2.2，所有机械参数均已折算至转轴高速侧。

表 2.2　机械轴系模型参数

参 数 名 称	有 名 值
风力机转动惯量 J_1	$729.3\ \text{kg}\cdot\text{m}^2$
齿轮箱转动惯量 J_2	$20\ \text{kg}\cdot\text{m}^2$
发电机转子转动惯量 J_3	$121.5\ \text{kg}\cdot\text{m}^2$
低速轴刚度 k_{12_N}	$1.65\times10^4\ \text{N}\cdot\text{m}^2$
高速轴刚度 k_{23_N}	$9.22\times10^4\ \text{N}\cdot\text{m}^2$
齿轮箱变比 n_{gear}	93.75

2.2.2　三质量块轴系运动方程和标幺化的标准状态方程

利用小干扰稳定分析法，得到风机三质量块模型的线性化方程，有名值方程如式(2.13)所示：

$$\begin{cases}\dfrac{\mathrm{d}\Delta\theta_1}{\mathrm{d}t}=\Delta\omega_1\\ \dfrac{\mathrm{d}\Delta\theta_2}{\mathrm{d}t}=\Delta\omega_2\\ \dfrac{\mathrm{d}\Delta\theta_3}{\mathrm{d}t}=\Delta\omega_3\\ J_1\dfrac{\mathrm{d}\Delta\omega_1}{\mathrm{d}t}=\Delta T_{\mathrm{w}}-D_1\Delta\omega_1-D_{12}(\Delta\omega_2-\Delta\omega_1)-k_{12\_N}(\Delta\theta_2-\Delta\theta_1)\\ J_2\dfrac{\mathrm{d}\Delta\omega_2}{\mathrm{d}t}=-D_2\Delta\omega_2-D_{12}(\Delta\omega_2-\Delta\omega_1)-D_{23}(\Delta\omega_3-\Delta\omega_2)-\\ \qquad k_{12\_N}(\Delta\theta_2-\Delta\theta_1)-k_{23\_N}(\Delta\theta_3-\Delta\theta_2)\\ J_3\dfrac{\mathrm{d}\Delta\omega_3}{\mathrm{d}t}=\Delta T_{\mathrm{e}}-D_3\Delta\omega_3-D_{23}(\Delta\omega_3-\Delta\omega_2)-k_{23\_N}(\Delta\theta_3-\Delta\theta_2)\end{cases} \tag{2.13}$$

式中，$\Delta\theta_i$ 和 $\Delta\omega_i$ 分别为质量块 i 的机械旋转角微增量和角速度微增量，且 $\omega_3=\omega_{\mathrm{r}}$，$\theta_3=\theta_{\mathrm{r}}$，即质量块 3 的机械旋转角和角速度即为发电机转子的机械旋转角和角速度。

轴系运动方程用标准状态空间模型如式(2.14)表示，下标 M 表示轴系。

$$\begin{cases}\Delta\dot{\boldsymbol{X}}_{\mathrm{M}}=\boldsymbol{A}_{\mathrm{M}}\Delta\boldsymbol{X}_{\mathrm{M}}+\boldsymbol{B}_{\mathrm{M}}\Delta\boldsymbol{u}_{\mathrm{M}}\\ \Delta\boldsymbol{Y}_{\mathrm{M}}=\boldsymbol{C}_{\mathrm{M}}\Delta\boldsymbol{X}_{\mathrm{M}}+\boldsymbol{D}_{\mathrm{M}}\Delta\boldsymbol{u}_{\mathrm{M}}\end{cases} \tag{2.14}$$

其中，$\Delta\boldsymbol{X}_{\mathrm{M}}=[\Delta\theta_1\quad\Delta\theta_2\quad\Delta\theta_3\quad\Delta\omega_1\quad\Delta\omega_2\quad\Delta\omega_3]^{\mathrm{T}}$；$\Delta\boldsymbol{Y}_{\mathrm{M}}=[\Delta\theta_3\quad\Delta\omega_3]^{\mathrm{T}}$；$\Delta\boldsymbol{u}_{\mathrm{M}}=[\Delta T_{\mathrm{w}}\quad\Delta T_{\mathrm{e}}]^{\mathrm{T}}$；

$$\boldsymbol{A}_{\mathrm{M}}=\begin{bmatrix}0&0&0&1&0&0\\0&0&0&0&1&0\\0&0&0&0&0&1\\-\frac{k_{12\_N}}{J_1}&\frac{k_{12\_N}}{J_1}&0&-\frac{D_1+D_{12}}{J_1}&\frac{D_{12}}{J_1}&0\\\frac{k_{12\_N}}{J_2}&-\frac{k_{12\_N}+k_{23\_N}}{J_2}&\frac{k_{23\_N}}{J_2}&\frac{D_{12}}{J_2}&-\frac{D_2+D_{12}+D_{23}}{J_2}&\frac{D_{23}}{J_2}\\0&\frac{k_{23\_N}}{J_3}&-\frac{k_{23\_N}}{J_3}&0&\frac{D_{23}}{J_3}&-\frac{D_3+D_{23}}{J_3}\end{bmatrix};$$

$$\boldsymbol{B}_{\mathrm{M}}=\begin{bmatrix}0&0&0&\frac{1}{J_1}&0&0\\0&0&0&0&0&-\frac{1}{J_3}\end{bmatrix}^{\mathrm{T}};\ \boldsymbol{C}_{\mathrm{M}}=\begin{bmatrix}0&0&1&0&0&0\\0&0&0&0&0&1\end{bmatrix};\ \boldsymbol{D}_{\mathrm{M}}=\boldsymbol{0}_{2\times2}。$$

为了便于比较和计算，轴系状态空间模型需转换至标幺值表示的形式。标幺值和有名值之间的换算见式(2.15)至式(2.24)所示(等式左侧为标幺值，右侧为有名值)。考虑一个 50 Hz 系统，电角速度值是 $\omega_{\mathrm{base.el}}=2\pi f_{\mathrm{b}}=314.16\ \mathrm{rad/s}$，角度基值是 $\theta_{\mathrm{base.el}}=1.0\ \mathrm{rad/s}$。

则齿轮箱高速侧和低速侧的电气系统对应的基准值：

$$\begin{cases}\omega_{\mathrm{base.HS}}=\dfrac{\omega_{\mathrm{base.el}}}{n_{\mathrm{pp}}}\\ \theta_{\mathrm{base.HS}}=\dfrac{\theta_{\mathrm{base.el}}}{n_{\mathrm{pp}}}\end{cases} \tag{2.15}$$

$$\begin{cases}\omega_{\mathrm{base.LS}}=\dfrac{\omega_{\mathrm{base.el}}}{n_{\mathrm{pp}}\cdot n_{\mathrm{gear}}}\\ \theta_{\mathrm{base.LS}}=\dfrac{\theta_{\mathrm{base.el}}}{n_{\mathrm{pp}}\cdot n_{\mathrm{gear}}}\end{cases} \tag{2.16}$$

旋转部分的惯量在标幺值系统中经常使用惯性常数表示，定义如下：

$$H_1=\frac{J_1\omega_{\mathrm{base.LS}}^2}{2S_{\mathrm{base}}} \tag{2.17}$$

$$H_2=\frac{J_2\omega_{\mathrm{base.LS}}^2}{2S_{\mathrm{base}}} \tag{2.18}$$

$$H_3=\frac{J_3\omega_{\mathrm{base.HS}}^2}{2S_{\mathrm{base}}} \tag{2.19}$$

轴刚度的基准值计算如下：

$$\begin{cases} k_{\text{base.el}} = \dfrac{S_{\text{base}}}{\omega_{\text{base.el}}\theta_{\text{base.el}}} \\ k_{\text{base.HS}} = \dfrac{S_{\text{base}}}{\omega_{\text{base.HS}}\theta_{\text{base.HS}}} \\ k_{\text{base.LS}} = \dfrac{S_{\text{base}}}{\omega_{\text{base.LS}}\theta_{\text{base.LS}}} \end{cases} \tag{2.20}$$

则轴刚度和转矩的标幺值为

$$k_{12} = \frac{k_{12\_N}}{k_{\text{base.LS}}} \tag{2.21}$$

$$k_{23} = \frac{k_{23\_N}}{k_{\text{base.HS}}} \tag{2.22}$$

$$T_{\text{w}} = \frac{T_{\text{w}\_N} \cdot \omega_0}{n_{\text{gear}} \cdot n_{\text{pp}} \cdot S_{\text{base}}} \tag{2.23}$$

$$T_{\text{e}} = \frac{T_{\text{e}\_N} \cdot \omega_{\text{b}}}{S_{\text{base}}} \tag{2.24}$$

上述各式中一些符号含义如表 2.3 所示。

表 2.3　上述各式中的符号含义

符　号	含　　义
H_1, H_2, H_3	1,2,3 号质量块的惯性常数,单位为秒(s),即转动惯量的标幺值
$\omega_{\text{b}}, \omega_{\text{base.el}}$	系统基准频率,电网基准频率
n_{pp}	发电机极对数
S_{base}	系统基准容量

经过标幺化以后的式(2.14)中的状态矩阵如下：

$$\boldsymbol{A}_{\text{M}} = \begin{bmatrix} 0 & 0 & 0 & \omega_{\text{b}} & 0 & 0 \\ 0 & 0 & 0 & 0 & \omega_{\text{b}} & 0 \\ 0 & 0 & 0 & 0 & 0 & \omega_{\text{b}} \\ -\dfrac{k_{12}}{2H_1} & \dfrac{k_{12}}{2H_1} & 0 & -\dfrac{D_1 + D_{12}}{2H_1} & \dfrac{D_{12}}{2H_1} & 0 \\ \dfrac{k_{12}}{2H_2} & -\dfrac{k_{12} + k_{23}}{2H_2} & \dfrac{k_{23}}{2H_2} & \dfrac{D_{12}}{2H_2} & -\dfrac{D_2 + D_{12} + D_{23}}{2H_2} & \dfrac{D_{23}}{2H_2} \\ 0 & \dfrac{k_{23}}{2H_3} & -\dfrac{k_{23}}{2H_3} & 0 & \dfrac{D_{23}}{2H_3} & -\dfrac{D_3 + D_{23}}{2H_3} \end{bmatrix};$$

$$\boldsymbol{B}_{\mathrm{M}}=\begin{bmatrix}0 & 0 & 0 & \frac{1}{2H_1} & 0 & 0\\ 0 & 0 & 0 & 0 & 0 & -\frac{1}{2H_3}\end{bmatrix}^{\mathrm{T}};\ \boldsymbol{C}_{\mathrm{M}}=\begin{bmatrix}0 & 0 & 1 & 0 & 0 & 0\\ 0 & 0 & 0 & 0 & 0 & 1\end{bmatrix};\ \boldsymbol{D}_{\mathrm{M}}=\boldsymbol{0}_{2\times 2}。$$

2.2.3　轴系模型的其他描述方法——两质量块和单质量块模型

目前大部分研究中，将风力机的机械旋转部分简化等效为两质量模型或单质量块模型。类似于三质量块模型的运动方程，这里给出其他轴系模型的数学表达。

式(2.25)至式(2.31)给出了两质量块模型的标幺值标准状态空间模型。

$$\Delta\boldsymbol{X}_{\mathrm{M}}=[\Delta\theta_1\quad \Delta\theta_2\quad \Delta\omega_1\quad \Delta\omega_2]^{\mathrm{T}} \tag{2.25}$$

$$\Delta\boldsymbol{Y}_{\mathrm{M}}=[\Delta\theta_2\quad \Delta\omega_2]^{\mathrm{T}} \tag{2.26}$$

$$\Delta\boldsymbol{u}_{\mathrm{M}}=[\Delta T_{\mathrm{w}}\quad \Delta T_{\mathrm{e}}]^{\mathrm{T}} \tag{2.27}$$

$$\boldsymbol{A}_{\mathrm{M}}=\begin{bmatrix}0 & 0 & \omega_{\mathrm{b}} & 0\\ 0 & 0 & 0 & \omega_{\mathrm{b}}\\ -\frac{k_{12}}{2H_1} & \frac{k_{12}}{2H_1} & -\frac{D_1+D_{12}}{2H_1} & \frac{D_{12}}{2H_1}\\ \frac{k_{12}}{2H_2} & -\frac{k_{12}}{2H_2} & \frac{D_{12}}{2H_2} & -\frac{D_2+D_{12}}{2H_2}\end{bmatrix} \tag{2.28}$$

$$\boldsymbol{B}_{\mathrm{M}}=\begin{bmatrix}0 & 0 & \frac{1}{2H_1} & 0\\ 0 & 0 & 0 & -\frac{1}{2H_1}\end{bmatrix}^{\mathrm{T}} \tag{2.29}$$

$$\boldsymbol{C}_{\mathrm{M}}=\begin{bmatrix}0 & 1 & 0 & 0\\ 0 & 0 & 0 & 1\end{bmatrix} \tag{2.30}$$

$$\boldsymbol{D}_{\mathrm{M}}=\boldsymbol{0}_{2\times 2} \tag{2.31}$$

式(2.32)至式(2.38)是单质量块模型的标幺值状态空间模型。

$$\Delta\boldsymbol{X}_{\mathrm{M}}=[\Delta\theta\quad \Delta\omega]^{\mathrm{T}} \tag{2.32}$$

$$\Delta\boldsymbol{Y}_{\mathrm{M}}=[\Delta\theta\quad \Delta\omega]^{\mathrm{T}} \tag{2.33}$$

$$\Delta\boldsymbol{u}_{\mathrm{M}}=[\Delta T_{\mathrm{w}}\quad \Delta T_{\mathrm{e}}]^{\mathrm{T}} \tag{2.34}$$

$$\boldsymbol{A}_{\mathrm{M}}=\begin{bmatrix}0 & \omega_{\mathrm{b}}\\ 0 & -\frac{D_1}{2H_1}\end{bmatrix} \tag{2.35}$$

$$\boldsymbol{B}_{\mathrm{M}}=\begin{bmatrix}0 & 0\\ \dfrac{1}{2H_1} & -\dfrac{1}{2H_1}\end{bmatrix} \tag{2.36}$$

$$\boldsymbol{C}_{\mathrm{M}}=\begin{bmatrix}1 & 0\\ 0 & 1\end{bmatrix} \tag{2.37}$$

$$\boldsymbol{D}_{\mathrm{M}}=\boldsymbol{0}_{2\times 2} \tag{2.38}$$

2.3 双馈风电机组数学模型

图 2.3 为双馈风力发电系统单机-无穷大系统拓扑结构。双馈风机叶片经过齿轮箱与感应发电机高速转子轴相连,感应电机机侧和网侧通过“背靠背”PWM 变流器双向输送功率,可实现感应电机的四象限运行,提高双馈风电机组的转换效率和稳定运行。

在研究中,还需要较为详细的变流器的状态空间模型。变流器的模型包括直流侧、机侧控制和网侧控制三个部分,如图 2.4 所示。

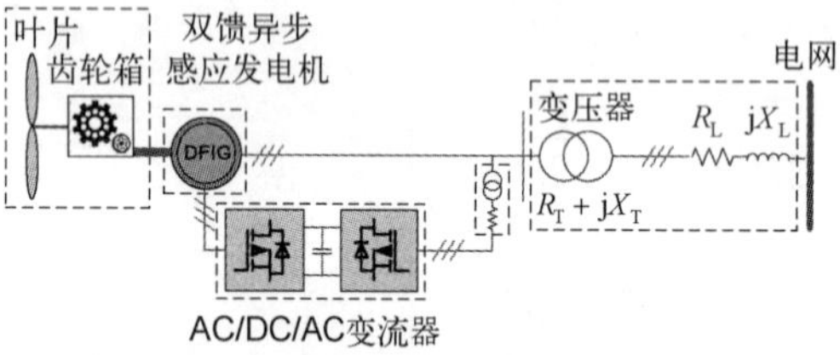

图 2.3 双馈风力发电系统并网结构图

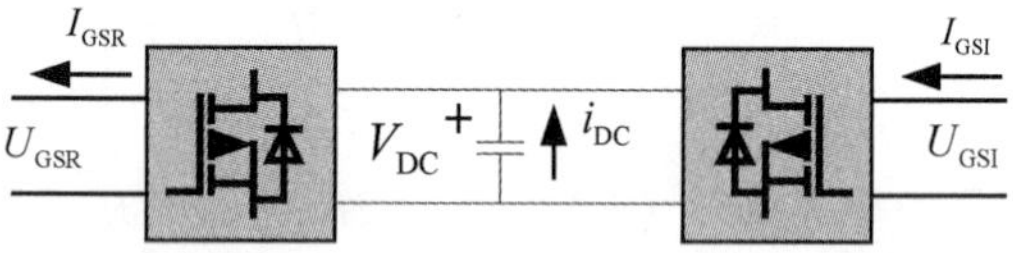

图 2.4 双馈风机变流器等效电路示意图

2.3.1 感应发电机五阶暂态模型

双馈风电机组一般采用绕线式的感应发电机,其中转子电路外接变流器,转子电压由变流器提供。将机轴的机械功率转换为电气功率。在同步发电机中,转子速度与定子磁场的旋转速度相同,可只将定子量转换至 dq 坐标系,转子量本身与坐标系同速旋转。而在异步发电机中,转子转速和定子磁场的旋转速度不同,存在一个滑差。因此,若要建立感应发电机在 dq 坐标系中的方程,必须要先确定参考坐标系。通常,常用的参考坐标系有转子坐标系(坐标系与转子同步旋转),定子坐标系(坐标系与定子磁场同步旋转,且 d 轴与磁场夹角为 0°)以及同步旋转坐标系(坐标系与定子磁场同步旋转)。各种参考坐标系的适用范围,可以参考 Matlab 中关于异步电机模型的帮助文档。在小信号分析中,假设定子和转子电路都是三相平衡的,即没有零序分量,这里采用同步旋转坐标系。变换到同步旋转坐标系的标幺值感应发电机状态方程如式(2.39)所示:

$$\begin{cases}u_{qs}=R_{\mathrm{s}}i_{qs}+\omega_{\mathrm{s}}\psi_{ds}+\dot{\psi}_{qs}/\omega_{\mathrm{b}}\\ u_{ds}=R_{\mathrm{s}}i_{ds}-\omega_{\mathrm{s}}\psi_{qs}+\dot{\psi}_{ds}/\omega_{\mathrm{b}}\\ u_{qr}=R_{\mathrm{r}}i_{qr}+s_{\mathrm{r}}\omega_{\mathrm{s}}\psi_{dr}+\dot{\psi}_{qr}/\omega_{\mathrm{b}}\\ u_{dr}=R_{\mathrm{r}}i_{dr}-s_{\mathrm{r}}\omega_{\mathrm{s}}\psi_{qr}+\dot{\psi}_{dr}/\omega_{\mathrm{b}}\end{cases} \tag{2.39}$$

在式(2.39)中,采用电动机规则,即电流方向均以流入发电机定子或转子为正。$\omega_s\psi_{ds}$、$\omega_s\psi_{qs}$ 即为 $\psi_{ds}p\theta_e$、$\psi_{qs}p\theta_e$,$s_r\omega_s\psi_{dr}$、$s_r\omega_s\psi_{qr}$ 即为 $\psi_{dr}p\theta_r$、$\psi_{qr}p\theta_r$,这部分电动势对应磁链空间的变化,称为动生电动势或速度电动势;而 $\dot{\psi}_{qs}$,$\dot{\psi}_{ds}$,$\dot{\psi}_{qr}$,$\dot{\psi}_{dr}$ 对应磁链随时间的变化,称为感生电动势或变压器电动势。

磁链和电流之间的关系如式(2.40)所示:

$$\begin{cases}\psi_{qs} = (X_s + X_m)i_{qs} + X_m i_{qr} \\ \psi_{ds} = (X_s + X_m)i_{ds} + X_m i_{dr} \\ \psi_{qr} = (X_r + X_m)i_{qr} + X_m i_{qs} \\ \psi_{dr} = (X_r + X_m)i_{dr} + X_m i_{ds}\end{cases} \tag{2.40}$$

式(2.40)经过线性化可以转化为式(2.41)的形式。

$$\begin{bmatrix}\Delta i_{qs} \\ \Delta i_{ds} \\ \Delta i_{qr} \\ \Delta i_{dr}\end{bmatrix} = \begin{bmatrix}\frac{X_{rr}}{D} & 0 & -\frac{X_m}{D} & 0 \\ 0 & \frac{X_{rr}}{D} & 0 & -\frac{X_m}{D} \\ -\frac{X_m}{D} & 0 & \frac{X_{ss}}{D} & 0 \\ 0 & -\frac{X_m}{D} & 0 & \frac{X_{ss}}{D}\end{bmatrix}\begin{bmatrix}\Delta\psi_{qs} \\ \Delta\psi_{ds} \\ \Delta\psi_{qr} \\ \Delta\psi_{dr}\end{bmatrix} \tag{2.41}$$

其中,$D = X_s X_r + (X_s + X_r)X_m$。式(2.39)至式(2.41)中的各符号含义如表 2.4 所示。

表 2.4　感应发电机电气参数

参 数 符 号	含　义
X_s, R_s	定子绕组漏电感/电抗,电阻标幺值
X_r, R_r	转子绕组漏电感/电抗,电阻标幺值
X_m	励磁电抗标幺值
$X_{ss} = X_s + X_m$	定子绕组自电感/电抗标幺值
$X_{rr} = X_r + X_m$	转子绕组自电感/电抗标幺值
s_r	转子滑差

把式(2.41)代入式(2.39),可以得到以磁链为状态变量的感应发电机状态空间模型,与发电机转子的运动方程一起构成了发电机的五阶暂态模型。发电机的电磁转矩为

$$T_e = \frac{P_{airgap}}{(1 - s_r)\omega_s} = \frac{1}{1 - s_r}(-i_{ds}\psi_{qs} + i_{qs}\psi_{ds} - s_r i_{dr}\psi_{qr} + s_r i_{qr}\psi_{dr}) \tag{2.42}$$

把式(2.41)代入式(2.42),得

$$T_e = \psi_{qr}i_{dr} - \psi_{dr}i_{qr} \tag{2.43}$$

或

$$T_e = X_m(i_{qs}i_{dr} - i_{ds}i_{qr}) \tag{2.44}$$

线性化后状态方程如式(2.45)所示,下标 G 表示发电机。

$$\begin{cases}\Delta\dot{\boldsymbol{X}}_G = \boldsymbol{A}_G\Delta\boldsymbol{X}_G + \boldsymbol{B}_G\Delta\boldsymbol{u}_G \\ \Delta\boldsymbol{Y}_G = \boldsymbol{C}_G\Delta\boldsymbol{X}_G + \boldsymbol{D}_G\Delta\boldsymbol{u}_G\end{cases} \tag{2.45}$$

其中, $\Delta\boldsymbol{X}_G = [\Delta\psi_{qs} \quad \Delta\psi_{ds} \quad \Delta\psi_{qr} \quad \Delta\psi_{dr}]^T$; $\Delta\boldsymbol{Y}_G = [\Delta i_{qs} \quad \Delta i_{ds} \quad \Delta T_e]^T$; $\Delta\boldsymbol{u}_G = [\Delta u_{qs} \quad \Delta u_{ds} \quad \Delta u_{qr} \quad \Delta u_{dr} \quad \Delta\omega_r]^T$;

$$\boldsymbol{A}_G = \begin{bmatrix} -\frac{\omega_b R_s X_{rr}}{D} & -\omega_s\omega_b & \frac{\omega_b R_s X_m}{D} & 0 \\ \omega_s\omega_b & -\frac{\omega_b R_s X_{rr}}{D} & 0 & \frac{\omega_b R_s X_m}{D} \\ \frac{\omega_b R_r X_m}{D} & 0 & -\frac{\omega_b R_r X_{ss}}{D} & -s_{r0}\omega_s\omega_b \\ 0 & \frac{\omega_b R_r X_m}{D} & s_{r0}\omega_s\omega_b & -\frac{\omega_b R_r X_{ss}}{D} \end{bmatrix};$$

$$\boldsymbol{B}_G = \begin{bmatrix} \omega_b & 0 & 0 & 0 & 0 \\ 0 & \omega_b & 0 & 0 & 0 \\ 0 & 0 & \omega_b & 0 & \omega_s\omega_b\psi_{dr0} \\ 0 & 0 & 0 & \omega_b & -\omega_s\omega_b\psi_{qr0} \end{bmatrix};$$

$$\boldsymbol{C}_G = \begin{bmatrix} \frac{X_{rr}}{D} & 0 & -\frac{X_m}{D} & 0 \\ 0 & \frac{X_{rr}}{D} & 0 & -\frac{X_m}{D} \\ \frac{X_m}{D}\psi_{dr0} & -\frac{X_m}{D}\psi_{qr0} & -\frac{X_m}{D}\psi_{ds0} & \frac{X_m}{D}\psi_{qs0} \end{bmatrix}; \boldsymbol{D}_G = \boldsymbol{0}_{3\times5}。$$

2.3.2 感应发电机三阶简化模型

小干扰稳定分析中,经常忽略定子磁通和电流暂态过程,采用感应发电机三阶简化模型。感应发电机三阶简化模型的依据是用暂态阻抗 Z' 后的暂态电压源 $E' = e'_d + je'_q$ 来表示感应发电机,暂态电抗 Z' 的定义:

$$\begin{cases} Z' = R_s + jX' \\ X' = X_s + X_m /\!/ X_r = X_s + \frac{X_m X_r}{X_m + X_r} \end{cases} \tag{2.46}$$

与同步机类似,暂态电压源可以使用下述定义:

$$\begin{cases} e'_d = -\dfrac{\omega_s X_m}{X_{rr}\psi_{qr}} \\ e'_q = \dfrac{\omega_s X_m}{X_{rr}\psi_{dr}} \end{cases} \tag{2.47}$$

忽略式(2.39)中的定子暂态磁通量，即

$$\frac{d\psi_{ds}}{dt} = \frac{d\psi_{qs}}{dt} = 0 \tag{2.48}$$

则式(2.39)中定子电压方程可转化成式(2.49)、式(2.50)的形式：

$$\begin{aligned} u_{qs} &= R_s i_{qs} + \omega_s \psi_{ds} = R_s i_{qs} + \omega_s (X_{ss} i_{ds} + X_m i_{dr}) = R_s i_{qs} + \frac{\omega_s}{X_{rr}}(X_{ss}X_{rr} - X_m^2) i_{ds} + \frac{\omega_s X_m}{X_{rr}} \psi_{dr} \\ &= R_s i_{qs} + X' i_{ds} + e'_q \end{aligned} \tag{2.49}$$

$$\begin{aligned} u_{ds} &= R_s i_{ds} - \omega_s \psi_{qs} = R_s i_{ds} - \omega_s (X_{ss} i_{qs} + X_m i_{qr}) = R_s i_{ds} - \frac{\omega_s}{X_{rr}}(X_{ss}X_{rr} - X_m^2) i_{qs} - \frac{\omega_s X_m}{X_{rr}} \psi_{qr} \\ &= R_s i_{ds} - X' i_{qs} + e'_d \end{aligned} \tag{2.50}$$

则 i_{qs} 和 i_{ds} 可以写为 e'_q 和 e'_d 的表达式，如式(2.51)所示：

$$\begin{bmatrix} i_{qs} \\ i_{ds} \end{bmatrix} = \begin{bmatrix} -\dfrac{R_s}{R_s^2 + X'^2} & \dfrac{X'}{R_s^2 + X'^2} \\ -\dfrac{X'}{R_s^2 + X'^2} & -\dfrac{R_s}{R_s^2 + X'^2} \end{bmatrix} \begin{bmatrix} e'_q \\ e'_d \end{bmatrix} + \begin{bmatrix} \dfrac{R_s}{R_s^2 + X'^2} & -\dfrac{X'}{R_s^2 + X'^2} \\ \dfrac{X'}{R_s^2 + X'^2} & \dfrac{R_s}{R_s^2 + X'^2} \end{bmatrix} \begin{bmatrix} u_{qs} \\ u_{ds} \end{bmatrix} \tag{2.51}$$

将式(2.47)代入式(2.40)中的转子磁链方程，可得

$$\begin{cases} i_{qr} = -\dfrac{1}{(\omega_s X_m) e'_d} - \dfrac{X_m}{X_{rr}} i_{qs} \\ i_{dr} = \dfrac{1}{(\omega_s X) e'_q} - \dfrac{X_m}{X_{rr}} i_{ds} \end{cases} \tag{2.52}$$

将式(2.53)代入式(2.39)的转子电压方程中，得

$$\begin{aligned} \begin{bmatrix} \dot{e}'_q \\ \dot{e}'_d \end{bmatrix} = & \begin{bmatrix} -\dfrac{\omega_b R_r}{X_{rr}} & -s_r \omega_b \omega_s \\ s_r \omega_b \omega_s & -\dfrac{\omega_b R_r}{X_{rr}} \end{bmatrix} \begin{bmatrix} e'_q \\ e'_d \end{bmatrix} + \begin{bmatrix} 0 & \dfrac{\omega_b \omega_s X_m}{X_{rr}} \\ -\dfrac{\omega_b \omega_s X_m}{X_{rr}} & 0 \end{bmatrix} \begin{bmatrix} u_{qr} \\ u_{dr} \end{bmatrix} + \\ & \begin{bmatrix} 0 & \dfrac{\omega_b \omega_s R_r X_m^2}{X_{rr}^2} \\ -\dfrac{\omega_b \omega_s R_r X_m^2}{X_{rr}^2} & 0 \end{bmatrix} \begin{bmatrix} i_{qs} \\ i_{ds} \end{bmatrix} \end{aligned} \tag{2.53}$$

再将式(2.51)代入式(2.53)中,引入单笼型感应发电机暂态开路时间常数 $T'_0=\dfrac{X_m+X_r}{\omega_b R_r}$,可以得到式(2.54):

$$\begin{bmatrix}\dot{e}'_q\\ \dot{e}'_d\end{bmatrix}=\begin{bmatrix}-\dfrac{1}{T'_0}\left(1+\dfrac{\omega_s X' X_m^2}{X_{rr}\mid Z'\mid^2}\right) & -s_r\omega_b\omega_s-\dfrac{\omega_s R_s X_m^2}{T'_0 X_{rr}\mid Z'\mid^2}\\ s_r\omega_b\omega_s+\dfrac{\omega_s R_s X_m^2}{T'_0 X_{rr}\mid Z'\mid^2} & -\dfrac{1}{T'_0}\left(1+\dfrac{\omega_s X' X_m^2}{X_{rr}\mid Z'\mid^2}\right)\end{bmatrix}\begin{bmatrix}e'_q\\ e'_d\end{bmatrix}+$$

$$\begin{bmatrix}\dfrac{\omega_s X' X_m^2}{T'_0 X_{rr}\mid Z'\mid^2} & \dfrac{\omega_s R_s X_m^2}{T'_0 X_{rr}\mid Z'\mid^2} & 0 & \dfrac{\omega_b\omega_s X_m}{X_{rr}}\\ -\dfrac{\omega_s R_s X_m^2}{T'_0 X_{rr}\mid Z'\mid^2} & \dfrac{\omega_s X' X_m^2}{T'_0 X_{rr}\mid Z'\mid^2} & -\dfrac{\omega_b\omega_s X_m}{X_{rr}} & 0\end{bmatrix}\begin{bmatrix}u_{qs}\\ u_{ds}\\ u_{qr}\\ u_{dr}\end{bmatrix} \tag{2.54}$$

式(2.54)线性化可得到感应发电机的三阶暂态小信号模型。注意线性化时式(2.54)的第一项中多出 $-\omega_b\omega_s e'_{d0}\Delta s_r$ 和 $\omega_b\omega_s e'_{q0}\Delta s_r$,又因为 $\Delta s_r=-\Delta\omega_r$,则在线性化状态空间中添加输入 $\Delta\omega_r$,得到最终的线性化方程为

$$\begin{bmatrix}\Delta\dot{e}'_q\\ \Delta\dot{e}'_d\end{bmatrix}=\begin{bmatrix}-\dfrac{1}{T'_0}\left(1+\dfrac{\omega_s X' X_m^2}{X_{rr}\mid Z'\mid^2}\right) & -s_r\omega_b\omega_s-\dfrac{\omega_s R_s X_m^2}{T'_0 X_{rr}\mid Z'\mid^2}\\ s_r\omega_b\omega_s+\dfrac{\omega_s R_s X_m^2}{T'_0 X_{rr}\mid Z'\mid^2} & -\dfrac{1}{T'_0}\left(1+\dfrac{\omega_s X' X_m^2}{X_{rr}\mid Z'\mid^2}\right)\end{bmatrix}\begin{bmatrix}\Delta e'_q\\ \Delta e'_d\end{bmatrix}+$$

$$\begin{bmatrix}\dfrac{\omega_s X' X_m^2}{T'_0 X_{rr}\mid Z'\mid^2} & \dfrac{\omega_s R_s X_m^2}{T'_0 X_{rr}\mid Z'\mid^2} & 0 & \dfrac{\omega_b\omega_s X_m}{X_{rr}} & \omega_b\omega_s e'_{d0}\\ -\dfrac{\omega_s R_s X_m^2}{T'_0 X_{rr}\mid Z'\mid^2} & \dfrac{\omega_s X' X_m^2}{T'_0 X_{rr}\mid Z'\mid^2} & -\dfrac{\omega_b\omega_s X_m}{X_{rr}} & 0 & -\omega_b\omega_s e'_{q0}\end{bmatrix}\begin{bmatrix}\Delta u_{qs}\\ \Delta u_{ds}\\ \Delta u_{qr}\\ \Delta u_{dr}\\ \Delta\omega_r\end{bmatrix} \tag{2.55}$$

三阶模型中电磁转矩表达式为

$$\begin{aligned}T_e&=\frac{1}{\omega_s}(e'_d i_{ds}+e'_q i_{qs})\\&=\frac{1}{\omega_s\mid Z'\mid^2}[-R_s(e'^2_q+e'^2_d)+e'_d(X'u_{qs}+R_s u_{ds})+e'_q(R_s u_{qs}-X'u_{ds})]\end{aligned} \tag{2.56}$$

式(2.51)和式(2.56)构成了三阶状态空间模型的输出,经过线性化以后,与式(2.55)一起构成了感应发电机三阶标准状态方程(转子的运动方程已包含在轴系模型中):

$$\begin{cases}\Delta\dot{\boldsymbol{X}}_G=\boldsymbol{A}_G\Delta\boldsymbol{X}_G+\boldsymbol{B}_G\Delta\boldsymbol{u}_G\\ \Delta\boldsymbol{Y}_G=\boldsymbol{C}_G\Delta\boldsymbol{X}_G+\boldsymbol{D}_G\Delta\boldsymbol{u}_G\end{cases} \tag{2.57}$$

其中，$\Delta\boldsymbol{X}_{\mathrm{G}}=[\Delta e'_q \quad \Delta e'_d]^{\mathrm{T}}$；$\Delta\boldsymbol{Y}_{\mathrm{G}}=[\Delta i_{qs} \quad \Delta i_{ds} \quad \Delta T_{\mathrm{e}}]^{\mathrm{T}}$；$\Delta\boldsymbol{u}_{\mathrm{G}}=[\Delta u_{qs} \quad \Delta u_{ds} \quad \Delta u_{qr} \quad \Delta u_{dr} \quad \Delta\omega_{\mathrm{r}}]^{\mathrm{T}}$；

$$\boldsymbol{A}_{\mathrm{G}}=\begin{bmatrix} -\dfrac{1}{T'_0}\left(1+\dfrac{\omega_{\mathrm{s}}X'X_{\mathrm{m}}^2}{X_{\mathrm{rr}}|Z'|^2}\right) & -s_{\mathrm{r0}}\omega_{\mathrm{b}}\omega_{\mathrm{s}}-\dfrac{\omega_{\mathrm{s}}R_{\mathrm{s}}X_{\mathrm{m}}^2}{T'_0X_{\mathrm{rr}}|Z'|^2} \\ s_{\mathrm{r0}}\omega_{\mathrm{b}}\omega_{\mathrm{s}}+\dfrac{\omega_{\mathrm{s}}R_{\mathrm{s}}X_{\mathrm{m}}^2}{T'_0X_{\mathrm{rr}}|Z'|^2} & -\dfrac{1}{T'_0}\left(1+\dfrac{\omega_{\mathrm{s}}X'X_{\mathrm{m}}^2}{X_{\mathrm{rr}}|Z'|^2}\right) \end{bmatrix};$$

$$\boldsymbol{B}_{\mathrm{G}}=\begin{bmatrix} \dfrac{\omega_{\mathrm{s}}X'X_{\mathrm{m}}^2}{T'_0X_{\mathrm{rr}}|Z'|^2} & \dfrac{\omega_{\mathrm{s}}R_{\mathrm{s}}X_{\mathrm{m}}^2}{T'_0X_{\mathrm{rr}}|Z'|^2} & 0 & \dfrac{\omega_{\mathrm{b}}\omega_{\mathrm{s}}X_{\mathrm{m}}}{X_{\mathrm{rr}}} & \omega_{\mathrm{b}}\omega_{\mathrm{s}}e'_{d0} \\ -\dfrac{\omega_{\mathrm{s}}R_{\mathrm{s}}X_{\mathrm{m}}^2}{T'_0X_{\mathrm{rr}}|Z'|^2} & \dfrac{\omega_{\mathrm{s}}X'X_{\mathrm{m}}^2}{T'_0X_{\mathrm{rr}}|Z'|^2} & -\dfrac{\omega_{\mathrm{b}}\omega_{\mathrm{s}}X_{\mathrm{m}}}{X_{\mathrm{rr}}} & 0 & -\omega_{\mathrm{b}}\omega_{\mathrm{s}}e'_{q0} \end{bmatrix};$$

$$\boldsymbol{C}_{\mathrm{G}}=\begin{bmatrix} -\dfrac{R_{\mathrm{s}}}{|Z'|^2} & \dfrac{X'}{|Z'|^2} \\ -\dfrac{X}{|Z'|^2} & -\dfrac{R_{\mathrm{s}}}{|Z'|^2} \\ -2R_{\mathrm{s}}e'_{q0}+R_{\mathrm{s}}u_{qs0}-X'u_{ds0} & -2R_{\mathrm{s}}e'_{d0}+X'u_{qs0}+R_{\mathrm{s}}u_{ds0} \end{bmatrix};$$

$$\boldsymbol{D}_{\mathrm{G}}=\begin{bmatrix} \dfrac{R_{\mathrm{s}}}{|Z'|^2} & -\dfrac{X'}{|Z'|^2} & 0 & 0 & 0 \\ \dfrac{X'}{|Z'|^2} & \dfrac{R_{\mathrm{s}}}{|Z'|^2} & 0 & 0 & 0 \\ X'e'_{d0}+R_{\mathrm{s}}e'_{q0} & R_{\mathrm{s}}e'_{d0}-X'e'_{q0} & 0 & 0 & 0 \end{bmatrix}。$$

若需要从外部观察转子电流，如在双馈发电机中需测量转子电流进行控制，即

$$\Delta\boldsymbol{Y}_{\mathrm{G}}=[\Delta i_{qs} \quad \Delta i_{ds} \quad \Delta i_{qr} \quad \Delta i_{dr} \quad \Delta T_{\mathrm{e}}]^{\mathrm{T}} \tag{2.58}$$

则输出矩阵为

$$\boldsymbol{C}_{\mathrm{G}}=\begin{bmatrix} -\dfrac{R_{\mathrm{s}}}{|Z'|^2} & \dfrac{X'}{|Z'|^2} \\ -\dfrac{X'}{|Z'|^2} & -\dfrac{R_{\mathrm{s}}}{|Z'|^2} \\ \dfrac{R_{\mathrm{s}}X_{\mathrm{m}}}{X_{\mathrm{rr}}|Z'|^2} & -\dfrac{1}{\omega_{\mathrm{s}}X_{\mathrm{m}}}-\dfrac{X_{\mathrm{m}}X'}{X_{\mathrm{rr}}|Z'|^2} \\ \dfrac{1}{\omega_{\mathrm{s}}X_{\mathrm{m}}}+\dfrac{X_{\mathrm{m}}X'}{X_{\mathrm{rr}}|Z'|^2} & \dfrac{R_{\mathrm{s}}X_{\mathrm{m}}}{X_{\mathrm{rr}}|Z'|^2} \\ -2R_{\mathrm{s}}e'_{q0}+R_{\mathrm{s}}u_{qs0}-X'u_{ds0} & -2R_{\mathrm{s}}e'_{d0}+X'u_{qs0}+R_{\mathrm{s}}u_{ds0} \end{bmatrix} \tag{2.59}$$

$$\boldsymbol{D}_{\mathrm{G}}=\begin{bmatrix} \dfrac{R_{\mathrm{s}}}{|Z'|^2} & -\dfrac{X'}{|Z'|^2} & 0 & 0 & 0 \\ \dfrac{X'}{|Z'|^2} & \dfrac{R_{\mathrm{s}}}{|Z'|^2} & 0 & 0 & 0 \\ -\dfrac{R_{\mathrm{s}}X_{\mathrm{m}}}{X_{\mathrm{rr}}|Z'|^2} & \dfrac{X'X_{\mathrm{m}}}{X_{\mathrm{rr}}|Z'|^2} & 0 & 0 & 0 \\ -\dfrac{X'X_{\mathrm{m}}}{X_{\mathrm{rr}}|Z'|^2} & -\dfrac{R_{\mathrm{s}}X_{\mathrm{m}}}{X_{\mathrm{rr}}|Z'|^2} & 0 & 0 & 0 \\ X'e'_{d0}+R_{\mathrm{s}}e'_{q0} & R_{\mathrm{s}}e'_{d0}-X'e'_{q0} & 0 & 0 & 0 \end{bmatrix} \tag{2.60}$$

与五阶模型相比，三阶模型忽略了定子磁通和电流的暂态量，采用暂态电压作为状态变量，状态变量从 4 个降至 2 个（转子转速已考虑在轴系模型内），方程阶次降低。在进行小信号稳定性分析时，可以认为三阶模型的假设是合理的。

2.3.3 双馈风电机组的 AC/DC/AC 变流器模型

1. 直流侧电容器状态方程

按照图 2.4 规定的电流正方向，变流器机侧有功功率 P_{r} 等于变流器网侧有功功率 P_{g} 与直流侧的有功损耗 P_{DC} 之和，即

$$P_{\mathrm{r}}=P_{\mathrm{g}}+P_{\mathrm{DC}} \tag{2.61}$$

功率可以表示为

$$P_{\mathrm{r}}=u_{d\mathrm{r}}i_{d\mathrm{r}}+u_{q\mathrm{r}}i_{q\mathrm{r}} \tag{2.62}$$

$$P_{\mathrm{g}}=u_{d\mathrm{g}}i_{d\mathrm{g}}+u_{q\mathrm{g}}i_{q\mathrm{g}} \tag{2.63}$$

$$P_{\mathrm{DC}}=V_{\mathrm{DC}}i_{\mathrm{DC}}=-CV_{\mathrm{DC}}\dot{V}_{\mathrm{DC}} \tag{2.64}$$

将式(2.62)至式(2.64)代入式(2.61)中，变流器直流侧的模型可以表示为

$$CV_{\mathrm{DC}}\dot{V}_{\mathrm{DC}}=u_{d\mathrm{g}}i_{d\mathrm{g}}+u_{q\mathrm{g}}i_{q\mathrm{g}}-(u_{d\mathrm{r}}i_{d\mathrm{r}}+u_{q\mathrm{r}}i_{q\mathrm{r}}) \tag{2.65}$$

需要注意的是，式(2.61)和式(2.65)描述的是直流侧和交流侧电气量有名值之间的关系，若要在直流侧定义其基准值，如式(2.66)所示：

$$\begin{cases} S_{\mathrm{dcbase}}=S_{\mathrm{base}} \\ U_{\mathrm{dcbase}}=\sqrt{3}\,U_{\mathrm{base}} \end{cases} \tag{2.66}$$

其中，下标 dc 表示其为直流侧的标幺值。则电流和阻抗、电容的标幺值为

$$\begin{cases} I_{\mathrm{dcbase}}=S_{\mathrm{dcbase}}/U_{\mathrm{dcbase}}=S_{\mathrm{base}}/(\sqrt{3}\,U_{\mathrm{base}})=I_{\mathrm{base}} \\ Z_{\mathrm{dcbase}}=U_{\mathrm{dcbase}}/I_{\mathrm{dcbase}}=3U_{\mathrm{base}}^2/S_{\mathrm{base}}=3Z_{\mathrm{base}} \\ C_{\mathrm{dcbase}}=1/(\omega_{\mathrm{base}}Z_{\mathrm{dcbase}})=1/(3C_{\mathrm{base}}) \end{cases} \tag{2.67}$$

将式(2.65)两侧同时除以 $S_{\mathrm{dcbase}}(S_{\mathrm{base}})$，并线性化后，得到标幺值表示的方程：

$$\Delta\dot{V}_{\mathrm{DC}} = [\omega_{\mathrm{base}}(\Delta P_{\mathrm{g}} - \Delta P_{\mathrm{r}}) - C\dot{V}_{\mathrm{DC0}}\Delta V_{\mathrm{DC}}]/(CV_{\mathrm{DC0}}) \tag{2.68}$$

其中，$\Delta P_{\mathrm{g}} = i_{dg0}\Delta u_{dg} + u_{dg0}\Delta i_{dg} + i_{qg0}\Delta u_{qg} + u_{qg0}\Delta i_{qg}$；$\Delta P_{\mathrm{r}} = i_{dr0}\Delta u_{dr} + u_{dr0}\Delta i_{dr} + i_{qr0}\Delta u_{qr} + u_{qr0}\Delta i_{qr}$；$\dot{V}_{\mathrm{DC0}} = 0$。

则变流器直流侧状态空间方程如式(2.69)所示，下标 DC 表示直流侧电容。

$$\begin{cases}\Delta\dot{\boldsymbol{X}}_{\mathrm{DC}} = \boldsymbol{A}_{\mathrm{DC}}\Delta\boldsymbol{X}_{\mathrm{DC}} + \boldsymbol{B}_{\mathrm{DC}}\Delta\boldsymbol{u}_{\mathrm{DC}}\\ \Delta\boldsymbol{Y}_{\mathrm{DC}} = \boldsymbol{C}_{\mathrm{DC}}\Delta\boldsymbol{X}_{\mathrm{DC}} + \boldsymbol{D}_{\mathrm{DC}}\Delta\boldsymbol{u}_{\mathrm{DC}}\end{cases} \tag{2.69}$$

其中，$\Delta\boldsymbol{X}_{\mathrm{DC}} = \Delta\boldsymbol{Y}_{\mathrm{DC}} = [\Delta V_{\mathrm{DC}}]^{\mathrm{T}}$；$\Delta\boldsymbol{u}_{\mathrm{DC}} = [\Delta u_{qg}, \Delta u_{dg}, \Delta i_{qg}, \Delta i_{dg}, \Delta u_{qr}, \Delta u_{dr}, \Delta i_{qr}, \Delta i_{dr}]^{\mathrm{T}}$；$\boldsymbol{A}_{\mathrm{DC}} = \boldsymbol{0}_{1\times1}$；$\boldsymbol{B}_{\mathrm{DC}} = [i_{qg}, i_{dg}, u_{qg}, u_{dg}, -i_{qr}, -i_{dr}, -u_{qr}, -u_{dr}]$；$\boldsymbol{C}_{\mathrm{DC}} = \boldsymbol{I}_{1\times1}$；$\boldsymbol{D}_{\mathrm{DC}} = \boldsymbol{0}_{1\times8}$。

2. 机侧变流器控制方程

1）机侧变流器基本控制算法

机侧变流器主要目标是控制 DFIG 的有功功率和机端电压。机侧控制采用基于定子磁链定向的矢量控制，本书统一采用 d 轴与定子磁链方向重合的坐标系。其中有功和电压分别通过 u_{qr} 和 u_{dr} 来控制。基本控制框图如图 2.5 所示。

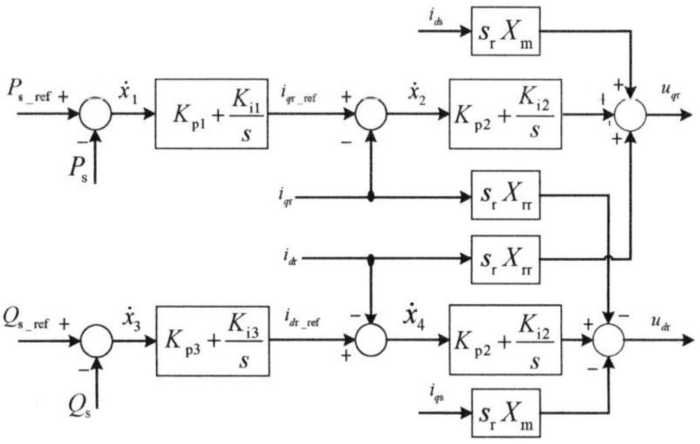

图 2.5　并网双馈风电机组机侧控制策略

忽略变流器的开关频率，即假设开关频率无穷大，需要控制的量跟随设定值，则控制流程可以简化为式(2.70)至式(2.77)所示。

$$\dot{x}_1 = P_{\mathrm{s\_ref}} - P_{\mathrm{s}} = P_{\mathrm{s\_ref}} - (i_{ds}u_{ds} + i_{qs}u_{qs}) \tag{2.70}$$

$$i_{qr\_\mathrm{ref}} = K_{\mathrm{p1}}(P_{\mathrm{s\_ref}} - P_{\mathrm{s}}) + K_{\mathrm{i1}}x_1 \tag{2.71}$$

$$\dot{x}_2 = i_{qr\_\mathrm{ref}} - i_{qr} = K_{\mathrm{p1}}(P_{\mathrm{s\_ref}} - P_{\mathrm{s}}) + K_{\mathrm{i1}}x_1 - i_{qr} \tag{2.72}$$

$$\dot{x}_3 = Q_{\mathrm{s\_ref}} - Q_{\mathrm{s}} = Q_{\mathrm{s\_ref}} - (i_{ds}u_{qs} - i_{qs}u_{ds}) \tag{2.73}$$

$$i_{dr\_\mathrm{ref}} = K_{\mathrm{p3}}(Q_{\mathrm{s\_ref}} - Q_{\mathrm{s}}) + K_{\mathrm{i3}}x_3 \tag{2.74}$$

$$\dot{x}_4 = i_{dr\_\mathrm{ref}} - i_{dr} = K_{\mathrm{p3}}(Q_{\mathrm{s\_ref}} - Q_{\mathrm{s}}) + K_{\mathrm{i3}}x_3 - i_{dr} \tag{2.75}$$

$$u_{dr} = K_{\mathrm{p2}}[K_{\mathrm{p3}}(Q_{\mathrm{s\_ref}} - Q_{\mathrm{s}}) + K_{\mathrm{i3}}x_3 - i_{dr}] + K_{\mathrm{i2}}x_4 - s_{\mathrm{r}}X_{\mathrm{m}}i_{qs} - s_{\mathrm{r}}X_{\mathrm{rr}}i_{qr} \tag{2.76}$$

$$u_{qr} = K_{\mathrm{p2}}[K_{\mathrm{p1}}(P_{\mathrm{s\_ref}} - P_{\mathrm{s}}) + K_{\mathrm{i1}}x_1 - i_{qr}] + K_{\mathrm{i2}}x_2 + s_{\mathrm{r}}X_{\mathrm{m}}i_{ds} + s_{\mathrm{r}}X_{\mathrm{rr}}i_{dr} \tag{2.77}$$

在小信号模型中，上面各式需要线性化分析。在线性化中，有如下的关系：

$$\Delta P_{\mathrm{s\_ref}} = 0 \tag{2.78}$$

$$\Delta P_{\mathrm{s}} = i_{ds0}\Delta u_{ds} + u_{ds0}\Delta i_{ds} + i_{qs0}\Delta u_{qs} + u_{qs0}\Delta i_{qs} \tag{2.79}$$

$$\Delta Q_{\mathrm{s\_ref}} = 0 \tag{2.80}$$

$$\Delta Q_{\mathrm{s}} = i_{ds0}\Delta u_{qs} + u_{qs0}\Delta i_{ds} - i_{qs0}\Delta u_{ds} - u_{ds0}\Delta i_{qs} \tag{2.81}$$

则线性化以后的方程如式(2.82)至式(2.87)所示：

$$\Delta\dot{x}_1 = \Delta P_{\text{s\_ref}} - \Delta P_{\text{s}} = \Delta P_{\text{s\_ref}} - (i_{ds0}\Delta u_{ds} + u_{ds0}\Delta i_{ds} + i_{qs0}\Delta u_{qs} + u_{qs0}\Delta i_{qs}) \tag{2.82}$$

$$\begin{aligned}\Delta\dot{x}_2 &= K_{\text{p1}}(\Delta P_{\text{s\_ref}} - \Delta P_{\text{s}}) + K_{\text{i1}}\Delta x_1 - \Delta i_{qr}\\ &= K_{\text{p1}}\Delta P_{\text{s\_ref}} - K_{\text{p1}}(i_{ds0}\Delta u_{ds} + u_{ds0}\Delta i_{ds} + i_{qs0}\Delta u_{qs} + u_{qs0}\Delta i_{qs}) + K_{\text{i1}}\Delta x_1 - \Delta i_{qr}\end{aligned} \tag{2.83}$$

$$\Delta\dot{x}_3 = \Delta Q_{\text{s\_ref}} - \Delta Q_{\text{s}} = \Delta Q_{\text{s\_ref}} - (i_{ds0}\Delta u_{qs} + u_{qs0}\Delta i_{ds} - i_{qs0}\Delta u_{ds} - u_{ds0}\Delta i_{qs}) \tag{2.84}$$

$$\begin{aligned}\Delta\dot{x}_4 &= K_{\text{p3}}(\Delta Q_{\text{s\_ref}} - \Delta Q_{\text{s}}) + K_{\text{i3}}\Delta x_3 - \Delta i_{dr}\\ &= K_{\text{p3}}\Delta Q_{\text{s\_ref}} - K_{\text{p3}}(i_{ds0}\Delta u_{qs} + u_{qs0}\Delta i_{ds} - i_{qs0}\Delta u_{ds} - u_{ds0}\Delta i_{qs}) + K_{\text{i3}}\Delta x_3 - \Delta i_{dr}\end{aligned} \tag{2.85}$$

$$\begin{aligned}\Delta u_{qr} &= K_{\text{p2}}[K_{\text{p1}}(\Delta P_{\text{s\_ref}} - \Delta P_{\text{s}}) + K_{\text{i1}}\Delta x_1 - \Delta i_{qr}] + K_{\text{i2}}\Delta x_2 + X_{\text{m}}i_{ds0}\Delta s +\\ &\quad X_{\text{m}}s_0\Delta i_{ds} + X_{\text{rr}}i_{dr0}\Delta s + X_{\text{rr}}s_0\Delta i_{dr}\\ &= K_{\text{p2}}[K_{\text{p1}}\Delta P_{\text{s\_ref}} - K_{\text{p1}}(i_{ds0}\Delta u_{ds} + u_{ds0}\Delta i_{ds} + i_{qs0}\Delta u_{qs} + u_{qs0}\Delta i_{qs}) + K_{\text{i1}}\Delta x_1 - \Delta i_{qr}] +\\ &\quad K_{\text{i2}}\Delta x_2 + X_{\text{m}}i_{ds0}\Delta s_{\text{r}} + X_{\text{m}}s_{\text{r0}}\Delta i_{ds} + X_{\text{rr}}i_{dr0}\Delta s_{\text{r}} + X_{\text{rr}}s_{\text{r0}}\Delta i_{dr}\end{aligned} \tag{2.86}$$

$$\begin{aligned}\Delta u_{dr} &= K_{\text{p2}}[K_{\text{p3}}(\Delta Q_{\text{s\_ref}} - \Delta Q_{\text{s}}) + K_{\text{i3}}\Delta x_3 - \Delta i_{dr}] + K_{\text{i2}}\Delta x_4 - X_{\text{m}}i_{qs0}\Delta s -\\ &\quad X_{\text{m}}s_0\Delta i_{qs} - X_{\text{rr}}i_{qr0}\Delta s - X_{\text{rr}}s_0\Delta i_{qr}\\ &= K_{\text{p2}}[K_{\text{p3}}\Delta Q_{\text{s\_ref}} - K_{\text{p3}}(i_{ds0}\Delta u_{qs} + u_{qs0}\Delta i_{ds} - i_{qs0}\Delta u_{ds} - u_{ds0}\Delta i_{qs}) + K_{\text{i3}}\Delta x_3 - \Delta i_{dr}] +\\ &\quad K_{\text{i2}}\Delta x_4 - X_{\text{m}}i_{qs0}\Delta s_{\text{r}} - X_{\text{m}}s_{\text{r0}}\Delta i_{qs} - X_{\text{rr}}i_{qr0}\Delta s_{\text{r}} - X_{\text{rr}}s_{\text{r0}}\Delta i_{qr}\end{aligned} \tag{2.87}$$

若将机侧变流器的数学模型看作一个状态空间，则其状态空间方程如式(2.88)所示，下标 GSR 表示机侧变流器。

$$\begin{cases}\Delta\dot{\boldsymbol{X}}_{\text{GSR}} = \boldsymbol{A}_{\text{GSR}}\Delta\boldsymbol{X}_{\text{GSR}} + \boldsymbol{B}_{\text{GSR}}\Delta\boldsymbol{u}_{\text{GSR}}\\ \Delta\boldsymbol{Y}_{\text{GSR}} = \boldsymbol{C}_{\text{GSR}}\Delta\boldsymbol{X}_{\text{GSR}} + \boldsymbol{D}_{\text{GSR}}\Delta\boldsymbol{u}_{\text{GSR}}\end{cases} \tag{2.88}$$

其中，$\Delta\boldsymbol{X}_{\text{GSR}} = [\Delta x_1, \Delta x_2, \Delta x_3, \Delta x_4]^{\text{T}}$；$\Delta\boldsymbol{Y}_{\text{GSR}} = [\Delta u_{dr}\quad \Delta u_{qr}]^{\text{T}}$；$\Delta\boldsymbol{u}_{\text{GSR}} = [\Delta\omega_{\text{r}}, \Delta u_{ds}, \Delta u_{qs}, \Delta i_{ds}, \Delta i_{qs}, \Delta i_{dr}, \Delta i_{qr}, \Delta P_{\text{s\_ref}}, \Delta Q_{\text{s\_ref}}]^{\text{T}}$；

$$\boldsymbol{A}_{\text{GSR}} = \begin{bmatrix} 0 & 0 & 0 & 0\\ K_{\text{i1}} & 0 & 0 & 0\\ 0 & 0 & 0 & 0\\ 0 & 0 & K_{\text{i3}} & 0\end{bmatrix};$$

$$\boldsymbol{B}_{\text{GSR}} = \begin{bmatrix} -i_{ds} & -i_{qs} & -u_{ds} & -u_{qs} & 0 & 0 & 1 & 0\\ -K_{\text{p1}}i_{ds} & -K_{\text{p1}}i_{qs} & -K_{\text{p1}}u_{ds} & -K_{\text{p1}}u_{qs} & 0 & -1 & K_{\text{p1}} & 0\\ i_{qs} & -i_{ds} & -u_{qs} & u_{ds} & 0 & 0 & 0 & 1\\ K_{\text{p3}}i_{qs} & -K_{\text{p3}}i_{ds} & -K_{\text{p3}}u_{qs} & K_{\text{p3}}u_{ds} & -1 & 0 & 0 & K_{\text{p3}}\end{bmatrix};$$

$$\boldsymbol{C}_{\text{GSR}} = \begin{bmatrix} 0 & 0 & K_{\text{p2}}K_{\text{i3}} & K_{\text{i2}}\\ K_{\text{i1}} & K_{\text{i2}} & 0 & 0\end{bmatrix};$$

$$\boldsymbol{D}_{\text{GSR}} = \begin{bmatrix} \frac{X_{\text{m}}i_{qs0}}{\omega_{\text{r\_ref}}} + \frac{X_{\text{rr}}i_{qr0}}{\omega_{\text{r\_ref}}} & K_{\text{p3}}K_{\text{p2}}i_{qs0} & -K_{\text{p3}}K_{\text{p2}}i_{ds0} & -K_{\text{p3}}K_{\text{p2}}u_{qs0} & K_{\text{p3}}K_{\text{p2}}u_{ds0} - \frac{X_{\text{m}}(\omega_{\text{r\_ref}} - \omega_{\text{r0}})}{\omega_{\text{r\_ref}}} & -K_{\text{p2}} & -\frac{X_{\text{rr}}(\omega_{\text{r\_ref}} - \omega_{\text{r0}})}{\omega_{\text{r\_ref}}} & 0 & K_{\text{p3}}K_{\text{p2}}\\ -\frac{X_{\text{m}}i_{ds0}}{\omega_{\text{r\_ref}}} - \frac{X_{\text{rr}}i_{dr0}}{\omega_{\text{r\_ref}}} & -K_{\text{p1}}i_{ds0} & -K_{\text{p1}}i_{qs0} & -K_{\text{p1}}u_{ds0} + \frac{X_{\text{m}}(\omega_{\text{r\_ref}} - \omega_{\text{r0}})}{\omega_{\text{r\_ref}}} & -K_{\text{p1}}i_{qs0} & \frac{X_{\text{rr}}(\omega_{\text{r\_ref}} - \omega_{\text{r0}})}{\omega_{\text{r\_ref}}} & -1 & K_{\text{p2}}K_{\text{p1}} & 0\end{bmatrix}。$$

2）含转速控制的机侧变流器控制算法

机侧变流器的基本控制策略直接把定子有功功率作为控制量，而实际的双馈风电机组中，机侧变流器普遍将发电机转子转速作为控制量，以转速测量值与设定值之间的偏差经过 PI 调节后的值作为定子有功功率的参考值，这样可以加强发电机转子转速与变流器控制参数的直接联系，这种带转速控制器的有功功率控制方案的框图如图 2.6 所示，图中虚线框内的部分为新增的控制转速的 PI 调节器。

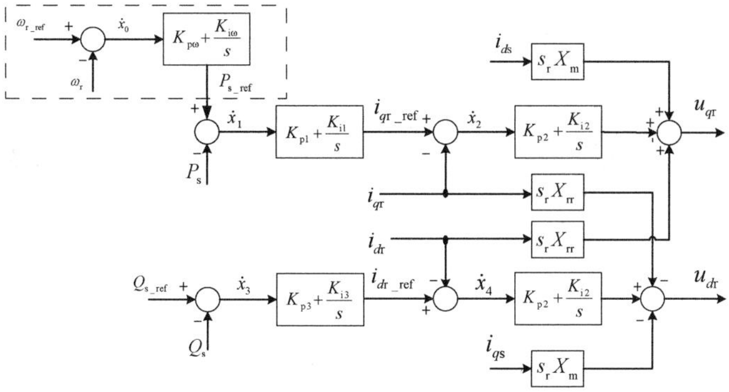

图 2.6　含转子转速控制的机侧变流器控制框图

采用类似推导，线性化以后的控制方程如式(2.89)至式(2.95)所示：

$$\Delta\dot{x}_0 = \Delta\omega_{\mathrm{r\_ref}} - \Delta\omega_{\mathrm{r}} \tag{2.89}$$

$$\begin{aligned}\Delta\dot{x}_1 = \Delta P_{\mathrm{s\_ref}} - \Delta P_{\mathrm{s}} = K_{\mathrm{p}\omega}(\Delta\omega_{\mathrm{r\_ref}} - \Delta\omega_{\mathrm{r}}) + K_{\mathrm{i}\omega}\Delta x_0 - \\ (i_{ds0}\Delta u_{ds} + u_{ds0}\Delta i_{ds} + i_{qs0}\Delta u_{qs} + u_{qs0}\Delta i_{qs})\end{aligned} \tag{2.90}$$

$$\begin{aligned}\Delta\dot{x}_2 &= K_{\mathrm{p1}}(\Delta P_{\mathrm{s\_ref}} - \Delta P_{\mathrm{s}}) + K_{\mathrm{i1}}\Delta x_1 - \Delta i_{qr} \\ &= K_{\mathrm{p1}}[K_{\mathrm{p}\omega}(\Delta\omega_{\mathrm{r\_ref}} - \Delta\omega_{\mathrm{r}}) + K_{\mathrm{i}\omega}\Delta x_0] - K_{\mathrm{p1}}(i_{ds0}\Delta u_{ds} + u_{ds0}\Delta i_{ds} + \\ &\quad i_{qs0}\Delta u_{qs} + u_{qs0}\Delta i_{qs}) + K_{\mathrm{i1}}\Delta x_1 - \Delta i_{qr}\end{aligned} \tag{2.91}$$

$$\Delta\dot{x}_3 = \Delta Q_{\mathrm{s\_ref}} - \Delta Q_{\mathrm{s}} = \Delta Q_{\mathrm{s\_ref}} - (i_{ds0}\Delta u_{qs} + u_{qs0}\Delta i_{ds} - i_{qs0}\Delta u_{ds} - u_{ds0}\Delta i_{qs}) \tag{2.92}$$

$$\begin{aligned}\Delta\dot{x}_4 &= K_{\mathrm{p3}}(\Delta Q_{\mathrm{s\_ref}} - \Delta Q_{\mathrm{s}}) + K_{\mathrm{i3}}\Delta x_3 - \Delta i_{dr} \\ &= K_{\mathrm{p3}}\Delta Q_{\mathrm{s\_ref}} - K_{\mathrm{p3}}(i_{ds0}\Delta u_{qs} + u_{qs0}\Delta i_{ds} - i_{qs0}\Delta u_{ds} - u_{ds0}\Delta i_{qs}) + K_{\mathrm{i3}}\Delta x_3 - \Delta i_{dr}\end{aligned} \tag{2.93}$$

$$\begin{aligned}\Delta u_{dr} &= K_{\mathrm{p2}}[K_{\mathrm{p3}}(\Delta Q_{\mathrm{s\_ref}} - \Delta Q_{\mathrm{s}}) + K_{\mathrm{i3}}\Delta x_3 - \Delta i_{dr}] + K_{\mathrm{i2}}\Delta x_4 - X_{\mathrm{m}}i_{qs0}\Delta s - \\ &\quad X_{\mathrm{m}}s_{\mathrm{r0}}\Delta i_{qs} - X_{\mathrm{rr}}i_{qr0}\Delta s_{\mathrm{r}} - X_{\mathrm{rr}}s_{\mathrm{r0}}\Delta i_{qr} \\ &= K_{\mathrm{p2}}[K_{\mathrm{p3}}\Delta Q_{\mathrm{s\_ref}} - K_{\mathrm{p3}}(i_{ds0}\Delta u_{qs} + u_{qs0}\Delta i_{ds} - i_{qs0}\Delta u_{ds} - u_{ds0}\Delta i_{qs}) + \\ &\quad K_{\mathrm{i3}}\Delta x_3 - \Delta i_{dr}] + K_{\mathrm{i2}}\Delta x_4 - X_{\mathrm{m}}i_{qs0}\Delta s_{\mathrm{r}} - X_{\mathrm{m}}s_{\mathrm{r0}}\Delta i_{qs} - X_{\mathrm{rr}}i_{qr0}\Delta s_{\mathrm{r}} - X_{\mathrm{rr}}s_{\mathrm{r0}}\Delta i_{qr}\end{aligned} \tag{2.94}$$

$$\begin{aligned}\Delta u_{qr} &= K_{\mathrm{p2}}[K_{\mathrm{p1}}(\Delta P_{\mathrm{s\_ref}} - \Delta P_{\mathrm{s}}) + K_{\mathrm{i1}}\Delta x_1 - \Delta i_{qr}] + K_{\mathrm{i2}}\Delta x_2 + X_{\mathrm{m}}i_{ds0}\Delta s_{\mathrm{r}} + \\ &\quad X_{\mathrm{m}}s_{\mathrm{r0}}\Delta i_{ds} + X_{\mathrm{rr}}i_{dr0}\Delta s_{\mathrm{r}} + X_{\mathrm{rr}}s_{\mathrm{r0}}\Delta i_{dr} \\ &= K_{\mathrm{p2}}\{K_{\mathrm{p1}}[K_{\mathrm{p}\omega}(\Delta\omega_{\mathrm{r\_ref}} - \Delta\omega_{\mathrm{r}}) + K_{\mathrm{i}\omega}\Delta x_0] - K_{\mathrm{p1}}(i_{ds0}\Delta u_{ds} + u_{ds0}\Delta i_{ds} + \\ &\quad i_{qs0}\Delta u_{qs} + u_{qs0}\Delta i_{qs}) + K_{\mathrm{i1}}\Delta x_1 - \Delta i_{qr}\} + K_{\mathrm{i2}}\Delta x_2 + X_{\mathrm{m}}i_{ds0}\Delta s_{\mathrm{r}} + X_{\mathrm{m}}s_{\mathrm{r0}}\Delta i_{ds} + \\ &\quad X_{\mathrm{rr}}i_{dr0}\Delta s_{\mathrm{r}} + X_{\mathrm{rr}}s_{\mathrm{r0}}\Delta i_{dr}\end{aligned} \tag{2.95}$$

其状态空间方程为

$$\begin{cases}\Delta\dot{\boldsymbol{X}}_{\mathrm{GSR}} = \boldsymbol{A}_{\mathrm{GSR}}\Delta\boldsymbol{X}_{\mathrm{GSR}} + \boldsymbol{B}_{\mathrm{GSR}}\Delta\boldsymbol{u}_{\mathrm{GSR}} \\ \Delta\boldsymbol{Y}_{\mathrm{GSR}} = \boldsymbol{C}_{\mathrm{GSR}}\Delta\boldsymbol{X}_{\mathrm{GSR}} + \boldsymbol{D}_{\mathrm{GSR}}\Delta\boldsymbol{u}_{\mathrm{GSR}}\end{cases} \tag{2.96}$$

其中，$\Delta\boldsymbol{X}_{\mathrm{GSR}} = [\Delta x_0, \Delta x_1, \Delta x_2, \Delta x_3, \Delta x_4]^{\mathrm{T}}$；$\Delta\boldsymbol{Y}_{\mathrm{GSR}} = [\Delta u_{dr}, \Delta u_{qr}]^{\mathrm{T}}$；$\Delta\boldsymbol{u}_{\mathrm{GSR}} = [\Delta\omega_{\mathrm{r}}, \Delta u_{ds}, \Delta u_{qs}, \Delta i_{ds}, \Delta i_{qs}, \Delta i_{dr}, \Delta i_{qr}, \Delta\omega_{\mathrm{r\_ref}}, \Delta Q_{\mathrm{s\_ref}}]^{\mathrm{T}}$；

$$\boldsymbol{A}_{\mathrm{GSR}} = \begin{bmatrix} 0 & 0 & 0 & 0 & 0 \\ K_{\mathrm{i}\omega} & 0 & 0 & 0 & 0 \\ K_{\mathrm{p1}}K_{\mathrm{i}\omega} & K_{\mathrm{i1}} & 0 & 0 & 0 \\ 0 & 0 & 0 & 0 & 0 \\ 0 & 0 & 0 & K_{\mathrm{i3}} & 0 \end{bmatrix};$$

$$\boldsymbol{B}_{\mathrm{GSR}} = \begin{bmatrix} -1 & 0 & 0 & 0 & 0 & 0 & 0 & 1 & 0 \\ -K_{\mathrm{p}\omega} & -i_{ds0} & -i_{qs0} & -u_{ds0} & -u_{qs0} & 0 & 0 & K_{\mathrm{i}\omega} & 0 \\ -K_{\mathrm{p1}}K_{\mathrm{p}\omega} & -K_{\mathrm{p1}}i_{ds0} & -K_{\mathrm{p1}}i_{qs0} & -K_{\mathrm{p1}}u_{ds0} & -K_{\mathrm{p1}}u_{qs0} & 0 & -1 & K_{\mathrm{p1}}k_{\mathrm{p}\omega} & 0 \\ 0 & i_{qs0} & -i_{ds0} & -u_{qs0} & u_{ds0} & 0 & 0 & 0 & 1 \\ 0 & K_{\mathrm{p3}}i_{qs0} & -K_{\mathrm{p3}}i_{ds0} & -K_{\mathrm{p3}}u_{qs0} & K_{\mathrm{p3}}u_{ds0} & -1 & 0 & 0 & K_{\mathrm{p3}} \end{bmatrix};$$

$$\boldsymbol{C}_{\mathrm{GSR}} = \begin{bmatrix} 0 & 0 & 0 & K_{\mathrm{p2}}K_{\mathrm{i3}} & K_{\mathrm{i2}} \\ K_{\mathrm{p2}}K_{\mathrm{p1}}K_{\mathrm{i}\omega} & K_{\mathrm{i1}} & K_{\mathrm{i2}} & 0 & 0 \end{bmatrix};$$

$$\boldsymbol{D}_{\mathrm{GSR}} = \begin{bmatrix} \frac{X_{\mathrm{m}}i_{qs0}}{\omega_{\mathrm{r\_ref}}} + \frac{X_{\mathrm{rr}}i_{qr0}}{\omega_{\mathrm{r\_ref}}} & K_{\mathrm{p3}}K_{\mathrm{p2}}i_{qs0} & -K_{\mathrm{p3}}K_{\mathrm{p2}}i_{ds0} & -K_{\mathrm{p3}}K_{\mathrm{p2}}u_{qs0} & K_{\mathrm{p3}}K_{\mathrm{p2}}u_{ds0} - \frac{X_{\mathrm{m}}(\omega_{\mathrm{r\_ref}} - \omega_{\mathrm{r0}})}{\omega_{\mathrm{r\_ref}}} & -K_{\mathrm{p2}} & -\frac{X_{\mathrm{rr}}(\omega_{\mathrm{r\_ref}} - \omega_{\mathrm{r0}})}{\omega_{\mathrm{r\_ref}}} & 0 & K_{\mathrm{p3}}K_{\mathrm{p2}} \\ -K_{\mathrm{p2}}K_{\mathrm{p1}}K_{\mathrm{p}\omega} - \frac{X_{\mathrm{m}}i_{ds0}}{\omega_{\mathrm{r\_ref}}} - \frac{X_{\mathrm{rr}}i_{dr0}}{\omega_{\mathrm{r\_ref}}} & -K_{\mathrm{p1}}i_{ds0} & -K_{\mathrm{p1}}i_{qs0} & -K_{\mathrm{p1}}u_{ds0} + \frac{X_{\mathrm{m}}(\omega_{\mathrm{r\_ref}} - \omega_{\mathrm{r0}})}{\omega_{\mathrm{r\_ref}}} & -K_{\mathrm{p1}}i_{qs0} & \frac{X_{\mathrm{rr}}(\omega_{\mathrm{r\_ref}} - \omega_{\mathrm{r0}})}{\omega_{\mathrm{r\_ref}}} & -1 & K_{\mathrm{p2}}K_{\mathrm{p1}}K_{\mathrm{p}\omega} & 0 \end{bmatrix}。$$

3. 网侧变流器控制方程

网侧控制器的控制目标是将变流器直流侧电压稳定在设定值，同时控制发电机机端无功功率，分别由网侧变流器的电流分量 i_{dg} 和 i_{qg} 进行控制。网侧的控制采用基于定子电压定向的旋转坐标系，与发电机内部坐标系一致，因此不再进行坐标转换，各个电气量的符号不做坐标系上的区分。控制策略如图 2.7 所示。

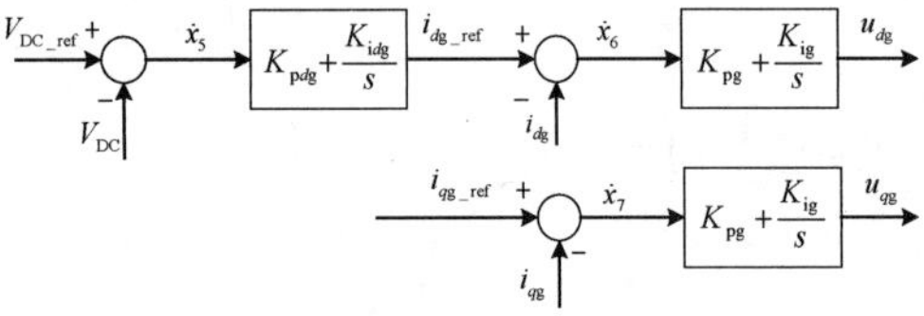

图 2.7 并网双馈风电机组网侧控制策略

类似于机侧，假设开关频率为无限高。则网侧线性化后的控制方程如式(2.97)至式(2.102)所示。

$$\Delta\dot{x}_5 = \Delta V_{\mathrm{DC\_ref}} - \Delta V_{\mathrm{DC}} \tag{2.97}$$

$$\Delta i_{dg\_\mathrm{ref}} = K_{\mathrm{p}dg}(\Delta V_{\mathrm{DC\_ref}} - \Delta V_{\mathrm{DC}}) + K_{\mathrm{i}dg}\Delta x_5 \tag{2.98}$$

$$\Delta\dot{x}_6 = \Delta i_{dg\_\mathrm{ref}} - \Delta i_{dg} = K_{\mathrm{p}dg}(\Delta V_{\mathrm{DC\_ref}} - \Delta V_{\mathrm{DC}}) + K_{\mathrm{i}dg}\Delta x_5 - \Delta i_{dg} \tag{2.99}$$

$$\Delta\dot{x}_7 = \Delta i_{qg\_\mathrm{ref}} - \Delta i_{qg} \tag{2.100}$$

$$\Delta u_{dg} = K_{\mathrm{pg}}[K_{\mathrm{p}dg}(\Delta V_{\mathrm{DC\_ref}} - \Delta V_{\mathrm{DC}}) + K_{\mathrm{i}dg}\Delta x_5 - \Delta i_{dg}] + K_{\mathrm{ig}}\Delta x_6 \tag{2.101}$$

$$\Delta u_{qg} = K_{pg}(\Delta i_{qg\_ref} - \Delta i_{qg}) + K_{ig}\Delta x_7 \tag{2.102}$$

其中，$\Delta V_{DC\_ref} = 0$；$\Delta i_{qg\_ref} = 0$。

网侧变流器的状态空间可由上述方程描述，状态空间方程如式(2.103)所示，下标 GSI 表示网侧变流器。

$$\begin{cases}\Delta\dot{\boldsymbol{X}}_{GSI} = \boldsymbol{A}_{GSI}\Delta\boldsymbol{X}_{GSI} + \boldsymbol{B}_{GSI}\Delta\boldsymbol{u}_{GSI} \\ \Delta\boldsymbol{Y}_{GSI} = \boldsymbol{C}_{GSI}\Delta\boldsymbol{X}_{GSI} + \boldsymbol{D}_{GSI}\Delta\boldsymbol{u}_{GSI}\end{cases} \tag{2.103}$$

其中，$\Delta\boldsymbol{X}_{GSI} = [\Delta x_5, \Delta x_6, \Delta x_7]^T$；$\Delta\boldsymbol{Y}_{GSI} = [\Delta u_{dg}, \Delta u_{qg}]^T$；$\Delta\boldsymbol{u}_{GSI} = [\Delta V_{DC\_ref}, \Delta V_{DC}, \Delta i_{qg\_ref}, \Delta i_{dg}, \Delta i_{qg}]^T$；

$$\boldsymbol{A}_{GSI} = \begin{bmatrix} 0 & 0 & 0 \\ k_{idg} & 0 & 0 \\ 0 & 0 & 0 \end{bmatrix};\ \boldsymbol{B}_{GSI} = \begin{bmatrix} 1 & -1 & 0 & 0 & 0 \\ k_{pdg} & -k_{pdg} & 0 & -1 & 0 \\ 0 & 0 & 1 & 0 & -1 \end{bmatrix};\ \boldsymbol{C}_{GSI} = \begin{bmatrix} K_{pg}K_{pdg} & K_{ig} & 0 \\ 0 & 0 & K_{ig} \end{bmatrix};$$

$$\boldsymbol{D}_{GSI} = \begin{bmatrix} K_{pg}K_{pdg} & -K_{pg}K_{pdg} & 0 & -K_{pg} & 0 \\ 0 & 0 & -K_{pg} & 0 & -K_{pg} \end{bmatrix}。$$

2.3.4　双馈风电机组变流器与电网的接口模型

双馈风机的网侧变流器通过电抗和变压器与电网相连，其中变流器电网侧的变压器与电抗可简化为一个 RL 线路，其状态空间模型可以参考第 2.5.1 节。其输入为机端电压 $[u_{ds}, u_{qs}]^T$ 与变流器电网侧电压 $[u_{qg}, u_{dg}]^T$ 之差，输出变流器电网侧电流 $[i_{qg}, i_{dg}]^T$。

2.4　永磁直驱风电机组数学模型

图 2.8 为永磁直驱风电机组单机-无穷大系统拓扑结构。风机直接与永磁同步发电机相连，电机网侧输出功率经变流器、输电线路连接至无穷大电力系统，其中变流器有两种方式：一种是由不可控整流、Boost 升压电路和逆变器组成的升压型变流器，另一种是由 PWM 整流器和逆变器组成的 AC/DC/AC 型变流器("背靠背"型变流器)。

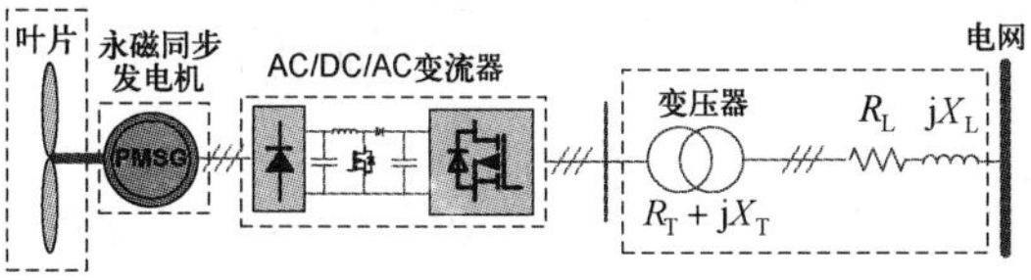

(a) 升压型变流器的永磁直驱风力发电系统

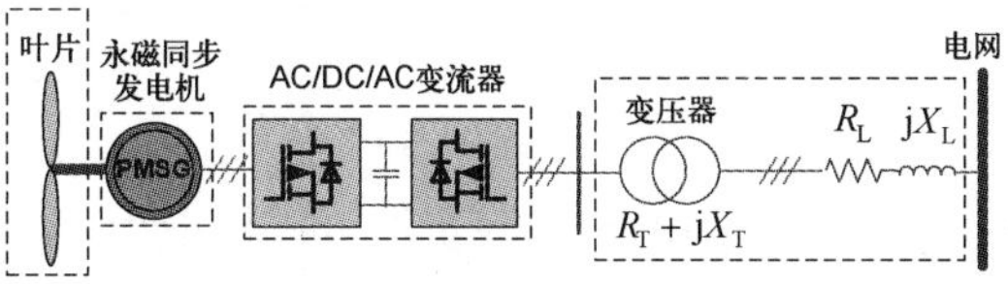

(b) "背靠背"型变流器的永磁直驱风力发电系统

图 2.8　并网永磁直驱风力发电系统

2.4.1　永磁同步发电机模型

1. 三相静止坐标系模型

凸极永磁同步发电机的结构如图 2.9 所示。定子三相绕组按逆时针排列，各绕组的轴

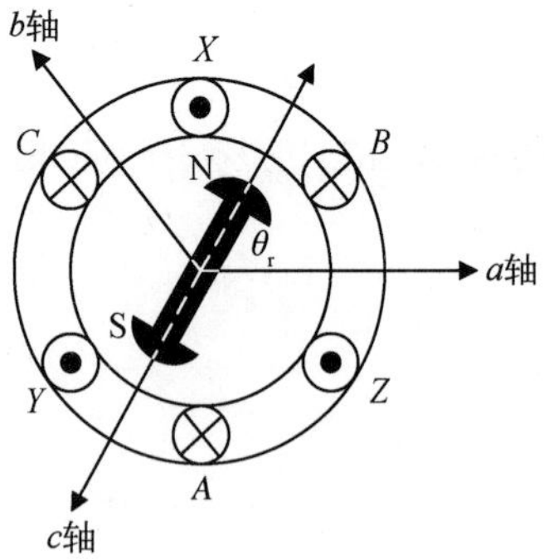

图 2.9 永磁同步发电机的结构简图

线根据右手定则得出。转子永磁体的轴线指向主磁通 N 极，转子角速度 ω_r 的正方向、转子电角度 θ_r 的增大方向均为逆时针方向。

设定子三相绕组对称，采用发电机惯例，永磁同步发电机数学模型为

$$\begin{cases} \boldsymbol{U}_s = -\boldsymbol{R}_s\boldsymbol{I}_s + \dot{\boldsymbol{\psi}}_s \\ \boldsymbol{\psi}_s = -\boldsymbol{L}_s\boldsymbol{I}_s + \boldsymbol{\psi}_r \end{cases} \tag{2.104}$$

其中，$\boldsymbol{U}_s = \begin{bmatrix} u_{sa} \\ u_{sb} \\ u_{sc} \end{bmatrix}$；$\boldsymbol{I}_s = \begin{bmatrix} i_{sa} \\ i_{sb} \\ i_{sc} \end{bmatrix}$；$\boldsymbol{R}_s = \begin{bmatrix} R_s & 0 & 0 \\ 0 & R_s & 0 \\ 0 & 0 & R_s \end{bmatrix}$；

$$\boldsymbol{\psi}_s = \begin{bmatrix} \psi_{sa} \\ \psi_{sb} \\ \psi_{sc} \end{bmatrix}; \boldsymbol{L}_s = \begin{bmatrix} L_{aa} & M_{ab} & M_{ac} \\ M_{ba} & L_{bb} & M_{bc} \\ M_{ca} & M_{cb} & L_{cc} \end{bmatrix}; \boldsymbol{\psi}_r = \begin{bmatrix} \psi_{PM}\cos\theta_r \\ \psi_{PM}\cos\left(\theta_r - \frac{2}{3}\pi\right) \\ \psi_{PM}\cos\left(\theta_r + \frac{2}{3}\pi\right) \end{bmatrix}。$$

式中，$\boldsymbol{U}_s$ 为定子绕组端电压矩阵；$\boldsymbol{I}_s$ 为定子绕组电流矩阵；$\boldsymbol{\psi}_s$ 为定子绕组磁链矩阵；$\boldsymbol{L}_s$ 为定子绕组电感矩阵；$\boldsymbol{R}_s$ 为定子绕组电阻矩阵；$\boldsymbol{\psi}_r$ 为转子永磁体磁链矩阵；θ_r 为转子电角度，即转子永磁体轴线超前定子绕组 a 轴的电角度；ψ_{PM} 为转子永磁体磁链的幅值；L_{kk} 为定子绕组自感，$k = a, b, c$；M_{mn} 为定子绕组互感，$m = a, b, c$，$n = a, b, c$，$m \neq n$。

对于气隙均匀的永磁风力发电机，定子电感矩阵可简化为

$$\boldsymbol{L}_s = \begin{bmatrix} L_{ss} & -M_s & -M_s \\ -M_s & L_{ss} & -M_s \\ -M_s & -M_s & L_{ss} \end{bmatrix} \tag{2.105}$$

式中，L_{ss} 为定子绕组自感，$L_{ss} = 2M_s + L_{s\sigma}$，$L_{s\sigma}$ 为定子绕组漏感；M_s 为定子绕组相之间的互感。

根据虚位移原理和式(2.105)，可推出电磁转矩表达式为

$$T_e = -p\psi_{PM}\left[i_{sa}\sin\theta_r + i_{sb}\sin\left(\theta_r - \frac{2}{3}\pi\right) + i_{sb}\sin\left(\theta_r + \frac{2}{3}\pi\right)\right] \tag{2.106}$$

2. *dq* 两相旋转坐标系模型

本书采用的永磁同步发电机模型为 dq 旋转坐标系模型，对式(2.106)中的电压方程和磁链方程进行 Park 变换，即可得永磁同步发电机 dq 旋转坐标系模型，对应的电压方程为

$$\begin{cases} u_{sd} = -R_s i_{sd} - \omega_r\psi_{sq} + \dot{\psi}_{sd} \\ u_{sq} = -R_s i_{sq} + \omega_r\psi_{sd} + \dot{\psi}_{sq} \end{cases} \tag{2.107}$$

式中，ψ_{sd} 为定子磁链 d 轴分量；ψ_{sq} 为定子磁链 q 轴分量；u_{sd} 为定子电压 d 轴分量；u_{sq} 为定子电压 q 轴分量；i_{sd} 为定子电流 d 轴分量；i_{sq} 为定子电流 q 轴分量。

磁链方程为

$$\begin{cases}\psi_{sd} = -L_{sd}i_{sd} + \psi_{rd} \\ \psi_{sq} = -L_{sq}i_{sq} + \psi_{rq}\end{cases} \tag{2.108}$$

式中，L_{sd} 为定子 d 轴电感，L_{sq} 为定子 q 轴电感，ψ_{rd} 为转子磁链 d 轴分量，ψ_{rq} 为转子磁链 q 轴分量。

电磁转矩方程为

$$T_e = \frac{3}{2}p(\psi_{sd}i_{sq} - \psi_{sq}i_{sd}) \tag{2.109}$$

当 Park 变换的 d 轴与转子永磁体主磁通重合时，有

$$\begin{cases}\psi_{rd} = \psi_{PM} \\ \psi_{rq} = 0\end{cases} \tag{2.110}$$

由式(2.108)至式(2.110)可得电磁转矩表达式为

$$T_e = \frac{3}{2}p[\psi_{PM} + (L_{sq} - L_{sd})i_{sd}]i_{sq} \tag{2.111}$$

对于隐极永磁同步发电机，假设电机气隙均匀，则有

$$L_{sd} = L_{sq} = L_{s\sigma} + 3M_s \tag{2.112}$$

将式(2.112)代入式(2.111)，可得

$$T_e = \frac{3}{2}p\psi_{PM}i_{sq} \tag{2.113}$$

根据式(2.107)、式(2.108)、式(2.110)、式(2.113)可得隐极永磁同步风力发电机的状态方程为

$$\begin{cases}\Delta\dot{\boldsymbol{X}}_G = \boldsymbol{A}_G\Delta\boldsymbol{X}_G + \boldsymbol{B}_G\Delta\boldsymbol{u}_G \\ \Delta\boldsymbol{Y}_G = \boldsymbol{C}_G\Delta\boldsymbol{X}_G + \boldsymbol{D}_G\Delta\boldsymbol{u}_G\end{cases} \tag{2.114}$$

其中，$\Delta\boldsymbol{X}_G = [\Delta\psi_{sd},\ \Delta\psi_{sq}]^T$；$\Delta\boldsymbol{Y}_G = [\Delta i_{sd},\ \Delta i_{sq},\ \Delta T_e]^T$；$\Delta\boldsymbol{u}_G = [\Delta u_{sd},\ \Delta u_{sq},\ \Delta\omega_r]^T$；

$$\boldsymbol{A}_G = \begin{bmatrix} -\frac{R_s}{L_{sd}} & \omega_b \\ -\omega_b & -\frac{R_s}{L_{sq}} \end{bmatrix};\ \boldsymbol{B}_G = \begin{bmatrix} 1 & 0 & \psi_{sq0} \\ 0 & 1 & \psi_{sd0} \end{bmatrix};\ \boldsymbol{C}_G = \begin{bmatrix} -\frac{1}{L_{sd}} & 0 & 0 \\ 0 & -\frac{1}{L_{sq}} & -\frac{3p\psi_{PM}}{2L_{sq}} \end{bmatrix}^T;\ \boldsymbol{D}_G = \boldsymbol{0}_{3\times 3}。$$

其中，ω_b 为系统基准频率；ψ_{sd0} 为稳态时定子 d 轴磁链；ψ_{sq0} 为稳态时定子 q 轴磁链。

2.4.2 永磁直驱风电机组的升压型变流器模型

永磁直驱风电机组的升压型变流器由不可控整流器、Boost 升压电路和一个基于 IGBT 的 AC/DC 电压源变流器(VSC)组成，升压型变流器的等效电路如图 2.10 所示。

在永磁直驱风电机组整流过程中，通过控制 Boost 电路的占空比来控制同步发电机输出的有功功率。在逆变环节，网侧变流器主要控制直流环节的电压稳定和向系统输出的无功

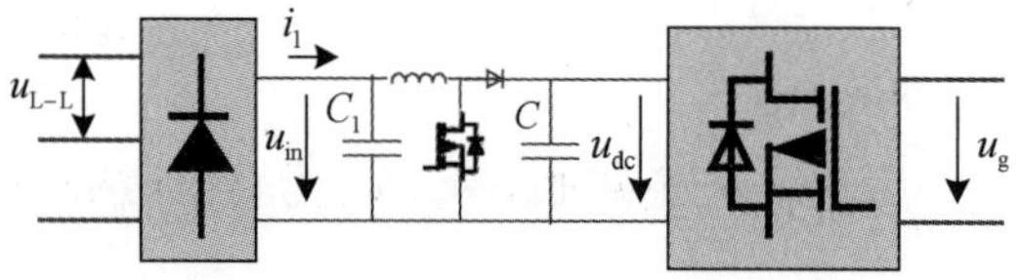

图 2.10 变流器等效电路示意图

功率。

1. 直流侧电容器状态方程

电容器两端功率平衡方程为

$$P_{dc}=P_s-P_g \tag{2.115}$$

式中，P_s 为经 Boost 电路升压后输出到后级的有功功率；P_g 为网侧有功功率；P_{dc} 为流过直流侧电容器的有功功率。进而可以得

$$Cu_{DC}\dot{u}_{DC}=u_{dg}i_{dg}+u_{qg}i_{qg}-(u_{ds}i_{ds}+u_{qs}i_{qs}) \tag{2.116}$$

建立式(2.116)的标准状态空间方程为

$$\begin{cases}\Delta\dot{\boldsymbol{X}}_{dc}=\boldsymbol{A}_{dc}\Delta\boldsymbol{X}_{dc}+\boldsymbol{B}_{dc}\Delta\boldsymbol{u}_{dc}\\ \Delta\boldsymbol{Y}_{dc}=\boldsymbol{C}_{dc}\Delta\boldsymbol{X}_{dc}+\boldsymbol{D}_{dc}\Delta\boldsymbol{u}_{dc}\end{cases} \tag{2.117}$$

其中，$\Delta\boldsymbol{X}_{dc}=\Delta\boldsymbol{Y}_{dc}=[\Delta u_{dc}]^T$；$\Delta\boldsymbol{u}_{dc}=[\Delta u_{qg},\Delta u_{dg},\Delta i_{qg},\Delta i_{dg},\Delta u_{qs},\Delta u_{ds},\Delta i_{qs},\Delta i_{ds}]^T$；$\boldsymbol{A}_{dc}=\boldsymbol{0}_{1\times1}$；

$\boldsymbol{B}_{dc}=[i_{qg},i_{dg},u_{qg},u_{dg},-i_{qs},-i_{ds},-u_{qs},-u_{ds}]$；$\boldsymbol{C}_{dc}=\boldsymbol{I}_{1\times1}$；$\boldsymbol{D}_{dc}=\boldsymbol{0}_{1\times8}$。

2. Boost 升压电路控制方程

Boost 升压电路的小信号模型采用输入型的等值电路，如图 2.11 所示。D 为 Boost 电路的占空比。由图 2.11 可得，不可控 Boost 整流电路的数学模型为

$$\begin{cases}\Delta i_1=j_1\Delta D+\dfrac{\Delta u_{in}}{r_1}+g_1\Delta u_{dc}\\ u_{in}=\dfrac{3\sqrt{2}}{\pi}u_{L-L}\end{cases} \tag{2.118}$$

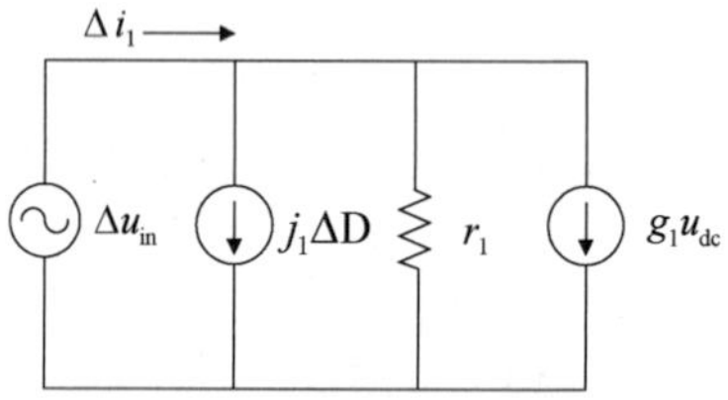

图 2.11 不可控 Boost 整流器小信号等值电路

式中，u_{L_L} 为同步发电机输出的线电压，其他参数为 $j_1=\dfrac{0.96D_0V_{in}V_{dc}T_s}{L(V_{dc}-1.67V_{in})}$；$g_1=\left(\dfrac{0.48V_{in}D_0^2T_s}{L}-I_1\right)\dfrac{1}{V_{dc}-0.92V_{in}}$；$I_1=\dfrac{V_{in}V_{dc}D_0^2T_s}{L}\dfrac{0.48}{V_{dc}-0.92V_{in}}$；$r_1=-\dfrac{V_{dc}-0.92V_{in}}{\dfrac{0.48V_{dc}D_0^2T_s}{L}+0.92I_1}$；

$L=\dfrac{1.46V_{dc}^2D_0^2T_s}{2M(M-1.67)P}$。

V_{in} 为稳态运行点电容 C_1 的电压；V_{dc} 为稳态运行点电容 C 两端的电压；D_0 为稳态运行点 Boost 电路的占空比；T_s 为不可控整流二极管的开关周期；P 为风力发电机的额定功率；$M=\sqrt{3}/(1-D)$。

设发电机侧 dq 坐标系下电压为 u_{sd} 和 u_{sq}，则有

$$\sqrt{u_{sd}^2+u_{sq}^2}=\sqrt{\frac{2}{3}}u_{L\_L} \tag{2.119}$$

将发电机侧电压综合矢量定向在 d 轴上，则机侧电压在 q 轴上的投影为 0。因此，由式(2.118)、式(2.119)可得

$$\begin{cases} u_{sd} = \dfrac{\sqrt{3}\pi}{9} u_{\text{in}} \\ u_{sq} = 0 \end{cases} \tag{2.120}$$

忽略整流过程中的功率损耗，可得

$$P_s = u_{\text{in}} i_1 \tag{2.121}$$

Boost 电路通过控制占空比 D 来控制发电机的输出功率，其控制框图如图 2.12 所示。

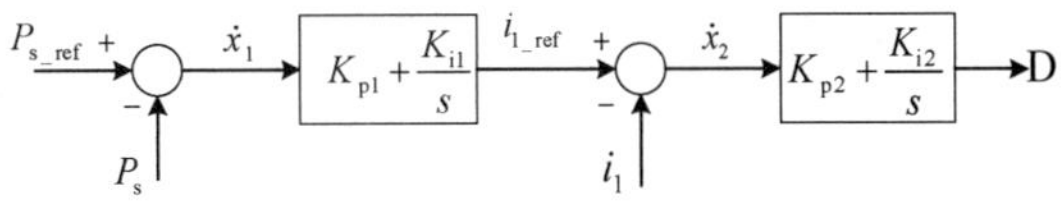

图 2.12　Boost 电路控制策略

根据控制框图，设置中间变量 x_1、x_2，将控制流程进行线性化，并结合式(2.119)至式(2.121)可得到发电机侧 Boost 整流器的标准状态方程如式(2.122)所示，下标 Boost 表示 Boost 整流器。

$$\begin{cases} \Delta\dot{\boldsymbol{X}}_{\text{Boost}} = \boldsymbol{A}_{\text{Boost}}\Delta\boldsymbol{X}_{\text{Boost}} + \boldsymbol{B}_{\text{Boost}}\Delta\boldsymbol{u}_{\text{Boost}} \\ \Delta\boldsymbol{Y}_{\text{Boost}} = \boldsymbol{C}_{\text{Boost}}\Delta\boldsymbol{X}_{\text{Boost}} + \boldsymbol{D}_{\text{Boost}}\Delta\boldsymbol{u}_{\text{Boost}} \end{cases} \tag{2.122}$$

其中，

$$\Delta\boldsymbol{X}_{\text{Boost}} = [\Delta x_1,\ \Delta x_2]^{\text{T}};\ \Delta\boldsymbol{Y}_{\text{Boost}} = [\Delta d];\ \Delta\boldsymbol{u}_{\text{Boost}} = [\Delta P_{s\_ref},\ \Delta u_{sd},\ \Delta u_{dc}]^{\text{T}};$$

$$\boldsymbol{A}_{\text{Boost}} = \begin{bmatrix} 0 & \dfrac{j_1[(b+1)K_{i2}e - K_{i2}u_{\text{in0}}]}{f} \\ \dfrac{K_{i1}}{a} & -\dfrac{(b+1)j_1K_{i2}}{a} \end{bmatrix};$$

$$\boldsymbol{B}_{\text{Boost}} = \begin{bmatrix} \dfrac{K_{p1}e+1}{f} & \dfrac{9[(b+c+1)e - i_{10} - u_{\text{in0}}]}{\sqrt{3}\pi f} & \dfrac{g_1[(b+1)e - u_{\text{in0}}]}{f} \\ \dfrac{K_{p1}}{a} & -\dfrac{9(b+c+1)}{\sqrt{3}\pi a} & -\dfrac{(b+1)g_1}{a} \end{bmatrix};$$

$$\boldsymbol{C}_{\text{Boost}} = \begin{bmatrix} \dfrac{K_{p2}K_{i1}}{a} & K_{i2} - \dfrac{(b+1)j_1K_{p2}K_{i2}}{a} \end{bmatrix};$$

$$\boldsymbol{D}_{\text{Boost}} = \begin{bmatrix} \dfrac{K_{p2}K_{p1}}{a} & -\dfrac{9(b+c+1)K_{p2}}{\sqrt{3}\pi a} & -\dfrac{K_{p2}(b+1)g_1}{a} \end{bmatrix}。$$

其中，$a = 1 + K_{p2}(b+1)j_1$，$b = K_{p1}u_{\text{in0}}$，$c = K_{p1}i_{10}$，$e = \dfrac{K_{p2}u_{\text{in0}}j_1}{a}$，$f = 1 + K_{i1}e$，下标“0”表示稳

定运行点。

3. 网侧变流器控制方程

网侧变流器主要维持直流侧电容两端电压的恒定,并实现发电机输出有功和无功的最优控制,其控制结构如图 2.13 所示。

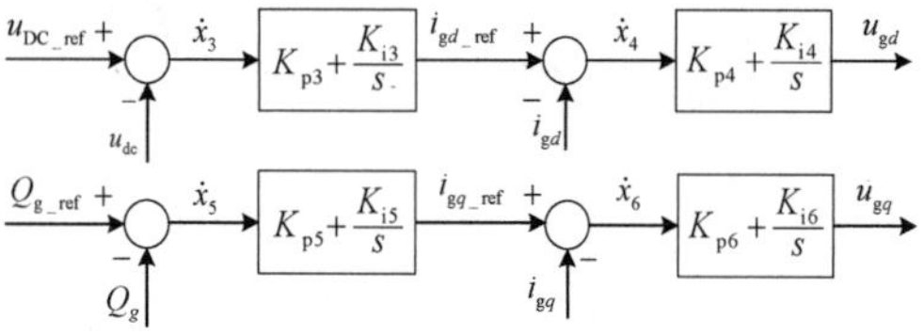

图 2.13 网侧逆变器控制策略

结合上述机侧变流器控制结构,在每个 PI 环节前设中间状态变量 $x_i(i=3,4,5,6)$,根据上述控制流程列写控制器的状态空间方程:

$$\begin{cases}\Delta\dot{\boldsymbol{X}}_{GSI}=\boldsymbol{A}_{GSI}\Delta\boldsymbol{X}_{GSI}+\boldsymbol{B}_{GSI}\Delta\boldsymbol{u}_{GSI}\\ \Delta\boldsymbol{Y}_{GSI}=\boldsymbol{C}_{GSI}\Delta\boldsymbol{X}_{GSI}+\boldsymbol{D}_{GSI}\Delta\boldsymbol{u}_{GSI}\end{cases}\tag{2.123}$$

其中,$\Delta\boldsymbol{X}_g=[\Delta x_3,\ \Delta x_4,\ \Delta x_5,\ \Delta x_6]^T$;$\Delta\boldsymbol{Y}_g=[\Delta u_{gd},\ \Delta u_{gq}]^T$;$\Delta\boldsymbol{u}_g=[\Delta u_{DC\_ref},\ \Delta Q_{g\_ref},\ \Delta u_{DC},\ \Delta u_{gd},\ \Delta u_{gq},\ \Delta i_{gd},\ \Delta i_{gq}]^T$;

$$\boldsymbol{A}_g=\begin{bmatrix}0&0&0&0\\K_{i3}&0&0&0\\0&0&0&0\\0&0&K_{i5}&0\end{bmatrix};$$

$$\boldsymbol{B}_g=\begin{bmatrix}1&0&-1&0&0&0&0\\K_{p3}&0&-K_{p3}&0&0&-1&0\\0&1&0&i_{gq0}&-i_{gd0}&-u_{gq0}&u_{gd0}\\0&K_{p5}&0&K_{p5}i_{gq0}&-K_{p5}i_{gd0}&-K_{p5}u_{gq0}&K_{p5}u_{gd0}-1\end{bmatrix};$$

$$\boldsymbol{C}_g=\begin{bmatrix}K_{i3}K_{p4}&K_{i4}&0&0\\0&0&K_{i5}K_{p5}&K_{i6}\end{bmatrix};$$

$$\boldsymbol{D}_g=\begin{bmatrix}K_{p3}K_{p4}&0&-K_{p3}K_{p4}&0&0&-K_{p3}&0\\0&K_{p5}K_{p6}&0&K_{p5}K_{p6}i_{gq0}&-K_{p5}K_{p6}i_{gd0}&-K_{p5}K_{p6}u_{gq0}&(K_{p5}u_{gd0}-1)K_{p6}\end{bmatrix}。$$

下标“0”表示稳定运行点。

2.4.3 永磁直驱风电机组的 AC/DC/AC 变流器模型

永磁直驱风电机组的 AC/DC/AC 变流器由 PWM 整流器和逆变器组成,连接图同图 2.4。

永磁直驱风电机组的 AC/DC/AC 变流器结构与双馈风电机组相同,但机侧变流器所采用的控制策略不同,目前常用的控制策略有两类:全功率基本控制策略和基于最大功率追踪的控制策略。直流侧电容器和网侧变流器的状态空间方程推导与双馈风电机组相同,见 2.3.3 节。

1. 采用全功率基本控制策略的机侧变流器控制方程

机侧变流器的全功率基本控制策略是通过控制整流桥中的 IGBT,将永磁同步发电机组的输出功率全部输送到后级的直流电容，控制策略如图 2.14 所示。q 轴的电流控制为 0，d 轴的电流跟随永磁同步发电机组的电磁转矩而变化，实现机组的输出全部为有功功率，而无功输出为 0。

在每个 PI 环节前设中间状态变量 $x_i(i=1, 2)$，则控制方程如式(2.124)至式(2.127)所示，ω_e 为发电机的电气角速度。

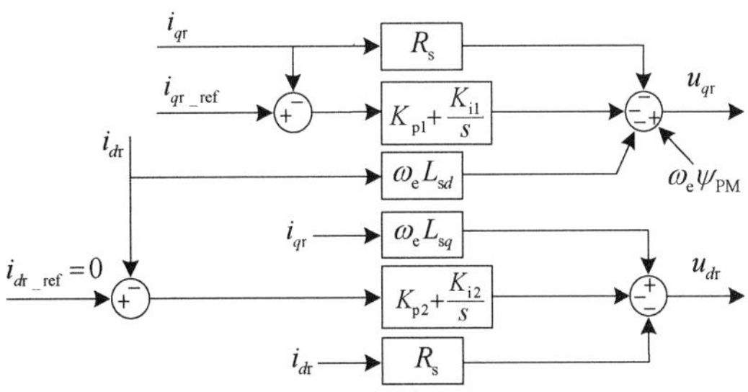

图 2.14　并网永磁直驱风电机组机侧控制策略

$$\dot{x}_1 = i_{qr\_ref} - i_{qr} \tag{2.124}$$

$$\dot{x}_2 = i_{dr\_ref} - i_{dr} \tag{2.125}$$

$$u_{dr} = \omega_e L_{sq} i_{qr} - R_s i_{dr} - K_{p2}\dot{x}_2 - K_{i2}x_2 \tag{2.126}$$

$$u_{qr} = \omega_e \psi_{PM} - \omega_e L_{sd} i_{dr} - R_s i_{qr} - K_{p1}\dot{x}_1 - K_{i1}x_1 \tag{2.127}$$

其中，$i_{dr\_ref}=0$；$i_{qr\_ref}=\dfrac{2T_e}{3n_{pp}\psi_{PM}}$。

根据上述控制流程列写机侧控制器的状态空间方程如式(2.128)。

$$\begin{cases}\Delta\dot{\boldsymbol{X}}_{GSR} = \boldsymbol{A}_{GSR}\Delta\boldsymbol{X}_{GSR} + \boldsymbol{B}_{GSR}\Delta\boldsymbol{u}_{GSR} \\ \Delta\boldsymbol{Y}_{GSR} = \boldsymbol{C}_{GSR}\Delta\boldsymbol{X}_{GSR} + \boldsymbol{D}_{GSR}\Delta\boldsymbol{u}_{GSR}\end{cases} \tag{2.128}$$

其中，$\Delta\boldsymbol{X}_{GSR} = [\Delta x_1, \Delta x_2]^T$；$\Delta\boldsymbol{Y}_{GSR} = [\Delta u_{dr}, \Delta u_{qr}]^T$；$\Delta\boldsymbol{u}_{GSR} = [\Delta i_{dr}, \Delta i_{qr}, \Delta T_e, \Delta\omega_e]^T$；$\boldsymbol{A}_{GSR} = \boldsymbol{0}_{2\times2}$；

$$\boldsymbol{B}_{GSR} = \begin{bmatrix} 0 & -1 & \dfrac{2}{3n_{pp}\psi_{PM}} & 0 \\ -1 & 0 & 0 & 0 \end{bmatrix};\ \boldsymbol{C}_{GSR} = \begin{bmatrix} 0 & -K_{i2} \\ -K_{i1} & 0 \end{bmatrix};$$

$$\boldsymbol{D}_{GSR} = \begin{bmatrix} K_{p2}-R_s & \omega_b L_{sq} & 0 & L_{sq} i_{dr0} \\ -\omega_b L_{sd} & K_{p1}-R_s & -\dfrac{2K_{p1}}{3n_{pp}\psi_{PM}} & \psi_{PM} \end{bmatrix}。$$

2. 采用全功率直接转矩控制策略的机侧变流器控制方程

风电机组中风力机的输出功率 P_w 可通过式(2.129)进行计算。

$$P_w = \frac{1}{2}C_p(\lambda, \beta)\rho A v_w^3 \tag{2.129}$$

式中，$C_p(\lambda, \beta)$ 称为风能利用系数；$\lambda = \dfrac{\omega_w R}{v_w}$ 称为叶尖速比，其中，ω_w 为风力机的角速度，R 为风轮的半径，v_w 为风速；β 为桨距角，设定为 0°；ρ 为空气的密度，取 1.205 kg/m^3；$A=\pi R^2$，为风轮扫过的面积。

当桨距角为定值时，风能利用系数 C_p 主要取决于叶尖速比 λ，如式(2.130)所示。

$$\begin{cases} C_p = 0.22\left(\dfrac{116}{\Gamma} - 0.4\beta - 5\right)\exp^{-\frac{12.5}{\Gamma}} \\ \Gamma = \dfrac{1}{1/(\lambda + 0.08\beta) - 0.035/(\beta^3 + 1)} \end{cases} \tag{2.130}$$

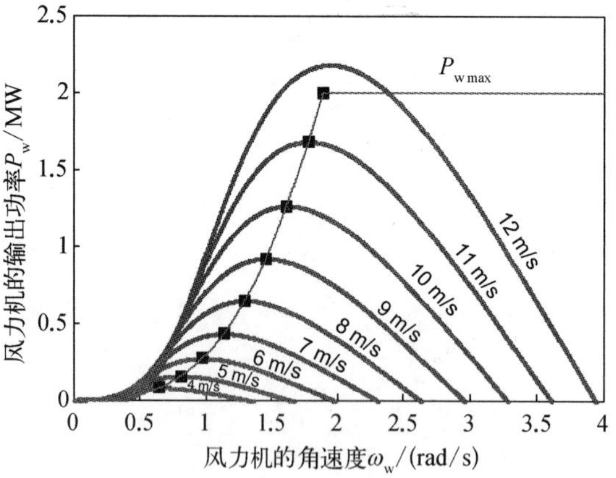

图 2.15 风力机的功率输出特性

根据式(2.129)和式(2.130)，不同风速下风力机的功率输出特性如图 2.15 所示，风速变化范围为 4~12 m/s。在不同的风速下，风力机的最大输出功率如图 2.15 中块状点连接的曲线所示，可以发现不同的最大功率下所对应的最优运行角速度也随之改变。由于风电机组的额定功率为 2 MW，当其输出功率高于 2 MW 时，通过变桨控制系统维持其额定的功率输出。

永磁直驱型风力发电机组机侧的整流器中通过加入 MPPT 控制，使得机组的功率输出运行在图 2.15 中的 P_{wmax} 曲线上，其控制策略如图 2.16 所示。

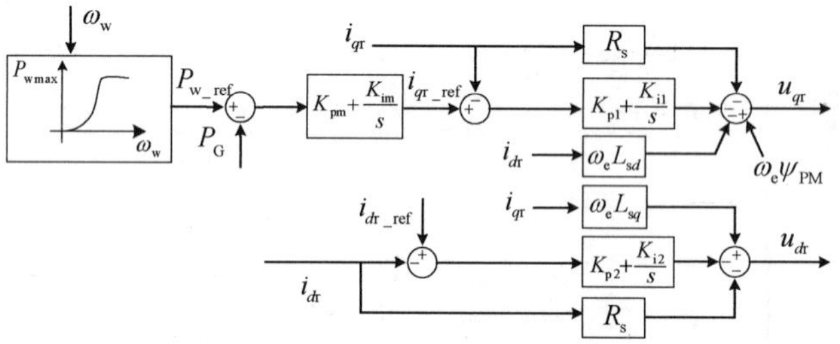

图 2.16 基于 MPPT 的机侧整流器的控制框图

根据实时测得的风力机的转速，在 P_{wmax} 曲线上寻找对应的最大功率点，作为永磁同步发电机组输出功率的参考值 P_{w_ref}。同时测量发电机端的输出电压和电流，进而计算实际的功率输出 P_G。将 P_G 与 P_{w_ref} 之间的偏差 PI 环节调整后产生参考 q 轴的参考电流 i_{qr_ref}，i_{qr_ref} 与实际电流 i_{qr} 的偏差经 PI 环节调整后可得到 q 轴的电压偏差，经 PI 环节修正后最终可得到 q 轴的参考电压 u_{qr}。同时，为了控制机组的功率因数，d 轴的参考电流 i_{dr_ref} 设置为 0。d 轴的实际电流 i_{dr} 与 i_{dr_ref} 的偏差经 PI 环节调整后可产生 d 轴电压的偏差，经 PI 环节修正后可得 d 轴的参考电压 u_{dr}。根据 u_{dr} 和 u_{qr} 产生相应的 SVPWM 控制信号控制机侧整流器，使得风力发电机能够输出尽可能多的有功功率到整流器后级的直流环节。综上，发电机侧整流器的控制方程如式(2.131)至式(2.136)所示。

$$\dot{x}_1 = P_{w\_ref} - P_G \tag{2.131}$$

$$\dot{x}_2 = i_{qr\_ref} - i_{qr} \tag{2.132}$$

$$\dot{x}_3 = i_{dr\_ref} - i_{dr} \tag{2.133}$$

$$i_{qr\_ref} = K_{pm}\dot{x}_1 + K_{im}x_1 \tag{2.134}$$

$$u_{dr} = \omega_e L_{sq} i_{qr} - R_s i_{dr} - K_{p2}\dot{x}_3 - K_{i2}x_3 \tag{2.135}$$

$$u_{qr} = \omega_e \psi_{PM} - \omega_e L_{sd} i_{dr} - R_s i_{qr} - K_{p1}\dot{x}_2 - K_{i1}x_2 \tag{2.136}$$

其中，$i_{dr\_ref} = 0$。

根据上述控制流程列写机侧控制器的状态空间方程如式(2.137)所示。

$$\begin{cases} \Delta\dot{\boldsymbol{X}}_{GSR} = \boldsymbol{A}_{GSR}\Delta\boldsymbol{X}_{GSR} + \boldsymbol{B}_{GSR}\Delta\boldsymbol{u}_{GSR} \\ \Delta\boldsymbol{Y}_{GSR} = \boldsymbol{C}_{GSR}\Delta\boldsymbol{X}_{GSR} + \boldsymbol{D}_{GSR}\Delta\boldsymbol{u}_{GSR} \end{cases} \tag{2.137}$$

其中，$\Delta\boldsymbol{X}_{GSR} = [\Delta x_1,\ \Delta x_2,\ \Delta x_3]^T$；$\Delta\boldsymbol{Y}_{GSR} = [\Delta u_{dr},\ \Delta u_{qr}]^T$；$\Delta\boldsymbol{u}_{GSR} = [\Delta u_{dr},\ \Delta u_{qr},\ \Delta i_{dr},\ \Delta i_{qr},\ \Delta P_{w\_ref},\ \Delta\omega_e]^T$；

$$\boldsymbol{A}_{GSR} = \begin{bmatrix} 0 & 0 & 0 \\ K_{im} & 0 & 0 \\ 0 & 0 & 0 \end{bmatrix};\ \boldsymbol{B}_{GSR} = \begin{bmatrix} -i_{dr0} & -i_{qr0} & -u_{dr0} & -u_{qr0} & 1 & 0 \\ -K_{pm}i_{dr0} & -K_{pm}i_{qr0} & -K_{pm}u_{dr0} & -K_{pm}u_{qr0} & K_{pm} & 0 \\ 0 & 0 & 0 & -1 & 0 & 0 \end{bmatrix};$$

$$\boldsymbol{C}_{GSR} = \boldsymbol{0}_{2\times 2};\ \boldsymbol{D}_{GSR} = \begin{bmatrix} 1 & 0 & 0 & 0 & 0 & 0 \\ 0 & 1 & 0 & 0 & 0 & 0 \end{bmatrix}。$$

2.5　电网数学模型

2.5.1　RL 线路

当电力系统涉及工频分量以外的成分时，输电线路常需要采用电磁暂态模型，并用微分方程来描写。线路、变压器以及无穷大电源可以等效为 RL 线路。这里使用线路的集总参数模型。在 abc 三相坐标系下，RL 线路每相（以 a 相为例）微分方程如式(2.138)所示。

$$u_a = L_a \mathrm{d}i_a/\mathrm{d}t + i_a R_a \tag{2.138}$$

其中，u_a 为 RL 线路两端的电压；i_a 为流过线路的电流。

$$p\begin{bmatrix} i_a \\ i_b \\ i_c \end{bmatrix} = \begin{bmatrix} -\dfrac{R_a}{L_a} & 0 & 0 \\ 0 & -\dfrac{R_b}{L_b} & 0 \\ 0 & 0 & -\dfrac{R_c}{L_c} \end{bmatrix}\begin{bmatrix} i_a \\ i_b \\ i_c \end{bmatrix} + \begin{bmatrix} \dfrac{1}{L_a} & 0 & 0 \\ 0 & \dfrac{1}{L_b} & 0 \\ 0 & 0 & \dfrac{1}{L_c} \end{bmatrix}\begin{bmatrix} u_a \\ u_b \\ u_c \end{bmatrix} \tag{2.139}$$

其中，p 是微分算子。

为了与发电机模型接口，线路模型也需由三相坐标系转换至 xy 同步旋转坐标系。转换矩阵如式(2.140)和式(2.141)所示。

$$\boldsymbol{K}_{\mathrm{abc}2xy}=\frac{2}{3}\begin{bmatrix}\cos\theta & \cos\left(\theta-\frac{2\pi}{3}\right) & \cos\left(\theta+\frac{2\pi}{3}\right)\\ -\sin\theta & -\sin\left(\theta-\frac{2\pi}{3}\right) & -\sin\left(\theta+\frac{2\pi}{3}\right)\\ \frac{1}{2} & \frac{1}{2} & \frac{1}{2}\end{bmatrix} \tag{2.140}$$

$$\boldsymbol{K}_{xy2\mathrm{abc}}=\begin{bmatrix}\cos\theta & -\sin\theta & 1\\ \cos\left(\theta-\frac{2\pi}{3}\right) & -\sin\left(\theta-\frac{2\pi}{3}\right) & 1\\ \cos\left(\theta+\frac{2\pi}{3}\right) & -\sin\left(\theta+\frac{2\pi}{3}\right) & 1\end{bmatrix} \tag{2.141}$$

其中,$\theta=\omega_{\mathrm{b}}t$,是 a 相超前 x 轴的角度。则式(2.139)可以改写为式(2.142)的形式:

$$p\boldsymbol{K}_{xy2\mathrm{abc}}\begin{bmatrix}i_x\\ i_y\\ i_0\end{bmatrix}=\boldsymbol{K}_{xy2\mathrm{abc}}\begin{bmatrix}-\frac{R_{\mathrm{a}}}{L_{\mathrm{a}}} & 0 & 0\\ 0 & -\frac{R_{\mathrm{b}}}{L_{\mathrm{b}}} & 0\\ 0 & 0 & -\frac{R_{\mathrm{c}}}{L_{\mathrm{c}}}\end{bmatrix}\begin{bmatrix}i_x\\ i_y\\ i_0\end{bmatrix}+\boldsymbol{K}_{xy2\mathrm{abc}}\begin{bmatrix}\frac{1}{L_{\mathrm{a}}} & 0 & 0\\ 0 & \frac{1}{L_{\mathrm{b}}} & 0\\ 0 & 0 & \frac{1}{L_{\mathrm{c}}}\end{bmatrix}\begin{bmatrix}u_x\\ u_y\\ u_0\end{bmatrix} \tag{2.142}$$

式(2.142)左边表达式可以改写为

$$p\boldsymbol{K}_{xy2\mathrm{abc}}\begin{bmatrix}i_x\\ i_y\\ i_0\end{bmatrix}=p\boldsymbol{K}_{xy2\mathrm{abc}}+\boldsymbol{K}_{xy2\mathrm{abc}}p\begin{bmatrix}i_x\\ i_y\\ i_0\end{bmatrix}=\omega_{\mathrm{b}}\begin{bmatrix}-\sin\theta & -\cos\theta & 0\\ -\sin\left(\theta-\frac{2\pi}{3}\right) & -\cos\left(\theta-\frac{2\pi}{3}\right) & 0\\ -\sin\left(\theta+\frac{2\pi}{3}\right) & -\cos\left(\theta+\frac{2\pi}{3}\right) & 0\end{bmatrix}+\boldsymbol{K}_{xy2\mathrm{abc}}p\begin{bmatrix}i_x\\ i_y\\ i_0\end{bmatrix} \tag{2.143}$$

将式(2.143)代入式(2.142)中,同时在等式两侧同时乘以 $\boldsymbol{K}_{xy2\mathrm{abc}}^{-1}$,即 $\boldsymbol{K}_{\mathrm{abc}2xy}$,得

$$p\begin{bmatrix}i_x\\ i_y\\ i_0\end{bmatrix}+\omega_{\mathrm{b}}\begin{bmatrix}0 & -1 & 0\\ 1 & 0 & 0\\ 0 & 0 & 0\end{bmatrix}=\begin{bmatrix}-\frac{R_{\mathrm{a}}}{L_{\mathrm{a}}} & 0 & 0\\ 0 & -\frac{R_{\mathrm{b}}}{L_{\mathrm{b}}} & 0\\ 0 & 0 & -\frac{R_{\mathrm{c}}}{L_{\mathrm{c}}}\end{bmatrix}\begin{bmatrix}i_x\\ i_y\\ i_0\end{bmatrix}+\begin{bmatrix}\frac{1}{L_{\mathrm{a}}} & 0 & 0\\ 0 & \frac{1}{L_{\mathrm{b}}} & 0\\ 0 & 0 & \frac{1}{L_{\mathrm{c}}}\end{bmatrix}\begin{bmatrix}u_x\\ u_y\\ u_0\end{bmatrix} \tag{2.144}$$

假设电力系统是三相对称的,各相电阻电感参数相等,不考虑 0 轴分量,则得到 RL 线路在 xy 同步旋转坐标系下的状态方程:

$$p\begin{bmatrix} i_x \\ i_y \end{bmatrix} = \begin{bmatrix} -\dfrac{R}{L} & \omega_b \\ -\omega_b & -\dfrac{R}{L} \end{bmatrix} \begin{bmatrix} i_x \\ i_y \end{bmatrix} + \begin{bmatrix} \dfrac{1}{L} & 0 \\ 0 & \dfrac{1}{L} \end{bmatrix} \begin{bmatrix} u_x \\ u_y \end{bmatrix} \tag{2.145}$$

考虑到线路电抗 $X_L = \omega_b L$, xy 坐标系下的有名值方程可以写为以下形式:

$$p\begin{bmatrix} \Delta i_x \\ \Delta i_y \end{bmatrix} = \begin{bmatrix} -\dfrac{R\omega_b}{X_L} & \omega_b \\ \omega_b & -\dfrac{R\omega_b}{X_L} \end{bmatrix} \begin{bmatrix} \Delta i_x \\ \Delta i_y \end{bmatrix} + \begin{bmatrix} \dfrac{\omega_b}{X_L} & 0 \\ 0 & \dfrac{\omega_b}{X_L} \end{bmatrix} \begin{bmatrix} \Delta u_x \\ \Delta u_y \end{bmatrix} \tag{2.146}$$

将式(2.147)转化为线性化标幺值方程,推导过程如式(2.147)至式(2.149)所示。

$$p\begin{bmatrix} \dfrac{\Delta i_x}{i_{\text{base}}} \\ \dfrac{\Delta i_y}{i_{\text{base}}} \end{bmatrix} = \begin{bmatrix} -\dfrac{R_s\omega_b}{X_L} & \omega_e \\ \omega_e & -\dfrac{R_s\omega_b}{X_L} \end{bmatrix} \begin{bmatrix} \dfrac{\Delta i_x}{i_{\text{base}}} \\ \dfrac{\Delta i_y}{i_{\text{base}}} \end{bmatrix} + \begin{bmatrix} \dfrac{\omega_b}{X_L i_{\text{base}}} & 0 \\ 0 & \dfrac{\omega_b}{X_L i_{\text{base}}} \end{bmatrix} \begin{bmatrix} \Delta u_x \\ \Delta u_y \end{bmatrix} \tag{2.147}$$

$$p\begin{bmatrix} \dfrac{\Delta i_x}{i_{\text{base}}} \\ \dfrac{\Delta i_y}{i_{\text{base}}} \end{bmatrix} = \begin{bmatrix} -\dfrac{R_s\omega_b}{X_L} & \omega_b \\ \omega_b & -\dfrac{R_s\omega_b}{X_L} \end{bmatrix} \begin{bmatrix} \dfrac{\Delta i_x}{i_{\text{base}}} \\ \dfrac{\Delta i_y}{i_{\text{base}}} \end{bmatrix} + \begin{bmatrix} \dfrac{\omega_b u_{\text{base}}}{X_L i_{\text{base}}} & 0 \\ 0 & \dfrac{\omega_b u_{\text{base}}}{X_L i_{\text{base}}} \end{bmatrix} \begin{bmatrix} \dfrac{\Delta u_x}{u_{\text{base}}} \\ \dfrac{\Delta u_y}{u_{\text{base}}} \end{bmatrix} \tag{2.148}$$

$$p\begin{bmatrix} \dfrac{\Delta i_x}{i_{\text{base}}} \\ \dfrac{\Delta i_y}{i_{\text{base}}} \end{bmatrix} = \begin{bmatrix} -\dfrac{R_s\omega_b}{X_L} & \omega_b \\ \omega_b & -\dfrac{R_s\omega_b}{X_L} \end{bmatrix} \begin{bmatrix} \dfrac{\Delta i_x}{i_{\text{base}}} \\ \dfrac{\Delta i_y}{i_{\text{base}}} \end{bmatrix} + \begin{bmatrix} \dfrac{\omega_b}{X_L} & 0 \\ 0 & \dfrac{\omega_b}{X_L} \end{bmatrix} \begin{bmatrix} \dfrac{\Delta u_x}{u_{\text{base}}} \\ \dfrac{\Delta u_y}{u_{\text{base}}} \end{bmatrix} \tag{2.149}$$

总结上述推导过程,电阻电感线路的线性化标幺值状态空间模型为

$$\begin{cases} \Delta\dot{\boldsymbol{X}}_{\text{RL}} = \boldsymbol{A}_{\text{RL}}\Delta\boldsymbol{X}_{\text{RL}} + \boldsymbol{B}_{\text{RL}}\Delta\boldsymbol{u}_{\text{RL}} \\ \Delta\boldsymbol{Y}_{\text{RL}} = \boldsymbol{C}_{\text{RL}}\Delta\boldsymbol{X}_{\text{RL}} + \boldsymbol{D}_{\text{RL}}\Delta\boldsymbol{u}_{\text{RL}} \end{cases} \tag{2.150}$$

其中, $\Delta\boldsymbol{X}_{\text{RL}} = \Delta\boldsymbol{Y}_{\text{RL}} = [\Delta i_x, \Delta i_y]^{\text{T}}$; $\Delta\boldsymbol{u}_{\text{RL}} = [\Delta u_x, \Delta u_y]^{\text{T}}$; $\boldsymbol{A}_{\text{RL}} = \begin{bmatrix} -\dfrac{\omega_b r}{x} & \omega_b \\ -\omega_b & -\dfrac{\omega_b r}{x} \end{bmatrix}$;

$\boldsymbol{B}_{\text{RL}} = \begin{bmatrix} \dfrac{\omega_b}{x} & 0 \\ 0 & \dfrac{\omega_b}{x} \end{bmatrix}$; $\boldsymbol{C}_{\text{RL}} = \begin{bmatrix} 1 & 0 \\ 0 & 1 \end{bmatrix}$; $\boldsymbol{D}_{\text{RL}} = \boldsymbol{0}_{2\times 2}$。

2.5.2 并联电容器状态方程

并联电容器状态方程的推导和直流侧电容器有所不同。在三相平衡系统中,电容两端电压 u_C 与流过电容的电流 i_C 之间关系如式(2.151)所示。

$$p\begin{bmatrix} u_{Ca} \\ u_{Cb} \\ u_{Cc} \end{bmatrix} = \begin{bmatrix} \frac{1}{C} & 0 & 0 \\ 0 & \frac{1}{C} & 0 \\ 0 & 0 & \frac{1}{C} \end{bmatrix} \begin{bmatrix} i_{Ca} \\ i_{Cb} \\ i_{Cc} \end{bmatrix} \tag{2.151}$$

利用式(2.141)所示的变换矩阵,式(2.151)可以改写为

$$p\boldsymbol{K}_{xy2abc}\begin{bmatrix} u_{Cx} \\ u_{Cy} \\ u_{C0} \end{bmatrix} = \boldsymbol{K}_{xy2abc}\begin{bmatrix} \frac{1}{C} & 0 & 0 \\ 0 & \frac{1}{C} & 0 \\ 0 & 0 & \frac{1}{C} \end{bmatrix} \begin{bmatrix} i_{Cx} \\ i_{Cy} \\ i_{C0} \end{bmatrix} \tag{2.152}$$

类比式(2.143)至式(2.144)的推导过程,式(2.151)可以写为 xy 坐标系下的状态方程:

$$p\begin{bmatrix} u_{Cx} \\ u_{Cy} \end{bmatrix} = \begin{bmatrix} 0 & \omega_b \\ -\omega_b & 0 \end{bmatrix} \begin{bmatrix} u_{Cx} \\ u_{Cy} \end{bmatrix} + \begin{bmatrix} \frac{1}{C} & 0 \\ 0 & \frac{1}{C} \end{bmatrix} \begin{bmatrix} i_{Cx} \\ i_{Cy} \end{bmatrix} \tag{2.153}$$

在模型搭建中,为了与电抗区分,电容等效的阻抗值定义为负值,即 $X_C = -\frac{1}{\omega_b C}$。在这种定义下,式(2.153)经过线性化,并且转化为标幺值方程如式(2.154)所示。

$$p\begin{bmatrix} \Delta u_{Cx} \\ \Delta u_{Cy} \end{bmatrix} = \begin{bmatrix} 0 & \omega_b \\ -\omega_b & 0 \end{bmatrix} \begin{bmatrix} \Delta u_{Cx} \\ \Delta u_{Cy} \end{bmatrix} + \begin{bmatrix} -\omega_b X_C & 0 \\ 0 & -\omega_b X_C \end{bmatrix} \begin{bmatrix} \Delta i_{Cx} \\ \Delta i_{Cy} \end{bmatrix} \tag{2.154}$$

总结上述推导,并联电容器的状态空间表示如式(2.155)所示,下标 pc 表示并联电容。

$$\begin{cases} \Delta\dot{\boldsymbol{X}}_{pc} = \boldsymbol{A}_{pc}\Delta\boldsymbol{X}_{pc} + \boldsymbol{B}_{pc}\Delta\boldsymbol{u}_{pc} \\ \Delta\boldsymbol{Y}_{pc} = \boldsymbol{C}_{pc}\Delta\boldsymbol{X}_{pc} + \boldsymbol{D}_{pc}\Delta\boldsymbol{u}_{pc} \end{cases} \tag{2.155}$$

其中,$\Delta\boldsymbol{X}_{pc} = \Delta\boldsymbol{Y}_{pc} = [\Delta u_{Cx}, \Delta u_{Cy}]^T$;$\Delta\boldsymbol{u}_{pc} = [\Delta i_{Cx}, \Delta i_{Cy}]^T$;$\boldsymbol{A}_{pc} = \begin{bmatrix} 0 & \omega_b \\ -\omega_b & 0 \end{bmatrix}$;$\boldsymbol{B}_{pc} = \begin{bmatrix} -\omega_b X_C & 0 \\ 0 & -\omega_b X_C \end{bmatrix}$;$\boldsymbol{C}_{pc} = \begin{bmatrix} 1 & 0 \\ 0 & 1 \end{bmatrix}$;$\boldsymbol{D}_{pc} = \boldsymbol{0}_{2\times 2}$。

串联补偿电容器的状态方程与并联电容完全一致。

2.5.3　RLC 串联线路状态方程

RLC 串联线路的状态方程可以由第 2.5.1 节和第 2.5.2 节的公式推导得出。对于串联线路来说，状态空间模型所需要的输入是线路两端的电压差，即四个电压值。同时电容的出现使得模型需要增加电容两端的电压作为状态变量。这里省略推导过程，只列出最终的状态方程，如式(2.156)所示。

$$\begin{cases}\Delta\dot{\boldsymbol{X}}_{\mathrm{RLC}} = \boldsymbol{A}_{\mathrm{RLC}}\Delta\boldsymbol{X}_{\mathrm{RLC}} + \boldsymbol{B}_{\mathrm{RLC}}\Delta\boldsymbol{u}_{\mathrm{RLC}} \\ \Delta\boldsymbol{Y}_{\mathrm{RLC}} = \boldsymbol{C}_{\mathrm{RLC}}\Delta\boldsymbol{X}_{\mathrm{RLC}} + \boldsymbol{D}_{\mathrm{RLC}}\Delta\boldsymbol{u}_{\mathrm{RLC}}\end{cases} \tag{2.156}$$

其中，$\Delta\boldsymbol{X}_{\mathrm{RLC}} = [\Delta i_x,\ \Delta i_y,\ \Delta u_{c_x},\ \Delta u_{c_y}]^{\mathrm{T}}$；$\Delta\boldsymbol{Y}_{\mathrm{RLC}} = [\Delta i_x,\ \Delta i_y]^{\mathrm{T}}$；$\Delta\boldsymbol{u}_{\mathrm{RLC}} = [\Delta u_{x1},\ \Delta u_{y1},\ \Delta u_{x2},\ \Delta u_{y2}]^{\mathrm{T}}$；

$$\boldsymbol{A}_{\mathrm{RLC}} = \begin{bmatrix} -\dfrac{\omega_{\mathrm{b}} r}{x} & \omega_{\mathrm{b}} & -\omega_{\mathrm{b}}/x & 0 \\ -\omega_{\mathrm{b}} & -\dfrac{\omega_{\mathrm{b}} r}{x} & 0 & -\dfrac{\omega_{\mathrm{b}}}{x} \\ -\omega_{\mathrm{b}} x_{\mathrm{c}} & 0 & 0 & \omega_{\mathrm{b}} \\ 0 & -\omega_{\mathrm{b}} x_{\mathrm{c}} & -\omega_{\mathrm{b}} & 0 \end{bmatrix};\ \boldsymbol{B}_{\mathrm{RLC}} = \begin{bmatrix} \dfrac{\omega_{\mathrm{b}}}{x} & 0 & -\dfrac{\omega_{\mathrm{b}}}{x} & 0 \\ 0 & \dfrac{\omega_{\mathrm{b}}}{x} & 0 & -\dfrac{\omega_{\mathrm{b}}}{x} \\ 0 & 0 & 0 & 0 \\ 0 & 0 & 0 & 0 \end{bmatrix};$$

$$\boldsymbol{C}_{\mathrm{RLC}} = \begin{bmatrix} 1 & 0 & 0 & 0 \\ 0 & 1 & 0 & 0 \end{bmatrix};\ \boldsymbol{D}_{\mathrm{RLC}} = \boldsymbol{0}_{2\times 2}。$$

第 3 章　风力发电系统的机网相互作用

第 2 章在详细推导了主流风电机组和电网各个元器件的状态方程之后，进一步得到了各种风电机组各个组成部分的小信号模型，这就奠定了研究各类风电机组机网相互作用问题的基础，而各部分的小信号模型之间存在着相互关系，明确这些关系即可以建立起一个完整的风力发电系统。以双馈风力发电系统为例，机械系统的小信号模型是这个发电系统整体小信号模型的第一步，其次，机械系统的输出变量将成为下一个小信号模型——感应电机的输入变量，最后，感应电机的输出与无穷大系统相连，这样，一个完整的风力发电系统的小信号模型就建立了。

因此，为了能够使读者更加清楚地理解各类风力发电系统的机网统一模型，本章首先描述了每一种风力发电系统各部分小信号模型的关系，以各部分之间的相互关系为基础，推导出双馈风力发电系统和永磁直驱风力发电系统的单机-无穷大系统小信号模型。本章采用上述推导得到的小信号模型进行了小信号分析的计算，由于一个系统的小信号分析需要在系统的稳态运行点展开，所以本章先求解三种风电机组的单机-无穷大系统的稳态运行点，然后在稳态运行点处进行了小信号分析。

对三种主流风力发电系统的小信号分析结果表明建立的机网统一数学模型具有很强的实用性，其小信号分析可以解出包括 SSTI、SSCI 和低频振荡在内机网相互作用的全部模态，采用同样参数建立的 Simulink 下的物理模型的时域仿真结果进一步证实了模型的有效和实用。

本章还研究了各类风力发电系统自身参数变化对各种模态的影响，如风力发电系统中各个 PI 参数等，这些参数的变化在一定程度上影响着风力发电系统的小干扰稳定性，对于这些参数的合理整定是一个重要的研究内容，具体的理论分析将在本书后面的章节详细说明。

3.1　主流风力发电系统的机网统一模型

3.1.1　双馈风力发电系统机网模型

双馈风机连接至无穷大电网的典型结构图如图 2.3 所示。通过转子侧变流器控制，双馈风力发电机可以实现变速运行，从而更好地优化风电机组的功率输出。双馈电机采用绕线式转子,转子回路通过电力电子变流器与电网相连,定子直接与电网相连。这种机型所采用的变流器是一个 AC/DC/AC 的"背靠背"型变频系统,发电机的转子回路连接至转子侧变流器,相当于外接了一个外部电压相量,通过控制该电压相量,可以维持定子电流的频率与电网频率相同。而电网侧的变流器则负责稳定直流电容两端的电压,并为电网提供无功补偿及电压支持。双馈风电机组的发电机转子转速可以在同步转速的-50%至 15%范围内变化,变流器的额定功率通常为风电机组的四分之一。根据转子转速的不同,双馈风电机组分为三种运行状态: 亚同步运行状态、超同步运行状态和同步运行状态。当风机处于亚同步运行状态时,转子回路从电网吸收有功功率;当风机处于超同步运行状态时,转子回路向电网输出有功功率。

在 MATLAB/Simulink 中搭建图 2.3 所示系统的小信号模型,各个模块的接口连接如图 3.1 所示。图中双馈风力发电机组小信号模型由轴系、感应发电机、转子侧控制器、变流器直流侧、网侧控制器、变流器出口电感及变压器、并联补偿电容和输电线路共计 8 个模块构成。其中轴系模块以风力转矩 ΔT_ω 和发电机电磁转矩 ΔT_e 作为输入变量,以高速轴角速度,即发电机角速度 $\Delta\omega_r$ 为输出变量;感应发电机模块以发电机角速度 $\Delta\omega_r$、定子电压 ΔU_s 和转子电压 ΔU_r 作为输入变量,以发电机电磁转矩 ΔT_e、定子输出电流 ΔI_s 和转子输出电流 ΔI_r 为输出变量;网侧控制器模块以发电机角速度 $\Delta\omega_r$、发电机角速度参考值 $\Delta\omega_{r\_ref}$、定子无功参考值 ΔQ_{s_ref}、转子输出电流 ΔI_r、定子输出电流 ΔI_s 和定子电压 ΔU_s 作为输入变量,以转子电压 ΔU_r 为输出变量;变流器直流侧模块以转子电压 ΔU_r、转子输出电流 ΔI_r、网侧变流器电压 ΔU_g 和网侧变流器输出电流 ΔI_g 为输入变量,以电容两端直流电压 ΔV_{DC} 为输出变量;网侧控制器模块以直流电压 ΔV_{DC}、直流电压参考值 ΔV_{DC_ref}、网侧变流器输出电流参考值 Δi_{qg_ref} 和网侧变流器输出电流 ΔI_g 为输入变量,以网侧变流器电压 ΔU_g 为输出变量;变流器出口电感及变压器模块以定子电压 ΔU_s 和网侧变流器电压 ΔU_g 为输入变量,以网侧变流器输出电流 ΔI_g 为输出变量;并联补偿电容模块以网侧变流器输出电流 ΔI_g、线路电流 ΔI_L、定子输出电流 ΔI_s 为输入变量,以定子电压 ΔU_s 为输出变量;输电线路模块以定子电压 ΔU_s 和电网电压 ΔU_b 为输入变量,以线路电流 ΔI_L 为输出变量。

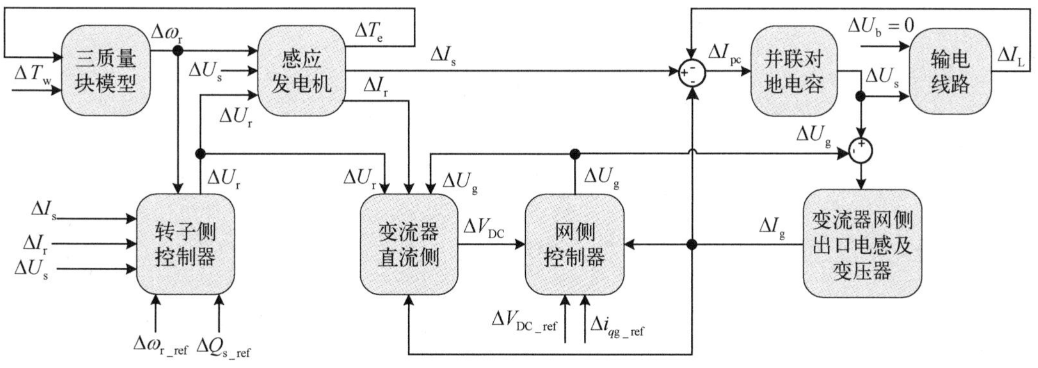

图 3.1　双馈风电机组连接至无穷大电网系统的小信号模型

上述小信号模型对应的状态方程可表示为

$$\Delta\dot{\boldsymbol{X}} = \boldsymbol{A}_{DFIG}\Delta\boldsymbol{X} + \boldsymbol{B}_{DFIG}\Delta u \tag{3.1}$$

其中,状态变量

$$\begin{aligned}\Delta \boldsymbol{X} &= [\Delta \boldsymbol{X}_{\mathrm{M}} \quad \Delta \boldsymbol{X}_{\mathrm{G}} \quad \Delta \boldsymbol{X}_{\mathrm{RSR}} \quad \Delta \boldsymbol{X}_{\mathrm{DC}} \quad \Delta \boldsymbol{X}_{\mathrm{GSI}} \quad \Delta \boldsymbol{X}_{\mathrm{RL}} \quad \Delta \boldsymbol{X}_{\mathrm{PC}} \quad \Delta \boldsymbol{X}_{\mathrm{TL}}]^{\mathrm{T}} \\ &= [\Delta\theta_{\mathrm{turb}}, \Delta\theta_{\mathrm{gear}}, \Delta\theta_{\mathrm{r}}, \Delta\omega_{\mathrm{turb}}, \Delta\omega_{\mathrm{gear}}, \Delta\omega_{\mathrm{r}}, \Delta\psi_{qs}, \Delta\psi_{ds}, \Delta\psi_{qr}, \Delta\psi_{dr}, \\ &\quad \Delta x_0, \Delta x_1, \Delta x_2, \Delta x_3, \Delta x_4, \Delta V_{\mathrm{DC}}, \Delta x_5, \Delta x_6, \Delta x_7, \Delta i_{gx}, \Delta i_{gy}, \\ &\quad \Delta u_{\mathrm{pc},x}, \Delta u_{\mathrm{pc},y}, \Delta i_{\mathrm{L}x}, \Delta i_{\mathrm{L}y}, \Delta u_{\mathrm{sc},x}, \Delta u_{\mathrm{sc},y}]^{\mathrm{T}};\end{aligned}$$

输入变量 $\Delta u = [\Delta T_{\mathrm{w}} \quad \Delta\omega_{\mathrm{r\_ref}} \quad \Delta Q_{\mathrm{s\_ref}} \quad \Delta V_{\mathrm{DC\_ref}} \quad \Delta i_{qg\_\mathrm{ref}} \quad \Delta U_{\mathrm{b}}]^{\mathrm{T}}$。

对应的状态矩阵

$$\boldsymbol{A}_{\mathrm{DFIG}} = \begin{bmatrix} \boldsymbol{A}_{\mathrm{M}} & \boldsymbol{A}_{\mathrm{G\_M}} & \boldsymbol{0} & \boldsymbol{0} & \boldsymbol{0} & \boldsymbol{0} & \boldsymbol{0} & \boldsymbol{0} \\ \boldsymbol{A}_{\mathrm{M\_G}} & \boldsymbol{A}'_{\mathrm{G}} & \boldsymbol{A}_{\mathrm{GSR\_G}} & \boldsymbol{0} & \boldsymbol{0} & \boldsymbol{0} & \boldsymbol{A}_{\mathrm{PC\_G}} & \boldsymbol{0} \\ \boldsymbol{A}_{\mathrm{M\_GSR}} & \boldsymbol{A}_{\mathrm{G\_GSR}} & \boldsymbol{A}_{\mathrm{GSR}} & \boldsymbol{0} & \boldsymbol{0} & \boldsymbol{0} & \boldsymbol{A}_{\mathrm{PC\_GSR}} & \boldsymbol{0} \\ \boldsymbol{A}_{\mathrm{M\_DC}} & \boldsymbol{A}_{\mathrm{G\_DC}} & \boldsymbol{A}_{\mathrm{GSR\_DC}} & \boldsymbol{A}_{\mathrm{DC}} & \boldsymbol{A}_{\mathrm{GSI\_DC}} & \boldsymbol{A}_{\mathrm{RL\_DC}} & \boldsymbol{A}_{\mathrm{PC\_DC}} & \boldsymbol{0} \\ \boldsymbol{0} & \boldsymbol{0} & \boldsymbol{0} & \boldsymbol{A}_{\mathrm{DC\_GSI}} & \boldsymbol{A}_{\mathrm{GSI}} & \boldsymbol{A}_{\mathrm{RL\_GSI}} & \boldsymbol{0} & \boldsymbol{0} \\ \boldsymbol{0} & \boldsymbol{0} & \boldsymbol{0} & \boldsymbol{A}_{\mathrm{DC\_RL}} & \boldsymbol{A}_{\mathrm{GSI\_RL}} & \boldsymbol{A}_{\mathrm{RL}} & \boldsymbol{A}_{\mathrm{PC\_RL}} & \boldsymbol{0} \\ \boldsymbol{0} & \boldsymbol{A}_{\mathrm{G\_PC}} & \boldsymbol{0} & \boldsymbol{0} & \boldsymbol{0} & \boldsymbol{A}_{\mathrm{RL\_PC}} & \boldsymbol{A}_{\mathrm{PC}} & \boldsymbol{A}_{\mathrm{TL\_PC}} \\ \boldsymbol{0} & \boldsymbol{0} & \boldsymbol{0} & \boldsymbol{0} & \boldsymbol{0} & \boldsymbol{0} & \boldsymbol{0} & \boldsymbol{A}_{\mathrm{TL}} \end{bmatrix}; \quad \boldsymbol{B}_{\mathrm{DFIG}} = \begin{bmatrix} \boldsymbol{B}_{\mathrm{M}} \\ \boldsymbol{B}_{\mathrm{G}} \\ \boldsymbol{B}_{\mathrm{GSR}} \\ \boldsymbol{B}_{\mathrm{DC}} \\ \boldsymbol{B}_{\mathrm{GSI}} \\ \boldsymbol{B}_{\mathrm{RL}} \\ \boldsymbol{B}_{\mathrm{PC}} \\ \boldsymbol{B}_{\mathrm{TI}} \end{bmatrix}。$$

矩阵 $\boldsymbol{A}_{\mathrm{G\_M}}(\boldsymbol{A}_{\mathrm{M\_G}})$、$\boldsymbol{A}_{\mathrm{GSR\_G}}(\boldsymbol{A}_{\mathrm{G\_GSR}})$、$\boldsymbol{A}_{\mathrm{M\_GSR}}$、$\boldsymbol{A}_{\mathrm{M\_DC}}$、$\boldsymbol{A}_{\mathrm{G\_DC}}$、$\boldsymbol{A}_{\mathrm{G\_PC}}(\boldsymbol{A}_{\mathrm{PC\_G}})$、$\boldsymbol{A}_{\mathrm{GSR\_DC}}$、$\boldsymbol{A}_{\mathrm{GSI\_DC}}(\boldsymbol{A}_{\mathrm{DC\_GSI}})$、$\boldsymbol{A}_{\mathrm{RL\_DC}}(\boldsymbol{A}_{\mathrm{DC\_RL}})$、$\boldsymbol{A}_{\mathrm{RL\_GSI}}(\boldsymbol{A}_{\mathrm{GSI\_RL}})$、$\boldsymbol{A}_{\mathrm{RL\_PC}}(\boldsymbol{A}_{\mathrm{PC\_RL}})$、$\boldsymbol{A}_{\mathrm{PC\_GSR}}$、$\boldsymbol{A}_{\mathrm{PC\_DC}}$ 和 $\boldsymbol{A}_{\mathrm{TL\_PC}}$ 表示不同模块之间的相互作用关系,$\boldsymbol{A}'_{\mathrm{G}}$ 表示 $\boldsymbol{A}_{\mathrm{G}}$ 受相邻模型影响得到的新矩阵,$\boldsymbol{A}_{\mathrm{M}}$、$\boldsymbol{A}_{\mathrm{GSR}}$、$\boldsymbol{A}_{\mathrm{DC}}$、$\boldsymbol{A}_{\mathrm{GSI}}$、$\boldsymbol{A}_{\mathrm{RL}}$、$\boldsymbol{A}_{\mathrm{PC}}$ 和 $\boldsymbol{A}_{\mathrm{TL}}$ 分别如式(2.14)、式(2.89)、式(2.70)、式(2.104)、式(2.151)和式(2.156)所示。其中,

$$\boldsymbol{A}_{\mathrm{G\_M}} = \frac{1}{2H_1}\begin{bmatrix} 0 & 0 & 0 & 0 \\ 0 & 0 & 0 & 0 \\ 0 & 0 & 0 & 0 \\ 0 & 0 & 0 & 0 \\ 0 & 0 & 0 & 0 \\ \frac{X_{\mathrm{m}}}{D}\psi_{dr0} & -\frac{X_{\mathrm{m}}}{D}\psi_{qr0} & -\frac{X_{\mathrm{m}}}{D}\psi_{ds0} & \frac{X_{\mathrm{m}}}{D}\psi_{qs0} \end{bmatrix};$$

$$\boldsymbol{A}'_{\mathrm{G}} = \begin{bmatrix} -\frac{\omega_{\mathrm{b}}R_{\mathrm{s}}X_{\mathrm{rr}}}{D} & -\omega_{\mathrm{s}}\omega_{\mathrm{b}} & \frac{\omega_{\mathrm{b}}R_{\mathrm{s}}X_{\mathrm{m}}}{D} & 0 \\ \omega_{\mathrm{s}}\omega_{\mathrm{b}} & -\frac{\omega_{\mathrm{b}}R_{\mathrm{s}}X_{\mathrm{rr}}}{D} & 0 & \frac{\omega_{\mathrm{b}}R_{\mathrm{s}}X_{\mathrm{m}}}{D} \\ \frac{\omega_{\mathrm{b}}R_{\mathrm{r}}X_{\mathrm{m}}}{D} & 0 & -\frac{\omega_{\mathrm{b}}R_{\mathrm{r}}X_{\mathrm{ss}}}{D} & -s_0\omega_{\mathrm{s}}\omega_{\mathrm{b}} \\ 0 & \frac{\omega_{\mathrm{b}}R_{\mathrm{r}}X_{\mathrm{m}}}{D} & s_0\omega_{\mathrm{s}}\omega_{\mathrm{b}} & -\frac{\omega_{\mathrm{b}}R_{\mathrm{r}}X_{\mathrm{ss}}}{D} \end{bmatrix} +$$

$$
\frac{\omega_{\mathrm{b}}}{D}\begin{bmatrix}
0 & 0 & 0 & 0 \\
0 & 0 & 0 & 0 \\
-k_{\mathrm{p1}}i_{qs0}X_{\mathrm{rr}}+X_{\mathrm{m}} & -k_{\mathrm{p1}}u_{ds0}X_{\mathrm{rr}} & k_{\mathrm{p1}}i_{qs0}X_{\mathrm{m}}-X_{\mathrm{ss}} & X_{\mathrm{m}}k_{\mathrm{p1}}u_{ds0}+\dfrac{(X_{\mathrm{ss}}X_{\mathrm{rr}}-X_{\mathrm{m}}^{2})(\omega_{\mathrm{gen\_ref}}-\omega_{\mathrm{gen0}})}{\omega_{\mathrm{gen\_ref}}} \\
k_{\mathrm{p3}}k_{\mathrm{p2}}u_{ds0}X_{\mathrm{rr}} & k_{\mathrm{p2}}X_{\mathrm{m}}-X_{\mathrm{rr}}k_{\mathrm{p3}}k_{\mathrm{p2}}u_{qs0} & -X_{\mathrm{m}}k_{\mathrm{p3}}k_{\mathrm{p2}}u_{ds0}-\dfrac{(X_{\mathrm{ss}}X_{\mathrm{rr}}-X_{\mathrm{m}}^{2})(\omega_{\mathrm{gen\_ref}}-\omega_{\mathrm{gen0}})}{\omega_{\mathrm{gen\_ref}}} & X_{\mathrm{m}}k_{\mathrm{p3}}k_{\mathrm{p2}}u_{qs0}-X_{\mathrm{ss}}k_{\mathrm{p2}}
\end{bmatrix};
$$

$$
\boldsymbol{A}_{\mathrm{M\_G}}=\begin{bmatrix}
0 & 0 & 0 & 0 & 0 & 0 \\
0 & 0 & 0 & 0 & 0 & 0 \\
0 & 0 & 0 & 0 & 0 & \omega_{\mathrm{b}}\left(\omega_{\mathrm{s}}\psi_{dr0}-k_{\mathrm{p2}}k_{\mathrm{p1}}k_{\mathrm{p\omega}}+\dfrac{X_{\mathrm{m}}i_{ds0}}{\omega_{\mathrm{gen\_ref}}}+\dfrac{X_{\mathrm{rr}}i_{dr0}}{\omega_{\mathrm{gen\_ref}}}\right) \\
0 & 0 & 0 & 0 & 0 & -\omega_{\mathrm{b}}\left(\omega_{\mathrm{s}}\psi_{qr0}+\dfrac{X_{\mathrm{m}}i_{qs0}}{\omega_{\mathrm{gen\_ref}}}+\dfrac{X_{\mathrm{rr}}i_{qr0}}{\omega_{\mathrm{gen\_ref}}}\right)
\end{bmatrix};
$$

$$
\boldsymbol{A}_{\mathrm{GSR\_G}}=\omega_{\mathrm{b}}\begin{bmatrix}
0 & 0 & 0 & 0 & 0 \\
0 & 0 & 0 & 0 & 0 \\
k_{\mathrm{p2}}k_{\mathrm{p1}}k_{\mathrm{i\omega}} & k_{\mathrm{i1}} & k_{\mathrm{i2}} & 0 & 0 \\
0 & 0 & 0 & k_{\mathrm{p2}}k_{\mathrm{i3}} & k_{\mathrm{i2}}
\end{bmatrix};\
\boldsymbol{A}_{\mathrm{PC\_G}}=\omega_{\mathrm{b}}\begin{bmatrix}
0 & 1 \\
1 & 0 \\
-k_{\mathrm{p1}}i_{ds0} & -k_{\mathrm{p1}}i_{qs0} \\
k_{\mathrm{p3}}k_{\mathrm{p2}}i_{qs0} & -k_{\mathrm{p3}}k_{\mathrm{p2}}i_{ds0}
\end{bmatrix};
$$

$$
\boldsymbol{A}_{\mathrm{GSR}}=\begin{bmatrix}
0 & 0 & 0 & 0 & 0 \\
k_{\mathrm{i\omega}} & 0 & 0 & 0 & 0 \\
k_{\mathrm{p1}}k_{\mathrm{i\omega}} & k_{\mathrm{i1}} & 0 & 0 & 0 \\
0 & 0 & 0 & 0 & 0 \\
0 & 0 & 0 & k_{\mathrm{i3}} & 0
\end{bmatrix};\
\boldsymbol{A}_{\mathrm{M\_GSR}}=\begin{bmatrix}
0 & 0 & 0 & 0 & 0 & -1 \\
0 & 0 & 0 & 0 & 0 & -k_{\mathrm{p\omega}} \\
0 & 0 & 0 & 0 & 0 & -k_{\mathrm{p1}}k_{\mathrm{p\omega}} \\
0 & 0 & 0 & 0 & 0 & 0 \\
0 & 0 & 0 & 0 & 0 & 0
\end{bmatrix};
$$

$$
\boldsymbol{A}_{\mathrm{G\_GSR}}=\begin{bmatrix}
0 & 0 & 0 & 0 \\
0 & -u_{qs0}\dfrac{X_{\mathrm{rr}}}{D} & 0 & 0 \\
-k_{\mathrm{p1}}u_{ds0}\dfrac{X_{\mathrm{rr}}}{D} & 0 & 0 & 0 \\
0 & -\dfrac{X_{\mathrm{m}}}{D}u_{ds0} & 0 & 0 \\
k_{\mathrm{p3}}u_{qs0}\dfrac{X_{\mathrm{m}}}{D} & 0 & -\dfrac{X_{\mathrm{ss}}}{D} & 0
\end{bmatrix};\
\boldsymbol{A}_{\mathrm{PC\_GSR}}=\begin{bmatrix}
0 & 0 \\
-i_{ds0} & -i_{qs0} \\
-k_{\mathrm{p1}}i_{ds0} & -k_{\mathrm{p1}}i_{qs0} \\
i_{qs0} & -i_{ds0} \\
k_{\mathrm{p3}}i_{qs0} & -k_{\mathrm{p3}}i_{ds0}
\end{bmatrix};
$$

$$
\boldsymbol{A}_{\mathrm{DC}}=[-i_{dg}K_{\mathrm{pg}}K_{\mathrm{p}dg}];
$$

$$
\boldsymbol{A}_{\mathrm{M\_DC}}=\left[0\ \ 0\ \ 0\ \ 0\ \ 0\ \ i_{qr}\left(k_{\mathrm{p2}}k_{\mathrm{p1}}k_{\mathrm{p\omega}}+\frac{X_{\mathrm{m}}i_{ds0}}{\omega_{\mathrm{gen\_ref}}}+\frac{X_{\mathrm{rr}}i_{dr0}}{\omega_{\mathrm{gen\_ref}}}\right)-i_{dr}\left(\frac{X_{\mathrm{m}}i_{qs0}}{\omega_{\mathrm{gen\_ref}}}\frac{X_{\mathrm{rr}}i_{qr0}}{\omega_{\mathrm{gen\_ref}}}\right)\right];
$$

$$A_{\mathrm{G\_DC}}=\frac{1}{D}\begin{bmatrix} X_{\mathrm{rr}}(i_{qr}k_{\mathrm{p1}}i_{qs0}-i_{dr}k_{\mathrm{p3}}k_{\mathrm{p2}}u_{ds0})-X_{\mathrm{m}}(i_{qr}-u_{qr}) \\ X_{\mathrm{rr}}(i_{qr}k_{\mathrm{p1}}u_{ds0}+i_{dr}k_{\mathrm{p3}}k_{\mathrm{p2}}u_{qs0})-X_{\mathrm{m}}(i_{dr}k_{\mathrm{p2}}-u_{dr}) \\ -X_{\mathrm{m}}(i_{qr}k_{\mathrm{p1}}i_{qs0}-i_{dr}k_{\mathrm{p3}}k_{\mathrm{p2}}u_{ds0})+i_{dr}\dfrac{(X_{\mathrm{ss}}X_{\mathrm{rr}}-X_{\mathrm{m}}^{2})(\omega_{\mathrm{gen\_ref}}-\omega_{\mathrm{gen0}})}{\omega_{\mathrm{gen\_ref}}}+X_{\mathrm{ss}}(i_{qr}-u_{qr}) \\ -i_{qr}\dfrac{(X_{\mathrm{ss}}X_{\mathrm{rr}}-X_{\mathrm{m}}^{2})(\omega_{\mathrm{gen\_ref}}-\omega_{\mathrm{gen0}})}{\omega_{\mathrm{gen\_ref}}}-X_{\mathrm{m}}(i_{qr}k_{\mathrm{p1}}u_{ds0}+i_{dr}k_{\mathrm{p3}}k_{\mathrm{p2}}u_{qs0})+X_{\mathrm{ss}}(i_{dr}k_{\mathrm{p2}}-u_{dr}) \end{bmatrix}^{\mathrm{T}};$$

$$A_{\mathrm{GSR\_DC}}=[-i_{qr}k_{\mathrm{p2}}k_{\mathrm{p1}}k_{\mathrm{i\omega}}\quad -i_{qr}k_{\mathrm{i1}}\quad -i_{qr}k_{\mathrm{i2}}\quad -i_{dr}k_{\mathrm{p2}}k_{\mathrm{i3}}\quad -i_{dr}k_{\mathrm{i2}}];$$

$$A_{\mathrm{GSI\_DC}}=[i_{dg}K_{\mathrm{pg}}K_{\mathrm{i}dg}\quad i_{dg}K_{\mathrm{ig}}\quad i_{qg}K_{\mathrm{ig}}];$$

$$A_{\mathrm{RL\_DC}}=[u_{dg}-i_{dg}K_{\mathrm{pg}}\quad u_{qg}-i_{qg}K_{\mathrm{pg}}];$$

$$A_{\mathrm{PC\_DC}}=[i_{qr}k_{\mathrm{p1}}i_{ds0}+i_{dr}k_{\mathrm{p1}}i_{qs0}\quad -i_{qr}k_{\mathrm{p3}}k_{\mathrm{p2}}i_{qs0}+i_{dr}k_{\mathrm{p3}}k_{\mathrm{p2}}i_{ds0}];$$

$$A_{\mathrm{DC\_GSI}}=\begin{bmatrix}-1\\-k_{\mathrm{p}dg}\\0\end{bmatrix};\ A_{\mathrm{RL\_GSI}}=\begin{bmatrix}0&0\\-1&0\\0&-1\end{bmatrix};\ A'_{\mathrm{RL}}=\begin{bmatrix}(K_{\mathrm{pg}}-1)\omega_{\mathrm{b}}r/x & \omega_{\mathrm{b}}\\ -\omega_{\mathrm{b}} & (K_{\mathrm{pg}}-1)\omega_{\mathrm{b}}r/x\end{bmatrix};$$

$$A_{\mathrm{PC\_RL}}=\begin{bmatrix}\omega_{\mathrm{b}}/x & 0\\0 & \omega_{\mathrm{b}}/x\end{bmatrix};\ A_{\mathrm{GSI\_RL}}=-\omega_{\mathrm{b}}/x\begin{bmatrix}K_{\mathrm{pg}}K_{\mathrm{i}dg} & K_{\mathrm{ig}} & 0\\ 0 & 0 & K_{\mathrm{ig}}\end{bmatrix};$$

$$A_{\mathrm{DC\_RL}}=\begin{bmatrix}K_{\mathrm{pg}}K_{\mathrm{p}dg}\omega_{\mathrm{b}}/x\\0\end{bmatrix};\ A_{\mathrm{G\_PC}}=\frac{\omega_{\mathrm{b}}x_{\mathrm{C}}}{D}\begin{bmatrix}0 & -X_{\mathrm{rr}} & 0 & X_{\mathrm{m}}\\ -X_{\mathrm{rr}} & 0 & X_{\mathrm{m}} & 0\end{bmatrix};\ A_{\mathrm{RL\_PC}}=\begin{bmatrix}\omega_{\mathrm{b}}x_{\mathrm{C}} & 0\\ 0 & \omega_{\mathrm{b}}x_{\mathrm{C}}\end{bmatrix};$$

$$A_{\mathrm{TL\_PC}}=\begin{bmatrix}\omega_{\mathrm{b}}x_{\mathrm{C}} & 0 & 0 & 0\\ 0 & \omega_{\mathrm{b}}x_{\mathrm{C}} & 0 & 0\end{bmatrix}。$$

3.1.2 永磁直驱风力发电系统机网模型

永磁直驱风电机组的单机-无穷大系统拓扑结构分别如图 2.8 所示。根据第 2 章所建立的不同拓扑结构下的机组各部分模型,可以得到相应的小信号模型。

1. 基于不可控整流升压逆变变流器的永磁直驱风电机组的小信号模型

在 Matlab/Simulink 中搭建该永磁直驱风力发电系统的小信号模型。由第 2.4 节可知,永磁同步风力发电机单机对无穷大系统的小信号稳定模型由轴系两质量块模型、永磁同步发电机模型、变流器(包括不可控整流器、Boost 和逆变器)及输电线路模型等组成,各模块通过数学模型的输入量与输出量的关系与坐标转换实现连接,如图 3.2 所示。

图 3.2 中,永磁直驱风电机组的机械部分建模采用两质量块的轴系模型,以风力机叶轮部分受风产生的机械扭矩作为轴系模型的输入,在小信号模型中表示为 ΔT_{w},同时永磁同步发电机所产生电磁转矩的微增量 ΔT_{e} 作为阻尼转矩输入到轴系模型,两个转矩 ΔT_{w} 和 ΔT_{e} 共同作用在轴系部分得到的角速度 $\Delta\omega_{\mathrm{r}}$ 是其输出变量。轴系部分输出的 $\Delta\omega_{\mathrm{r}}$ 恰好是永磁同步发电机的输入变量,其另一个输入变量是机侧不可控整流器所输出的参考电压 ΔU_{s},通过永磁发电机模型可得到其电磁转矩 ΔT_{e} 和输出电流 ΔI_{s}。机侧不可控整流器和 Boost 升压电路的共同作用使得发电机的输出功率能够全部输送到后级的直流电容。Boost 升压电路

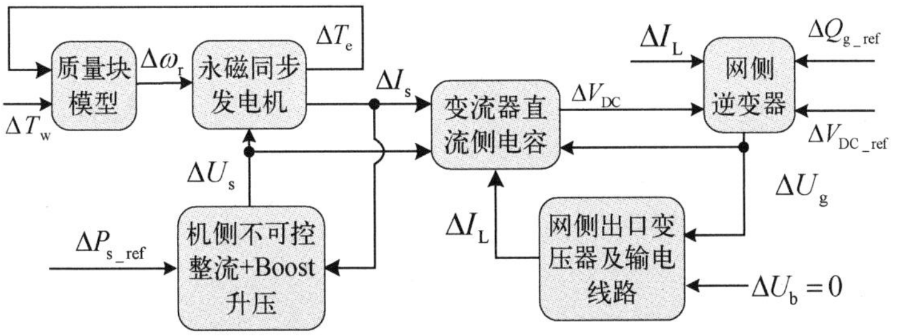

图 3.2　永磁直驱风电机组连接至无穷大系统的小信号模型

以永磁直驱风电机组的额定输出功率 ΔP_{s_ref} 作为参考值，由发电机的实际输出电压和输出电流可得实际的输出功率，其与参考值之间的偏差经 PI 调节后产生相应的控制信号，通过控制 IGBT 的开断控制发电机的功率输出。同时根据不可控整流器输出电压与输入电压的关系可得到发电机端相应的参考输出电压 ΔU_s，并作为发电机的输入。根据能量守恒定律，当忽略直流电容的能量损耗时，输入到直流电容的功率与其输出功率相等。直流电容的输入功率可由 ΔU_s 和 ΔI_s 求得，直流电容的输出功率可由风电机组的母线电压 ΔU_g 和输出电流 ΔI_L 求得。为了提高风电机组的功率因数和维持直流电容两端电压的稳定，网侧逆变器以控制机组的输出无功 Q_g 为零和维持直流电容电压 V_{DC} 在 950 V 为控制目标，变量相应微增量的参考值 ΔQ_{g_ref} 和 ΔV_{DC_ref} 也全部为 0。网侧逆变器的输出电压的微增量 ΔU_g 和无穷大电网电压的微增量 ΔU_b 共同作用到输电线路和出口变压器可得风电机组的输出电流 ΔI_L。

根据图 3.2 中各部分模型的连接框图可得永磁同步风电机组的小信号模型如式(3.2)所示。

$$\Delta\dot{\boldsymbol{X}}_{PMSG,1}=\boldsymbol{A}_{PMSG,1}\Delta\boldsymbol{X}_{PMSG,1}+\boldsymbol{B}_{PMSG,1}\Delta\boldsymbol{u}_{PMSG,1} \tag{3.2}$$

其中，$\Delta\boldsymbol{X}_{PMSG,1}=[\Delta\boldsymbol{X}_M\quad\Delta\boldsymbol{X}_G\quad\Delta\boldsymbol{X}_{GSR,1}\quad\Delta\boldsymbol{X}_{DC}\quad\Delta\boldsymbol{X}_{GSI}\quad\Delta\boldsymbol{X}_{RLC}]^T$；$\Delta\boldsymbol{u}_{PMSG,1}=[\Delta T_w\quad\Delta P_{s\_ref}\quad\Delta V_{DC\_ref}\quad\Delta Q_{g\_ref}\quad\Delta U_b]^T$；

$$\boldsymbol{A}_{PMSG,1}=\begin{bmatrix}\boldsymbol{A}_M & \boldsymbol{A}_{G\_M} & \boldsymbol{0} & \boldsymbol{0} & \boldsymbol{0} & \boldsymbol{0}\\ \boldsymbol{A}_{M\_G} & \boldsymbol{A}_G & \boldsymbol{A}_{GSR\_G,1} & \boldsymbol{0} & \boldsymbol{0} & \boldsymbol{0}\\ \boldsymbol{0} & \boldsymbol{A}_{G\_GSR,1} & \boldsymbol{A}_{GSR,1} & \boldsymbol{A}_{DC\_GSR} & \boldsymbol{0} & \boldsymbol{0}\\ \boldsymbol{0} & \boldsymbol{A}_{G\_DC} & \boldsymbol{A}_{GSR\_DC} & \boldsymbol{A}'_{DC} & \boldsymbol{A}_{GSI\_DC} & \boldsymbol{A}_{RLC\_DC}\\ \boldsymbol{0} & \boldsymbol{0} & \boldsymbol{0} & \boldsymbol{A}_{DC\_GSI} & \boldsymbol{A}_{GSI} & \boldsymbol{A}_{RLC\_GSI}\\ \boldsymbol{0} & \boldsymbol{0} & \boldsymbol{0} & \boldsymbol{A}_{DC\_RLC} & \boldsymbol{A}_{GSI\_RLC} & \boldsymbol{A}'_{RLC}\end{bmatrix}。$$

矩阵 $\boldsymbol{A}_{G\_M}(\boldsymbol{A}_{M\_G})$、$\boldsymbol{A}_{GSR\_G,1}(\boldsymbol{A}_{G\_GSR,1})$、$\boldsymbol{A}_{DC\_GSR}(\boldsymbol{A}_{GSR\_DC})$、$\boldsymbol{A}_{G\_DC}$、$\boldsymbol{A}_{RLC\_DC}(\boldsymbol{A}_{DC\_RLC})$、$\boldsymbol{A}_{GSI\_DC}(\boldsymbol{A}_{DC\_GSI})$ 和 $\boldsymbol{A}_{RLC\_GSI}(\boldsymbol{A}_{GSI\_RLC})$ 表示不同模型之间的相互作用关系，$\boldsymbol{A}'_{DC}$ 和 $\boldsymbol{A}'_{RLC}$ 表示 $\boldsymbol{A}_{DC}$ 和 $\boldsymbol{A}_{RLC}$ 受相邻模型影响得到的新矩阵，$\boldsymbol{A}_G$、$\boldsymbol{A}_{GSR,1}$ 和 $\boldsymbol{A}_{GSI}$ 分别如式(2.114)、式(2.122)和式(2.123)所示，并且

$$\boldsymbol{A}_{\mathrm{G\_M}}=\begin{bmatrix}0 & 0\\ 0 & 0\\ 0 & 0\\ 0 & \dfrac{3n_{\mathrm{pp}}\psi_{\mathrm{PM}}}{4H_1L_{qs}}\end{bmatrix};\ \boldsymbol{A}_{\mathrm{M\_G}}=\begin{bmatrix}0 & 0 & 0 & \psi_{qs0}\\ 0 & 0 & 0 & \psi_{ds0}\end{bmatrix};\ \boldsymbol{A}_{\mathrm{GSR\_G}}=\boldsymbol{A}_{\mathrm{G\_GSR}}=\boldsymbol{0}_{2\times 2};$$

$$\boldsymbol{A}_{\mathrm{GSR\_DC}}=\boldsymbol{0}_{1\times 2};\ \boldsymbol{A}_{\mathrm{DC\_GSR}}=\boldsymbol{0}_{2\times 1};$$

$$\boldsymbol{A}_{\mathrm{G\_DC}}=\begin{bmatrix}\dfrac{u_{ds0}}{L_{ds}} & \dfrac{u_{qs0}}{L_{qs}}\end{bmatrix};\ \boldsymbol{A}'_{\mathrm{DC}}=[-K_{\mathrm{p3}}K_{\mathrm{p4}}i_{gd0}];$$

$$\boldsymbol{A}_{\mathrm{GSI\_DC}}=\begin{bmatrix}K_{\mathrm{p4}}K_{\mathrm{i3}}i_{dg0}\left(\dfrac{K_{\mathrm{p5}}K_{\mathrm{p6}}i_{qg0}^2}{1+K_{\mathrm{p5}}K_{\mathrm{p6}}u_{qg0}}+1\right) & K_{\mathrm{i4}}i_{dg0}\left(\dfrac{K_{\mathrm{p5}}K_{\mathrm{p6}}i_{qg0}^2}{1+K_{\mathrm{p5}}K_{\mathrm{p6}}u_{qg0}}+1\right) & \dfrac{K_{\mathrm{p5}}K_{\mathrm{i5}}i_{qg0}}{1+K_{\mathrm{p5}}K_{\mathrm{p6}}u_{qg0}} & \dfrac{K_{\mathrm{i6}}i_{qg0}}{1+K_{\mathrm{p5}}K_{\mathrm{p6}}u_{qg0}}\end{bmatrix};$$

$$\boldsymbol{A}_{\mathrm{RLC\_DC}}=\begin{bmatrix}-K_{\mathrm{p3}}i_{gd0}-\dfrac{K_{\mathrm{p5}}K_{\mathrm{p6}}u_{qg0}i_{qg0}}{1+K_{\mathrm{p5}}K_{\mathrm{p6}}u_{qg0}}+u_{dg0} & \dfrac{(K_{\mathrm{p5}}u_{dg0}-1)K_{\mathrm{p6}}i_{qg0}}{1+K_{\mathrm{p5}}K_{\mathrm{p6}}u_{qg0}}+u_{qg0} & 0 & 0\end{bmatrix};$$

$$\boldsymbol{A}_{\mathrm{DC\_GSI}}=[-1\quad -K_{\mathrm{p3}}\quad 0\quad 0]^{\mathrm{T}};$$

$$\boldsymbol{A}_{\mathrm{RLC\_GSI}}=\begin{bmatrix}0 & 0 & 0 & 0\\ -1 & 0 & 0 & 0\\ -u_{qg0} & u_{dg0} & 0 & 0\\ -K_{\mathrm{p5}}u_{qg0} & K_{\mathrm{p5}}u_{dg0}-1 & 0 & 0\end{bmatrix};\ \boldsymbol{A}_{\mathrm{DC\_RLC}}=\begin{bmatrix}-\dfrac{K_{\mathrm{p3}}K_{\mathrm{p4}}\omega_{\mathrm{b}}}{x} & 0 & 0 & 0\end{bmatrix}^{\mathrm{T}};$$

$$\boldsymbol{A}_{\mathrm{GSI\_RLC}}=\begin{bmatrix}\dfrac{\omega_{\mathrm{b}}K_{\mathrm{i3}}K_{\mathrm{p4}}}{x} & \dfrac{\omega_{\mathrm{b}}K_{\mathrm{i4}}}{x} & 0 & 0\\ \dfrac{\omega_{\mathrm{b}}K_{\mathrm{p5}}K_{\mathrm{p6}}i_{qg0}K_{\mathrm{i3}}K_{\mathrm{p4}}}{(1+K_{\mathrm{p5}}K_{\mathrm{p6}}u_{qg0})x} & \dfrac{\omega_{\mathrm{b}}K_{\mathrm{p5}}K_{\mathrm{p6}}i_{qg0}K_{\mathrm{i4}}}{(1+K_{\mathrm{p5}}K_{\mathrm{p6}}u_{qg0})x} & \dfrac{\omega_{\mathrm{b}}K_{\mathrm{p5}}K_{\mathrm{i5}}}{(1+K_{\mathrm{p5}}K_{\mathrm{p6}}u_{qg0})x} & \dfrac{\omega_{\mathrm{b}}K_{\mathrm{i6}}}{(1+K_{\mathrm{p5}}K_{\mathrm{p6}}u_{qg0})x}\\ 0 & 0 & 0 & 0\\ 0 & 0 & 0 & 0\end{bmatrix};$$

$$\boldsymbol{A}'_{\mathrm{RLC}}=\begin{bmatrix}\dfrac{\omega_{\mathrm{b}}}{x}(-r-K_{\mathrm{p5}}K_{\mathrm{p6}}u_{qg0}) & \omega_{\mathrm{b}}\left(1+\dfrac{(K_{\mathrm{p5}}u_{dg0}-1)K_{\mathrm{p6}}}{x}\right) & -\dfrac{\omega_{\mathrm{b}}}{x} & 0\\ -\omega_{\mathrm{b}}\left(1+\dfrac{K_{\mathrm{p5}}K_{\mathrm{p6}}u_{qg0}}{x(1+K_{\mathrm{p5}}K_{\mathrm{p6}}u_{qg0})}\right) & \dfrac{\omega_{\mathrm{b}}}{x}\left(\dfrac{(K_{\mathrm{p5}}u_{dg0}-1)K_{\mathrm{p6}}}{1+K_{\mathrm{p5}}K_{\mathrm{p6}}u_{qg0}}-r\right) & 0 & \dfrac{-\omega_{\mathrm{b}}}{x}\\ -\omega_{\mathrm{b}}x_c & 0 & 0 & \omega_{\mathrm{b}}\\ 0 & -\omega_{\mathrm{b}}x_c & -\omega_{\mathrm{b}} & 0\end{bmatrix}。$$

2. 基于“背靠背”型变流器的永磁直驱风电机组的小信号模型

采用“背靠背”型变流器的永磁直驱风电机组的拓扑结构如图 2.8(b)所示。由第 2.4 节可知,基于“背靠背”型变流器永磁直驱风电机组的小信号模型包括轴系两质量块模型、永磁同步发电机模型、机侧整流器模型、DC 环节模型、网侧逆变器模型和输电线路模型,根据各模块数学模型的输入量与输出量的关系和坐标转换可实现模块之间的连通。由于机侧整流器采用两种不同的控制策略,其小信号模型也不尽相同,现对两种小信号模型分别讨论。

1）机侧整流器采用 PQ 控制策略的永磁直驱风电机组小信号模型

当永磁直驱风电机组的机侧变流器采用图 2.14 所示的 PQ 控制策略时，其小信号模型如图 3.3 所示。图中轴系模型与永磁同步发电机组的连接方法和原理与图 3.2 中一致，同时直流侧电容、网侧逆变器和网侧出口变压器相互之间的连接原理也与图 3.2 相同，此处不做详细讨论。图 3.3 与图 3.2 的区别在于，其机侧整流器采用三相桥式 6 脉冲全波整流电路，以同步发电机组仅输出有功功率而不输出无功功率为控制目标，详细的控制策略见图 2.14。因此机侧整流器的输入为 d 轴参考电流 Δi_{ds_ref} 和发电机输出的电磁转矩 ΔT_e，Δi_{ds_ref} 和由 ΔT_e 得到的 Δi_{qs_ref} 与实际 d 轴和 q 轴的电流偏差，经机侧整流器中的 PI 调节后可得到目标电压 ΔU_{ds} 和 ΔU_{qs}，即输出电压 ΔU_s 的 d 轴分量和 q 轴分量。

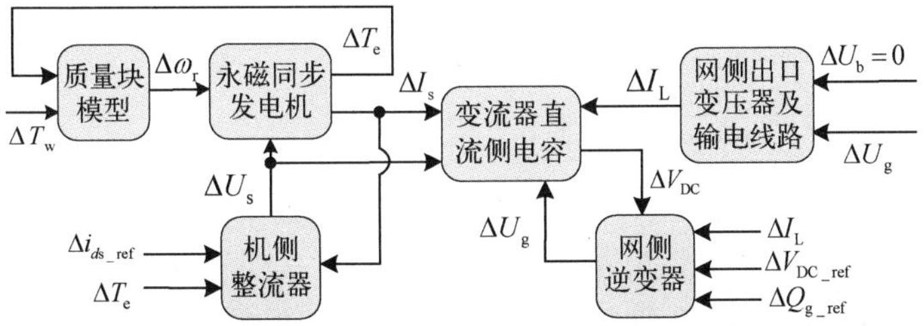

图 3.3　机侧整流器采用 PQ 控制策略的永磁直驱风电机组小信号模型

由图 3.3 中各模块的连接框图可得，机侧整流器采用 PQ 解耦控制策略的永磁同步风电机组小信号模型如式(3.3)所示。

$$\Delta\dot{\boldsymbol{X}}_{\text{PMSG},2} = \boldsymbol{A}_{\text{PMSG},2}\Delta\boldsymbol{X}_{\text{PMSG},2} + \boldsymbol{B}_{\text{PMSG},2}\Delta\boldsymbol{u}_{\text{PMSG},2} \tag{3.3}$$

其中，$\Delta\boldsymbol{X}_{\text{PMSG},2} = [\Delta\boldsymbol{X}_{\text{M}}\ \ \Delta\boldsymbol{X}_{\text{G}}\ \ \Delta\boldsymbol{X}_{\text{GSR},2}\ \ \Delta\boldsymbol{X}_{\text{DC}}\ \ \Delta\boldsymbol{X}_{\text{GSI}}\ \ \Delta\boldsymbol{X}_{\text{RLC}}]^{\text{T}}$；$\Delta\boldsymbol{u}_{\text{PMSG},2} = [\Delta T_{\text{w}}\ \ \Delta i_{ds\_\text{ref}}\ \ \Delta V_{\text{DC\_ref}}\ \ \Delta Q_{\text{g\_ref}}\ \ \Delta U_{\text{b}}]^{\text{T}}$；

$$\boldsymbol{A}_{\text{PMSG},2} = \begin{bmatrix} \boldsymbol{A}_{\text{M}} & \boldsymbol{A}_{\text{G\_M}} & \boldsymbol{0} & \boldsymbol{0} & \boldsymbol{0} & \boldsymbol{0} \\ \boldsymbol{A}_{\text{M\_G}} & \boldsymbol{A}'_{\text{G}} & \boldsymbol{A}_{\text{GSR\_G},2} & \boldsymbol{0} & \boldsymbol{0} & \boldsymbol{0} \\ \boldsymbol{0} & \boldsymbol{A}_{\text{G\_GSR},2} & \boldsymbol{A}_{\text{GSR},2} & \boldsymbol{A}_{\text{DC\_GSR}} & \boldsymbol{0} & \boldsymbol{0} \\ \boldsymbol{A}_{\text{M\_DC}} & \boldsymbol{A}_{\text{G\_DC}} & \boldsymbol{A}_{\text{GSR\_DC}} & \boldsymbol{A}'_{\text{DC}} & \boldsymbol{A}_{\text{g\_DC}} & \boldsymbol{A}_{\text{RLC\_DC}} \\ \boldsymbol{0} & \boldsymbol{0} & \boldsymbol{0} & \boldsymbol{A}_{\text{DC\_GSI}} & \boldsymbol{A}_{\text{GSI}} & \boldsymbol{A}_{\text{RLC\_GSI}} \\ \boldsymbol{0} & \boldsymbol{0} & \boldsymbol{0} & \boldsymbol{A}_{\text{DC\_RLC}} & \boldsymbol{A}_{\text{GSI\_RLC}} & \boldsymbol{A}'_{\text{RLC}} \end{bmatrix}。$$

矩阵 $\boldsymbol{A}_{\text{G\_M}}(\boldsymbol{A}_{\text{M\_G}})$、$\boldsymbol{A}_{\text{GSR\_G},2}(\boldsymbol{A}_{\text{G\_GSR},2})$、$\boldsymbol{A}_{\text{DC\_GSR}}(\boldsymbol{A}_{\text{GSR\_DC}})$、$\boldsymbol{A}_{\text{M\_DC}}$、$\boldsymbol{A}_{\text{G\_DC}}$、$\boldsymbol{A}_{\text{RLC\_DC}}(\boldsymbol{A}_{\text{DC\_RLC}})$、$\boldsymbol{A}_{\text{GSI\_DC}}(\boldsymbol{A}_{\text{DC\_GSI}})$ 和 $\boldsymbol{A}_{\text{RLC\_GSI}}(\boldsymbol{A}_{\text{GSI\_RLC}})$ 表示不同模型之间的相互作用关系，$\boldsymbol{A}'_{\text{G}}$、$\boldsymbol{A}'_{\text{DC}}$ 和 $\boldsymbol{A}'_{\text{RLC}}$ 分别表示 $\boldsymbol{A}_{\text{G}}$、$\boldsymbol{A}_{\text{DC}}$ 和 $\boldsymbol{A}_{\text{RLC}}$ 受相邻模型影响得到的新矩阵，$\boldsymbol{A}_{\text{M}}$、$\boldsymbol{A}_{\text{GSR},2}$ 和 $\boldsymbol{A}_{\text{GSI}}$ 分别如式(2.25)至式(2.31)、式(2.128)和式(2.123)所示，并且

$$\boldsymbol{A}_{\mathrm{G\_M}}=\begin{bmatrix}0 & 0\\ 0 & 0\\ 0 & 0\\ 0 & \dfrac{3n_{\mathrm{pp}}\psi_{\mathrm{PM}}}{4H_1L_{qs}}\end{bmatrix};\ \boldsymbol{A}_{\mathrm{M\_G}}=\begin{bmatrix}0 & 0 & 0 & \psi_{qs0}+L_{qs}i_{ds0}\\ 0 & 0 & 0 & \psi_{\mathrm{PM}}+\psi_{ds0}\end{bmatrix};\ \boldsymbol{A}'_{\mathrm{G}}=\begin{bmatrix}-\dfrac{K_{\mathrm{p2}}}{L_{ds}} & 0\\ 0 & 0\end{bmatrix};$$

$$\boldsymbol{A}_{\mathrm{s\_G},\,2}=\begin{bmatrix}0 & -K_{\mathrm{i2}}\\ -K_{\mathrm{i1}} & 0\end{bmatrix};\ \boldsymbol{A}_{\mathrm{G\_GSR},\,2}=\begin{bmatrix}0 & 0\\ \dfrac{1}{L_{ds}} & 0\end{bmatrix};\ \boldsymbol{A}_{\mathrm{DC\_GSR}}=\boldsymbol{0}_{2\times1};$$

$$\boldsymbol{A}_{\mathrm{M\_DC}}=\begin{bmatrix}0 & 0 & 0 & -L_{qs}i_{ds0}^{2}-\psi_{\mathrm{PM}}i_{qs0}\end{bmatrix};$$

$$\boldsymbol{A}_{\mathrm{G\_DC}}=\begin{bmatrix}\dfrac{\omega_{\mathrm{b}}L_{ds}i_{qs0}-(K_{\mathrm{p2}}-R_{\mathrm{s}})i_{ds0}-u_{ds0}}{L_{ds}} & \dfrac{R_{\mathrm{s}}i_{qs0}-\omega_{\mathrm{b}}L_{qs}i_{ds0}-u_{qs0}}{L_{qs}}\end{bmatrix};$$

$$\boldsymbol{A}_{\mathrm{GSR\_DC}}=\begin{bmatrix}K_{\mathrm{i1}}i_{qs0} & K_{\mathrm{i2}}i_{ds0}\end{bmatrix};\ \boldsymbol{A}'_{\mathrm{DC}}=\begin{bmatrix}-K_{\mathrm{p3}}K_{\mathrm{p4}}i_{gd0}\end{bmatrix}。$$

由于图 3.3 中网侧逆变器和网侧出口变压器及输电线路与图 3.1 中完全相同,因此 $\boldsymbol{A}_{\mathrm{GSI\_DC}}(\boldsymbol{A}_{\mathrm{DC\_GSI}})$、$\boldsymbol{A}_{\mathrm{RLC\_DC}}(\boldsymbol{A}_{\mathrm{DC\_RLC}})$ 和 $\boldsymbol{A}_{\mathrm{RLC\_GSI}}(\boldsymbol{A}_{\mathrm{GSI\_RLC}})$ 与式(3.2)中的相应子矩阵完全相同。

2）机侧整流器采用直接转矩控制策略的永磁直驱风电机组小信号模型

当永磁直驱风电机组的机侧变流器采用图 2.16 所示的直接转矩控制跟踪控制策略时,其小信号模型如图 3.4 所示。图 3.4 中的小信号模型与图 3.3 基本相同,两者的区别在于图 3.4 的机侧整流器采用了直接转矩控制策略,因此仅对机侧整流器与系统其他模块之间的连接关系和原理进行解释说明。永磁直驱同步风电机组的风力机的机械转速与发电机转子相同,通过测量 $\Delta\omega_{\mathrm{r}}$ 可以得到对应的最大功率点,与发电机实际输出的功率偏差经 PI 调节后可得到 q 轴的参考电流, d 轴的参考电流和 q 轴的参考电流经机侧整流器内部 PI 环节后可得到发电机的参考电压 ΔU_{s}, 具体控制过程参见图 2.16。

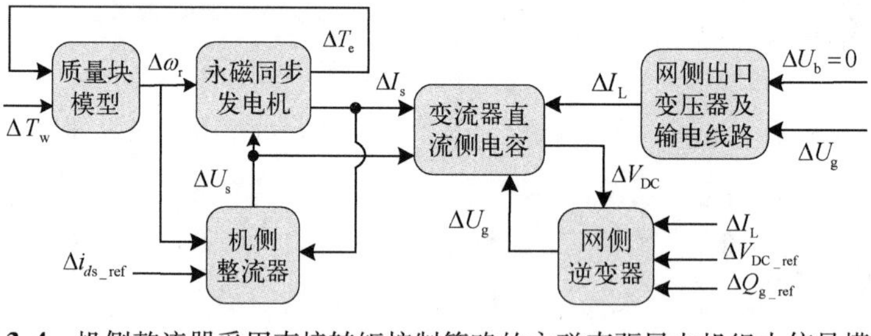

图 3.4 机侧整流器采用直接转矩控制策略的永磁直驱风电机组小信号模型

由图 3.4 中各模块的连接框图可得,机侧整流器采用 MPPT 控制策略的永磁同步风电机组小信号模型如式(3.4)所示。

$$\Delta\dot{\boldsymbol{X}}_{\mathrm{PMSG},\,3}=\boldsymbol{A}_{\mathrm{PMSG},\,3}\Delta\boldsymbol{X}_{\mathrm{PMSG},\,3}+\boldsymbol{B}_{\mathrm{PMSG},\,3}\Delta\boldsymbol{u}_{\mathrm{PMSG},\,3} \tag{3.4}$$

其中, $\Delta\boldsymbol{X}_{\mathrm{PMSG},\,3}=\begin{bmatrix}\Delta\boldsymbol{X}_{\mathrm{M}} & \Delta\boldsymbol{X}_{\mathrm{G}} & \Delta\boldsymbol{X}_{\mathrm{GSR},\,3} & \Delta\boldsymbol{X}_{\mathrm{DC}} & \Delta\boldsymbol{X}_{\mathrm{GSI}} & \Delta\boldsymbol{X}_{\mathrm{RLC}}\end{bmatrix}^{\mathrm{T}}$; $\boldsymbol{u}_{\mathrm{PMSG},\,3}=\begin{bmatrix}\Delta T_{\mathrm{w}} & \Delta i_{ds\_\mathrm{ref}} & \Delta V_{\mathrm{DC\_ref}} & \Delta Q_{\mathrm{g\_ref}} & \Delta U_{\mathrm{b}}\end{bmatrix}^{\mathrm{T}}$;

$$
\boldsymbol{A}_{\mathrm{PMSG,\,3}}=\begin{bmatrix}
\boldsymbol{A}_{\mathrm{M}} & \boldsymbol{A}_{\mathrm{G\_M}} & \boldsymbol{0} & \boldsymbol{0} & \boldsymbol{0} & \boldsymbol{0}\\
\boldsymbol{A}_{\mathrm{M\_G}} & \boldsymbol{A}'_{\mathrm{G}} & \boldsymbol{A}_{\mathrm{GSR\_G,\,3}} & \boldsymbol{0} & \boldsymbol{0} & \boldsymbol{0}\\
\boldsymbol{0} & \boldsymbol{A}_{\mathrm{G\_GSR,\,3}} & \boldsymbol{A}'_{\mathrm{GSR,\,3}} & \boldsymbol{A}_{\mathrm{DC\_GSR}} & \boldsymbol{0} & \boldsymbol{0}\\
\boldsymbol{A}_{\mathrm{M\_DC}} & \boldsymbol{A}_{\mathrm{G\_DC}} & \boldsymbol{A}_{\mathrm{GSR\_DC}} & \boldsymbol{A}'_{\mathrm{DC}} & \boldsymbol{A}_{\mathrm{GSI\_DC}} & \boldsymbol{A}_{\mathrm{RLC\_DC}}\\
\boldsymbol{0} & \boldsymbol{0} & \boldsymbol{0} & \boldsymbol{A}_{\mathrm{DC\_GSI}} & \boldsymbol{A}_{\mathrm{GSI}} & \boldsymbol{A}_{\mathrm{RLC\_GSI}}\\
\boldsymbol{0} & \boldsymbol{0} & \boldsymbol{0} & \boldsymbol{A}_{\mathrm{DC\_RLC}} & \boldsymbol{A}_{\mathrm{GSI\_RLC}} & \boldsymbol{A}'_{\mathrm{RLC}}
\end{bmatrix}。
$$

矩阵 $\boldsymbol{A}_{\mathrm{G\_M}}$ ($\boldsymbol{A}_{\mathrm{M\_G}}$)、$\boldsymbol{A}_{\mathrm{GSR\_G,\,3}}$ ($\boldsymbol{A}_{\mathrm{G\_GSR,\,3}}$)、$\boldsymbol{A}_{\mathrm{DC\_GSR}}$ ($\boldsymbol{A}_{\mathrm{GSR\_DC}}$)、$\boldsymbol{A}_{\mathrm{M\_DC}}$、$\boldsymbol{A}_{\mathrm{G\_DC}}$、$\boldsymbol{A}_{\mathrm{GSR\_DC}}$、$\boldsymbol{A}_{\mathrm{RLC\_DC}}$($\boldsymbol{A}_{\mathrm{DC\_RLC}}$)、$\boldsymbol{A}_{\mathrm{GSI\_DC}}$($\boldsymbol{A}_{\mathrm{DC\_GSI}}$) 和 $\boldsymbol{A}_{\mathrm{RLC\_GSI}}$($\boldsymbol{A}_{\mathrm{GSI\_RLC}}$) 表示不同模型之间的相互作用关系，$\boldsymbol{A}'_{\mathrm{G}}$、$\boldsymbol{A}'_{\mathrm{GSR,\,3}}$、$\boldsymbol{A}'_{\mathrm{DC}}$ 和 $\boldsymbol{A}'_{\mathrm{RLC}}$ 分别表示 $\boldsymbol{A}_{\mathrm{G}}$、$\boldsymbol{A}_{\mathrm{GSR,\,3}}$、$\boldsymbol{A}_{\mathrm{DC}}$ 和 $\boldsymbol{A}_{\mathrm{RLC}}$ 受相邻模型影响得到的新矩阵，$\boldsymbol{A}_{\mathrm{M}}$ 和 $\boldsymbol{A}_{\mathrm{GSI}}$ 分别如式(2.25)至式(2.31)和式(2.123)所示，并且

$$
\boldsymbol{A}_{\mathrm{G\_M}}=\begin{bmatrix}0 & 0\\ 0 & 0\\ 0 & 0\\ 0 & \dfrac{3n_{\mathrm{pp}}\psi_{\mathrm{PM}}}{4H_1L_{qs}}\end{bmatrix};\
\boldsymbol{A}_{\mathrm{M\_G}}=\begin{bmatrix}0 & 0 & 0 & L_{qs}i_{qs0}+\psi_{qs0}\\ 0 & 0 & 0 & \dfrac{K_{\mathrm{p1}}K_{\mathrm{p2}}i_{ds0}i_{qs0}L_{qs}+\psi_{\mathrm{PM}}-L_{ds}i_{ds0}}{1-K_{\mathrm{p1}}K_{\mathrm{p2}}i_{qs0}}\end{bmatrix};
$$

$$
\boldsymbol{A}'_{\mathrm{G}}=\begin{bmatrix}-\dfrac{K_{\mathrm{p2}}}{L_{ds}} & 0\\ \dfrac{\omega_{\mathrm{b}}L_{ds}-K_{\mathrm{pm}}K_{\mathrm{p1}}i_{ds0}(K_{\mathrm{p2}}-R_{\mathrm{s}})-K_{\mathrm{pm}}K_{\mathrm{p1}}u_{ds0}}{(1-K_{\mathrm{pm}}K_{\mathrm{p1}}i_{qs0})L_{ds}}-\omega_{\mathrm{b}} & -\dfrac{K_{\mathrm{pm}}K_{\mathrm{p1}}i_{ds0}\omega_{\mathrm{b}}L_{qs}+K_{\mathrm{pm}}K_{\mathrm{p1}}u_{qs0}+K_{\mathrm{p1}}-R_{\mathrm{s}}}{(1-K_{\mathrm{pm}}K_{\mathrm{p1}}i_{qs0})L_{qs}}-\dfrac{R_{\mathrm{s}}}{L_{qs}}\end{bmatrix};
$$

$$
\boldsymbol{A}_{\mathrm{GSR\_G,\,3}}=\begin{bmatrix}0 & 0 & -K_{\mathrm{i2}}\\ \dfrac{-K_{\mathrm{p1}}K_{\mathrm{im}}}{1-K_{\mathrm{pm}}K_{\mathrm{p1}}i_{qs0}} & \dfrac{-K_{\mathrm{i1}}}{1-K_{\mathrm{pm}}K_{\mathrm{p1}}i_{qs0}} & \dfrac{-K_{\mathrm{pm}}K_{\mathrm{p1}}i_{ds0}K_{\mathrm{i2}}}{1-K_{\mathrm{pm}}K_{\mathrm{p1}}i_{qs0}}\end{bmatrix};
$$

$$
\boldsymbol{A}_{\mathrm{M\_GSR,\,3}}=\begin{bmatrix}0 & 0 & 0 & -L_{qs}i_{ds0}i_{qs0}-\dfrac{(K_{\mathrm{pm}}K_{\mathrm{p1}}i_{ds0}i_{qs0}L_{qs}+\psi_{\mathrm{PM}}-L_{sd}i_{ds0})i_{qs0}}{1-K_{\mathrm{pm}}K_{\mathrm{p1}}i_{qs0}}\\ 0 & 0 & 0 & K_{\mathrm{pm}}\left[-L_{qs}i_{ds0}i_{qs0}-\dfrac{(K_{\mathrm{pm}}K_{\mathrm{p1}}i_{ds0}i_{qs0}L_{qs}+\psi_{\mathrm{PM}}-L_{sd}i_{ds0})i_{qs0}}{1-K_{\mathrm{pm}}K_{\mathrm{p1}}i_{qs0}}\right]\\ 0 & 0 & 0 & 0\end{bmatrix};
$$

$$
\boldsymbol{A}'_{\mathrm{GSR,\,3}}=\begin{bmatrix}\dfrac{K_{\mathrm{p1}}K_{\mathrm{im}}i_{qs0}}{1-K_{\mathrm{pm}}K_{\mathrm{p1}}i_{qs0}} & \dfrac{K_{\mathrm{i1}}i_{qs0}}{1-K_{\mathrm{pm}}K_{\mathrm{p1}}i_{qs0}} & \dfrac{K_{\mathrm{i2}}i_{ds0}}{1-K_{\mathrm{pm}}K_{\mathrm{p1}}i_{qs0}}\\ \dfrac{K_{\mathrm{pm}}K_{\mathrm{p1}}K_{\mathrm{im}}i_{qs0}}{1-K_{\mathrm{pm}}K_{\mathrm{p1}}i_{qs0}}+K_{\mathrm{i1}} & \dfrac{K_{\mathrm{pm}}K_{\mathrm{i1}}i_{qs0}}{1-K_{\mathrm{pm}}K_{\mathrm{p1}}i_{qs0}} & \dfrac{K_{\mathrm{pm}}K_{\mathrm{i2}}i_{ds0}}{1-K_{\mathrm{pm}}K_{\mathrm{p1}}i_{qs0}}\\ 0 & 0 & 0\end{bmatrix};
$$

$$\boldsymbol{A}_{\mathrm{G\_GSR},\,3}=\begin{bmatrix} \dfrac{\omega_{\mathrm{b}}L_{ds}i_{qs0}-(K_{\mathrm{p2}}-R_{\mathrm{s}})i_{ds0}(1-2K_{\mathrm{pm}}K_{\mathrm{p1}}i_{qs0})-2K_{\mathrm{pm}}K_{\mathrm{p1}}u_{ds0}i_{qs0}+u_{ds0}}{(1-K_{\mathrm{pm}}K_{\mathrm{p1}}i_{qs0})L_{ds}} & \dfrac{\omega_{\mathrm{b}}L_{qs}i_{ds0}+(K_{\mathrm{p1}}-R_{\mathrm{s}})i_{qs0}+u_{qs0}}{(1-K_{\mathrm{pm}}K_{\mathrm{p1}}i_{qs0})L_{qs}} \\ K_{\mathrm{pm}}\left[\dfrac{\omega_{\mathrm{b}}L_{ds}i_{qs0}-(K_{\mathrm{p2}}-R_{\mathrm{s}})i_{ds0}(1-2K_{\mathrm{pm}}K_{\mathrm{p1}}i_{qs0})-2K_{\mathrm{pm}}K_{\mathrm{p1}}u_{ds0}i_{qs0}+u_{ds0}}{(1-K_{\mathrm{pm}}K_{\mathrm{p1}}i_{qs0})L_{ds}}\right] & K_{\mathrm{pm}}\left[\dfrac{\omega_{\mathrm{b}}L_{qs}i_{ds0}+(K_{\mathrm{p1}}-R_{\mathrm{s}})i_{qs0}+u_{qs0}}{(1-K_{\mathrm{pm}}K_{\mathrm{p1}}i_{qs0})L_{qs}}\right] \\ 0 & \dfrac{1}{L_{qs}} \end{bmatrix};$$

$$\boldsymbol{A}_{\mathrm{DC\_GSR}}=\mathbf{0}_{3\times1};\ \boldsymbol{A}_{\mathrm{M\_DC}}=\begin{bmatrix}0 & 0 & 0 & -L_{qs}i_{ds0}i_{qs0}-\dfrac{(K_{\mathrm{pm}}K_{\mathrm{p1}}i_{ds0}i_{qs0}L_{qs}+\psi_{\mathrm{PM}}-L_{sd}i_{ds0})i_{qs0}}{1-K_{\mathrm{pm}}K_{\mathrm{p1}}i_{qs0}}\end{bmatrix};$$

$$\boldsymbol{A}_{\mathrm{G\_DC}}=\begin{bmatrix}\dfrac{\omega_{\mathrm{b}}L_{ds}i_{qs0}-(K_{\mathrm{p2}}-R_{\mathrm{s}})i_{ds0}(1-2K_{\mathrm{pm}}K_{\mathrm{p1}}i_{qs0})-2K_{\mathrm{pm}}K_{\mathrm{p1}}u_{ds0}i_{qs0}+u_{ds0}}{(1-K_{\mathrm{pm}}K_{\mathrm{p1}}i_{qs0})L_{ds}} & \dfrac{\omega_{\mathrm{b}}L_{qs}i_{ds0}+(K_{\mathrm{p1}}-R_{\mathrm{s}})i_{qs0}+u_{qs0}}{(1-K_{\mathrm{pm}}K_{\mathrm{p1}}i_{qs0})L_{qs}}\end{bmatrix};$$

$$\boldsymbol{A}_{\mathrm{GSI\_DC}}=\begin{bmatrix}\dfrac{K_{\mathrm{p1}}K_{\mathrm{im}}i_{qs0}}{1-K_{\mathrm{pm}}K_{\mathrm{p1}}i_{qs0}} & \dfrac{K_{\mathrm{i1}}i_{qs0}}{1-K_{\mathrm{pm}}K_{\mathrm{p1}}i_{qs0}} & \dfrac{K_{\mathrm{i2}}i_{ds0}}{1-K_{\mathrm{pm}}K_{\mathrm{p1}}i_{qs0}}\end{bmatrix};\ \boldsymbol{A}'_{\mathrm{DC}}=[-K_{\mathrm{p3}}K_{\mathrm{p4}}i_{gd0}]。$$

由于图 3.4 中网侧逆变器和网侧出口变压器及输电线路与图 3.1 中完全相同，因此 $\boldsymbol{A}_{\mathrm{GSI\_DC}}(\boldsymbol{A}_{\mathrm{DC\_GSI}})$、$\boldsymbol{A}_{\mathrm{RLC\_DC}}(\boldsymbol{A}_{\mathrm{DC\_RLC}})$ 和 $\boldsymbol{A}_{\mathrm{RLC\_GSI}}(\boldsymbol{A}_{\mathrm{GSI\_RLC}})$ 也与式(3.2)中的相应子矩阵完全相同。

3.2 小信号模型的初始化

小信号模型的初始化是求解系统稳定运行点的过程，而其中主要内容是求解风电机组的稳定运行点。

3.2.1 双馈风电机组的稳态运行点

在对双馈风电机组进行初始化时，需要对变频器的控制目标和运行状态做一些假设。稳态时风电机组的总有功功率定义为转子和变频器间的有功交换和定子输出的有功功率，即 $P_{\mathrm{e0}}=P_{\mathrm{s0}}+P_{\mathrm{r0}}$。对于无功功率的初始化，首先，假设电网侧变换器与电网之间没有无功交换，风电机与电网之间的无功交换全部来自定子的无功功率，即 $Q_{\mathrm{e0}}=Q_{\mathrm{s0}}$。其次，若认为无穷大电网是强电网，或者运行侧重于优化功率因数时，不要求网侧变换器提供无功控制和电压支持，可设 $Q_{\mathrm{e0}}=Q_{\mathrm{s0}}=0$；若风电机组需要对电网提供无功控制作用，需设定具体无功功率 Q_{e0}。与定速异步风电机组有所不同，P_{e0} 和 Q_{e0} 的确定并不能推算出此时转子滑差，还要根据风机制造商提供的关于空气动力学风轮的相关特性，得出转子滑差 s_0、风速、桨距角等，在此处省略这一过程。因此，在初始化时，已知条件是双馈风电机组的有功功率 P_{e0} 和 Q_{e0}、转子滑差 s_0、发电机定子端电压 U_{s0}，需要经过初始化计算得出定子和转子的有功功率和无功功率 P_{e0}、Q_{e0}、P_{r0} 和 Q_{r0}，转子侧变频器产生的转子电压相量 $U_{\mathrm{r0}}\angle\alpha$，以及定子、转子电流和磁链等稳态值。以下说明初始化的原理和流程。

双馈风电机组的转子连接至转子侧变频器，相当于外接一个电压相量，如图 3.5 所示。

应用叠加定理可以解决图 3.5 的初始化计算问题，将图 3.5 的稳态电路等效为图 3.6 所示的两个电路叠加。在图 3.6 中，U_1 和 U_2 分别定义为

$$U_1 = U_{s0}, \quad U_2 = U_{r0} \angle \alpha / s_0 \tag{3.5}$$

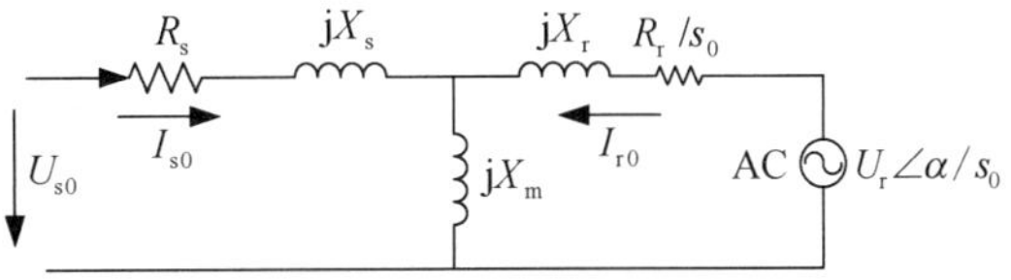

图 3.5　双馈电机稳态电路等效图

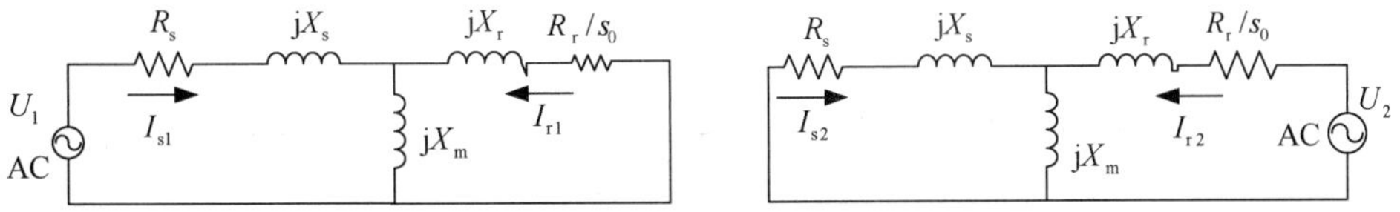

图 3.6　利用叠加定理分解双馈电机稳态等效电路

定子和转子的电流为

$$\begin{cases} I_{s0} = I_{s1} + I_{s2} \\ I_{r0} = I_{r1} + I_{r2} \end{cases} \tag{3.6}$$

根据图 3.6 可以计算出定子和转子的功率，考虑到电流正方向采用电动机规则，而功率一般习惯发电机输出功率为正，因此计算公式如式(3.7)所示。

$$\begin{cases} -P_{s0} = \dfrac{U_1^2}{a_3}\left(R_s\dfrac{R_r}{s_0} + R_sX_{rr}^2 + X_m^2\dfrac{R_r}{s_0}\right) + \dfrac{U_1U_2}{a_3}X_m(a_1\sin\alpha - a_2\cos\alpha) \\ -Q_{s0} = \dfrac{U_1^2}{a_3}\left[X_{rr}(X_sX_r + X_mX_{ss}) + \left(\dfrac{R_r}{s_0}\right)^2 X_{ss}\right] + \dfrac{U_1U_2}{a_3}X_m(a_1\cos\alpha + a_2\sin\alpha) \\ -P_{r0} = \dfrac{U_2^2s_0}{a_3}\left[R_s^2\dfrac{R_r}{s} + X_sX_{ss}\dfrac{R_r}{s} + X_m\left(R_sX_m + \dfrac{R_r}{s_0}X_{ss}\right)\right] - \dfrac{U_1U_2s_0}{a_3}X_m(a_1\sin\alpha + a_2\cos\alpha) \\ -Q_{r0} = \dfrac{U_2^2s_0}{a_3}\left[R_s^2X_{rr} + X_{ss}(X_sX_r + X_mX_{ss})\right] + \dfrac{U_1U_2s_0}{a_3}X_m(a_1\cos\alpha - a_2\sin\alpha) \end{cases} \tag{3.7}$$

其中，系数 a_1, a_2, a_3 的定义为

$$\begin{cases} a_1 = R_s\dfrac{R_r}{s_0} - [X_sX_r + X_m(X_s + X_r)] \\ a_2 = R_sX_r + \dfrac{R_r}{s_0}X_s + X_m\left(R_s + \dfrac{R_r}{s_0}\right) \\ a_3 = a_1^2 + a_2^2 \end{cases} \tag{3.8}$$

不过，在发电机转子近乎同步运行时，转子滑差 s_0 趋近于 0。此时，式(3.7)的运算会发散，因此在 $s_0 \to 0$ 时，采用功率的极限值，如式(3.9)所示。

$$
\begin{cases}
\lim\limits_{s_0 \to 0} P_{s0} = -\dfrac{U_{s0}}{R_s^2 + X_{ss}^2}\left[U_{s0}R_s + U_{r0}X_m\left(\dfrac{R_s}{R_r}\sin\alpha - \dfrac{X_{ss}}{R_r}\cos\alpha\right)\right] \\
\lim\limits_{s_0 \to 0} Q_{s0} = -\dfrac{U_{s0}}{R_s^2 + X_{ss}^2}\left[U_{s0}X_{ss} + U_{r0}X_m\left(\dfrac{R_s}{R_r}\cos\alpha + \dfrac{X_{ss}}{R_r}\sin\alpha\right)\right] \\
\lim\limits_{s_0 \to 0} P_{r0} = -U_r^2/R_r \\
\lim\limits_{s_0 \to 0} Q_{r0} = 0
\end{cases}
\tag{3.9}
$$

式(3.7)和式(3.9)均为非线性方程,已知量为 P_{e0}、Q_{e0}、U_{s0} 和 s_0,待求量为其中 P_{s0}、Q_{s0}、P_{r0}、Q_{r0}、U_{r0} 及 α,可以通过程序进行数值迭代计算。为了简便起见,也可以使用作图法来得到计算结果,下面将具体说明。其中:

$$
\begin{cases}
P_{e0} = P_{s0} + P_{r0} \\
Q_{e0} = Q_{s0}
\end{cases}
\tag{3.10}
$$

图 2.3 所示的单机对无穷大系统中,假设稳态运行时,转子滑差 $s_0 = -0.1$。则定子和转子功率以及总功率随转子电压幅值和相角的变化如图 3.7、图 3.8 及图 3.9 所示。

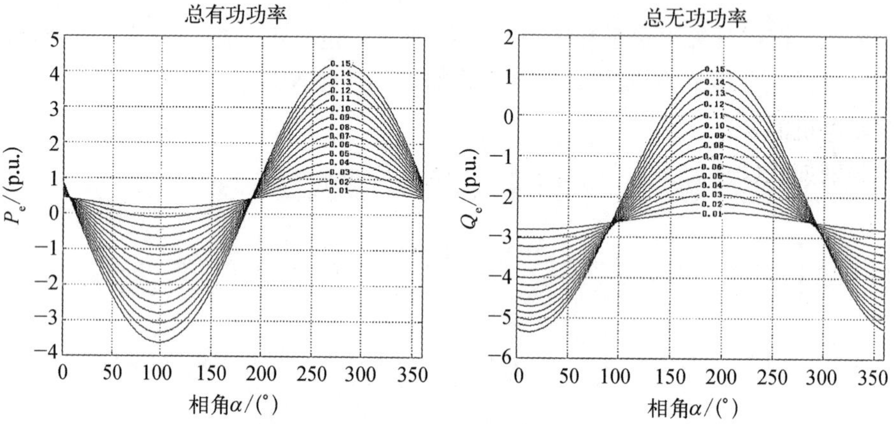

图 3.7 转子滑差为-0.1 时总电气功率随转子电压幅值和相角变化图

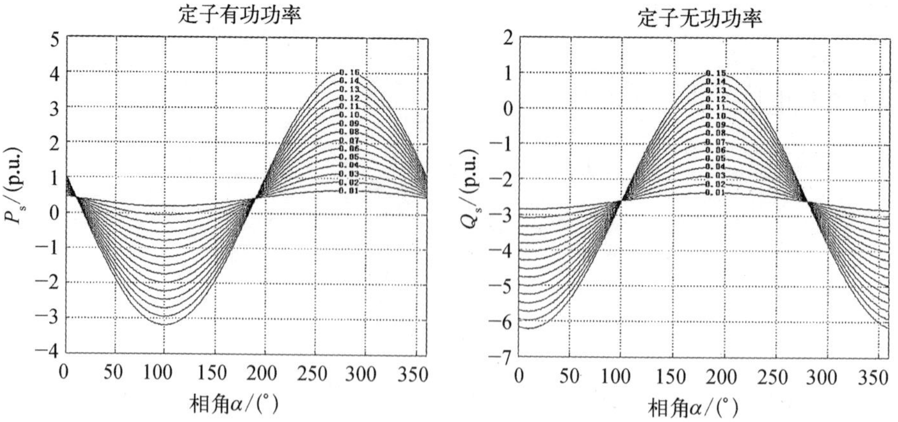

图 3.8 转子滑差为-0.1 时定子功率随转子电压幅值和相角变化图

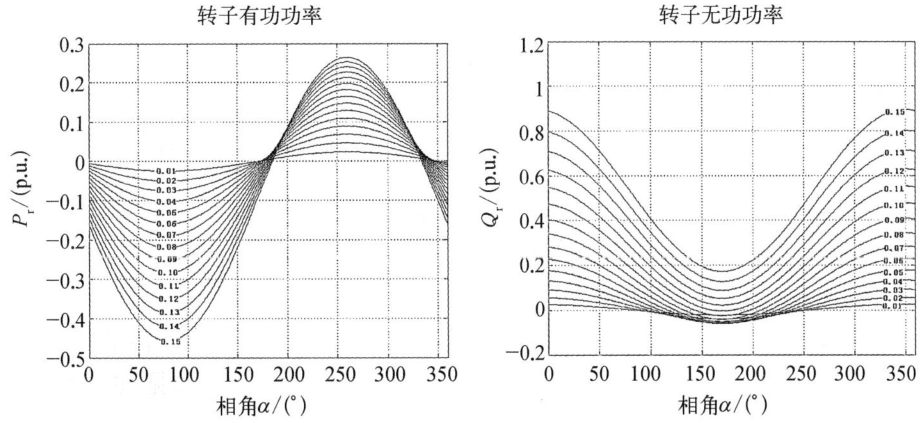

图 3.9 转子滑差为−0.1 时转子功率随转子电压幅值和相角变化图

根据初始化给出的已知条件,在图上找出对应的转子电压幅值 U_{r0} 和相角 α,进而在图中找出定子和转子的功率 P_{s0}、Q_{s0}、P_{r0}、Q_{r0}。一般情况下,当 $Q_{s0}=0$ 时,双馈风机的功率有式(3.11)的通用关系:

$$\begin{cases} P_{s0} = (1+s)P_{e0} \\ P_{r0} = -sP_{e0} \\ U_{r0} = |s_0|U_{s0} \end{cases} \tag{3.11}$$

选定发电机的 d 轴与定子电压同向,即 $U_{ds0}=U_{s0}$,$U_{qs0}=0$。则定子和转子的电流的初始化计算分别如式(3.12)和式(3.13)所示。

$$\begin{cases} i_{ds0} = \dfrac{P_{s0}u_{ds0} + Q_{s0}u_{qs0}}{u_{ds0}^2 + u_{qs0}^2} \\ i_{qs0} = \dfrac{P_{s0}u_{qs0} - Q_{s0}u_{ds0}}{u_{ds0}^2 + u_{qs0}^2} \end{cases} \tag{3.12}$$

$$\begin{cases} i_{dr0} = \dfrac{P_{r0}u_{dr0} + Q_{r0}u_{qr0}}{u_{dr0}^2 + u_{qr0}^2} \\ i_{qr0} = \dfrac{P_{r0}u_{qr0} - Q_{r0}u_{dr0}}{u_{dr0}^2 + u_{qr0}^2} \end{cases} \tag{3.13}$$

上述双馈风电机组的初始化流程总结如图 3.10 所示。

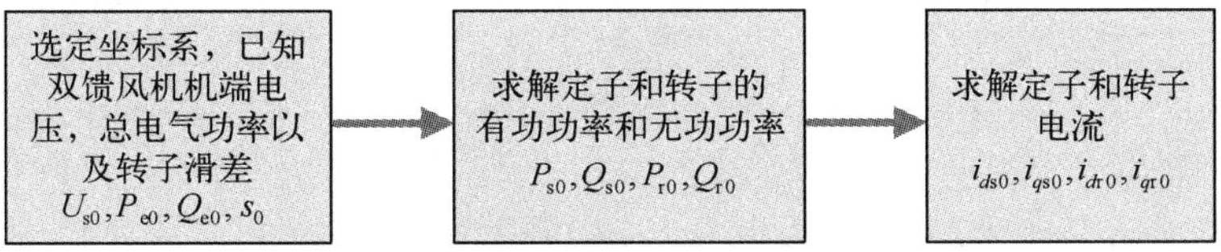

图 3.10 并网双馈风电机组初始化流程图

双馈风电机组中所使用的感应发电机电气参数、系统基准值、变压器、线路、无穷大电源等其他参数采用表 3.1 中的参数;风力机的机械参数如表 2.1 所示。

表 3.1 仿真参数

发电机参数			系统基准值		其他电气参数		
名 称	符号	数值	名 称	数值及单位	名 称	符号	数值
极对数	n_{pp}	2	基准功率	2 MW	变压器电抗/(p. u.)	X_T	0.044
发电机转速/(r/min)	n	1 517	基准频率	50 Hz	变压器电阻/(p. u.)	R_T	0.007
励磁电抗/(p. u.)	X_m	3.950 7	基准电压	0.69 kV	线路电抗/(p. u.)	X_L	8.402
定子漏电抗/(p. u.)	X_s	0.092 4			线路电阻/(p. u.)	R_L	0.840 2
定子电阻/(p. u.)	R_s	0.004 6			无穷大电源等效电抗/(p. u.)	X_B	0.060 0
转子电阻/(p. u.)	R_r	0.005 5					
发电机端电压/(p. u.)	U_{s0}	1.0			无穷大电源等效电阻/(p. u.)	R_B	0.0
					并联补偿电容/(p. u.)	X_{pc}	2.0
					串联补偿度/(p. u.)	k_{com}	0~40%

变频器直流侧电容、输出电抗、电网侧变频器出口变压器参数如表 3.2 所示。

表 3.2 变频器元件参数及变频器控制参数表

变频器元件参数			变频器控制参数							
名称	符号	数值	符号	数值	符号	数值	符号	数值	符号	数值
直流电容/(p. u.)	C_{DC}	0.000 133 7	K_{p0}/(p. u.)	300	K_{i0}/(p. u.)	1 100	K_{p4}/(p. u.)	5	K_{i4}/(p. u.)	5
输出电抗/(p. u.)	X_{con}	0.55	K_{p1}/(p. u.)	0.05	K_{i1}/(p. u.)	0.000 4	K_{p5}/(p. u.)	1.5	K_{i5}/(p. u.)	65
输出电阻	R_{con}	0.006	K_{p2}/(p. u.)	5	K_{i2}/(p. u.)	6	K_{p6}/(p. u.)	1	K_{i6}/(p. u.)	0.06
			K_{p3}	0.5	K_{i3}/(p. u.)	0.000 2	K_{p7}/(p. u.)	0.83	K_{i7}/(p. u.)	20

根据上述的初始化方法，得到系统小信号模型的稳态运行值，如表 3.3 所示。

表 3.3 双馈风电机组连接至无穷大系统的稳态运行点

参 数 名	符号	数值及单位	参 数 名	符号	数值及单位
发电机总有功功率	P_{e0}	1.0 p. u.	发电机总无功功率	Q_{e0}	0.0 p. u.
定子有功功率	P_{s0}	0.909 8 p. u.	定子无功功率	Q_{s0}	0.015 93 p. u.
转子有功功率	P_{r0}	0.086 19 p. u.	转子无功功率	Q_{r0}	0.044 31 p. u.
定子机端电压	U_{s0}	1.0 p. u.	转子滑差	s_0	−0.1
转子电压幅值	U_{r0}	0.10 p. u.	转子电压相角	α	191°
直流侧稳态电压值	V_{DC0}	1 200 V(1.0 p. u.)			

3.2.2　永磁直驱风电机组的稳态运行点

在 Matlab/Simulink 中建立 2 MW，0.69 kV 永磁直驱风电机组单机对无穷大系统的小信号模型，轴系两质量块模型参数和永磁同步发电机参数如表 3.4 所示。

表 3.4　永磁同步发电机模型参数

轴系参数			永磁同步发电机参数		
名称	符号	数值及单位	名称	符号	数值及单位
风力机转动惯量	J_1	6.2506×10^6 kg·m^2	极对数	n_{pp}	48
发电机转子转动惯量	J_2	6.511×10^5 kg·m^2	定子 d 轴电感	L_{ds}	0.010 052 H
轴系刚度系数	K_{12}	8.6727×10^7 N·m^2	定子 q 轴电感	L_{dq}	0.010 052 H
风力机自阻尼	D_1	1.8 p.u.	定子绕组电阻	R_s	0.023 956 8 Ω
发电机转子自阻尼	D_2	0.8 p.u.	永磁体在定子电感上感应出的磁链	ψ_{PM}	1.05 p.u.
风力机与转子之间的互阻尼	D_{12}	0			

永磁直驱风电机组变流器采用不同控制结构和控制策略的参数如表 3.5 所示。

表 3.5　变流器参数

不控整流升压逆变							
不控整流升压电路				网侧逆变器			
参数名称	数值	参数名称	数值	参数名称	数值	参数名称	数值
V_{in}	1 000 V	K_{p2}	0.6	V_{DC}	1 200 V	K_{p5}	100
K_{p1}	0.061	K_{i2}	0.004	K_{p3}	27	K_{i5}	10
K_{i1}	0.000 2			K_{i3}	200	K_{p6}	10
				K_{p4}	30	K_{i6}	1
				K_{i4}	5		
基于 PQ 控制的 AC/DC/AC 变流器							
机侧整流器				网侧逆变器			
参数名称	数值	参数名称	数值	参数名称	数值	参数名称	数值
V_{DC}	1 000 V	K_{p2}	2	K_{p3}	0.05	K_{p5}	0.04
K_{p1}	5	K_{i2}	0.03	K_{i3}	20	K_{i5}	0.01
K_{i1}	10			K_{p4}	6.5	K_{p6}	20
				K_{i4}	50	K_{i6}	7

续 表

基于直接转矩控制的 AC/DC/AC 变流器							
机侧整流器				网侧逆变器			
参数名称	数值	参数名称	数值	参数名称	数值	参数名称	数值
V_{DC}	1 000 V	K_{p1}	0.001	K_{p3}	0.05	K_{p5}	0.03
K_{pm}	0.2	K_{i1}	0.01	K_{i3}	20	K_{i5}	0.01
K_{im}	0.3	K_{p2}	0.3	K_{p4}	6.5	K_{p6}	17
		K_{i2}	70	K_{i4}	50	K_{i6}	4

对于图 3.2、图 3.3 和图 3.4 的三种永磁直驱风电机组的小信号模型而言,其同步发电机组的稳态运行点相同。稳态运行时,永磁同步发电机的有功功率、无功功率、定子电流和各状态变量都处于给定的稳态运行状态,并且各状态变量的导数全部为 0。稳态时,永磁同步发电机的等值电路如图 3.11 所示,并定义 q 轴的反电动势 $e_q=\omega_e\psi_{PM}$,d 轴的反电动势 $e_d=0$。图中字母的下标 0 表示稳态运行值。

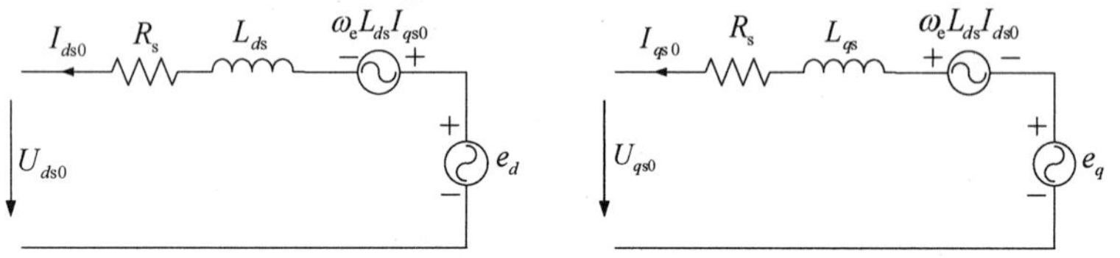

(a) d轴等值电路　　(b) q轴等值电路

图 3.11 永磁同步发电机稳态等值电路

从图 3.11(a)、(b)可得永磁同步发电机稳态运行点的电压方程为

$$\begin{cases} U_{ds0}=e_d-\omega_e L_{qs}I_{qs0}-R_s I_{ds0}-\omega_e L_{ds}I_{ds0} \\ U_{qs0}=e_q+\omega_e L_{ds}I_{ds0}-R_s I_{qs0}-\omega_e L_{qs}I_{qs0} \end{cases} \tag{3.14}$$

由式(3.14)可得稳态运行点的 d 轴和 q 轴电流如式(3.15)所示。

$$\begin{cases} I_{ds0}=\dfrac{\omega_e L_{qs}U_{qs0}-(R_s+\omega_e L_{qs})U_{ds0}-\omega_e^2 L_{qs}\psi_{PM}}{\omega_e^2 L_{ds}L_{qs}+(R_s+\omega_e L_{ds})(R_s+\omega_e L_{qs})} \\ I_{qs0}=\dfrac{\omega_e(R_s+\omega_e L_{ds})\psi_{PM}-\omega_e L_{ds}U_{ds0}-(R_s+\omega_e L_{qs})U_{qs0}}{\omega_e^2 L_{ds}L_{qs}+(R_s+\omega_e L_{ds})(R_s+\omega_e L_{qs})} \end{cases} \tag{3.15}$$

稳态下永磁同步发电机发出的有功功率和无功功率分别如式(3.16)和式(3.17)所示。

$$P_{s0}=U_{ds0}I_{ds0}+U_{qs0}I_{qs0} \tag{3.16}$$

$$Q_{s0}=U_{qs0}I_{ds0}-U_{ds0}I_{qs0} \tag{3.17}$$

根据式(3.15)、式(3.16)和式(3.17),在发电机参数给定和发电机机端电压已知的情况下,可以得到发电机有功和无功功率与发电机电气角速度 ω_e 的关系,如图 3.12 所示。

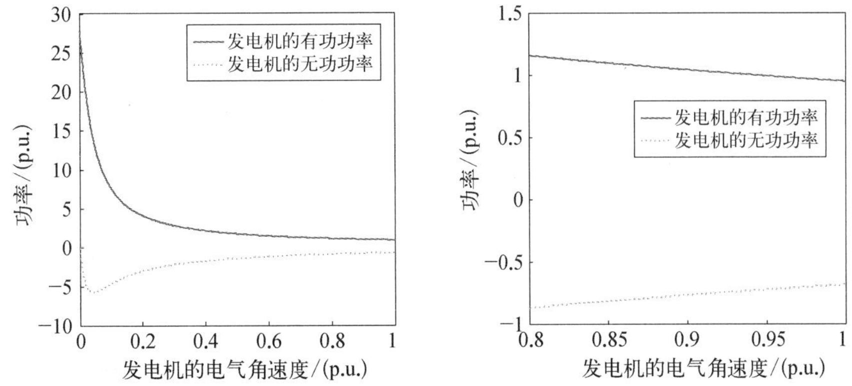

(a) 有功功率、无功功率与发电机角速度的关系　　(b) 局部放大图

图 3.12　发电机功率与角速度的关系

在初始化运算时,假设无穷大电网电压恒定。已知的风电机组运行条件包括风电机组机端电压 U_{s0} 和定子发出的有功功率 P_{s0},待求的是发电机定子吸收的无功功率 Q_{s0},定子电流 I_{ds0} 和 I_{qs0},磁链 ψ_{ds0}、ψ_{qs0} 等的稳态值。根据已知的 U_{s0} 以及风力发电机的电气参数,可以绘出如图 3.12 所示的功率角速度关系图。而有功功率 P_{s0} 已知,从图 3.12 可以得到对应此输出功率的角速度和无功功率 Q_{s0}。 进一步的初始化计算如式(3.18)和式(3.19)所示。

$$\psi_{ds0} = L_{ds} I_{ds0} + \psi_{PM} \tag{3.18}$$

$$\psi_{qs0} = L_{qs} I_{qs0} \tag{3.19}$$

需要注意的是,进行初始化计算之前,要先确定 $dq0$ 坐标系的位置。此处采用发电机的 d 轴与机端电压同向,即以定子电压定向的同步旋转坐标系。确定坐标系以后,把已知的发电机机端电压转化至该坐标系下,进行后续计算。

上述的初始化过程可以总结为如图 3.13 所示的初始化流程。

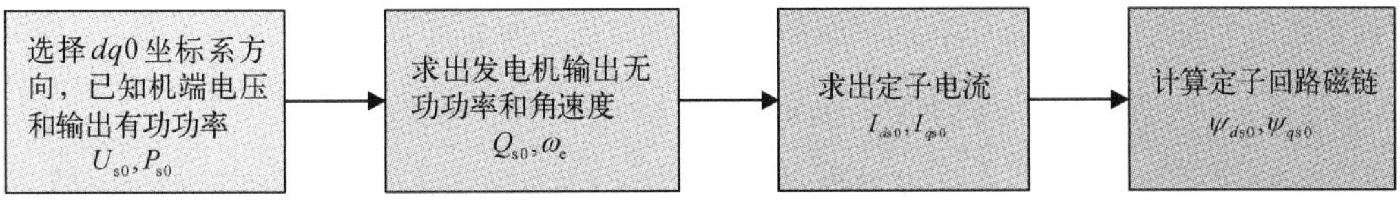

图 3.13　并网永磁同步风电机组初始化流程

根据上述的初始化方法,计算得出该永磁同步风电机组连接至无穷大系统的稳态运行点,如表 3.6 所示,系统中其他各个模块可利用这些稳态运行值以及上述系统参数进行模块内部的初始化。

表 3.6　永磁同步风电机组连接至无穷大系统的稳态运行点

参数名称	符　号	数值及单位	参数名称	符　号	数值及单位
发电机输出有功功率	P_{s0}	1.0 p.u.	发电机 d 轴电压	U_{ds0}	1.0 p.u.
发电机输出无功功率	Q_{s0}	−0.733 p.u.	发电机 q 轴电压	U_{qs0}	0
发电机端电压	U_{s0}	1.0 p.u.	发电机角速度	ω_e	0.94 p.u.

续 表

参数名称	符号	数值及单位	参数名称	符号	数值及单位
定子 d 轴电流	I_{ds0}	1.0 p.u.	定子 d 轴磁链	ψ_{ds0}	3.689 2 p.u.
定子 q 轴电流	I_{qs0}	0.731 4 p.u.	定子 q 轴磁链	ψ_{qs0}	3.465 5 p.u.

至此,本节完成了各种机型风力发电机组的稳态运行点的求解,得到的稳态运行点是小信号分析的基础,所有的状态矩阵都将以稳态运行点为初值进行分析。

3.3 双馈风力发电系统的机网相互作用

3.3.1 双馈风力发电机组的小信号模型特征值

该双馈风电机组连接至电网的小信号模型共有 27 个状态变量,分别是

$$\Delta \boldsymbol{X} = [\Delta i_{\mathrm{Lx}}, \Delta i_{\mathrm{Ly}}, \Delta u_{\mathrm{sc},x}, \Delta u_{\mathrm{sc},y}, \Delta u_{\mathrm{pc},x}, \Delta u_{\mathrm{pc},y}, \Delta \psi_{\mathrm{qs}}, \Delta \psi_{\mathrm{ds}}, \Delta \psi_{\mathrm{qr}}, \Delta \psi_{\mathrm{dr}}, \Delta x_3, \Delta \theta_{\mathrm{turb}}, \Delta \theta_{\mathrm{gear}}, \Delta \theta_{\mathrm{r}}, \Delta \omega_{\mathrm{turb}}, \Delta \omega_{\mathrm{gear}}, \Delta \omega_{\mathrm{r}}, \Delta x_4, \Delta x_5, \Delta V_{\mathrm{DC}}, \Delta x_6, \Delta i_{gx}, \Delta i_{gy}, \Delta x_7, \Delta x_0, \Delta x_1, \Delta x_2]^{\mathrm{T}} \tag{3.20}$$

式(3.20)中大部分状态变量的符号同表 3.8 中的定义一致,Δi_{gx} 和 Δi_{gy} 是双馈风机变频器电网侧的电流状态变量。$\Delta u_{\mathrm{pc},x}$ 和 $\Delta u_{\mathrm{pc},y}$ 虽然和表 3.8 中定义相同,但是在双馈风电机组中,可以不需要并联补偿电容进行无功补偿,此处的并联电容为电容值极小的对地电容,可以认为是集中参数线路的一部分,在此处的作用是用来在方程中转化电流和电压状态变量,便于前后元件模型连接,当然,该对地电容的容抗值极大,故电容电流极小。

在输电线路串补度为 0.4 时,通过 Matlab/Simulink 对上述小信号模型进行特征值分析,得到系统的特征根,系统所有的模态如表 3.7 所示。

表 3.7 双馈风电机组连接至无穷大电网的小信号模型特征值

编号	特征值	模态频率/Hz	阻尼比	编号	特征值	模态频率/Hz	阻尼比
$\lambda_{1,2}$	$-1\,715.5\pm2.68\times10^{8}\mathrm{i}$	4.26×10^{7}	0	$\lambda_{17,18}$	$-11.72\pm12.08\mathrm{i}$	1.92	0.696 3
$\lambda_{3,4}$	$-3\,189.3\pm1.35\times10^{8}\mathrm{i}$	2.15×10^{7}	0	$\lambda_{19,20}$	$-0.319\pm3.177\mathrm{i}$	0.51	0.1
λ_{5}	−942.2	0	1	λ_{21}	−2.74	0	1
$\lambda_{6,7}$	$-23.63\pm498\mathrm{i}$	79.25	0.047 4	λ_{22}	−1.20	0	1
$\lambda_{8,9}$	$-51.17\pm285.1\mathrm{i}$	45.37	0.176 7	λ_{23}	−1.00	0	1
$\lambda_{10,11}$	$-16.75\pm147\mathrm{i}$	23.40	0.113 2	λ_{24}	−0.053 8	0	1
λ_{12}	−139.8	0	1	λ_{25}	−0.008	0	1
$\lambda_{13,14}$	$-1.477\pm77.97\mathrm{i}$	12.41	0.018 9	λ_{26}	−0.000 3	0	1
$\lambda_{15,16}$	$-8.91\pm27.45\mathrm{i}$	4.37	0.308 7	λ_{27}	-1.825×10^{-14}	0	1

表 3.7 列出的所有 27 个特征值中：有 9 对共轭的情况出现，即产生 9 种振荡模态；其余 9 个特征值虚部均为零，表现为非振荡模态。为了确定各个振荡模式与哪些状态变量有关，在 Matlab 中进一步计算各个状态变量关于各个特征值的相关因子，结果如表 3.8 所示。

表 3.8　双馈风电机组各系统状态变量在各个振荡模式中的相关因子

	$\lambda_{1,2}$	$\lambda_{3,4}$	λ_{5}	$\lambda_{6,7}$	$\lambda_{8,9}$	$\lambda_{10,11}$	λ_{12}	$\lambda_{13,14}$	$\lambda_{15,16}$
Δi_{Lx}	0.000 0	0.013 4	**0.150 1**	**0.210 6**	0.000 8	**0.190 2**	0.001 0	0.003 0	0.009 8
Δi_{Ly}	0.003 4	0.000 0	0.016 8	**0.241 5**	0.000 7	**0.160 9**	**0.298 3**	0.002 0	0.016 9
$\Delta u_{sc,x}$	0.000 0	0.000 0	0.004 2	**0.252 1**	0.005 0	**0.230 2**	0.077 7	0.001 4	0.007 7
$\Delta u_{sc,y}$	0.000 0	0.000 0	0.002 4	**0.260 5**	0.005 5	**0.249 8**	0.021 0	0.001 8	0.004 6
$\Delta u_{pc,x}$	0.000 0	**0.500 0**	0.000 0	0.000 0	0.000 0	0.000 0	0.000 0	0.000 0	0.000 0
$\Delta u_{pc,y}$	**0.500 0**	0.000 0	0.000 0	0.000 0	0.000 0	0.000 0	0.000 0	0.000 0	0.000 0
$\Delta\psi_{qs}$	**0.152 9**	0.000 0	0.058 4	0.017 5	**0.176 7**	0.087 5	**0.302 4**	0.002 2	0.014 3
$\Delta\psi_{ds}$	0.000 0	**0.603 2**	**0.613 9**	0.038 5	**0.166 1**	0.045 5	0.002 4	0.001 2	0.002 3
$\Delta\psi_{qr}$	**0.339 3**	0.000 0	0.005 9	0.003 2	0.015 5	0.032 0	**0.352 6**	0.001 3	0.011 7
$\Delta\psi_{dr}$	0.000 0	**0.133 9**	**1.225 3**	0.016 0	0.041 4	0.041 2	0.069 8	0.001 4	0.007 6
Δx_3	0.000 0	0.000 0	0.000 0	0.000 0	0.000 0	0.000 0	0.000 0	0.000 0	0.000 0
$\Delta\theta_{turb}$	0.000 0	0.000 0	0.000 0	0.000 0	0.000 0	0.000 0	0.000 0	0.000 2	0.000 8
$\Delta\theta_{gear}$	0.000 0	0.000 0	0.000 0	0.000 0	0.000 0	0.000 5	0.001 5	**0.449 9**	0.029 8
$\Delta\theta_{r}$	0.000 0	0.000 0	0.000 0	0.000 0	0.000 1	0.001 6	0.008 2	0.056 4	0.019 6
$\Delta\omega_{turb}$	0.000 0	0.000 0	0.000 0	0.000 0	0.000 0	0.000 0	0.000 0	0.000 2	0.000 8
$\Delta\omega_{gear}$	0.000 0	0.000 0	0.000 0	0.000 0	0.000 0	0.000 5	0.001 5	**0.449 9**	0.029 9
$\Delta\omega_{r}$	0.000 0	0.000 0	0.000 3	0.001 0	0.008 7	0.037 2	**0.260 2**	0.057 5	**0.197 5**
Δx_4	0.000 0	0.000 0	0.000 0	0.000 0	0.000 1	0.000 2	0.003 3	0.000 0	0.000 5
Δx_5	0.000 0	0.000 0	0.000 1	0.000 0	0.008 4	0.006 2	0.000 1	0.000 7	**0.705 4**
ΔV_{DC}	0.000 0	0.000 0	0.003 0	0.000 4	0.055 4	0.021 2	0.000 3	0.001 5	**0.716 7**
Δx_6	0.000 0	0.000 0	0.000 0	0.000 0	0.000 0	0.000 0	0.000 0	0.000 0	0.001 4
Δi_{gx}	0.000 0	0.017 3	**0.224 4**	0.010 2	**0.383 3**	0.043 2	0.045 0	0.000 8	0.003 4
Δi_{gy}	0.004 4	0.000 0	0.032 5	0.004 2	**0.423 3**	0.052 2	**0.209 2**	0.000 5	0.080 8
Δx_7	0.000 0	0.000 0	0.000 0	0.000 0	0.004 8	0.002 3	0.010 2	0.000 1	0.096 2
Δx_0	0.000 0	0.000 0	0.000 0	0.000 0	0.000 1	0.000 9	0.007 2	0.000 8	0.026 5
Δx_1	0.000 0	0.000 0	0.000 0	0.000 0	0.000 0	0.000 0	0.000 0	0.000 0	0.000 1
Δx_2	0.000 0	0.000 0	0.001 6	0.000 0	0.000 2	0.000 4	0.000 1	0.000 0	0.000 7
Δi_{Lx}	0.023 0	0.001 2	0.000 3	0.000 0	0.000 1	0.000 0	0.000 0	0.000 0	0.000 0
Δi_{Ly}	0.015 1	0.001 0	0.001 5	0.000 0	0.000 0	0.000 0	0.000 0	0.000 0	0.000 0
$\Delta u_{sc,x}$	0.006 7	0.000 4	0.000 6	0.000 0	0.000 0	0.000 0	0.000 0	0.000 0	0.000 0

续 表

	$\lambda_{1,2}$	$\lambda_{3,4}$	λ_5	$\lambda_{6,7}$	$\lambda_{8,9}$	$\lambda_{10,11}$	λ_{12}	$\lambda_{13,14}$	$\lambda_{15,16}$
$\Delta u_{\text{sc},y}$	0.008 9	0.000 5	0.000 1	0.000 0	0.000 1	0.000 0	0.000 0	0.000 0	0.000 0
$\Delta u_{\text{pc},x}$	0.000 0	0.000 0	0.000 0	0.000 0	0.000 0	0.000 0	0.000 0	0.000 0	0.000 0
$\Delta u_{\text{pc},y}$	0.000 0	0.000 0	0.000 0	0.000 0	0.000 0	0.000 0	0.000 0	0.000 0	0.000 0
$\Delta\psi_{qs}$	0.031 2	0.001 9	0.001 3	0.000 0	0.000 0	0.000 0	0.000 0	0.000 0	0.000 0
$\Delta\psi_{ds}$	0.014 0	0.000 5	0.000 6	0.000 0	0.000 0	0.000 0	0.000 0	0.000 0	0.000 0
$\Delta\psi_{qr}$	0.031 0	0.001 5	0.000 2	0.000 1	0.000 4	0.000 0	0.000 0	0.000 0	0.000 0
$\Delta\psi_{dr}$	0.024 4	0.001 2	0.000 8	0.000 2	0.000 0	0.000 0	0.000 0	0.000 0	0.000 0
Δx_3	0.000 0	0.000 0	0.000 0	0.000 0	0.000 0	0.000 0	0.000 0	**1.000 0**	0.000 0
$\Delta\theta_{\text{turb}}$	0.029 3	**0.500 5**	0.050 9	0.002 3	0.002 0	0.000 0	0.000 0	0.000 0	0.000 0
$\Delta\theta_{\text{gear}}$	**0.123 7**	0.004 4	0.002 2	0.000 1	0.000 0	0.000 0	0.000 0	0.000 0	0.000 0
$\Delta\theta_{\text{r}}$	**0.460 1**	**0.249 4**	0.073 2	0.002 5	0.002 2	0.000 0	0.000 0	0.000 0	**1.000 0**
$\Delta\omega_{\text{turb}}$	0.029 3	**0.500 5**	0.050 9	0.002 3	0.002 0	0.000 0	0.000 0	0.000 0	0.000 0
$\Delta\omega_{\text{gear}}$	**0.125 1**	0.004 4	0.002 5	0.000 1	0.000 1	0.000 0	0.000 0	0.000 0	0.000 0
$\Delta\omega_{\text{r}}$	**1.056 0**	0.020 1	0.016 4	0.000 4	0.000 4	0.000 0	0.000 0	0.000 0	0.000 0
Δx_4	0.011 1	0.007 9	0.001 9	0.004 0	**1.025 3**	0.000 0	0.000 0	0.000 0	0.000 0
Δx_5	**0.200 6**	0.000 9	0.007 8	0.000 0	0.000 0	0.000 0	0.000 0	0.000 0	0.000 0
ΔV_{DC}	**0.156 7**	0.000 9	0.007 3	0.000 0	0.000 0	0.000 0	0.000 0	0.000 0	0.000 0
Δx_6	0.000 6	0.000 0	0.000 2	0.000 0	0.000 0	**1.000 0**	0.000 0	0.000 0	0.000 0
Δi_{gx}	0.012 4	0.000 4	0.003 1	0.000 0	0.000 0	0.000 0	0.000 0	0.000 0	0.000 0
Δi_{gy}	0.045 7	0.001 0	0.004 3	0.000 0	0.000 0	0.000 0	0.000 0	0.000 0	0.000 0
Δx_7	**0.158 4**	0.097 3	**0.568 6**	0.000 6	0.015 9	0.000 0	0.000 0	0.000 0	0.000 0
Δx_0	**0.321 1**	**0.213 7**	**0.354 7**	0.004 4	0.003 5	0.000 0	0.000 0	0.000 0	0.000 0
Δx_1	0.000 7	0.000 8	0.000 2	0.000 0	0.000 0	0.000 0	**1.000 0**	0.000 0	0.000 0
Δx_2	0.001 3	0.001 2	0.005 8	**0.997 5**	0.003 3	0.000 0	0.000 0	0.000 0	0.000 0

3.3.2 双馈风力发电机组机网相互作用模态分析

表 3.8 中加黑的相关因子表示对应的系统状态变量在该振荡频率中起主导作用。由于表中出现的 9 个虚部为零的特征值，即 λ_5、λ_{12}、λ_{21}、λ_{22}、λ_{23}、λ_{24}、λ_{25}、λ_{26} 和 λ_{27}，表现为无振荡模态，此处不予以讨论。针对各个振荡模态与不同状态变量的相关度，以下将从电气谐振、次同步轴系相互作用、次同步控制相互作用以及低频振荡四种模态进行分析。

1. 电气谐振模态

$\lambda_{1,2}$ 对应的振荡频率是 4.26×10^7 Hz，定子磁链 q 轴分量、转子磁链 q 轴分量以及对地电

容电压 y 轴分量对其起主导作用,表明该振荡模式主要由于发电机电抗与对地电容的谐振引起。$\lambda_{3,4}$ 对应的振荡频率是 2.37×10^7 Hz,定子磁链 d 轴分量、转子磁链 d 轴分量以及对地电容电压 y 轴分量对其起主导作用,表明该振荡模式与特征值 $\lambda_{1,2}$ 类似,主要由于发电机电抗与对地电容的谐振引起。这两个模态的振荡频率很大,这是由于在模型中对地电容的容值很小而容抗很大,电容电流也极小,这个电容模块更多的用作电压和电流之间状态变量的转接口,这样在工频下该电容支路可看作断路,不会影响整个系统特性。因此在后续分析中,不再关注特征值 $\lambda_{1,2}$ 和 $\lambda_{3,4}$ 对应的模态。

$\lambda_{8,9}$ 对应的振荡频率是 44.78 Hz,对应的振荡模态和很多状态变量有较强的相关性。网侧变流器输出电抗对其起主导作用,网侧变频器输出电抗电流 Δi_{gx} 和 Δi_{gy} 相关因子分别为 0.383 3 和 0.423 3,直流侧电容电压 ΔV_{DC}(相关因子为 0.055 4)也起到一定的作用。该振荡模态与发电机定子电抗也有很强的相关性,其中定子磁链 q 轴分量相关因子为 0.176 7,定子磁链 d 轴分量相关因子为 0.166 1。发电机转子磁链 q 轴分量(相关因子为 0.015 5)以及转子磁链 d 轴分量(相关因子为 0.041 4)也有一定的作用。因此,该振荡模态与网侧变流器输出电感和发电机相关性很强,也与变流器直流电容电压相关,属于电气谐振的范畴。

2. 次同步轴系相互作用模态

(1) 次/超同步谐振

$\lambda_{6,7}$ 对应的振荡频率是 79.25 Hz,观察各个状态变量在这两个模态中的参与因子,发现输电线路电流 Δi_{Lx}、Δi_{Ly}(相关因子分别是 0.210 6 和 0.241 5)和串补电容的端电压 $u_{sc,x}$、$u_{sc,y}$(相关因子分别是 0.252 1 和 0.260 5)对该振荡模式起主导作用,定子磁链 d 轴分量和 q 轴分量(相关因子分别是 0.038 5 和 0.017 5)也对该振荡模式起到一定的作用。$\lambda_{10,11}$ 对应的振荡频率是 23.40 Hz,与 $\lambda_{6,7}$ 类似,输电线路电流 Δi_{Lx}、Δi_{Ly}(相关因子分别是 0.190 2 和 0.160 9)和串补电容的端电压 $u_{sc,x}$、$u_{sc,y}$(相关因子分别是 0.230 2 和 0.249 8)对该振荡模式起主导作用。另外,定子磁链 d 轴分量和 q 轴分量(相关因子分别是 0.045 5 和 0.087 5)以及转子磁链 d 轴分量和 q 轴分量(相关因子分别是 0.041 2 和 0.032 0)也对该振荡模式起到一定的作用。

(2) 次同步振荡

$\lambda_{13,14}$ 对应的振荡频率是 12.41 Hz,其中,齿轮箱的扭转角和转速(相关因子均为 0.449 9)对其起主导作用,此外,发电机转子的扭转角和转速(相关因子分别是 0.056 4 和 0.057 5)也起到一定的作用。这表明,$\lambda_{13,14}$ 是风力机机械轴系的固有扭振频率,是机械振动模式。

$\lambda_{17,18}$ 对应的振荡频率是 1.92 Hz,其中发电机的转子扭转角和转速(相关因子分别为 0.460 1 和 1.056 0)以及齿轮箱的扭转角和转速(相关因子分别为 0.123 7 和 0.125 1)对该振荡模式起主导作用,风轮叶片的扭转角和转速(相关因子均为 0.029 3)以及也对该振荡模式起到一定作用。同时,转子侧变流器与发电机转速控制相关变量 Δx_0(相关因子为 0.321 1)、变流器直流电容电压 ΔV_{DC}(相关因子为 0.156 7)和与直流电压控制相关的网侧变流器控制变量 Δx_5(相关因子为 0.200 6)有较强的相关性。与 $\lambda_{13,14}$ 类似,$\lambda_{17,18}$ 也是风力机机械轴系的固有扭振频率,由于该振荡模态与发电机紧密联系,所以变流器控制对其也有一定的影响。这两个振荡模式的频率如表 3.9 所示。

表 3.9　风力机轴系扭振特征值

编　　号	特征值	模态频率/Hz	阻尼比
$\alpha_{1,2}$	0±78.096i	12.429	0
$\alpha_{3,4}$	0±11.109i	1.768	0
$\alpha_{5,6}$	0	0	0

值得注意的是，分析并网定速异步风电机组模型中与轴系扭振相关的振荡模态，发现与发电机转子的扭转角和转速强相关的振荡模态，和发电机的转子磁链也有很强的相关性。但是在并网双馈风电机组的模型中，轴系扭振模态仅与轴系的状态变量强相关，与模型其他部分的电气参量几乎没有相关性，这表明，在双馈风电机组中，发电机轴系与电气部分没有很强的耦合性，具有相当的独立性。

3. 次同步控制相互作用模态

$\lambda_{15,16}$ 对应的振荡频率是 4.37 Hz。网侧变频器的控制对其起主导作用，网侧变流器控制相关变量 Δx_5 相关因子为 0.705 4，直流侧电容电压 ΔV_{DC} 相关因子为 0.716 7。网侧变流器输出电抗对应的电流 Δi_{gy}（相关因子为 0.080 8）也起到一定的作用。同时，转子侧变流器相关变量 Δx_0 和网侧变流器相关变量 Δx_7（相关因子分别为 0.026 5 和 0.096 2）也起到一定的作用。因此，$\lambda_{15,16}$ 的振荡模态主要与变流器的控制相关，属于次同步控制相互作用的范畴。

4. 低频振荡模态

$\lambda_{19,20}$ 对应的振荡频率是 0.51 Hz，机械轴系对该振荡模态起主导作用。风力机叶片的扭转角和转速（相关因子均为 0.500 5）以及发电机转子的扭转角和转速（相关因子分别为 0.249 4 和 0.020 1）对该振荡模态其主导作用。该振荡模态与变流器控制也有较强的相关性，其中转子侧变流器与发电机转速控制相关变量 Δx_0 相关因子为 0.213 7。因此，$\lambda_{20,21}$ 对应的振荡模态与机械轴系有着强相关性，也与变流器控制相关，该振荡频率在系统低频振荡的频率范围内，属于低频振荡的范畴。

对于频率相近的 $\lambda_{17,18}$ 和 $\lambda_{19,20}$ 所对应的两种振荡模式，区分他们是扭振模式还是低频振荡模式很重要，除了分析相关因子外，可以通过对独立的机械轴系的模型进行特征值分析，来确定机械扭振的固有频率。根据表 2.2 的风力机轴系参数，在 MATLAB 中分析轴系三质量块模型的特征值，如表 3.9 所示，$\lambda_{17,18}$ 对应振荡频率与风力机轴系固有频率 1.768 很接近，可以判定为轴系扭振模态，而 $\lambda_{19,20}$ 对应则为低频振荡模态。

3.3.3　双馈风力发电机组机网相互作用的仿真验证

为了进一步验证上述小信号模型中各个振荡模态下的振荡频率，在 MATLAB/Simulink 中搭建 2 MW 双馈风机的时域模型，通过输电线路连接至无穷大电网。采用电压波动、功率波动等小扰动方式激发振荡，使用 Simulink 的 FFT 分析工具，结合表 3.8 给出的相关因子，在相应的相关变量上进行观测，可以发现与上述分析对应的全部机网相互作用模态。

1. 电气谐振模态

考虑到 $\lambda_{8,9}$ 对应的电气谐振模态主要受网侧变流器输出电抗作用，分析流经网侧变流器输出电抗的电流波形，得到其对应频谱特性如图 3.14(a)所示。网侧变流器输出电流中，在基频附近含有大量的 45 Hz 左右的谐波成分，这与 $\lambda_{8,9}$ 对应的 45.37 Hz 的振荡频率相吻合。

2. 次同步轴系相互作用模态

(1) 次同步谐振

上述小信号模型分析表明，$\lambda_{6,7}$ 和 $\lambda_{10,11}$ 对应的振荡模态与输电线路电流和串补电容的端电压有很强的作用，考虑时域模型中的输电线路电流和定子输出电流对应的谐波成分。由于输电线上的电流谐波成分较小，对定子输出电流进行频谱分析，如图 3.14(b)所示。由图可见，定子输出电流除 50 Hz 基频成分外，还含有 20 Hz 和 80 Hz 谐波成分，这与 $\lambda_{10,11}$ 和 $\lambda_{5,6}$ 两种振荡模态分别对应的 23.40 Hz 和 79.25 Hz 的次同步谐振频率和超同步谐振频率相吻合。

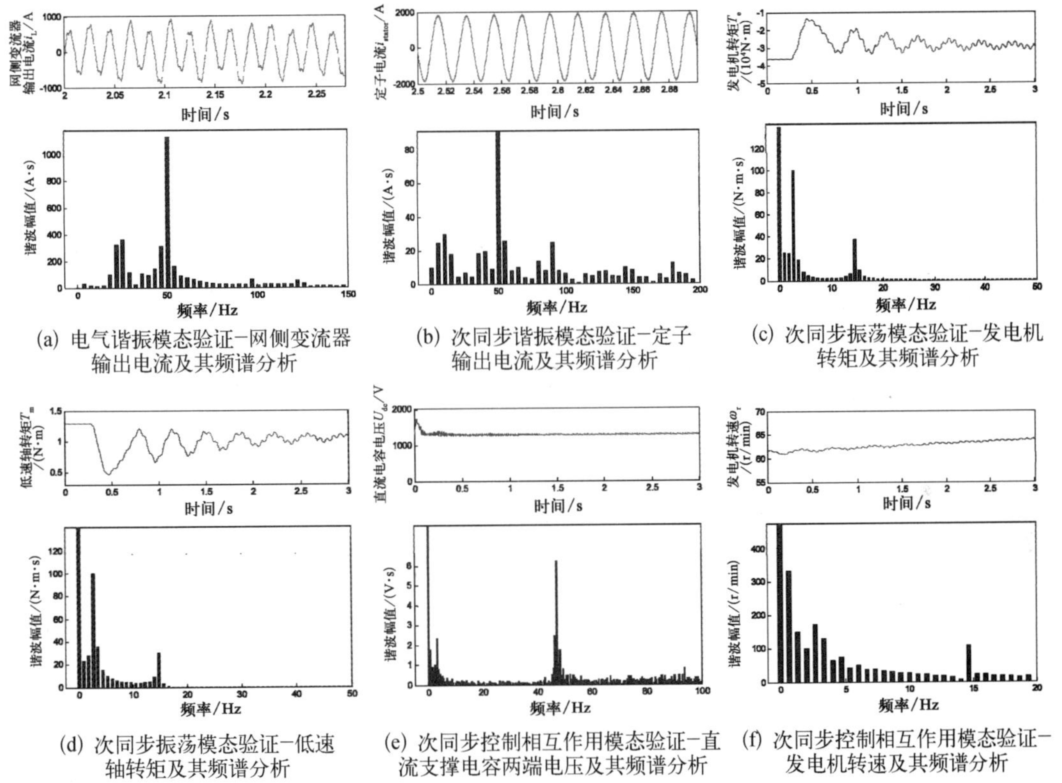

(a) 电气谐振模态验证—网侧变流器输出电流及其频谱分析

(b) 次同步谐振模态验证—定子输出电流及其频谱分析

(c) 次同步振荡模态验证—发电机转矩及其频谱分析

(d) 次同步振荡模态验证—低速轴转矩及其频谱分析

(e) 次同步控制相互作用模态验证—直流支撑电容两端电压及其频谱分析

(f) 次同步控制相互作用模态验证—发电机转速及其频谱分析

图 3.14　双馈风力发电机组机网相互作用的时域仿真

(2) 次同步振荡

针对 $\lambda_{13,14}$ 和 $\lambda_{17,18}$ 对应的振荡模态分析表明，齿轮箱的扭转角和转速以及发电机的转子扭转角和转速对这两种振荡模态起主导作用。因此，分析发电机和低速轴转矩，对应的转矩波形和频谱分析如图 3.14(c)、图 3.14(d)所示。发电机转矩和低速轴转矩均含有 2.5 Hz 和 14 Hz 附近的谐波成分，这与 $\lambda_{17,18}$ 和 $\lambda_{13,14}$ 两种振荡模态分别对应的 1.92 Hz 和 12.41 Hz 的轴系振荡频率相吻合。

3. 次同步控制相互作用模态

由于网侧变频器控制对 $\lambda_{15,16}$ 对应的振荡模态起主导作用，其中直流电容电压调整相关

变量 Δx_5 和直流侧电容电压 ΔV_{DC} 相关因子均超过 0.7，故分析直流电容两端电压，对应的电压波形和频谱特性如图 3.14(e)所示。变流器中的直流支撑电容两端电压除了与系统频率相关的 50 Hz 谐波外，还含有 4 Hz 左右的谐波成分，这和 $\lambda_{15,16}$ 对应的与次同步控制相关的 4.37 Hz 的振荡频率相吻合。

4. 低频振荡模态

由于机械轴系对 $\lambda_{19,20}$ 相应的振荡模态起主导作用，分析发电机转速的频谱特性如图 3.14(f)所示。发电机转速中含有显著的低频谐波成分，主要集中在 0.5 Hz 附近，这与 $\lambda_{20,21}$ 对应的 0.51 Hz 的低频振荡频率相吻合。此外，图中还可以看出，本次小干扰还同时在发电机转速中激发出 2.5 Hz 和 14 Hz 附近的谐波成分，这与 $\lambda_{17,18}$ 和 $\lambda_{13,14}$ 两种振荡模态分别对应的 1.92 Hz 和 12.41 Hz 的轴系振荡频率相吻合。

3.4 永磁直驱风力发电系统的机网相互作用

3.4.1 永磁直驱风力发电机组的小信号模型特征值

由于永磁直驱风力发电机组的变流器有两种拓扑结构和三种变流器控制系统，因此以下分三种情况进行考虑：基于不控整流升压电路的变流器、基于 AC/DC/AC“背靠背”型 PQ 控制的变流器以及基于 AC/DC/AC“背靠背”型直接转矩控制的变流器。三种变流器的模型不同，故状态变量也不相同，因此它们与电网的相互作用的方式与效果也不相同。

1. 基于不可控整流升压电路的变流器永磁直驱风电机组

这种系统共有 17 个状态变量，即：

$$\Delta X = [\Delta\theta_1, \Delta\theta_2, \Delta\omega_1, \Delta\omega_2, \Delta\psi_{ds}, \Delta\psi_{qs}, \Delta x_1, \Delta x_2, \Delta V_{DC}, \\ \Delta x_3, \Delta x_4, \Delta x_5, \Delta x_6, \Delta i_{Lx}, \Delta i_{Ly}, \Delta u_{cx}, \Delta u_{cy}]^T \tag{3.21}$$

式(3.21)中各个状态变量的物理意义参见第 2 章永磁直驱风电机组的各部分相关模型。利用 Matlab 求出系统全部的特征值如表 3.10 所示。

表 3.10 不可控整流永磁直驱风电机组的特征值

编号	特 征 值	振荡频率/Hz	阻尼比	编号	特 征 值	振荡频率/Hz	阻尼比
$\lambda_{1,2}$	−474.5±376.53i	59.927 2	0.783 3	$\lambda_{12,13}$	−0.099±0.001 9i	2.998×10⁻⁴	0.999 8
$\lambda_{3,4}$	−127.17±256.81i	40.873 3	0.443 7	λ_{14}	−0.017 6	0	1
$\lambda_{5,6}$	−0.074 8±314.15i	50	2.38×10⁻⁴	λ_{15}	−0.006 7	0	1
$\lambda_{7,8}$	−9.194 7±7.460 3i	1.187 8	0.776 4	λ_{16}	−3.372 6×10⁻⁴	0	1
$\lambda_{9,10}$	−0.026 6±12.127i	1.930 2	0.002 2	λ_{17}	−2.419 6×10⁻¹³	0	1
λ_{11}	−0.166 7	0	1				

由表 3.10 可以看出，系统共有 17 个特征根，并且实部全部小于零，因此整个系统是小

干扰稳定的。6 对共轭复根和 5 个虚部为零的特征根分别对应相应的振荡模态和非振荡模态。为进一步确定各个振荡模态和非振荡模态与各状态变量的相关度,求解各状态变量参与各特征值的相关因子如表 3.11 所示。

表 3.11　系统特征根相关因子表(不可控整流永磁直驱风电机组)

	$\lambda_{1,2}$	$\lambda_{3,4}$	$\lambda_{5,6}$	$\lambda_{7,8}$	$\lambda_{9,10}$	λ_{11}	$\lambda_{12,13}$	λ_{14}	λ_{15}	λ_{16}	λ_{17}
$\Delta\theta_1$	0.000 0	0.000 0	0.000 0	0.000 0	0.047 2	0.000 0	0.000 0	**0.213 3**	0.000 0	0.000 0	**0.692 3**
$\Delta\theta_2$	0.000 0	0.000 0	0.000 0	0.000 0	**0.452 8**	0.000 0	0.000 0	**0.213 3**	0.000 0	0.000 0	**0.307 7**
$\Delta\omega_1$	0.000 0	0.000 0	0.000 0	0.000 0	0.047 2	0.000 0	0.000 0	**0.905 7**	0.000 0	0.000 0	0.000 0
$\Delta\omega_2$	0.000 0	0.000 0	0.000 0	0.000 0	**0.452 9**	0.000 0	0.000 0	0.094 3	0.000 0	0.000 0	0.000 0
$\Delta\psi_{ds}$	0.000 0	0.000 0	**0.500 0**	0.000 0	0.000 0	0.000 0	0.000 0	0.000 0	0.000 0	0.000 0	0.000 0
$\Delta\psi_{qs}$	0.000 0	0.000 0	**0.500 0**	0.000 0	0.000 0	0.000 0	0.000 0	0.000 0	0.000 0	0.000 0	0.000 0
Δi_{Lx}	**1.043 3**	**0.193 4**	0.000 0	0.006 7	0.000 0	0.000 0	0.000 0	0.000 0	0.000 0	0.000 0	0.000 0
Δi_{Ly}	**1.573 0**	**0.636 6**	0.000 0	0.032 0	0.000 0	0.000 0	0.000 0	0.000 0	0.000 0	0.000 0	0.000 0
Δu_{cx}	**0.139 4**	**0.628 6**	0.000 0	0.012 3	0.000 0	0.000 0	0.000 0	0.000 0	0.000 0	0.000 0	0.000 0
Δu_{cy}	**0.309 4**	**0.838 4**	0.000 0	0.002 2	0.000 0	0.000 0	0.000 0	0.000 0	0.000 0	0.000 0	0.000 0
ΔV_{DC}	**0.334 5**	**0.187 2**	0.000 0	**0.851 8**	0.000 0	0.000 0	0.000 0	0.000 0	0.000 0	0.000 0	0.000 0
Δx_1	0.000 0	0.000 0	0.000 0	0.000 0	0.000 0	0.000 0	0.000 0	0.000 0	0.000 0	**0.999 8**	0.000 0
Δx_2	0.000 0	0.000 0	0.000 0	0.000 0	0.000 0	0.000 0	0.000 0	0.000 0	**0.999 8**	0.000 0	0.000 0
Δx_3	0.004 1	0.004 9	0.000 0	**0.822 2**	0.000 0	0.000 0	0.000 0	0.000 0	0.000 0	0.000 0	0.000 0
Δx_4	0.000 0	0.000 0	0.000 0	0.001 8	0.000 0	**0.999 9**	0.000 0	0.000 0	0.000 0	0.000 0	0.000 0
Δx_5	0.000 0	0.000 0	0.000 0	0.000 0	0.000 0	0.000 0	**0.500 0**	0.000 0	0.000 0	0.000 0	0.000 0
Δx_6	0.000 0	0.000 0	0.000 0	0.000 0	0.000 0	0.000 0	**0.500 0**	0.000 0	0.000 0	0.000 0	0.000 0

表 3.11 中加黑的相关因子表示对应的系统状态变量在该振荡模态中起主导作用。非振荡模态 λ_{11} 由网侧逆变器直流电压控制环节中的电流内环主导，λ_{14} 和 λ_{17} 由风电机组的轴系主导，λ_{15} 和 λ_{16} 分别由 Boost 升压电路的电流内环和功率外环主导,五个非振荡模态在暂态过程中表现为无振荡衰减,故此处不再讨论,仅对其他六个振荡模态进行详细分析。

2. 基于 AC/DC/AC 变流器 PQ 控制策略的永磁同步风电机组

由于在采用“背靠背”型全功率变流器后,机侧整流器的控制环节中也包含两个 PI,因此该小信号系统依然有 17 个状态变量,即:

$$\Delta X = [\Delta\theta_1,\ \Delta\theta_2,\ \Delta\omega_1,\ \Delta\omega_2,\ \Delta\psi_{ds},\ \Delta\psi_{qs},\ \Delta x_1,\ \Delta x_2,\ \Delta V_{DC},\ \Delta x_3,\ \Delta x_4,\ \Delta x_5,\ \Delta x_6,\ \Delta i_{Lx},\ \Delta i_{Ly},\ \Delta u_{cx},\ \Delta u_{cy}]^{T} \tag{3.22}$$

式(3.22)各个状态变量的物理意义参见第 2 章永磁直驱风电机组的各部分相关模型。利用 Matlab 求出系统全部的特征值如表 3.12 所示。

表 3.12　PQ 控制策略永磁直驱风电机组的特征值

编号	特 征 值	振荡频率 /Hz	阻尼比	编号	特 征 值	振荡频率 /Hz	阻尼比
$\lambda_{1,2}$	−229.81±448.96i	71.454 0	0.455 6	λ_{11}	−0.072 0	0	1
$\lambda_{3,4}$	−128.39±240.20i	38.228 4	0.471 4	λ_{12}	−1.160 1	0	1
$\lambda_{5,6}$	−0.305 4±47.536 6i	7.565 7	0.006 4	λ_{13}	−0.873 4	0	1
$\lambda_{7,8}$	−0.035 6±11.751 6i	1.870 3	0.003 0	$\lambda_{14,15}$	−0.188 5±0.847 5i	0.134 9	0.217 1
λ_9	−7.641 2	0	1	λ_{16}	$-7.260\,8\times10^{-13}$	0	1
λ_{10}	−0.308 0	0	1	λ_{17}	$-8.361\,3\times10^{-5}$	0	1

由表 3.12 可以看出，系统的 17 个特征值实部全部小于零，因此机侧整流器采用 PQ 解耦控制策略后，系统仍然是小干扰稳定的。系统共有 5 对共轭复根，对应 5 种振荡模态，剩余的 7 个虚部为零的负实根对应 7 种非振荡模态。各状态变量参与各特征值的相关因子如表 3.13 所示。

表 3.13　系统特征根相关因子表（PQ 控制永磁直驱风电机组）

	$\lambda_{1,2}$	$\lambda_{3,4}$	$\lambda_{5,6}$	$\lambda_{7,8}$	λ_9	λ_{10}	λ_{11}	λ_{12}	λ_{13}	$\lambda_{14,15}$	λ_{16}	λ_{17}
$\Delta\theta_1$	0.000 0	0.000 0	0.000 0	0.053 5	0.000 0	0.000 0	0.000 0	**0.376 1**	**0.509 0**	0.000 0	**0.692 3**	**0.684 4**
$\Delta\theta_2$	0.000 0	0.000 0	0.000 0	**0.478 8**	0.000 0	0.000 0	0.000 0	**0.413 1**	**0.536 5**	0.000 0	**0.307 7**	**0.684 4**
$\Delta\omega_1$	0.000 0	0.000 0	0.000 0	0.053 5	0.000 0	0.000 0	0.000 0	**0.371 9**	**0.516 9**	0.000 0	0.000 0	0.004 3
$\Delta\omega_2$	0.000 0	0.000 0	0.000 0	**0.446 5**	0.000 0	0.000 0	0.000 0	0.046 7	0.059 8	0.000 0	0.000 0	0.000 0
$\Delta\psi_{ds}$	0.000 0	0.000 0	0.000 0	0.000 0	0.000 0	0.000 0	0.000 0	0.000 0	0.000 0	**0.512 2**	0.000 0	0.000 0
$\Delta\psi_{qs}$	0.000 0	0.000 0	0.000 0	0.032 3	0.000 0	0.000 0	0.000 0	**0.616 3**	**0.448 1**	0.000 0	0.000 0	0.000 0
Δi_{Lx}	**0.689 9**	0.025 6	0.052 7	0.000 0	0.000 0	0.000 0	0.000 0	0.000 0	0.000 0	0.000 0	0.000 0	0.000 0
Δi_{Ly}	**0.732 4**	0.078 6	0.040 2	0.000 0	0.000 0	0.000 0	0.000 0	0.000 0	0.000 0	0.000 0	0.000 0	0.000 0
Δu_{cx}	0.033 6	**0.509 2**	0.022 4	0.000 0	0.000 0	0.000 0	0.000 0	0.000 0	0.000 0	0.000 0	0.000 0	0.000 0
Δu_{cy}	0.064 0	**0.551 0**	0.025 7	0.000 0	0.000 0	0.000 0	0.000 0	0.000 0	0.000 0	0.000 0	0.000 0	0.000 0
ΔV_{DC}	0.038 4	0.027 0	**0.469 3**	0.000 0	0.000 0	0.000 0	0.000 0	0.000 0	0.000 0	0.000 0	0.000 0	0.000 0
Δx_1	0.000 0	0.000 0	0.000 0	0.000 0	0.000 0	0.000 0	0.000 0	0.000 0	0.000 0	**0.512 2**	0.000 0	0.000 0
Δx_2	0.000 0	0.000 0	0.000 0	0.000 0	0.000 0	0.000 0	0.000 0	0.002 1	0.002 7	0.000 0	0.000 0	**0.995 3**
Δx_3	0.027 8	0.023 6	**0.470 3**	0.000 0	0.000 0	0.000 0	0.000 0	0.000 0	0.000 0	0.000 0	0.000 0	0.000 0
Δx_4	0.001 5	0.000 0	0.001 2	0.000 0	**0.999 9**	0.000 0	0.000 0	0.000 0	0.000 0	0.000 0	0.000 0	0.000 0
Δx_5	0.000 0	0.000 0	0.000 0	0.000 0	0.000 0	0.036 6	**1.036 7**	0.000 0	0.000 0	0.000 0	0.000 0	0.000 0
Δx_6	0.000 0	0.000 0	0.000 0	0.000 0	0.000 0	**1.036 5**	0.036 6	0.000 0	0.000 0	0.000 0	0.000 0	0.000 0

表 3.13 中加黑的相关因子表示对应的系统状态变量在该振荡模态中起主导作用。非

振荡模态 λ_9 由网侧逆变器直流电压控制环节中的电流内环主导，非振荡模态 λ_{10} 和 λ_{11} 分别由网侧逆变器无功功率控制环节中的电流内环和功率外环主导，λ_{12} 和 λ_{13} 由风电机组的轴系和永磁同步发电机的 q 轴磁链主导，λ_{16} 由风力机的扭转角和发电机转子的扭转角主导，λ_{17} 由风力机的扭转角、发电机转子的扭转角和机侧整流器的 d 轴电流控制环节共同主导，这七个非振荡模态在暂态过程中表现为无振荡衰减，故此处不再讨论，仅对其他五个振荡模态进行详细分析。

3. 基于 AC/DC/AC 变流器直接转矩控制的永磁直驱风电机组

第三型的永磁直驱风电机组虽然采用的仍然是“背靠背”型全功率变流器，但在机侧整流器中加入直接转矩控制后，机侧控制系统中包含三个 PI，因此该小信号系统有 18 个状态变量，即：

$$\begin{aligned}\Delta X = [\,&\Delta\theta_1,\ \Delta\theta_2,\ \Delta\omega_1,\ \Delta\omega_2,\ \Delta\psi_{ds},\ \Delta\psi_{qs},\ \Delta x_1,\ \Delta x_2,\ \Delta x_3,\ \Delta V_{DC},\ \Delta x_4,\ \Delta x_5,\\ &\Delta x_6,\ \Delta x_7,\ \Delta i_{Lx},\ \Delta i_{Ly},\ \Delta u_{cx},\ \Delta u_{cy}\,]^{T}\end{aligned} \tag{3.23}$$

式(3.23)中各个状态变量的物理意义参见第 2 章永磁直驱风电机组的各部分相关模型。利用 Matlab 求出系统全部的特征值如表 3.14 所示。

表 3.14　直接转矩控制永磁直驱风电机组的特征值

编号	特 征 值	振荡频率/Hz	阻尼比	编号	特 征 值	振荡频率/Hz	阻尼比
$\lambda_{1,2}$	−220.14±431.24i	68.634 5	0.454 7	$\lambda_{11,12}$	−0.011 3±2.297 1i	0.365 6	0.004 9
$\lambda_{3,4}$	−140.25±240.85i	38.332 0	0.503 2	λ_{13}	−0.169 6	0	1
$\lambda_{5,6}$	−0.123 9±47.533 3i	7.565 2	0.002 6	λ_{14}	−0.074 8	0	1
$\lambda_{7,8}$	−0.026±11.751 4i	1.870 3	0.002 2	$\lambda_{15,16}$	−0.762±0.212 9i	0.033 9	0.963 1
λ_9	−7.641 5	0	1	λ_{17}	$-3.526\,1\times10^{-14}$	0	1
λ_{10}	−1.574 0	0	1	λ_{18}	−0.017 9	0	1

由表 3.14 可以看出，系统的 18 个特征值实部全部小于零，因此机侧整流器加入直接转矩控制策略后，系统仍然是小干扰稳定的。系统共有 6 对共轭复根，对应 5 种振荡模态，剩余的 6 个虚部为零的负实根对应 6 种非振荡模态。对比表 3.14 和表 3.12 可以发现，两个系统的特征根有很大的相似性，这是由于两种系统基本相同，仅机侧整流器的控制系统采用了不同的控制策略。各状态变量参与各特征值的相关因子如表 3.15 所示。

表 3.15　系统特征根相关因子表(直接转矩控制永磁直驱风电机组)

	$\lambda_{1,2}$	$\lambda_{3,4}$	$\lambda_{5,6}$	$\lambda_{7,8}$	λ_9	λ_{10}	$\lambda_{11,12}$	λ_{13}	λ_{14}	$\lambda_{15,16}$	λ_{17}	λ_{18}
$\Delta\theta_1$	0.000 0	0.000 0	0.000 0	0.053 0	0.000 0	**0.157 0**	0.000 0	0.000 0	0.000 0	**0.928 0**	**0.692 0**	**0.234 0**
$\Delta\theta_2$	0.000 0	0.000 0	0.000 0	**0.479 0**	0.000 0	**0.185 0**	0.000 0	0.000 0	0.000 0	**0.963 0**	**0.308 0**	**0.234 0**
$\Delta\omega_1$	0.000 0	0.000 0	0.000 0	0.053 0	0.000 0	**0.156 0**	0.000 0	0.000 0	0.000 0	**0.943 0**	0.000 0	**0.940 0**
$\Delta\omega_2$	0.000 0	0.000 0	0.000 0	**0.446 0**	0.000 0	0.023 0	0.000 0	0.000 0	0.000 0	**0.106 0**	0.000 0	0.098 0

续　表

	$\lambda_{1,2}$	$\lambda_{3,4}$	$\lambda_{5,6}$	$\lambda_{7,8}$	λ_{9}	λ_{10}	$\lambda_{11,12}$	λ_{13}	λ_{14}	$\lambda_{15,16}$	λ_{17}	λ_{18}
$\Delta\psi_{ds}$	0.000 0	0.000 0	0.000 0	0.000 0	0.000 0	0.000 0	**0.500 0**	0.000 0	0.000 0	0.000 0	0.000 0	0.000 0
$\Delta\psi_{qs}$	0.000 0	0.000 0	0.000 0	0.032 0	0.000 0	**0.479 0**	0.000 0	0.000 0	0.000 0	**0.667 0**	0.000 0	0.000 0
Δi_{Lx}	**0.690 0**	0.026 0	0.053 0	0.000 0	0.000 0	0.000 0	0.000 0	0.000 0	0.000 0	0.000 0	0.000 0	0.000 0
Δi_{Ly}	**0.732 0**	0.079 0	0.040 0	0.000 0	0.000 0	0.000 0	0.000 0	0.000 0	0.000 0	0.000 0	0.000 0	0.000 0
Δu_{cx}	0.034 0	**0.509 0**	0.022 0	0.000 0	0.000 0	0.000 0	0.000 0	0.000 0	0.000 0	0.000 0	0.000 0	0.000 0
Δu_{cy}	0.064 0	**0.551 0**	0.026 0	0.000 0	0.000 0	0.000 0	0.000 0	0.000 0	0.000 0	0.000 0	0.000 0	0.000 0
ΔV_{DC}	0.038 0	0.027 0	**0.469 0**	0.000 0	0.000 0	0.000 0	0.000 0	0.000 0	0.000 0	0.000 0	0.000 0	0.000 0
Δx_1	0.000 0	0.000 0	0.000 0	0.000 0	0.000 0	**0.134 0**	0.000 0	0.000 0	0.000 0	**1.174 0**	0.000 0	0.019 0
Δx_2	0.000 0	0.000 0	0.000 0	0.000 0	0.000 0	**0.237 0**	0.000 0	0.000 0	0.000 0	**0.650 0**	0.000 0	0.019 0
Δx_3	0.000 0	0.000 0	0.000 0	0.000 0	0.000 0	0.000 0	**0.500 0**	0.000 0	0.000 0	0.000 0	0.000 0	0.000 0
Δx_4	0.028 0	0.024 0	**0.470 0**	0.000 0	0.000 0	0.000 0	0.000 0	0.000 0	0.000 0	0.000 0	0.000 0	0.000 0
Δx_5	0.001 0	0.000 0	0.001 0	0.000 0	**1.000 0**	0.000 0	0.000 0	0.000 0	0.000 0	0.000 0	0.000 0	0.000 0
Δx_6	0.000 0	0.000 0	0.000 0	0.000 0	0.000 0	0.000 0	0.000 0	**0.120 0**	**1.120 0**	0.000 0	0.000 0	0.000 0
$\Delta\theta_1$	0.000 0	0.000 0	0.000 0	0.000 0	0.000 0	0.000 0	0.000 0	**1.120 0**	**0.120 0**	0.000 0	0.000 0	0.000 0

表3.15中加黑的相关因子表示对应的系统状态变量在该振荡模态中起主导作用。非振荡模态 λ_9 由网侧逆变器直流电压控制环节中的电流内环主导，非振荡模态 λ_{10} 由风电机组的轴系、永磁同步发电机 q 轴磁链和MPPT控制环节主导，λ_{13} 和 λ_{14} 分别由网侧逆变器无功功率控制环节中的电流内环和功率外环主导，λ_{17} 和 λ_{18} 由风力机的扭转角和发电机转子的扭转角主导，这六个非振荡模态在暂态过程中表现为无振荡衰减，故此处不再讨论，仅对其他六个振荡模态进行详细分析。

3.4.2　永磁直驱风力发电机组机网相互作用模态分析

1. 基于不可控整流升压电路的变流器永磁直驱风电机组模态分析

(1) 次同步控制相互作用

特征值 $\lambda_{1,2}$ 和 $\lambda_{3,4}$ 对应的振荡频率分别为59.927 2 Hz和40.873 3 Hz，它们是由输电线路自身的电感和串补电容一起组成的二阶系统与变流器直流侧电容主导的振荡模式。观察参与因子，发现输电线路电流的 x 轴分量 i_{Lx}、y 轴分量 i_{Ly} 和串补电容端电压的 x 轴分量 u_{cx}、y 轴分量 u_{cy} 对这两种振荡模式起主导作用，同时变流器直流侧电容两端的电压也对该模态其主导作用，并且网侧逆变器的直流电压控制环节也对这两个模态有一定影响，相关因子分别为0.004 1和0.004 9，因此这两个模态属于变流器和串补线路相互作用引起的次同步控制相互作用。

特征值 $\lambda_{7,8}$ 对应的振荡频率是1.187 8 Hz，变流器直流侧电容两端的电压和网侧逆变器的直流电压控制环节其主导作用，此外，含串补输电线路的电感电流和电容电压也对该模态有一定影响，因此该模态也属于次同步控制相互作用的范畴。特征值 $\lambda_{12,13}$ 的振荡频率非常低，仅为 2.998×10^{-4} Hz，由网侧逆变器的电流控制内环主导，可不予考虑。

（2）次同步振荡

特征值 $\lambda_{9,10}$ 对应的振荡频率为 1.930 2 Hz，其中，发电机转子的扭转角和转速对其起主导作用，此外，风力机叶片的扭转角和转速也对其有一定的影响（相关因子均为 0.047 2）。这表明，$\lambda_{9,10}$ 是永磁直驱风电机组机械轴系的固有扭振频率，是机械振荡模式。同时可以发现，在并网永磁直驱风电机组的模型中，轴系扭振模态仅与轴系的状态变量强相关，与模型其他部分的电气参量几乎没有相关性，这表明，在永磁直驱风电机组中，发电机轴系与电气部分被全功率变流器隔离后，二者之间具有很强的独立性。

2. 基于 AC/DC/AC 变流器 PQ 控制策略的永磁同步风电机组模态分析

（1）次同步控制相互作用

特征值 $\lambda_{1,2}$ 对应的振荡频率为 71.454 0 Hz，由输电线路中电感的 x 轴分量和 y 轴分量主导，此外，串补电容电压的 x 轴分量和 y 轴分量对其也有一定影响（相关因子分别为 0.036 6 和 0.064 0），变流器直流侧电容和网侧逆变器的直流电压控制环节跟该模态也有一定关系；特征值 $\lambda_{3,4}$ 对应的振荡频率为 38.228 4 Hz，由输电线路串补电容电压的 x 轴分量和 y 轴分量主导，同时，输电线路电感电流的 x 轴分量和 y 轴分量对其也有一定影响（相关因子分别为 0.025 6 和 0.078 6），变流器直流侧电容和网侧逆变器的直流电压控制环节跟该模态也有一定关系。这表明，$\lambda_{1,2}$ 和 $\lambda_{3,4}$ 对应的振荡模态是由含串补电容的输电线路、变流器直流电容及网侧逆变器的控制系统共同作用所产生的谐振，属于次同步控制相互作用。

特征值 $\lambda_{5,6}$ 对应的振荡频率为 7.565 7 Hz，由变流器直流侧电容的电压和网侧逆变器直流电压控制外环主导，同时与含串补电容的输电线路和网侧逆变器直流电容控制环节的电流控制内环也有一定关系（相关因子依次为 0.052 7、0.040 2、0.022 4、0.025 7 和 0.001 2）。因此，该振荡模态也是输电线路、变流器直流侧电容和逆变器的控制系统之间相互作用所产生的谐振，也属于次同步控制相互作用。

（2）次同步振荡

特征值 $\lambda_{7,8}$ 对应的振荡频率为 1.870 3 Hz，发电机转子的机械扭转角和角速度起主导作用，并且风力机的机械扭转角和角速度对其也有一定影响（相关因子均为 0.053 5），这表明，$\lambda_{7,8}$ 是永磁直驱风电机组机械轴系的固有扭振频率，是机械振荡模式。对比表 3.15 中的轴系振荡频率，两者之间的差距在 0.06 Hz 左右，这主要是由于采用不同的拓扑结构后，模块之间相互影响的结果。此外，该振荡模态还与发电机的 q 轴磁链有一定的关系（相关因子为 0.032 3），而系统中的其他部分对该模态没有影响，表明“背靠背”型全功率变流器将发电机组与电网有效隔离开来，使两者之间具有一定的独立性。

（3）低频振荡

特征值 $\lambda_{14,15}$ 对应的振荡频率为 0.134 9 Hz，由发电机的 d 轴磁链和机侧整流器的控制系统主导（相关因子均为 0.512 2），而与系统的其他部分之间没有关系，因此该振荡模态是单机系统的发电机与机侧整流器控制系统相互作用产生的低频振荡模式。

3. 基于 AC/DC/AC 变流器直接转矩控制的永磁直驱风电机组的模态分析

（1）次同步控制相互作用

特征值 $\lambda_{1,2}$ 对应的振荡频率为 68.634 5 Hz，由输电线路中电感的 x 轴分量和 y 轴分量主导，此外，串补电容电压的 x 轴分量和 y 轴分量对其也有一定影响（相关因子分别为 0.034 0

和 0.064 0),变流器直流侧电容(相关因子为 0.038 0)和网侧逆变器的直流电压控制环节跟该模态也有一定关系(相关因子为 0.028 0 和 0.001 0);特征值 $\lambda_{3,4}$ 对应的振荡频率为 38.332 0 Hz,由输电线路串补电容电压的 x 轴分量和 y 轴分量主导,输电线路电感电流的 x 轴分量和 y 轴分量对其也有一定影响(相关因子分别为 0.026 0 和 0.079 0),同样,变流器直流侧电容和网侧逆变器的直流电压控制环节跟该模态也有一定关系(相关因子分别为 0.027 0 和 0.024 0)。这表明,$\lambda_{1,2}$ 和 $\lambda_{3,4}$ 对应的振荡模态是由含串补电容的输电线路、变流器直流电容及网侧逆变器的控制系统共同作用所产生的谐振,属于次同步控制相互作用。

特征值 $\lambda_{5,6}$ 对应的振荡频率为 7.565 2 Hz,由变流器直流侧电容的电压和网侧逆变器直流电压控制外环主导,同时与含串补电容的输电线路和网侧逆变器直流电容控制环节的电流控制内环也有一定关系(相关因子依次为 0.053 0,0.040 0,0.022 0,0.026 0 和 0.001 0)。因此,该振荡模态也是输电线路、变流器直流侧电容和逆变器的控制系统之间相互作用所产生的谐振,也属于次同步控制相互作用。

(2) 次同步振荡

特征值 $\lambda_{7,8}$ 对应的振荡频率为 1.870 3 Hz,发电机转子的机械扭转角和角速度起主导作用,并且风力机的机械扭转角和角速度对其也有一定影响(相关因子均为 0.053 0),这表明,$\lambda_{7,8}$ 是永磁直驱风电机组机械轴系的固有扭振频率,是机械振荡模式。

(3) 低频振荡

特征值 $\lambda_{10,11}$ 对应的振荡频率为 0.365 6 Hz,由发电机的 d 轴磁链和机侧整流器的控制系统主导(相关因子均为 0.5),而与系统的其他部分之间没有关系,因此该振荡模态是单机系统的发电机与机侧整流器控制系统相互作用多产生的低频振荡模式。与表 3.13 对比可以发现,在加入机侧整流器的控制系统中加入直接转矩控制后,系统的低频振荡频率随之增加,模态阻尼也有较大衰减,说明该控制环节需要加入阻尼控制,以降低低频振荡发生的可能性。

特征值 $\lambda_{15,16}$ 对应的振荡频率为 0.033 9 Hz,风电机组的轴系、发电机组 q 轴磁链和直接转矩控制环节对该模态其主导作用,说明该模态是由于加入直接转矩控制后,控制系统与机械轴系相互作用产生的振荡模态,由于其频率很低、阻尼很大,因此对系统的影响较小。

3.4.3 永磁直驱风力发电机组机网相互作用的仿真验证

1. 基于不可控整流升压电路的变流器永磁直驱风电机组的物理模型验证

为了进一步验证上述小信号模型中各个振荡模态的振荡频率,在 MATLAB/Simulink 中搭建 2 MW 基于不可控整流升压电路的变流器永磁直驱风电机组的时域模型,通过输电线路连接至无穷大电网。采用电压波动、功率波动等小扰动方式激发振荡,使用 Simulink 的 FFT 分析工具,结合表 3.15 给出的相关因子,在相应的相关变量上进行观测,可以发现与上述分析对应的全部机网相互作用模态。

由于特征值 $\lambda_{5,6}$ 对应的电气谐振模态由电机定子 d 轴磁链和 q 轴磁链主导,是系统的同步频率;$\lambda_{12,13}$ 对应的振荡频率极低,不作为本书的研究重点,仅对次同步控制相互作用和次同步振荡进行仿真。

(1) 次同步控制相互作用

上述小信号模型分析表明,$\lambda_{1,2}$ 和 $\lambda_{3,4}$ 对应的振荡模态与输电线路电流和串补电容的端电压有很强的相关性,同时变流器直流侧电容的电压也对其起主导作用,对输电线路流过的电流进行频谱分析，得到其对应频谱特性如图 3.15(a)和(b)所示。图 3.15(a)表明，输电线路流过的电流中，在基频附近含有 60 Hz 和 40 Hz 左右的谐波成分，这与 $\lambda_{1,2}$ 对应的 59.927 2 Hz、$\lambda_{3,4}$ 对应的 40.873 3 Hz 的振荡频率相吻合。表 3.11 中的相关因子表明，$\lambda_{7,8}$ 对应的振荡模态由直流电容两端的电压和网侧逆变器的控制系统主导，对直流电容的电压进行频谱分析，得到其频率特性如图 3.15(b)所示。图 3.15(b)表明，在直流电容的电压中除去直流分量外，主要还有 1~2 Hz 左右的谐波成分，这与模态 $\lambda_{7,8}$ 的振荡频率 1.187 8 Hz 相吻合。

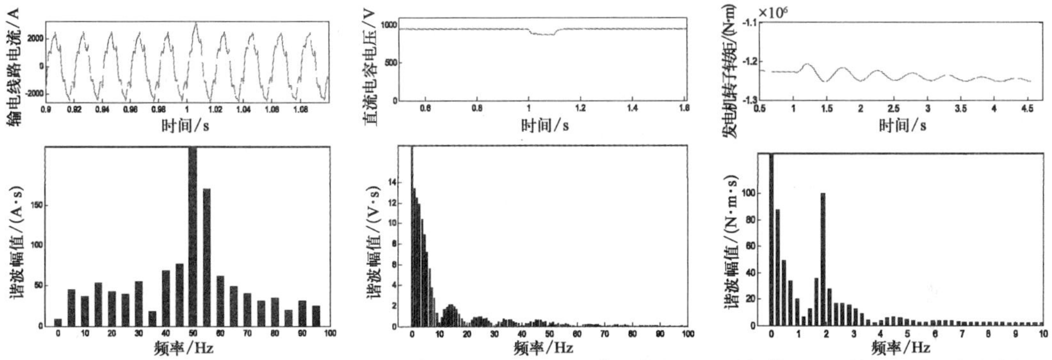

(a) 基于不可控整流升压电路变流器的次同步控制相互作用验证−输电线路电流及其频谱分析

(b) 基于不可控整流升压电路变流器的次同步控制相互作用验证−直流电容两端电压及其频谱分析

(c) 基于不可控整流升压电路变流器的次同步振荡模态验证−发电机转子转矩及其频谱分析

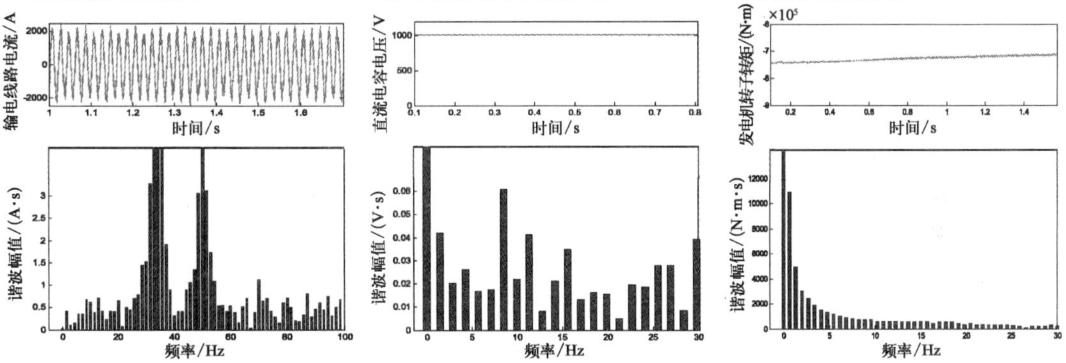

(d) 基于AC/DC/AC变流器PQ控制策略的的次同步控制相互作用验证−输电线路电流及其频谱分析

(e) 基于AC/DC/AC变流器PQ控制策略的的次同步控制相互作用验证−直流电容两端电压及其频谱分析

(f) 基于AC/DC/AC变流器PQ控制策略的的次同步振荡模态验证−发电机转子转矩及其频谱分析

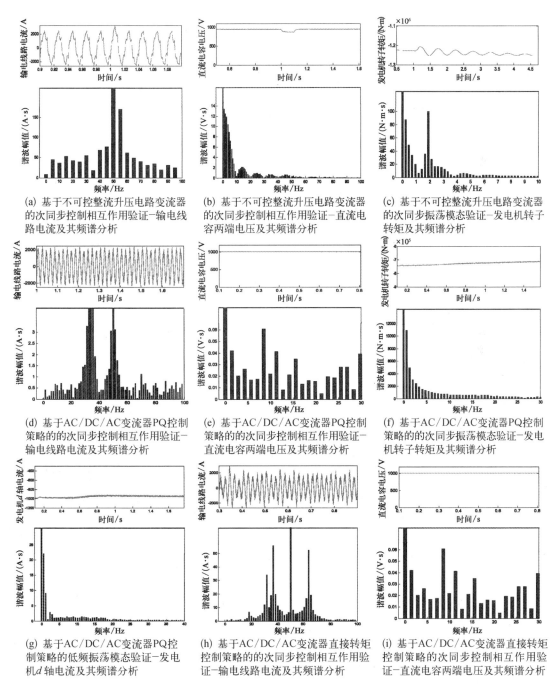

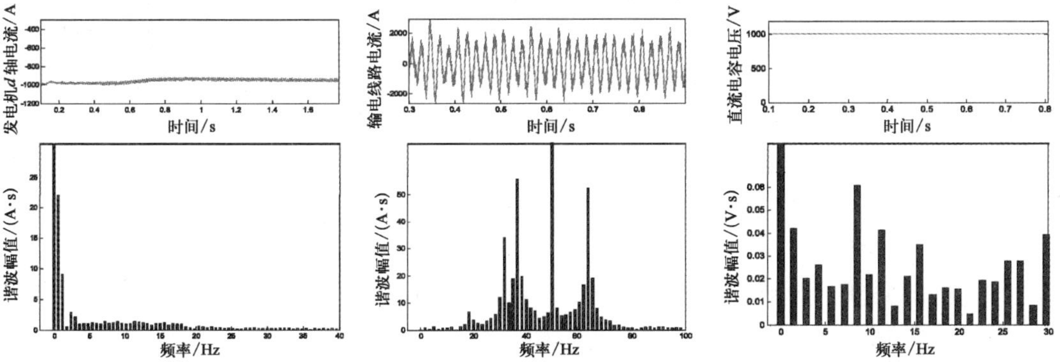

(g) 基于AC/DC/AC变流器PQ控制策略的低频振荡模态验证−发电机d轴电流及其频谱分析

(h) 基于AC/DC/AC变流器直接转矩控制策略的的次同步控制相互作用验证−输电线路电流及其频谱分析

(i) 基于AC/DC/AC变流器直接转矩控制策略的次同步控制相互作用验证−直流电容两端电压及其频谱分析

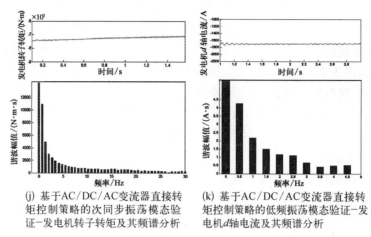

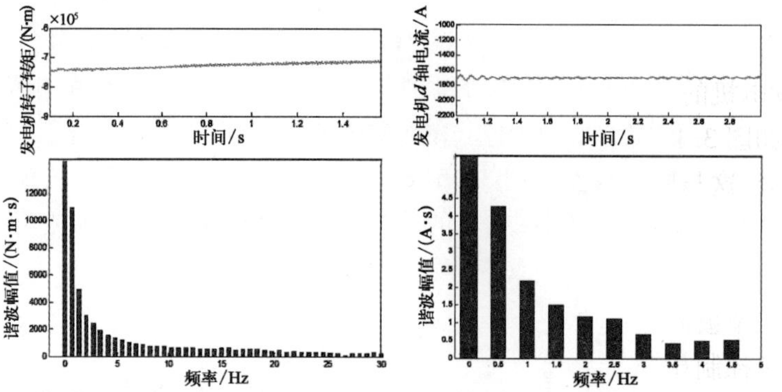

(j) 基于AC/DC/AC变流器直接转矩控制策略的次同步振荡模态验证—发电机转子转矩及其频谱分析

(k) 基于AC/DC/AC变流器直接转矩控制策略的低频振荡模态验证—发电机d轴电流及其频谱分析

图 3.15 永磁直驱风力发电机组机网相互作用的时域仿真

(2) 次同步振荡

通过相关因子分析可以发现，$\lambda_{9,10}$所对应的振荡模态由发电机的转子主导，因此，分析发电机的转子转矩，其对应的波形和频谱特性如图 3.15(c)所示。发电机的转子转矩中除去直流分量外，主要还有 1.95 Hz 左右的谐波成分，这与模态$\lambda_{9,10}$的振荡频率 1.930 2 Hz 相吻合。

2. 基于 AC/DC/AC 变流器 PQ 解耦控制策略的永磁同步风电机组的物理模型验证

为了进一步验证上述小信号模型中各个振荡模态的振荡频率，在 MATLAB/Simulink 中搭建 2 MW 基于 AC/DC/AC 变流器 PQ 控制策略的永磁直驱风电机组的时域模型，通过输电线路连接至无穷大电网。采用电压波动、功率波动等小扰动方式激发振荡，使用 Simulink 的 FFT 分析工具，结合表 3.13 给出的相关因子，在相应的相关变量上进行观测，可以发现与上述分析对应的全部机网相互作用模态。

(1) 次同步控制相互作用

上述小信号模型分析表明，$\lambda_{1,2}$和$\lambda_{3,4}$对应的振荡模态与输电线路电流和串补电容的端电压有很强的相关性，同时变流器直流侧电容的电压也对其起主导作用，对输电线路流过的电流进行频谱分析，得到其对应频谱特性如图 3.15(d)所示。输电线路流过的电流中，主要含有 70 Hz 和 38 Hz 左右的谐波成分，这与$\lambda_{1,2}$对应的 71.454 0 Hz、$\lambda_{3,4}$对应的 38.228 4 Hz 的振荡频率相吻合。

表 3.13 中的相关因子表明，$\lambda_{5,6}$对应的振荡模态由直流电容两端的电压和网侧逆变器的控制系统主导，对直流电容的电压进行频谱分析，得到其频率特性如图 3.15(e)所示，在直流电容的电压中除去直流分量外，主要还有 8 Hz 左右的谐波成分，这与模态$\lambda_{5,6}$的振荡频率 7.565 7 Hz 相吻合。

(2) 次同步振荡

通过相关因子分析可以发现，$\lambda_{7,8}$所对应的振荡模态由发电机的转子主导，因此，分析发电机的转子转矩，其对应的波形和频谱特性如图 3.15(f)所示。发电机的转子转矩中除去直流分量外，主要还有 1.9 Hz 左右的谐波成分，这与模态$\lambda_{9,10}$的振荡频率 1.870 3 Hz 相吻合。

（3）低频振荡

通过相关因子分析可以发现，$\lambda_{14,\ 15}$ 所对应的振荡模态由 d 轴磁链和机侧整流器的控制系统主导，而发电机的 d 轴电流决定了 d 轴磁链，因此，分析发电机的 d 轴电流，其对应的波形和频谱特性如图 3.15(g) 所示。发电机的 d 轴电流中除去直流分量外，主要还有 0.2 Hz 左右的谐波成分，这与模态 $\lambda_{14,\ 15}$ 的振荡频率 0.134 9 Hz 相吻合。

3. 基于 AC/DC/AC 变流器直接转矩控制的永磁直驱风电机组的物理模型验证

采用直接转矩控制的永磁直驱风力发电机组在 Matlab 中所搭建的时域模型，由于 $\lambda_{15,16}$ 所对应的振荡频率极低，对系统的影响可以忽略。

（1）次同步控制相互作用

上述小信号模型分析表明，$\lambda_{1,\ 2}$ 和 $\lambda_{3,\ 4}$ 对应的振荡模态与输电线路电流和串补电容的端电压有很强的相关性，同时变流器直流侧电容的电压也对其起主导作用，对输电线路流过的电流进行频谱分析，得到其对应频谱特性如图 3.15(h) 所示。输电线路流过的电流中，除基波外，主要含有 67 Hz 和 38 Hz 左右的谐波成分，这与 $\lambda_{1,\ 2}$ 对应的 68.634 5 Hz、$\lambda_{3,\ 4}$ 对应的 38.332 0 Hz 的振荡频率相吻合。同时注意到，该输出电流中还含有 30 Hz 左右的谐波成分。

表 3.15 中的相关因子表明，$\lambda_{5,\ 6}$ 对应的振荡模态由直流电容两端的电压和网侧逆变器的控制系统主导，对直流电容的电压进行频谱分析，得到其频率特性如图 3.15(i) 所示。在直流电容的电压中除去直流分量外，主要还有 8 Hz 左右的谐波成分，这与模态 $\lambda_{5,\ 6}$ 的振荡频率 7.565 2 Hz 相吻合。

（2）次同步振荡

通过相关因子分析可以发现，$\lambda_{7,\ 8}$ 所对应的振荡模态由发电机的转子主导，因此，分析发电机的转子转矩，其对应的波形和频谱特性如图 3.15(j) 所示。发电机的转子转矩中除去直流分量外，主要还有 1.9 Hz 左右的谐波成分，这与模态 $\lambda_{7,\ 8}$ 的振荡频率 1.870 3 Hz 相吻合。

（3）低频振荡

通过相关因子分析可以发现，$\lambda_{10,\ 11}$ 所对应的振荡模态由 d 轴磁链和机侧整流器的控制系统主导，而发电机的 d 轴电流决定了 d 轴磁链，因此，分析发电机的 d 轴电流，其对应的波形和频谱特性如图 3.15(k) 所示。发电机的 d 轴电流中除去直流分量外，主要还有 0.5 Hz 左右的谐波成分，这与模态 $\lambda_{10,\ 11}$ 的振荡频率 0.365 6 Hz 相吻合。

3.5　输电线路串联补偿电容对机网相互作用的影响

本节简要介绍输电线路串补度对并网风电机组振荡模态的影响，以下列出了通过仿真计算，发现的可能发生影响的部分情况，对于不发生振荡的情况，本节不再做详细说明。

3.5.1　输电线路串补度对双馈风电机组的机网相互作用的影响

保持系统其他参数不变，使串补度 k_{com} 在 0.01~1 变化，计算出双馈风电机组各种振荡模态下所对应的特征值的变化趋势如图 3.16 所示，其中横轴为特征值对应的实部，纵轴为对应的频率，箭头表示随串补度 k_{com} 的增大特征值的变化趋势。

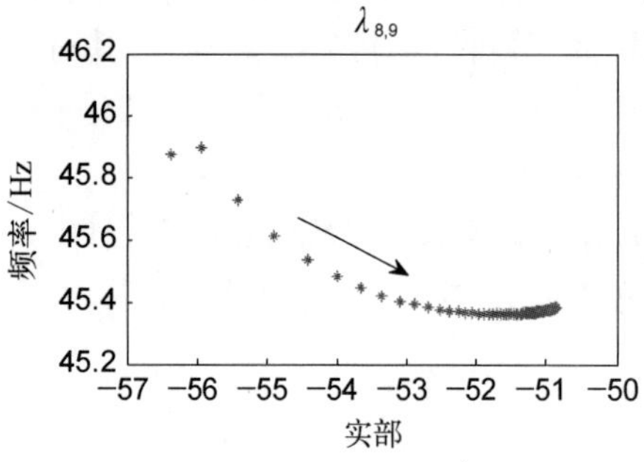

(a) $\lambda_{8,9}$随k_{com}的变化趋势

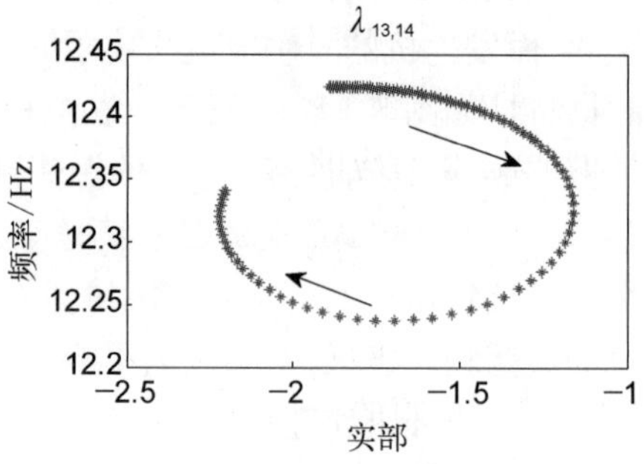

(b) $\lambda_{13,14}$随 k_{com}的变化趋势

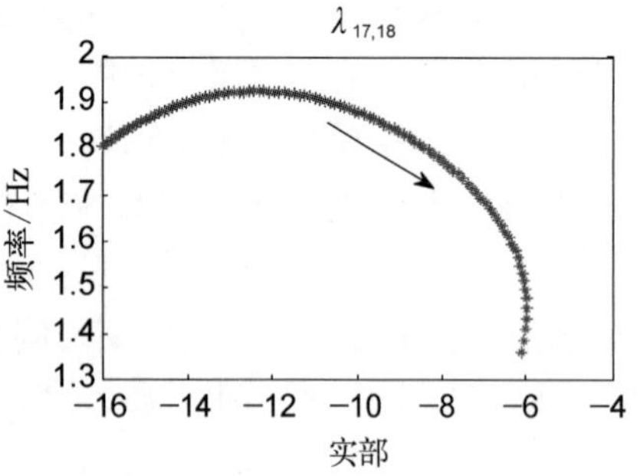

(c) $\lambda_{17,18}$随 k_{com}的变化趋势

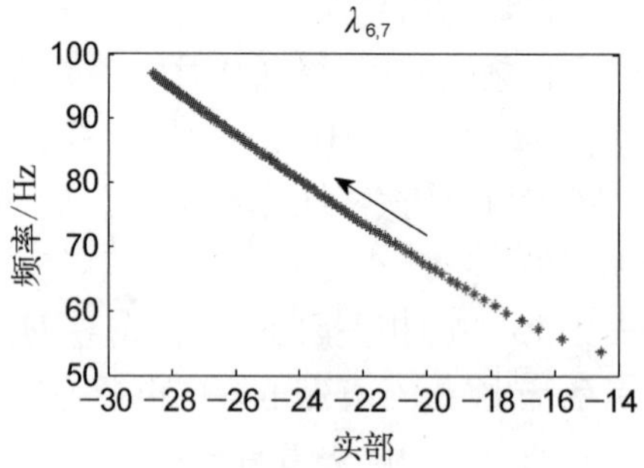

(d) $\lambda_{6,7}$ 随 k_{com}的变化趋势

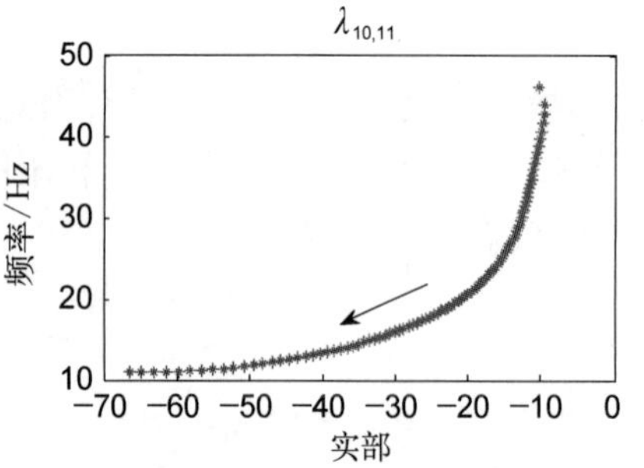

(e) $\lambda_{10,11}$随 k_{com}的变化趋势

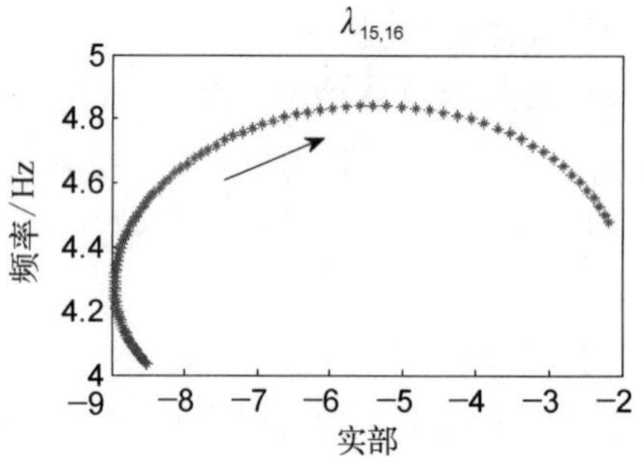

(f) $\lambda_{15,16}$随k_{com}的变化趋势

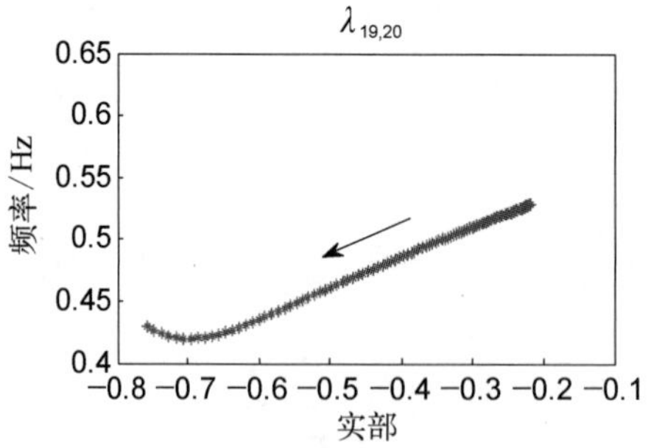

(g) $\lambda_{19,20}$随k_{com}的变化趋势

图 3.16 各振荡模态随 k_{com} 的变化趋势

从图 3.16 可以看出，随着串补度 k_{com} 的增大，$\boldsymbol{\lambda}_{6,7}$ 和 $\boldsymbol{\lambda}_{10,11}$ 对应的次同步谐振模态发生了显著的变化，其中 $\boldsymbol{\lambda}_{6,7}$ 对应的振荡频率呈现增大的趋势，而 $\boldsymbol{\lambda}_{10,11}$ 对应的振荡频率呈现减

小的趋势。这是因为两者分别为超同步谐振和次同步谐振模态，随着串补度增加，LC 电路电气谐振频率增加，对应的超同步谐振频率也应该增加，次同步谐振频率降低。特征值 $\lambda_{17,18}$ 对应的振荡频率随着串补度 k_{com} 的增大有减小的趋势，阻尼比相应变小。特征值 $\lambda_{17,18}$ 对应的振荡频率随着串补度 k_{com} 的增大先变小后又略微增大，阻尼比不断增大。特征值 $\lambda_{8,9}$ 和 $\lambda_{13,14}$ 对应的振荡模态基本保持不变。

3.5.2　输电线路串补度对永磁直驱风电机组机网相互作用的影响

采用上述相同的方法，将输电线路串补度 k_{com} 在 0.01～0.99 变化，分别观察不同控制的永磁直驱风电机组的根轨迹变化，此处以直接转矩控制的 AC/DC/AC 变流器的永磁直驱风电机组为例说明。

各振荡模态的变化趋势表明只有特征值 $\lambda_{1,2}$、$\lambda_{3,4}$ 和 $\lambda_{5,6}$ 受串补度变化的影响，而其他三对特征值保持不变。随着串补度的增加，$\lambda_{1,2}$ 的振荡频率由 60 Hz 左右增加到 100 Hz 左右，但模态阻尼不断减小；$\lambda_{3,4}$ 的振荡频率由 50 Hz 降低到 10 Hz 左右，并同时模态阻尼不断增大；在 $k_{com} < 0.07$ 时，$\lambda_{5,6}$ 的实部为负，当 $0.07 < k_{com} < 0.35$ 时，$\lambda_{5,6}$ 的实部为正，系统小干扰失稳，当 $k_{com} > 0.35$ 时，$\lambda_{5,6}$ 的实部为负，并且随着串补度的增加振荡频率不断减小，同时模态阻尼不断增加，其趋势如图 3.17 所示，其中的箭头表示随着 k_{com} 的增大特征根的变化趋势，横轴表示特征值的实部，而纵轴表示各振荡模态的频率。因此，较大的串补度不仅可以增加线路的输电能力，还能够增加系统的小干扰稳定性。

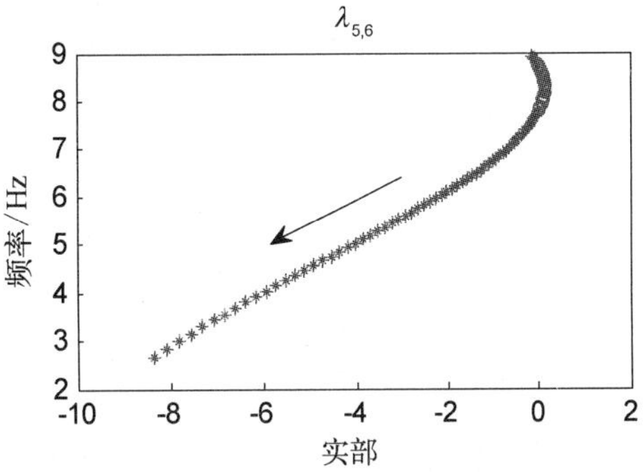

图 3.17　对基于直接转矩控制的 AC/DC/AC 变流器的永磁直驱风电机组模态 $\lambda_{5,6}$ 随输电线路串补度 k_{com} 的变化趋势

第 4 章　多机型风电场等值方法、传播机理及能观能控性测度

通过前面风力发电机组单机无穷大系统的建模,发现风力发电机组存在着潜在机网相互作用的风险。与单机系统不同,多机结成风电场后需要考虑的情况更加复杂,以下问题需要进一步讨论: ① 多机结成风电场后数学模型间发生怎样的变化;② 多机风电场模型如何求解;③ 机网相互作用在风电场和电网中怎样传递;④ 单机系统和风电场的能观性和能控性如何。本章将对上述问题进行初步的探索。

4.1　风电场的一般架构及风电机组双机小信号模型

4.1.1　风电场的一般架构

1. 风电场的布局一般原则

风电场的布局又叫微观选址,指在风电场的选址完成后,充分考虑风电场的盛行风向、地貌特征、风场对风况的影响及风电机组所引起的尾流效应,在有限的空间内,合理排布风电机组以降低相互之间的影响,充分利用风能资源使得风电场的年发电量最大。风电机组间的影响主要表现为空气流经上游风机后在风向和速度上都会发生改变,从而影响下游风机的输入风速,降低其功率输出,这种机组之间的遮挡损失现象称为尾流效应。障碍物对风能的影响如图 4.1 所示。由于障碍物的阻挡作用,在高度为 H 的障碍物前面 $2H$ 的范围内形成正压区;在障碍物后面的 $20H$ 范围内形成湍流区,空气湍流强度增加、动能减少,故又叫尾流区。如果风电机组位于障碍物的尾流区内,不仅接收到的有效风能会减少,较强的湍流也会引起叶片的疲劳损伤,甚至损坏发电机转子。所以,风电机组布局之间设置合理的距离,既要充分利用有限的风场空间,创造最大的经济效益,又要减少机组之间的相互影响。

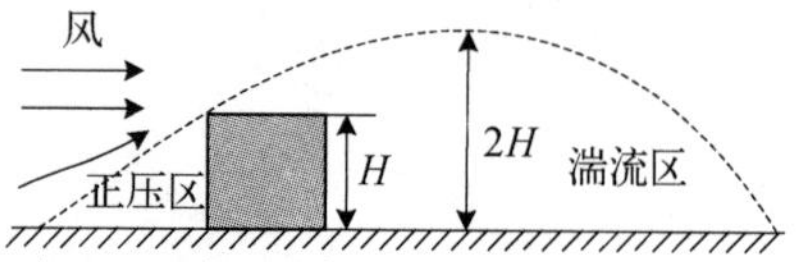

图 4.1　障碍物对风能的影响

在风电场的主导风向上,风能经上游机组吸收转化后,下游机组接收到的有效风能与其离上游风机的距离密切相关,如图 4.2 所示,其中 D 为风机叶轮直径。随着风机下游距离的增加,尾流效应影响的区域逐渐扩大,而风速也逐渐恢复。当距离上游风机 $20D$ 左右时,风

能基本完全恢复。

当风电场的区域辽阔，风电机组的布局受场地约束较小时，机组间的最优纵向间距可根据上游风机的风能恢复至 9/10 的原则确定，而风电机组间的横向间距的应保证相邻两列风机之间的尾流影响最小。因此，风电场机组布局的一般原则如下：

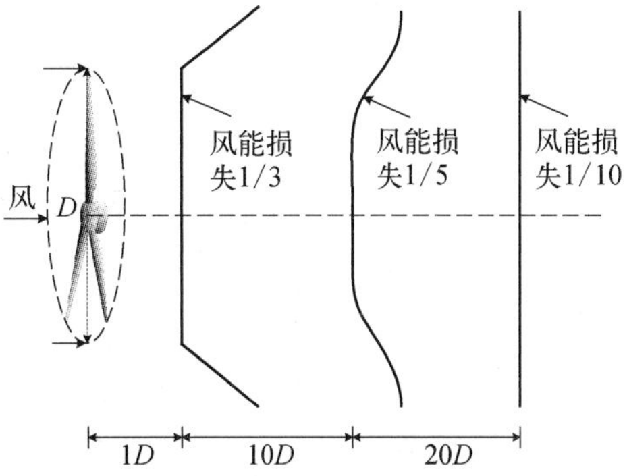

图 4.2　风机下游风能损失

（1）对风电场的整体风能情况进行评估，寻找风速较高、风向稳定的位置。

（2）充分考虑风机安装过程中的材料运输和电气接线问题，选择交通方便、布线容易的位置。

（3）在垂直风电场的主导风向上，风电机组之间的距离至少为 2.5D~3D，在主导风向上风电机组前后之间的距离至少为 7D。

（4）根据选定的风电机组布局位置计算风电场的尾流损失和年发电量，并对风电机组的布局进行调整，确定最优的风机布局方法。

2. 风电场地理分布及电气的一般接线方法

（1）规则分布的风电场

位于沿海和戈壁滩上的风电场，由于其地形平坦开阔，风力发电机组的排布常常按照矩阵分布的方式进行规则布局。风力发电机组的排列与风电场的主导风向垂直，为了降低上游风机的尾流对下游风机的影响，常采用梅花形的排布方式，即后排风力发电机组位于前排两台风电机组之间，如图 4.3 所示。

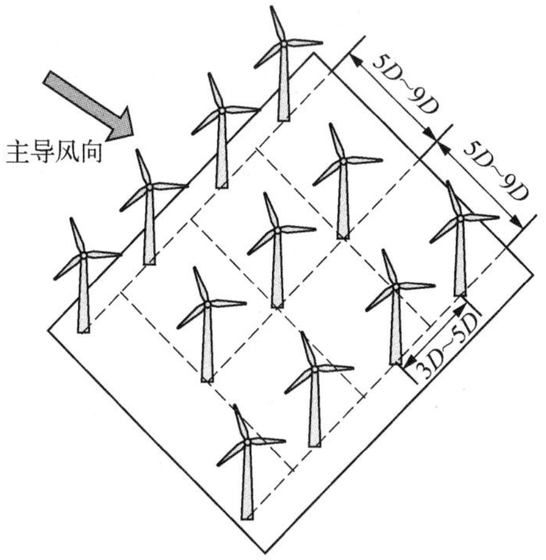

图 4.3　风电机组梅花形布局

国内外风电场的现场试验表明，当风力发电机组相互之间的距离为风轮直径的 10 倍左右时，风力发电机组的效率为额定状态的 70%~80%，随着机组之间距离的增加，风电机组的效率也会相应地提升，当达到风轮直径的 20 倍时，风电机组的效率可以恢复到额定状态，即相邻机组之间不再相互影响。但是，考虑到实际的场地面积、道路铺设和输电线路等投资成本，应合理调整风电机组之间的距离。大量的工程实践表明，风电机组的列间距约为 3D~5D，行间距约为 5D~9D。实际的风电场布局中，可利用仿真软件 WAsP、WindFarmer 和 WindPRO 等进行风能资源评估，并结合风力发电机组排列布置原则进行风电场的优化设计。

（2）不规则分布的风电场

与开阔的戈壁和沿海滩涂相比，山地区域风电场中的风能分布不仅受到地面粗糙度、障碍物和风机尾流的影响，主要还受到山地高程变化的影响。山地中复杂的地形变化形成了山脊、山谷、陡壁和盆地等多样的地貌形式，使气流的流动也产生了多样性，造成风电场内部风速和风向变化莫测，紊流强度不一，甚至出现极端的风况。因此，在对山地区域的风电场

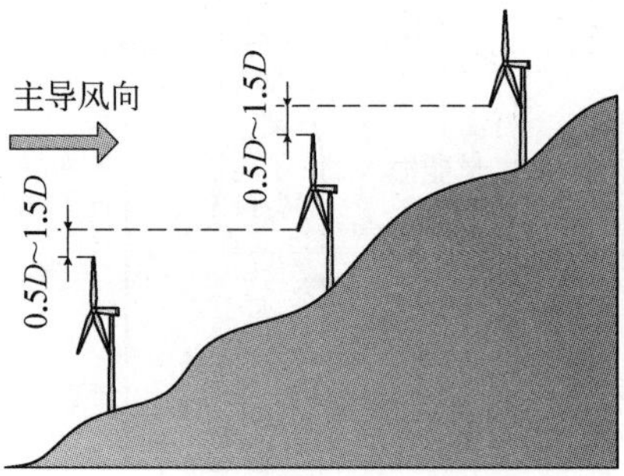

图 4.4 迎风坡上风电机组的布局

进行风机布局时，风力发电机组间的距离已不再是影响风电场发电量的主要因素，而应充分考虑地形对风的影响，然后结合实际的环境条件，对场址的风能分布进行深入研究。

在复杂地形的风电场中，风力发电机组的布局需要特别慎重，一般应选择在四面临风的山脊上和迎风坡上，如图 4.4 所示，同时需要对复杂地形下的紊流效应对风电机组的影响进行评估。由于实际的山区风电场的现场环境复杂，不能简单地根据上述原则确定风电机组的布置。除了合理布置风机减少机组之间的相互影响，使得风能利用率最大，还需要考虑道路铺设、机组安装和电气接线等多方面的因素。

3. 风电场的电气接线方式

与火电厂和水电站等常规发电厂相比，风电场有着很大的不同，主要表现在单机容量小、风电机组数量众多、地域分布分散、单机输出电压等级低、机组类型多样化、功率输出有较大的波动性和随机性、需要通过电力电子换流设备进行并网。为了提高风电场供电可靠性，实现功率的有效输出，风电场目前采用的电气接线方式主要包括放射形接线、放射环形接线和星形接线。

(1) 放射形接线

采用放射形接线方式的风电场如图 4.5 所示，风电场中多台风机通过具备一定载流能力的电缆将电能首先输送到汇流母线处，然后多条电缆输出的电能在汇流母线处汇集后通过输电线路输送电能到电网。

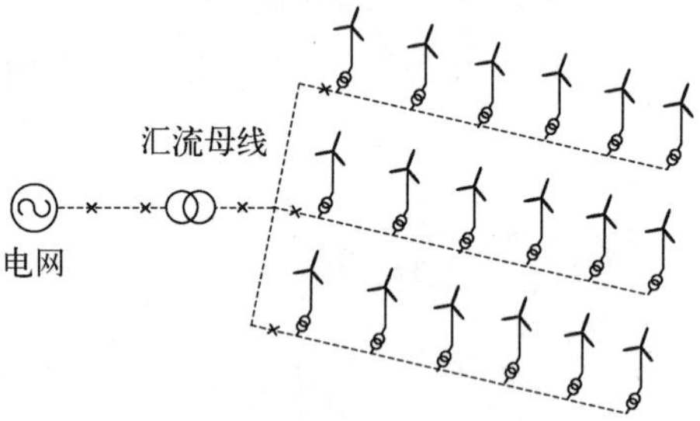

图 4.5 放射形接线

(2) 放射环形接线

采用放射形接线方式的风电场如图 4.6 所示。与图 4.5 的放射形接线方式相比，放射环形接线方式的可靠性更高，当风电场内部出现局部故障时，可以通过控制断路器实现接线方式的重构，从而提高供电可靠性。因此，放射环形的接线方式需要比较复杂的控制系统，以实现断路器之间的协调运行。

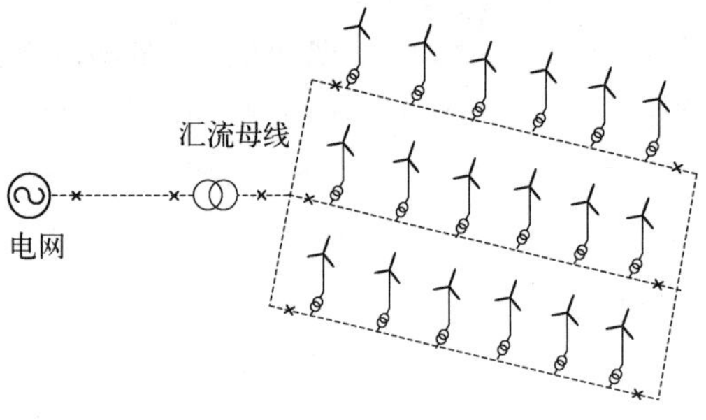

图 4.6 放射环形接线

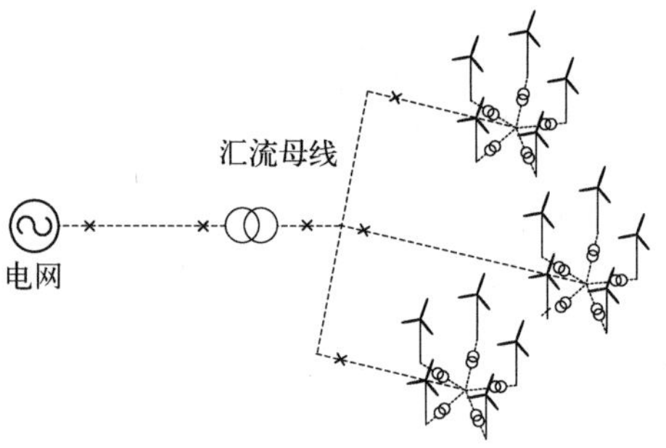

图 4.7 星形接线

(3) 星形接线

星形接线方式的风电场如图 4.7 所示，若干风机通过自身的电缆馈电到公共连接点后，由主电缆将电能汇集到汇流母线,然后经变压器和输电线路输送电能到电网。但是当主电缆发生故障时,组成星形的风电机组将无法向电网输送电能,因此星形接线在实际风电场中运用较少。

4.1.2　风电机组双机小信号模型

1. 双馈双机风力发电系统

下面以双馈风机为例介绍双机系统模型。

(1) 双馈双机系统数学模型

双馈双机系统的连接如图 4.8 所示,每台单机通过机端 0.69/35 kV 变压器升压后,经电缆汇集电能到 35 kV 母线,然后经 35/220 kV 变压器升压后通过输电线路与无穷大母线相连。

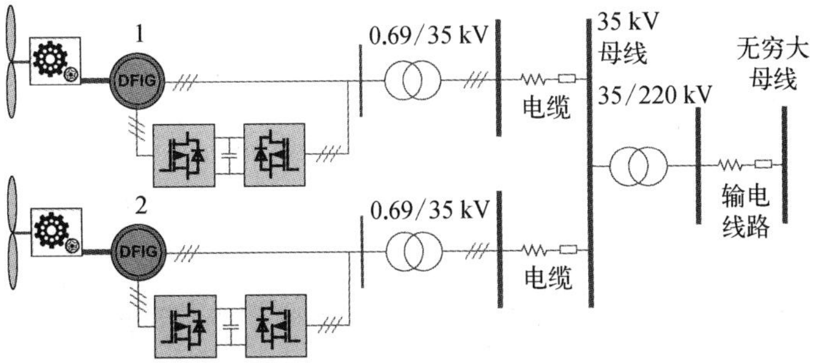

图 4.8　双馈双机系统连接至无穷大母线示意图

双馈双机-无穷大母线的系统中,35 kV 母线处电压保持一致,而双机系统的输出电流为两台风机并网处输出电流之和,根据图 3.1 中的单机小信号模型,可得双机对无穷大系统的小信号模型的接口连接关系如图 4.9 所示。由于变压器和电缆都可以用 RL 模型进行模拟,而输电线路由于可能含有串补电容,要用 RLC 模型进行模拟,因此图 4.9 中,电缆模型是将 0.69/35 kV 变压器和电缆整合在一起的 RL 模型,输电线路模型是将 35/220 kV 变压器和输电线路整合在一起的 RLC 模型。

由图 4.9,以及单机对无穷大系统的方程可知,双机系统的小扰动方程如式(4.1)、式(4.2)所示,两个方程分别为 DFIG1 和 DFIG2 的小扰动方程,用下标“1”、“2”进行区分。

$$\begin{cases}\Delta\dot{\boldsymbol{X}}_{\mathrm{DFIG1}}=\boldsymbol{A}_{\mathrm{DFIG1}}\Delta\boldsymbol{X}_{\mathrm{DFIG1}}+\boldsymbol{B}_{\mathrm{DFIG1}}\Delta\boldsymbol{u}_{\mathrm{DFIG1}}\\ \Delta\boldsymbol{Y}_{\mathrm{DFIG1}}=\boldsymbol{C}_{\mathrm{DFIG1}}\Delta\boldsymbol{X}_{\mathrm{DFIG1}}\end{cases}\tag{4.1}$$

$$\begin{cases}\Delta\dot{\boldsymbol{X}}_{\mathrm{DFIG2}}=\boldsymbol{A}_{\mathrm{DFIG2}}\Delta\boldsymbol{X}_{\mathrm{DFIG2}}+\boldsymbol{B}_{\mathrm{DFIG2}}\Delta\boldsymbol{u}_{\mathrm{DFIG2}}\\ \Delta\boldsymbol{Y}_{\mathrm{DFIG2}}=\boldsymbol{C}_{\mathrm{DFIG2}}\Delta\boldsymbol{X}_{\mathrm{DFIG2}}\end{cases}\tag{4.2}$$

式中, $\Delta\boldsymbol{X}_{\mathrm{DFIG1}}=\Delta\boldsymbol{X}_{\mathrm{DFIG2}}=[\Delta\boldsymbol{X}_{\mathrm{M}}\quad\Delta\boldsymbol{X}_{\mathrm{G}}\quad\Delta\boldsymbol{X}_{\mathrm{RSR}}\quad\Delta\boldsymbol{X}_{\mathrm{DC}}\quad\Delta\boldsymbol{X}_{\mathrm{GSI}}\quad\Delta\boldsymbol{X}_{\mathrm{RL}}\quad\Delta\boldsymbol{X}_{\mathrm{TC1}}\quad\Delta\boldsymbol{X}_{\mathrm{Cable}}]^{\mathrm{T}}$,由于采用 RL 模型模拟电缆,因此 $\Delta\boldsymbol{X}_{\mathrm{Cable}}$ 的状态变量与 $\Delta\boldsymbol{X}_{\mathrm{RL}}$ 相同。当式(3.1)中 $\Delta\boldsymbol{X}_{\mathrm{TL}}$ 与串补电容相关的状态变量置零时,即得式(4.1)和式(4.2)。输入变量 $\Delta\boldsymbol{u}_{\mathrm{DFIG1}}=\Delta\boldsymbol{u}_{\mathrm{DFIG2}}=[\Delta T_{\mathrm{w}}\quad\Delta\omega_{\mathrm{r\_ref}}\quad\Delta Q_{\mathrm{s\_ref}}\quad\Delta V_{\mathrm{DC\_ref}}\quad\Delta i_{qg\_\mathrm{ref}}\quad\Delta U_{\mathrm{L}}]^{\mathrm{T}}$。

35 kV 母线处的出口电缆模型存在约束条件: ① 节点电压一致;② 输出电流之和与输

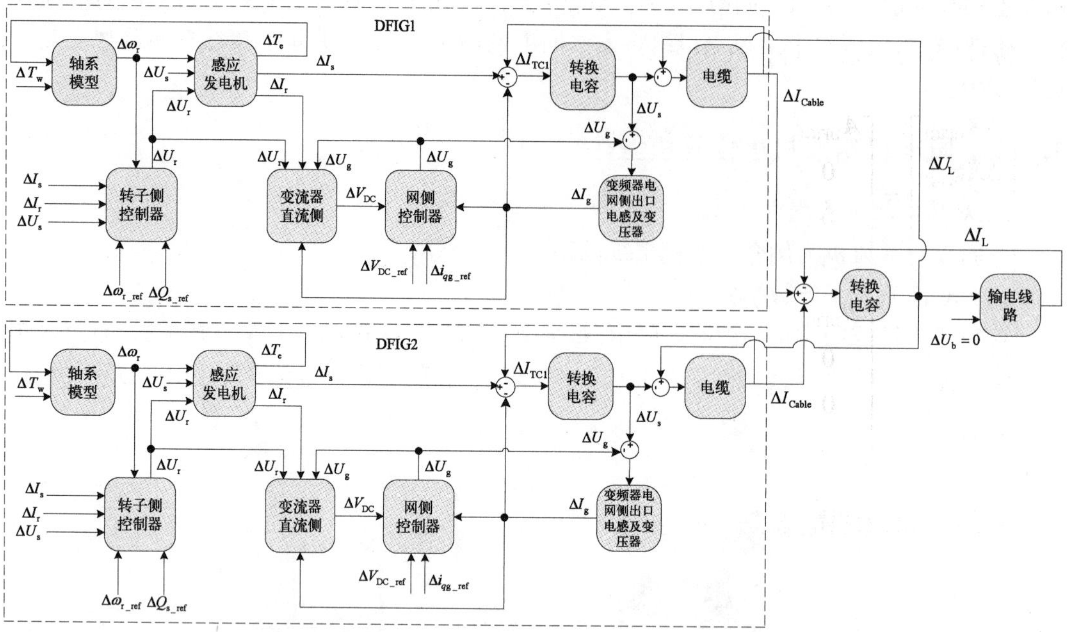

图 4.9　双馈双机系统连接至无穷大母线的小信号模型

电线路电流之差为下个模型(即电容模型)的输入电流。因此,可建立端口约束方程,如式(4.3)、式(4.4)所示。

$$\Delta \boldsymbol{I}_{\mathrm{TC2}}=\Delta \boldsymbol{Y}_{\mathrm{DFIG1}}+\Delta \boldsymbol{Y}_{\mathrm{DFIG2}}-\Delta \boldsymbol{I}_{\mathrm{L}}=\left[\boldsymbol{C}_{\mathrm{DFIG1}} \quad \boldsymbol{C}_{\mathrm{DFIG2}}\right] \cdot\left[\begin{array}{l}\Delta \boldsymbol{X}_{\mathrm{DFIG1}} \\ \Delta \boldsymbol{X}_{\mathrm{DFIG2}}\end{array}\right]-\Delta \boldsymbol{I}_{\mathrm{L}} \tag{4.3}$$

$$\Delta \boldsymbol{u}_{\mathrm{DFIG1\_TL}}=\Delta \boldsymbol{u}_{\mathrm{DFIG2\_TL}}=\Delta \boldsymbol{U}_{\mathrm{L}}=\Delta \boldsymbol{Y}_{\mathrm{TC2}}=\boldsymbol{C}_{\mathrm{TC2}} \Delta \boldsymbol{X}_{\mathrm{TC2}} \tag{4.4}$$

式中, $\Delta \boldsymbol{Y}_{\mathrm{DFIG1}}$、$\Delta \boldsymbol{Y}_{\mathrm{DFIG2}}$ 为单机系统的输出,即电缆模型的输出电流, $\Delta \boldsymbol{I}_{\mathrm{TC2}}$ 为转换电容 2 的输入电流,而两个单机系统的电缆模型的部分输入电压与下个模型(电容模型)的输出电压保持一致。

将各部分方程联立,可得到双机系统的数学模型如式(4.5)所示。

$$\begin{aligned}\left[\begin{array}{c}\Delta \dot{\boldsymbol{X}}_{\mathrm{DFIG1}} \\ \Delta \dot{\boldsymbol{X}}_{\mathrm{DFIG2}} \\ \Delta \dot{\boldsymbol{X}}_{\mathrm{TC2}} \\ \Delta \dot{\boldsymbol{X}}_{\mathrm{TL}}\end{array}\right]= & \left[\begin{array}{cccc}\boldsymbol{A}_{\mathrm{DFIG1}} & 0 & \boldsymbol{A}_{\mathrm{TC2\_DFIG1(V)}} & 0 \\ 0 & \boldsymbol{A}_{\mathrm{DFIG2}} & \boldsymbol{A}_{\mathrm{TC2\_DFIG2(V)}} & 0 \\ 0 & 0 & \boldsymbol{A}_{\mathrm{TC2}} & 0 \\ 0 & 0 & 0 & \boldsymbol{A}_{\mathrm{TL}}\end{array}\right] \cdot\left[\begin{array}{c}\Delta \boldsymbol{X}_{\mathrm{DFIG1}} \\ \Delta \boldsymbol{X}_{\mathrm{DFIG2}} \\ \Delta \boldsymbol{X}_{\mathrm{TC2}} \\ \Delta \boldsymbol{X}_{\mathrm{TL}}\end{array}\right]+ \\ & \left[\begin{array}{cccc}\boldsymbol{B}_{\mathrm{DFIG1}} & 0 & 0 & 0 \\ 0 & \boldsymbol{B}_{\mathrm{DFIG2}} & 0 & 0 \\ 0 & 0 & \boldsymbol{B}_{\mathrm{TC2}} & 0 \\ 0 & 0 & 0 & \boldsymbol{B}_{\mathrm{TL}}\end{array}\right] \cdot\left[\begin{array}{c}\Delta \boldsymbol{u}_{\mathrm{DFIG1}} \\ \Delta \boldsymbol{u}_{\mathrm{DFIG2}} \\ \Delta \boldsymbol{u}_{\mathrm{TC2}} \\ \Delta \boldsymbol{u}_{\mathrm{TL}}\end{array}\right]\end{aligned} \tag{4.5}$$

式中, $\Delta \boldsymbol{X}_{\mathrm{TC2}}$ 为转换电容 2 的状态变量; $\Delta \boldsymbol{X}_{\mathrm{TL}}$ 为输电线路 RLC 模型的状态变量;输电线路的

输入 $\Delta \boldsymbol{u}_{\mathrm{TL}}$ 包括无穷大系统的电压和转换电容 2 的输出电压，因此，$\Delta \boldsymbol{u}_{\mathrm{TL}} = [\Delta \boldsymbol{U}_{\mathrm{L}} \quad \Delta \boldsymbol{U}_{\mathrm{b}}]$。

将式(4.3)、式(4.4)代入式(4.5)可得

$$\begin{bmatrix} \Delta \dot{\boldsymbol{X}}_{\mathrm{DFIG1}} \\ \Delta \dot{\boldsymbol{X}}_{\mathrm{DFIG2}} \\ \Delta \dot{\boldsymbol{X}}_{\mathrm{TC2}} \\ \Delta \dot{\boldsymbol{X}}_{\mathrm{TL}} \end{bmatrix} = \begin{bmatrix} \boldsymbol{A}_{\mathrm{DFIG1}} & 0 & \boldsymbol{A}_{\mathrm{TC2\_DFIG1(V)}} & 0 \\ 0 & \boldsymbol{A}_{\mathrm{DFIG2}} & \boldsymbol{A}_{\mathrm{TC2\_DFIG2(V)}} & 0 \\ 0 & 0 & \boldsymbol{A}_{\mathrm{TC2}} & 0 \\ 0 & 0 & 0 & \boldsymbol{A}_{\mathrm{TL}} \end{bmatrix} \cdot \begin{bmatrix} \Delta \boldsymbol{X}_{\mathrm{DFIG1}} \\ \Delta \boldsymbol{X}_{\mathrm{DFIG2}} \\ \Delta \boldsymbol{X}_{\mathrm{TC2}} \\ \Delta \boldsymbol{X}_{\mathrm{TL}} \end{bmatrix} + \begin{bmatrix} \boldsymbol{B}_{\mathrm{DFIG1}} & 0 & 0 & 0 \\ 0 & \boldsymbol{B}_{\mathrm{DFIG2}} & 0 & 0 \\ 0 & 0 & \boldsymbol{B}_{\mathrm{TC2}} & 0 \\ 0 & 0 & 0 & \boldsymbol{B}_{\mathrm{TL}} \end{bmatrix} \cdot \begin{bmatrix} \Delta \boldsymbol{u}_{\mathrm{DFIG1}} \\ \Delta \boldsymbol{u}_{\mathrm{DFIG2}} \\ \boldsymbol{C}_{\mathrm{DFIG1}} \Delta \boldsymbol{X}_{\mathrm{DFIG1}} + \boldsymbol{C}_{\mathrm{DFIG2}} \Delta \boldsymbol{X}_{\mathrm{DFIG2}} - \Delta \boldsymbol{I}_{\mathrm{L}} \\ \Delta \boldsymbol{u}_{\mathrm{TL}} \end{bmatrix} \tag{4.6}$$

输电线路的输出电流 $\Delta \boldsymbol{I}_{\mathrm{L}}$ 可以表示为

$$\Delta \boldsymbol{I}_{\mathrm{L}} = \boldsymbol{C}_{\mathrm{RLC}} \Delta \boldsymbol{X}_{\mathrm{TL}} \tag{4.7}$$

将式(4.7)代入式(4.6)后整理可得

$$\begin{bmatrix} \Delta \dot{\boldsymbol{X}}_{\mathrm{DFIG1}} \\ \Delta \dot{\boldsymbol{X}}_{\mathrm{DFIG2}} \\ \Delta \dot{\boldsymbol{X}}_{\mathrm{TC2}} \\ \Delta \dot{\boldsymbol{X}}_{\mathrm{TL}} \end{bmatrix} = \begin{bmatrix} \boldsymbol{A}_{\mathrm{DFIG1}} & 0 & \boldsymbol{A}_{\mathrm{TC2\_DFIG1}(V)} & 0 \\ 0 & \boldsymbol{A}_{\mathrm{DFIG2}} & \boldsymbol{A}_{\mathrm{TC2\_DFIG2}(V)} & 0 \\ \boldsymbol{B}_{\mathrm{TC2}} \boldsymbol{C}_{\mathrm{DFIG1}} & B_{\mathrm{TC2}} \boldsymbol{C}_{\mathrm{DFIG2}} & \boldsymbol{A}_{\mathrm{TC2}} & -\boldsymbol{B}_{\mathrm{TC2}} \boldsymbol{C}_{\mathrm{RLC}} \\ 0 & 0 & 0 & \boldsymbol{A}_{\mathrm{TL}} \end{bmatrix} \cdot \begin{bmatrix} \Delta \boldsymbol{X}_{\mathrm{DFIG1}} \\ \Delta \boldsymbol{X}_{\mathrm{DFIG2}} \\ \Delta \boldsymbol{X}_{\mathrm{TC2}} \\ \Delta \boldsymbol{X}_{\mathrm{TL}} \end{bmatrix} + \begin{bmatrix} \boldsymbol{B}_{\mathrm{DFIG1}} & 0 & 0 \\ 0 & \boldsymbol{B}_{\mathrm{DFIG2}} & 0 \\ 0 & 0 & 0 \\ 0 & 0 & \boldsymbol{B}_{\mathrm{TL}} \end{bmatrix} \cdot \begin{bmatrix} \Delta \boldsymbol{u}_{\mathrm{DFIG1}} \\ \Delta \boldsymbol{u}_{\mathrm{DFIG2}} \\ \Delta \boldsymbol{u}_{\mathrm{TL}} \end{bmatrix} \tag{4.8}$$

(2) 小信号模型特征值及其分析

双馈双机系统完全对称，其系统参数和稳态运行点与第 3.2.1 节相同。该双馈双机系统连接至电网的小信号模型共有 56 个状态变量，分别是

$$\begin{aligned} \Delta \boldsymbol{X} = [& (\Delta i_{\mathrm{Cable},x}, \Delta i_{\mathrm{Cable},y}, \Delta u_{\mathrm{TC1},x}, \Delta u_{\mathrm{TC1},y}, \Delta \psi_{qs}, \Delta \psi_{ds}, \Delta \psi_{qr}, \Delta \psi_{dr}, \Delta x_3, \Delta \theta_{\mathrm{turb}}, \\ & \Delta \theta_{\mathrm{gear}}, \Delta \theta_{\mathrm{r}}, \Delta \omega_{\mathrm{turb}}, \Delta \omega_{\mathrm{gear}}, \Delta \omega_{\mathrm{r}}, \Delta x_4, \Delta x_5, \Delta V_{\mathrm{DC}}, \Delta x_6, \Delta i_{gx}, \Delta i_{gy}, \Delta x_7, \\ & \Delta x_0, \Delta x_1, \Delta x_2)_{\mathrm{DFIG1}}, (\Delta i_{\mathrm{Cable},x}, \Delta i_{\mathrm{Cable},y}, \Delta u_{\mathrm{TC1},x}, \Delta u_{\mathrm{TC1},y}, \Delta \psi_{qs}, \Delta \psi_{ds}, \\ & \Delta \psi_{qr}, \Delta \psi_{dr}, \Delta x_3, \Delta \theta_{\mathrm{turb}}, \Delta \theta_{\mathrm{gear}}, \Delta \theta_{\mathrm{r}}, \Delta \omega_{\mathrm{turb}}, \Delta \omega_{\mathrm{gear}}, \Delta \omega_{\mathrm{r}}, \Delta x_4, \Delta x_5, \Delta V_{\mathrm{DC}}, \\ & \Delta x_6, \Delta i_{gx}, \Delta i_{gy}, \Delta x_7, \Delta x_0, \Delta x_1, \Delta x_2)_{\mathrm{DFIG2}}, (\Delta u_{\mathrm{TC2},x}, \Delta u_{\mathrm{TC2},y})_{\mathrm{TC2}}, \\ & (\Delta i_{\mathrm{L}x}, \Delta i_{\mathrm{L}y}, \Delta u_{\mathrm{sc},x}, \Delta u_{\mathrm{sc},y})_{\mathrm{TL}}]^{\mathrm{T}} \end{aligned}$$

在输电线路串补度为 0.4 时，通过 Matlab/Simulink 对上述小信号模型进行特征值分析，得到系统的特征根，系统所有的模态如表 4.1 所示。

表 4.1　双馈双机系统小信号模型特征值

编　号	特 征 值	模态频率/Hz	阻 尼 比
$\lambda_{1,2}$	$-347.79\pm282.67\times10^6$i	4.4989×10^7	0
$\lambda_{3,4}$	$-139.44\pm311.54\times10^6$i	4.9583×10^7	0
$\lambda_{5,6}$	$-294.62\pm103.89\times10^6$i	1.6534×10^7	0
$\lambda_{7,8}$	$-267.35\pm155.63\times10^6$i	2.4769×10^7	0
$\lambda_{9,10}$	$-265.75\pm269.45\times10^6$i	4.2884×10^7	0
$\lambda_{11,12}$	$-139.23\pm205\times10^6$i	3.2626×10^7	0
λ_{13}	−4 494.7	0	1
λ_{14}	−787.33	0	1
$\lambda_{15,16}$	−25.44±357.12i	56.837 1	0.071 1
λ_{17}	−395.27	0	1
$\lambda_{18,19}$	−21.16±271.77i	43.253	0.077 6
$\lambda_{20,21}$	−26.39±270.63i	43.071 9	0.097
$\lambda_{22,23}$	−5.196±310.16i	49.362 8	0.016 7
$\lambda_{24,25}$	−44.21±261.56i	41.629 3	0.166 7
$\lambda_{26,27}$	−2.493±79.063i	12.583 3	0.031 5
λ_{28}	−79.93	0	1
$\lambda_{29,30}$	−35.79±35.343i	5.625	0.711 5
λ_{31}	−79.8	0	1
$\lambda_{32,33}$	−0.785 8±78.038 9i	12.420 3	0.010 1
λ_{34}	−10.158	0	1
$\lambda_{35,36}$	−4.731 1±11.327i	1.802 7	0.385 4
$\lambda_{37,38}$	−0.007 5±3.773 2i	0.600 5	0.002
λ_{39}	−4.639 4	0	1
$\lambda_{40,41}$	−2.600 8±0.249 6i	0.039 7	0.995 4
λ_{42}	−3.349 3	0	1
$\lambda_{43,44}$	−0.538±2.251 7i	0.358 4	0.232 4
λ_{45}	−1.198 2	0	1
λ_{46}	−1.229	0	1
λ_{47}	−0.899 3	0	1

续　表

编　号	特 征 值	模态频率/Hz	阻 尼 比
λ_{48}	−0.902 6	0	1
λ_{49}	−0.041 7	0	1
λ_{50}	−0.041 7	0	1
λ_{51}	−0.008	0	1
λ_{52}	−0.008	0	1
λ_{53}	$-3.341\,2\times10^{-4}$	0	1
λ_{54}	$-3.954\,1\times10^{-4}$	0	1
λ_{55}	$-1.273\,7\times10^{-9}$	0	1
λ_{56}	$-4.171\,4\times10^{-12}$	0	1

表 4.2 列出的所有 56 个特征值中：有 18 对共轭的情况出现，即产生 18 种振荡模态；其余 20 个特征值虚部均为零，表现为非振荡模态，此处不予讨论。为了确定各个振荡模态与哪些状态变量有关，在 Matlab 中进一步计算各个状态变量关于各个特征值的相关因子，结果如表 4.2 所示。

表 4.2　双馈双机系统各状态变量在各个振荡模态中的相关因子

	状态变量	$\lambda_{1,2}$	$\lambda_{3,4}$	$\lambda_{5,6}$	$\lambda_{7,8}$	$\lambda_{9,10}$	$\lambda_{11,12}$	$\lambda_{15,16}$	$\lambda_{18,19}$	$\lambda_{20,21}$
转换电容 2	$\Delta u_{TC2,x}$	**0.274 0**	0.000 0	**0.225 9**	0.000 0	0.000 0	0.000 0	0.000 0	0.000 0	0.000 0
	$\Delta u_{TC2,y}$	0.000 0	**0.167 9**	0.000 0	**0.332 1**	0.000 0	0.000 0	0.000 0	0.000 0	0.000 0
DFIG1	$\Delta i_{Cable,x}$	**0.224 9**	0.000 0	0.024 9	0.000 0	0.000 0	**0.144 7**	0.000 1	0.000 0	0.000 1
	$\Delta i_{Cable,y}$	0.000 0	**0.167 4**	0.000 0	0.082 5	0.083 7	0.000 0	0.000 1	0.000 0	0.000 1
	$\Delta u_{TC1,x}$	**0.113 0**	0.000 0	**0.137 0**	0.000 0	0.000 0	**0.250 0**	0.000 0	0.000 0	0.000 0
	$\Delta u_{TC1,y}$	0.000 0	**0.166 1**	0.000 0	0.083 9	**0.250 0**	0.000 0	0.000 0	0.000 0	0.000 0
	$\Delta\psi_{qs}$	0.000 0	0.037 5	0.000 0	0.076 0	0.075 6	0.000 0	0.000 5	0.058 1	0.009 1
	$\Delta\psi_{ds}$	0.031 0	0.000 0	**0.278 6**	0.000 0	0.000 0	**0.130 5**	0.001 1	0.072 5	0.010 8
	Δi_{gx}	0.000 9	0.000 0	0.008 0	0.000 0	0.000 0	0.003 7	0.000 1	**0.134 8**	0.039 4
	Δi_{gy}	0.000 0	0.001 1	0.000 0	0.002 2	0.002 2	0.000 0	0.000 1	**0.194 6**	0.056 6
DFIG2	$\Delta i_{Cable,x}$	**0.224 9**	0.000 0	0.024 9	0.000 0	0.000 0	**0.144 7**	0.000 1	0.000 0	0.000 1
	$\Delta i_{Cable,y}$	0.000 0	**0.167 4**	0.000 0	0.082 5	0.083 7	0.000 0	0.000 1	0.000 0	0.000 1
	$\Delta u_{TC1,x}$	**0.113 0**	0.000 0	**0.137 0**	0.000 0	0.000 0	**0.250 0**	0.000 0	0.000 0	0.000 0
	$\Delta u_{TC1,y}$	0.000 0	**0.166 1**	0.000 0	0.083 9	**0.250 0**	0.000 0	0.000 0	0.000 0	0.000 0
	$\Delta\psi_{qs}$	0.000 0	0.037 5	0.000 0	0.076 0	0.075 6	0.000 0	0.000 5	0.058 1	0.009 1
	$\Delta\psi_{ds}$	0.031 0	0.000 0	**0.278 6**	0.000 0	0.000 0	**0.130 5**	0.001 1	0.072 5	0.010 8

续 表

	状态变量	$\lambda_{1,2}$	$\lambda_{3,4}$	$\lambda_{5,6}$	$\lambda_{7,8}$	$\lambda_{9,10}$	$\lambda_{11,12}$	$\lambda_{15,16}$	$\lambda_{18,19}$	$\lambda_{20,21}$
DFIG2	Δi_{gx}	0.000 9	0.000 0	0.008 0	0.000 0	0.000 0	0.003 7	0.000 1	**0.134 8**	0.039 4
	Δi_{gy}	0.000 0	0.001 1	0.000 0	0.002 2	0.002 2	0.000 0	0.000 1	**0.194 6**	0.056 6
输电线路	Δi_{Lx}	0.000 1	0.000 0	0.000 7	0.000 0	0.000 0	0.000 0	**0.287 8**	0.052 2	**0.238 6**
	Δi_{Ly}	0.000 0	0.000 1	0.000 0	0.000 4	0.000 0	0.000 0	**0.289 0**	0.054 1	**0.236 9**
	$\Delta u_{sc,x}$	0.000 0	0.000 0	0.000 0	0.000 0	0.000 0	0.000 0	**0.290 7**	0.059 6	**0.230 5**
	$\Delta u_{sc,y}$	0.000 0	0.000 0	0.000 0	0.000 0	0.000 0	0.000 0	**0.290 8**	0.059 5	**0.230 7**

	状态变量	$\lambda_{22,23}$	$\lambda_{24,25}$	$\lambda_{26,27}$	$\lambda_{29,30}$	$\lambda_{32,33}$	$\lambda_{35,36}$	$\lambda_{37,38}$	$\lambda_{40,41}$	$\lambda_{43,44}$
DFIG1	$\Delta\psi_{qs}$	**0.201 7**	0.000 3	0.004 6	**0.109 5**	0.000 1	0.000 4	0.001 4	0.000 3	0.000 0
	$\Delta\psi_{ds}$	**0.242 2**	0.000 3	0.000 6	0.009 6	0.000 1	0.000 8	0.000 2	0.000 7	0.000 2
	$\Delta\psi_{qr}$	0.004 5	0.000 1	0.006 7	**0.207 4**	0.000 0	0.000 3	0.001 5	0.001 2	0.000 0
	$\Delta\theta_{turb}$	0.000 0	0.000 0	0.000 1	0.000 1	0.000 1	0.028 5	**0.244 9**	0.024 3	**0.250 1**
	$\Delta\theta_{gear}$	0.000 0	0.000 0	**0.219 4**	0.044 9	**0.223 1**	0.027 7	0.000 9	0.001 0	0.004 3
	$\Delta\theta_{r}$	0.000 0	0.000 0	0.036 6	0.062 0	0.027 4	**0.181 8**	0.064 1	0.033 9	**0.194 3**
	$\Delta\omega_{turb}$	0.000 0	0.000 0	0.000 1	0.000 1	0.000 1	0.028 5	**0.244 9**	0.024 4	**0.250 2**
	$\Delta\omega_{gear}$	0.000 0	0.000 0	**0.219 4**	0.045 1	**0.223 1**	0.028 0	0.000 9	0.001 1	0.004 4
	$\Delta\omega_{r}$	0.000 4	0.000 0	0.049 2	**0.466 2**	0.027 5	**0.234 8**	0.002 7	0.007 4	0.024 1
	Δx_4	0.000 1	0.000 0	0.000 2	0.015 4	0.000 0	0.003 4	0.004 9	**0.332 0**	0.009 0
	ΔV_{DC}	0.000 1	**0.116 9**	0.004 2	**0.200 7**	0.000 0	0.000 3	0.002 1	0.021 6	0.000 0
	Δi_{gx}	0.000 2	**0.246 8**	0.001 7	0.020 9	0.000 0	0.000 0	0.000 2	0.001 1	0.000 0
	Δi_{gy}	0.000 8	**0.346 7**	0.005 6	**0.200 4**	0.000 0	0.000 1	0.000 7	0.001 9	0.000 0
	Δx_7	0.000 0	0.004 7	0.000 9	0.077 1	0.000 0	0.000 7	0.046 1	**0.280 4**	0.000 7
	Δx_0	0.000 0	0.000 0	0.001 2	0.045 1	0.000 2	0.075 7	0.049 6	**0.108 3**	**0.212 7**
DFIG2	$\Delta i_{Cable,x}$	0.015 2	0.006 5	0.000 0	0.000 0	0.000 1	0.001 0	0.000 0	0.000 0	0.000 2
	$\Delta\psi_{qs}$	**0.201 7**	0.000 3	0.004 6	**0.109 5**	0.000 1	0.000 4	0.001 4	0.000 3	0.000 0
	$\Delta\psi_{ds}$	**0.242 2**	0.000 3	0.000 6	0.009 6	0.000 1	0.000 8	0.000 2	0.000 7	0.000 2
	$\Delta\psi_{qr}$	0.004 5	0.000 1	0.006 7	**0.207 4**	0.000 0	0.000 3	0.001 5	0.001 2	0.000 0
	$\Delta\theta_{turb}$	0.000 0	0.000 0	0.000 1	0.000 1	0.000 1	0.028 5	**0.244 9**	0.024 3	**0.250 1**
	$\Delta\theta_{gear}$	0.000 0	0.000 0	**0.219 4**	0.044 9	**0.223 1**	0.027 7	0.000 9	0.001 0	0.004 3
	$\Delta\theta_{r}$	0.000 0	0.000 0	0.036 6	0.062 0	0.027 4	**0.181 8**	0.064 1	0.033 9	**0.194 3**
	$\Delta\omega_{turb}$	0.000 0	0.000 0	0.000 1	0.000 1	0.000 1	0.028 5	**0.244 9**	0.024 4	**0.250 2**
	$\Delta\omega_{gear}$	0.000 0	0.000 0	**0.219 4**	0.045 1	**0.223 1**	0.028 0	0.000 9	0.001 1	0.004 4

续　表

	状态变量	$\lambda_{1,2}$	$\lambda_{3,4}$	$\lambda_{5,6}$	$\lambda_{7,8}$	$\lambda_{9,10}$	$\lambda_{11,12}$	$\lambda_{15,16}$	$\lambda_{18,19}$	$\lambda_{20,21}$
DFIG2	$\Delta\omega_r$	0.000 4	0.000 0	0.049 2	**0.466 2**	0.027 5	**0.234 8**	0.002 7	0.007 4	0.024 1
	Δx_4	0.000 1	0.000 0	0.000 2	0.015 4	0.000 0	0.003 4	0.004 9	**0.332 0**	0.009 0
	ΔV_{DC}	0.000 1	**0.116 9**	0.004 2	**0.200 7**	0.000 0	0.000 3	0.002 1	0.021 6	0.000 0
	Δx_6	0.000 0	0.000 0	0.000 0	0.000 2	0.000 0	0.000 0	0.000 0	0.000 4	0.000 0
	Δi_{gx}	0.000 2	**0.246 8**	0.001 7	0.020 9	0.000 0	0.000 0	0.000 2	0.001 1	0.000 0
	Δi_{gy}	0.000 8	**0.346 7**	0.005 6	**0.200 4**	0.000 0	0.000 1	0.000 7	0.001 9	0.000 0
	Δx_7	0.000 0	0.004 7	0.000 9	0.077 1	0.000 0	0.000 7	0.046 1	**0.280 4**	0.000 7
	Δx_0	0.000 0	0.000 0	0.001 2	0.045 1	0.000 2	0.075 7	0.049 6	**0.108 3**	**0.212 7**

表 4.2 中加黑的相关因子表示对应的系统状态变量在该振荡模态中起主导作用。针对各个振荡模态与不同状态变量的相关度可进行模态分析。

1）电气谐振模态

$\lambda_{1,2}$、$\lambda_{3,4}$、$\lambda_{5,6}$、$\lambda_{7,8}$、$\lambda_{9,10}$、$\lambda_{11,12}$ 振荡模态主要由系统中电抗电容之间的谐振引起。这六个模态的振荡频率很大，都在 10^7 数量级，这是由于在模型中转换电容仅仅起连接作用，作为电压和电流之间状态变量的转接口，该电容容值很小，这样在工频下容抗值极大，该电容支路可看作断路，不会影响整个系统特性。因此，在后续分析中，不再关注特征值这六个振荡模态。

$\lambda_{18,19}$ 对应的振荡频率是 43.253 Hz，变频器网侧出口电感对其起主导作用，同时发电机定子磁链、转子磁链的 d 轴分量和直流侧电容电压对该模态也有一定的作用；$\lambda_{24,25}$ 对应的振荡频率是 41.629 3 Hz，变频器网侧出口电感电流和直流侧电容电压对其起主导作用。因此，这两个振荡模态与网侧变流器输出电感和变流器直流电容电压相关性很强，也与发电机相关，属于电气谐振的范畴。

$\lambda_{22,23}$ 对应的振荡频率是 49.362 8 Hz，发电机定子磁链对其起主导作用，同时电缆电流对该模态也有一定的作用，该模态反映的是系统的同步频率。

2）次超同步轴系相互作用模态

（1）次超同步谐振

$\lambda_{15,16}$ 对应的振荡频率是 56.837 1 Hz，发现输电线路电流 Δi_{Lx}、Δi_{Ly} 和串补电容的端电压 $u_{sc,x}$、$u_{sc,y}$ 对该振荡模态起主导作用；$\lambda_{20,21}$ 对应的振荡频率是 43.071 9 Hz，输电线路电流 Δi_{Lx}、Δi_{Ly} 和串补电容的端电压 $u_{sc,x}$、$u_{sc,y}$ 对该振荡模态起主导作用，同时发电机定子磁链的 d 轴分量（相关因子为 0.018）、变频器网侧出口电感（相关因子为 0.039 4 和 0.056 6）对该模态也有一定作用。因此这两个模态是超同步和次同步谐振模态，由于两台双馈风电机组中电缆的影响，与单机系统的超同步和次同步谐振频率表现出较大差异。

（2）次同步振荡

$\lambda_{26,27}$ 对应的振荡频率是 12.583 3 Hz，两台风电机组的齿轮箱的扭转角和转速对其起主导作用，发电机转子的扭转角和转速对该模态也起到一定的作用；$\lambda_{32,33}$ 对应的振荡频率是

12.420 3 Hz，作用因素与 $\lambda_{26,27}$ 类似。因此，这两个模态都是风力机机械轴系的固有扭振频率，是机械振荡模式。而在单机系统中，该机械扭振的频率为 12.41 Hz，故在双机系统中出现了双谐振尖峰现象，说明在两机系统之间存在扭振传递作用。

$\lambda_{35,36}$ 对应的振荡频率是 1.802 7 Hz，其中发电机的转子扭转角和转速对该模态起主导作用，风轮叶片及齿轮箱的扭转角和转速对该振荡模态起到一定作用，同时发电机转速控制器的状态变量 Δx_0 与该模态也具有较强的相关性（相关因子为 0.075 7）；$\lambda_{37,38}$ 对应的振荡频率是 0.600 5 Hz，风轮叶片的扭转角和转速对该振荡模态起主导作用，发电机的转子扭转角和转速对该振荡模态起到一定作用，同时发电机转速控制器的状态变量 Δx_0（相关因子为 0.049 6）和网侧变流器相关变量 Δx_7（相关因子为 0.046 1）与该模态也具有较强的相关性。该模态在单机中的振荡频率为 1.92 Hz，而在两机系统中表现为 1.820 7 Hz 和 0.600 5 Hz，并且模态 $\lambda_{37,38}$ 由单机中的高速轴主导变为了由叶片主导，这说明轴系的固有振荡模式发生了转移，由高速轴转移到了叶片部分。

3）次同步控制相互作用模态

$\lambda_{29,30}$ 对应的振荡频率是 5.625 Hz，发电机定子磁链的 q 轴分量、转子磁链 q 轴分量、发电机转子角速度、直流侧电容电压和变频器网侧出口电感电流的 y 轴分量对该模态起主导作用，同时变流器控制系统的状态变量 Δx_4、Δx_7 和发电机转速控制器的状态变量 Δx_0 对该模态也有一定的作用，因此该模态属于 SSCI。

$\lambda_{40,41}$ 对应的振荡频率为 0.039 7 Hz，转子侧变频器的控制系统相关变量 Δx_4、网侧变流器控制相关变量 Δx_7 和发电机转速控制器的状态变量 Δx_0 对其起主导作用，因此该模态属于 SSCI 的范畴。

4）低频振荡模态

$\lambda_{43,44}$ 对应的振荡频率为 0.358 4 Hz，风机叶片的扭转角和角速度、发电机转子的扭转角和发电机转速控制器的状态变量 Δx_0 对该模态起主导作用，发电机转子角速度对该模态也有一定作用，该振荡频率在系统低频振荡的频率范围内，属于低频振荡的范畴。与单机系统相比，其振荡频率有所减低，同时模态阻尼比增大为单机系统的两倍，说明在双机系统该振荡模态趋于更加稳定。

2. 双馈与永磁直驱双机系统模态分析

（1）双馈与永磁直驱风电机组混合双机系统数学模型

采用直接转矩控制的“背靠背”型永磁直驱风电机组为例，建立其与双馈风电机组的双机小信号模型，通过特征值分析混合双机系统对振荡模态的影响。双馈风电机组与永磁直驱风电机组并联运行时，每台单机通过机端 0.69/35 kV 变压器升压后，经电缆汇集电能到 35 kV 母线，然后经 35/220 kV 变压器升压后通过输电线路与无穷大母线相连，如图 4.10 所示。与其他混合双机系统类似，两台风电机组在 35 kV 母线处电压保持一致，而双机系统的输出电流为两台风机并网处输出电流之和，根据图 3.1 和图 3.2 中的单机小信号模型，可得混合双机对无穷大系统的小信号模型的接口连接关系如图 4.10 所示。

与同型双机并列运行类似，35 kV 母线处的出口电缆模型存在相同的约束条件：① 节点电压一致；② 输出电流之和与输电线路电流之差为下个模型的输入电流。双馈风电机组和永磁直驱风电机组的双机系统数学模型推导结果如式（4.9）所示。

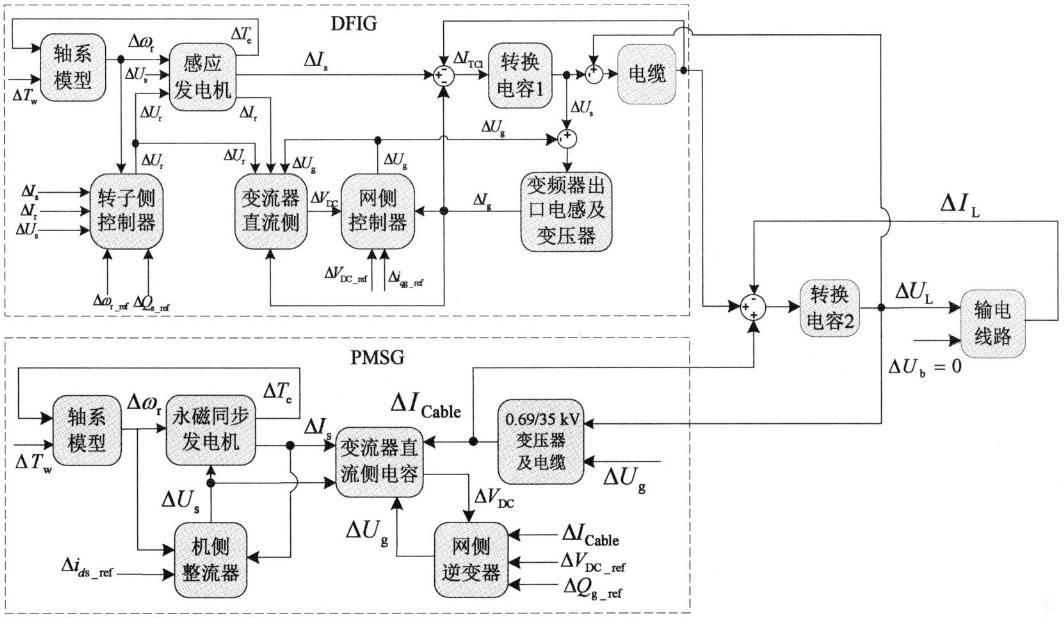

图 4.10　双馈与永磁直驱风机混合双机系统连接至无穷大母线的小信号模型

$$\begin{bmatrix} \Delta\dot{\boldsymbol{X}}_{\mathrm{DFIG}} \\ \Delta\dot{\boldsymbol{X}}_{\mathrm{PMSG}} \\ \Delta\dot{\boldsymbol{X}}_{\mathrm{TC}} \\ \Delta\dot{\boldsymbol{X}}_{\mathrm{TL}} \end{bmatrix} = \begin{bmatrix} \boldsymbol{A}_{\mathrm{DFIG}} & 0 & \boldsymbol{A}_{\mathrm{TC\_DFIG(V)}} & 0 \\ 0 & \boldsymbol{A}_{\mathrm{PMSG}} & \boldsymbol{A}_{\mathrm{TC\_PMSG(V)}} & 0 \\ \boldsymbol{B}_{\mathrm{TC}}\boldsymbol{C}_{\mathrm{DFIG}} & \boldsymbol{B}_{\mathrm{TC}}\boldsymbol{C}_{\mathrm{PMSG}} & \boldsymbol{A}_{\mathrm{TC}} & -\boldsymbol{B}_{\mathrm{TC}}\boldsymbol{C}_{\mathrm{RLC}} \\ 0 & 0 & 0 & \boldsymbol{A}_{\mathrm{TL}} \end{bmatrix} \cdot \begin{bmatrix} \Delta\boldsymbol{X}_{\mathrm{DFIG}} \\ \Delta\boldsymbol{X}_{\mathrm{PMSG}} \\ \Delta\boldsymbol{X}_{\mathrm{TC}} \\ \Delta\boldsymbol{X}_{\mathrm{TL}} \end{bmatrix} + \begin{bmatrix} \boldsymbol{B}_{\mathrm{DFIG}} & 0 & 0 \\ 0 & \boldsymbol{B}_{\mathrm{PMSG}} & 0 \\ 0 & 0 & 0 \\ 0 & 0 & \boldsymbol{B}_{\mathrm{TL}} \end{bmatrix} \cdot \begin{bmatrix} \Delta\boldsymbol{u}_{\mathrm{DFIG}} \\ \Delta\boldsymbol{u}_{\mathrm{PMSG}} \\ \Delta\boldsymbol{u}_{\mathrm{TL}} \end{bmatrix} \tag{4.9}$$

式中，各变量及矩阵意义参见式(4.1)的相关内容，下标为 PMSG 对应直驱风机的相关变量。

(2) 小信号模型特征值及其分析

混合双机系统的稳态运行点可通过潮流计算得到，其他系统参数与各自的单机情况相同。双馈与永磁直驱风电机组混合双机系统连接至电网的小信号模型共有 47 个状态变量，分别是

$$\begin{aligned} \Delta\boldsymbol{X} = [\,&(\Delta i_{\mathrm{Cable},x},\ \Delta i_{\mathrm{Cable},y},\ \Delta u_{\mathrm{TC1},x},\ \Delta u_{\mathrm{TC1},y},\ \Delta\psi_{qs},\ \Delta\psi_{ds},\ \Delta\psi_{qr},\ \Delta\psi_{dr},\ \Delta x_3,\ \Delta\theta_{\mathrm{turb}},\\ &\Delta\theta_{\mathrm{gear}},\ \Delta\theta_{\mathrm{r}},\ \Delta\omega_{\mathrm{turb}},\ \Delta\omega_{\mathrm{gear}},\ \Delta\omega_{\mathrm{r}},\ \Delta x_4,\ \Delta x_5,\ \Delta V_{\mathrm{DC}},\ \Delta x_6,\ \Delta i_{gx},\ \Delta i_{gy},\ \Delta x_7,\\ &\Delta x_0,\ \Delta x_1,\ \Delta x_2)_{\mathrm{DFIG}},\ (\Delta i_{\mathrm{Cable},x},\ \Delta i_{\mathrm{Cable},y},\ \Delta\theta_1,\ \Delta\theta_2,\ \Delta\omega_1,\ \Delta\omega_2,\ \Delta\psi_{ds},\ \Delta\psi_{qs},\\ &\Delta x_1,\ \Delta x_2,\ \Delta x_3,\ \Delta V_{\mathrm{DC}},\ \Delta x_4,\ \Delta x_5,\ \Delta x_6,\ \Delta x_7)_{\mathrm{PMSG}},\ (\Delta u_{\mathrm{TC2},x},\ \Delta u_{\mathrm{TC2},y})_{\mathrm{TC2}},\\ &(\Delta i_{\mathrm{L}x},\ \Delta i_{\mathrm{L}y},\ \Delta u_{\mathrm{sc},x},\ \Delta u_{\mathrm{sc},y})_{\mathrm{TL}}\,]^{\mathrm{T}} \end{aligned}$$

在输电线路串补度为 0.4 时，通过 Matlab/Simulink 对上述小信号模型进行特征值分析，得到系统的特征根，系统所有的模态如表 4.3 所示。分析方法同上，在此省略分析过程。

表 4.3　双馈与永磁直驱风电机组混合双机系统小信号模型特征值

编　号	特征值	模态频率/Hz	阻尼比
$\lambda_{1,2}$	$-673.77\pm259.95\times10^6$i	4.137×10^7	0
$\lambda_{3,4}$	$-251.26\pm300.36\times10^6$i	4.78×10^7	0
$\lambda_{5,6}$	$-2\,614\pm897.55\times10^5$i	1.429×10^7	0
$\lambda_{7,8}$	$-286.12\pm126.47\times10^6$i	2.013×10^7	0
λ_9	−1 056	0	1
$\lambda_{10,11}$	−522.26±115.39i	18.364 4	0.976 5
$\lambda_{12,13}$	−25.552±356.89i	56.800 1	0.071 4
$\lambda_{14,15}$	−20.975±271.71i	43.244 4	0.077
$\lambda_{16,17}$	−27.149±270.38i	43.031 7	0.099 9
λ_{18}	−117.95	0	1
$\lambda_{19,20}$	−2.276 6±78.692i	12.524 3	0.028 9
λ_{21}	−58.885	0	1
$\lambda_{22,23}$	−1.07±52.323i	8.328 2	0.020 4
λ_{24}	−18.857	0	1
λ_{25}	−17.938	0	1
$\lambda_{26,27}$	−0.027 6±11.753 3i	1.870 6	0.002 4
λ_{28}	−7.615	0	1
$\lambda_{29,30}$	−0.344±3.469 6i	0.552 2	0.098 5
λ_{31}	−3.144	0	1
λ_{32}	−2.4	0	1
$\lambda_{33,34}$	−0.011 3±2.297i	0.365 6	0.004 9
λ_{35}	−1.574	0	1
λ_{36}	−1.202	0	1
λ_{37}	−0.899 8	0	1
$\lambda_{38,39}$	−0.762±0.212 9i	0.033 9	0.963 1
λ_{40}	−0.191 1	0	1
λ_{41}	−0.075 6	0	1
λ_{42}	−0.041 7	0	1
λ_{43}	−0.008	0	1

续　表

编　号	特 征 值	模态频率/Hz	阻 尼 比
λ_{44}	−0.017 9	0	1
λ_{45}	-2.802×10^{-4}	0	1
λ_{46}	-4.002×10^{-10}	0	1
λ_{47}	-2.473×10^{-11}	0	1

3. 地理布局对于同型双机系统模态的影响

以两台双馈风电机组并联后接入系统为例进行分析。双馈双机系统中风电机组之间的电气距离由图 4.8 中的电缆参数进行表征，电缆长度从 0.1 km 逐渐增加到 5 km，步长设置为 50 m，仿真得到系统各个模态的振荡频率和阻尼比随电缆长度的变化情况，针对表 4.1 中所列的振荡模态，除去转换电容主导的电气谐振模态不予讨论外，分别从电气谐振、次同步轴系相互作用、次同步控制相互作用以及低频振荡四种模态随电缆长度的变化趋势进行分析。

1）电气谐振模态

特征值 $\lambda_{18,19}$、$\lambda_{22,23}$ 和 $\lambda_{24,25}$ 的振荡频率和阻尼比随电缆长度的变化趋势如图 4.11 所示。

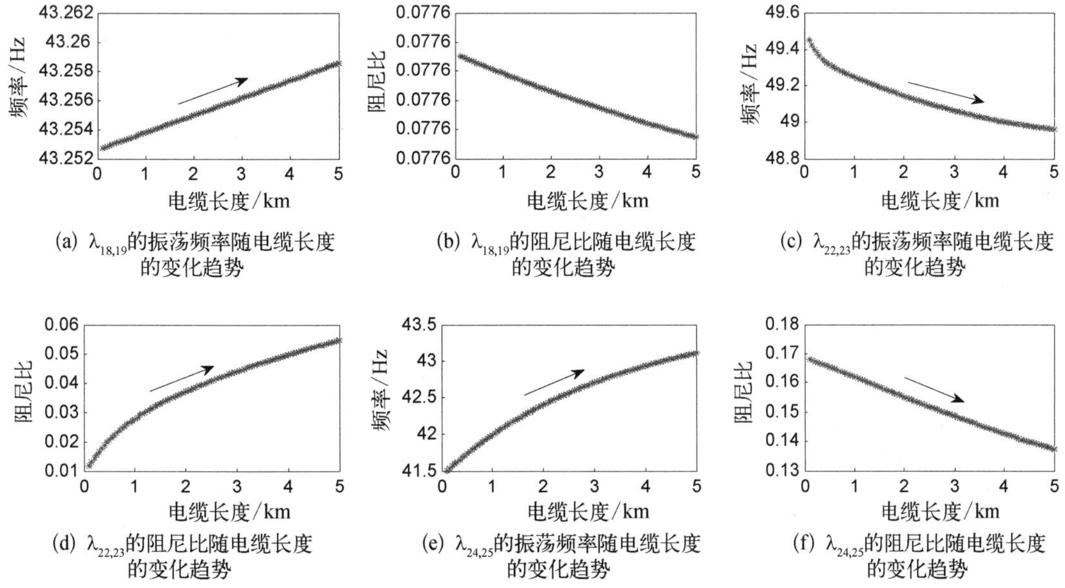

(a) $\lambda_{18,19}$的振荡频率随电缆长度的变化趋势　(b) $\lambda_{18,19}$的阻尼比随电缆长度的变化趋势　(c) $\lambda_{22,23}$的振荡频率随电缆长度的变化趋势

(d) $\lambda_{22,23}$的阻尼比随电缆长度的变化趋势　(e) $\lambda_{24,25}$的振荡频率随电缆长度的变化趋势　(f) $\lambda_{24,25}$的阻尼比随电缆长度的变化趋势

图 4.11　电气谐振模态随电缆长度的变化趋势

从图 4.11 可以看到，电缆长度变化时，模态 $\lambda_{18,19}$ 的振荡频率稍微增大，几乎维持不变，模态阻尼比也几乎保持不变；$\lambda_{22,23}$ 的振荡频率稍微降低，但基本维持在 49 Hz 附近，而模态阻尼比显著增大，说明随着电缆长度的增大，该模态趋于更加稳定；$\lambda_{24,25}$ 振荡频率稍微增大，而模态阻尼比稍有降低，故较短的电缆更利于该模态的稳定。

2）次同步轴系相互作用模态

（1）次同步谐振

$\lambda_{15,16}$ 的振荡频率随电缆长度的增加而稍微降低，同时模态阻尼比也稍有降低；$\lambda_{20,21}$ 的振荡频率随电缆长度的增加而稍有增加，模态阻尼比稍微降低。在变化过程中，两个模态的振荡频率之和基本维持在 100 Hz 不变，虽然两个模态频率和阻尼比变化范围很小，说明电缆长度的改变对这两个模态的影响有限。

（2）次同步振荡

当电缆长度增加时，$\lambda_{26,27}$ 的振荡频率和阻尼比几乎不变；$\lambda_{32,33}$ 对应的振荡频率和阻尼比都稍有增加，但变化范围都不大；$\lambda_{35,36}$ 的振荡频率降低明显，阻尼比明显增大，说明电缆越长，该模态频率越低、阻尼比越大，模态更加稳定；$\lambda_{37,38}$ 的振荡频率几乎不变，而阻尼比稍微降低，电气距离对该模态影响很小。

3）次同步控制相互作用模态

$\lambda_{29,30}$ 的振荡频率随电缆长度的增加稍有增大，而模态阻尼比稍微减小，但是变化范围都很小；$\lambda_{40,41}$ 的振荡频率和阻尼比几乎都不受电缆长度变化的影响，在电缆长度变化时，都几乎保持不变。因此，由控制系统主导的次同步控制相互作用模态几乎不受电缆电气参数变化的影响。

4）低频振荡模态

当电缆长度增加时，$\lambda_{43,44}$ 的振荡频率一直增加；模态阻尼比先增大后减小，并在电缆长度为 1.35 km 时达到最大。由表 4.2 发现，该低频振荡模态虽然不由电缆电流主导，但是与其电流的 x 轴分量和 y 轴分量都有一定关系，故电缆参数的改变会对该模态产生影响。

4.2 多机风电场小信号模型分析

4.2.1 同机型风电场模态特性

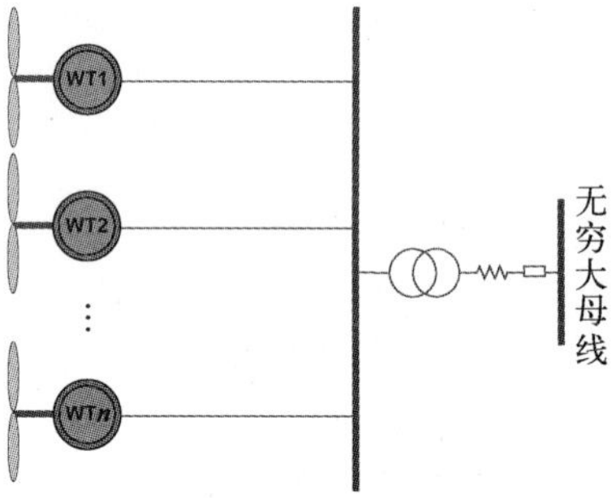

图 4.12 简化多机系统小扰动模型

忽略实际风电场电气连接，简化多机系统的小扰动模型如图 4.12 所示，假设所有风电机组都直接连接至公共连接点，经由变压器和输电线路接至无穷大系统，所有风机的参数、电气连接和阻尼特性相同。

该系统的状态空间方程可以合并为

$$\begin{bmatrix} \dot{X}_{WT1} \\ \vdots \\ \dot{X}_{WTn} \\ \dot{X}_{RL} \end{bmatrix} = \begin{bmatrix} A_{WT1} & & 0 & M_{WTRLV} \\ & \ddots & & \vdots \\ 0 & & A_{WTn} & M_{WTRLV} \\ M_{WTRLI} & \cdots & M_{WTRLI} & A_{RL} \end{bmatrix} \cdot \begin{bmatrix} X_{WT1} \\ \vdots \\ X_{WT2} \\ X_{RL} \end{bmatrix} + \begin{bmatrix} B_{WT1} & 0 & 0 \\ \vdots & & \\ B_{WTn} & 0 & 0 \\ 0 & B_{RL} & B_{RL} \end{bmatrix} \cdot \begin{bmatrix} \Delta T_{w} \\ \Delta U_{sysx} \\ \Delta U_{sysy} \end{bmatrix} \tag{4.10}$$

式中，M_{WTRLI} 反映风机与输电线路之间电流的连接关系，M_{WTRLV} 反映风机与输电线路之间电压的连接关系。

$$
\boldsymbol{A}_{\mathrm{WTS}}=\begin{bmatrix} A_{\mathrm{WT1}} & & 0 & M_{\mathrm{WTRLV}} \\ & \ddots & & \vdots \\ 0 & & A_{\mathrm{WT2}} & M_{\mathrm{WTRLV}} \\ M_{\mathrm{WTRLI}} & \cdots & M_{\mathrm{WTRLI}} & A_{\mathrm{RL}} \end{bmatrix} \tag{4.11}
$$

考虑如图 4.13 风电场,假设同类型风机具有完全一致的机械电气参数和运行状态。各风机单独运行,每台风机独立运行于一台变压器下,机端电压均为 690 V,经变压器升压至 10 kV,不同风电机组并联后再经由变压器升压至 220 kV 无穷大电源。考虑风机的最优布置,基于目前现场实际,风机的最小横向间距范围是 $2D\sim5D$,最小纵向间距范围是 $5D\sim12D$,假设我们风机叶片直径为 50 m,可设置风机横向间距为 100 m,风机纵向间距为 300 m,该参数将在风机连接电缆参数中反映。

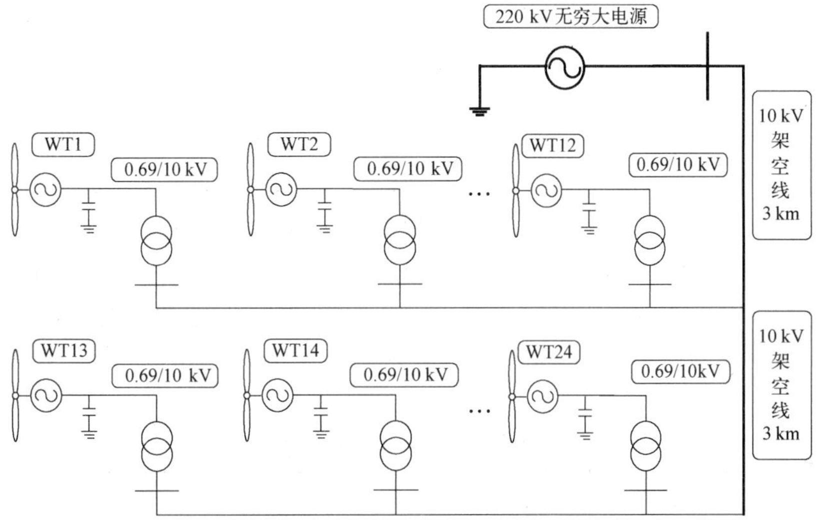

图 4.13　示例的风电场并网发电系统

图 4.13 的风电场由 24 台双馈风电机组组成,根据第 3.1.1 节表 3.1 系统参数,在 Matlab/Simulink 中搭建 24 台 2 MW,0.69 kV 双馈风电场小信号模型,系统状态矩阵 A 的特征值除零模态外,表 4.4 列出了系统的各个振荡模态,以及相应的振荡频率与阻尼比。由表 4.4 可知,除去零模态,上述双馈风电场共有 8 种振荡模态,观察相关因子表,可知该双馈风电场共有四种振荡模态,分别为 14.576 5 Hz(1 个),14.576 4 Hz(23 个),2.820 4 Hz(1 个),2.885 7 Hz(23 个)。与第 2 章中双馈风机单机小扰动模型的仿真结果比较,可以看出原单机系统中与低速轴机械旋转角和角速度相关的振荡模态(14.576 4 Hz)在 24 机风电场中呈现为 14.576 4 Hz 和 14.576 5 Hz,振荡频率基本不变。对比分析单机系统和风电场中该模态的参与因子,与低速轴状态变量相关的参与度从 0.471 2 变为 0.018,相当于原单机模态的参与度平均到 24 台风电机组中,即各风机低速轴状态变量对该模态的参与度总和不变,同时观察两者阻尼比发现阻尼比基本不变。说明双馈风电场中由低速轴参数主导的振荡模态在风电机组间互作用较小。

另外,单机系统中与发电机转子机械旋转角和角速度相关的轴系扭振频率为 2.885 3 Hz,在 24 机风电场中分别为 2.820 4 Hz 和 2.885 7 Hz,其中频率为 2.885 7 Hz 的 23

表 4.4　系统特征根分析

序　号	特　征　值	振荡频率/Hz	阻 尼 比	模态数目
1	−0. 154 5±91. 587 2i	14. 576 5	0. 001 7	1
2	−0. 153 6±91. 586 4i	14. 576 4	0. 001 7	23
3	−0. 025 4±17. 721 3i	2. 820 4	0. 001 4	1
4	−0. 474 4±18. 131 1i	2. 885 7	0. 026 2	23
5	−26. 172 4±10. 117 6i	1. 610 3	0. 932 7	23
6	−0. 305 8±2. 244 05i	0. 357 2	0. 135 1	1
7	−0. 877 7±2. 340 6i	0. 372 5	0. 351 1	23
8	−0. 498 7±0. 013 1i	0. 002 1	0. 999 7	23

个振荡频率与原单机系统接近，另一频率则相对变小，即风电机组间存在扭振传递相互作用。对比分析单机系统和风电场中与该模态相关的状态变量的参与度，可以看出发电机转子机械旋转角和角速度的参与度从 0. 028 3 变成 0. 001 1，类似于低速轴参数主导的扭振模态，发电机转子机械旋转角和角速度对该模态的参与度总和基本不变。观察两者阻尼比，可看出原单机中该模态阻尼比从 0. 026 3 变为 24 机风电场中的 0. 001 4 和 0. 026 2，即频率变化较大的模态阻尼比也相应减小，风电机组在该振荡频率下更易发生机网作用。

将图 4. 13 风电场改为由 24 台永磁直驱风电机组组成，系统状态矩阵 $\boldsymbol{A}$ 的特征值零模态外，表 4. 5 列出了系统的 6 个振荡模态，以及相应的振荡频率与阻尼比。具体分析同上，在此不再赘述。

表 4.5　系统特征根分析

序　号	特　征　值	振荡频率/Hz	阻 尼 比	模态数目
1	−0. 027 8±12. 127 8i	1. 930 1	0. 002 2	1
2	−0. 026 6±12. 126 9i	1. 930 1	0. 002 2	23
3	−450. 48±520. 66i	82. 865 9	0. 654 3	23
4	−397. 02±492. 506i	78. 385 2	0. 992 4	1
5	−89. 714±243. 581i	38. 767 1	0. 345 6	23
6	−0. 188 2±0. 060 4i	0. 009 6	0. 952 1	23

4.2.2　多机型风电场振荡模态分析

考虑混合机型的风电场情况，忽略实际风电场电气连接，混合机型的风电场的小扰动模型如图 4. 14 所示。其中，双馈风电机组的数量为 N_1，永磁风力发电机组的数量为 N_2。

双馈风电机组的状态空间方程可以表示为

$$\begin{cases} \dot{X}_{DFIG} = A_{DFIG}X_{DFIG} + B_{DFIG}U_{DFIG} \\ Y_{DFIG} = C_{DFIG}X_{DFIG} \end{cases} \tag{4.12}$$

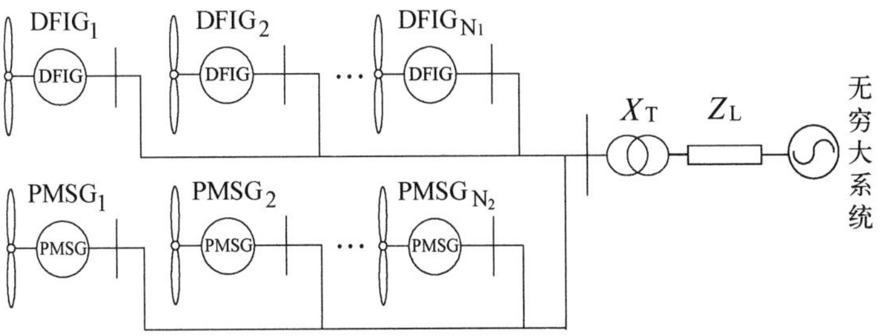

图 4.14　混合机型风电场的小扰动模型

永磁风力发电机组的状态空间方程可以表示为

$$\begin{cases}\dot{X}_{\mathrm{PMSG}} = A_{\mathrm{PMSG}}X_{\mathrm{PMSG}} + B_{\mathrm{PMSG}}U_{\mathrm{PMSG}} \\ Y_{\mathrm{PMSG}} = C_{\mathrm{PMSG}}X_{\mathrm{PMSG}}\end{cases} \tag{4.13}$$

同上方法可建立端口约束方程,如式(4.14)和式(4.15)所示。

$$U_{\mathrm{C}} = \sum_{j=1}^{\mathrm{N}_2} Y_{\mathrm{DFIG},\,j} + \sum_{k=1}^{\mathrm{N}_3} Y_{\mathrm{PMSG},\,k} = \begin{bmatrix} C_{\mathrm{DFIG},\,1} & & & & & \\ & \ddots & & & & \\ & & C_{\mathrm{DFIG},\,\mathrm{N}_1} & & & \\ & & & C_{\mathrm{PMSG},\,1} & & \\ & & & & \ddots & \\ & & & & & C_{\mathrm{PMSG},\,\mathrm{N}_2} \end{bmatrix} \cdot \begin{bmatrix} X_{\mathrm{DFIG},\,1} \\ \vdots \\ X_{\mathrm{DFIG},\,\mathrm{N}_2} \\ X_{\mathrm{PMSG},\,1} \\ \vdots \\ X_{\mathrm{PMSG},\,\mathrm{N}_3} \end{bmatrix} \tag{4.14}$$

$$U_{\mathrm{DFIG\_RL},\,j} = U_{\mathrm{PMSG\_RL},\,k} = Y_{\mathrm{C}} = C_{\mathrm{C}}X_{\mathrm{C}} \tag{4.15}$$

式中,$Y_{\mathrm{DFIG},\,j}$ 和 $Y_{\mathrm{PMSG},\,k}$ 分别为第 j 台双馈风机和第 k 台永磁风机的输出电流。U_{C} 为电容模型的输入电流。

将式(4.11)~式(4.15)联立,可得混合机型风电场的模型。

$$\begin{bmatrix} \dot{X}_{\mathrm{DFIG},\,1} \\ \vdots \\ \dot{X}_{\mathrm{DFIG},\,\mathrm{N}_1} \\ \dot{X}_{\mathrm{PMSG},\,1} \\ \vdots \\ \dot{X}_{\mathrm{PMSG},\,\mathrm{N}_2} \\ \dot{X}_{\mathrm{C}} \\ \dot{X}_{\mathrm{RL}} \end{bmatrix} = \begin{bmatrix} A_{\mathrm{DFIG},\,1} & & & & & & A_{\mathrm{C\_DFIG},\,1(\mathrm{V})} & 0 \\ & \ddots & & & & & \vdots & 0 \\ & & A_{\mathrm{DFIG},\,\mathrm{N}_1} & & & & A_{\mathrm{C\_DFIG},\,\mathrm{N}_1(\mathrm{V})} & 0 \\ & & & A_{\mathrm{PMSG},\,1} & & & A_{\mathrm{C\_PMSG},\,1(\mathrm{V})} & 0 \\ & & & & \ddots & & \vdots & 0 \\ & & & & & A_{\mathrm{PMSG},\,\mathrm{N}_2} & A_{\mathrm{C\_PMSG},\,\mathrm{N}_2(\mathrm{V})} & 0 \\ & & & & & & A_{\mathrm{C}} & 0 \\ & & & & & & 0 & A_{\mathrm{RL}} \end{bmatrix} \begin{bmatrix} X_{\mathrm{DFIG},\,1} \\ \vdots \\ X_{\mathrm{DFIG},\,\mathrm{N}_1} \\ X_{\mathrm{PMSG},\,1} \\ \vdots \\ X_{\mathrm{PMSG},\,\mathrm{N}_2} \\ X_{\mathrm{C}} \\ X_{\mathrm{RL}} \end{bmatrix} +$$

$$\begin{bmatrix} B_{\mathrm{DFIG},1} & & & & & & & \\ & \ddots & & & & & & \\ & & B_{\mathrm{DFIG},N_1} & & & & & \\ & & & B_{\mathrm{PMSG},1} & & & & \\ & & & & \ddots & & & \\ & & & & & B_{\mathrm{PMSG},N_2} & & \\ & & & & & & B_{\mathrm{C}} & \\ & & & & & & & B_{\mathrm{RL}} \end{bmatrix} \begin{bmatrix} U_{\mathrm{DFIG},1} \\ \vdots \\ U_{\mathrm{DFIG},N_1} \\ U_{\mathrm{PMSG},1} \\ \vdots \\ U_{\mathrm{PMSG},N_2} \\ U_{\mathrm{C}} \\ U_{\mathrm{Grid}} \end{bmatrix} \tag{4.16}$$

实际风电场为满足风电机组间的互补运行，采用不同类型的风机构成多机型混合风电场优化风电场输出功率，提高各机组暂态稳定性和风电场建设经济性。假设双馈和永磁直驱风电机组各 12 台，搭建风电场仿真模型，得到与机组轴系扭振相关的振荡模态及其阻尼比如表 4.6 所示。

表 4.6　系统特征根

	序号	特　征　值	振荡频率/Hz	阻 尼 比	模态数目
双馈风机	1	−0. 154 5±91. 587 2i	14. 576 6	0. 001 7	1
	2	−0. 153 7±91. 586 4i	14. 576 4	0. 001 7	11
	3	−0. 008 7±17. 738 7i	2. 823 2	0. 000 603	1
	4	−0. 474 4±18. 131 1i	2. 885 7	0. 026 2	11
永磁直驱风机	5	−0. 027 8±12. 127 0i	1. 930 1	0. 002 2	1
	6	−0. 026 6±12. 126 9i	1. 930 1	0. 002 2	11

由表 4. 6 可知，当双馈风机与永磁直驱风机等比分布式时，共呈现六种振荡模态。观察相关因子表，模态 1,2,3,4 与双馈风机轴系参数强相关，属于双馈风电机组扭振模态，模态 5, 6 与永磁直驱风电机组轴系参数强相关，属于永磁直驱风电机组轴系振荡模态。

双馈风电机组有 4 种振荡模态，分别为 14. 576 6 Hz（1 个），14. 576 4 Hz（11 个），2. 823 2 Hz（1 个），2. 885 7 Hz（11 个）。其中与双馈机组低速轴机械旋转角和角速度相关的为模态 1 和模态 2，两种模态频率基本相等，其中与模态 1 对应的各机组轴系状态变量相关因子均相等，均为 0. 038 9，其总和也与双馈单机系统模态 1 的参与因子接近，对比全双馈风电场，该两种模态振荡频率和阻尼比基本不变，可见双馈风电机组在该振荡模态下阻尼基本稳定。与双馈机组发电机转子机械旋转角和角速度相关的模态为模态 3 和模态 4，与全双馈风电场扭振模态 3 和模态 4 对比，发现两者模态 4 的振荡频率相等，相应的阻尼比也相等；模态 3 的频率增大，其对应的阻尼比减小，可见双馈风电机组在该振荡模态下阻尼作用减弱。

永磁直驱风电机组共有两种振荡模态，两者频率均为 1. 930 1 Hz。观察相关因子表，与模态 5 对应的各机组轴系状态变量相关因子均相等，均为 0. 037 6，其总和也与永磁直驱单机系统模态 1 的参与因子接近，对比全永磁直驱风电场，该两种模态振荡频率和阻尼比基本不变，可见永磁直驱风电机组在该振荡模态下阻尼基本稳定。

另外从相关因子表可看出，双馈风电机组中由低速轴参数主导的振荡模态与双馈风机状态变量无关；而由高速轴主导的振荡模态不仅与双馈风机状态变量相关，同时与永磁直驱风机状态变量也有一定的关系。而永磁直驱风电机组轴系振荡模态只与永磁直驱风机状态变量相关。可知，在同时含双馈和永磁直驱的风电场中，永磁直驱风电机组振荡模态基本不会在双馈风电机组中传递，而双馈风电机组中由低速轴参数主导的振荡模态也基本不发生传递，而由高速轴参数主导的振荡模态则可能在风电场中发生传递。

观察不同比例组合的双馈和永磁直驱风机混合风电场，得到双馈风电机组振荡频率和永磁直驱风电机组振荡频率随风机比例的变化如表 4.7 所示。

表 4.7　风电机组振荡频率变化

DFIG : PMSG	模态 1		模态 2		模态 3		模态 4	
	特征值	模态数	特征值	模态数	特征值	模态数	特征值	模态数
2 : 22	−0. 154 4±14. 576 6i	1	−0. 153 7±14. 576 4i	1	−0. 013 4±2. 840 7i	1	−0. 474 4±2. 885 7i	1
4 : 20	−0. 154 4±14. 576 6i	1	−0. 153 7±14. 576 4i	3	−0. 007 7±2. 836 8i	1	−0. 474 4±2. 885 7i	3
6 : 18	−0. 154 5±14. 576 6i	1	−0. 153 7±14. 576 4i	5	−0. 002 4±2. 832 6i	1	−0. 474 4±2. 885 7i	5
8 : 16	−0. 154 5±14. 576 6i	1	−0. 153 7±14. 576 4i	7	0. 002 6±2. 826 3i	1	−0. 474 4±2. 885 7i	7
10 : 14	−0. 154 5±14. 576 6i	1	−0. 153 7±14. 576 4i	9	0. 001 5±2. 824 4i	1	−0. 474 4±2. 885 7i	9
12 : 12	−0. 154 5±14. 576 6i	1	−0. 153 7±14. 576 4i	11	−0. 008 7±2. 823 2j	1	−0. 474 4±2. 885 7i	11
14 : 10	−0. 154 5±14. 576 5i	1	−0. 153 7±14. 576 4i	13	−0. 014 7±2. 822 4i	1	−0. 474 4±2. 885 7i	13
16 : 8	−0. 154 5±14. 576 5i	1	−0. 153 7±14. 576 4i	15	−0. 017 7±2. 821 8i	1	−0. 474 4±2. 885 7i	15
18 : 6	−0. 154 5±14. 576 5i	1	−0. 153 7±14. 576 4i	17	−0. 020 2±2. 821 3i	1	−0. 474 4±2. 885 7i	17
20 : 4	−0. 154 5±14. 576 5i	1	−0. 153 7±14. 576 4i	19	−0. 022 2±2. 820 9i	1	−0. 474 4±2. 885 7i	19
22 : 2	−0. 154 5±14. 576 5i	1	−0. 153 7±14. 576 4i	21	−0. 023 9±2. 820 7i	1	−0. 474 4±2. 885 7i	21

在双馈和永磁直驱风机任意比例组合下，含双馈风机与永磁直驱风机的风电场共呈现六种扭振模态。观察相关因子表得知，模态 1,2,3,4 与双馈风机轴系参数强相关，属于双馈风电机组振荡模态，模态 5,6 与永磁直驱风电机组轴系参数强相关，属于永磁直驱风电机组振荡模态。

4.3 大规模风电场等值与降阶-分布式云算法

风电场的机组众多，因此小信号模型矩阵维数极高，同时求解会存在计算机计算能力不足的问题。且大规模风电场的模型参数会随着风速发生变化，若系统每经历一次小扰动都需要对模型进行重新求解，对处理器的存储能力和计算能力要求极高。以下研究模态保持的风电场等值，在考虑地理布局和风速条件实时变化的条件下提出了一种降阶-分布式云算法。

4.3.1 模态保持的风电场等值

1. 同型机组风电场等值

对于多机系统，若采用同型的风力发电机，并且风机连接到无穷大系统的线路参数也保持一致，即电气联接对称，也可通过相似矩阵方法对系统状态矩阵进行相似变换，将矩阵变换为分块对角矩阵，从而将系统解耦为若干独立子系统。N 机系统的结构示意图如 4.15 所示。

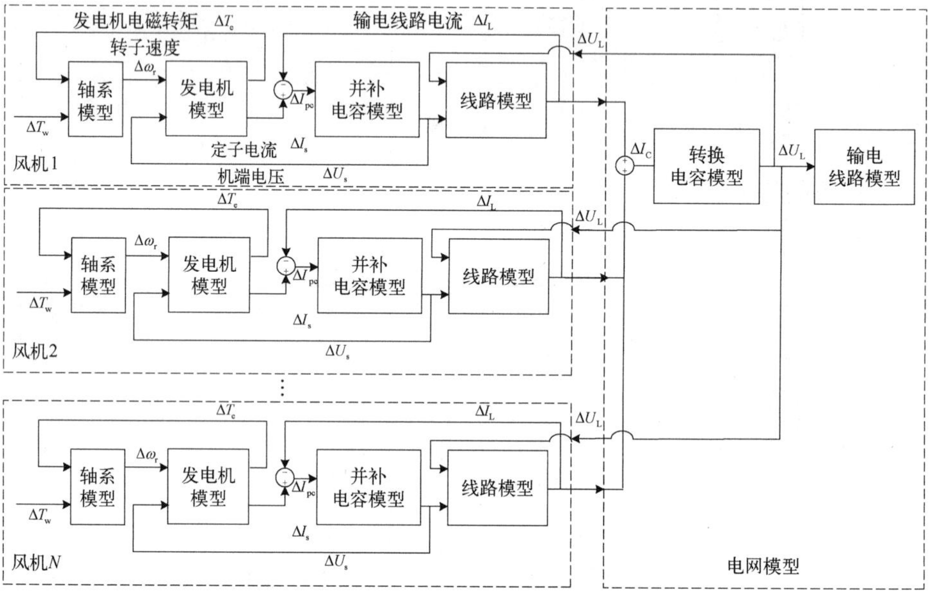

图 4.15 N 机对无穷大系统

N 机系统并联运行，其状态矩阵的形式如式(4.17)所示。

$$\boldsymbol{A}_{\text{sys}\_N}=\begin{bmatrix} A_{\text{U1}} & 0 & \cdots & 0 & A_{\text{C\_U(V)}} & 0 \\ 0 & A_{\text{U2}} & \cdots & 0 & A_{\text{C\_U(V)}} & 0 \\ \vdots & \vdots & \ddots & \vdots & \vdots & \vdots \\ 0 & 0 & \cdots & A_{\text{U}N} & A_{\text{C\_U(V)}} & 0 \\ B_{\text{C}}C_{\text{U1}} & B_{\text{C}}C_{\text{U2}} & \cdots & B_{\text{C}}C_{\text{U}N} & A_{\text{C}} & 0 \\ 0 & 0 & \cdots & 0 & 0 & A_{\text{RL}} \end{bmatrix}=\begin{bmatrix} A_{\text{U}} & & & & A_{\text{V}} \\ & A_{\text{U}} & & & A_{\text{V}} \\ & & \ddots & & \vdots \\ & & & A_{\text{U}} & A_{\text{V}} \\ B_{\text{I}} & B_{\text{I}} & \cdots & B_{\text{I}} & A_{\text{RLC}} \end{bmatrix} \tag{4.17}$$

状态矩阵可通过正交变换矩阵进行相似变换，得到 N 机系统的分块对角矩阵：

$$\boldsymbol{P}^{-1}\boldsymbol{A}_{\mathrm{sys\_}N}\boldsymbol{P}=\boldsymbol{A}'_{\mathrm{sys\_}N}=\begin{bmatrix} A_{\mathrm{U}} & & & & \\ & A_{\mathrm{U}} & & & \\ & & \ddots & & \\ & & & A_{\mathrm{U}} & A_{\mathrm{V}} \\ & & & NB_{\mathrm{I}} & A_{\mathrm{RLC}} \end{bmatrix}=\begin{bmatrix} A_{\mathrm{U}} & & & & & \\ & A_{\mathrm{U}} & & & & \\ & & \ddots & & & \\ & & & A_{\mathrm{U}} & A_{\mathrm{C\_U(V)}} & 0 \\ & & & NB_{\mathrm{C}}C_{\mathrm{U}} & A_{\mathrm{C}} & 0 \\ & & & 0 & 0 & A_{\mathrm{RL}} \end{bmatrix} \tag{4.18}$$

其中，$\boldsymbol{P}$ 矩阵为正交变换矩阵，如式(4.19)所示。

$$\boldsymbol{P}=\begin{bmatrix} k_{11}I & \cdots & k_{1(N-1)}I & I & 0 \\ k_{21}I & \cdots & k_{2(N-1)}I & I & 0 \\ \vdots & \ddots & \vdots & \vdots & \vdots \\ k_{N1}I & \cdots & k_{N(N-1)}I & I & 0 \\ 0 & \cdots & 0 & 0 & I \end{bmatrix},\quad \sum_{i=1}^{N}k_{ij}=0,\quad j=1,\,2,\,\cdots,\,N \tag{4.19}$$

由式(4.18)可知，N 机系统的状态矩阵可等效为分块对角矩阵 $\boldsymbol{A}'_{\mathrm{sys\_}N}$，该矩阵的特征值可求解其子矩阵的特征值间接求得，即

$$\begin{aligned} \lambda(A'_{\mathrm{sys\_}N}) &= \{\underbrace{\lambda(A_{\mathrm{U}})\quad \lambda(A_{\mathrm{U}})\quad \cdots\quad \lambda(A_{\mathrm{U}})}_{N-1\text{个}\lambda(A_{\mathrm{U}})}\lambda\left(\begin{bmatrix} A_{\mathrm{U}} & A_{\mathrm{V}} \\ NB_{\mathrm{I}} & A_{\mathrm{RLC}} \end{bmatrix}\right)\} \\ &= \{\underbrace{\lambda(A_{\mathrm{U}})\quad \lambda(A_{\mathrm{U}})\quad \cdots\quad \lambda(A_{\mathrm{U}})}_{N-1\text{个}\lambda(A_{\mathrm{U}})}\lambda\left(\begin{bmatrix} A_{\mathrm{U}} & A_{\mathrm{C\_U(V)}} & 0 \\ NB_{\mathrm{C}}C_{\mathrm{U}} & A_{\mathrm{C}} & 0 \\ 0 & 0 & A_{\mathrm{RL}} \end{bmatrix}\right)\} \end{aligned} \tag{4.20}$$

可见，由于对角矩阵的性质，矩阵 $A'_{\mathrm{sys\_}N}$ 的 N 个子块相互独立，因此，这 N 个子块的特征值也相互独立，分别对应 N 个独立的风力发电机系统，由该关系可将多机系统进行解耦，如图 4.16 所示。

此时，对 N 机系统的扭振分析，可通过对两类等效的单机对无穷大系统求解可得。一类为图 4.17 中的风机 1 至风机 $N-1$，这 $N-1$ 台风机完全一致，可预测其特征值也保持一致；另一类为风机 N，由于其电气连接发生了变化，因此第 N 组特征值必定与前 $N-1$ 组存在较大差异。该 N 机等效简化模型利用矩阵的相似变化，将多机系统解耦成多个单机对无穷大系统的集合的方法，能够完整保留系统的信息。

2. 非同型机组风电场等值的一般规律

若风电场为非同型风电场，以两种机型风电场为例。每种机型的风机组可划分为一个机群。对于每一个机群，均可采用上述方法进行等值简化，以 24 机为例，其中 12 台机组为双馈风机，12 台机组为永磁风机，等值简化后如图 4.17 所示。

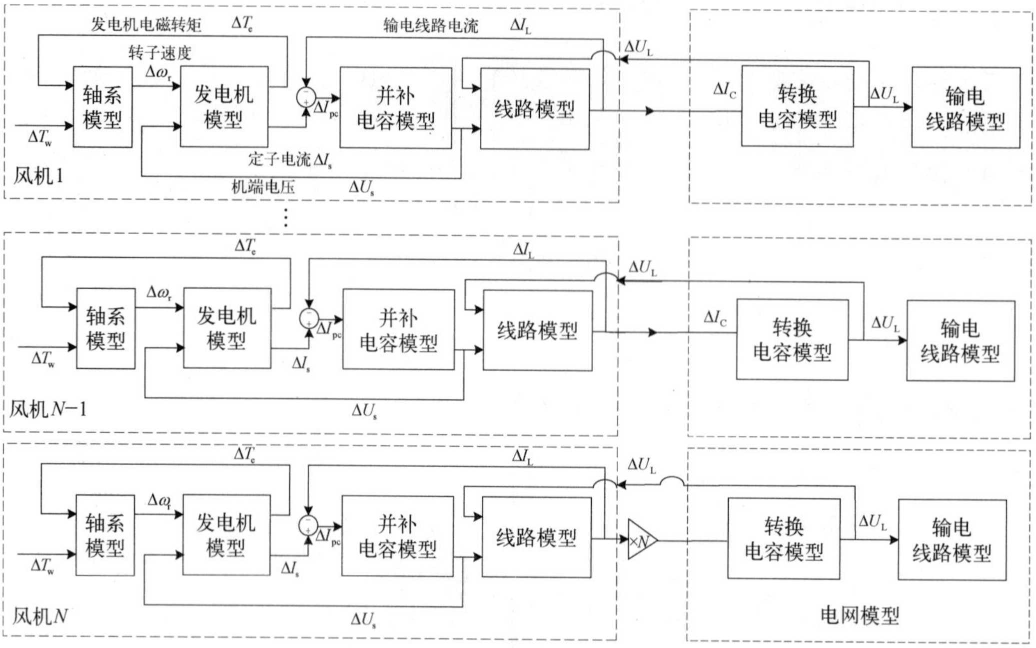

图 4.16　N机系统的等效简化模型

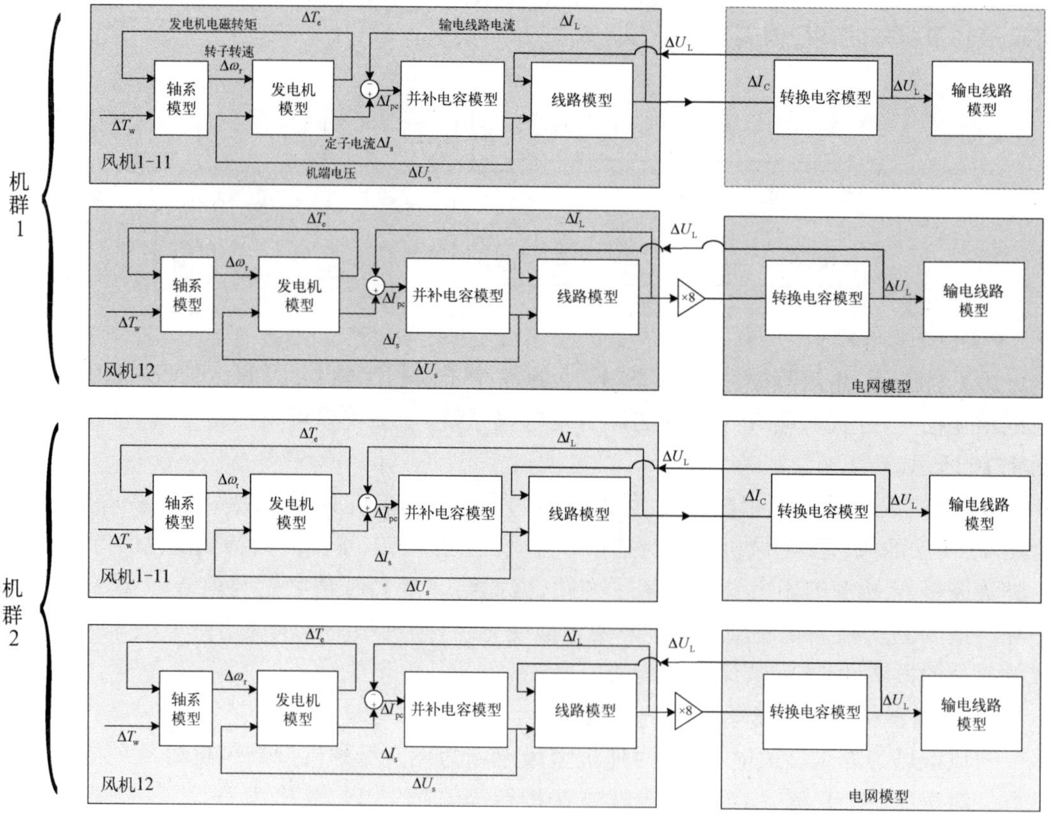

图 4.17　非同型风电场等值简化模型

4.3.2　大规模风电场的小信号建模分块方式

考虑地理布局及风速的影响，将矩阵分块思想应用于风电场，分别在规则及不规则的风电场情况下进行矩阵等值变化的新方法。通过修改模型矩阵分块，在不同变化场景下求解系统状态矩阵的特征根、阻尼比及振荡频率等，找到系统潜在的振荡模态并进行辨识分类。

基于建立的双馈风力发电系统的单机小信号模型，介绍分块方法。如前所述，风电系统每个部分的小信号模型进行连接后建立起单个双馈风机的小信号模型如式(4.21)所示。

$$\begin{cases}\dot{\boldsymbol{X}}_{\text{DFIG}} = A_{\text{DFIG}}X_{\text{DFIG}} + B_{\text{DFIG}}u_{\text{DFIG}} \\ \boldsymbol{Y}_{\text{DFIG}} = C_{\text{DFIG}}X_{\text{DFIG}} + D_{\text{DFIG}}u_{\text{DFIG}}\end{cases} \tag{4.21}$$

其中，$\boldsymbol{X}_{\text{DFIG}} = [X_{\text{DT}} \quad X_{\text{G}} \quad X_{\text{r}} \quad X_{\text{DC}} \quad X_{\text{g}} \quad X_{\text{C}} \quad X_{\text{RL}} \quad X_{\text{TL}}]^{\text{T}}$；

$$\boldsymbol{A}_{\text{DFIG}} = \begin{bmatrix} A_{\text{DT}} & A_{\text{G\_DT}} & & & & & & \\ A_{\text{DT\_G}} & A_{\text{G}} & A_{\text{r\_G}} & & & & & \\ & A_{\text{G\_r}} & A_{\text{r}} & A_{\text{DC\_r}} & & & & \\ & & A_{\text{r\_DC}} & A_{\text{DC}} & A_{\text{g\_DC}} & & & \\ & & & A_{\text{DC\_g}} & A_{\text{g}} & A_{\text{C\_g}} & & \\ & & & & A_{\text{g\_C}} & A_{\text{C}} & A_{\text{RL\_C}} & \\ & & & & & A_{\text{C\_RL}} & A_{\text{RL}} & A_{\text{TL\_RL}} \\ & & & & & & A_{\text{RL\_TL}} & A_{\text{TL}} \end{bmatrix}; \quad \boldsymbol{B}_{\text{DFIG}} = \begin{bmatrix} 0 \\ 0 \\ 0 \\ 1/M_1 \\ 0 \\ 0 \\ 0 \\ 0_{1\times 19} \end{bmatrix};$$

$$\boldsymbol{C}_{\text{DFIG}} = [0_{2\times 24} \quad I_{2\times 2}]\ ;\ \boldsymbol{D} = 0$$

其中，下标 DT 表示三质量块，G 表示双馈电机，下标 r 表示转子侧变频器，下标 RL 表示线路的 RL 等效，下标 C 表示并补电容。$A_{\text{DT\_G}}(A_{\text{G\_DT}})$，$A_{\text{G\_r}}(A_{\text{r\_G}})$，$A_{\text{DC\_r}}(A_{\text{r\_DC}})$，$A_{\text{DC\_g}}(A_{\text{g\_DC}})$，$A_{\text{g\_C}}(A_{\text{C\_g}})$，$A_{\text{C\_RL}}(A_{\text{RL\_C}})$，$A_{\text{RL\_TL}}(A_{\text{TL\_RL}})$ 分别表示模块之间的相互作用。

以图 4.18 所示的风电场为例，在式(4.21)中的状态矩阵 $\boldsymbol{A}_{\text{DFIG}}$ 是 26 阶矩阵，对于 6 台风机的矩阵将是 150 阶的矩阵，求解起来比较复杂。随着风机数量的增加，数学模型的复杂度和计算量将会大大增加，对于阶数成千上万的模型，计算机无法通过算法直接求解。

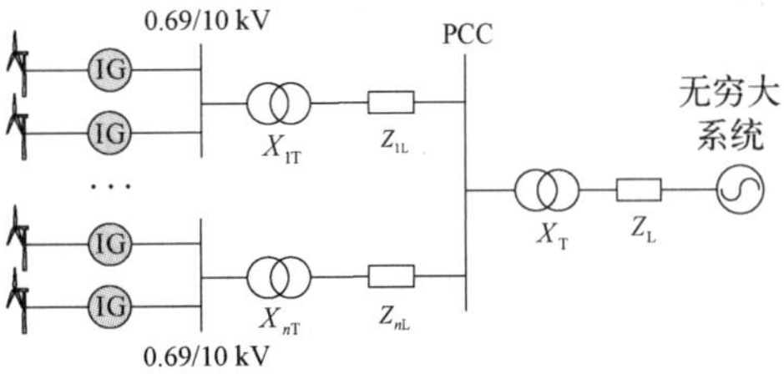

图 4.18　实际风电场连接示意图

以图 4.19 所示的多个 DFIG 系统为例，多个双馈风机的小信号模型如式(4.22)所示：

$$\begin{bmatrix} \dot{X}_{\text{DFIG1}} \\ \vdots \\ \dot{X}_{\text{DFIG}n} \\ \dot{X}_{\text{TC}} \\ \dot{X}_{\text{TL}} \end{bmatrix} = \begin{bmatrix} A_{\text{DFIG1}} & & & A_{\text{DFIG1\_TC(V)}} & \\ & \ddots & & \vdots & \\ & & A_{\text{DFIG}n} & A_{\text{DFIG}n\text{\_TC(V)}} & \\ B_{\text{TC}}C_{\text{DIFG1}} & \cdots & B_{\text{TC}}C_{\text{DFIG}n} & A_{\text{TC}} & \\ & & & & A_{\text{TL}} \end{bmatrix} \cdot \begin{bmatrix} X_{\text{DFIG1}} \\ \vdots \\ X_{\text{DFIG}n} \\ X_{\text{TC}} \\ X_{\text{TL}} \end{bmatrix} +$$

$$\begin{bmatrix} B_{\mathrm{DFIG1}} & & & \\ & \ddots & & \\ & & B_{\mathrm{DFIG}n} & \\ & & & B_{\mathrm{TL}} \end{bmatrix} \cdot \begin{bmatrix} u_{\mathrm{DFIG1}} \\ \vdots \\ u_{\mathrm{DFIG}n} \\ u_{\mathrm{TL}} \end{bmatrix} \tag{4.22}$$

其中，$X_{\mathrm{DFIG}i} = [X_{\mathrm{DT}i} \quad X_{\mathrm{G}i} \quad X_{\mathrm{r}i} \quad X_{\mathrm{DC}i} \quad X_{\mathrm{g}i} \quad X_{\mathrm{C}i} \quad X_{\mathrm{RL}i} \quad X_{\mathrm{TL}i}]^{\mathrm{T}}$，$i = 1, 2, \cdots, n$；下标 DT 表示三质量块模型，下标 G 表示双馈电机，下标 r 表示转子侧变频器；下标 TC 表示变换电容器；下标 RL 表示滤波器；下标 C 表示补偿电容；下标 TL 表示传输线。状态矩阵用式(4.23)表示：

$$\boldsymbol{A}_{\mathrm{sys}} = \begin{bmatrix} A_{\mathrm{DFIG1}} & & & A_{\mathrm{DFIG1\_TC(V)}} & \\ & \ddots & & \vdots & \\ & & A_{\mathrm{DFIG}n} & A_{\mathrm{DFIG}n\mathrm{\_TC(V)}} & \\ B_{\mathrm{TC}}C_{\mathrm{DIFG1}} & \cdots & B_{\mathrm{TC}}C_{\mathrm{DFIG}n} & A_{\mathrm{TC}} & \\ & & & & A_{\mathrm{TL}} \end{bmatrix} = \begin{bmatrix} A_{\mathrm{DFIG1}} & 0 & 0 & M_{\mathrm{DFIGV}} \\ 0 & \ddots & 0 & \vdots \\ 0 & 0 & A_{\mathrm{DFIG}} & M_{\mathrm{DFIGV}} \\ M_{\mathrm{DFIGV}} & \cdots & M_{\mathrm{DFIGV}} & A_{\mathrm{RLC}} \end{bmatrix} \tag{4.23}$$

基于矩阵理论知识，状态矩阵 $\boldsymbol{A}_{\mathrm{sys}}$ 通过矩阵初等变换能过转换成矩阵 $\boldsymbol{A}'_{\mathrm{sys}}$，如式(4.24)所示。矩阵 $\boldsymbol{A}'_{\mathrm{sys}}$ 也是分块对角矩阵，并且与原状态矩阵 $\boldsymbol{A}_{\mathrm{sys}}$ 的特征值相同。

$$\boldsymbol{A}'_{\mathrm{sys}} = \boldsymbol{P}^{-1}\boldsymbol{A}_{\mathrm{sys}}\boldsymbol{P} = \begin{bmatrix} A_{\mathrm{DFIG}} & & & \\ & \ddots & & \\ & & A_{\mathrm{DFIG}} & M_{\mathrm{DFIGV}} \\ & & NM_{\mathrm{DFIGI}} & A_{\mathrm{RLC}} \end{bmatrix} \tag{4.24}$$

其中，$\boldsymbol{M}_{\mathrm{DFIGV}} = [A_{\mathrm{DFIG}i\mathrm{\_TC(V)}} \quad 0]$；$\boldsymbol{M}_{\mathrm{DFIGI}} = \begin{bmatrix} B_{\mathrm{TC}}C_{\mathrm{DFIG}i} \\ 0 \end{bmatrix}$；$\boldsymbol{A}_{\mathrm{RLC}} = \begin{bmatrix} A_{\mathrm{TC}} & 0 \\ 0 & A_{\mathrm{TL}} \end{bmatrix}$；$i = 1, 2, \cdots, n$。

变换后的状态矩阵 $\boldsymbol{A}'_{\mathrm{sys}}$ 是分块对角矩阵，可以看作将风电场拆分成 n 个独立的单机系统，其中 $n-1$ 个单机直接连接至无穷大系统，另一个是单机通过 n 倍机网电流经输电线连入系统。不同形式的风电场分块方式不同。

(1) 规则分布的风电场的分块方式

以建立在平坦开阔地形上的同机型风电场为例，如图 4.3 所示，其中的风电设备排列方式属于规则布局，这种风电场具备单设备发电量较小、分布在广袤地域上、设备个数极多、发电功率不稳定等特点。为提高风电场的可靠性，规则布局的风电场的接线方式也是对称的。对规则分布的风电场的分块方式可以综合实时风速及机组的地理位置变动其分块情况。假设在规则分布的风电场中，认为地理位置集中且风速相近的风电机组的运行参数相同，在建模分析的时候可以将这些设备划分划分成一块，将 N 个风机成等值成 m 块连接入无穷大系统，矩阵模型分块示意图如图 4.19 所示。

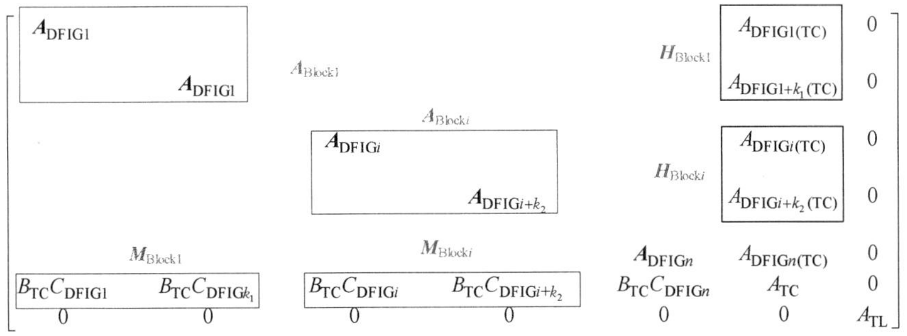

图 4.19　规则风电场矩阵模型分块示意图

其中,系统进行分块后将原 n 台风电机组 A_{DFIG1}、A_{DFIG2}、…、$A_{\mathrm{DFIG}n}$ 分为 m 块发电区域 A_{Block1}、A_{Block2}、…、$A_{\mathrm{Block}m}$,同时也将转换电容与发电单元之间相互作用模块 $[A_{\mathrm{solar}i(\mathrm{TC})} \quad \cdots \quad A_{\mathrm{solar}i+k_i(\mathrm{TC})}]^{\mathrm{T}}$ 记为 $H_{\mathrm{block}i}$(第 i 块内含有 k_i 个发电单元,$i=1, 2, 3, \cdots, m$),将 $[B_{\mathrm{TC}}C_{\mathrm{solar}i} \quad \cdots \quad B_{\mathrm{TC}}C_{\mathrm{solar}i+k_i}]$ 记为 $M_{\mathrm{block}i}$,(第 i 块内含有 k_i 个发电单元,$i=1, 2, 3, \cdots, m$)。

当风速突然发生较大变化时,此时风电场的分块方式也会相应产生变化,原本结为一部分的风机设备可能被分到其他的块中,原本不是一块的机组可能分成一块,其矩阵模型分块示意图如图 4.20 所示。

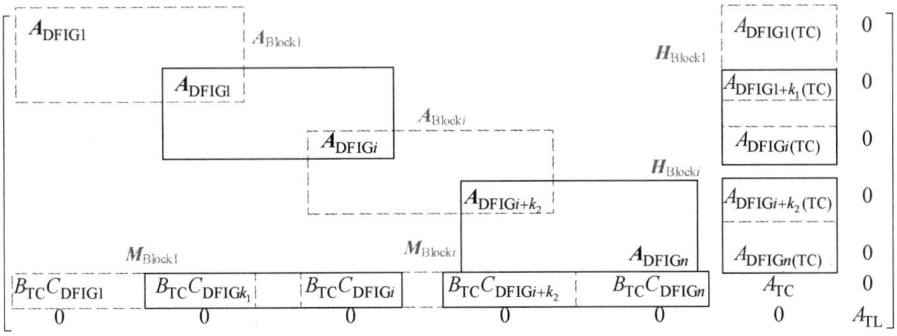

图 4.20　规则风电场矩阵模型分块变化示意图

其中,虚线框表示在前面时刻对规则风电场的分块情况,而当风速等因素发生变化后,原本属于 Block1 的设备,与其他的设备被分到实线框所示的分块中。

(2) 不规则分布的风电场的分块方式

以建立在山地区域为代表的不规则分布风电场为例,如图 4.4 所示,山地区域的地形更为复杂,地表的障碍物、风机尾流、不规则的接线方式和山体的高度等因素都会对风能产生。因此对不规则分布的风电场进行辨识分块的因素更为复杂,应结合实际的环境。例如以风速、海拔高度、附近地理环境等对机组进行相近机组结块,如果在机组附近难以找到状态相似的风电设备,可采用一台机组单独结块的办法,其分块形式体现在矩阵模型上如图 4.21 所示。

其中,风电机组 A_{DFIG1} 单独被分为一块,风电机组 $A_{\mathrm{DFIG}i-1}$,…,$A_{\mathrm{DFIG}i+k_i}$ 表示第 i 个分块包含 k_i 台风电设备。

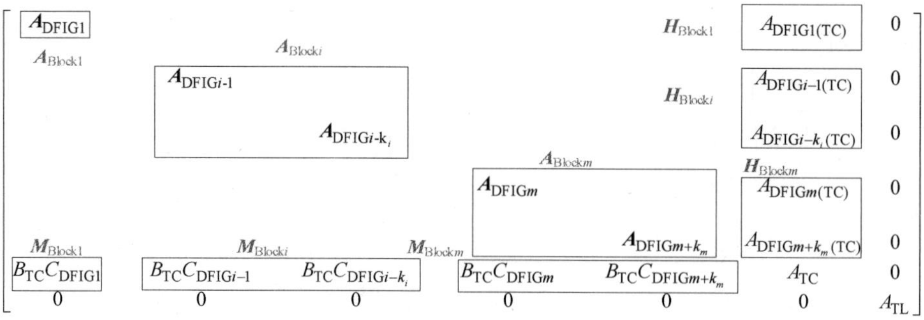

图 4.21 不规则风电场矩阵模型分块变化示意图

4.3.3 大规模风电场的降阶-分布式云算法

将求得的状态矩阵 A_{sys} 表示为式(4.25):

$$\boldsymbol{A}_{sys}=\begin{bmatrix} A_{Block1} & 0 & 0 & H_{Block1(TC)} & 0 \\ 0 & \ddots & 0 & \vdots & \vdots \\ 0 & 0 & A_{BlockN} & H_{BlockN(TC)} & 0 \\ M_{Block1} & \cdots & M_{BlockN} & A_{TC} & 0 \\ 0 & \cdots & 0 & 0 & A_{TL} \end{bmatrix}=\begin{bmatrix} A_{Block1} & 0 & 0 & H_{B1} \\ 0 & \ddots & 0 & \vdots \\ 0 & 0 & A_{BlockN} & H_{BN} \\ M_{B1} & \cdots & M_{BN} & A_{RLC} \end{bmatrix} \tag{4.25}$$

其中, $\boldsymbol{H}_{Bi}=[H_{Blocki(TC)}\quad 0]$, $i=0, 1, \cdots, N$, $\boldsymbol{M}_{Bi}=[M_{Blocki}\quad 0]^{T}$, 其中 $i=1, 2, \cdots, N$, $\boldsymbol{A}_{RLC}=\begin{bmatrix} A_{TC} & 0 \\ 0 & A_{TL} \end{bmatrix}$。

根据矩阵理论,通过状态转移矩阵可以将 $\boldsymbol{A}_{sys}$ 转化成 $\boldsymbol{A}'_{sys}$,矩阵 $\boldsymbol{A}'_{sys}$ 与 $\boldsymbol{A}_{sys}$ 具有相同的特征值。

$$\boldsymbol{A}'_{sys}=\boldsymbol{P}^{-1}\boldsymbol{A}_{sys}\boldsymbol{P}=\begin{bmatrix} A_{Block1} & \cdots & 0 & 0 \\ \vdots & \ddots & \vdots & \vdots \\ 0 & \cdots & A_{BlockN} & H_{Block(TC)} \\ 0 & \cdots & M_{Block} & A_{RLC} \end{bmatrix} \tag{4.26}$$

其中, $\boldsymbol{P}$ 由式(4.19)确定。

矩阵 $\boldsymbol{A}'_{sys}$ 的特征根表达式为

$$\begin{aligned} \lambda(\boldsymbol{A}'_{sys}) &= \left\{ \underbrace{\lambda(A_{Block1})\lambda(A_{Block2})\cdots\lambda(A_{BlockN-1})}_{N-1}\lambda\begin{Bmatrix} A_{BlockN} & H_{Block(TC)} \\ M_{Block} & A_{RLC} \end{Bmatrix} \right\} \\ &= \left\{ \underbrace{\lambda(A_{Block1})\lambda(A_{Block2})\cdots\lambda(A_{BlockN-1})}_{N-1}\lambda\begin{Bmatrix} A_{BlockN} & H_{Block(TC)} & 0 \\ B_{TC}\cdot C_{Block} & A_{TC} & 0 \\ 0 & 0 & A_{TL} \end{Bmatrix} \right\} \end{aligned} \tag{4.27}$$

矩阵 $\boldsymbol{A}_{sys}$ 的特征根表达式为

$$
\begin{aligned}
|\lambda \boldsymbol{I} - A_{\mathrm{sys}}| &= \left\{ \underbrace{\lambda(A_{\mathrm{Block1}})\lambda(A_{\mathrm{Block2}})\cdots\lambda(A_{\mathrm{Block}N-1})}_{N-1} \lambda \begin{bmatrix} A_{\mathrm{Block}N} & H_{\mathrm{Block(TC)}} & 0 \\ B_{\mathrm{TC}} \cdot C_{\mathrm{Block}} & A_{\mathrm{TC}} & 0 \\ 0 & 0 & A_{\mathrm{TL}} \end{bmatrix} \right\} \\
&= |\lambda \boldsymbol{I} - A_{\mathrm{solar1}}|^{\alpha_1} |\lambda \boldsymbol{I} - A_{\mathrm{solar}p1+1}|^{\alpha_2} \cdots |\lambda \boldsymbol{I} - A_{\mathrm{solar}n}|^{\alpha_N} \times |\lambda \boldsymbol{I} - A_{\mathrm{TL}}| \cdot \\
&\quad |(\lambda \boldsymbol{I} - A_{\mathrm{Block}N})(\lambda \boldsymbol{I} - A_{\mathrm{TC}}) - B_{\mathrm{TC}} C_{\mathrm{Block}} \cdot H_{\mathrm{Block(TC)}}|
\end{aligned}
\tag{4.28}
$$

其中，n 个风力发电单元被分为 N 块，其中第 i 块 $A_{\mathrm{Block}i}$ 内包含 α_i 个风力发电子单元（$i=1$，2，…，n），风力发电子单元的总数为 n，即 $\sum_{i=1}^{N} \alpha_i = n$。

当风力强度发生变化时，模型中的参数将发生变化，影响矩阵分块的数量及形式。

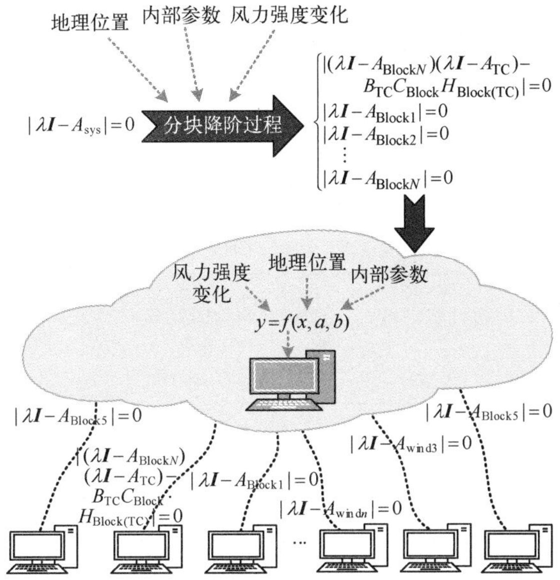

图 4.22　降阶模型的分布式云计算

为满足分布式云计算的要求，需要确定虚拟化工作站的数量。可根据风力发电站所在地区的气象资料，采用概率估计的方法对虚拟化工作站的数量进行估计，如式(4.29)所示。

$$
y = f(x, a, b) \tag{4.29}
$$

其中，x 表示天气因素，a 表示地理位置，b 表示内部参数，y 是综合考虑上述影响因素条件下的虚拟化工作站数量（y 的值应大于可能发生的最大分块量）。对于一个确定的风力发电站而言，a、b 为确定值，每次计算所需要虚拟工作站的数量随风速情况的变化而不同。

采用降阶算法处理后把 N 块矩阵通过云端的 y 台虚拟化工作站进行同时计算，如图 4.22 所示，待求部分的初始形式为左侧方程，根据地理位置与参数不同将原始形式化为基础分块矩阵形式，再考虑风速变化的情况下，实时对系统进行新的分块，分块后为本次计算的最终分块形式。将 $|(\lambda \boldsymbol{I} - A_{\mathrm{Block}N})(\lambda \boldsymbol{I} - A_{\mathrm{TC}}) - B_{\mathrm{TC}} C_{\mathrm{Block}} \cdot H_{\mathrm{Block(TC)}}|$ 部分的计算分配给处理速度较快的工作站。降阶-分布式云算法流程如图 4.23 所示。

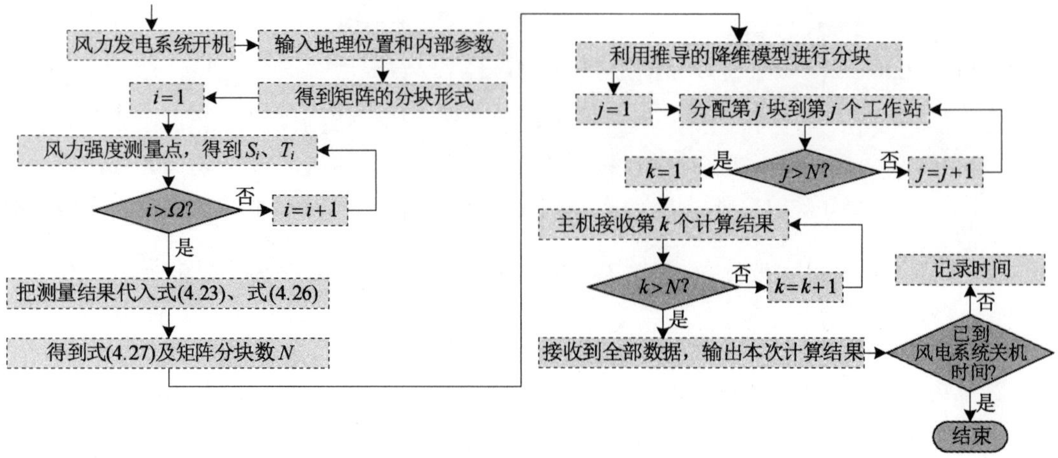

图 4.23 降阶分布式云算法流程

对于降阶处理后的模型可以直接输入至单机系统中进行计算，如图 4.24 所示，计算全部矩阵特征值所用的时间为所有子块矩阵计算时间的加和。分别采用单机计算与分布式云计算处理规模不同的模型，运行时间如表 4.8 所示。

表 4.8　运行时间对比表

电站容量（分块数）	单机计算时间/s	通信时间/s	分布式云计算时间（包含通信时间）/s
20 MW(10)	2.260	0.050	0.500
40 MW(20)	4.381	0.100	0.560
50 MW(25)	7.123	0.125	0.635
75 MW(35)	9.115	0.175	0.635
100 MW(50)	11.235	0.250	0.740

表 4.8 中通信时间按照 100 M 带宽计算。随着风力发电站容量的增加，分布式云计算的速度优势趋于显著，单机计算所需要的时间越来越长。

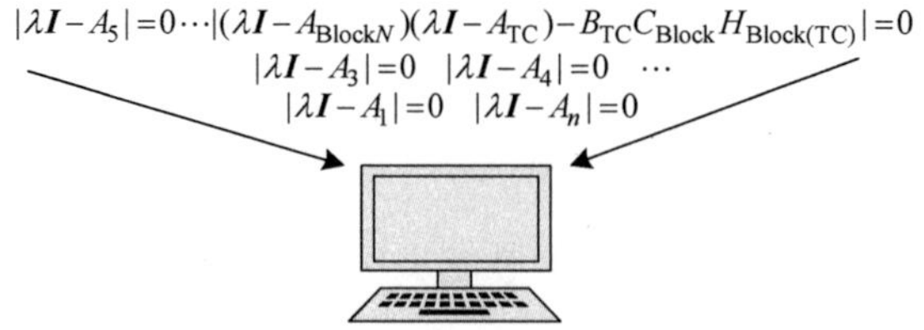

图 4.24 降阶模型的单机计算

4.4　风力发电系统次同步振荡功率传播机理

风电并网系统次同步振荡事件中，为什么振荡能够跨电压等级远距离传送，同时振荡的传播路径受什么因素影响,这是值得深入研究的问题。研究振荡的传播机理对分析风电并网系统中复杂振荡的作用机理具有重要意义。接下来分别从次同步振荡功率表现形式和振荡功率传播特性两方面来研究振荡传播机理。

4.4.1　风电并网系统次同步振荡功率表现形式

本节基于根据次同步振荡机理抽象得到的研究系统的原理模型,首先分析不同类型的次同步振荡(强迫振荡、自激振荡)在系统单相瞬时功率中的表现形式,并利用瞬时功率理论分析了不同类型的次同步振荡在系统三相瞬时功率中的表现形式。其次,基于上述研究对次同步振荡功率进行定义,研究次同步振荡功率在系统处于不同运行状态(对称、不对称)下的形式与频率分量特征。再次,对次/超同步振荡的概念进行讨论,提出对于次/超同步振荡概念一种新的理解。

1. 次同步振荡在单相瞬时功率中的表现形式

(1) 强迫振荡情况

当风电场发生次同步强迫振荡时,设在风电场内存在持续的振荡源,可将风电场内的振荡源等值为交流电压源。本书采用如图 4.25 所示的原理模型来研究次同步振荡功率传播特性,将风电场等效为两个交流电压源,风电场出口工频电压等效为频率 ω_0 的电压源,用频率为次同步振荡频率 ω_{SS} 的电压源等效风电场内振荡源,该原理模型对电网部分进行了等值简化,使表达式简练,便于分析规律,不过所用分析方法可推广应用于复杂电网。

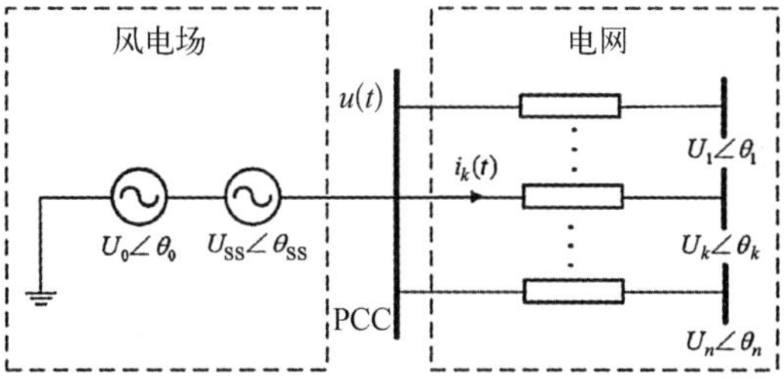

图 4.25　研究系统的原理模型

图 4.26 中所示研究系统的原理模型 PCC 点三相基波电压和次同步电压可分别表示为

$$\begin{cases} u_{a0}(t) = U_0\cos(\omega_0 t + \theta_0) \\ u_{b0}(t) = U_0\cos(\omega_0 t - 2\pi/3 + \theta_0) \\ u_{c0}(t) = U_0\cos(\omega_0 t + 2\pi/3 + \theta_0) \end{cases} \tag{4.30}$$

$$\begin{cases} u_{aSS}(t) = U_{SS}\cos(\omega_{SS} t + \theta_{SS}) \\ u_{bSS}(t) = U_{SS}\cos(\omega_{SS} t - 2\pi/3 + \theta_{SS}) \\ u_{cSS}(t) = U_{SS}\cos(\omega_{SS} t + 2\pi/3 + \theta_{SS}) \end{cases} \tag{4.31}$$

则 PCC 点三相电压为

$$\begin{cases} u_a(t) = u_{a0}(t) + u_{aSS}(t) \\ u_b(t) = u_{b0}(t) + u_{bSS}(t) \\ u_c(t) = u_{c0}(t) + u_{cSS}(t) \end{cases} \tag{4.32}$$

第 k 条支路三相基波电流和次同步电流可分别表示为

$$\begin{cases} i_{a0}^{k}(t) = I_0\cos(\omega_0 t + \alpha_0) \\ i_{b0}^{k}(t) = I_0\cos(\omega_0 t - 2\pi/3 + \alpha_0) \\ i_{c0}^{k}(t) = I_0\cos(\omega_0 t + 2\pi/3 + \alpha_0) \end{cases} \tag{4.33}$$

$$\begin{cases} i_{aSS}^{k}(t) = I_{SS}\cos(\omega_{SS} t + \alpha_{SS}) \\ i_{bSS}^{k}(t) = I_{SS}\cos(\omega_{SS} t - 2\pi/3 + \alpha_{SS}) \\ i_{cSS}^{k}(t) = I_{SS}\cos(\omega_{SS} t + 2\pi/3 + \alpha_{SS}) \end{cases} \tag{4.34}$$

则第 k 条支路三相电流为

$$\begin{cases} i_{a}^{k}(t) = i_{a0}^{k}(t) + i_{aSS}^{k}(t) \\ i_{b}^{k}(t) = i_{b0}^{k}(t) + i_{bSS}^{k}(t) \\ i_{c}^{k}(t) = i_{c0}^{k}(t) + i_{cSS}^{k}(t) \end{cases} \tag{4.35}$$

式中，U_0、I_0 分别为工频电压、电流的幅值，U_{SS}、I_{SS} 为次同步频率电压、电流的幅值，θ_0、α_0 为工频电压、电流的初相角，θ_{SS}、α_{SS} 为次同步频率电压、电流的初相角。第 k 条支路起点的三相瞬时功率分别为

$$\begin{cases} p_{a}(t) = u_{a}(t)i_{a}^{k}(t) \\ p_{b}(t) = u_{b}(t)i_{b}^{k}(t) \\ p_{c}(t) = u_{c}(t)i_{c}^{k}(t) \end{cases} \tag{4.36}$$

将式(4.30)、式(4.33)带入式(4.34)展开得单相瞬时功率表达式，以 a 相为例：

$$\begin{aligned} p_{a}(t) = {} & U_0 I_0 \frac{\cos(2\omega_0 t + \theta_0 + \alpha_0) + \cos(\theta_0 - \alpha_0)}{2} + \\ & U_{SS} I_0 \frac{\cos(\omega_{SUP} t + \theta_{SS} + \alpha_0) + \cos(\omega_{SUB} t + \alpha_0 - \theta_{SS})}{2} + \\ & U_0 I_{SS} \frac{\cos(\omega_{SUP} t + \theta_0 + \alpha_{SS}) + \cos(\omega_{SUB} t + \theta_0 - \alpha_{SS})}{2} + \\ & U_{SS} I_{SS} \frac{\cos(2\omega_{SS} t + \theta_{SS} + \alpha_{SS}) + \cos(\theta_{SS} - \alpha_{SS})}{2} \end{aligned} \tag{4.37}$$

其中，$\omega_{SUP} = \omega_0 + \omega_{SS}$，$\omega_{SUB} = \omega_0 - \omega_{SS}$，从上式可以看出，单相瞬时功率表达式共包含四项：第 1 项是工频功率，与次同步振荡无关；第 2 项和第 3 项为次同步电压电流与工频量相互作用产生的频率为 ω_{SUP} 与 ω_{SUB} 的超同步与次同步功率分量；第 4 项为完全与次同步电压和电流相关的功率分量。

(2) 自激振荡情况

现有研究认为自激振荡的内在机制为负阻尼效应，即风机在次同步频率上表现出负阻尼特性(具有负电阻的容性阻抗特性)，当其接入弱交流电网时，将与电网输电线路中的电感构成电气谐振回路，在小扰动的情况下风电场内将出现发散速度与阻尼相关的振荡现象，此时在对振荡源进行等效时还需要考虑系统阻尼的影响，可用幅值变化受阻尼影响的交流电压源来等效振荡源。

研究系统 PCC 点的三相次同步电压可表示为

$$\begin{cases} u_{\mathrm{aSS}}(t) = U_{\mathrm{SS}}e^{-\sigma t}\cos(\omega_{\mathrm{SS}}t + \theta_{\mathrm{SS}}) \\ u_{\mathrm{bSS}}(t) = U_{\mathrm{SS}}e^{-\sigma t}\cos(\omega_{\mathrm{SS}}t - 2\pi/3 + \theta_{\mathrm{SS}}) \\ u_{\mathrm{cSS}}(t) = U_{\mathrm{SS}}e^{-\sigma t}\cos(\omega_{\mathrm{SS}}t + 2\pi/3 + \theta_{\mathrm{SS}}) \end{cases} \tag{4.38}$$

第 k 条支路的三相次同步电流可表示为

$$\begin{cases} i_{\mathrm{aSS}}^{k}(t) = I_{\mathrm{SS}}e^{-\sigma t}\cos(\omega_{\mathrm{SS}}t + \alpha_{\mathrm{SS}}) \\ i_{\mathrm{bSS}}^{k}(t) = I_{\mathrm{SS}}e^{-\sigma t}\cos(\omega_{\mathrm{SS}}t - 2\pi/3 + \alpha_{\mathrm{SS}}) \\ i_{\mathrm{cSS}}^{k}(t) = I_{\mathrm{SS}}e^{-\sigma t}\cos(\omega_{\mathrm{SS}}t + 2\pi/3 + \alpha_{\mathrm{SS}}) \end{cases} \tag{4.39}$$

其中，σ 为系统阻尼，研究系统 PCC 点的三相基波电压和第 k 条支路的三相基波电流与强迫振荡情况相同，即为式(4.38)与式(4.40)。

因此在发生自激振荡时，研究系统 PCC 点的三相电压可表示为

$$\begin{cases} u_{\mathrm{a}}(t) = U_0\cos(\omega_0 t + \theta_0) + U_{\mathrm{SS}}e^{-\sigma t}\cos(\omega_{\mathrm{SS}}t + \theta_{\mathrm{SS}}) \\ u_{\mathrm{b}}(t) = U_0\cos(\omega_0 t - 2\pi/3 + \theta_0) + U_{\mathrm{SS}}e^{-\sigma t}\cos(\omega_{\mathrm{SS}}t - 2\pi/3 + \theta_{\mathrm{SS}}) \\ u_{\mathrm{c}}(t) = U_0\cos(\omega_0 t + 2\pi/3 + \theta_0) + U_{\mathrm{SS}}e^{-\sigma t}\cos(\omega_{\mathrm{SS}}t + 2\pi/3 + \theta_{\mathrm{SS}}) \end{cases} \tag{4.40}$$

研究系统第 k 条支路的三相电流可表示为

$$\begin{cases} i_{\mathrm{a}}^{k}(t) = I_0\cos(\omega_0 t + \alpha_0) + I_{\mathrm{SS}}e^{-\sigma t}\cos(\omega_{\mathrm{SS}}t + \alpha_{\mathrm{SS}}) \\ i_{\mathrm{b}}^{k}(t) = I_0\cos(\omega_0 t - 2\pi/3 + \alpha_0) + I_{\mathrm{SS}}e^{-\sigma t}\cos(\omega_{\mathrm{SS}}t - 2\pi/3 + \alpha_{\mathrm{SS}}) \\ i_{\mathrm{c}}^{k}(t) = I_0\cos(\omega_0 t + 2\pi/3 + \alpha_0) + I_{\mathrm{SS}}e^{-\sigma t}\cos(\omega_{\mathrm{SS}}t + 2\pi/3 + \alpha_{\mathrm{SS}}) \end{cases} \tag{4.41}$$

以 a 相为例，类似的可推出系统 a 相瞬时功率为

$$\begin{aligned} p_{\mathrm{a}}(t) = {} & U_0 I_0 \frac{\cos(2\omega_0 t + \theta_0 + \alpha_0) + \cos(\theta_0 - \alpha_0)}{2} + \\ & U_{\mathrm{SS}}I_0 e^{-\sigma t}\frac{\cos(\omega_{\mathrm{SUP}}t + \theta_{\mathrm{SS}} + \alpha_0) + \cos(\omega_{\mathrm{SUB}}t + \alpha_0 - \theta_{\mathrm{SS}})}{2} + \\ & U_0 I_{\mathrm{SS}}e^{-\sigma t}\frac{\cos(\omega_{\mathrm{SUP}}t + \theta_0 + \alpha_{\mathrm{SS}}) + \cos(\omega_{\mathrm{SUB}}t + \theta_0 - \alpha_{\mathrm{SS}})}{2} + \\ & U_{\mathrm{SS}}I_{\mathrm{SS}}e^{-2\sigma t}\frac{\cos(2\omega_{\mathrm{SS}}t + \theta_{\mathrm{SS}} + \alpha_{\mathrm{SS}}) + \cos(\theta_{\mathrm{SS}} - \alpha_{\mathrm{SS}})}{2} \end{aligned} \tag{4.42}$$

由式(4.42)可见考虑阻尼后的单相瞬时功率与式(4.35)相比，与次同步振荡相关的后三项增加了由阻尼引起的衰减项。当阻尼为负时，该部分将逐渐发散；当阻尼为正时，该部分将逐渐衰减至 0；当阻尼为 0 时，衰减项为 1，式(4.42)与式(4.35)相同，该部分幅值不随时间变化。

2. 次同步振荡在三相瞬时功率中的表现形式

对电网产生影响的主要为有功功率内含有的次同步频率的分量，该分量具有一定能量，当该分量的频率与机组轴系扭振模式中的某一个频率接近时，将引发共振，危及机组的安全

和寿命，因此三相瞬时有功功率为重点研究对象。

（1）对称运行时次同步振荡功率表达式

当电压和电流中同时包含次同步频率的分量与工频量时，建立在平均值基础上的传统功率理论已经难以适用，因此本书采用建立在瞬时值基础上的瞬时功率理论分析含有次同步振荡分量系统的三相瞬时功率，该理论适用于非正弦电路及各种过渡过程。

将三相电路瞬时电压 $\boldsymbol{u}_{\mathrm{a}}$、$\boldsymbol{u}_{\mathrm{b}}$、$\boldsymbol{u}_{\mathrm{c}}$ 和瞬时电流 $\boldsymbol{i}_{\mathrm{a}}$、$\boldsymbol{i}_{\mathrm{b}}$、$\boldsymbol{i}_{\mathrm{c}}$ 变换到两相正交的 $\alpha-\beta$ 坐标系上，可得两相瞬时电压电流 $\boldsymbol{u}_{\alpha}$、$\boldsymbol{u}_{\beta}$ 和 $\boldsymbol{i}_{\alpha}$、$\boldsymbol{i}_{\beta}$ 如下：

$$\begin{bmatrix}\boldsymbol{u}_{\alpha}\\ \boldsymbol{u}_{\beta}\end{bmatrix}=\sqrt{\frac{2}{3}}\begin{bmatrix}1 & -\frac{1}{2} & -\frac{1}{2}\\ 0 & \frac{\sqrt{3}}{2} & -\frac{\sqrt{3}}{2}\end{bmatrix}\begin{bmatrix}\boldsymbol{u}_{\mathrm{a}}\\ \boldsymbol{u}_{\mathrm{b}}\\ \boldsymbol{u}_{\mathrm{c}}\end{bmatrix} \tag{4.43}$$

$$\begin{bmatrix}\boldsymbol{i}_{\alpha}\\ \boldsymbol{i}_{\beta}\end{bmatrix}=\sqrt{\frac{2}{3}}\begin{bmatrix}1 & -\frac{1}{2} & -\frac{1}{2}\\ 0 & \frac{\sqrt{3}}{2} & -\frac{\sqrt{3}}{2}\end{bmatrix}\begin{bmatrix}\boldsymbol{i}_{\mathrm{a}}\\ \boldsymbol{i}_{\mathrm{b}}\\ \boldsymbol{i}_{\mathrm{c}}\end{bmatrix} \tag{4.44}$$

在 $\alpha-\beta$ 平面上，矢量 $\boldsymbol{u}_{\alpha}$、$\boldsymbol{u}_{\beta}$ 和 $\boldsymbol{i}_{\alpha}$、$\boldsymbol{i}_{\beta}$ 可分别进一步合成电压矢量 $\boldsymbol{u}$ 和电流矢量 $\boldsymbol{i}$。定义瞬时有功功率、瞬时无功功率为

$$\begin{cases}p=\boldsymbol{u}_{\alpha}\boldsymbol{i}_{\alpha}+\boldsymbol{u}_{\beta}\boldsymbol{i}_{\beta}\\ q=\boldsymbol{u}_{\beta}\boldsymbol{i}_{\alpha}-\boldsymbol{u}_{\alpha}\boldsymbol{i}_{\beta}\end{cases} \tag{4.45}$$

将式(4.43)、式(4.44)代入式(4.45)可求得 p、q 对于三相电压、电流的表达式：

$$\begin{cases}p=\boldsymbol{u}_{\mathrm{a}}\boldsymbol{i}_{\mathrm{a}}+\boldsymbol{u}_{\mathrm{b}}\boldsymbol{i}_{\mathrm{b}}+\boldsymbol{u}_{\mathrm{c}}\boldsymbol{i}_{\mathrm{c}}\\ q=\frac{1}{\sqrt{3}}[(\boldsymbol{u}_{\mathrm{b}}-\boldsymbol{u}_{\mathrm{c}})\boldsymbol{i}_{\alpha}+(\boldsymbol{u}_{\mathrm{c}}-\boldsymbol{u}_{\mathrm{a}})\boldsymbol{i}_{\mathrm{b}}+(\boldsymbol{u}_{\mathrm{a}}-\boldsymbol{u}_{\mathrm{b}})\boldsymbol{i}_{\mathrm{c}}]\end{cases} \tag{4.46}$$

从式(4.46)可以看出，三相电路的瞬时有功功率计算式与三相电路的瞬时功率相同。

将式(4.46)写成矩阵形式：

$$\begin{bmatrix}p\\ q\end{bmatrix}=\begin{bmatrix}\boldsymbol{u}_{\alpha} & \boldsymbol{u}_{\beta}\\ \boldsymbol{u}_{\beta} & -\boldsymbol{u}_{\alpha}\end{bmatrix}\begin{bmatrix}\boldsymbol{i}_{\alpha}\\ \boldsymbol{i}_{\beta}\end{bmatrix} \tag{4.47}$$

将其写成反变换形式并分解如下：

$$\begin{bmatrix}\boldsymbol{i}_{\alpha}\\ \boldsymbol{i}_{\beta}\end{bmatrix}=\begin{bmatrix}\boldsymbol{u}_{\alpha} & \boldsymbol{u}_{\beta}\\ \boldsymbol{u}_{\beta} & -\boldsymbol{u}_{\alpha}\end{bmatrix}^{-1}\begin{bmatrix}p\\ q\end{bmatrix}=\begin{bmatrix}\boldsymbol{u}_{\alpha} & \boldsymbol{u}_{\beta}\\ \boldsymbol{u}_{\beta} & -\boldsymbol{u}_{\alpha}\end{bmatrix}^{-1}\begin{bmatrix}p\\ 0\end{bmatrix}+\begin{bmatrix}\boldsymbol{u}_{\alpha} & \boldsymbol{u}_{\beta}\\ \boldsymbol{u}_{\beta} & -\boldsymbol{u}_{\alpha}\end{bmatrix}^{-1}\begin{bmatrix}0\\ q\end{bmatrix}=\begin{bmatrix}\boldsymbol{i}_{\alpha p}\\ \boldsymbol{i}_{\beta p}\end{bmatrix}+\begin{bmatrix}\boldsymbol{i}_{\alpha q}\\ \boldsymbol{i}_{\beta q}\end{bmatrix} \tag{4.48}$$

式中，$i_{\alpha p}$、$i_{\alpha q}$、$i_{\beta p}$、$i_{\beta q}$ 分别被定义为 α 相和 β 相的瞬时有功、无功电流。

定义 α 相和 β 相的瞬时有功功率、瞬时无功功率分别为该相瞬时电压与瞬时有功电流、瞬时无功电流的乘积，并分别记为 $p_{\alpha p}$、$p_{\alpha q}$、$p_{\beta p}$、$p_{\beta q}$，考察其与各相瞬时功率的关系，可得：

$$\begin{cases} p_{\alpha} = p_{\alpha p} + p_{\alpha q} \\ p_{\beta} = p_{\beta p} + p_{\beta q} \\ p_{\alpha p} + p_{\beta p} = p \\ p_{\alpha q} + p_{\beta q} = 0 \end{cases} \tag{4.49}$$

由式(4.49)可以看出三相电路瞬时有功功率为 α 相和 β 相瞬时有功功率之和，各相的瞬时无功功率对总的瞬时功率没有任何贡献，而是在各相之间相互传递。

由上述分析得出在含有次同步频率的分量时，三相瞬时有功功率计算式为三相瞬时功率之和，如式(4.50)所示，各相的瞬时无功功率对总的瞬时功率没有任何贡献，而是在各相之间相互传递。

$$p(t) = p_{\mathrm{a}}(t) + p_{\mathrm{b}}(t) + p_{\mathrm{c}}(t) \tag{4.50}$$

可得三相电路瞬时有功功率如下：

$$\begin{aligned} p(t) &= p_{\mathrm{a}}(t) + p_{\mathrm{b}}(t) + p_{\mathrm{c}}(t) \\ &= 3U_0I_0\cos(\theta_0 - \alpha_0)/2 + 3U_{\mathrm{SS}}I_0\cos[(\omega_0 - \omega_{\mathrm{SS}})t + \alpha_0 - \theta_{\mathrm{SS}}]/2 + \\ &\quad 3U_0I_{\mathrm{SS}}\cos[(\omega_0 - \omega_{\mathrm{SS}})t + \theta_0 - \alpha_{\mathrm{SS}}]/2 + 3U_{\mathrm{SS}}I_{\mathrm{SS}}\cos(\theta_{\mathrm{SS}} - \alpha_{\mathrm{SS}})/2 \end{aligned} \tag{4.51}$$

由式(4.51)可见，单相瞬时功率中所含频率为 $2\omega_0$、$2\omega_{\mathrm{SS}}$ 和 $(\omega_0 + \omega_{\mathrm{SS}})$ 的功率分量因相位对称而抵消，三相电路瞬时有功功率与电压电流中所含的次同步频率的分量频率互补，与实际事故录波分析结果及相关文献结论相符。

三相电路瞬时有功功率由四项组成，第1项为电压电流工频量产生的瞬时有功功率，即构成工频电流的电荷受工频电压所产生电场的电场力做功的速率；第2项和第3项为工频量与次同步频率的分量相互作用所产生的频率为 $(\omega_0 - \omega_{\mathrm{SS}})$ 功率波动量，其中第2项为构成工频电流的电荷受次同步电压所产生电场的电场力做功的速率，第3项为构成次同步电流的电荷受工频电压所产生电场的电场力做功的速率；第4项为次同步频率的分量所产生的有功功率，即构成次同步电流的电荷受次同步电压所产生电场的电场力做功的速率。

为了能够全面研究与次同步振荡有关的功率的传播特性，定义次同步振荡功率为式(4.51)中与次同步频率的振荡源所产生的次同步频率的电压电流分量相关的后三项，其表达式为

$$\begin{aligned} p_{\mathrm{SS}}(t) = {} & 3U_{\mathrm{SS}}I_0\cos[(\omega_0 - \omega_{\mathrm{SS}})t + \alpha_0 - \theta_{\mathrm{SS}}]/2 + 3U_0I_{\mathrm{SS}}\cos[(\omega_0 - \omega_{\mathrm{SS}})t + \\ & \theta_0 - \alpha_{\mathrm{SS}}]/2 + 3U_{\mathrm{SS}}I_{\mathrm{SS}}\cos(\theta_{\mathrm{SS}} - \alpha_{\mathrm{SS}})/2 \end{aligned} \tag{4.52}$$

可见次同步振荡功率不仅包含频率为 $(\omega_0 - \omega_{\mathrm{SS}})$ 的交流分量，还包含直流分量。当考虑阻尼时，次同步振荡功率的表达式为

$$\begin{aligned} p_{\mathrm{SS}}(t) = {} & 3U_{\mathrm{SS}}I_0e^{-\sigma t}\cos[(\omega_0 - \omega_{\mathrm{SS}})t + \alpha_0 - \theta_{\mathrm{SS}}]/2 + 3U_0I_{\mathrm{SS}}e^{-\sigma t}\cos[(\omega_0 - \omega_{\mathrm{SS}})t + \\ & \theta_0 - \alpha_{\mathrm{SS}}]/2 + 3U_{\mathrm{SS}}I_{\mathrm{SS}}e^{-2\sigma t}\cos(\theta_{\mathrm{SS}} - \alpha_{\mathrm{SS}})/2 \end{aligned} \tag{4.53}$$

当系统阻尼为负时，次同步振荡功率幅值逐渐增大，阻尼为0时，其幅值不随时间变化，阻尼为正时，其幅值逐渐衰减至0。当系统分别处于负阻尼、零阻尼与正阻尼状态时，次同步振荡功率波形如图4.26所示。

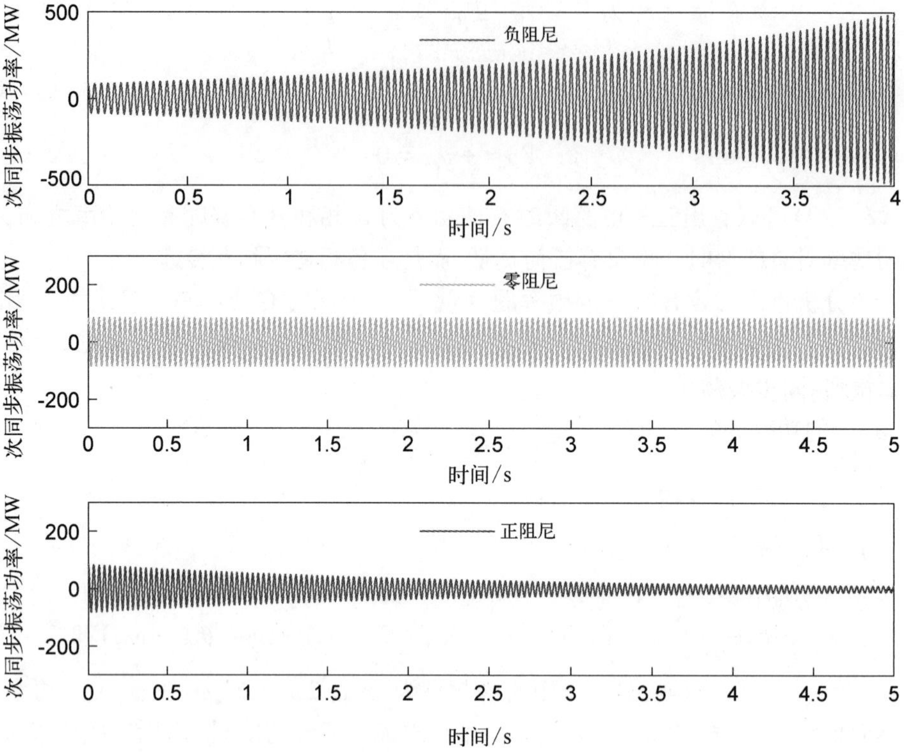

图 4.26 不同阻尼时次同步振荡功率变化趋势

已有研究中所定义的次同步振荡功率仅考虑了式(4.51)中的第 4 项,未考虑振荡分量与工频量相互作用在功率中产生的次/超同步频率分量,而第 4 项为对电力系统危害不大的工频量,且由于次/超同步电压电流的幅值 U_{SS}、I_{SS} 小于基频电压电流幅值 U_0、I_0,该项幅值相比第 2、3 项较小,因此该定义不能完全体现出振荡源对功率的影响。考虑上述原因,本书定义次/超同步振荡功率为三相电路瞬时有功功率中与所有电压电流振荡频率分量相关的项。

下面对更为一般的情况进行讨论,当系统中存在多个频率的振荡源时(假设存在 n 种不同频率的振荡源),系统 PCC 点的三相振荡频率电压和电流可分别表示为

$$\begin{cases} u_{aSS}(t) = \sum_{k=1}^{n} U_{SSk} e^{-\sigma kt} \cos(\omega_{SSk} t + \theta_{SSk}) \\ u_{bSS}(t) = \sum_{k=1}^{n} U_{SSk} e^{-\sigma kt} \cos(\omega_{SSk} t - 2\pi/3 + \theta_{SSk}) \\ u_{cSS}(t) = \sum_{k=1}^{n} U_{SSk} e^{-\sigma kt} \cos(\omega_{SSk} t + 2\pi/3 + \theta_{SSk}) \end{cases} \tag{4.54}$$

$$\begin{cases} i_{aSS}(t) = \sum_{k=1}^{n} I_{SSk} e^{-\sigma kt} \cos(\omega_{SSk} t + \alpha_{SSk}) \\ i_{bSS}(t) = \sum_{k=1}^{n} I_{SSk} e^{-\sigma kt} \cos(\omega_{SSk} t - 2\pi/3 + \alpha_{SSk}) \\ i_{cSS}(t) = \sum_{k=1}^{n} I_{SSk} e^{-\sigma kt} \cos(\omega_{SSk} t + 2\pi/3 + \alpha_{SSk}) \end{cases} \tag{4.55}$$

式中，ω_{SSk} 为振荡源频率，U_{SSk} 为振荡频率电压幅值，I_{SSk} 为振荡频率电流幅值，θ_{SSk} 为振荡频率电压的初相角，α_{SSk} 为振荡频率电流的初相角，σ_k 为系统阻尼。

同样可以采用上述方法对次/超同步振荡功率进行分析，其表达式如下式所示。

$$
\begin{aligned}
p(t) = \frac{3}{2}\Big\{ & \sum_{k=1}^{n} U_0 I_{SSk} e^{-\sigma kt}\cos[(\omega_0-\omega_{SSk})t+\theta_0-\alpha_{SSk}] + \\
& \sum_{k=1}^{n} U_{SSk} I_0 e^{-\sigma kt}\cos[(\omega_0-\omega_{SSk})t+\alpha_0-\theta_{SSk}] + \\
& \sum_{k=1}^{n}\sum_{j=1}^{n} U_{SSk} I_{SSj} e^{-(\sigma k+\sigma j)t}\cos[(\omega_{SSk}-\omega_{SSj})t+\theta_{SSk}-\alpha_{SSj}]\Big\}
\end{aligned} \tag{4.56}
$$

此时次/超同步振荡功率中增加了由不同振荡频率的分量之间相互作用产生的频率为 $(\omega_{SSk}-\omega_{SSj})$ 的功率分量，例如当系统中存在频率为 ω_{SS1} 和 ω_{SS2} 的两个振荡源，此时次/超同步振荡功率为

$$
\begin{aligned}
p(t) = \frac{3}{2}\{ & U_{SS1} I_0 e^{-\sigma 1t}\cos[(\omega_0-\omega_{SS1})t+\alpha_0-\theta_{SS1}] + U_0 I_{SS1} e^{-\sigma 1t}\cos[(\omega_0-\omega_{SS1})t + \\
& \theta_0-\alpha_{SS1}] + U_{SS2} I_0 e^{-\sigma 2t}\cos[(\omega_0-\omega_{SS2})t+\alpha_0-\theta_{SS2}] + \\
& U_0 I_{SS2} e^{-\sigma 2t}\cos[(\omega_0-\omega_{SS2})t+\theta_0-\alpha_{SS2}] + U_{SS1} I_{SS2} e^{-(\sigma 1+\sigma 2)t}\cos[(\omega_{SS2}-\omega_{SS1})t + \\
& \alpha_{SS2}-\theta_{SS1}] + U_{SS2} I_{SS1} e^{-(\sigma 1+\sigma 2)t}\cos[(\omega_{SS2}-\omega_{SS1})t+\theta_{SS2}-\alpha_{SS1}] + \\
& U_{SS1} I_{SS1} e^{-2\sigma 1t}\cos(\theta_{SS1}-\alpha_{SS1}) + U_{SS2} I_{SS2} e^{-2\sigma 2t}\cos(\theta_{SS2}-\alpha_{SS2})\}
\end{aligned} \tag{4.57}
$$

式中，U_{SS1}、U_{SS2} 为振荡频率电压幅值，I_{SS1}、I_{SS2} 为振荡频率电流幅值，θ_{SS1}、θ_{SS2} 为振荡频率电压的初相角，α_{SS1}、α_{SS2} 为振荡频率电流的初相角，σ_1、σ_2 为系统阻尼。

存在两个振荡源时，次/超同步功率中增加了频率为 $(\omega_{SS2}-\omega_{SS1})$ 的交流分量(第 5 项、第 6 项)，由于工频电压和电流的幅值要大于振荡频率电压和电流的幅值，频率为 $(\omega_0-\omega_{SS1})$ 和 $(\omega_0-\omega_{SS2})$ 的交流分量仍是次/超同步功率中的主要成分。

上述分析建立在系统处于三相对称运行状态的基础上，当系统处在不对称运行状态时，由于相位不对称，各相瞬时功率中频率为 $2\omega_0$、$2\omega_{SS}$ 和 $(\omega_0+\omega_{SS})$ 的功率分量不能够相互抵消，次同步振荡功率中还会存在由次同步振荡引起的超同步频率的分量。

(2) 不对称运行时次同步振荡功率表达式

电力系统中的三相元件、线路参数或负荷不对称，以及不对称故障，会引起电力系统中三相电压不平衡，从而使系统处于不对称运行状态，本节将对系统处于不对称运行状态时的次同步振荡功率形式进行研究。

当系统处在不对称运行状态时，研究系统 PCC 点三相电压和第 i 条支路三相电流可分别表示为

$$
\begin{cases}
u_a(t) = U_{0a}\cos(\omega_0 t+\theta_{0a}) + U_{SS}\cos(\omega_{SS}t+\theta_{SSa}) \\
u_b(t) = U_{0b}\cos(\omega_0 t-2\pi/3+\theta_{0b}) + U_{SS}\cos(\omega_{SS}t-2\pi/3+\theta_{SSb}) \\
u_c(t) = U_{0c}\cos(\omega_0 t+2\pi/3+\theta_{0c}) + U_{SS}\cos(\omega_{SS}t+2\pi/3+\theta_{SSc})
\end{cases} \tag{4.58}
$$

$$
\begin{cases}
i_a^k(t) = I_{0a}\cos(\omega_0 t+\alpha_{0a}) + I_{SS}\cos(\omega_{SS}t+\alpha_{SSa}) \\
i_b^k(t) = I_{0b}\cos(\omega_0 t-2\pi/3+\alpha_{0b}) + I_{SS}\cos(\omega_{SS}t-2\pi/3+\alpha_{SSb}) \\
i_c^k(t) = I_{0c}\cos(\omega_0 t+2\pi/3+\alpha_{0c}) + I_{SS}\cos(\omega_{SS}t+2\pi/3+\alpha_{SSc})
\end{cases} \tag{4.59}
$$

式中，U_{0a}、U_{0b}、U_{0c} 为三相工频电压的幅值，I_{0a}、I_{0b}、I_{0c} 为三相工频电流的幅值，U_{SS}、I_{SS} 为次同步频率电压、电流的幅值(由于相比工频量,次同步电压电流幅值较小,因此为了能够简化公式,方便观察规律,此处忽略不对称运行对各相次同步电压电流幅值影响)，$\theta_{0a}=\theta_0+\varphi_a$，$\theta_{SSa}=\theta_{SS}+\varphi_a$，$\alpha_{0a}=\alpha_0+\varphi_a$，$\alpha_{SSa}=\alpha_{SS}+\varphi_a$，b 相与 c 相类似,其中 θ_0、α_0 为工频电压、电流的初相角，θ_{SS}、α_{SS} 为次同步频率电压、电流的初相角，φ_a、φ_b、φ_c 为不对称运行引起的三相电压电流相角偏差。

计算三相电路瞬时有功功率为

$$
\begin{aligned}
p(t)&=p_a(t)+p_b(t)+p_c(t)\\
&=\frac{1}{2}\Bigg[(U_{0a}I_{0a}+U_{0b}I_{0b}+U_{0c}I_{0c})\cos(\theta_0-\alpha_0)+\\
&U_{0a}I_{0a}\cos(2\omega_0t+\theta_{0a}+\alpha_{0a})+U_{0b}I_{0b}\cos\left(2\omega_0t+\theta_{0b}+\alpha_{0b}+\frac{2\pi}{3}\right)+\\
&U_{0c}I_{0c}\cos\left(2\omega_0t+\theta_{0c}+\alpha_{0c}-\frac{2\pi}{3}\right)\Bigg]+\frac{U_{SS}}{2}\Bigg[I_{0a}\cos(\omega_{SUB}t+\alpha_0-\theta_{SS})+\\
&I_{0b}\cos(\omega_{SUB}t+\alpha_0-\theta_{SS})+I_{0c}\cos(\omega_{SUB}t+\alpha_0-\theta_{SS})+\\
&I_{0a}\cos(\omega_{SUP}t+\alpha_{0a}+\theta_{SSa})+I_{0b}\cos\left(\omega_{SUP}t+\alpha_{0b}+\theta_{SSb}+\frac{2\pi}{3}\right)+\\
&I_{0c}\cos\left(\omega_{SUP}t+\alpha_{0c}+\theta_{SSc}-\frac{2\pi}{3}\right)\Bigg]+\frac{I_{SS}}{2}\Bigg[U_{0a}\cos(\omega_{SUB}t+\theta_0-\alpha_{SS})+\\
&U_{0b}\cos(\omega_{SUB}t+\theta_0-\alpha_{SS})+I_{0c}\cos(\omega_{SUB}t+\theta_0-\alpha_{SS})+\\
&U_{0a}\cos(\omega_{SUP}t+\theta_{0b}+\alpha_{SSa})+U_{0b}\cos\left(\omega_{SUP}t+\theta_{0b}+\alpha_{SSb}+\frac{2\pi}{3}\right)+\\
&I_{0c}\cos\left(\omega_{SUP}t+\theta_{0c}+\alpha_{SSc}-\frac{2\pi}{3}\right)\Bigg]+\frac{3}{2}U_{SS}I_{SS}\cos(\theta_{SS}-\alpha_{SS})+\\
&\frac{U_{SS}I_{SS}}{2}\Bigg[\cos(2\omega_{SS}t+\theta_{SSa}+\alpha_{SSa})+\cos\left(2\omega_{SS}t+\theta_{SSb}+\alpha_{SSb}+\frac{2\pi}{3}\right)+\\
&\cos\left(2\omega_{SS}t+\theta_{SSc}+\alpha_{SSc}-\frac{2\pi}{3}\right)\Bigg]
\end{aligned}
\tag{4.60}
$$

由上式可以看出,由于相位不对称,频率为 $2\omega_0$、$2\omega_{SS}$ 和 $(\omega_0+\omega_{SS})$ 的功率分量相加后不能够相互抵消,同时包含次同步频率和超同步频率的功率分量。下面对次同步振荡功率中次、超同步频率的功率分量幅值与系统运行不对称程度的关系展开研究。

电压不平衡是一个公认的衡量系统运行不对称程度的电能质量参数。三相电压不平衡度 ε 为三相电压不平衡的特征指标,用电压的负序分量与正序分量的方均根值百分比表示,其定义式为

$$
\varepsilon=\frac{U_Z}{U_P}\times 100\%=\frac{|\,(\boldsymbol{U}_{0a}+\boldsymbol{a}^2\cdot\boldsymbol{U}_{0b}+\boldsymbol{a}\cdot\boldsymbol{U}_{0c})/3\,|}{|\,(\boldsymbol{U}_{0a}+\boldsymbol{a}\cdot\boldsymbol{U}_{0b}+\boldsymbol{a}^2\cdot\boldsymbol{U}_{0c})/3\,|}\times 100\% \tag{4.61}
$$

式中，U_Z 与 U_P 分别为三相电压的负序与正序分量方均根值，$\boldsymbol{U}_{0a}$、$\boldsymbol{U}_{0b}$、$\boldsymbol{U}_{0c}$ 为相电压矢量，$\boldsymbol{a}$ 为复数算子，$\boldsymbol{a}=e^{j120}=-1/2+j\sqrt{3}/2$，$\boldsymbol{a}^2=e^{j240}=-1/2-j\sqrt{3}/2$。

当系统处在不对称运行状态时，三相电路瞬时有功功率中频率为 $2\omega_0$、$2\omega_{SS}$ 和 $(\omega_0 + \omega_{SS})$ 的功率分量幅值的计算方法与负序电压相似，而次同步频率的功率分量幅值计算方法与正序电压相似。以式(4.42)中第 3 项频率为 ω_{SUP} 和 ω_{SUB} 的功率分量为例，其计算方法如下：

$$\begin{aligned} p_{SUP}(t) &= p_{SUPa}(t) + p_{SUPb}(t) + p_{SUPc}(t) \\ &= I_{SS}[U_{0a}\cos(\omega_{SUP}t + \theta_{0a} + \alpha_{SSa})/2 + U_{0b}\cos(\omega_{SUP}t + \theta_{0b} + \alpha_{SSb} + 2\pi/3)/2 + \\ &\quad U_{0c}\cos(\omega_{SUP}t + \theta_{0c} + \alpha_{SSc} - 2\pi/3)/2] \end{aligned} \tag{4.62}$$

$$\begin{aligned} p_{SUB}(t) &= p_{SUBa}(t) + p_{SUBb}(t) + p_{SUBc}(t) \\ &= I_{SS}[U_{0a}\cos(\omega_{SUB}t + \theta_0 - \alpha_{SS})/2 + U_{0b}\cos(\omega_{SUB}t + \theta_0 - \alpha_{SS})/2 + \\ &\quad U_{0c}\cos(\omega_{SUB}t + \theta_0 - \alpha_{SS})/2] \end{aligned} \tag{4.63}$$

可以看出超同步频率的功率分量计算式中，a 相相位不变，b 相顺时针旋转了 120°，c 相逆时针旋转了 120°，与负序电压的计算方法相同；次同步频率的功率分量计算式中，a 相相位不变，b 相逆时针旋转了 120°，c 相顺时针旋转了 120°，与正序电压的计算方法相同。

式(4.62)中的超同步频率的功率分量与式(4.63)中的次同步频率的功率分量的幅值分别为 I_{SS} 倍的三相电压负序与正序分量幅值，其比值为

$$\frac{|p_{SUP}(t)|}{|p_{SUB}(t)|} = \frac{|(\boldsymbol{U}_{0a} + \boldsymbol{a}^2 \cdot \boldsymbol{U}_{0b} + \boldsymbol{a} \cdot \boldsymbol{U}_{0c})|}{|(\boldsymbol{U}_{0a} + \boldsymbol{a} \cdot \boldsymbol{U}_{0b} + \boldsymbol{a}^2 \cdot \boldsymbol{U}_{0c})|} \propto \varepsilon \tag{4.64}$$

由式(4.64)可见，在不对称运行时次同步振荡功率中超同步频率的分量与次同步频率的分量的幅值比正比于三相电压不平衡度，国家电能质量标准中规定电力系统公共连接点正常电压不平衡度允许值为 2%，电压不平衡度短时不得超过 4%，因此在电网正常运行时次同步振荡功率中以次同步频率的分量为主，超同步频率的分量幅值一般不超过次同步频率的分量的 4%。

3. *次/超同步振荡功率的频率分量特征*

(1) 关于次/超同步振荡概念的讨论

本书用等效交流电压源表示振荡源，以振荡源的频率成分作为区分次/超同步振荡的依据，即次同步振荡是由次同步频率的振荡源引起的电力系统振荡现象，超同步振荡是由超同步频率的振荡源引起的电力系统振荡现象。次同步振荡功率是与次同步频率的振荡源所产生的电压和电流分量相关的功率，即与次同步振荡相关的功率分量，而超同步振荡功率是与超同步振荡相关的功率分量。

在系统处在三相对称运行状态时，次同步振荡功率中包含频率为 $(\omega_0 - \omega_{SS})$ 的次同步频率的分量与直流分量；在系统处在三相不对称运行状态时，次同步振荡功率中会存在频率为 $(\omega_0 + \omega_{SS})$ 的超同步频率的分量，与次同步频率的分量相比其幅值较小，因此本书认为并不是功率中含有超同步频率的分量就一定是超同步振荡，次同步振荡功率中也可能会存在超同步频率的分量，类似的，超同步振荡功率中也可能会存在次同步频率的分量。需要注意的是，本书中的次、超同步频率的分量指的是功率、电压或电流中包含的频率在次、超同步范围内的分量。

现有部分文献根据功率中所含频率成分来区分次同步振荡，即功率包含次同步频率的

分量即为次同步振荡。相较上述传统认识，本书认为由振荡源的频率成分作为区分次同步振荡的指标更加清晰合理。

(2) 系统不同运行状态下次/超同步振荡功率的频率分量特征

上一节探讨了我们对于次/超同步振荡以及次/超同步振荡功率概念的理解，本节将对次/超同步振荡功率在系统处于不同运行状态下(对称、不对称)的频率分量特征进行研究。

当系统发生超同步振荡时，超同步振荡的表现形式可以采用与前文所述的次同步振荡表现形式相同的分析方法进行分析，由此可以得出超同步振荡功率的表达式为

$$p_{SS}(t) = 3U_{SS}I_0\cos[(\omega_{SS} - \omega_0)t - \alpha_0 + \theta_{SS}]/2 + 3U_0I_{SS}\cos[(\omega_{SS} - \omega_0)t - \theta_0 + \alpha_{SS}]/2 + 3U_{SS}I_{SS}\cos(\theta_{SS} - \alpha_{SS})/2 \tag{4.65}$$

超同步振荡功率的表达式与次同步振荡功率表达式相似，主要区别为此时振荡源频率 $\omega_{SS} > \omega_0$，超同步振荡功率中交流分量的频率为 $(\omega_{SS} - \omega_0)$，当系统处在不对称运行状态时，由于相位不对称，超同步振荡功率中同样会包含频率为 $2\omega_0$、$2\omega_{SS}$ 和 $(\omega_0 + \omega_{SS})$ 的功率分量。

系统处于不同运行状态下次/超同步振荡功率中所含频率分量的情况如表 4.9 所示。当系统处于三相对称运行状态时，次同步振荡功率的频率为 $(\omega_0 + \omega_{SS})$，频率区间为 0~50 Hz；超同步振荡功率的频率为 $(\omega_{SS} - \omega_0)$，可能为大于 0 的任意值。

表 4.9　系统不同运行状态下次/超同步振荡功率频率分量

系统运行状态 振荡类型	对称运行	不对称运行
次同步振荡 $0 < \omega_{SS} < 50$	$0 < \omega_0 - \omega_{SS} < 50$	$0 < \omega_0 - \omega_{SS} < 50$ $0 < 2\omega_{SS} < 100$ $50 < \omega_0 + \omega_{SS} < 100$
超同步振荡 $\omega_{SS} > 50$	$\omega_{SS} - \omega_0 > 0$	$\omega_{SS} - \omega_0 > 0$ $2\omega_{SS} > 100$ $\omega_0 + \omega_{SS} > 100$

当系统不对称运行时，振荡功率中会增加频率为 $2\omega_{SS}$ 和 $(\omega_0 + \omega_{SS})$ 的功率分量，这些分量的幅值与系统对称运行状态下的功率分量相比较小，与系统运行不对称程度成正比。对于次同步振荡，$2\omega_{SS}$ 的频率区间为 0~100 Hz，$(\omega_0 + \omega_{SS})$ 的频率区间为 50~100 Hz。对于超同步振荡，$2\omega_{SS}$ 和 $(\omega_0 + \omega_{SS})$ 的频率区间均为 100 Hz 以上。

由上述分析可知，次同步振荡功率与超同步振荡功率的频率主要有以下特征与区别：

① 次/超同步振荡功率中同时包含交流分量与直流分量。次同步振荡功率在系统不对称运行时含有超同步分量，超同步振荡功率在振荡源频率在 50~100 Hz 时含有次同步分量。

② 系统处于三相对称运行状态时，次同步振荡功率中所含振荡频率与电压电流中所含振荡频率互补，而超同步振荡功率无此特征。

③ 超同步振荡功率的频率区间广于次同步振荡功率。系统处于三相对称与不对称运行状态时，次同步振荡功率的频率区间分别为 0~50 Hz 与 0~100 Hz，而超同步振荡功率的频率区间理论上为全频带。

4.4.2　风电并网系统次同步振荡功率传播特性

1. 多振荡源系统次同步振荡功率定义

根据次同步振荡功率的定义，当系统中只有单个频率的振荡源时，系统次同步振荡功率的表达形式如式(4.66)所示。含有振荡源的风电场被等效为两个频率 ω_0、ω_{SS} 的交流电压源串联，其并网母线的电压、电流均包含两个频率的分量，U_0、U_{SS} 分别为工频、次同步频率电压幅值，I_0、I_{SS} 分别为工频、次同步频率电流幅值，θ_0、θ_{SS} 分别为工频、次同步频率电压的初相角，α_0、α_{SS} 分别为工频、次同步频率电流的初相角，σ 为系统阻尼。

$$\begin{aligned} p_{SS}(t) &= \frac{3}{2}U_{SS}I_0 e^{-\sigma t}\cos[(\omega_0-\omega_{SS})t+\alpha_0-\theta_{SS}] + \\ &\quad \frac{3}{2}U_0 I_{SS} e^{-\sigma t}\cos[(\omega_0-\omega_{SS})t+\theta_0-\alpha_{SS}] + \frac{3}{2}U_{SS}I_{SS}e^{-2\sigma t}\cos(\theta_{SS}-\alpha_{SS}) \\ &= p_{SS\_AC1} + p_{SS\_AC2} + p_{SS\_DC} \end{aligned} \tag{4.66}$$

从式中可以看出，次同步振荡功率是由频率为 $(\omega_0-\omega_{SS})$ 的交流分量和直流分量组成的。交流分量作为系统中的功率波动量，会对系统的安全稳定运行造成重要影响，因此，在研究高渗透风电并网系统的次同步振荡功率传播特性时，除了研究直流分量的传播特性，还需要研究交流分量的传播特性。

当系统中包含多个频率的振荡源时，假设为 n 种不同频率的振荡源，推导得出系统次同步振荡功率的表达形式如式(4.67)所示。其中，第 k 种频率的振荡源电压幅值为 U_{SSk}，电压的初相角为 θ_{SSk}，电流幅值为 I_{SSk}，电流的初相角为 α_{SS}，σ_k 为该频率下的系统阻尼。

$$p_{SSn}(t) = \frac{3}{2}\left\{\begin{array}{l} \sum\limits_{k=1}^{n} U_0 I_{SSk} e^{-\sigma_k t}\cos[(\omega_0-\omega_{SSk})t+\theta_0-\alpha_{SSk}] + \\ \sum\limits_{k=1}^{n} U_{SSk} I_0 e^{-\sigma_k t}\cos[(\omega_0-\omega_{SSk})t+\alpha_0-\theta_{SSk}] + \\ \sum\limits_{k=1}^{n}\sum\limits_{j=1}^{n} U_{SSk} I_{SSj} e^{-(\sigma_k+\sigma_j)t}\cos[(\omega_{SSk}-\omega_{SSj})t+\theta_{SSk}-\alpha_{SSj}] + \\ \sum\limits_{k=1}^{n} U_{SSk} I_{SSk} e^{-2\sigma_k t}\cos(\theta_{SSk}-\alpha_{SSk}) \end{array}\right\} \tag{4.67}$$

由于工频电压的幅值远大于振荡频率电压的幅值，在次同步振荡功率中，频率为 $(\omega_0-\omega_{SSk})$ 的交流分量为主要分量，多振荡源的次同步功率可以近似为式(4.68)，它等于每个频率振荡源单独作用时的振荡功率，符合叠加定理的基本思想。

$$p_{SSn}(t) \approx \frac{3}{2}\left\{\begin{array}{l} \sum\limits_{k=1}^{n} U_{SSk} I_0 e^{-\sigma_k t}\cos[(\omega_0-\omega_{SSk})t+\alpha_0-\theta_{SSk}] + \\ \sum\limits_{k=1}^{n} U_0 I_{SSk} e^{-\sigma_k t}\cos[(\omega_0-\omega_{SSk})t+\theta_0-\alpha_{SSk}] + \\ \sum\limits_{k=1}^{n} U_{SSk} I_{SSk} e^{-2\sigma_k t}\cos(\theta_{SSk}-\alpha_{SSk}) \end{array}\right\} = \sum_{k=1}^{n} p_{SSk}(t) \tag{4.68}$$

2. 多振荡源系统次同步振荡功率传播特性

多振荡源系统中次同步振荡传播特性研究的是次同步振荡功率在大规模电网中的传播影响因素和传播路径。单个振荡源系统中表征系统振荡功率传播主导因素的传播影响因子 IF_{SS} 和表征振荡功率传播路径的传播分流系数 KP_{dc} 和 KP_{ac} 的定义，如式(4.69)、式(4.70)、式(4.71)所示。其中，$Z(\omega_{SS})$、$Z(\omega_0)$ 分别是线路在次同步频率和工频处的阻抗，KP_{dc}^l 是第 l 条线路次同步振荡功率直流分量的分流系数，KP_{ac}^l 是第 l 条线路次同步振荡功率交流分量的分流系数，P_k 为第 k 条支路上的工频有功功率，ψ_0是功率因数角。

$$IF_{SS} = |Z(\omega_{SS})| / |Z(\omega_0)| \tag{4.69}$$

$$KP_{dc}^l = I_{SS}^l \Big/ \sum_{i=1}^{n} I_{SS}^i = |Z_l(\omega_{SS})| \Big/ \sum_{i=1}^{n} |Z_i(\omega_{SS})| \tag{4.70}$$

$$\begin{cases} KP_{ac}^l = \dfrac{A_{SS\_AC}^l}{\sum\limits_{i=1}^{n} A_{SS\_AC}^i} = \dfrac{\sqrt{(K_1^l A_1 - K_2^l A_2 \sin\psi_0^l)^2 + (K_2^l A_2 \cos\psi_0^l)^2}}{\sum\limits_{i=1}^{n} \sqrt{(K_1^i A_1 - K_2^i A_2 \sin\psi_0^i)^2 + (K_2^i A_2 \cos\psi_0^i)^2}} \\ K_1^k = \dfrac{I_0^k}{\sum\limits_{i=1}^{n} I_0^i} = \dfrac{P_k}{\sum\limits_{i=1}^{n} P_i}, K_2^k = KP_{dc}^k \\ A_1 = U_{SS} \sum\limits_{i=1}^{n} I_0^i, A_2 = U_0 \sum\limits_{i=1}^{n} I_{SS}^i \end{cases} \tag{4.71}$$

基于叠加定理的基本思想，多振荡源系统的次同步振荡功率传播特性的研究，可以通过分别研究单个频率的振荡源传播特性来开展。

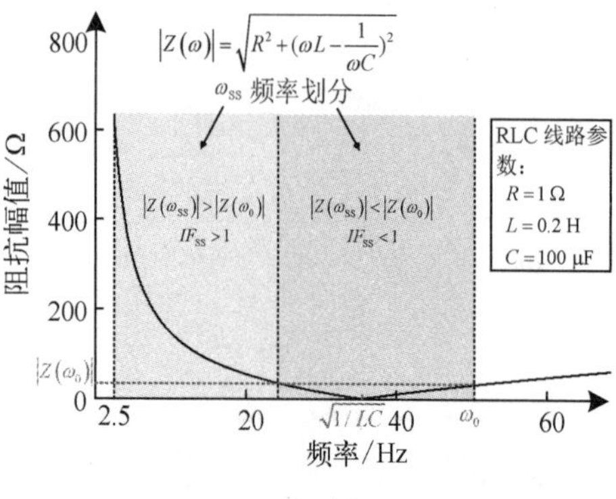

图 4.27 RLC 线路频率阻抗特性

次同步振荡功率传播同时受到交流系统阻抗和潮流的影响，当式(4.69)定义的影响因子 IF_{SS} 大于 1 时，次同步振荡功率传播主要受潮流影响，当影响因子 IF_{SS} 小于 1 时，次同步振荡功率传播主要受阻抗影响。绘制出次同步频段内，RLC 线路的频率阻抗特性，如图 4.27 所示。

从图 4.27 可以看出，线路阻抗特性曲线的最低点在线路谐振频率处。当振荡频率 ω_{SS} 在图中左侧区域时，线路阻抗在振荡频率处的阻抗幅值大于工频处的阻抗幅值，此时振荡功率传播主要受潮流影响；当振荡频率 ω_{SS} 在图中右侧区域时，线路阻抗在振荡频率处的阻抗幅值小于工频处的阻抗幅值，此时振荡功率传播主要受阻抗影响。

从式(4.70)、式(4.71)可以看出，次同步振荡功率直流分量的分流系数由线路阻抗特性决定，交流分量的分流系数由线路阻抗特性和潮流共同决定。在含有多振荡源的风电并网系统中，次同步振荡功率直流分量的传播路径可以用于振荡源定位，次同步振荡功率交流分量对电网产生较大危害，对于次同步振荡监测和抑制具有研究价值。

3. 次同步振荡功率传播仿真

为了分析多振荡风电并网系统次同步振荡功率的传播特性，建立两个直驱风电场连接弱交流电网系统模型如图 4.28 所示。两个风电场各包含 400 台额定功率为 5 MW 的 PMSG。PMSG 通过 0.69/35 kV 的变压器与 35 kV 母线相连。所有的风电功率汇集后通过 35 kV 输电线路传向 35/345 kV 变电站，而后通过两条阻抗相同的线路分别连接两个交流电网。

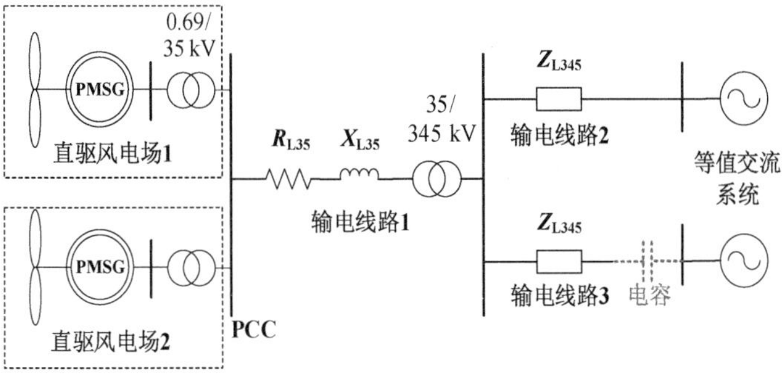

图 4.28　两个直驱风电场连接弱交流电网系统模型

（1）潮流的影响（$IF_{SS}>1$）

为了分析潮流对次同步振荡功率的影响，设置线路 2 和线路 3 分别传输 2 300 MW 和 1 700 MW 的有功功率。仿真时间 10 s 时，直驱风电场 1 和 2 分别被注入 10 Hz 和 16 Hz 的次同步电流来激发系统振荡。根据公式计算，两个振荡频率成分的影响因子均大于 1（$IF_{SS1}=15.4$，$IF_{SS2}=9.2$）。时域仿真结果如图 4.29 所示。

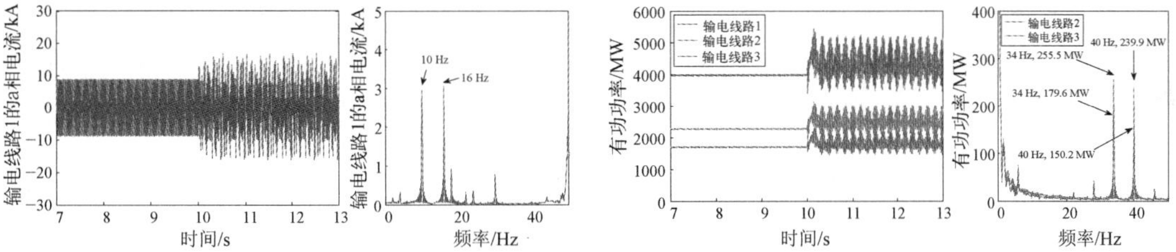

(a) 线路1上a相电流的波形及其加窗傅里叶变换频谱分析　(b) 线路三相瞬时有功功率及其加窗傅里叶变换频谱分析

图 4.29　多振荡源系统中潮流对次同步振荡功率的影响

从图 4.29 中可以看出，在 10 s 前，电流和功率运行平稳，10 s 注入扰动电流后，线路上的有功功率迅速发散，并发展为等幅振荡。图 4.30(a) 显示次同步振荡电流主要包含 10 Hz 和 16 Hz 两个振荡成分。图 4.30(b) 显示次同步振荡有功功率主要包含两个频率成分，分别为 34 Hz 和 40 Hz。振荡电流和振荡功率的频率和为 50 Hz。线路 2 传输的有功功率比线路 3 传输的有功功率多 600 MW，而线路 2 传输的 34 Hz 次同步振荡功率比线路 3 传输的 34 Hz 次同步振荡功率多 75.9 MW，线路 2 传输的 40 Hz 次同步振荡功率比线路 3 传输的 40 Hz 次同步振荡功率多 89.7 MW。34 Hz 和 40 Hz 的次同步振荡功率的主导影响因素均为潮流。两个频率的功率成分分流系数的理论结果和仿真结果一致，34 Hz 的振荡功率在线路 3 上的分流系数为 0.41，40 Hz 的振荡功率在线路 3 上的分流系数为 0.39。两个频率振荡功率在

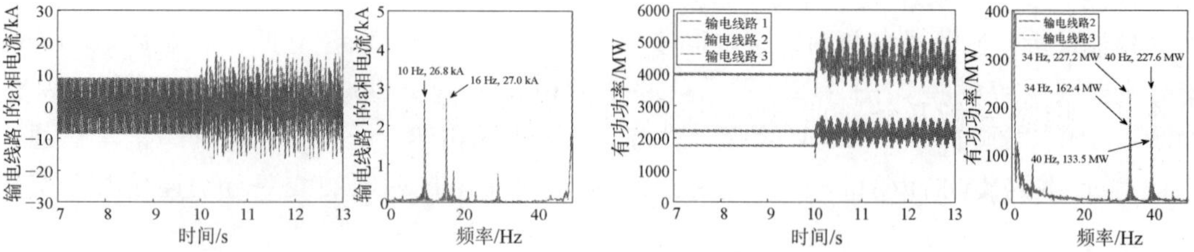

(a) 线路1上a相电流波形及其加窗傅里叶变换频谱分析 (b) 线路三相瞬时有功功率及其加窗傅里叶变换频谱分析

图 4.30 多振荡源系统中阻抗对次同步振荡功率的影响

线路 2 和 3 起点处的分流系数不同,是由于线路阻抗和次同步电流幅值不同。

(2) 阻抗的影响 ($IF_{SS} < 1$)

接下来分析线路阻抗对次同步振荡功率的影响。线路 2 和线路 3 上传输的有功功率仍为 2 300 MW 和 1 700 MW。在线路 3 上安装串补电容,此时线路 3 的谐振频率为 10 Hz。根据公式计算,34 Hz 和 40 Hz 振荡功率成分影响因子均小于 1($IF_{SS1}=0.03$,$IF_{SS2}=0.2$)。时域仿真结果如图 4.31 所示。

从图 4.30 中可以看出,在 10 s 前,电流和功率运行平稳,10 s 注入扰动电流后,线路上的有功功率迅速发散,并发展为等幅振荡。线路 2 传输的有功功率比线路 3 传输的有功功率多 600 MW,而线路 2 传输的 34 Hz 次同步振荡功率比线路 3 传输的 34 Hz 次同步振荡功率少 64.8 MW,线路 2 传输的 40 Hz 次同步振荡功率比线路 3 传输的 40 Hz 次同步振荡功率少 94.1 MW。34 Hz 和 40 Hz 的次同步振荡功率的主导影响因素均为阻抗。两个频率的功率成分分流系数的理论结果和仿真结果一致,34 Hz 的振荡功率在线路 3 上的分流系数为 0.59,40 Hz 的振荡功率在线路 3 上的分流系数为 0.63。

通过这两个仿真算例可以看出,多振荡系统次同步振荡功率传播特性可以近似为每一个频率的单振荡源单独作用时传播特性的叠加。次同步振荡功率的交流分量同时受线路阻抗和系统潮流影响,通过阻抗在振荡频率和工频的大小关系,可以判断出主导影响因素。根据系统潮流情况和阻抗参数,可以计算出次同步振荡功率在每一个节点的分流系数,进而分析出其在大规模系统中的传播路径。

4.5 能控性测度及能观性测度

本节研究反映系统输出对模态的反映程度及系统输入对模态的控制能力的量化指标。SSO 问题的本质是系统的动态稳定问题。在多变量系统动态稳定问题的研究中,模态分析法是重要方法之一。由于模态量是不能独立测量的,借助现代控制理论中动态系统能控性和能观性两个概念,所谓能控性和能观性,就是研究系统内部状态是否可由输入影响和是否可由输出反映。依据上述概念,若实际测量值能反映模态量,则模态能观;若控制量能控制模态量的变化,则模态能控。为了解决不同系统结构、参数配置、量测量设定间观测和控制性能的对比分析等问题,系统的能观能控可以采用测度的概念来量化。因此,在 SSO 的监测和控制问题中,我们可以应用测度的概念来量化能观能控性。模态能观性测度用来表征监测点量测量对电力系统模态的反映程度,能控性测度用来表征控制点控制量对电力系统模态的控制能力。

4.5.1　模态分析及能观性测度和能控性测度的定义

考虑一般的 N 阶电力系统模型,其可以表达为状态空间的形式,如式(4.72)所示:

$$\begin{cases}\dot{\boldsymbol{X}} = \boldsymbol{AX} + \boldsymbol{Bu} \\ \boldsymbol{Y} = \boldsymbol{CX}\end{cases} \tag{4.72}$$

对该系统的 $\boldsymbol{A}$ 矩阵进行特征值分析,假设共轭特征值各异,可以计算出该系统的 N 个特征值 $\lambda_i(i=1, 2, \cdots, N)$。其中包括共轭特征值和实特征值,通常将其中一对共轭复根称为系统的一个振荡模态,相应的将一个实根称为系统的一个非振荡模态。现假设系统中共含有 M 对共轭特征值,对应的振荡模态编号为 b $(b=1, 2, \cdots, M)$,有 $N-2M$ 个实特征值,编号为 $2M+(1 \sim N)$。每个特征值 λ_i 对应右特征向量 e_i 和左特征向量 f_i。

以右特征向量矩阵 $\boldsymbol{E}$ 对原系统进行线性变换,即定义新的状态变量 $\boldsymbol{Z}$ 满足下式:

$$\boldsymbol{X} = \boldsymbol{EZ} \tag{4.73}$$

将该变换应用于系统中,即可得到新状态变量下的系统状态空间表达式:

$$\begin{cases}\dot{\boldsymbol{Z}} = \boldsymbol{\Lambda Z} + \boldsymbol{F}^{\mathrm{T}}\boldsymbol{Bu} \\ \boldsymbol{Y} = \boldsymbol{CEZ}\end{cases} \tag{4.74}$$

式中,$\boldsymbol{\Lambda}$ 为特征值对角阵;$\boldsymbol{E}$ 为右特征向量矩阵;$\boldsymbol{F}$ 为左特征向量矩阵。由于特征值对角阵 $\boldsymbol{\Lambda}$ 是对角矩阵,新的状态变量 $\boldsymbol{Z}$ 的方程可分解,考虑系统自身的动态响应,其中第 i 个方程可表示如下:

$$\dot{Z}_i = \lambda_i Z_i \tag{4.75}$$

其中,$i=1, 2, \cdots, N$。式中,每一个状态变量 Z_i 都与一个特征值 λ_i 相对应,这样的状态变量称为模态变量,相应的以右特征向量矩阵 $\boldsymbol{E}$ 对原系统进行的线性变换称为模态变换。由于不同的模态变量间相互解耦,所以,状态变量 Z_i 可以表征特征值 λ_i 所对应的模态变量。

1. 能观性测度定义

模态能观性程度衡量系统的量测输出 $\boldsymbol{Y}$ 对系统模态 $\boldsymbol{Z}$ 的反映能力。为反映振荡模态的能观性程度,将系统输出表示为各个模态分量之和的形式:

$$\boldsymbol{Y} = \boldsymbol{C}[\boldsymbol{e}_1 \quad \bar{\boldsymbol{e}}_1]\tilde{\boldsymbol{Z}}_1 + \cdots + \boldsymbol{C}[\boldsymbol{e}_b \quad \bar{\boldsymbol{e}}_b]\tilde{\boldsymbol{Z}}_b + \cdots + \boldsymbol{C}[\boldsymbol{e}_M \quad \bar{\boldsymbol{e}}_M]\tilde{\boldsymbol{Z}}_M + \boldsymbol{Ce}_{2M+1}Z_{2M+1} + \cdots + \boldsymbol{Ce}_N Z_N \tag{4.76}$$

式中,前 M 项为振荡模态分量,对应 $2M$ 个特征值,因此非振荡模态分量编号从 $2M+1$ 开始,共 $N-2M$ 项;$\boldsymbol{e}_b$ 和 $\bar{\boldsymbol{e}}_b$ 表示一对共轭特征值 λ_b、$\bar{\lambda}_b$ 对应的右特征向量。

从式(4.76)中看出,矩阵 $\boldsymbol{C}[\boldsymbol{e}_b \quad \bar{\boldsymbol{e}}_b]$ 可以表征振荡模态 $\tilde{\boldsymbol{Z}}_b$ 在系统量测输出 Y 中的能观测程度。由此,提出共轭特征值 λ_b、$\bar{\lambda}_b$ 对应的振荡模态 $\tilde{\boldsymbol{Z}}_b$ 的能观性测度 m_{ob} 的定义:

$$m_{ob} = \| \boldsymbol{C}[\boldsymbol{e}_b \quad \bar{\boldsymbol{e}}_b] \|_{\mathrm{F}} \tag{4.77}$$

式中，$\|\cdot\|_F$ 表示矩阵的 Frobinus 范数。能观性测度 m_{ob} 可以量化反映系统模态的能观性程度，具体来说：m_{ob} 越大，表示在输出 $\boldsymbol{Y}$ 中，振荡模态 $\tilde{\boldsymbol{Z}}_b$ 的能观测程度越强，在输出信号 $\boldsymbol{Y}$ 中更能反映出振荡模态 $\tilde{\boldsymbol{Z}}_b$ 的分量。

2. 能控性测度定义

系统的能控性程度衡量系统的控制输入 $\boldsymbol{u}$ 对系统状态 $\boldsymbol{Z}$ 的控制能力。为了反映振荡模态的能控性程度，考虑系统式中的输入量，将状态方程中的各个变量分离，可得

$$\dot{Z}_i = \lambda_i Z_i + f_i^{\mathrm{T}} \boldsymbol{B}\boldsymbol{u} \tag{4.78}$$

为了更加明确的表示振荡模态 $\tilde{\boldsymbol{Z}}_b$ 的性质，式(4.78)可表示为

$$\dot{\tilde{\boldsymbol{Z}}}_b = \begin{bmatrix} \lambda_b & 0 \\ 0 & \bar{\lambda}_b \end{bmatrix} \tilde{\boldsymbol{Z}}_b + [\boldsymbol{f}_b \quad \bar{\boldsymbol{f}}_b]^{\mathrm{T}} \boldsymbol{B}\boldsymbol{u} \tag{4.79}$$

矩阵 $[\boldsymbol{f}_b \quad \bar{\boldsymbol{f}}_b]^{\mathrm{T}}\boldsymbol{B}$ 可以表征输入 $\boldsymbol{u}$ 对振荡模态 $\tilde{\boldsymbol{Z}}_b$ 的能控程度。为此，提出共轭特征值 λ_b、$\bar{\lambda}_b$ 对应的振荡模态 $\tilde{\boldsymbol{Z}}_b$ 的能控性测度 m_{cb} 的定义：

$$m_{cb} = \| [\boldsymbol{f}_b \quad \bar{\boldsymbol{f}}_b]^{\mathrm{T}} \boldsymbol{B} \|_F \tag{4.80}$$

能控性测度 m_{cb} 可以量化反映系统模态的能控性程度，具体来说：m_{cb} 越大，表示了输入 $\boldsymbol{u}$ 对振荡模态 $\tilde{\boldsymbol{Z}}_b$ 的控制效果越强，振荡模态 $\tilde{\boldsymbol{Z}}_b$ 更容易受到输入 $\boldsymbol{u}$ 的影响。

4.5.2 能观性测度和能控性测度的意义

1. 能观性测度和能控性测度的时域解

为了分析能控性测度的意义，求解式(4.79)对应的振荡模态状态方程时域解：

$$\tilde{\boldsymbol{Z}}_b(t) = \begin{bmatrix} z_{b0} e^{\lambda_b t} \\ \bar{z}_{b0} e^{\bar{\lambda}_b t} \end{bmatrix} + \begin{bmatrix} \int_0^t e^{\lambda_b (t-\tau)} \boldsymbol{f}_b^{\mathrm{T}} \boldsymbol{B}\boldsymbol{u}(\tau)\,\mathrm{d}\tau \\ \int_0^t e^{\bar{\lambda}_b (t-\tau)} \bar{\boldsymbol{f}}_b^{\mathrm{T}} \boldsymbol{B}\boldsymbol{u}(\tau)\,\mathrm{d}\tau \end{bmatrix} = e^{\boldsymbol{\Lambda}_b t} \tilde{\boldsymbol{z}}_{b0} + \int_0^t e^{\boldsymbol{\Lambda}_b (t-\tau)} [\boldsymbol{f}_b \quad \bar{\boldsymbol{f}}_b]^{\mathrm{T}} \boldsymbol{B}\boldsymbol{u}(\tau)\,\mathrm{d}\tau \tag{4.81}$$

式中，z_{b0} 和 $\bar{z}_{b0}$ 为对应模态分量的振荡初值。可以看出，第一项为系统的零输入响应，表示系统在无输入信号的情况下振荡模态 $\tilde{\boldsymbol{Z}}_b$ 的解，反映了系统该模态本身的特性。而第二项为系统的零状态响应，反映了输入 $\boldsymbol{u}$ 对模态的控制作用，$\| [\boldsymbol{f}_b \quad \bar{\boldsymbol{f}}_b]^{\mathrm{T}}\boldsymbol{B} \|_F$ 大时，输入 $\boldsymbol{u}$ 对模态的控制作用更大，与能控性测度的定义一致。

系统输出 $\boldsymbol{Y}$ 的时域解可表示为各个模态分量时域解之和的形式：

$$\begin{aligned} \boldsymbol{Y}(t) &= \tilde{\boldsymbol{Y}}_1(t) + \cdots + \tilde{\boldsymbol{Y}}_b(t) + \cdots + \tilde{\boldsymbol{Y}}_M(t) + \boldsymbol{Y}_{2M+1}(t) + \cdots + \boldsymbol{Y}_N(t) \\ &= \boldsymbol{C}[\boldsymbol{e}_1 \quad \bar{\boldsymbol{e}}_1]\tilde{\boldsymbol{Z}}_1(t) + \cdots + \boldsymbol{C}[\boldsymbol{e}_b \quad \bar{\boldsymbol{e}}_b]\tilde{\boldsymbol{Z}}_b(t) + \cdots + \\ &\quad \boldsymbol{C}[\boldsymbol{e}_M \quad \bar{\boldsymbol{e}}_M]\tilde{\boldsymbol{Z}}_M(t) + \boldsymbol{C}\boldsymbol{e}_{2M+1} Z_{2M+1}(t) + \cdots + \boldsymbol{C}\boldsymbol{e}_N Z_N(t) \end{aligned} \tag{4.82}$$

其中，$\tilde{\boldsymbol{Y}}_b$ 表示输出 $\boldsymbol{Y}$ 中振荡模态 $\tilde{\boldsymbol{Z}}_b$ 对应的分量，$\tilde{\boldsymbol{Y}}_b$ 的时域表达式可由振荡模态时域解得

$$\tilde{\boldsymbol{Y}}_b(t) = \boldsymbol{C}[\boldsymbol{e}_b \quad \bar{\boldsymbol{e}}_b]\tilde{\boldsymbol{Z}}_b \tag{4.83}$$

将振荡模态时域解整体式(4.81)看作模态量,模态能观性测度可以反映该振荡模态量在输出中的能观程度。由式(4.83)可以看出,振荡模态量变化 1 个单位,系统输出 $\boldsymbol{Y}$ 中该模式的分量的模值将变化 $\|\boldsymbol{C}[\boldsymbol{e}_b \quad \bar{\boldsymbol{e}}_b]\|_F$ 个单位,与能观性测度的定义一致。

目前的研究表明留数和相关因子可以一定程度上反映系统的能观和能控程度。下文将通过对比分析能观性测度、能控性测度与相关因子、留数的区别和联系,进一步说明能观性测度与能控性测度的意义。

2. 与相关因子的对比分析

相关因子是定义第 k 个状态量 X_k 和第 i 个特征值 $\boldsymbol{\lambda}_i$ 的相关性的物理量,相关因子 p_{ki} 定义为

$$p_{ki} = \frac{f_{ki}e_{ki}}{\boldsymbol{f}_i^{\mathrm{T}}\boldsymbol{e}_i} \tag{4.84}$$

式中,f_{ki}, e_{ki} 分别表示左特征向量矩阵 $\boldsymbol{F}$ 和右特征向量矩阵 $\boldsymbol{E}$ 的第 k 行第 i 列元素。

相关因子 p_{ki} 的绝对值反映了第 k 个状态量 X_k 和 $\boldsymbol{\lambda}_i$ 的相关性大小。将相关因子定义式(4.84)扩展表示所有状态量 $\boldsymbol{X}$ 和特征值 $\boldsymbol{\lambda}_i$ 的相关性,如下:

$$\boldsymbol{p}_i = \frac{\boldsymbol{e}_i\boldsymbol{f}_i^{\mathrm{T}}}{\boldsymbol{f}_i^{\mathrm{T}}\boldsymbol{e}_i} \tag{4.85}$$

相关因子阵 $\boldsymbol{p}_i$ 的第 k 个对角线元素,可以表示状态量 X_k 和特征值 $\boldsymbol{\lambda}_i$ 的相关性,即相关因子 p_{ki}。

假设系统输入矩阵 $\boldsymbol{B}$ 和输出矩阵 $\boldsymbol{C}$ 为 n 阶单位阵,且此特征值对应的模态变量为某一振荡模态 b 的一个分量 Z_b,对应的相关因子为 p_{kb},相关因子阵为 $\boldsymbol{p}_b$。那么,其输出的时域可由表达式(4.81)改写为

$$\boldsymbol{Y}_b(t) = \boldsymbol{e}_b z_{b0} e^{\lambda_b t} + \int_0^t e^{\lambda_b(t-\tau)}\boldsymbol{p}_b\boldsymbol{u}(\tau)\,\mathrm{d}\tau = \boldsymbol{e}_b z_{b0} e^{\lambda_b t} + \boldsymbol{e}_b\boldsymbol{f}_b^{\mathrm{T}}\int_0^t e^{\lambda_b(t-\tau)}\boldsymbol{u}(\tau)\,\mathrm{d}\tau \tag{4.86}$$

从式(4.86)可知,当输入矩阵 $\boldsymbol{B}$ 和输出矩阵 $\boldsymbol{C}$ 为单位阵时,式(4.81)退化为式(4.86)的形式,系统的输出为系统的状态量 $\boldsymbol{X}$, 输入 $|p_{kb}|$ 值大反映 X_k 对 $\boldsymbol{\lambda}_b$ 的强可控和强可观。

由上可知,相关因子法与本文所提能观性测度和能控性测度方法的区别在于: ① 相关因子只能反映状态量 $\boldsymbol{X}$ 的能控程度和能观程度,而本书方法反映任意实际控制输入和量测输出信号的能控程度和能观程度。② 本书方法综合考虑了同一个振荡模态中两个共轭分量的影响,与振荡的关系更明确。

3. 与留数的对比分析

留数是根据系统中输入 $\boldsymbol{u}$ 到输出 $\boldsymbol{Y}$ 的传递函数定义的,系统中输入 $\boldsymbol{u}$ 到输出 $\boldsymbol{Y}$ 的传递函数可以用留数和特征值的形式来表示:

$$G(s) = \sum_{i=1}^{N}\frac{R_i}{s - \boldsymbol{\lambda}_i} \tag{4.87}$$

$$R_i = \boldsymbol{C}\boldsymbol{e}_i\boldsymbol{f}_i^{\mathrm{T}}\boldsymbol{B} \tag{4.88}$$

留数 R_i 可以反映由输入 $\boldsymbol{u}$ 到输出 $\boldsymbol{Y}$ 关于第 i 个状态变量的传递特性，假设此状态变量属于第 b 个振荡模态，那么留数一定程度上也反映了输入 $\boldsymbol{u}$ 到输出 $\boldsymbol{Y}$ 对于第 b 个振荡模态的其中一个模态分量的能观和能控的程度。

式(4.81)第2项对应的是系统输出的零状态响应时域解，反映了输入 $\boldsymbol{u}$ 对输出 $\boldsymbol{Y}$ 中该模态分量的影响。这其中就包含了留数的表达式，进一步说明了留数是反映输入到输出的特性。

当式(4.81)中系统振荡初值 z_{b0} 近似为零时，系统中该模态分量输出只存在零状态响应项，此时留数可以反映该模态分量的能控程度和能观程度。但当系统受到较大扰动时，振荡初值 z_{b0} 较大，留数将无法反映系统该模式本身的特性，即系统输出中的零输入响应部分，此时留数仍可以反映模态分量的能控程度，但不能完整反映模态分量的能观程度。

综上，留数法与本书方法的区别是，留数法未综合考虑同一个振荡模态中两个共轭分量的影响；且能观性测度可以同时反映零状态响应和零输入响应，更适合表征振荡模态的能观程度。

4.5.3 综合能观性测度和综合能控性测度

次同步振荡的抑制方法主要有优化变流器控制参数和附加控制装置的方法。附加次同步阻尼控制器是次同步振荡抑制的有效手段之一，方法是通过控制变流器产生与次同步电流相位相同的次同步电压，减小次同步电流分量，等效为增加了系统的次同步阻尼。应用SSDC的过程包含观测和控制两个方面的问题。在观测方面，其反馈信号需要包含振荡信息，即要求反馈信号的次同步振荡主导模态能观程度较好。为了减少其他振荡模态的影响，反馈信号还需要对次同步振荡主导模态的能观程度大于其他振荡模态。并且，不同的信号具有不同的量纲，直接对比它们的能观性测度和能控性测度是不合适的。在控制方面，SSDC会对各个模态产生作用，由于SSDC的带通特性，接近次同步振荡频率的模态受到的控制作用会更强。因此需要选取最佳控制作用点，以期对次同步振荡主导模态的能控性较好且能控程度大于其他振荡模态。

基于以下两个需要：综合考虑对不同振荡模态的影响；对比不同量纲信号的反映程度和控制效果，本节首先提出综合能观性测度和综合能控性测度的概念，然后提出了综合能观性测度和综合能控性测度的应用算法，算法考虑了监测点的选取、反馈信号的选取、控制作用点的选取三个方面。

1. 综合能观性测度和综合能控性测度定义

(1) 综合能观性测度的定义

假设 M 个振荡频率中，第 s 个为次同步振荡模态之一且较为突出，作为次同步振荡主导模态，其能观性测度为 m_{os}。为了衡量其他振荡模态对次同步振荡主导模态能观程度的影响，提出次同步振荡主导模态能观比的定义如式(4.89)。式中，M' 为 M 个振荡模态中振荡频率在1~100 Hz范围内的振荡模态个数。

$$R_{os}=\frac{m_{os}}{\sum\limits_{b=1}m_{ob}} \tag{4.89}$$

次同步振荡主导模态能观比的意义是 R_{os} 越接近1，说明在输出 $\boldsymbol{Y}$ 中，次同步振荡主导模态的相对占比越大,输出更容易观测次同步振荡主导模态分量。

基于 R_{os} 提出次同步振荡主导模态综合能观性测度 m_{sos} 的定义:

$$m_{sos} = m_{os}R_{os} \tag{4.90}$$

m_{sos} 反映了在量测输出 $\boldsymbol{Y}$ 中,次同步振荡主导模态的能观程度以及次同步振荡主导模态对其他振荡能观程度的关系。输出量的 m_{sos} 越大,表示该输出量越能反映次同步振荡主导分量,且该次同步振荡分量在信号中的占比更大,更适合作为反馈信号。

(2) 综合能控性测度的定义

同样的,设次同步振荡主导模态的能控性测度为 m_{cs}。为了衡量输入对次同步振荡主导模态和其他振荡模态的相对能控程度,提出次同步振荡主导模态能控比的定义:

$$R_{cs} = \frac{m_{cs}}{\sum\limits_{b=1} m_{cb}} \tag{4.91}$$

式中,M' 与前文定义相同。次同步振荡主导模态能控比的意义是:R_{cs} 越接近 1,说明输入 $\boldsymbol{u}$ 对次同步振荡主导模态的阻尼的控制能力远大于对其他振荡模态。

综合考虑以上因素,提出次同步振荡主导模态综合能控性测度 m_{scs} 的定义:

$$m_{scs} = m_{cs}R_{cs} \tag{4.92}$$

m_{scs} 反映了输入 $\boldsymbol{u}$ 对次同步振荡模态的能控制程度以及对其他振荡模态控制程度的耦合关系,输入点的 m_{scs} 越大,表示该输入点对次同步振荡主导模态的控制能力更强,且该输入点对其他振荡模态的影响相对小,更适合作为施控点。

2. 综合能观性测度和综合能控性测度应用算法

假设某等值双馈风电场并网系统如图 4.31,在该系统中应用综合能观性测度和综合能控性测度的流程如下。首先对系统进行特征值分析,确定不稳定的振荡模态。为了进一步确认各个振荡模态对应的振荡类型,需要确认各个特征值与系统各个元件或者控制结构的

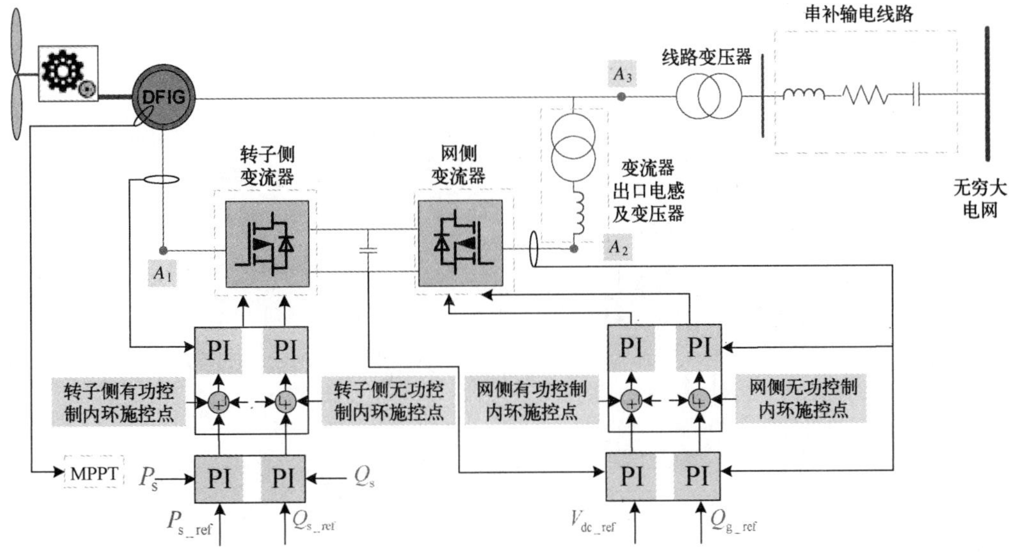

图 4.31　双馈风力发电并网系统及其可能的测量点和施控点示意图

联系强弱,参考低频振荡分析中机电回路比的相关定义,计算系统特征值的系统元件相关系数 ρ_{eb},如下式所示:

$$\rho_{eb}=\sum_{X_k\in X_e}p_{kb} \tag{4.93}$$

其中,X_e 为某一元件的所有状态变量的集合。ρ_{eb} 越大,振荡模态 b 与对应的实际系统元件 e 的联系就越强。若分析显示该振荡模态与次同步控制相互作用的元件如串补电容或网侧变流器强相关,则可认为该模态为次同步振荡主导模态。接下来分别进行监测点、反馈信号和施控点的选取。

(1) 监测点和反馈信号选取流程

基于前文所述综合能观性测度定义,提出一种附加阻尼控制器监测点和反馈信号的选取流程:

① 列举系统中可行的测点及测量信号。以双馈风电串补送出系统为例,适合附加控制器使用的信号监测点主要有转子侧、网侧和风机出口侧三处,对应图 4.32 中 A_1、A_2、A_3 三点,主要反馈振荡的电气量包括电压、电流和功率。

② 选择最佳的次同步振荡信号监测点及最佳的电气量反馈信号。电压、电流和功率等不同的信号具有不同的量纲,直接对比能观性测度 m_{os} 是不合适的,应该考虑综合能观性测度。计算系统中每个测点各个电气量对应的次同步振荡模态综合能观性测度,m_{sos} 最大的监测点及信号即选择为最佳次同步振荡的监测点及 SSDC 电气量反馈信号。

(2) 施控点选取流程

基于综合能控性测度定义,提出一种施控点的选取方法,主要步骤如下:

① 列举系统中可行的施控点。转子侧变流器和网侧变流器有功无功控制通道内环都是可行的施控点,具体位置如图 1 中转子侧变流器及网侧变流器控制框图部分所示。

② 选择最佳的施控点。分别将系统中各个可行的施控点作为输入信号作用点,计算其对应的次同步振荡主导模态综合能观性测度 m_{scs},m_{scs} 最大的输入信号作用点即选择为附加次同步阻尼控制器的施控点。

以上应用流程分析过程可由流程图 4.32 表示。

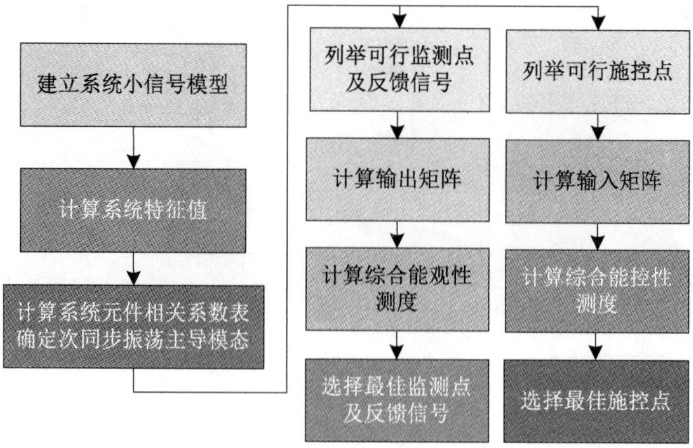

图 4.32 综合能观性测度和综合能控性测度应用流程图

3. 算例分析

为验证提出的基于综合能观性测度和综合能控性测度 SSDC 应用算法的有效性，参考我国华北地区发生次同步振荡现象的某风电场系统如图 4.31 所示。算例中，分别以图 4.32 中 A_1、A_2、A_3 三点作为输出信号测点，分别对应转子侧、网侧和风机出口侧信号测点，测量电压、电流和有功功率信号作为输出；以转子侧和网侧变流器的有功无功控制通道内环作为输入信号，进行特征值分析，其中不稳定的振荡频率为 8.3 Hz，记为 Λ_1。其余特征值对应振荡模态均为稳定振荡模态。进一步对该不稳定振荡模态进行相关因子分析，结果显示第一个振荡模态与串补线路和变流器控制强相关，故可认为该模态为次同步振荡主导模态。

(1) 输入信号电气量及监测点选择

分别选取图 4.31 中 A_1、A_2、A_3 三点作为输出信号测点，选择电压、电流和有功功率信号作为输出，计算特征值 Λ_1 对应次同步振荡主导模态综合能观性测度 m_{sos}。

从表 4.10 可以看出，测点 A_3 中电流和有功功率信号的次同步振荡主导模态综合能观性测度远大于同类信号在 A_1、A_2 测点的综合能观性测度，因此可以认为 A_3 测点的电流和有功功率更能够反映次同步振荡主导模态分量。且测点 A_3 处的电流的次同步振荡主导模态的综合能观性测度大于有功功率，因此测点 A_3 的电流最适合作为附加控制器的反馈信号。

表 4.10　次同步振荡主导模态的综合能观性测度

信号类型	$m_{sos}(A_1)$	$m_{sos}(A_2)$	$m_{sos}(A_3)$
U_d	0.000 01	0.000 01	0.000 01
U_q	0.000 00	0.000 02	0.000 02
I_d	0.000 00	0.000 00	1.278 90
I_q	0.000 00	0.000 00	1.596 11
P	0.000 00	0.000 00	0.554 58

(2) SSDC 施控点选择

为了选择最佳的附加控制器施控点，分别以转子侧和网侧变流器的有功、无功控制通道内环作为输入信号点，计算振荡特征值 Λ_1 对应次同步振荡主导模态综合能控性测度 m_{scs}，其结果如表 4.11 所示。

表 4.11　次同步振荡主导模态的综合能控性测度

转子侧变流器	m_{scs}	网侧变流器	m_{scs}
有功控制内环	250.299 2	有功控制内环	0.006 2
无功控制内环	329.403 0	无功控制内环	0.014 6

从表 4.11 中可以看出，在转子侧变流器的次同步振荡主导模态综合能控性测度大于网侧变流器，这说明在转子侧安装附加阻尼控制器对次同步振荡主导模态控制效果更强，同时对其他振荡模态的影响较小。其中无功控制通道的内环作为输入的综合能控性测度最大，因此选择在无功控制内环安装附加控制器。

（3）有效性检验

分别选取双馈风机出口处的电流分量作为反馈信号，分别将附加控制器安装在转子侧变流器有功控制通道内环和无功控制通道内环上，计算加入附加控制器后系统的模态特征值，结果如表 4.12 所示。

表 4.12　不同附加控制器施控点下系统的特征值

编　号	未添加控制器时特征值	添加转子侧有功内环处控制器	添加转子侧无功内环处控制器
1	0.005 9±52.166 7i	−2.453 8±52.460 1i	−3.305 4±52.706 1i
2	−0.133 2±7.167 2i	−0.133 2±7.167 3i	−0.133 2±7.167 2i
3	−1.639 1±27.043 3i	−1.637 8±27.042 3i	−1.636 1±27.047 3i
4	−0.029 0±30.300 9i	0.005 6±30.300 4i	−0.062 1±30.278 0i
5	−2.529 7±127.593 7i	−1.237 7±128.144 4i	−1.408 8±126.749 5i
6	−0.003 5±576.353 5i	−0.103 0±576.337 9i	−0.023 0±576.448 7i

从中可以看出，对比未加入附加控制器的次同步振荡主导模态阻尼，两种附加控制器都可以有效改善次同步振荡的阻尼。但是当选取转子侧有功内环作为施控点时，控制器会对 Λ_4 振荡模态阻尼产生较大的控制效果，最终甚至导致模态呈现负阻尼。分析其原因，是由于振荡模态 Λ_4 频率为 4.8 Hz，与次同步振荡主导模态振荡频率十分接近，且该位置的控制信号对除次同步振荡主导模态以外的振荡模态的控制效果较强，这与次同步振荡主导模态的综合能控性测度的分析一致。

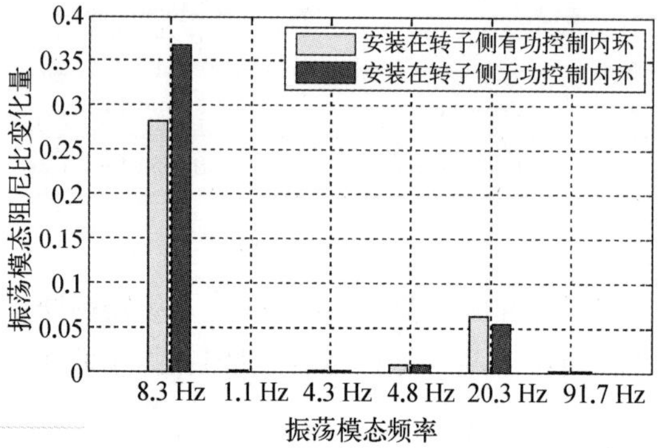

图 4.33　安装附加控制器前后特征值的变化量

为了更好地说明不同位置安装附加控制器对系统不同模态的影响大小，将安装附加阻尼控制器前后，系统不同振荡模态阻尼比的变化量进行对比，其结果如图 4.33。

图 4.33 中，浅色和深色分别为附加控制器安装在转子侧变流器有功控制通道内环和无功控制通道内环上，对系统特征值的影响。可以看出，控制器主要影响系统的次同步振荡主导模态，其余模态影响均较小。且相较于安装在有功控制通道内环，附加控制器安装在转子侧变流器无功控制通道内环对次同步振荡的影响较大，对其他振荡模态的影响均较小。这说明附加控制器安装在转子侧变流器无功控制通道外环对次同步振荡控制作用强，对其他振荡模态控制作用较弱，验证了综合能控性测度分析的结果。

第 5 章　并网风电机组的机网阻抗分析法

变流器并网系统的振荡问题一般可从小干扰角度进行分析，方法主要有两类：基于状态空间的特征根分析方法以及基于频域理论的阻抗分析方法。特征根分析方法依赖变流器及电网的详细模型和参数，难以适应于大规模的新能源并网分析。相比而言，阻抗分析方法将变流器和电网看作两个独立的子系统，只利用可量测的端口外特性即可定量分析系统的稳定性。

5.1　系统动态稳定的阻抗分析法

阻抗分析法起源于 20 世纪 70 年代 Middlebrook 在 DC - DC 变换器输入滤波器设计方面的开创性工作，该方法被进一步拓展至用于三相交流装置的一般小干扰稳定性分析，是分析各种电网条件下并网设备与电网连接系统稳定性的有效方法。这些三相交流器件的外部特性用阻抗模型表示。换言之，若这些器件终端的干扰电流为 ΔI，则干扰的电压响应为 $\Delta V = Z\Delta I$，其中 Z 为阻抗模型。阻抗分析法将一个复杂系统等效成包含源侧和负载侧两部分的系统，当源侧等效阻抗与负载侧等效阻抗的比值满足奈奎斯特稳定判据时，可以判断这个系统是稳定的。

5.1.1　阻抗分析法的原理

1. 奈奎斯特稳定判据

基于阻抗的稳定性分析是将所研究的系统划分为源侧和负载侧两个子系统。源侧子系统的模型是由理想电压源（V_s）与输出阻抗（Z_s）串联而成的戴维宁等效电路构成的，负载侧子系统由其输入阻抗（Z_l）建模，如图 5.1 所示。

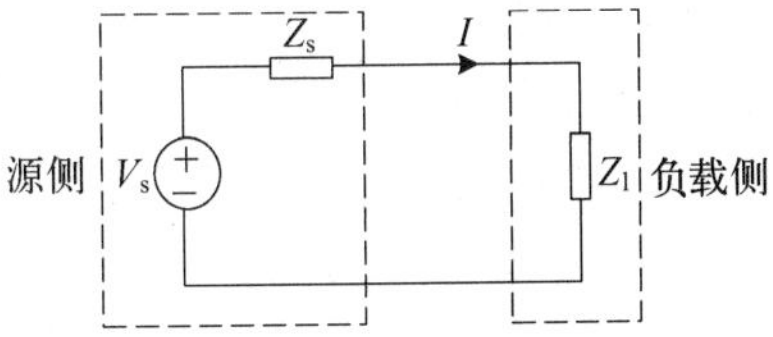

图 5.1　带负载的电压源系统的小信号等效电路

由于几乎所有的电力电子电路都是非线性的，这种线性表示法只对小信号分析有效。

在假定的小信号模型下，从源侧流向负载侧的电流 I 为

$$I(s) = \frac{V_s(s)}{Z_l(s) + Z_s(s)} \tag{5.1}$$

可进一步转化为以下形式：

$$I(s)=\frac{V_{s}(s)}{Z_{l}(s)}\cdot\frac{1}{1+Z_{s}(s)/Z_{l}(s)} \tag{5.2}$$

对于系统稳定性分析，假设源电压在空载时是稳定的，负载电流在由理想电源供电时是稳定的。在这种情况下，$V_s(s)$ 和 $1/Z_l(s)$ 都是稳定的，因此电流的稳定性就取决于式(5.2)右边第二项的稳定性。

$$H(s)=\frac{1}{1+Z_{s}(s)/Z_{l}(s)} \tag{5.3}$$

基于阻抗的稳定性判据为：$H(s)$ 类似于负反馈控制系统的闭环传递函数，其中正向增益为1，反馈增益为 $Z_s(s)/Z_l(s)$，即源侧输出阻抗与负载侧输入阻抗之比。根据线性控制理论，当且仅当 $Z_s(s)/Z_l(s)$ 满足奈奎斯特稳定性准则时，$H(s)$ 是稳定的。上述稳定性判据是基于电源子系统是电压源性质以及空载时电源电压能够保持稳定的基础上建立的，对于并网逆变器系统，其输出电压是由电网电压控制的，并网逆变器正常工作时是对入网电流进行控制的，表现为电流源性质，因此上述稳定性判据不能直接运用于并网逆变器系统。

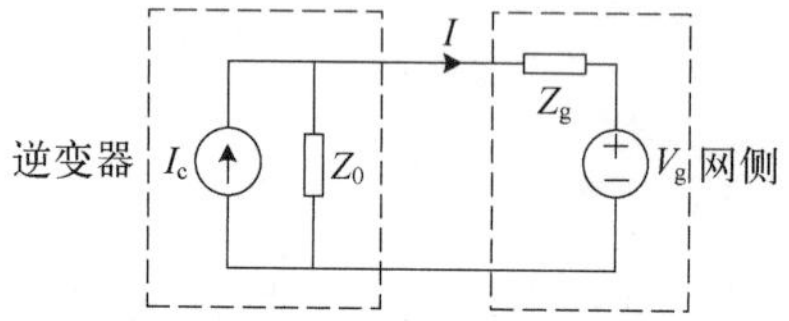

图 5.2 并网逆变器系统小信号等效电路

对于电源子系统是电流源性质的系统稳定性判据同样是基于小信号等效电路的，如图 5.2 所示，并网逆变器即为其电源子系统，可以等效为电流源 I_c 与其输出阻抗 Z_0 的并联形式，电网电压即为其负载子系统，可以将其等效为理想电压源 V_g 与输出阻抗 Z_g 的串联形式。

由图 5.2 可以计算出流进电网的电流 I 表达式为

$$I_{g}(s)=\left[I_{c}(s)-\frac{V_{g}(s)}{Z_{0}(s)}\right]\times\frac{1}{1+\left[Z_{g}(s)/Z_{0}(s)\right]} \tag{5.4}$$

同样的，类似于前述电压源系统的稳定性分析电流源系统应用于稳定性分析时有如下前提条件，即当电网阻抗 Z_g 为零时，进网电流 I 是稳定的，当没有并网逆变器时，电网电压 V_g 是稳定的。这种情况下，式(5.4)的稳定性主要取决于右边的第二项，该表达式同样类似于一个负反馈系统，它的前向通道增益是1，负反馈通道增益是 $Z_g(s)/Z_0(s)$，依据线性控制理论，只有当 $Z_g(s)/Z_0(s)$ 满足奈氏判据时，系统能够稳定运行。上述判断是建立在电网稳定工作的假设下，如果电网运行不稳定，逆变器也无法稳定运行。

奈奎斯特稳定判据能够很好地判定系统的绝对稳定性(稳定或不稳定)，并通过增益裕量和相位裕量两种度量来衡量系统的相对稳定性，因此在工程中获得广泛应用。

2. 伯德图稳定判据

基于风电机组阻抗和电网阻抗频率特性曲线的伯德图稳定判据与奈奎斯特稳定判据的基本原理相似。通过解析法或者实测法获得风电机组和电网的阻抗-频率伯德图，通过分析风电机组阻抗幅频曲线与电网阻抗幅频曲线交点频率对应的二者相位差 $\Delta\varphi$ 判断系统稳定性，若 $\Delta\varphi<180°$，系统稳定，反之，系统不稳定。伯德图判据不仅能够定性地判断系统稳定性，还能通过阻抗-相频曲线找出系统可能发生的振荡区域，这也是伯德图判据相较于奈奎斯特判据的优势所在。

5.1.2　阻抗模型

准确、完整地建立各子系统等效阻抗模型是互联系统稳定性分析的前提，同时也是阻抗分析法的重要内容。对于直流系统和单相交流系统而言，其系统等效阻抗模型可由并网端口两段之间的统一数学表达式描述。然而，对于三相交流互联系统来说，由于锁相环、电流调节、电压控制均在两相同步旋转 dq 坐标系中完成，进而导致同一频率信号所对应正、负序阻抗表达式不同，故而无法采用统一的数学表达式描述系统阻抗。根据建立阻抗模型所用坐标系不同，阻抗模型又可分为两大类：第一类在 dq 坐标中建立阻抗模型，第二类在静止坐标中建立正负序阻抗模型，另有文献在极坐标下建立变流器和电网的阻抗模型。

1. dq 阻抗模型

对于同步旋转坐标（dq 域），域中的所有状态变量在平稳状态下都是常数，线性系统理论可以直接应用。图 5.3 给出了 dq 域等效电路，其中“0”代表稳态工作点，“Δ”表示小信号特性。dq 阻抗模型由两个相互耦合的子电路组成。

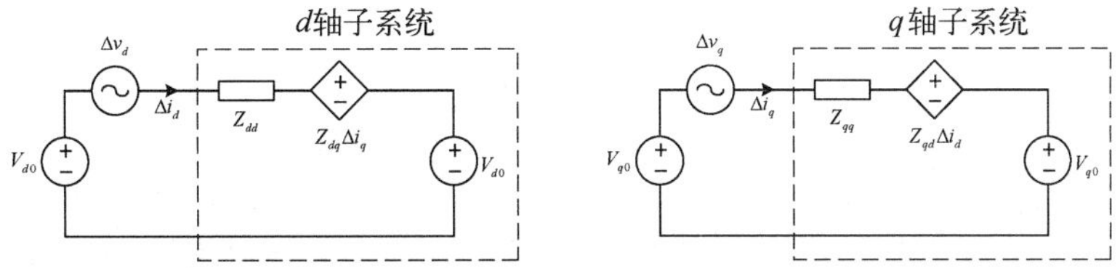

图 5.3　三相子系统 dq 域阻抗模型

忽略稳态分量，式(5.5)表示了输入小信号电压和输出小信号电流的关系，在拉普拉斯域中表示，$\boldsymbol{Z}_{dq}$ 被定义为 dq 阻抗。

$$\begin{bmatrix} V_d(s) \\ V_q(s) \end{bmatrix} = \begin{bmatrix} Z_{qq}(s) & Z_{dq}(s) \\ Z_{qd}(s) & Z_{qq}(s) \end{bmatrix} \begin{bmatrix} I_d(s) \\ I_q(s) \end{bmatrix} = Z_{dq}(s) \begin{bmatrix} I_d(s) \\ I_q(s) \end{bmatrix} \tag{5.5}$$

2. 正负序阻抗模型

与 dq 域不同，基于序阻抗的状态变量总是时变的，然而在 dq 域中 ω_p 的摄动下，三相变量的主频成分为正序的 $\omega_p + \omega_1$ 和负序分量的 $\omega_p - \omega_1$，其他频率分量忽略不计。因此，三相设备的电压可以写成式(5.6)的形式，将每一个序分量用某一单相电压表示。该装置也由两个子电路组成，如图 5.4 所示。其中下标 p 和 n 分别代表电压和电流的正序和负序分量。

$$v_a = V_0\cos(\omega_1 t + \varphi_{v1}) + \Delta V_p\cos[(\omega_p + \omega_1)t + \varphi_{vp}] + \Delta V_n\cos[(\omega_p - \omega_1)t + \varphi_{vn}] \tag{5.6}$$

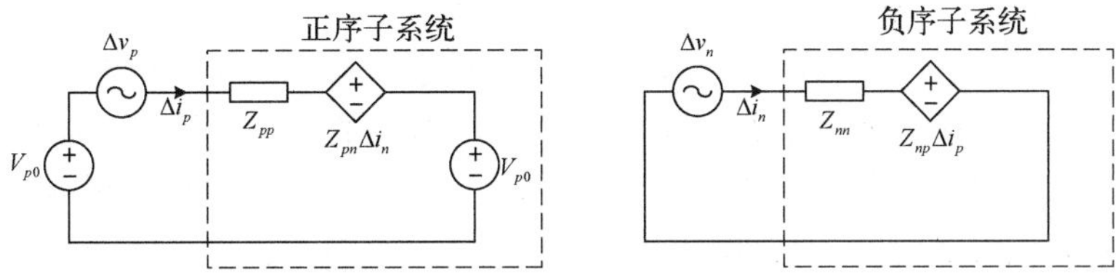

图 5.4　三相子系统正负序阻抗模型

由此，三相元件的小信号扰动下的响应可以用阻抗 $\mathbf{Z}_{pn}$ 来描述，如式(5.7)所示。

$$\begin{bmatrix} V_p(s+\mathrm{j}\omega_1) \\ V_n(s-\mathrm{j}\omega_1) \end{bmatrix} = \begin{bmatrix} Z_{pp}(s) & Z_{pn}(s) \\ Z_{np}(s) & Z_{nn}(s) \end{bmatrix} \begin{bmatrix} I_p(s+\mathrm{j}\omega_1) \\ I_n(s-\mathrm{j}\omega_1) \end{bmatrix} = Z_{pn}(s) \begin{bmatrix} I_p(s+\mathrm{j}\omega_1) \\ I_n(s-\mathrm{j}\omega_1) \end{bmatrix} \tag{5.7}$$

阻抗矩阵的对角线元素分别表示正电流感应正电压和负电流感应负电压的能力，而非对角元素表示两个序列之间的交叉频率耦合。总之，2×2 阻抗矩阵 $\mathbf{Z}_{pn}$ 是系统的精确表示，但使分析和解释变得复杂。因此，通过不同的精度和计算方法，可以将序列阻抗进一步分为忽略交叉频率耦合的原始模型和考虑所有元件的修正阻抗法。

阻抗模型按维数可分为单输入单输出(SISO)模型(或一维模型)和多输入多输出(MIMO)模型(或多维模型)。在建立 SISO 模型时，通常忽略了控制的不对称性和频率耦合效应。与单输入单输出模型相比，多输入多输出模型考虑了更多的细节，因此比单输入单输出模型能更准确地表示器件的外部特性。在早期的研究中，实践中一个很常见的假设是，在给定的频率下，正序电流只会产生正序电压，而不会在同一频率产生负序电压。序列阻抗可以看作是解耦的，即只考虑 $\mathbf{Z}_{pn}$ 的对角元素，由此得到的模型由两个独立的 SISO 模型组成。然而，在最近的工作中，交叉频率耦合也会被考虑。理论推导和实验结果表明，变换器的频率耦合特性为原始频率与镜像频率之间的耦合。原始频率和镜像频率相对于基频对称，两者之和等于两倍的基频。

值得指出的是，dq 阻抗与现有变换器控制中常用的矢量控制方式有很好的相关性，便于建立分析模型，但不便于外部测试。因此，它们一般需要转换到其他域，如正负序域、原始镜像频域等。

3. dq 阻抗与正负序阻抗转换关系

研究证明了 dq 阻抗和序阻抗之间的等价性，这有助于对阻抗分析法的基本理解。如果一个风电机组的控制结构和参数是完全已知的，它的阻抗模型可以用解析法推导出来。然而，对于部分或完全未知配置或参数的设备，使用分析方法很难获得阻抗模型。以序阻抗模型为例，存在耦合时，正序和负序分量之间的关系如下：

$$\begin{bmatrix} V_p(s+\mathrm{j}\omega_1) \\ V_n(s-\mathrm{j}\omega_1) \end{bmatrix} = \begin{bmatrix} Z_{pp}(s) & Z_{pn}(s) \\ Z_{np}(s) & Z_{nn}(s) \end{bmatrix} \begin{bmatrix} I_p(s+\mathrm{j}\omega_1) \\ I_n(s-\mathrm{j}\omega_1) \end{bmatrix} = Z_{pn}(s) \begin{bmatrix} I_p(s+\mathrm{j}\omega_1) \\ I_n(s-\mathrm{j}\omega_1) \end{bmatrix} \tag{5.8}$$

为了表征二乘二阻抗矩阵，至少需要两个不同的测试(此处标识为测试 x 和测试 y)来求解阻抗，如下所示：

$$\begin{bmatrix} Z_p(s) & Z_{pn}(s) \\ Z_{np}(s) & Z_n(s) \end{bmatrix} = \begin{bmatrix} V_{px}(s) & V_{py}(s) \\ V_{nx}(s) & V_{ny}(s) \end{bmatrix} \begin{bmatrix} I_{px}(s) & I_{py}(s) \\ I_{nx}(s) & I_{ny}(s) \end{bmatrix}^{-1} \tag{5.9}$$

其中，下标 px 表示注入试验 x 的正序分量，下标 ny 表示注入试验 y 的负序分量，其他下标组合遵循相同的惯例。首先，将频率为 $\omega_p+\omega_1$ 的正序电压注入器件的终端端口，检测频率为 $\omega_p+\omega_1$ 和 $\omega_p-\omega_1$ 的谐波电流。然后，将频率为 $\omega_p-\omega_1$ 的负序电压注入器件的终端端口，检测频率为 $\omega_p+\omega_1$ 和 $\omega_p-\omega_1$ 的谐波电流。之后利用式(5.9)可以获得频率为 ω_p 时器件的正序和负序阻抗。在较宽的频率范围内重复上述操作，我们可以获得器件的最终正序和负序阻抗。

对于 dq 阻抗测量，我们可以建立下面的传递矩阵，将 dq 域变量与序列域变量关联起来：

$$\begin{bmatrix} V_{dp} \\ V_{qp} \end{bmatrix} = V_p \begin{bmatrix} 1 \\ -\mathrm{j} \end{bmatrix}, \ \omega_{dq} = \omega_p - \omega_1$$
$$\begin{bmatrix} V_{dn} \\ V_{qn} \end{bmatrix} = V_n \begin{bmatrix} 1 \\ \mathrm{j} \end{bmatrix}, \ \omega_{dq} = \omega_n + \omega_1 \tag{5.10}$$

因此，dq 域和正负序域之间的电压和电流可以通过下面的变换进行变换：

$$\begin{bmatrix} V_d(s) \\ V_q(s) \end{bmatrix} = \begin{bmatrix} 1 & 1 \\ -\mathrm{j} & \mathrm{j} \end{bmatrix} \begin{bmatrix} V_p(s+\mathrm{j}\omega) \\ V_n(s-\mathrm{j}\omega) \end{bmatrix}$$
$$\begin{bmatrix} I_d(s) \\ I_q(s) \end{bmatrix} = \begin{bmatrix} 1 & 1 \\ -\mathrm{j} & \mathrm{j} \end{bmatrix} \begin{bmatrix} I_p(s+\mathrm{j}\omega) \\ I_n(s-\mathrm{j}\omega) \end{bmatrix} \tag{5.11}$$

因为 dq 域中的阻抗矩阵可以表示为

$$\begin{bmatrix} V_d(s) \\ V_q(s) \end{bmatrix} = \begin{bmatrix} Z_{dd}(s) & Z_{dq}(s) \\ Z_{qd}(s) & Z_{qq}(s) \end{bmatrix} \begin{bmatrix} I_d(s) \\ I_q(s) \end{bmatrix} \tag{5.12}$$

结合式(5.8)、式(5.10)和式(5.12)，得到式(5.13)。从式(5.13)，可以实现 dq 阻抗和正负序阻抗的相互转换。

$$\begin{bmatrix} Z_{dd}(s) & Z_{dq}(s) \\ Z_{qd}(s) & Z_{qq}(s) \end{bmatrix} = \begin{bmatrix} 1 & 1 \\ -\mathrm{j} & \mathrm{j} \end{bmatrix} \begin{bmatrix} Z_{pp}(s) & Z_{pn}(s) \\ Z_{np}(s) & Z_{nn}(s) \end{bmatrix} \begin{bmatrix} 1 & 1 \\ -\mathrm{j} & \mathrm{j} \end{bmatrix}^{-1} \tag{5.13}$$

4. 大规模系统的阻抗建模

对于复杂的大规模系统，很难将其分为源子系统和负载子系统。为了解决这个问题，可以将复杂系统建模为阻抗网络，如图 5.5 所示。在网络化阻抗模型中，保留了原有的拓扑结

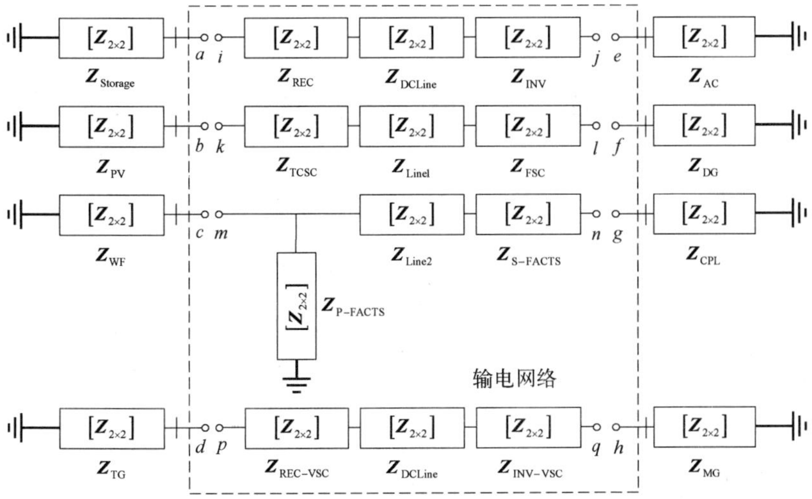

图 5.5　典型电力系统的统一 dq 框架

构,系统中的每个设备和线路都相当于一个阻抗。所以网络包含了更多原系统的细节。

值得一提的是,由于 dq 框架不同, dq 框架中的阻抗模型不能直接连接。阻抗模型必须通转换成统一的 dq 框架。相比之下,固定框架中的阻抗模型通常可以直接连接,无需复杂的转换。作为小信号模型,阻抗模型随运行条件而变化。因此,在连接组件的阻抗模型之前,需要计算潮流。

5.2 双馈风电机组阻抗模型

在许多用于大型电力系统瞬态和动态稳定性分析的计算机程序中,所有电力系统设备的变量,是在同步速度旋转的参考坐标系上表示的,其中瞬态过程常常是不考虑的。因此和变压器、传输线、负载、电容器、静态无功补偿装置等有关的变量都要转换到同步旋转轴系,即 dq 坐标系下。类似地,DFIG 的数学模型也同样经过坐标变换,将三相静止 abc 坐标系下的数学模型转换到以同步速旋转的两相坐标系下。

5.2.1 感应发电机阻抗模型

dq 坐标系下的 DFIG 数学模型的电压方程如式(5.14)所示。

$$\begin{cases} u_{d1} = R_1 i_{d1} + p\Psi_{d1} - \omega_1 \Psi_{q1} \\ u_{q1} = R_1 i_{q1} + p\Psi_{q1} + \omega_1 \Psi_{d1} \\ u'_{d1} = R'_2 i'_{d2} + p\Psi'_{d2} - \omega_\lambda \Psi'_{q2} \\ u'_{q2} = R'_2 i'_{q2} + p\Psi'_{q2} + \omega_\lambda \Psi'_{d2} \end{cases} \tag{5.14}$$

式中, u_{d1}、u_{q1}、u'_{d2}、u'_{q2} 为定、转子电压的 d、q 轴分量; i_{d1}、i_{q1}、i'_{d2}、i'_{q2} 为定、转子电流的 d、q 轴分量; Ψ_{d1}、Ψ_{q1}、Ψ'_{d2}、Ψ'_{q2} 为定、转子磁链的 d、q 轴分量; R_1、R_2 为定子、转子绕组的等效电阻; ω_1、ω_r 为电机同步转速、转子转速; ω_λ 为电机同步转速与转子转速之间相差的转差角速度, $\omega_\lambda = \omega_1 - \omega_r$。

式(5.14)其中定、转子磁链的 d、q 轴分量方程如式(5.15)所示。

$$\begin{cases} \Psi_{d1} = L_{1s} i_{d1} + L_m(i_{d1} + i'_{d2}) \\ \Psi_{q1} = L_{1s} i_{q1} + L_m(i_{q1} + i'_{q2}) \\ \Psi'_{d2} = L'_{1r} i'_{d2} + L_m(i_{d1} + i'_{d2}) \\ \Psi'_{q2} = L'_{1r} i'_{q2} + L_m(i_{q1} + i'_{q2}) \end{cases} \tag{5.15}$$

式中, L_{1s} 为 dq 坐标系下定子绕组的漏感; L'_{1r} 为 dq 坐标系下转子绕组的漏感; L_m 为 dq 坐标系下,同一轴系上定转子绕组之间的等效互感,在感应发电机中,定子互感和转子互感相同,因而 $L_m = 1.5L_{m1} = 1.5L_{m2}$,其中 L_{m1}、L_{m2} 分别是定、转子互感。

由电压和磁链方程可以得到感应电机等效电路如图 5.6 所示。

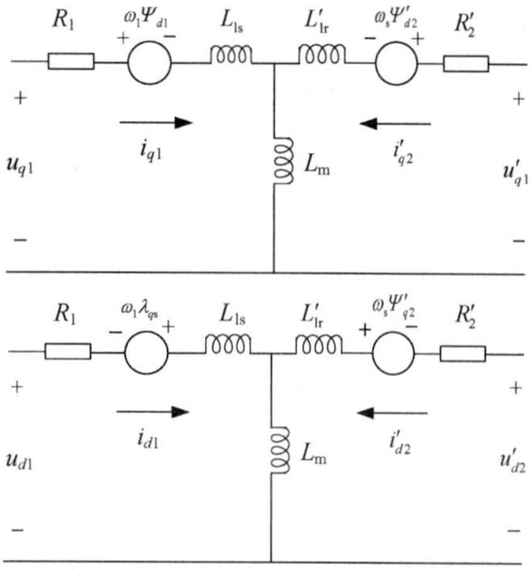

图 5.6 dq 坐标系下的感应电机等效电路

为建立 abc 坐标系下感应发电机阻抗模型,需要得到定子电压与定子电流和转子电压之间的表达式。在接下来的电机分析中,基于 Lyon 在电机分析中所使用的瞬态向量方法,dq 轴系的方程将使用复数量 $\vec{V}_{qd}=u_a-\mathrm{j}i_d$ 和 $\vec{I}_{qd}=i_q-\mathrm{j}i_d$ 表示,其中上箭头表示瞬态向量,因而复数量 $\vec{V}_{qd}$、$\vec{i}_{qd}$ 也被称作复数矢量,接下来将使用复数矢量称呼,它们与 abc 坐标系下的空间矢量 $\vec{V}$ 的表达式为:

$$\vec{V}=\vec{V}_{qd}\mathrm{e}^{\mathrm{j}\omega_1 t} \tag{5.16}$$

式中,$\vec{V}=v_a+\alpha v_b+\alpha^2 v_c$,$\alpha=\mathrm{e}^{\mathrm{j}2\pi/3}$,$v_a$、$v_b$、$v_c$ 分别为感应电机的三相电压。当空间矢量 $\vec{V}$ 逆时针旋转的时候为正值,而顺时针旋转的时候对应是负值。

利用上述所定义的矢量,将式(5.14)经过拉氏变换后,并代入式(5.15)所示的磁链方程,可以得到式(5.17)所示的转子电压复矢量 $\vec{V}'_{qd2}$ 的表达式。

$$\begin{aligned}\vec{V}'_{qd2}(s)&=u'_{q2}-\mathrm{j}u'_{d2}\\&=\{R'_2+[s+\mathrm{j}(\omega_1-\omega_r)](L_{lr}+L_m)\}\vec{I}'_{qd2}(s)+L_m[s+\mathrm{j}(\omega_1-\omega_r)]\vec{I}_{qd1}(s)\end{aligned} \tag{5.17}$$

式中,$\vec{I}'_{qd2}=i'_{q2}-\mathrm{j}i'_{d2}$ 为 dq 坐标系下的转子电流复矢量;$\vec{I}'_{qd1}=i'_{q1}-\mathrm{j}i'_{d1}$ 为 dq 坐标系下的定子电流复矢量。

将式(5.17)进一步整理可以得到 $\vec{I}'_{qd2}$ 由 $\vec{V}'_{qd2}$ 和 $\vec{I}'_{qd1}$ 表示的表达式如下:

$$\vec{I}'_{qd2}(s)=\frac{\vec{V}'_{qd2}(s)-L_m[s+\mathrm{j}(\omega_1-\omega_r)]\vec{I}_{qd1}(s)}{R'_2+[s+\mathrm{j}(\omega_1-\omega_r)](L_{lr}+L_m)} \tag{5.18}$$

同理,利用前面所定义的矢量,将式(5.14)中的定子电压经过拉氏变换后,代入式(5.15)的定子磁链表达式,可以得到式(5.19)所示的定子电压复矢量 $\vec{V}_{qd1}$ 的表达式。

$$\begin{aligned}\vec{V}_{qd1}(s)&=u_{q1}-\mathrm{j}u_{d1}\\&=\{R_1+(s+\mathrm{j}\omega_1)(L_{lr}+L_m)\}\vec{I}_{qd1}(s)+L_m(s+\mathrm{j}\omega_1)\vec{I}'_{qd2}(s)\end{aligned} \tag{5.19}$$

将式(5.18)代入式(5.19)中,得到 $\vec{V}_{qd1}$ 表示的表达式如下:

$$\begin{aligned}\vec{V}_{qd1}(s)=&\left\langle R_1+(s+\mathrm{j}\omega_1)\left\{(L_{lr}+L_m)-\frac{L_m^2[s+\mathrm{j}(\omega_1-\omega_r)]}{R'_2+[s+\mathrm{j}(\omega_1-\omega_r)](L_{lr}+L_m)}\right\}\right\rangle\vec{I}_{dq1}(s)+\\&\frac{L_m(s+\mathrm{j}\omega_1)}{R'_2+[s+\mathrm{j}(\omega_1-\omega_r)(L_{lr}+L_m)]}\vec{V}'_{dq2}(s)\end{aligned} \tag{5.20}$$

根据式(5.20),可以得到 dq 坐标系下的感应电机等效电路,但一般说来,电网补偿的 RLC 电路一般建立在 abc 坐标系下,因而,也需要将感应电机的等效电路进行变换。对式(5.16)所示的空间矢量表达式进行拉普拉斯变换后,电压空间矢量与 dq 坐标系下的定子电压复矢量的关系如下:

$$\vec{V}_1(s)=\vec{V}_{qd1}(s-\mathrm{j}\omega_1) \tag{5.21}$$

将式(5.21)代入式(5.20),可以得到 abc 坐标系下的定子电压空间矢量由定子电流空间矢量和转子电压空间矢量表示的关系式如下:

$$\vec{V}_1(s)=\left\langle R_1+s\left\{(L_{ls}+L_m)-\frac{L_m^2(s-j\omega_r)}{R_2'+(s-j\omega_r)(L_{lr}+L_m)}\right\}\right\rangle\vec{I}_1(s)+\frac{sL_m}{R_2'+(s-j\omega_r)(L_{lr}+L_m)}\vec{V}_2'(s) \tag{5.22}$$

式中，感应电机的阻抗 Z_1 表达式如式(5.23)所示。

$$Z_1(s)=R_1+s\left\{(L_{ls}+L_m)-\frac{L_m^2(s-j\omega_r)}{R_2'+(s-j\omega_r)(L_{lr}+L_m)}\right\} \tag{5.23}$$

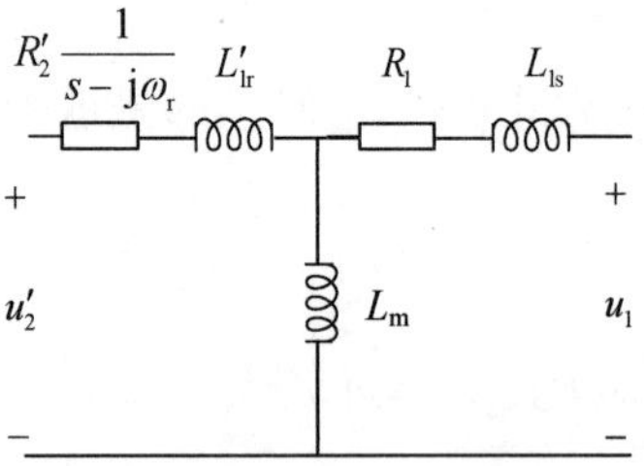

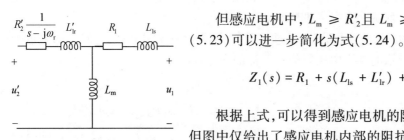

图 5.7 *abc* 坐标系下的感应电机阻抗模型

但感应电机中，$L_m \geqslant R_2'$ 且 $L_m \geqslant L_{lr}'$，因而阻抗表达式(5.23)可以进一步简化为式(5.24)。

$$Z_1(s)=R_1+s(L_{ls}+L_{lr}')+\frac{s}{(s-j\omega_r)}R_2' \tag{5.24}$$

根据上式，可以得到感应电机的阻抗模型如图 5.7 所示，但图中仅给出了感应电机内部的阻抗模型，对于 DFIG 系统，除了上述基本电机回路的阻抗外，还需要考虑机侧/网侧变流器的控制环节的阻抗建模和 LCL 滤波器的阻抗模型。

5.2.2 变流器阻抗模型

1. 机侧变流器阻抗模型

机侧变流器(MSC)的阻抗模型建立过程中，由于 MSC 控制外环的时间常数较大，带宽低于 100 Hz，所以，在针对高频谐振现象进行阻抗建模时，可以忽略 MSC 的外环控制回路。

MSC 的控制策略中主要使用定子磁链定向模式，同时，由于 DFIG 定子电阻较小，推导控制策略时可以忽略定子电阻压降。此时，按照电动机惯例，定子磁链落后于定子电压 90°电角度。

$$\begin{cases}u_{d1}=0\\u_{q1}=u\end{cases},\quad\begin{cases}\Psi_{d1}=|\bar{\Psi}_{dq1}|\\\Psi_{q1}=0\end{cases} \tag{5.25}$$

$$\begin{aligned}P_1&=\frac{3}{2}(u_{d1}i_{d1}+u_{q1}i_{q1})=\frac{3}{2}u_{q1}i_{q1}\\Q_1&=\frac{3}{2}(u_{q1}i_{d1}-u_{d1}i_{q1})=\frac{3}{2}u_{q1}i_{d1}\end{aligned} \tag{5.26}$$

DFIG 通过控制转子电流的方法实现对输出功率的控制。利用定子磁链关系式，可得到定子、转子电流关系，如式(5.27)。从式(5.27)可以看出，通过控制转子电流能够改变定子电流，也就可以进一步控制定子的输出功率。

$$\begin{cases}i_{d1}=\dfrac{\Psi_{d1}-L_m i_{d2}}{L_s}\\[2ex]i_{q1}=-\dfrac{L_m}{L_s}i_{q2}\end{cases} \tag{5.27}$$

式中，$L_s = L_{ls} + L_m$ 为定子绕组自感；$L'_r = L'_{lr} + L_m$ 为定子绕组自感。

要控制转子电流，就必须要得到转子电压方程。将转子磁链方程中的 $\bar{\Psi}_{dq2}$ 表示为 $\bar{\Psi}_{dq1}$ 与 $\bar{I}_{dq2}$ 的函数：

$$\bar{U}_{dq2} = R_2\bar{I}_{dq2} + \sigma L'_r p\bar{I}_{dq2} + \frac{L_m}{L_s}p\bar{\Psi}_{dq1} + j\omega_\lambda\left(\frac{L_m}{L_s}\bar{\Psi}_{dq1} + \sigma L'\bar{I}_{dq2}\right) \tag{5.28}$$

当 DFIG 稳态运行时，电网电压不变，因而 dq 坐标系下的定子磁链复矢量也不变，$\bar{\Psi}_{dq1}$ 不变，$p\bar{\Psi}_{dq1} = 0$。进一步可以将转子电压方程 dq 分量形式简化为

$$\begin{cases} u_{d2} = R_2 i_{d2} + \sigma L_r p i_{d2} - \omega_\lambda \sigma L_r i_{q2} \\ u_{q2} = R_2 i_{q2} + \sigma L_r p i_{q2} + \omega_\lambda\left(\dfrac{L_m}{L_s}\Psi_{d1} + \sigma L_r i_{d2}\right) \end{cases} \tag{5.29}$$

MSC 控制器的输出为 DFIG 转子电压指令。只考虑 MSC 电流内环控制的 MSC 的输出电压指令 u_{d2}^*、u_{q2}^* 表达式为

$$\begin{cases} u_{d2}^* = (i_{d2}^* - i_{d2})G_r(s) - i_{q2}K_r \\ u_{q2}^* = (i_{d2}^* - i_{q2})G_r(s) + \omega_\lambda\dfrac{L_m}{L_s}\Psi_{d1} + i_{d2}K_r \\ K_r = \omega_\lambda \sigma L'_{1r} \\ G_r(s) = K_{pr} + \dfrac{K_{1r}}{s} \end{cases} \tag{5.30}$$

稳态下，指令值等于实际值，进一步得到 dq 坐标系下的机侧变流器输出的转子电压复矢量表达式为：

$$\bar{U}_{qd2} = u_{q2} - ju_{d2} = \bar{I}_{qd2}^* G_r(s) - [G_r(s) - jK_r]\bar{I}_{qd2} \tag{5.31}$$

可以进一步推导出转子电压的空间矢量的表达式为

$$\bar{U}_2(s) = \bar{U}_{qd2}(s - j\omega_1) = \bar{I}_2^*(s)G_r(s - j\omega_1) - [G_r(s - j\omega_1) - jK_r]\bar{I}_2(s) \tag{5.32}$$

将上式经过整理后，可以将正序下的机侧变流器等效为由电压源 $\bar{I}_2^*(s)G_r(s - j\omega_1)$ 和机侧变流器等效阻抗 Z_{rsc} 串联组成的电路，其中，$Z_{rsc} = G_r(s - j\omega_1) - jK_r$。机侧变流器阻抗模型图如图 5.8。

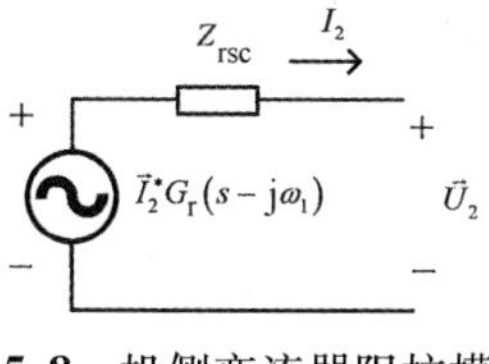

图 5.8　机侧变流器阻抗模型

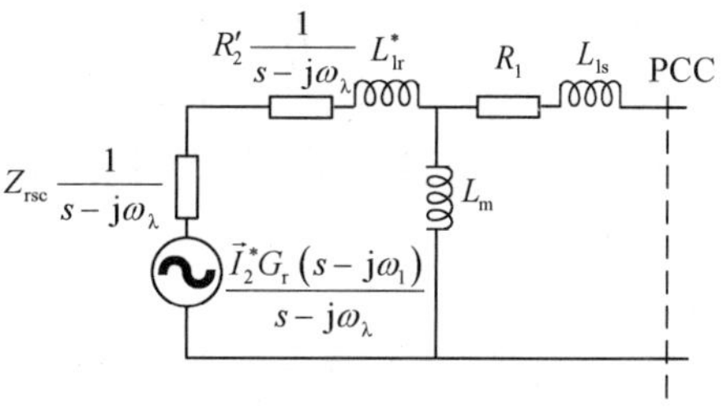

图 5.9　机侧变流器与 DFIG 电机部分的阻抗模型

根据前文推导的感应电机的阻抗模型以及机侧变流器阻抗模型，可以得到机侧变流器连接感应电机转子侧的阻抗模型，如图 5.9 所示。

将电压源置零,可以得到 PCC 点处 MSC 和 DFIG 电机的阻抗模型。表达式如下:

$$Z_R = \frac{\left(s\dfrac{Z_{rsc}+R_2'}{s-j\omega_\lambda}+sL_{lr}'\right)Z_{LM}}{s\dfrac{Z_{rsc}+R_2'}{s-j\omega_\lambda}+sL_{lr}'+Z_{LM}}+R_1+sL_{Ls} \tag{5.33}$$

式中,$Z_{LM}=sL_m$ 为一定转子绕组之间的等效互感阻抗。

2. 网侧变流器阻抗模型

网侧变流器(GSC)的工作原理是在控制过程中调节变换器的输出电压,控制输入 GSC 电流的幅值与相位,进而控制流入 GSC 的有功、无功功率。所以,GSC 控制器输出 u_{qd}^*、u_{gq}^*。上述两个分量也就是 GSC 的电压指令,经过坐标变换后输入到 SPWM 模块中。同样,网侧变流器中,为了保证设备的安全运行,也需要在控制器环节对电流进行有效控制,控制器一般采用比例积分(PI)形式。目前比较常见的 GSC 控制方法是令网侧变流器输出电压的 d 轴分量与电网电压相重合,电压 q 轴分量为零,即电网电压定向的矢量控制策略。该策略中网侧电压表达式如式(5.34)所示,网侧有功和无功功率的表达式如式(5.35)所示。

$$\begin{cases}u_{gd}=u\\u_{gq}=0\end{cases} \tag{5.34}$$

式中,u 为电网相电压瞬时最大值(幅值)。

$$\begin{cases}P_g=\dfrac{3}{2}(u_{gd}i_{gd}+u_{gq}i_{gq})=\dfrac{3}{2}u_{gd}i_{gd}\\[2ex]Q_g=\dfrac{3}{2}(u_{gq}i_{gd}-u_{gd}i_{gq})=-\dfrac{3}{2}u_{gd}i_{gq}\end{cases} \tag{5.35}$$

由式(5.35)可知,dq 坐标系下,d 轴分量和 q 轴分量互相正交,因而网侧的有功、无功功率可以实现解耦。也就确保有功功率仅与 i_{gd} 有关,与 i_{gq} 无关,无功功率与有功功率相反,与 i_{gd} 无关,仅与 i_{gq} 有关。

如果采用开环控制,电网参数会对网侧变流器的控制性能造成影响,为了减小这种困扰,对于电压和无功的控制回路采用闭环控制,控制器一般使用比例积分(PI)形式,最终输出电流有功、无功分量指令值,i_{gd}^*、i_{gq}^*。

电流内环的闭环控制结构分为两部分,即控制器与被控对象。为了消除被控对象部分由 u_{gd}、u_{gq}、$\omega_1L_gi_{gd}$、$\omega_1L_gi_{gq}$ 对前向通路造成的扰动,它们会一起作为前馈补偿项在电流内环的控制器中起作用。由此分析可知,电流内环比例积分控制器的输出 u_{gd1}、u_{gq1} 应如式(5.36)所示。

$$\begin{cases}u_{gd1}=R_gi_{gd}+L_gpi_{gd}=k_p(i_{gd}^*-i_{gd})+\dfrac{1}{\tau}\displaystyle\int(i_{gd}^*-i_{gd})\,dt\\[2ex]u_{gq1}=R_gi_{gq}+L_gpi_{gq}=k_p(i_{gq}^*-i_{gq})+\dfrac{1}{\tau}\displaystyle\int(i_{gq}^*-i_{gq})\,dt\end{cases} \tag{5.36}$$

式中,k_p 为控制器比例系数;τ 为控制器的积分时间常数。

接下来在式(5.36)所计算出的输出上叠加前馈补偿项 u_{gd}、u_{gq}、$\omega_1 L_g i_{gd}$、$\omega_1 L_g i_{gq}$，得到 GSC 的控制结构的输出电压指令 u_{gd}^*、u_{gq}^*。表达式如下：

$$\begin{cases} u_{gd}^* = u_{gd} + i_{gd}\omega_1 L_g - v_{gd1} \\ u_{gq}^* = u_{gq} - i_{gd}\omega_1 L_g - v_{gq1} \end{cases} \tag{5.37}$$

网侧变流器的控制系统分为电压外环控制和电流内环控制。但在高频谐振研究中，由于网侧变流器直流电压控制外环的时间常数较大，带宽低于 100 Hz，在针对高频谐振现象进行阻抗建模时，就可以忽略网侧变流器的外环控制回路。可以得到只考虑电流内环控制的网侧变流器 d、q 轴电压和电流的表达式为

$$\begin{cases} u_{gd}^* = (i_{gd}^* - i_{gd})G_g(s) - i_{gq}K_g \\ u_{gq}^* = (i_{gq}^* - i_{gq})G_g(s) + i_{gq}K_g \\ K_g = \omega_1 L_g \\ G_g(s) = K_{pg} + \dfrac{K_{1g}}{s} \end{cases} \tag{5.38}$$

稳态下，指令值接近实际值，可以得到 dq 坐标系下网侧变流器的电压复矢量表达式为

$$\bar{U}_{dqg} = u_{gq} - ju_{gd} = \bar{I}_{qdg}^* G_g(s) - [G_g(s) - jK_g]\bar{I}_{qdg} \tag{5.39}$$

式中，$\vec{I}_{qdg}^* = i_{gq}^* - ji_{gd}^*$ 为 dq 坐标系下网侧变流器的参考电流复矢量；$\vec{I}_{qdg} = i_{gq} - ji_{gd}$ 为 dq 坐标系下网侧变流器的实际电流复矢量。

可以推导出网侧电压的空间矢量的表达式如下：

$$\bar{U}_g(s) = \bar{U}_{qdg}(s - j\omega_1) = \bar{I}_g^*(s)G_g(s - j\omega_1) - [G_g(s - j\omega_1) - jK_g]\bar{I}_g(s) \tag{5.40}$$

式中，$\vec{I}_g^*(s) = \vec{I}_{qdg}^*(s - j\omega_1)$ 为 abc 坐标系下网侧变流器的参考电流空间矢量；$\vec{I}_g^*(s) = \vec{I}_{qdg}^*(s - j\omega_1)$ 为 abc 坐标系下网侧变流器的实际电流空间矢量。

经过整理后，可以将正序下的网侧变流器(GSC)等效为由电压源 $\vec{I}_g^*(s)G_g(s - j\omega_1)$ 和网侧变流器等效阻抗 Z_{gsc} 串联组成的电路，其中，$Z_{gsc} = G_g(s - j\omega_1) - jK_g$。网侧变流器阻抗模型如图 5.10。

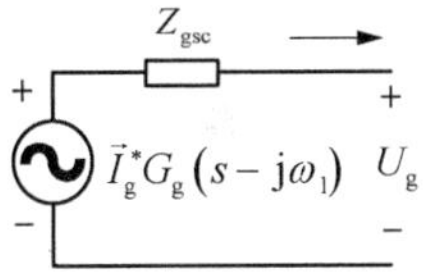

图 5.10　网侧变流器阻抗模型

5.2.3　变流器与电网的接口阻抗模型

因为同等电感大小情况下，LCL 滤波器的滤波效果好于电感滤波器，所以 DFIG 系统中，网侧变流器一般采用 LCL 滤波器进行滤波。网侧变流器与 LCL 滤波器的阻抗模型如图 5.11。

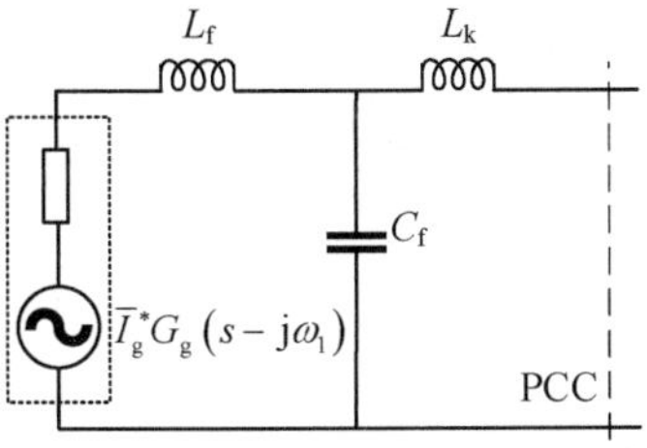

图 5.11　网侧变流器与 LCL 滤波器的阻抗模型

将电压源置零，可得从 PCC 向网侧变流器看进去的阻抗表达式为

$$Z_G = Z_{LK} + \frac{(Z_{gsc} + Z_{L_f})Z_{C_f}}{Z_{C_f} + Z_{gsc} + Z_{L_f}} \tag{5.41}$$

式中，$Z_{C_f} = \dfrac{1}{sC_f}$ 为 LCL 滤波器中的电容阻抗；$Z_{L_f} = sL_f$ 为 LCL

滤波器中的变流器侧电感的阻抗；$Z_{L_f}=sL_k$ 为 LCL 滤波器中的电网侧电感的阻抗。

5.2.4 双馈风电机组阻抗模型

将网侧变流器和 LCL 滤波器的阻抗模型与机侧变流器和 DFIG 电机部分的阻抗模型于 PCC 点处并联，可以得到 DFIG 单机的阻抗模型如图 5.12 所示。阻抗表达式如式(5.42)：

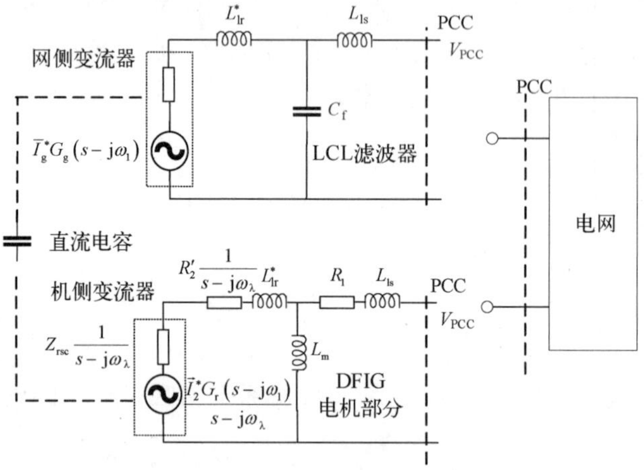

图 5.12 DFIG 系统阻抗模型

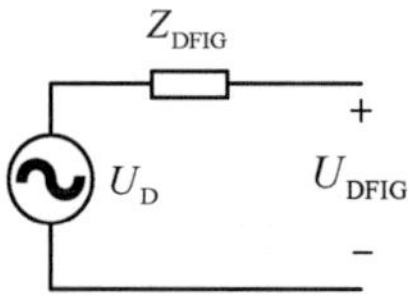

图 5.13 简化的 DFIG 系统阻抗模型

$$Z_{DFIG}=\frac{Z_R Z_G}{Z_R+Z_G} \tag{5.42}$$

DFIG 系统阻抗模型可以进一步简化为 DFIG 等效电压源串联 DFIG 等效阻抗的模型如图 5.13。

其中，U_D 为双馈风电机等效电压源，Z_{DFIG} 为等效阻抗，等效阻抗的表达式如式(5.42)所示。

5.3 永磁直驱风电机组阻抗模型

直驱风机主要由网侧变流器、机侧变流器、永磁同步发电机、风轮机及其控制系统组成。当直驱风机运行稳定时，由于两个变流器之间直流电容的存在，可以将直驱风机的风力机、永磁同步发电机和机侧变流器简化为受控电流源模型，因此可以将电机侧变流器、永磁同步发电机和风轮机等值为可控电流源，通过调整该电流值模拟不同的功率输出。同步旋转坐标系的阻抗建模具有模型简单直观，各变量之间传递关系明确等优点。因此，本节将建立综合考虑电流内环、锁相环及直流电压外环影响的直驱风机网侧变流器 dq 阻抗建模。

5.3.1 永磁直驱风电机组网侧变流器主电路阻抗模型

永磁直驱风机三相并网变流器的结构框图如图 5.14 所示，可将其分为主电路和控制电路两个部分。主电路中，e_a、e_b、e_c 为网侧三相电压；i_{ga}、i_{gb}、i_{gc} 为网侧三相电流；L_g 为网侧电感，R_g 为其上寄生电阻；u_a、u_b、u_c 为并网点电压，i_a、i_b、i_c 为并网点电流；C_f 表示滤波电容，L_f 为滤波电容，R_f 为 L_f 上寄生电阻；$S_1 \sim S_6$ 为反并联的自关断二极管；C_{dc} 为直流母线电容，u_{dc} 为直流母线电压，i_{dc} 为直流侧电流。控制电路中，θ_{PLL} 为锁相环输出相角；u_d^c、u_q^c 表示控制器坐标系下 d 轴和 q 轴的并网点电压；U_{dcref} 为直流母线电压参考值。

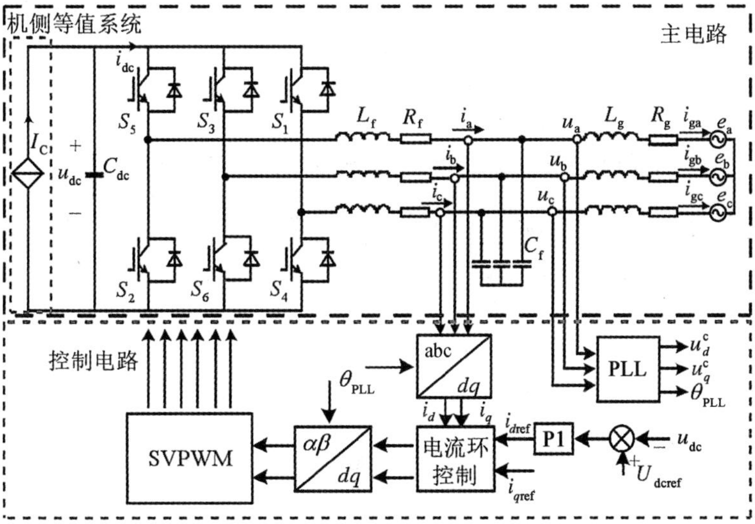

图 5.14　三相并网变流器结构框图

首先对永磁直驱风机三相并网变流器进行主电路阻抗建模。dq 坐标系下永磁直驱风机的小信号模型可以用图 5.15 表示。图中，大写字母表示该变量为稳态值，小写字母表示小信号扰动值，含有 s 上标为主电路中变量，下表 d、q 分别指明对应变量处于 d 轴或 q 轴。即 U_{dc} 表示直流电压稳态值，$\tilde{u}_{dc}$ 表示直流电压小信号扰动值，$u_{dc} = U_{dc} + \tilde{u}_{dc}$；$\tilde{u}_d^s$、$\tilde{i}_d^s$、$\tilde{u}_q^s$、$\tilde{i}_q^s$ 分别表示主电路坐标系下 d 轴并网点电压、电流扰动值和 q 轴电压、电流扰动值；D_d^s、D_q^s、$\tilde{d}_d^s$、$\tilde{d}_q^s$ 分别表示主电路坐标系下 d 轴和 q 轴占空比稳态值及小信号扰动值。

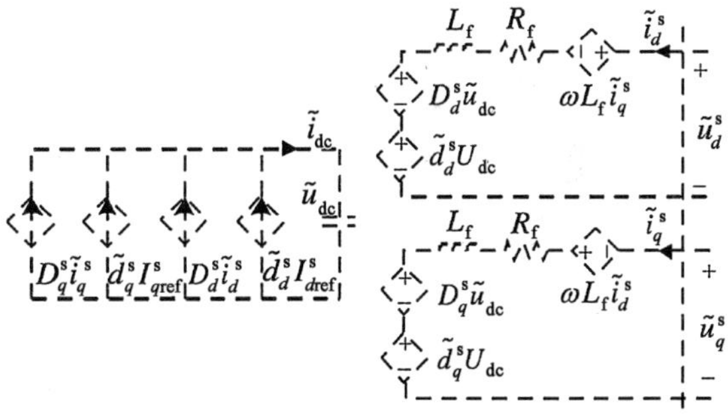

图 5.15　三相变流器 dq 坐标系下小信号模型

在实际永磁风机运行过程中，直流侧电压受电流和占空比影响，其小信号扰动不为零，由图 5.15 中直流侧小信号模型可以得到

$$\tilde{u}_{dc} = \frac{1}{C_{dc}s}(D_d^s \tilde{i}_d^s + D_q^s \tilde{i}_q^s + I_{dref}^s \tilde{d}_d^s + I_{qref}^s \tilde{d}_q^s) \tag{5.43}$$

将其写成矩阵形式为

$$\begin{bmatrix} \tilde{u}_{dc} \\ 0 \end{bmatrix} = \frac{1}{C_{dc}s}\left(\begin{bmatrix} D_d^s & D_q^s \\ 0 & 0 \end{bmatrix}\begin{bmatrix} \tilde{i}_d \\ \tilde{i}_q \end{bmatrix} + \begin{bmatrix} I_{dref}^s & I_{qref}^s \\ 0 & 0 \end{bmatrix}\begin{bmatrix} \tilde{d}_d \\ \tilde{d}_q \end{bmatrix}\right) \tag{5.44}$$

由此可知,并网点电流到直流侧电压的传递函数关系为

$$M_{\mathrm{vi}}=\frac{1}{C_{\mathrm{dc}}s}\begin{bmatrix}D_d^{\mathrm{s}} & D_q^{\mathrm{s}}\\ 0 & 0\end{bmatrix} \tag{5.45}$$

占空比到直流侧电压的传递函数为

$$M_{\mathrm{vd}}=\frac{1}{C_{\mathrm{dc}}s}\begin{bmatrix}I_{d\mathrm{ref}}^{\mathrm{s}} & I_{q\mathrm{ref}}^{\mathrm{s}}\\ 0 & 0\end{bmatrix} \tag{5.46}$$

根据图 5.15 中交流侧小信号模型,并网点电压小信号扰动为

$$\begin{bmatrix}\tilde{u}_d^{\mathrm{s}}\\ \tilde{u}_q^{\mathrm{s}}\end{bmatrix}=\begin{bmatrix}sL_{\mathrm{f}}+R_{\mathrm{f}} & \omega L_{\mathrm{f}}\\ -\omega L_{\mathrm{f}} & sL_{\mathrm{f}}+R_{\mathrm{f}}\end{bmatrix}\begin{bmatrix}\tilde{i}_d^{\mathrm{s}}\\ \tilde{i}_q^{\mathrm{s}}\end{bmatrix}+\begin{bmatrix}D_d^{\mathrm{s}} & 0\\ D_q^{\mathrm{s}} & 0\end{bmatrix}\begin{bmatrix}\tilde{u}_{\mathrm{dc}}\\ 0\end{bmatrix}+\begin{bmatrix}U_{\mathrm{dc}} & 0\\ 0 & U_{\mathrm{dc}}\end{bmatrix}\begin{bmatrix}\tilde{d}_d^{\mathrm{s}}\\ \tilde{d}_q^{\mathrm{s}}\end{bmatrix} \tag{5.47}$$

将式(5.44)代入式(5.47)有

$$\begin{bmatrix}\tilde{u}_d^{\mathrm{s}}\\ \tilde{u}_q^{\mathrm{s}}\end{bmatrix}=\begin{bmatrix}sL_{\mathrm{f}}+R_{\mathrm{f}}+D_d^{\mathrm{s}2}/C_{\mathrm{dc}}s & \omega L_{\mathrm{f}}+D_d^{\mathrm{s}}D_q^{\mathrm{s}}/C_{\mathrm{dc}}s\\ -\omega L_{\mathrm{f}}+D_d^{\mathrm{s}}D_q^{\mathrm{s}}/C_{\mathrm{dc}}s & sL_{\mathrm{f}}+R_{\mathrm{f}}+D_d^{\mathrm{s}2}/C_{\mathrm{dc}}s\end{bmatrix}\begin{bmatrix}\tilde{i}_d^{\mathrm{s}}\\ \tilde{i}_q^{\mathrm{s}}\end{bmatrix}+\begin{bmatrix}U_{\mathrm{dc}}+I_{d\mathrm{ref}}^{\mathrm{s}}D_d^{\mathrm{s}} & I_{q\mathrm{ref}}^{\mathrm{s}}D_d^{\mathrm{s}}\\ I_{d\mathrm{ref}}^{\mathrm{s}}D_q^{\mathrm{s}} & U_{\mathrm{dc}}+I_{q\mathrm{ref}}^{\mathrm{s}}D_q^{\mathrm{s}}\end{bmatrix}\begin{bmatrix}\tilde{d}_d^{\mathrm{s}}\\ \tilde{d}_q^{\mathrm{s}}\end{bmatrix} \tag{5.48}$$

则并网点电压到并网点电流的传递函数矩阵为

$$M_{\mathrm{iu}}=\begin{bmatrix}sL_{\mathrm{f}}+R_{\mathrm{f}}+D_d^{\mathrm{s}2}/C_{\mathrm{dc}}s & \omega L_{\mathrm{f}}+D_d^{\mathrm{s}}D_q^{\mathrm{s}}/C_{\mathrm{dc}}s\\ -\omega L_{\mathrm{f}}+D_d^{\mathrm{s}}D_q^{\mathrm{s}}/C_{\mathrm{dc}}s & sL_{\mathrm{f}}+R_{\mathrm{f}}+D_d^{\mathrm{s}2}/C_{\mathrm{dc}}s\end{bmatrix}^{-1} \tag{5.49}$$

占空比到并网点电流的传递函数为

$$M_{\mathrm{iu}}=\begin{bmatrix}sL_{\mathrm{f}}+R_{\mathrm{f}}+D_d^{\mathrm{s}2}/C_{\mathrm{dc}}s & \omega L_{\mathrm{f}}+D_d^{\mathrm{s}}D_q^{\mathrm{s}}/C_{\mathrm{dc}}s\\ -\omega L_{\mathrm{f}}+D_d^{\mathrm{s}}D_q^{\mathrm{s}}/C_{\mathrm{dc}}s & sL_{\mathrm{f}}+R_{\mathrm{f}}+D_d^{\mathrm{s}2}/C_{\mathrm{dc}}s\end{bmatrix}^{-1}\begin{bmatrix}U_{\mathrm{dc}}-I_{d\mathrm{ref}}^{\mathrm{s}}D_d^{\mathrm{s}} & I_{q\mathrm{ref}}^{\mathrm{s}}D_d^{\mathrm{s}}\\ I_{d\mathrm{ref}}^{\mathrm{s}}D_q^{\mathrm{s}} & U_{\mathrm{dc}}-I_{q\mathrm{ref}}^{\mathrm{s}}D_q^{\mathrm{s}}\end{bmatrix} \tag{5.50}$$

根据以上推导,可以得到考虑直流侧电压扰动影响的三相并网变流器主电路结构框图如图 5.16 所示。

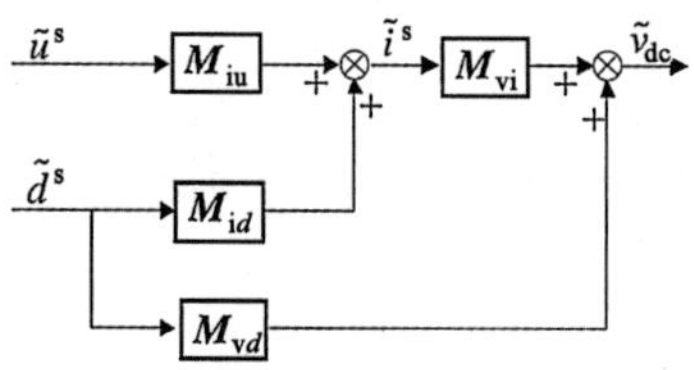

图 5.16 网侧变流器主电路结构框图

5.3.2 永磁直驱风电机组变流器控制电路阻抗模型

基于主电路结构,分别对控制电路中电流内环、锁相环和直流电外压环中变量传递关系进行推导。根据电流环采用 PI 调节器进行控制,可得电流环控制矩阵为

$$M_{\mathrm{cl}}=\begin{bmatrix}K_{\mathrm{pi}}+\dfrac{K_{\mathrm{Ii}}}{s} & 0\\ 0 & K_{\mathrm{pi}}+\dfrac{K_{\mathrm{Ii}}}{s}\end{bmatrix} \tag{5.51}$$

经过 Park 变换后，电流环控制中 dq 轴存在耦合，即 d 轴和 q 轴中变量会产生交互影响，致使系统不稳定，因此在电流环控制中加入了解耦矩阵如式

$$M_{\text{dei}} = \begin{bmatrix} 0 & \omega L \\ -\omega L & 0 \end{bmatrix} \tag{5.52}$$

锁相环用于获取电网信息，使并网变流器与电网达成同步。锁相环结构如图 5.17 所示。同样采用 PI 调节器来进行控制，令 $F_{\text{pll}} = K_{\text{Ppll}} + K_{\text{Ipll}}/s$，其中，$K_{\text{Ppll}}$ 表示锁相环比例系数，K_{Ipll} 表示锁相环积分系数。

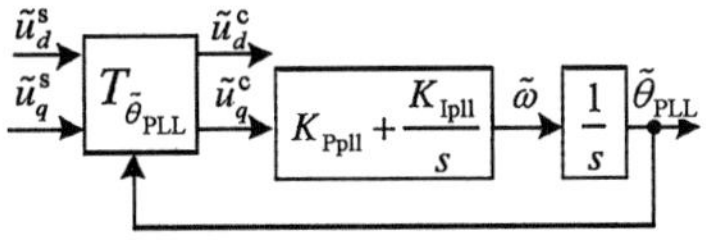

图 5.17　锁相环控制框图

由图 5.17 可知，锁相环输出相角受 q 轴并网点电压扰动影响，在理想情况下，主电路坐标系与控制器坐标系角度差 $\tilde{\theta}_{\text{PLL}}$ 为 0，两坐标系完全重合，两坐标系完全重合，即两坐标系下的电压、电流和占空比稳态值相等，如下式所示。

$$U_d^s = U_d^c,\ U_q^s = U_q^c,\ I_d^s = I_d^c,\ I_q^s = I_q^c,\ D_d^s = D_d^c,\ D_q^s = D_q^c \tag{5.53}$$

但当网侧电压存在扰动时，两坐标系之间存在角度差，会对系统稳定性产生影响，因此建模过程中需要考虑锁相环影响。

以 $T_{\tilde{\theta}_{\text{PLL}}}$ 表示两坐标系之间的传递函数矩阵为：

$$T_{\tilde{\theta}_{\text{PLL}}} = \begin{bmatrix} \cos\tilde{\theta}_{\text{PLL}} & \sin\tilde{\theta}_{\text{PLL}} \\ -\sin\tilde{\theta}_{\text{PLL}} & \cos\tilde{\theta}_{\text{PLL}} \end{bmatrix} \tag{5.54}$$

因为锁相环输出扰动角较小，因此，近似取 $\cos\tilde{\theta}_{\text{PLL}} \approx 1$，$\sin\tilde{\theta}_{\text{PLL}} \approx \tilde{\theta}_{\text{PLL}}$。则式(5.54)写作

$$T_{\tilde{\theta}_{\text{PLL}}} \approx \begin{bmatrix} 1 & \tilde{\theta}_{\text{PLL}} \\ -\tilde{\theta}_{\text{PLL}} & 1 \end{bmatrix} \tag{5.55}$$

进而得到主电路坐标系与控制坐标系下电压、电流和占空比关系如下：

$$\begin{aligned} \begin{bmatrix} U_d^c + \tilde{u}_d^c \\ U_q^c + \tilde{u}_q^c \end{bmatrix} &\approx \begin{bmatrix} 1 & \tilde{\theta}_{\text{PLL}} \\ -\tilde{\theta}_{\text{PLL}} & 1 \end{bmatrix} \begin{bmatrix} U_d^s + \tilde{u}_d^s \\ U_q^s + \tilde{u}_q^s \end{bmatrix} \\ \begin{bmatrix} I_d^c + \tilde{i}_d^c \\ I_q^c + \tilde{i}_q^c \end{bmatrix} &\approx \begin{bmatrix} 1 & \tilde{\theta}_{\text{PLL}} \\ -\tilde{\theta}_{\text{PLL}} & 1 \end{bmatrix} \begin{bmatrix} I_d^s + \tilde{i}_d^s \\ I_q^s + \tilde{i}_q^s \end{bmatrix} \\ \begin{bmatrix} D_d^c + \tilde{d}_d^c \\ D_q^c + \tilde{d}_q^c \end{bmatrix} &\approx \begin{bmatrix} 1 & \tilde{\theta}_{\text{PLL}} \\ -\tilde{\theta}_{\text{PLL}} & 1 \end{bmatrix} \begin{bmatrix} D_d^s + \tilde{d}_d^s \\ D_q^s + \tilde{d}_q^s \end{bmatrix} \end{aligned} \tag{5.56}$$

又二阶小扰动相对于一阶小扰动可以忽略，因此可得

$$\begin{bmatrix}\tilde{u}_d^{c}\\ \tilde{u}_q^{c}\end{bmatrix}\approx\begin{bmatrix}\tilde{u}_d^{s}-U_q^{s}\tilde{\theta}_{PLL}\\ \tilde{u}_q^{s}+U_d^{s}\tilde{\theta}_{PLL}\end{bmatrix}$$
$$\begin{bmatrix}\tilde{i}_d^{c}\\ \tilde{i}_q^{c}\end{bmatrix}\approx\begin{bmatrix}\tilde{i}_d^{s}+I_q^{s}\tilde{\theta}_{PLL}\\ \tilde{i}_q^{s}-I_d^{s}\tilde{\theta}_{PLL}\end{bmatrix} \tag{5.57}$$
$$\begin{bmatrix}\tilde{d}_d^{c}\\ \tilde{d}_q^{c}\end{bmatrix}\approx\begin{bmatrix}\tilde{d}_d^{s}+D_q^{s}\tilde{\theta}_{PLL}\\ \tilde{d}_q^{s}-D_d^{s}\tilde{\theta}_{PLL}\end{bmatrix}$$

由图 5.17 中的锁相环结构可以得到其输出角度差为

$$\tilde{\theta}_{PLL}=\tilde{u}_q^{c}F_{PI}\frac{1}{s} \tag{5.58}$$

两坐标系下 q 轴电压关系为

$$\tilde{u}_q^{c}=\frac{s}{s+U_d^{s}F_{PI}}\tilde{u}_q^{s} \tag{5.59}$$

用 $\tilde{u}_q^{s}$ 表示 $\tilde{\theta}_{PLL}$ 为

$$\tilde{\theta}_{PLL}=\frac{F_{PI}}{s+U_d^{s}F_{PI}}\tilde{u}_q^{s} \tag{5.60}$$

为方便下文中的公式推导，采用 F_{PLL} 表示系统电压到锁相环输出相角的传递关系，有

$$F_{PLL}=\frac{F_{PLL}}{s+U_d^{s}F_{PI}} \tag{5.61}$$

$$\tilde{\theta}_{PLL}=F_{PLL}\tilde{u}_q^{s} \tag{5.62}$$

将式(5.62)代入式(5.57)得

$$\begin{bmatrix}\tilde{u}_d^{c}\\ \tilde{u}_q^{c}\end{bmatrix}\approx\begin{bmatrix}1 & U_q^{s}F_{PLL}\\ 0 & 1-U_d^{s}F_{PLL}\end{bmatrix}\begin{bmatrix}\tilde{u}_d^{s}\\ \tilde{u}_q^{s}\end{bmatrix}$$
$$\begin{bmatrix}\tilde{i}_d^{c}\\ \tilde{i}_q^{c}\end{bmatrix}\approx\begin{bmatrix}0 & I_q^{s}F_{PLL}\\ 0 & -I_d^{s}F_{PLL}\end{bmatrix}\begin{bmatrix}\tilde{u}_d^{s}\\ \tilde{u}_q^{s}\end{bmatrix}+\begin{bmatrix}\tilde{i}_d^{s}\\ \tilde{i}_q^{s}\end{bmatrix} \tag{5.63}$$
$$\begin{bmatrix}\tilde{d}_d^{c}\\ \tilde{d}_q^{c}\end{bmatrix}\approx\begin{bmatrix}0 & D_q^{s}F_{PLL}\\ 0 & -D_d^{s}F_{PLL}\end{bmatrix}\begin{bmatrix}\tilde{u}_d^{s}\\ \tilde{u}_q^{s}\end{bmatrix}+\begin{bmatrix}\tilde{d}_d^{s}\\ \tilde{d}_q^{s}\end{bmatrix}$$

于是，可以得到主电路坐标系下电压到控制器坐标系下电压、电流和占空比的小信号传递矩阵，分别定义为 M_{PLL}^{u}、M_{PLL}^{i}、M_{PLL}^{d}。

$$M_{PLL}^{u}=\begin{bmatrix}1 & U_q^s F_{PLL}\\ 0 & 1-U_d^s F_{PLL}\end{bmatrix}$$

$$M_{PLL}^{i}=\begin{bmatrix}0 & I_q^s F_{PLL}\\ 0 & -I_d^s F_{PLL}\end{bmatrix} \tag{5.64}$$

$$M_{PLL}^{d}=\begin{bmatrix}0 & D_q^s F_{PLL}\\ 0 & -D_d^s F_{PLL}\end{bmatrix}$$

采用 PI 调节器控制直流电压环,其传递函数矩阵为

$$M_{dcl}=\begin{bmatrix}K_{Pdc}+\dfrac{K_{Idc}}{s} & 0\\ 0 & 0\end{bmatrix} \tag{5.65}$$

采用 M_{del} 表示由采样计算等引入的延时。其中, $T_{del}=T_s$。

$$M_{del}=\begin{bmatrix}\dfrac{1-0.5T_{del}s}{1+0.5T_{del}s} & 0\\ 0 & \dfrac{1-0.5T_{del}s}{1+0.5T_{del}s}\end{bmatrix} \tag{5.66}$$

5.3.3　永磁直驱风电机组变流器输出阻抗模型

根据上述推导,得到综合考虑电流环、锁相环和直流电压外环的网侧变流器结构框图如图 5.18 所示。

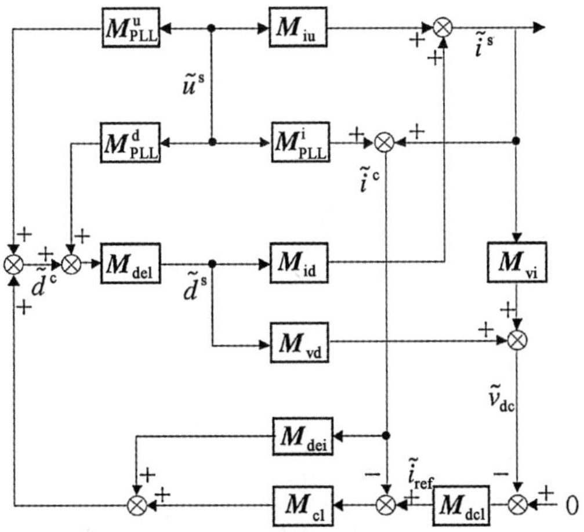

图 5.18　直驱风机网侧变流器阻抗模型结构框图

根据图 5.18 推导的小信号并网变流器阻抗模型,可以得到系统电压电流之间的传递矩阵,即直驱风机网侧变流器的输出阻抗:

$$M_{out}=(M_{in}-M_1M_2M_{id})^{-1}(E-M_1M_3M_{id}) \tag{5.67}$$

$$\begin{cases}M_1=(E+M_{\mathrm{vd}}M_{\mathrm{dcl}}M_{\mathrm{cl}}M_{\mathrm{del}})^{-1}\\ M_2=[(-M_{\mathrm{cl}}+M_{\mathrm{dei}})M_{\mathrm{PLL}}^{\mathrm{i}}+M_{\mathrm{PLL}}^{\mathrm{d}}+M_{\mathrm{PLL}}^{\mathrm{v}}]M_{\mathrm{del}}\\ M_3=M_{\mathrm{del}}(M_{\mathrm{cl}}-M_{\mathrm{vi}}M_{\mathrm{dcl}}M_{\mathrm{cl}}+M_{\mathrm{dei}})\end{cases} \tag{5.68}$$

5.4 电网阻抗模型

5.4.1 变压器的阻抗模型

电网中存在大量的变压器。风机出口处的变压器主要用于提高风机的输出电压,来满足并网要求;风电场出口处变压器是为了满足电能输送要求而提高风电场输出的电压。因此进行电网阻抗建模时,变压器的阻抗模型是非常必要的。忽略励磁支路的传统变压器的应用较为广泛,电路中仅包含变压器绕组的等效电阻和变压器漏抗,将二者直接串联即为变压器的阻抗模型。但是变压器中所含的励磁支路会因为系统频率的波动而改变其特性,所以考虑频率对变压器阻抗的影响更为准确。接下来介绍适用于振荡分析的变压器模型的几种常见形式。

最常见的是电路中仅存在变压器漏抗和变压器绕组电阻的串联等效阻抗模型,电阻和电抗都跟电网频率成正比关系,串联等效阻抗为

$$Z_{\mathrm{T}}(h)=hR_{\mathrm{T}}+\mathrm{j}hX_{\mathrm{T}} \tag{5.69}$$

式中,R_{T}、X_{T} 分别为变压器绕组的等效电阻和漏抗,h 为电网频率。

在式(5.69)的基础上,第二种模型增加了不同频率谐波作用情况下,变压器可能增加的损耗分量,串联等效电抗见式(5.70),R_{dc} 为直流电阻。

$$Z_{\mathrm{T}}(h)=R_{\mathrm{dc}}[1+0.1h^{1.5}]+\mathrm{j}hX_{\mathrm{T}} \tag{5.70}$$

上述两种模型仍然无法表示出变压器的铁芯损耗与电力系统频率之间的联系,而考虑铁芯损耗后的变压器等效阻抗模型可以表示为

$$Z_{\mathrm{T}}(h)=\frac{0.1026hX_{\mathrm{T}}(J+h)}{1+J}+\mathrm{j}hX_{\mathrm{T}} \tag{5.71}$$

式中,J 是变压器磁滞涡流损耗系数。该变压器模型虽然增加了变压器的铁芯损耗,能够看出与频率之间的联系,但是没有考虑由于涡流损耗所导致的变压器漏感变少现象,使得该阻抗模型无法应用于高频谐振研究。

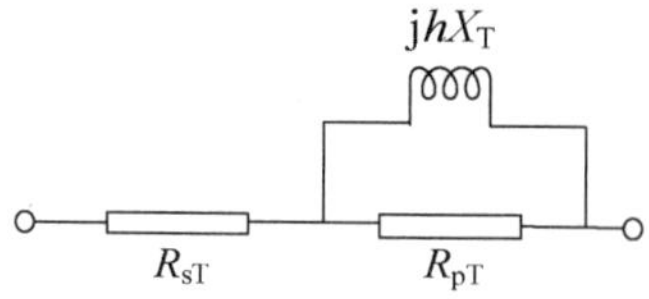

图 5.19 CIGRE 标准中变压器谐波模型的等效电路

在 CIGRE 标准中进行谐波分析的变压器等效电路模型如图 5.19 所示,阻抗表达式如式(5.72)所示。其中,等效电感表达式中 $h^2X_{\mathrm{T}}/10\tan\varphi$ 表示了涡流损耗与电网频率的平方成正比。R_{sT} 和 R_{pT} 代表了变压器的电阻部分,其不会受频率变化影响;S 是变压器的额定视在功率。

$$Z_T(h) = R_{sT} + \frac{jR_{pT}X_T}{R_{pT} + jX_T} = \frac{X_T}{\tan\varphi} + \frac{1}{1 + (h/10\tan\varphi)^2}\left(\frac{h^2X_T}{10\tan\varphi} + jhX_T\right) \tag{5.72}$$
$$R_{sT} = \frac{X_T}{\tan\varphi}, R_{pT} = 10X_T\tan\varphi,\ \tan\varphi = e^{0.693+0.769\ln S-0.042(\ln S)^2}$$

5.4.2　电力线路的阻抗模型

风电场大规模的占地面积可以保证风场捕获更多的风能，因而需要建设数量庞大的风电群组。大批量的电力线路将单台风机的电能集中汇总到中压母线集中升压，因此电力线路的阻抗建模必不可少。电力线路采用 π 型等效电路建立起阻抗模型。π 型谐波等效电路如图 5.20 所示。

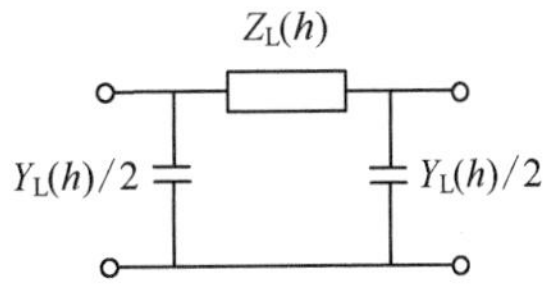

图 5.20　电力线路的 π 型等效电路

$$Z_L(h) = R_L + jhX_L,\ Y_L(h) = jhB \tag{5.73}$$

式中，R_L、X_L、B 分别是基频下电力线路的电阻、电感和电纳。

将式(5.73)变换至频域下，得到适用于风电场的电力线路的阻抗模型：

$$Z_L(s) = R_L + \frac{X_L}{2\pi}s,\ Y_L(s) = \frac{B}{2\pi}s \tag{5.74}$$

计及电阻集肤效应可采用如式(5.74)的经验公式，其中 U 为电压等级。

$$\begin{cases} R_L(h) = 0.74R_L(0.267 + 1.073\sqrt{h}),\ U \geqslant 220\ \text{kV} \\ R_L(h) = R_L(0.187 + 0.532\sqrt{h}),\ U < 220\ \text{kV} \end{cases} \tag{5.75}$$

同样将上式变换至频域下，得到

$$\begin{cases} R_L(s) = 0.74R_L\left(0.267 + 1.073\sqrt{\dfrac{s}{j2\pi}}\right),\ U \geqslant 220\ \text{kV} \\ R_L(s) = R_L\left(0.187 + 0.532\sqrt{\dfrac{s}{j2\pi}}\right),\ U < 220\ \text{kV} \end{cases} \tag{5.76}$$

5.5　风电场阻抗模型

风电开发的主要方式由几十台至上百台的风力发电机组成风电场，然后电能汇集输送给电网。目前风电场电气拓扑结构主要为环形结构、链形结构和星形结构。三种风电机组连接结构各有优缺点，有不同的适用场景。上述拓扑结构的大型风电场均可拆分为两种基本的接线方式：放射式和干线式。接下来详细介绍这两种不同接线形式下的风电机群的阻抗模型。

5.5.1　放射型风电场阻抗模型

由 N 台风力发电机组成的放射式风电场的接线形式如图 5.21 所示。WTG_i($i = 1$,

2, …, N) 分别表示各台并网运行的风力发电机；$T_i(i=1, 2, \cdots, N)$ 分别表示各台风力发电机出口变压器；$L_i(i=1, 2, \cdots, N)$ 分别表示各台风力发电机连入汇集母线的线路；$W_i(i=1, 2, \cdots, N)$ 分别表示各条放射线路上的风电系统；T_s 表示风电场汇集母线出口升压变压器；L 表示并入电网的架空线路；电网等效为阻抗 Z_g 和电压源 U_g。

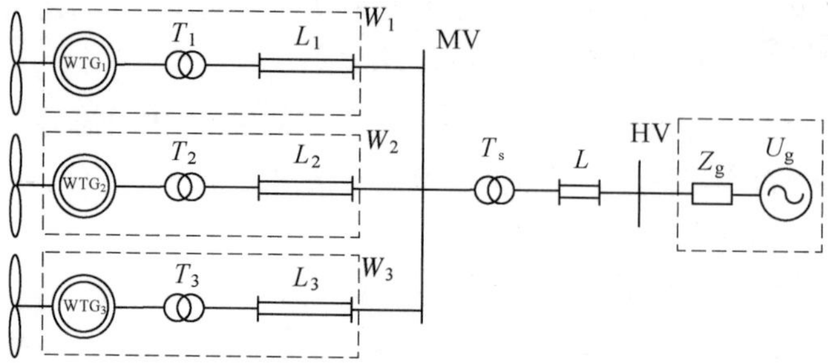

图 5.21 放射式风电场接线图

此处假设电网三相对称且没有互感，则电网阻抗可表示为 $Z_g=R_g+sL_g$。将电力线路等效为 π 型电路，根据放射式风电场内部风电机组连接结构，可以得出，与中压汇集母线所连的 N 台并网风电机群的阻抗 Z_{MV} 如式(5.77)所示。

$$Z_{MV}(s)=Z_{W_1}(s) \mathbin{/\!/} Z_{W_2}(s) \mathbin{/\!/} \cdots \mathbin{/\!/} Z_{W_N}(s) \tag{5.77}$$

式中每条支路上的阻抗表达式为

$$Z_{W_i}(s)=\left\{\left[Z_{\mathrm{WTC}_i}(s)+Z_{T_i}(s) \mathbin{/\!/} \frac{Y_{L_i}(s)}{2}+Z_{L_1}(s)\right\} \mathbin{/\!/} \frac{Y_{L_i}(s)}{2},\ i=1, 2, \cdots, N \tag{5.78}$$

因此，放射式接线形式下风电场的阻抗 Z_{FP} 为

$$Z_{FP}(s)=\left\{\left[Z_{T_s}(s)+Z_{MV}(s)\right] \mathbin{/\!/} \frac{Y_L(s)}{2}+Z_L(s)\right\} \mathbin{/\!/} \frac{Y_L(s)}{2}+Z_g \tag{5.79}$$

因此放射型接线方式下风电场的阻抗模型可以用图 5.22 表示。

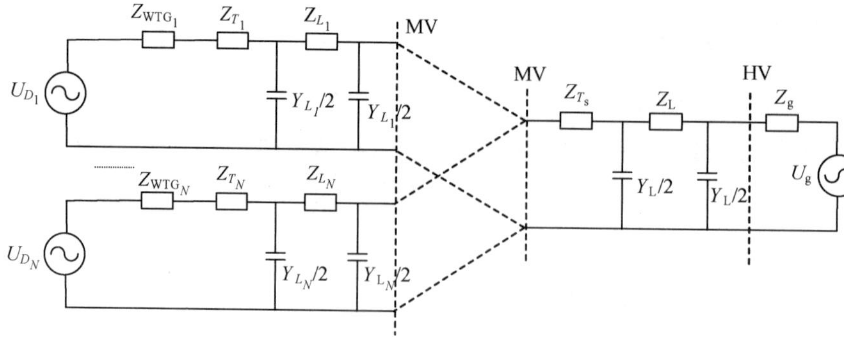

图 5.22 放射形接线方式风电场阻抗模型

5.5.2　干线式风电场阻抗模型

由 N 台风力发电机组成的干线式风电场的接线形式如图 5.23 所示，由一条线路连接各台风电机组。图中，$WTG_i(i=1,\ 2,\ \cdots,\ N)$、$T_i(i=1,\ 2,\ \cdots,\ N)$、$L_i(i=1,\ 2,\ \cdots,\ N)$、$W_i(i=1,\ 2,\ \cdots,\ N)$、$T_s$、$L$、$Z_g$、$U_g$ 变量所表示的含义与放射式风电场相同。

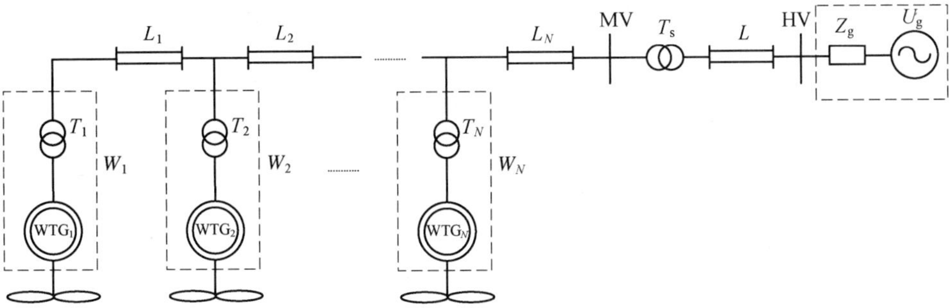

图 5.23　干线式风电场拓扑

与中压汇集母线所连的 N 台并网风电机群的阻抗 Z_{MV} 为（不考虑电力线路的接地电容）：

$$Z_{MV}(s)=\left[\left(Z_{W_1}(s)\ /\!/\ \frac{Y_{L_1}(s)}{2}+Z_{L_1}(s)\right)\ /\!/\ \frac{Y_{L_1}(s)}{2}\ /\!/\ Z_{W_2}(s)\cdots\ /\!/\ Z_{W_N}(s)\ /\!/\ \frac{Y_{L_N}(s)}{2}+Z_{L_N}(s)\right]\ /\!/\ \frac{Y_{L_N}(s)}{2} \tag{5.80}$$

式中每条支路上的风机和变压器阻抗之和为

$$Z_{W_i}(s)=Z_{WTG_i}(s)+Z_{T_i}(s),\ i=1,\ 2,\ \cdots,\ N \tag{5.81}$$

接下来以两台工况相同的风机干线式连接为例，可以得到干线式风电场的阻抗表达式为

$$Z_{FS}(s)=Z_g(s)+Z_L(s)+Z_{T_s}(s)+\left\{\left[Z_{W_1}(s)\ /\!/\ \frac{Y_{L_1}(s)}{2}+Z_{L_1}(s)\right]\ /\!/\ \frac{Y_{L_1}(s)}{2}\ /\!/\ Z_{W_2}(s)\ /\!/\ \frac{Y_{L_2}(s)}{2}+Z_{L_2}(s)\right\}\ /\!/\ \frac{Y_{L_2}(s)}{2} \tag{5.82}$$

由此可得两台干线式连接为例的风电场阻抗模型如图 5.24 所示。

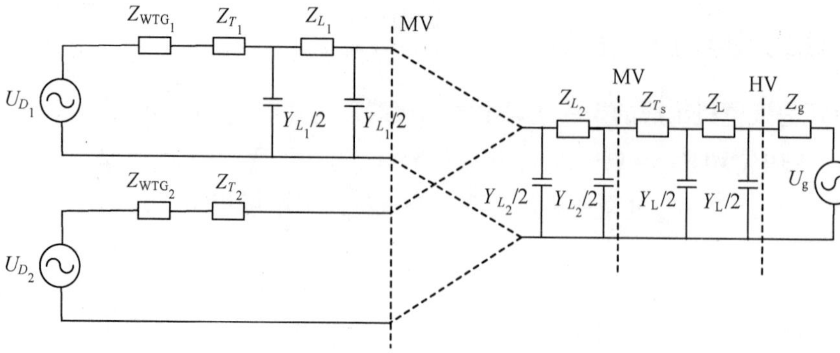

图 5.24　干线式风电场阻抗模型

5.6　风电场阻抗建模算例

5.6.1　风电场并网系统阻抗模型分析

直驱风机可能与弱交流系统产生次同步相互作用，建立多个直驱风机通过辐射状网络接入弱交流电网的模型，其结构图如图 5.25 所示。为研究方便，采用等值系统模型，用单台 1 500 MW 大容量直驱风机等值型号相同、控制结构、运行工况一致的 1 000 台 1.5 MW 的直驱风机。

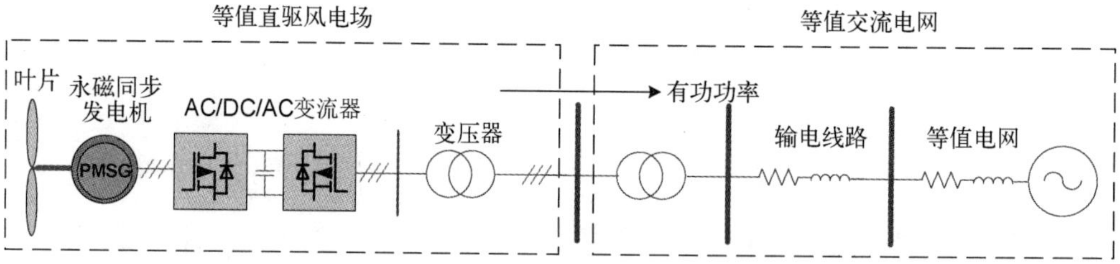

图 5.25　直驱风电场连接弱交流系统结构图

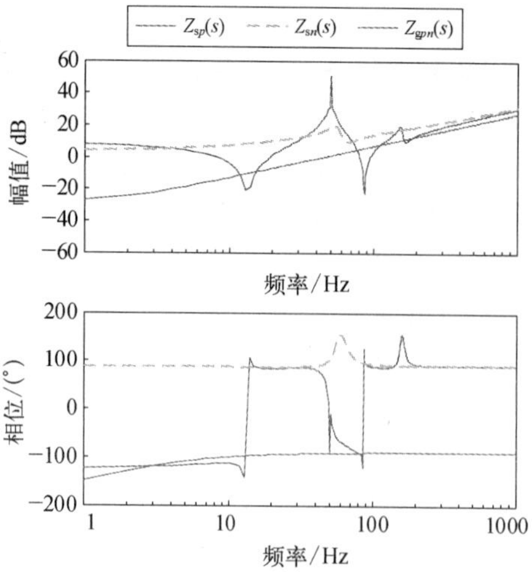

图 5.26　系统序阻抗特性

根据本文序阻抗模型建立方法，将系统视为源和网两个子系统，并通过输入输出阻抗描绘其特性，得出直驱风电场连接弱交流系统源侧和网侧阻抗幅频特性曲线和相频特性曲线，如图 5.26 所示。

假设源侧和网侧阻抗幅频特性曲线分别为 $m_s(j\omega)$ 和 $m_g(j\omega)$，相频特性曲线分别为 $p_s(j\omega)$ 和 $p_g(j\omega)$。则根据奈奎斯特判据，系统次同步相互作用产生条件如式所示，即源网幅频特性曲线相交，且交点处对应的相角差超过 π，∅表示空集。

$$\begin{cases} m_s(j\omega)\cap m_g(j\omega)\neq\varnothing \\ |\,p_s(j\omega)-p_g(j\omega)\,|\geqslant\pi \end{cases}\tag{5.83}$$

从图5.26可以看出,网侧阻抗 $Z_{gpn}(s)$ 幅频曲线与源侧正序阻抗 $Z_{sp}(s)$ 幅频曲线在次同步频段和超同步频段存在多个交点,且部分交点频率对应的两条曲线相频特性相差超过180°,系统有发生振荡的风险。

5.6.2　基于阻抗模型的调相机抑制次同步振荡机理

1. 调相机的序阻抗模型

根据调相机的 d 轴和 q 轴的等值电路,得到调相机 dq 坐标系上的运算电抗如式所示。式中,s 为算子,x_d 为调相机 d 轴同步电抗,x_{ad} 为 d 轴电枢反应电抗,x_{f} 为 d 轴励磁绕组电抗,r_{f} 为 d 轴励磁绕组电阻,x_q 为调相机 q 轴同步电抗,x_{aq} 为 q 轴电枢反应电抗,x_{Q} 为 q 轴阻尼绕组电抗,r_{Q} 为 q 轴阻尼绕组电阻。以上参数可根据调相机的实用参数 x_1、x_d、x_q、x'_d、x''_d、x''_q 及 T'_{d0}、T''_{d0}、T''_{q0} 计算得到。

$$\begin{cases} z_{\mathrm{SC}\_dd}(s) = x_d - \dfrac{s x_{ad}^2}{s x_{\mathrm{f}} + r_{\mathrm{f}}} \\ z_{\mathrm{SC}\_qq}(s) = x_q - \dfrac{s x_{aq}^2}{s x_{\mathrm{Q}} + r_{\mathrm{Q}}} \\ z_{\mathrm{SC}\_dq}(s) = 0 \\ z_{\mathrm{SC}\_qd}(s) = 0 \end{cases} \tag{5.84}$$

调相机在 dq 坐标系上的阻抗模型 $\boldsymbol{Z}_{\mathrm{SC}\_dq}$ 为

$$\boldsymbol{Z}_{\mathrm{SC}\_dq} = \begin{bmatrix} z_{\mathrm{SC}\_dd} & z_{\mathrm{SC}\_dq} \\ z_{\mathrm{SC}\_qd} & z_{\mathrm{SC}\_qq} \end{bmatrix} \tag{5.85}$$

将 dq 坐标系上的阻抗模型线性变换为序阻抗模型 $\boldsymbol{Z}_{\mathrm{SC}\_pn}$ 为

$$\boldsymbol{Z}_{\mathrm{SC}\_pn} = \frac{1}{2}\begin{bmatrix} 1 & \mathrm{j} \\ 1 & -\mathrm{j} \end{bmatrix}\begin{bmatrix} z_{\mathrm{SC}\_dd} & z_{\mathrm{SC}\_dq} \\ z_{\mathrm{SC}\_qd} & z_{\mathrm{SC}\_qq} \end{bmatrix}\begin{bmatrix} 1 & 1 \\ -\mathrm{j} & \mathrm{j} \end{bmatrix} = \begin{bmatrix} z_{\mathrm{SC}\_pp} & z_{\mathrm{SC}\_pn} \\ z_{\mathrm{SC}\_np} & z_{\mathrm{SC}\_nn} \end{bmatrix} \tag{5.86}$$

对多输入多输出序阻抗模型 $\boldsymbol{Z}_{\mathrm{SC}\_pn}$ 进行模型降阶,可以得到单输入单输出序阻抗模型 Z_{SC_p} 和 Z_{SC_n}:

$$\begin{cases} Z_{\mathrm{SC}\_p}(\mathrm{j}\omega) = \dfrac{\det[\boldsymbol{Z}_{\mathrm{SC}\_pn}(\mathrm{j}\omega - \mathrm{j}\omega_0)]}{z_{\mathrm{SC}\_nn}(\mathrm{j}\omega - \mathrm{j}\omega_0)} \\ Z_{\mathrm{SC}\_n}(\mathrm{j}\omega) = \dfrac{\det[\boldsymbol{Z}_{\mathrm{SC}\_pn}(\mathrm{j}\omega + \mathrm{j}\omega_0)]}{z_{\mathrm{SC}\_nn}(\mathrm{j}\omega + \mathrm{j}\omega_0)} \end{cases} \tag{5.87}$$

调相机的序阻抗表达式如式(5.88)所示,当 $s = \mathrm{j}(\omega - \omega_0)$ 时,$Z_{\mathrm{SC}p,\,n}$ 为调相机的正序阻抗;当 $s = \mathrm{j}(\omega + \omega_0)$ 时,$Z_{\mathrm{SC}p,\,n}$ 为调相机的负序阻抗。其中,ω 为小扰动频率,ω_0 为系统额定频率。

$$Z_{\mathrm{SC}p,\,n} = \frac{(x_{ad}^2 x_{aq}^2 - x_{aq}^2 x_d x_{\mathrm{f}} + x_{\mathrm{Q}} x_d x_{\mathrm{f}} x_q) s^2 + r_{\mathrm{Q}} r_{\mathrm{f}} x_d x_q - (r_{\mathrm{Q}} x_{ad}^2 x_q + r_{\mathrm{f}} x_{aq}^2 x_d - r_{\mathrm{Q}} x_d x_q x_{\mathrm{f}} - r_{\mathrm{f}} x_d x_q x_{\mathrm{Q}}) s}{(r_{\mathrm{Q}} + x_{\mathrm{Q}} s)(r_{\mathrm{f}} + x_{\mathrm{f}} s)\left(\dfrac{x_d}{2} + \dfrac{x_q}{2} - \dfrac{x_{aq}^2 s}{2r_{\mathrm{Q}} + 2x_{\mathrm{Q}} s} - \dfrac{x_{ad}^2 s}{2r_{\mathrm{f}} + 2x_{\mathrm{f}} s}\right)} \tag{5.88}$$

根据式(5.88)，调相机的正/负序阻抗频率响应特性如图5.27所示，其阻抗参数取300 Mvar调相机典型参数。从图5.27中可以看出，序阻抗总体趋势是阻抗幅值随着频率的增加而增加，所以调相机的序阻抗呈感性，因此系统网侧并联调相机后的阻抗小于未并联调相机的网侧阻抗。

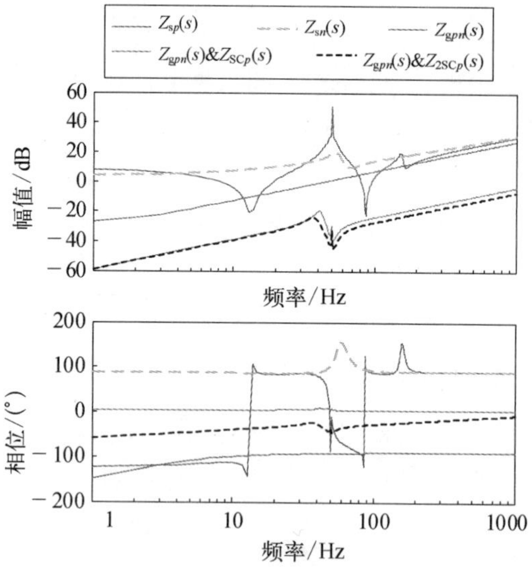

图 5.27　调相机的序阻抗特性

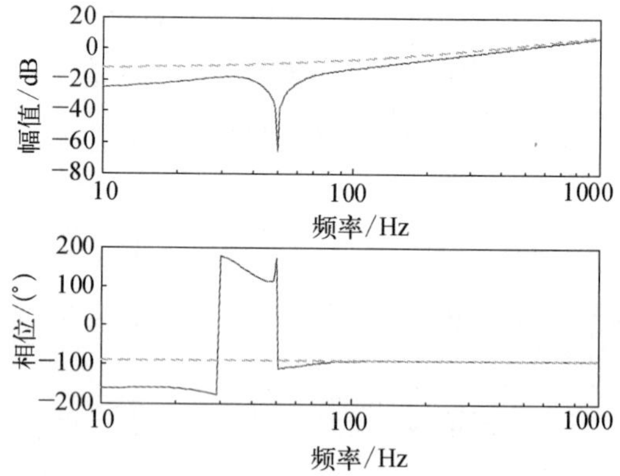

图 5.28　调相机接入风场并网系统的序阻抗特性

2. 调相机对网侧阻抗的影响

在图5.25直驱风机并网系统中的风机并网点并联一台或两台300 Mvar调相机，系统源侧和网侧阻抗曲线如图5.28所示。从图(5.27)中可以看出，并入1台300 Mvar调相机后的网侧阻抗幅值减小，网侧阻抗 $Z_{gpn}(s)$ & $Z_{SCp}(s)$ 幅频曲线与源侧阻抗 $Z_{sp}(s)$ 幅频曲线在次同步频段和超同步频段不再有交点；并入两台300 Mvar调相机后的网侧阻抗幅值进一步减小，网侧阻抗 $Z_{gpn}(s)$ & $Z_{2SCp}(s)$ 幅频曲线与源侧阻抗 $Z_{sp}(s)$ 幅频曲线在次同步频段和超同步频段不再有交点，且相较于1台调相机，源网阻抗幅频特性曲线相距更远，发生次同步交互作用的可能性更小。

因此，从风电并网系统源网阻抗特性角度看，调相机增强了风场并网系统网侧交流系统强度，使得源网阻抗幅频特性曲线不再有交点，原理上源网之间不再有交互作用。

5.6.3　风电场分布式调相机配置优化策略

以下研究大规模多个风电场并网系统中，当存在多个节点供调相机接入时，调相机的配置优化策略。

1. 实际风电场阻抗模型分析

以某地区实际电网为背景建立图5.29所示的风电并网系统。3个风电场均包含型号和工况相同的1.5 MW直驱风电机组。风电场中的风电机组经过机端升压变压器(0.69 kV/35 kV)升压汇集到35 kV风场出口母线。三个风电场输出的电能经过35 kV/220 kV变压器升压后，分别通过109 km和134 km的长距离输电线路汇集到母线 D，再通过220 kV的双回输电线路(56.6 km)以及220 kV/750 kV升压变接入输电网。这里将实际系统750 kV侧(包

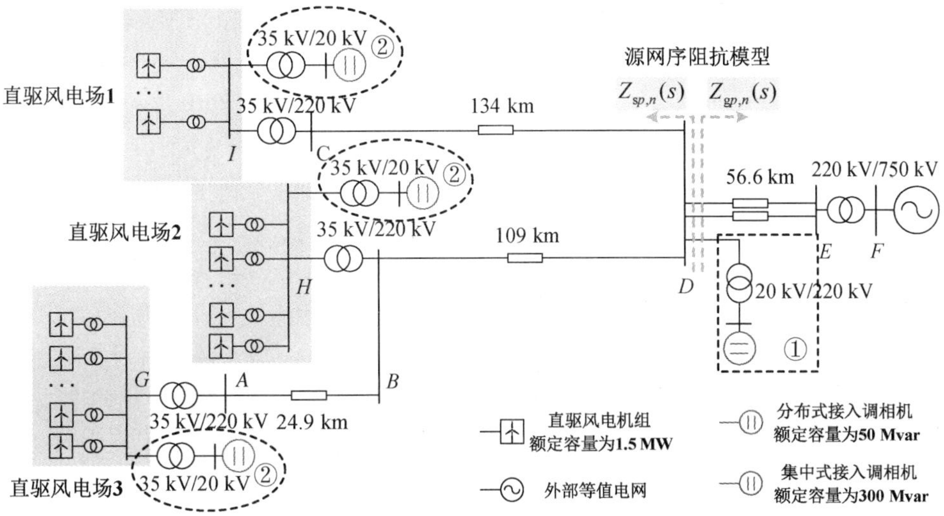

图 5.29　多个直驱风电场连接弱交流电网

含火电厂和直流输电）等值为交流电压源。根据实际风场检测到的持续次同步振荡，风场等值模型运行状态选取典型运行工况，即三个直驱风电场共有 700 台 PMSG 并网运行。

根据该地区运行数据的统计结果，低风速条件下，系统发生 SSO 的概率较大，因此设定所有风电机组运行出力水平为 5%。在该运行工况下，母线 A、B、C、D 处的短路比分别为 2.42、1.42、7.25、5.95。由此可以看出，直驱风电场 2 和 3 出口母线短路比较低，而直驱风电场 1 由于在一个长距离输电通道末端，且并网风机数量较少，其短路比相对较高。上述构造的直驱风电场并网系统等值模型及工况模拟了该地区直驱风机连接弱交流系统的场景。在多个直驱风电场连接弱交流系统中并联调相机前后的系统阻抗特性曲线如图 5.30 所示。

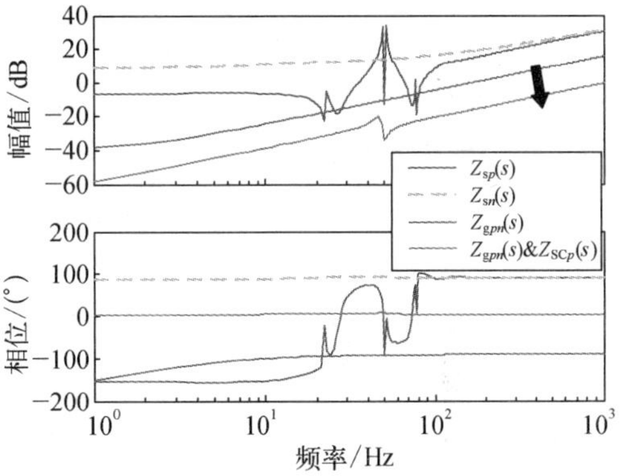

图 5.30　调相机接入风场并网系统的序阻抗特性

观察系统源侧阻抗与网侧阻抗的关系可以发现，并入调相机前的网侧阻抗幅频曲线与源侧正序阻抗幅频曲线在次同步频段存在交点，有发生振荡的风险；并入调相机后的网侧阻抗幅值减小，网侧阻抗幅频曲线与源侧阻抗幅频曲线在次同步频段不再有交点。因此，从阻抗特性角度看，调相机增强了风场并网系统网侧交流系统强度，原理上源网之间不再有交互作用。该结果与单个直驱风电场连接弱交流系统分析结果一致。

2. 集中式和分布式调相机抑制效果对比

由于新能源场站规模较大，地理位置分布较广，因此调相机存在着集中式接入和分布式接入两种接入方式。对此可以考虑调相机集中接入高电压等级和分散接入低电压等级两种配置方案。

在分布接入方式下，将 3 台额定容量为 50 Mvar 的调相机经 20 kV/35 kV 变压器接入直驱风电场各自的并网母线处，即母线 G、H、I，如图 5.29 的②所示。图 5.31 是未加调相机、集

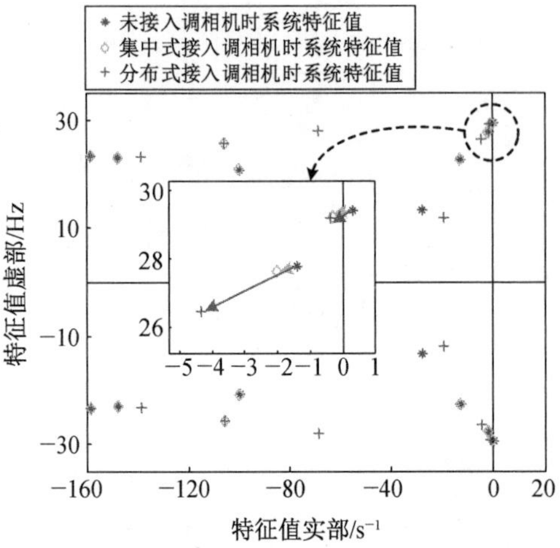

图 5.31 不同方式接入调相机工况下系统特征值对比图

中式接入 1 台调相机和分布式接入 3 台调相机的系统特征值对比。

从图 5.31 中可以看出,在系统中加入调相机能够减小主导模态的特征值实部,与图 5.30 中阻抗模型的结论得到了相互印证。与未接入调相机时系统特征值对比,集中式接入调相机和分布式接入调相机均能减小主导模态的特征值实部,降低系统发生次同步振荡风险。分布式调相机相对于集中式接入调相机对 SSO 的抑制效果更好。由于多风场通过长距离输电线路汇集,调相机分布式接入方式相对于集中式接入方式对风场出口母线处的短路容量支撑更大。同时,分布式调相机的总容量和造价也将低于集中式调相机的容量和造价。因此综合考虑振荡抑制效果和经济性,选用分布式接入方式更为合理。

3. *分布式调相机配置优化策略*

从分布式调相机 SSO 抑制结果对比来看,在风电并弱交流系统中,调相机的容量和配置位置是影响其振荡抑制性能的关键因素。从经济性角度看,不同容量调相机的配置成本存在差异,在进行调相机配置时,要考虑调相机的配置成本。分布式调相机配置优化的目的是以最少的成本发挥调相机对 SSO 最大抑制作用。将分布式调相机的配置问题抽象为优化问题,量化调相机对次同步振荡的抑制效果和配置经济性两个性能指标,将其纳入目标函数和约束条件,而后通过优化算法求解得到最优的调相机配置方案。

基于风机并网系统的小信号模型,采用振荡模态的特征值实部 λ_{SSO} 量化表示分布式调相机对系统 SSO 的抑制效果。振荡模态实部越小,调相机抑制效果越好,目标函数可设为

$$\min F_{SC} = \min real(\lambda_{SSO}) \tag{5.89}$$

显然调相机成本越小,经济性越好。调相机的配置成本 C_{SC} 包含安装调相机的固定成本 C_{fix}^{j}(每台第 j 种容量调相机配置的固定成本)以及跟随容量变化的可变成本 C_{v}^{j}(每 Mvar 无功容量调相机配置的可变成本),因此经济指标的目标函数可设为

$$\begin{aligned}\min C_{SC} &= \min C_{SC}(Q_{SC}^{i,j},\ n_{SC}^{i,j})\\ &= \sum_{i=1}^{N}\sum_{j=1}^{5}(C_{fix}^{j} + C_{v}^{j}Q_{SC}^{j})n_{SC}^{i,j}\end{aligned} \tag{5.90}$$

其中,$n_{SC}^{i,j}$ 为第 i 条母线上配置的第 j 种调相机的台数,其无功输出额定值为 Q_{SC}^{j},N 是可供安装调相机的潜在备选母线总数。在本书研究中假设有 5 种额定无功容量不同的调相机,见表 5.1。

表 5.1 候选调相机容量

J	1	2	3	4	5
Q_{SC}^{j}/Mvar	50	100	150	200	300

综合考虑调相机的抑制效果和经济成本，设置多目标函数，添加权重指标 β。权重取值越小则越侧重抑制效果，反之则越侧重经济性。由于特征值和调相机配置成本量级相差较大，将经济性能指标归一化为 C'_{SC}，最终目标函数可描述如下：

$$\min \beta C'_{SC} + (1-\beta) F_{SC} \tag{5.91}$$

直驱风机并网系统的振荡模态实部通过 MATLAB 的小信号模型的状态空间方程获得，将其作为优化模型的等式约束，如式(5.92)所示。

$$\begin{cases} \Delta \dot{x} = \boldsymbol{A}\Delta x + \boldsymbol{B}\Delta \boldsymbol{u} \\ \Delta \boldsymbol{y} = \boldsymbol{C}\Delta \boldsymbol{x} + \boldsymbol{D}\Delta \boldsymbol{u} \end{cases} \tag{5.92}$$

不等式约束为调相机台数限制以及风场并网点短路比要求，如式(5.93)和(5.94)所示。

$$\sum_{i=1}^{N}\sum_{j=1}^{5} n_{SC}^{i,j} \geqslant M \tag{5.93}$$

$$\mathrm{SCR}_i \geqslant \mathrm{SCR}_{i\min} (1 \leqslant i \leqslant N) \tag{5.94}$$

M 是调相机的最大配置台数。本书研究系统中第 i 个母线短路比 SCR_i 需维持在可接受的最小短路比 $\mathrm{SCR}_{i\min}$ 以上，避免系统处于弱交流工况。

由上述分析可知，调相机的振荡抑制效果与其容量和配置位置呈现非线性关系，且调相机的台数和配置位置是整数变量，因此该优化问题属于混合整数非线性规划问题，本书采用遗传算法进行求解。分布式调相机配置优化过程见图 5.32。

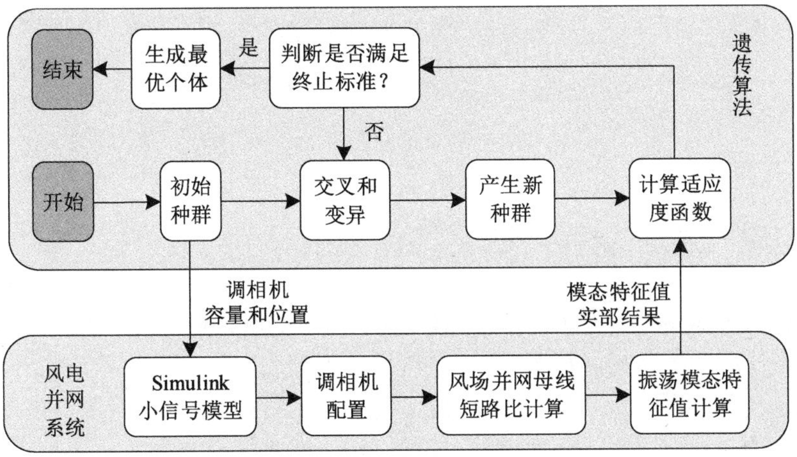

图 5.32　调相机配置优化流程图

为了检验分布式调相机配置优化策略的效果，在 PSCAD/EMTDC 仿真平台搭建以该风电场为背景的多个直驱风电场连接弱交流系统。对调相机的位置和容量配置进行优化。遗传算法的参数设置如下：种群规模为 160，最大的迭代次数为 30，根据工程经验设定调相机的固定成本为 1 000 万元，可变成本为 30 万元/Mvar，最多可配置的调相机台数为 5 台，系统母线最小短路比 $\mathrm{SCR}_{i\min}$ 为 3，权重 β 设置为 0.1。调相机配置优化结果为在直驱风电场 1、2、3 出口母线处分别配置 50 Mvar、200 Mvar、200 Mvar 的调相机各 1 台，在三个风电场汇集母线处配置 1 台 50 Mvar 的调相机。图 5.33 显示了遗传算法中每代种群的平均适应度和最佳个体适应度的演变过程，可以看出，在 30 次迭代的时间里，最佳适应度的值(即目标函数的值)迅速向最优解进化。

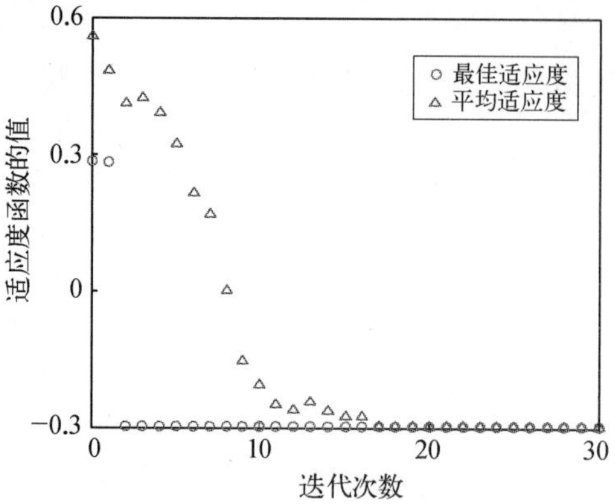

图 5.33 最佳适应度和平均适应度迭代过程中的演化

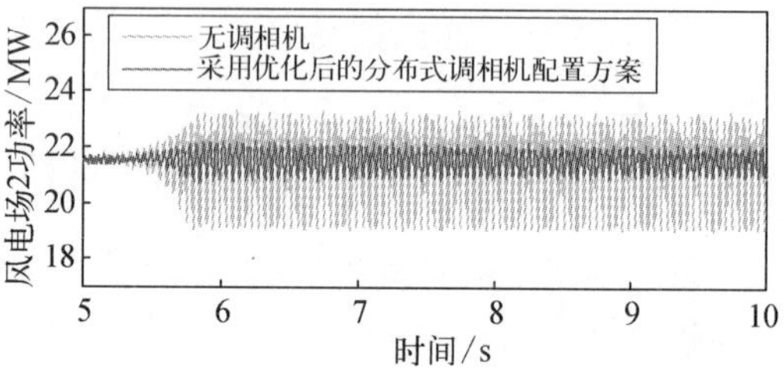

图 5.34 调相机分布式接入方式的抑制结果

系统在优化后的分布式调相机配置方案下，系统振荡模态实部减小为-3.81，相较于未配置调相机(0.29)、集中式接入调相机(-0.30)和优化前分布式接入调相机配置方案(-0.45)，模态实部大幅减小。在时域模型中应用优化后的调相机配置方案，仿真结果如图 5.34 所示。相较于未接入调相机的工况，优化后的分布式调相机配置方案将振荡幅值减小了 76%。该方案下侧重于调相机对 SSO 的抑制效果 ($\beta=0.1$)，分布式调相机配置成本为 19 000 万元，相较于集中式配置两台 300 Mvar 大容量调相机，成本下降 5%。因此，基于遗传算法的分布式调相机位置和容量的优化策略实现了调相机对 SSO 抑制效果和配置成本的多目标优化和平衡。

5.7 风电系统次同步作用回路特性分析

常用的次同步振荡分析方法中，特征值分析法适合于所有振荡类型的机理研究，能够明确量化系统的次同步振荡稳定程度，但其物理意义不够明确。复转矩系数法和阻抗分析法从相互作用角度分析次同步振荡，物理意义明确，但各自存在其适用范围。因此，本节主要从次同步振荡的相互作用回路角度，提出一种作用回路特性分析方法。依据大规模海上风电并网系统的次同步振荡主导模态特点，利用阻抗作用回路特性分析系统稳定性，并提出风险量化方法。基于该风险量化方法，对大规模海上风电并网系统的次同步振荡风险进行评估。

5.7.1 次同步作用回路特性分析方法

1. 次同步作用回路特性的原理分析

如前所述，次同步相互作用可以认为是两个系统之间的作用关系，如风电系统次同步扭振相互作用是由机械系统轴系与电力系统其余部分之间的相互作用引起。如果将一个电力系统按照相互作用关系拆分为两个子系统，两个子系统分别看作开环传递函数和反馈函数，将整个系统看作一个闭环传递函数，其结构如图5.35所示。

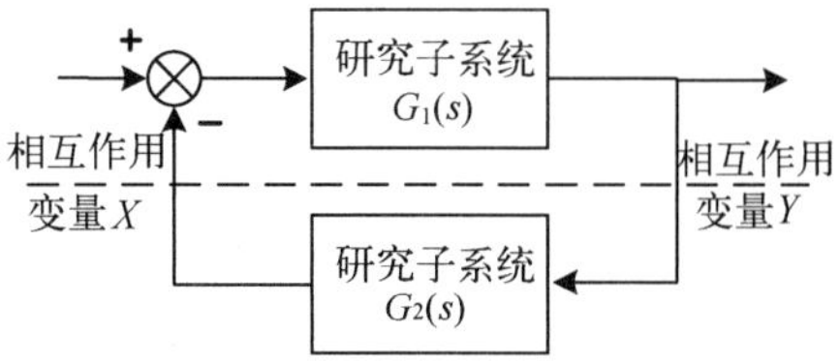

图5.35 系统作用回路示意图

根据图5.35可知，此时，系统的研究子系统 G_1 和研究子系统 G_2 由相互作用变量 X 和相互作用变量 Y 联系，闭环传递函数可以表示如下：

$$\frac{Y(s)}{X(s)}=\frac{G_1(s)}{1+G_1(s)G_2(s)} \tag{5.95}$$

系统不稳定或者发生振荡，则该传递函数存在负实部极点。传递函数的极点可以由传递函数分母表达式等于零的解表示。而由该系统闭环传递函数的表达式(5.95)可以看出，传递函数分母由研究子系统 G_1 和研究子系统 G_2 共同影响。在电力系统稳定性分析中，不失一般性的认为研究子系统 G_1 和研究子系统 G_2 本身均稳定，那么系统的振荡就是研究子系统 G_1 和研究子系统 G_2 相互作用产生的，这就与目前源网相互作用产生振荡的观点相呼应。

基于以上的系统稳定性和传递函数的分析，将如图5.35中研究子系统 G_1 和研究子系统 G_2 的共同影响称为系统的作用回路。基于研究子系统 G_1 和研究子系统 G_2 稳定的假设，将式(5.95)变形，可得

$$\frac{Y(s)}{X(s)}=\frac{1}{G_1^{-1}(s)+G_2(s)} \tag{5.96}$$

此时，系统的稳定性由式(5.96)右边分母决定，将之定义为系统的作用回路特性，如式(5.97)所示，通过传递函数作用回路特性式(5.97)分析系统稳定性的方法称为作用回路特性分析。

$$G(s)=G_1^{-1}(s)+G_2(s) \tag{5.97}$$

根据上文分析，令作用回路特性为零，即 $G(s)=0$，即可求得表征系统稳定性的闭环极点，从而判断稳定性。然而实际系统阶数较高，难以获得准确的解析传递函数，因此该稳定性判别方法实行较困难。通常根据系统的作用回路特性判断系统的稳定性需要依靠稳定性判据，如奈奎斯特判据分析等。

需要说明的是，由于假设研究子系统 G_1 为稳定系统，对系统作用回路特性式进行分析等价于对系统传递函数式(5.95)中的分母进行分析，因为其只相差一个非零的系数 $G_1(s)$。因此，系统的一个作用回路特性与恒非零的表达式相乘的结果也可以称作系统的作用回路特性。

运用作用回路进行分析要选择合适的相互作用变量 X 和相互作用变量 Y，或者选择合适的系统切分点，将完整系统拆成两个子系统。如果选择不当，系统的振荡不一定与两个系统相关，可能只是研究子系统 G_1 的作用结果，此时，系统作用回路特性就失去了意义。

2. 次同步作用回路特性分析的具体应用

前文提到需要选择合适的相互作用变量 X 和相互作用变量 Y,如果选择相互作用变量为电机的转速和转矩,此时系统被自然拆分为了机械系统和电气系统,此时的作用回路特性分析的过程就是复转矩系数法的分析过程,此时系统作用回路示意图如图 5.36 所示。为了叙述清晰,将基于复转矩系数的次同步作用回路称为复转矩系数作用回路。

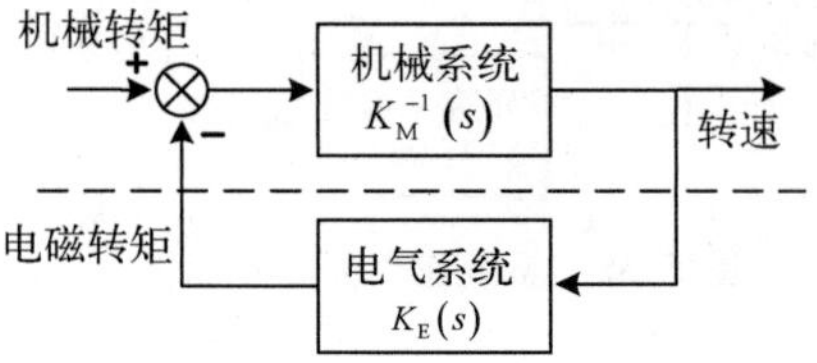

图 5.36 复转矩系数作用回路示意图

对发电机转子相对角度 δ 施加一个频率为 ω 的小值振荡分量,计算机械系统传递函数 $K_M(s)$ 和电气系统传递函数 $K_E(s)$,其频率响应即为机械复转矩系数和电气复转矩系数,具有明确的物理意义。

$$K_M(j\omega) = K_m(\omega) + jD_m(\omega) \tag{5.98}$$

$$K_E(j\omega) = K_e(\omega) + jD_e(\omega) \tag{5.99}$$

式中,$K_m(\omega)$ 和 $K_e(\omega)$ 分别为机械和电气的弹性系数,$D_m(\omega)$ 和 $D_e(\omega)$ 分别为机械和电气的阻尼系数。

此时,作用回路分析方法认为满足系统总的弹性系数等于零的条件下,系统会发生振荡,即

$$K_m(\omega) + K_e(\omega) = 0 \tag{5.100}$$

如果此时的频率 ω 为次同步频率,且对应的净阻尼系数小于零,即

$$D_m(\omega) + D_e(\omega) < 0 \tag{5.101}$$

此时认为系统会发生次同步振荡。这就是传统复转矩系数法的稳定性判据。需要指出,复转矩系数法仅适用于风机轴系参与的次同步振荡稳定性分析,如次同步扭振相互作用等。次同步控制相互作用不受风机轴系模型影响,因此无法通过该方法判别。

另外,如果选择相互作用变量为风机出口处的电压和电流,此时系统被自然拆分为了网侧系统和源侧系统,此时的作用回路特性分析的过程就是阻抗分析法的分析过程,作用回路示意图可以表示为图 5.37,此时系统传递函数为系统的阻抗和导纳。为了叙述清晰,将该基于阻抗的次同步作用回路称为阻抗作用回路。

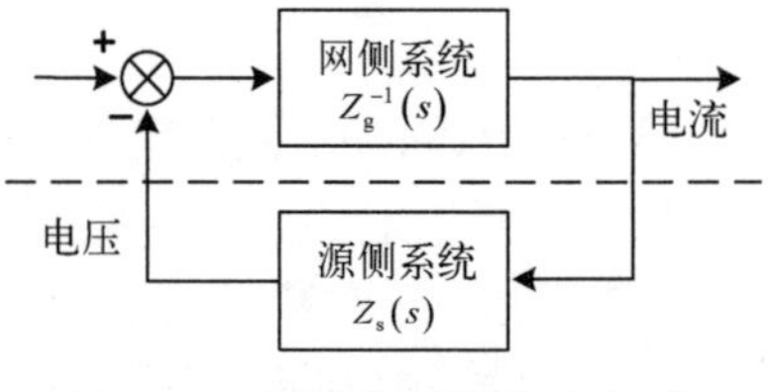

图 5.37 阻抗作用回路示意图

对风机出口处的电流施加一个频率为 ω 的小值振荡分量,计算网侧系统传递函数 $Z_g(s)$ 和源侧系统传递函数 $Z_s(s)$,其频率响应,即源侧阻抗和网侧阻抗曲线,该方法通常称为频率扫描法。阻抗作用回路特性的分析较为复杂,将于后文详细说明。

5.7.2 阻抗作用回路特性分析及次同步振荡风险量化评估方法

目前通常认为次同步振荡是源网相互作用的结果,本节选取阻抗作用回路特性分析方法分析系统次同步稳定性。

1. 阻抗模型及其稳定性分析

通过阻抗作用回路分析系统的稳定性，首先要得到系统的阻抗传递函数，从而分析阻抗作用回路特性。现考虑前文建立小信号模型，其可以表达为状态空间的形式，如式(5.102)所示：

$$\begin{cases}\dot{\boldsymbol{X}} = \boldsymbol{AX} + \boldsymbol{Bu} \\ \boldsymbol{Y} = \boldsymbol{CX} + \boldsymbol{Du}\end{cases} \tag{5-102}$$

式中，$\boldsymbol{X}$、$\boldsymbol{Y}$、$\boldsymbol{u}$ 分别表示系统的状态向量、输出向量和输入向量；$\boldsymbol{A}$、$\boldsymbol{B}$、$\boldsymbol{C}$、$\boldsymbol{D}$ 分别为状态空间模型的系统矩阵、输入矩阵、输出矩阵和直联矩阵。

对风电系统进行建模的状态空间模型式中，包含大规模海上风电并网系统的变流器控制、轴系等信息。取输入向量 $\boldsymbol{u}$ 为电源出口处的电压 $\boldsymbol{U}_{dq}$，输出向量 $\boldsymbol{Y}$ 为电源出口处的电流 $\boldsymbol{I}_{dq}$ 时，系统的状态空间模型可以表征系统的导纳。将式(5.102)进行拉普拉斯变换，那么系统电压输入与电流输出的关系可以表示为

$$\boldsymbol{I}_{dq} = \boldsymbol{Y}_{\text{sys}}(s)\boldsymbol{U}_{dq} \tag{5.103}$$

其中，$\boldsymbol{Y}_{\text{sys}}$ 表示系统的 2×2 阶 dq 轴导纳传递函数，可以由式(5.103)计算得

$$\boldsymbol{Y}_{\text{sys}}(s) = \boldsymbol{C}(s\boldsymbol{I} - \boldsymbol{A})^{-1}\boldsymbol{B} + \boldsymbol{D} \tag{5.104}$$

通过对导纳矩阵求逆，即可得到系统 dq 轴阻抗矩阵 $\boldsymbol{Z}_{\text{sys}}$：

$$\boldsymbol{Z}_{\text{sys}}(s) = \boldsymbol{Y}_{\text{sys}}^{-1}(s) \tag{5.105}$$

阻抗矩阵 $\boldsymbol{Z}_{\text{sys}}$ 中包含建模时考虑的变流器控制和轴系等非电气元件的信息，因此阻抗矩阵能够反映非电气元件的特性，也能够反映与轴系和控制相关的次同步振荡模态。

由于在小信号模型中，阻抗模型为 dq 坐标下阻抗，阻抗矩阵可以表示为

$$\boldsymbol{Z}_{\text{sys}}(s) = \begin{bmatrix}\boldsymbol{Z}_{dd}(s) & \boldsymbol{Z}_{dq}(s) \\ \boldsymbol{Z}_{qd}(s) & \boldsymbol{Z}_{qq}(s)\end{bmatrix} \tag{5.106}$$

因此，阻抗作用回路特性需要进行修订。根据逆矩阵的计算方法，重写传递函数，得

$$\boldsymbol{Y}_{\text{sys}} = \frac{\boldsymbol{C}\text{adj}(s\boldsymbol{I} - \boldsymbol{A})\boldsymbol{B}}{|s\boldsymbol{I} - \boldsymbol{A}|} + \boldsymbol{D} \tag{5.107}$$

将式(5.107)与系统闭环传递函数表达式对比，可以发现，导纳闭环传递函数的极点就是系统小信号模型的特征值，另外导纳传递函数的极点与阻抗行列式的零点相等。因此，阻抗作用回路特性在该系统中，应表示为

$$\boldsymbol{Z}_{\text{c}}(s) = |\boldsymbol{Z}_{\text{sys}}(s)| = \begin{vmatrix}\boldsymbol{Z}_{dd}(s) & \boldsymbol{Z}_{dq}(s) \\ \boldsymbol{Z}_{qd}(s) & \boldsymbol{Z}_{qq}(s)\end{vmatrix} \tag{5.108}$$

为了叙述清晰，将阻抗作用回路特性称为系统的特征阻抗。特征阻抗为零即代表系统的特征方程，因此，阻抗作用回路分析即可转变为对系统特征阻抗和特征方程的分析。为了更清晰的分析系统源网相互作用，将系统阻抗特征方程进行变形：

$$|\boldsymbol{Z}_{s}(s)+\boldsymbol{Z}_{g}(s)|=0 \tag{5.109}$$

注意到电网与电源侧阻抗通常为满阵，dq 轴无法解耦，求解行列式复杂。为了简化系统特征方程，使其具有物理意义，现定义变换矩阵如下：

$$\boldsymbol{T}=\begin{bmatrix}1 & \mathrm{j}\\ 1 & -\mathrm{j}\end{bmatrix},\quad \boldsymbol{T}^{-1}=\frac{1}{2}\begin{bmatrix}1 & 1\\ -\mathrm{j} & \mathrm{j}\end{bmatrix} \tag{5.110}$$

以变换矩阵 T 对阻抗矩阵 $\boldsymbol{Z}_{\mathrm{sys}}$ 进行相似变换，可得

$$\boldsymbol{Z}_{\mathrm{sys}\_pn}=\boldsymbol{T}\boldsymbol{Z}_{\mathrm{sys}}\boldsymbol{T}^{-1} \tag{5.111}$$

此时，阻抗 $\boldsymbol{Z}_{\mathrm{sys}\_pn}$ 为系统的正负序阻抗。系统特征方程可作等价变化，如下式所示：

$$|\boldsymbol{Z}_{\mathrm{sys}\_pn}|=|\boldsymbol{T}(\boldsymbol{Z}_{s}+\boldsymbol{Z}_{g})\boldsymbol{T}^{-1}|=0 \tag{5.112}$$

常见的电力系统元件如线路和变压器等，其阻抗矩阵均满足主对角线元素相等、次对角线元素互为相反数的特殊对称形式，而电网通常可以看作该类元件构成的网络，其阻抗矩阵也满足这种对称关系，故系统特征方程可进一步简化：

$$\left|\boldsymbol{T}\boldsymbol{Z}_{s}\boldsymbol{T}^{-1}+\begin{bmatrix}\boldsymbol{Z}_{gp} & \\ & \boldsymbol{Z}_{gn}\end{bmatrix}\right|=0 \tag{5.113}$$

其中，$\boldsymbol{Z}_{gp}$ 为电网的正序阻抗；$\boldsymbol{Z}_{gn}$ 为电网的负序阻抗。

由于电源侧阻抗不满足特殊对称性，为了简化分析，将电源侧阻抗分解为满足特殊对称的部分和不满足特殊对称的两部分：

$$\boldsymbol{Z}_{s}=\begin{bmatrix}\boldsymbol{Z}_{s3} & -\boldsymbol{Z}_{s4}\\ \boldsymbol{Z}_{s4} & \boldsymbol{Z}_{s3}\end{bmatrix}+\begin{bmatrix}0 & 0\\ \boldsymbol{Z}_{s1} & \boldsymbol{Z}_{s2}\end{bmatrix} \tag{5.114}$$

系统特征方程可以进一步简化为

$$\left|\begin{bmatrix}\boldsymbol{Z}_{s3}+\mathrm{j}\boldsymbol{Z}_{s4} & \\ & \boldsymbol{Z}_{s3}-\mathrm{j}\boldsymbol{Z}_{s4}\end{bmatrix}+\boldsymbol{T}\left(\begin{bmatrix}0 & 0\\ \boldsymbol{Z}_{s1} & \boldsymbol{Z}_{s2}\end{bmatrix}\right)\boldsymbol{T}^{-1}+\begin{bmatrix}\boldsymbol{Z}_{gp} & \\ & \boldsymbol{Z}_{gn}\end{bmatrix}\right|=0 \tag{5.115}$$

计算式中的行列式，即可得

$$\boldsymbol{Z}_{p}\boldsymbol{Z}_{n}+\frac{\boldsymbol{Z}_{s2}}{2}(\boldsymbol{Z}_{p}+\boldsymbol{Z}_{n})+\mathrm{j}\frac{\boldsymbol{Z}_{s1}}{2}(\boldsymbol{Z}_{n}-\boldsymbol{Z}_{p})=0 \tag{5.116}$$

其中，$\boldsymbol{Z}_{p}=\boldsymbol{Z}_{gp}+\boldsymbol{Z}_{s3}+\mathrm{j}\boldsymbol{Z}_{s4}$，$\boldsymbol{Z}_{n}=\boldsymbol{Z}_{gn}+\boldsymbol{Z}_{s3}-\mathrm{j}\boldsymbol{Z}_{s4}$。

式(5.116)即为系统特征方程的最终简化形式，对该特征方程进行分析，即可判断系统稳定性。

进一步分析该特征方程的物理意义。可以发现，系统特征方程(5.103)中所有变量都具有阻抗的意义。为了将系统特征方程表示为阻抗串并联的形式，对系统特征方程(5.103)进行等效变形：

$$\boldsymbol{Z}_{eq}(s)=2\frac{\boldsymbol{Z}_p\boldsymbol{Z}_n}{\boldsymbol{Z}_p+\boldsymbol{Z}_n}+\boldsymbol{Z}_{s2}+\mathrm{j}\boldsymbol{Z}_{s1}\frac{\boldsymbol{Z}_n-\boldsymbol{Z}_p}{\boldsymbol{Z}_p+\boldsymbol{Z}_n}=0 \tag{5.117}$$

式中，$\boldsymbol{Z}_{eq}$ 即为风电并网系统的阻抗作用回路特性的等效形式，为了区分，将之称为基于阻抗矩阵行列式的作用回路特性，简称为阻抗矩阵作用回路特性。阻抗矩阵作用回路特性每一项都具有阻抗的物理意义，且都是复数 s 的函数。因此，可以将系统此时的阻抗矩阵作用回路特性用等效电路图表示，如图 5.38 所示。根据系统阻抗矩阵作用回路特性与系统特征方程的关系，该等效电路的意义可以解释如下：系统发生振荡等效于图 5.38 所示等效电路发生谐振，即当阻抗矩阵作用回路特性等效电路的阻抗值为零时，系统会发生振荡。

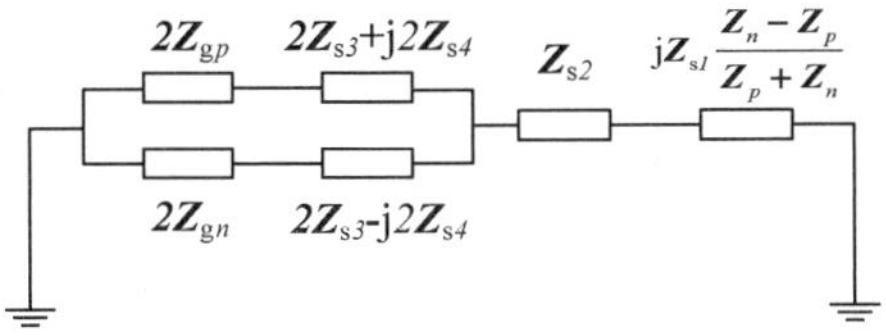

图 5.38　阻抗矩阵作用回路特性等效电路

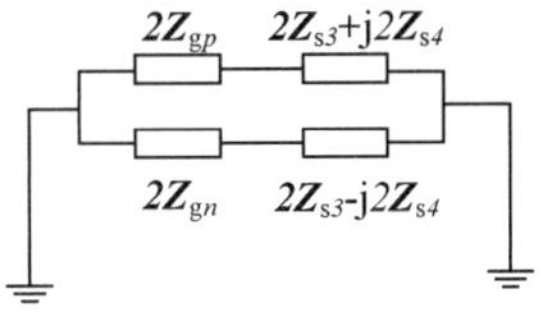

图 5.39　简化阻抗矩阵作用回路特性等效电路

电路中 $\boldsymbol{Z}_{s1}$ 和 $\boldsymbol{Z}_{s2}$ 表示的是电源测系统阻抗矩阵的非对称元素，假设源侧阻抗矩阵的 $\boldsymbol{Z}_{s1}$ 或 $\boldsymbol{Z}_{s2}$ 的值较小近似可以看作零，那么，系统的阻抗矩阵作用回路特性的等效电路可以简化，具体为图 5.38 中的对应阻抗可以看作短路。即当假设系统电源阻抗矩阵条件极为理想，源侧阻抗为对称矩阵（$\boldsymbol{Z}_{s1}=\boldsymbol{Z}_{s2}=0$），此时系统阻抗矩阵作用回路特性等效电路就可以表示如图 5.39 所示。

此时，$\boldsymbol{Z}_{s3}+\mathrm{j}\boldsymbol{Z}_{s4}$ 和 $\boldsymbol{Z}_{s3}-\mathrm{j}\boldsymbol{Z}_{s4}$ 就分别表示系统电源测的正序阻抗和负序阻抗。那么，简化的阻抗矩阵可以看作系统正负序阻抗的并联，对该系统分析，可以得到结论：系统发生振荡等效于系统正负序阻抗并联电路发生谐振。

2. 基于次同步作用回路特性的风险量化评估方法

如前文所述，目前阻抗分析法通过对阻抗模型进行分析，可以判别系统稳定与否，但是无法量化系统的稳定程度，所以无法进行风电并网系统的风险评估。因此，这里主要结合特征值分析法研究一种基于阻抗作用回路的风险量化评估方法。

根据前面介绍的特征值分析法可知，特征值实部的大小可以反映次同步振荡，适合作为衡量系统稳定性的指标。但是，求解系统特征值依赖与小信号模型，对模型参数和稳态运行点精度要求较高，然而大规模海上风电系统受海上风速变化影响较大，根据运行条件估算系统特征值较为困难。因此，本节研究以系统的阻抗作用回路特性的频率响应估算系统特征值的方法，并以此制定次同步振荡风险的量化评估方法。

前文分析过特征值即为作用回路特性的零点，因此，可以通过复变函数的性质，根据阻抗作用回路特性估算系统的特征值，再由估算特征值实部实现对系统稳定程度的量化分析，从而实现次同步风险量化。

为了便于说明，本书将阻抗作用回路特性的频率响应曲线称为阻抗特性曲线，其可表示如下：

$$\boldsymbol{Z}_{c}(\mathrm{j}\omega)=|\boldsymbol{Z}_{sys}(\mathrm{j}\omega)|=R_{e}(\omega)+\mathrm{j}I_{m}(\omega) \tag{5.118}$$

其中，$R_{e}(\omega)$ 表示该频率点对应的阻抗特性曲线实部，$I_{m}(\omega)$ 表示该频率点对应的阻抗特性曲线实部。

估算系统特征值,首先要估算系统的自然振荡频率。在某频率 ω_r 附近,如果其幅频特性突降,相位在该频率点附近大幅突变,即可近似认为 ω_r 是振荡频率。因为相位的突变通常意味着系统阻抗在感性与容性间变化,而幅频特性突降直观表示其阻抗作用回路特性在该频率 ω_r 处接近零。

若 $s_i = s_0 + \Delta s_i$ 为系统某一次同步振荡模态所对应的特征值(频率接近自然振荡频率 ω_r),其应该满足系统的特征方程 $Z(s_i)=0$,其中 $\Delta s_i = \Delta\sigma + j\Delta\omega$ 为特征值修正值,那么,系统在振荡频率 ω_r 附近的特征值可以写为

$$s_i = \Delta\sigma + j(\omega_r + \Delta\omega) \tag{5.119}$$

为了计算特征值的修正值 $\Delta s_i = \Delta\sigma + j\Delta\omega$,将系统的特征阻抗 $Z_c(s)$ 在 $s_0 = 0 + j\omega_r$ 的邻域内做一阶泰勒展开,并忽略高次项:

$$Z_c(s_0 + \Delta s_i) = Z_c(s_0) + \left.\frac{\partial Z(s)}{\partial s}\right|_{s=s_0} \Delta s_i \tag{5.120}$$

根据复变函数的性质,式(5.120)中的微分可以表示为

$$\left.\frac{\partial Z_c(s)}{\partial s}\right|_{s=s_0} = \left.\frac{\partial I_m(\omega)}{\partial\omega}\right|_{\omega=\omega_r} - j\left.\frac{\partial R_e(\omega)}{\partial\omega}\right|_{\omega=\omega_r} \tag{5.121}$$

则由系统的特征方程 $Z(s_i)=0$ 以及式(5.118)、式(5.120)和式(5.121)可得

$$\Delta\sigma = \frac{-R_e(\omega_r)I'_m(\omega_r) + I_m(\omega_r)R'_e(\omega_r)}{[R'_e(\omega_r)]^2 + [I'_m(\omega_r)]^2} \tag{5.122}$$

$$\Delta\omega = \frac{-R_e(\omega_r)R'_e(\omega_r) - I_m(\omega_r)I'_m(\omega_r)}{[R'_e(\omega_r)]^2 + [I'_m(\omega_r)]^2} \tag{5.123}$$

其中:

$$R'_e(\omega_r) = \left.\frac{\partial R_e(\omega)}{\partial\omega}\right|_{\omega=\omega_r} \tag{5.124}$$

$$I'_m(\omega_r) = \left.\frac{\partial I_m(\omega)}{\partial\omega}\right|_{\omega=\omega_r} \tag{5.125}$$

由式(5.119)、式(5.122)和式(5.123)以及估算的自然振荡频率 ω_r 即可得到估算的系统特征值。系统特征值实部大于零时,该振荡模态为不稳定模态,特征值实部越大,系统越不稳定;系统特征值实部小于零时,该振荡模态为稳定模态,特征值实部越小,系统越稳定。估算的特征值实部可以判别系统稳定性。

然而,出于工程应用考虑,特征值的实部的计算会存在误差,通过特征值实部是否大于零将次同步振荡风险分为高风险和低风险,以此评估系统的次同步振荡风险会有较大的误差。因此本书提出一种次同步振荡风险分级的方法。首先,通过估算系统的振荡模态特征值实部,计算模态阻尼比:

$$\xi_i = \frac{-\sigma_i}{\sqrt{\sigma_i^2 + \omega_i^2}} \tag{5.126}$$

可以看出,阻尼比可以由振荡模态的特征值实部和振荡频率得到,通常一个模态振荡的频率变化不明显,可以认为阻尼比主要由特征值实部决定。阻尼比在工程中,通常用来反映振荡模态的衰减快慢。振荡模态 i 对应的阻尼比 ξ_i 大于零,则该振荡模态为稳定模态,阻尼比越大,振荡幅值的衰减越快;模态阻尼比小于零时,振荡模态为不稳定模态,阻尼比越小,则振荡幅值的发散越快。据此,从工程应用角度,考虑一定的计算和参数误差,次同步振荡风险的分级方法可定义:将振荡风险分为三级,当某系统模态阻尼比大于 r_1 时,处于强阻尼状态,系统振荡风险小,无需采取振荡抑制措施;系统模态阻尼比在 $r_2 \sim r_1$ 时,处于弱阻尼状态,系统振荡风险中等;系统模态阻尼比小于 r_2 时,处于负阻尼状态,系统振荡风险大,必须要采取振荡抑制措施。根据工程经验,建议选取 r_1 为 5%,r_2 为 0.1%。

该次同步振荡风险量化评估方法仅依赖系统的阻抗特性曲线,并不依赖于本文提出的小信号模型阻抗矩阵作用回路特性和具有阻抗意义的系统特征方程。举例来说,本方法也可以通过频率扫描法得到的系统频率阻抗曲线量化评估系统次同步振荡风险。

下面通过上述提出的次同步振荡风向量化评估方法来分析目前的稳定性判据。以 RLC 串联谐振电路为例,通常认为线路电抗为 0 时系统会出现谐振,此时阻抗曲线虚部等于 0,式的分母恒大于零,系统稳定性由 $-R_e(\omega_r)I'_m(\omega_r)$ 决定。RLC 串联谐振电路中,$I'_m(\omega_r)$ 恒大于零,因此,可以用谐振点对应的电阻正负来判定系统稳定性。简单的电力系统,通常满足 $I'_m(\omega_r)$ 恒大于零的条件,然而在更复杂的多机系统尤其是含有变流器的新能源系统中未必总是如此。下面对大规模海上风电并网系统的次同步振荡风险进行研究,因此使用该次同步振荡风险量化方法进行风险评估,其结果更加准确可靠。

需要说明,通过式(5.122)和式(5.123)估算特征值,从而量化次同步振荡风险的方法,不仅适用于阻抗作用回路特性分析,各种作用回路特性分析均适用。本书主要分析大规模海上风电并网系统的次同步振荡风险,所以通过阻抗作用回路特性曲线量化评估次同步振荡风险,更具有物理意义。在分析其他系统的次同步振荡风险时,也可以通过系统的其他作用回路特性曲线计算特征值,评估系统的次同步振荡风险。例如前文提到的复转矩系数法的稳定性判据也可以用该公式验证,与 RLC 谐振的稳定性判据相似,此处不再赘述。

5.7.3　大规模海上风电并网系统的次同步振荡风险评估

目前研究通常认为系统的次同步振荡风险与其接入系统的强弱有关。那么,可以将系统从网侧变流器出口处分开,将系统分成源侧子系统和网侧子系统,从源网相互作用的角度对系统的风险进行评估。为此,本节基于阻抗作用回路特性的风险量化评估方法,在大型海上风电厂接入系统条件变化的情况下,对系统次同步振荡主导模态特征值实部进行估算,以此衡量系统的次同步振荡风险。为了便于分析接入系统强弱对系统次同步振荡风险的影响,将接入系统的交流线路的 π 型等值电路和无穷大电网看作一种等效线路,并且假设接入系统等值线路的电感、电阻可单独变化。以风机出口点的电压为输入,电流为输出,可以得到系统的作用回路特性模型。

通过对小信号模型进行仿真，可以得到系统的阻抗模型，进一步对阻抗模型进行处理，可以分析出系统的阻抗作用回路特性，绘制其阻抗特性曲线，如图 5.40 所示。从图中可以看出，频率在 18 Hz 左右时，系统的阻抗特性曲线的幅值突降，而其相位发生突变，因此，可以认为系统的振荡频率在 18 Hz 左右。运用本文提出的基于阻抗作用回路特性的风险量化评估方法，估算系统的特征值，并与大规模风电并网系统小信号模型的次同步振荡主导模态特征值计算结果相比，其结果见表 5.2。

表 5.2　特征值估算结果与理论结果

特征值估算结果	特征值理论结果
0.254 1±113.329 7i	0.248 3±112.797 9i

由表 5.2 可以看出，次同步振荡主导模态特征值的估算值与其理论值都很接近，可以认为在该系统条件下，根据图 5.40 系统阻抗特性曲线估算特征值的方法有效，可以依靠该方法量化判定系统的稳定程度，评估次同步振荡风险。

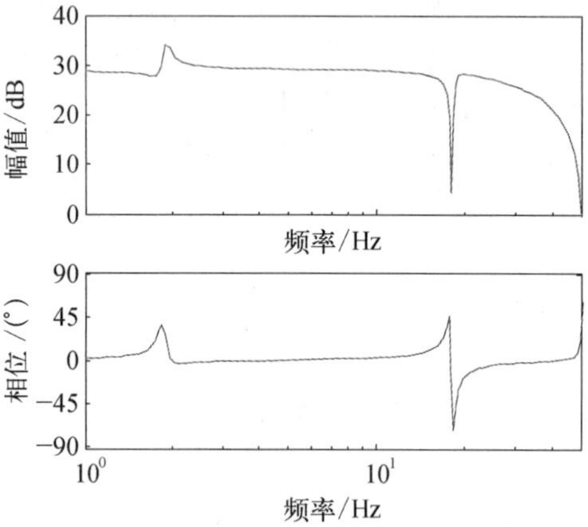

图 5.40　系统阻抗作用回路特性曲线

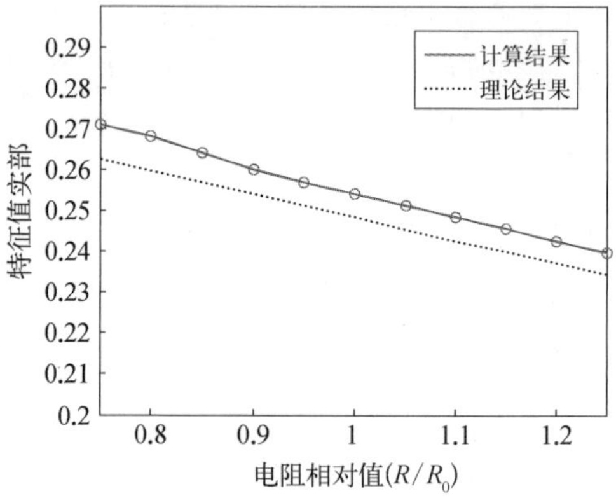

图 5.41　接入系统电阻对特征值实部的影响

进一步为了验证方法的通用性，并分析接入系统电阻电感变化对大规模海上风电并网系统的次同步振荡风险的影响，首先选取接入系统电阻在初始参考值的 0.75 倍到 1.75 倍间变化，其特征值实部的结果如图 5.41 所示。需要说明的是，由于在本文考虑的参数变化范围内，次同步振荡主导模态频率随电阻和电感变化均较小，因此不再分析振荡频率变化。

由图 5.41 可以看出随着接入系统电阻的增大，系统次同步振荡主导模态特征值的实部减小，符合理论分析结果。并且，随着接入系统电阻的变化，运用基于阻抗作用回路特性的风险评估方法计算出的系统主导模态特征值实部，与小信号模型特征值分析的结果均很接近，其误差在 5%以内。

选取系统等值接入系统电感在初始参考值的 0.85 倍到 1 倍间变化，其特征值实部的结果如图 5.42 所示。从图中可以看出，随着电感的增大，系统次同步振荡主导模态特征值实部增加，系统振荡风险增加。随着电感的变化，系统理论特征值实部与风险评估方法计算出的系统主导模态实部相近，两条曲线重合度较高，误差约在 5%以内。而且在特征值实部过零点附近，特征值实部的计算值与理论值高度重合，因此可以认为通过估算特征值来近似系统的次同步振荡风险方法有效,不会因为计算误差导致稳定性判定出错。

综合上述结论,在接入系统电阻和电感变化的情况下,通过风险评估方法计算出的系统主导模态特征值实部,与理论值均有较好的相似度。因此,可以认为估算特征值结果在系统各种条件下,均有较高的准确性,因此可以选取估算特征值实部的结果来量化大规模海上风电并网系统的风险。

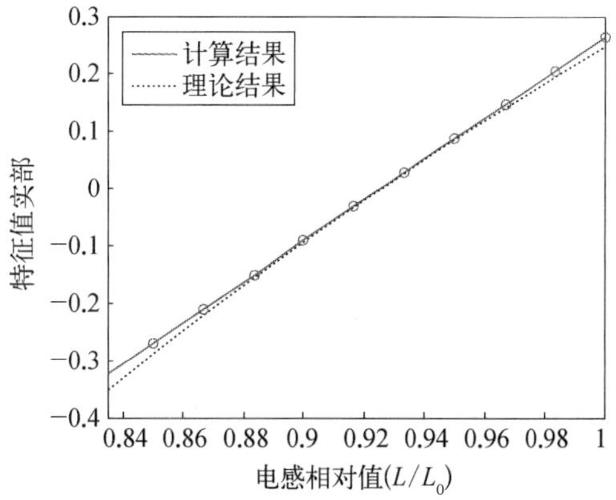

图 5.42　接入系统电感对特征值实部的影响

为了进一步分析接入系统等效电阻电感对系统次同步振荡风险的影响,选取接入系统电阻电感在更大的范围内变化,电感的变化范围取初始参考值的 0.85~2 倍,电阻的变化范围取参考值的 0.5~1.5 倍,分别计算系统的特征值实部,并分析电感电阻对特征值实部的影响,在大范围变化下,可以观察到系统的特征值实部随电阻变化的曲线接近线性,而系统的特征值实部随电感变化的曲线接近反比型曲线。因此,本书对特征值实部随电阻和随电感的倒数变化的曲线进行一次函数拟合,最终得到的特征值实部随参数变化的曲线分别如图 5.43 和图 5.44 所示。

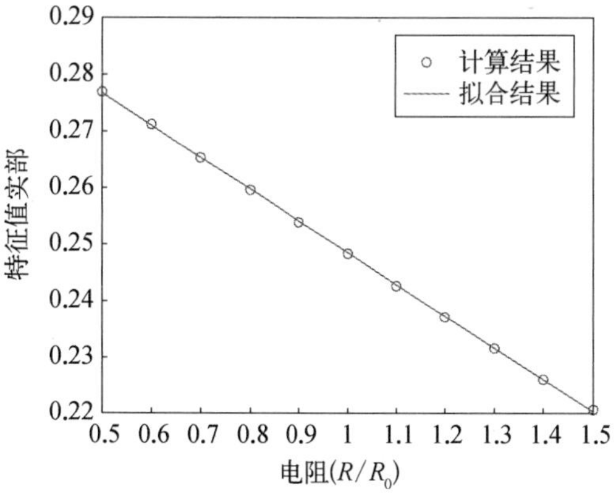

图 5.43　接入系统电阻对特征值实部的影响拟合曲线

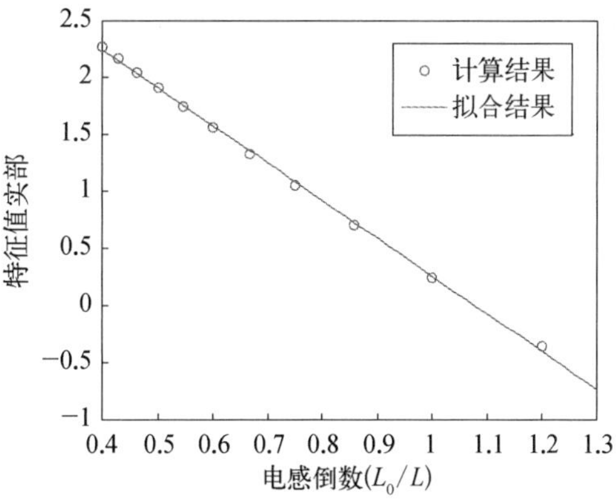

图 5.44　接入系统电感对特征值实部的影响拟合曲线

从图 5.44 中可以看出,特征值实部随电阻的增大而下降,即系统的电阻越大,系统的振荡风险越小,这与传统谐振电路的规律相符。而且,特征值实部随接入系统电阻的变化高度趋近于一次函数,其实际计算结果与拟合曲线的重合度极高,因此可以判断特征值实部随电阻的变化为线性的。

从图 5.44 中可以看出,特征值实部随电感倒数的增大而减小,即特征值实部随电感的增大而增大,因此可以认为系统的电感越大,系统的振荡风险越大,这与目前次同步振荡的分析相符,即系统连接到弱电网时更容易发生次同步振荡。进一步可以发现,特征值实部随接入系统电感倒数的变化趋近于一次函数,其实际计算结果与拟合曲线的重合度极高,因此可以判断特征值实部随电感倒数的变化为线性的。为了分析系统次同步振荡主导模态特征值实部随电感变化的近似表达式,将图 5.43 和图 5.44 中拟合的一次函数曲线参数汇总于表 5.3。

表 5.3　特征值实部随参数变化的拟合曲线参数

	拟合曲线斜率	拟合曲线截距
随电阻变化	−0.056 3	0.304 8
随电感倒数变化	−3.306 8	3.562 8

由表 5.3,可以看出系统拟合结果的截距数值与斜率数量级相近,因此,特征值实部随接入系统电阻和电感倒数的变化曲线只存在近似一次函数关系,不可看作正比例函数。由此,可以写出大规模海上风电并网系统的次同步振荡主导模态特征值实部与接入系统电阻关系的近似表达式:

$$\sigma = k_r R + b_r \tag{5.127}$$

其中,k_r 和 b_r 分别为表 5.3 中特征值实部随电阻变化的拟合曲线斜率和截距。

同理,可以写出大规模海上风电并网系统的次同步振荡主导模态特征值实部与接入系统电感关系的近似表达式:

$$\sigma = k_l \frac{1}{L} + b_l \tag{5.128}$$

其中,k_l 和 b_l 分别为表 5.3 中特征值实部随电阻变化的拟合曲线斜率和截距。

由于特征值实部随接入系统电阻变化为线性的,随接入系统电感倒数变化也为线性的。由此,联想到系统 RLC 谐振电路的谐振特征值实部也满足该关系:

$$\sigma_{\mathrm{RLC}} = -\frac{R}{2L} \tag{5.129}$$

其中,σ_{RLC} 为 RLC 谐振电路的谐振特征值实部,R 为 RLC 谐振电路的电阻,L 为谐振电路的电感。

系统的阻抗可以看作接入系统阻抗与电源侧阻抗和的形式,前文已经分析,接入系统阻抗满足特殊对称性,而电源侧阻抗通常不满足。然而可以将电源侧阻抗分解为满足特殊对称的部分和不满足特殊对称的两部分,此时电源侧阻抗满足对称关系的部分可以看作 RLC 等值电路。此时参照式(5.129)的 RLC 谐振电路特征值实部表达式,提出大规模海上风电并网系统的次同步振荡风险评估指标如式(5.130),其具体表示次同步振荡主导模态特征值实部与接入系统电阻 R 和接入系统电感 L 的关系:

$$\sigma = k \frac{R + R_s}{L + L_s} + b \tag{5.130}$$

其中,R_s 和 L_s 可以看作为电源侧阻抗满足对称关系的部分等效 RLC 的电阻和电感,b 可以看作电源侧阻抗不满足对称关系的部分对系统次同步振荡主导模态特征值实部的影响。

通常电力系统中,可以认为接入系统电感远大于电源电感,此时式(5.130)中,L_s 远小于接入系统电感 L,可近似忽略,那么次同步振荡风险评估指标式(5.130)可以重新表示为

$$\sigma = k\frac{R + R_s}{L} + b \tag{5.131}$$

此时可以看出,该特征值实部的表达式同时满足式(5.127)和式(5.128)主导模态特征值实部随电阻和电感变化拟合曲线的结果。因此,可以初步推断以式(5.130)来近似推断特征值实部具有一定的准确性。

为了进一步验证次同步振荡主导模态特征值实部与接入系统电阻 R 和接入系统电感 L 的关系表达式。考虑将电阻、电感同时等比例变化,相当于改变接入系统等值线路长度。可以将式表示为

$$\sigma = k\frac{R}{L} + kR_s\frac{1}{L} + b \tag{5.132}$$

其中,R/L 不随等值线路长度变化而变化,L 与等值线路长度成正比。因为等值线路长度只反映在式中第二项,故可以猜测在较大等值线路长度变化范围下,可以观察到系统的特征值实部随等值线路长度的倒数变化的曲线接近线性。因此,对特征值实部随等值线路长度倒数变化的曲线进行一次函数拟合,最终得到的特征值实部随等值线路长度倒数变化曲线及其拟合曲线如图 5.45 所示。特征值实部随等值线路长度倒数变化的拟合一次函数曲线参数见表 5.4。

表 5.4　特征值实部随等值线路长度变化的拟合曲线参数

	拟合曲线斜率	拟合曲线截距
随等值线路长度倒数变化	−3.219 1	3.478 0

图 5.46 中可以看出,特征值实部与等值线路长度的倒数确实存在近似线性的关系,验证了式(5.132)的结论。而且等值线路越长,系统振荡特征值实部越小,系统振荡风险越大。该结论与目前短路比的分析结果相同。

目前研究中,风电系统短路比(short circuit ratio, SCR)通常定义为接入系统感抗的标幺值的倒数,短路比越大,接入系统越弱。该短路比定义和 $1/L$ 成正比,设定 $\mathrm{SCR} = k_{\mathrm{scr}}\frac{1}{L}$,那么式(5.132)可以表示为

$$\sigma = \frac{kR_s}{k_{\mathrm{scr}}} \cdot \mathrm{SCR} + k\frac{R}{L} + b \tag{5.133}$$

通过上式可以看出,本书提出的次同步振荡风险评估指标,可以解释系统次同步振荡风险与短路比的具体关系:由于式中第一项短路比的系数为负,因此短路比越小,系统的次同步振荡特征值实部越大,系统次同步振荡风险越大,且次同步振荡风险与短路比呈线性关系。通过该短路比的对比分析,次同步振荡风险评估指标进一步得到了验证。

由表 5.4,可以看出系统拟合结果的截距与斜率数值相近,因此,特征值实部随等值线路长度变化的曲线只存在近似一次函数关系,不可看作正比例函数,见图 5.45。由于拟合曲线的截距不可忽略,说明了式(5.130)中的 b 即阻抗矩阵中的非对称元素不可忽略,进一步验证了式(5.130)的正确性。通过上述分析,可以认为大规模海上风电并网系统次同步振荡主

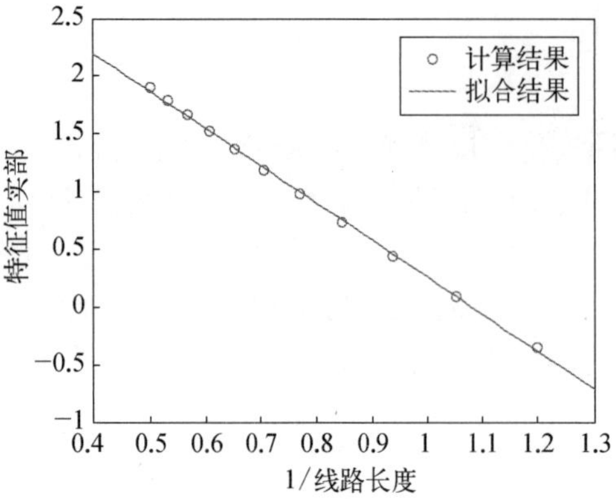

图 5.45 等值线路长度对特征值实部的影响拟合曲线

导模态特征值实部与接入系统电阻电感的参数关系,满足式(5.130)。因此大规模海上风电并网系统次同步振荡风险评估指标式可以反映大规模海上风电并网系统次同步振荡风险。

通过大规模海上风电并网系统次同步振荡风险评估指标式,可以分析接入系统等效电阻电感对系统次同步振荡风险的影响。接入系统电阻越大,系统的振荡风险越低;接入系统电感越大,系统的振荡风险越高;接入系统等值线路长度越长,系统短路比越小,系统的振荡风险越高。

第6章 风电机组机网相互作用的抑制

机网相互作用对风力发电系统和电网都有严重的影响，威胁运行安全，因此，针对风电机网相互作用问题需找出一些有效的抑制策略。本章首先介绍风电机组侧的抑制策略，包括运行点调整、变流器 PI 参数优化以及锁相环和阻尼控制器的设计。其次，针对风力发电系统可能采用输电方式、补偿装备等，考虑外部装备对机网相互作用的抑制。在 HVDC 换流站中，有基于锁相环和阻尼控制器设计的抑制策略；此外对无功补偿装置如 STATCOM、SVC、调相机，以及储能系统和附加 PSS 对机网相互作用的抑制作用进行了讨论。每一种抑制手段中相关的工作原理、抑制策略及结果进行了分析。

6.1 风电机组侧抑制策略

6.1.1 风机运行点调整对机网相互作用的抑制作用

运行点调整即模型初值修正是基于负阻尼机理稳定控制的三大方向之一，着眼于削弱或切断耦合，以减少负阻尼。模型初值修正问题在于电网是非线性模型，而非线性模型的运行点与其模型初值具有很大的关系，因此改变模型初值后可以在一定程度上控制电网的稳定运行点，进而达到对电网的稳定控制效果。

1. 改变机组的有功出力抑制机网相互作用

风机正常情况下运行在 MPPT 点，以下介绍一种通过改变风机运行点来调节系统频率的方法，并对其对系统稳定性的提高进行理论验证。

（1）调频方法

当检测到系统频率偏差时，通过将风机运行点从 MPPT 曲线切换到定义的 VIC 曲线来快速调节产生的功率。通过这种方式，可以充分利用风机中的动能来模拟惯性响应。

其中，k_{opt} 定义为 MPPT 曲线系数，ω_0 为切入角速度。为避免最大速度 ω_{max} 附近的功率突变，ω_1 是该阶段的初始角速度。P_{max} 是 PMSG 的最大有功功率输出。不同的曲线系数将产生一系列功率跟踪曲线，定义为 VIC 曲线。因此，PMSG 操作点的调节可以通过将其从具有系数 k_{opt} 的 MPPT 曲线移动到具有系数 k_{VIC} 的 VIC 曲线来实现。

此处假设风速保持不变，为 8 m/s。实际上，即使在如此短的时间内，风速也可能变化，这可能影响风机的惯性支持能力。在系统频率下降时，风机需要减速以释放储存的动能。

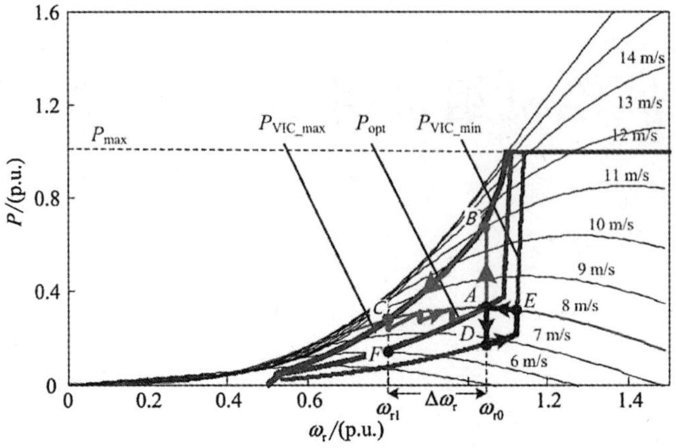

图 6.1 基于 VIC 的功率点跟踪曲线方案

因此,系数 k_{opt} 增加,并且功率跟踪曲线切换到 VIC 曲线。工作点从初始点 A 移动到 B,然后沿着 P_{VIC}最大值曲线移动到 C。

如果风速保持不变,对于小的转子速度范围,点 A 处捕获的有功功率可被视为与点 C 处的有功功率相似。因此,维克曲线系数可计算为

$$k_{VIC} = [\omega_{r0}{}^3/(\omega_{r0} + 2\pi\lambda\Delta f)^3]k_{opt} \tag{6.1}$$

根据式(6.1),维克曲线系数 k_{VIC} 是频率偏差的函数,并取代了 MPPT 曲线的常数系数 k_{opt}。在频率下降的情况下,VIC 的动态响应可分为两个阶段:快速动态频率支持阶段($A \to B \to C$)和缓慢转子速度恢复阶段($C \to A$)。其输出功率从 P_A 变为 P_B。由于产生的功率大于捕获的机械功率,转子减速,工作点沿 P_{vic_max} 曲线移动到工作点 C。因此,储存在旋转质量中的动能被释放以支持电网频率。同理,电网频率升高时的调节过程可以用图中 $A \to D \to E \to A$ 来描述。

(2) 对系统阻尼的影响

正常的变速风机根据风速发电,不响应电网扰动,如功率振荡。因此,由于系统阻尼降低,具有高风力渗透率的网络在扰动后可能经历更高的振荡。如果在风机中实施 VIC 调节器,需要对其对阻尼能力的影响进行理论评估。在图 6.2 中,B_2 为平衡节点。

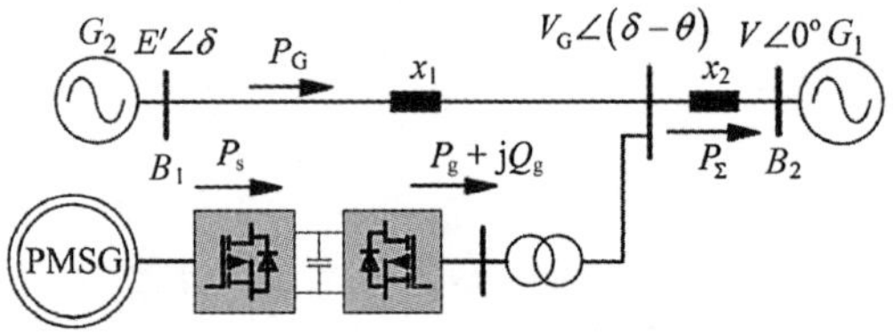

图 6.2 含风电场的电力系统等效电路

V_G 为风电场电网连接点电压;E'为 q 轴瞬态电压;V 为 G_1 的端电压;θ 是 E'和 V_G 之间的相角,δ 是 E'和 V 之间的相角;δ_0、θ_0和 V_{G_0} 分别是 δ、θ 和 V_G 的初始值。x_1 和 x_2 是线路电抗。由小扰动法建立的转子运动方程可表示为

$$H_G p^2\Delta\delta + Dp\Delta\delta + \Delta P_G = 0 \tag{6.2}$$

其中,H_G、P_{Gm}、P_G 和 ω_s 分别是 G_2 的惯性常数、电磁功率、机械功率和角速度。D 为阻尼系数,ΔP_G 是 G_2 的有功功率变化,p 是微分除数。

在线性系统中,有功功率调节和电网电压变化对系统阻尼的影响可以用一组线性常微

分方程来描述,这些方程可以分别求解。因此,连接点电压 V_G 可视为系统阻尼有功功率调节分析中的常数。P_G 的小扰动量可获得如下:

$$\Delta P_G = \left(\frac{E'V_G}{x_1}\right)\cos\theta_0\Delta\theta \tag{6.3}$$

由于辅助惯性控制器产生的辅助功率参考 P_f 随着电网功率/频率振荡而波动,系统阻尼能力将会改变。如图 6.2 所示,网络功率方程如式(6.4),由此可导出式(6.5):

$$P_\Sigma = P_G + P_g \tag{6.4}$$

$$\frac{1}{x_2}[V_G V\cos(\delta_0 - \theta_0)] \times (\Delta\delta - \Delta\theta) = \Delta P_G + \Delta P_g \tag{6.5}$$

对于提出的频率控制方法,根据式(6.5),PMSG 的输出功率可以表示为

$$P_g = \{k_{opt}\omega_{r0}^3/[\omega_{r0} + \lambda(\omega_s - \omega_e)]^3\}\omega_r^3 \tag{6.6}$$

其中,ω_e 为系统角速度。在功率振荡期间,P_g 的调节主要取决于系数 k_{VIC} 的变化。忽略小的转子速度变化,P_g 的小扰动量可获得如下:

$$\Delta P_g \approx \frac{3\lambda k_{opt}\omega_{r0}^6}{[\omega_{r0} + \lambda(\omega_{s0} - \omega_e)]^4}\Delta\omega_s \approx -3\lambda k_{opt}\omega_{r0}^2\Delta\omega_s \tag{6.7}$$

将式(6.3)和式(6.7)代入式(6.5),$\Delta\theta$ 可得

$$\Delta\theta = a_0\Delta\delta + [3\lambda k_{opt}\omega_{r0}^2 a_0 x_2/V_G V\cos(\delta_0 - \theta_0)]p\Delta\delta \tag{6.8}$$

其中,$a_0 = x_1 V\cos(\delta_0 - \theta_0)/[x_2 E'\cos\theta_0 + x_1 V\cos(\delta_0 - \theta_0)]$,因此,转子运动的线性微分方程可以通过将式(6.8)和式(6.3)代入式(6.2)而得

$$H_G p^2\Delta\delta + (D + D_p)p\Delta\delta + (a_0 E'V_G/x_1)\cos\theta_0\Delta\delta = 0 \tag{6.9}$$

其中,$D_p = 3\lambda k_{opt}\omega_{r0}^2 a_0 x_2 E'\cos\theta_0/x_1 V\cos(\delta_0 - \theta_0) > 0$。

根据式(6.9),通过风力涡轮机的快速功率调节,系统阻尼从 D 增加到 $D+D_p$。这表明运行点控制器可以向所连接的网络提供功率振荡阻尼。从上述分析和设计中可以看出,与导致系统阻尼减小的常规辅助导数控制相比,该风机运行点的控制方法既能实现惯性响应,又能改善功率振荡阻尼。

2. 改变风电机组的无功输出抑制机网相互作用

风电机组不同的稳态运行点会改变系统的输出阻抗特性,进而影响系统的并网稳定性。通过控制机组无功状态可以实现对稳态运行点的调整。目前已有文献通过无功补偿,提高了考虑电流环、锁相环的三相并网逆变器的并网稳定性,抑制了该系统存在的中频振荡。这里将通过调整无功,分析输出阻抗变化对直驱风机网侧换流器模型稳定性的影响,降低发生次同步振荡的风险。在直驱风机并网系统中,得到不改变稳态运行点、向电网注入无功及从电网吸收无功三种运行条件下的奈奎斯特图如图 6.3 所示。

当 i_q 为 0 时,对应直驱风机网侧变流器中不对稳态运行点进行调整;当 i_q 为 0.2 时,表示从变流器向电网注入无功,即变流器发出无功;当 i_q 为-0.1 时,变流器从电网吸收无功。由图 6.3 可知,当不调整稳态运行点时,存在包围临界判定点的曲线,系统无法稳定运行;i_q

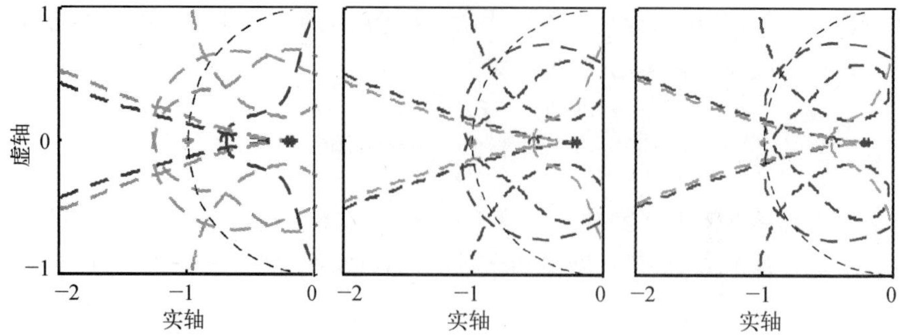

(a) i_q=0.2　(b) i_q=0　(c) i_q=−0.1

图 6.3　不同 q 轴电流对应系统奈奎斯特曲线图

为 0.2 时，其中一条曲线包围临界判定点，且包围效果更明显，系统不稳定性加剧；i_q 为-0.1 时，系统恢复了稳定运行。以上分析初步表明，对于直驱风机系统，变流器从电网吸收无功有利于提高并网稳定性。

为了验证该方法对弱电网条件下次同步振荡的抑制作用，向正在发生次同步振荡的并网逆变器仿真模型中加入无功控制策略，对应 q 轴电流变化如图 6.4(a)，并网点电压、电流波形如图 6.4(b)和图 6.4(c)。从图中可以看出，变流器吸收无功后，q 轴电流发生阶跃，由波动到逐渐恢复稳定。并网点电压幅值降低，并网点电流幅值上升。系统产生的次同步振荡被消除，并网系统恢复稳定运行。

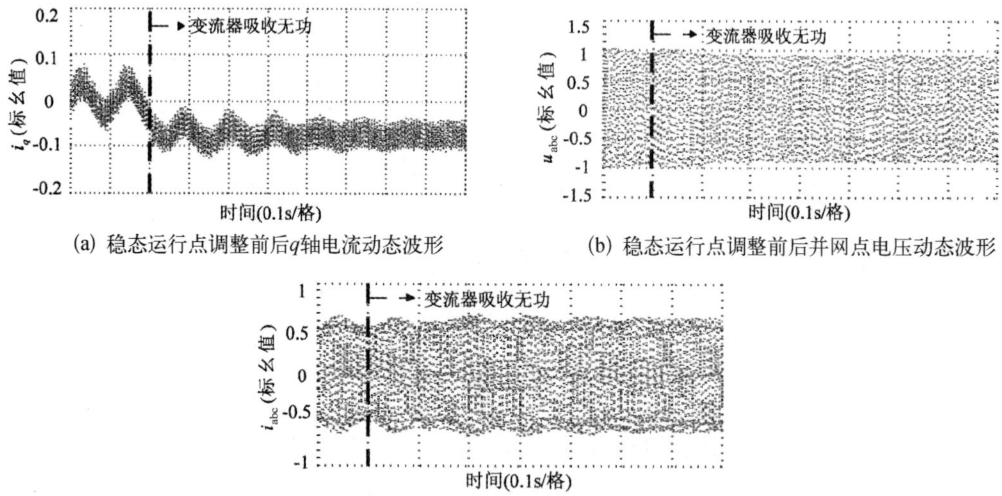

(a) 稳态运行点调整前后q轴电流动态波形

(b) 稳态运行点调整前后并网点电压动态波形

(c) 稳态运行点调整前后并网点电流动态波形

图 6.4　调整稳态运行点前后并网点电压电流动态仿真波形

图 6.5 为变流器吸收无功前后并网点电流 FFT 分析结果，电流谐波畸变率由 8.47%下降到 2.61%，证明了该调整稳态运行点方法的有效性。为了研究变流器吸收无功量对并网稳定性趋势的影响，以 i_q 参数分别为-0.2 及-0.4 时对应奈奎斯特图结果如图 6.6 所示。当 i_q 参数为-0.2 时，系统能够稳定运行；当 i_q 参数分别为-0.4，两条曲线环绕临界判定点，并网系统不稳定。

在 i_q 参数取不同值时得到变流器输出阻抗扫频结果如图 6.7 所示。可以看到随 i_q 参数

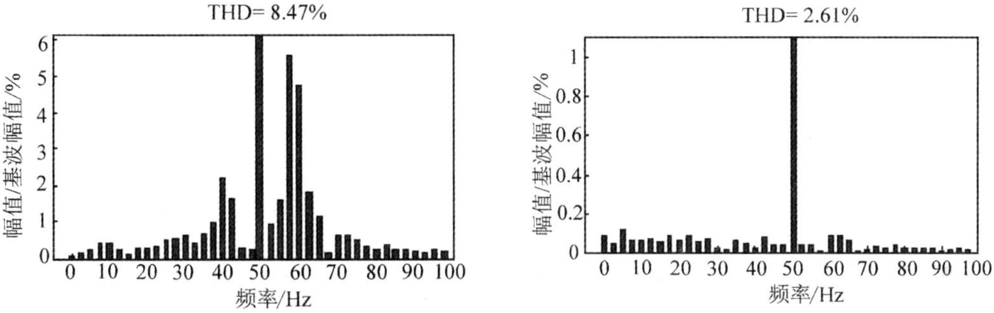

(a) 调整稳态运行点前FFT分析结果　　(b) 调整稳态运行点后FFT分析结果

图 6.5　并网点三相电流 FFT 分析结果

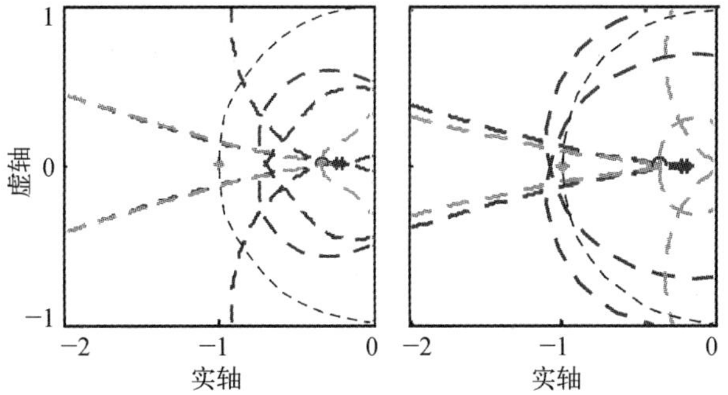

(a) i_q=−0.2　　(b) i_q=−0.4

图 6.6　变流器吸收不同无功量对应奈奎斯特曲线图

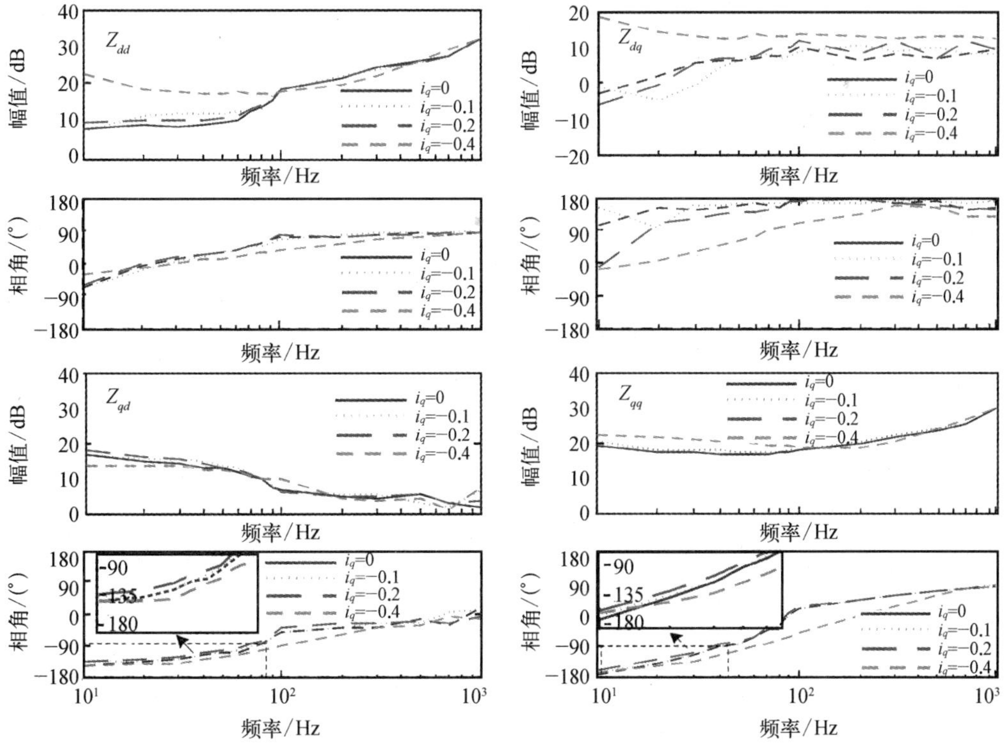

图 6.7　变流器吸收不同无功量扫频结果

绝对值上升,输出阻抗的 dq 和 qd 分量的负阻尼频率范围呈现出先减小后增大的趋势,即变流器吸收无功增加,系统稳定性先变好,后变差。以上分析表明,在一定范围内增加变流器吸收无功量,可以达到调整稳态运行点,抑制弱电网下直驱风电机组的次同步振荡的效果,提高并网稳定性,但是过量吸收无功不利于系统稳定运行。

6.1.2 风电机组变流器控制 PI 参数对机网相互作用的抑制作用

以双馈风电机组为例,分析其变流器 PI 参数对机网相互作用的影响及优化方法。

1. PI 参数变化对稳定性的影响

根据第 3 章对双馈风电机组振荡模态的分析,共存在电气谐振、SSR、SSO、SSCI 和低频振荡五种振荡模态,各种振荡模态详细信息如表 6.1 所示。

表 6.1 双馈风电机组连接至无穷大电网的各种振荡模态

编 号	振荡模态	特 征 值	模态频率/Hz	阻尼比
$\lambda_{1,2}$	电气谐振	$-1\,715.5\pm2.68\times10^8$i	4.26×10^7	0
$\lambda_{3,4}$	电气谐振	$-3\,189.3\pm1.35\times10^8$i	2.15×10^7	0
$\lambda_{8,9}$	电气谐振	-51.17 ± 285.1i	45.37	0.176 7
$\lambda_{6,7}$	SSR	-23.63 ± 498i	79.25	0.047 4
$\lambda_{10,11}$	SSR	-16.75 ± 147i	23.40	0.113 2
$\lambda_{13,14}$	SSO	-1.477 ± 77.97i	12.41	0.018 9
$\lambda_{17,18}$	SSO	-11.72 ± 12.08i	1.92	0.696 3
$\lambda_{15,16}$	SSCI	-8.91 ± 27.45i	4.37	0.308 7
$\lambda_{19,20}$	低频振荡	-0.319 ± 3.177i	0.51	0.1

其中与变流器控制 PI 参数紧密相关的有 SSO、SSCI 和低频振荡三种振荡模态,接下来可分别针对不同的 PI 参数进行讨论。为了研究各控制模块的 PI 参数变化对系统各个振荡模态的影响,依次改变各 PI 参数,保持其他变量不变,得到系统各种振荡模态下所对应的阻尼比的变化。分析的结果可参照第 3.6.1 节,通过分析结果可以得到变流器参数改变时,各种振荡模态的变化趋势和稳定性。基于此考虑各个振荡模态最佳 PI 参数的选取方法。

2. 基于 PI 参数的机网相互作用抑制策略

1) 抑制机网相互作用的多目标优化模型

以 PI 参数的取值作为优化目标。表 6.2 为实际工程中采用的 PI 参数,这组参数可以使并网 DFIG 系统保持稳定,但这组 PI 控制器参数并非最佳。为了改善系统的动态性能,仍然需要采用一种有效的方法,该方法可以选择适当的控制器参数以增加振荡模式的阻尼比。结合小信号模态分析,本书以最大化 DFIG 系统的阻尼比为目标建立多目标优化模型,抑制并网 DFIG 系统的机网相互作用。

基于特征值分析方法,特征值的实部必须为负,以确保稳定性。此外,为便于计算,PI 控制器参数允许的值范围是第二部分中设定值的 1/10 到 10 倍。综上,抑制机网相互作用的多目标优化模型的目标函数及其约束是如式(6.10)所示。

表 6.2　PI 控制器的参数

参　量	参数值	参　量	参数值
K_{p0}	300	K_{i0}	1 100
K_{p1}	0.05	K_{i1}	0.000 4
K_{p2}	5	K_{i2}	6
K_{p3}	0.5	K_{i3}	0.000 2
K_{p4}	5	K_{i4}	5
K_{p5}	1.5	K_{i5}	65
K_{p6}	0.93	K_{i6}	0.05
K_{p7}	0.83	K_{i7}	20

$$
\begin{aligned}
&\mathrm{Obj} = \max(\xi_i) \\
&\mathrm{s.t.} \\
&\qquad \mathrm{Re}(\lambda_i) < 0 \\
&\qquad 0.1K_{pm} \leqslant K_{pm} \leqslant 10K_{pm},\ m = 0,\ 1,\ \cdots,\ 7 \\
&\qquad 0.1K_{im} \leqslant K_{im} \leqslant 10K_{im},\ m = 0,\ 1,\ \cdots,\ 7
\end{aligned}
\tag{6.10}
$$

2）模型求解

NSGA－III 是一种有效的多目标优化进化算法，其关键是将优势准则和参考点与遗传算法相结合，在解空间中找到非支配解。NSGA－III 的流程框图如图 6.8 所示。就本书中的优化问题而言，其详细的实现步骤如下所述：

（1）每个群体的个体都由 16 个变量组成，即表 1 中的 PI 控制器参数。初始群体由个体构成，其通过随机分配到允许范围内的变量形成。

（2）通过第 2 部分中的小信号模型、适应度函数和初始父代种群中的数据的组合来计算初始父代种群的 12 个适应度值。

（3）通过非支配排序将种群进行分类并按照升序排序。此外，考虑到约束 $\mathrm{Re}(\lambda_i) < 0$，$\mathrm{Re}(\lambda_i) < 0$ 之和越小，个体的等级越高。

（4）将目标标准化，创建参考点，将每个个体与参考点相关联，并计算参考点的“小生境数”。

（5）为了产生能够保持优势和多样性的新子代种群，该模型将竞争选择，模拟二元交叉（simulated binary crossover，SBX）和多项式变异（polynomial mutation）应用于父代种群。

（6）重复步骤（2）、（3）、（4）以获得适应度值，前排和“小生境数”。

（7）根据前排和“小生境数”，从最后一个种群和步骤 5 中构建的种群中选择适当的个体以形成下一个种群。

（8）执行步骤（5）、（6）和（7）的循环，直到生成的数量达到上限。

由于提出的优化模型与最终解决方案相对应的目标是高维的，这增加了直观观察和评估算法结果的难度。采用 t-SNE 方法来减小目标的维数，并对结果进行严格的结构分解。

t-SNE 的核心概念是将高维空间中的数据点映射到低维空间，并保持数据点之间的空间距离不变，即在高维空间中近/远的点仍然接近/远在低维空间。

假设在高维空间中存在 $X=\{x_1,\ \cdots,\ x_N\}$ 数据集，并且 x_a 和 x_b 之间的条件概率 $p_{b|a}$ 可以通过高斯函数来测量：

$$p_{b|a}=\frac{\exp(-|x_a-x_b|^2/2\sigma_a^2)}{\sum_{k\neq a}\exp(-|x_a-x_k|^2/2\sigma_a^2)} \tag{6.11}$$

x_a 和 x_b 之间的相似性（距离）定义为

$$X_{ab}=(p_{a|b}+p_{b|a})/2N \tag{6.12}$$

同样，t-Distribution 用于计算低维映射数据点 y_a 和 y_b 之间的相似性：

$$Y_{ab}=(1+|y_a-y_b|^2)^{-1}\Big/\sum_{k=1}\sum_{l\neq k}(1+|y_k-y_l|^2)^{-1} \tag{6.13}$$

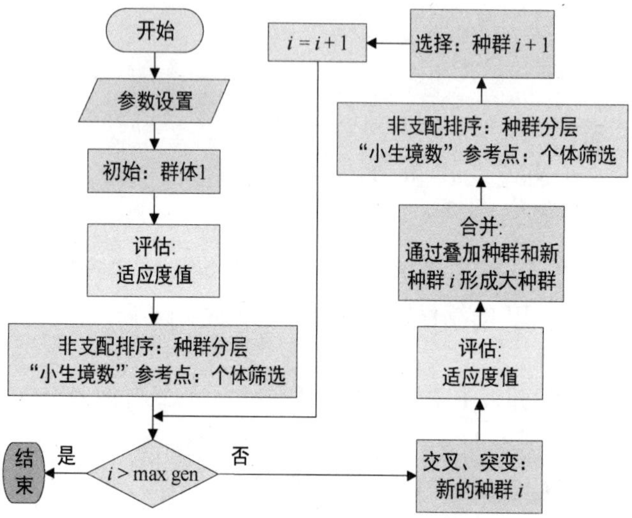

图 6.8 NSGA－III 的流程框图

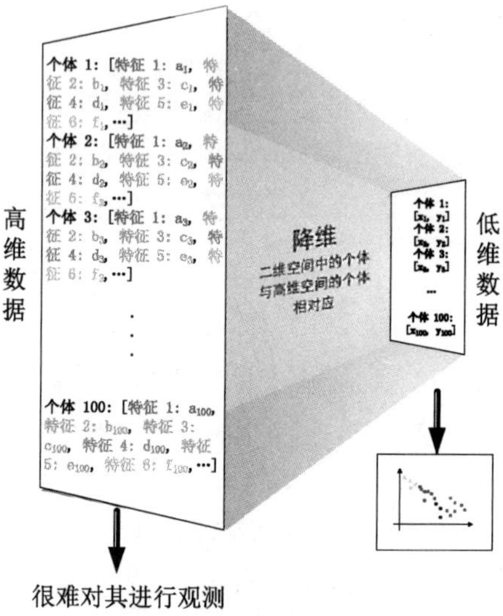

图 6.9 降维示意图

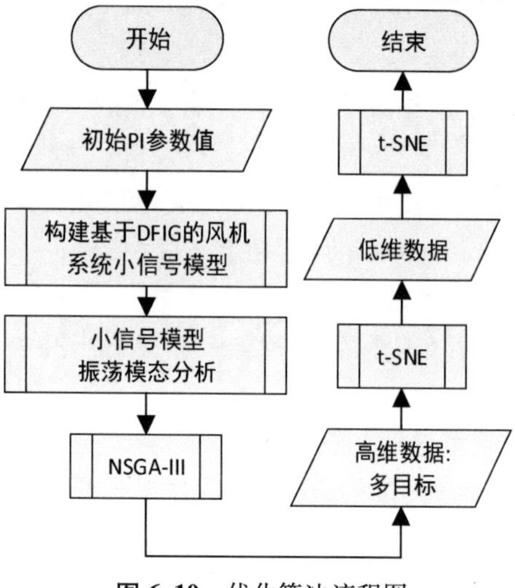

图 6.10 优化算法流程图

KL 差异（Kullback－Leibler divergence）是衡量 2 个概率分布一致性的常用方法。KL 差异给出了评估两个不同空间维度中数据分布之间关系的成本函数：

$$C=\sum_{a=1}\sum_{b=1,\ b\neq a}X_{ab}\ln(X_{ab}/Y_{ab}) \tag{6.14}$$

通过最小化成本函数可以获得低维空间中的最佳数据点。很明显，每一个种群都有十二个目标。使用 t-SNE 算法对每一种群的个体进行可视化分析，如图 6.9 所示。模型求解流程如图 6.10 所示。

通过小信号分析及相关因子分析可知，与变流器 PI 参数相关的模态有 $\lambda_{8,9}$、$\lambda_{10,11}$、$\lambda_{13,14}$、$\lambda_{15,16}$、$\lambda_{17,18}$ 和 $\lambda_{19,20}$。因此构建优化目标函数通过小信号模态分析后,构建优化目标函数及约束如式所示:

$$\mathrm{Obj} = \max(\xi_{8,9}, \xi_{10,11}, \xi_{13,14}, \xi_{15,16}, \xi_{17,18}, \xi_{19,20}, \xi_{21}) \tag{6.15}$$

$$\text{s.t.}\quad \mathrm{Re}(\lambda_i) < 0,\ i = 8, 9, 10, 11, 13, 14, 15, 16, 17, 18, 19, 20, 21 \tag{6.16}$$

$$\begin{aligned} 0.1K_{pm} \leqslant K_{pm} \leqslant 10K_{pm},\ m = 0, 1, \cdots, 7 \\ 0.1K_{im} \leqslant K_{im} \leqslant 10K_{im},\ m = 0, 1, \cdots, 7 \end{aligned} \tag{6.17}$$

通过前述 NSGA－III 算法对上述优化模型进行求解,并采用 t-SNE 算法对结果进行降维可视化。其中 NSGA－III 采用以下参数:

(1) 种群个体数目: 200;

(2) 种群数量上限 $\mathrm{ngen}_{\max}$: 100;

(3) 交叉率为 90%,突变率为 50%,其余个体通过重组获得;每个个体至少包含一种不同的基因;

考虑到之前的结论,两种模式 $\lambda_{15,16}$ 和 $\lambda_{17,18}$ 与 PI 控制器参数密切相关,认为每个种群的基本个体数量为两个,然后可以在二维平面中映射每一代的 Pareto Front,这是对 PI 参数变化的目标发展趋势的直观观察的基础。此外,二维图有助于 PI 参数的最佳范围的推广。

经过 t-SNE 算法降维后,第 1 代和第 10 代到第 100 代(间隔 10 代)的 Pareto Front 如图 6.11 所示。其中颜色条代表群体代数。从图中可以看出,在优化过程中,低维空间中的高维对象的映射会聚在某些固定区域中。剔除分散的数据后,标有黄色圆圈的第 100 代的目标聚集在一起形成几个黄色区域,这对应于 PI 参数的最佳范围。

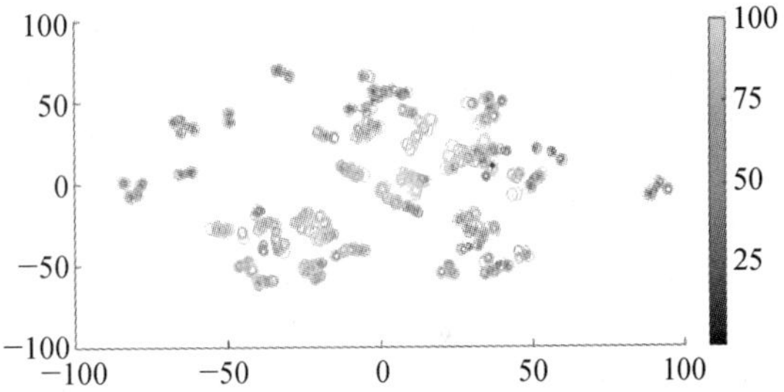

图 6.11　第 1 代……第 100 代的非支配解降维过程图(后附彩图)

因此,除了第 100 代个体偏离固定聚合区域的非支配解,第 100 代的个体的非支配解的 PI 参数构成的 PI 参数的最佳范围,如图 6.12 所示。横坐标表示 PI 参数,PI 参数的值被转换为标准值,其中每个 PI 参数的基值是其在表 6.12 中的初始值。图 6.11、图 6.12 和表 6.3 总结了 PI 参数的最佳范围。图 6.12 PI 控制器参数的最佳范围中的纵坐标表示的是 PI 参数数值。特别地,由于 K_{i4}, K_{i6} 和 K_{i0} 分

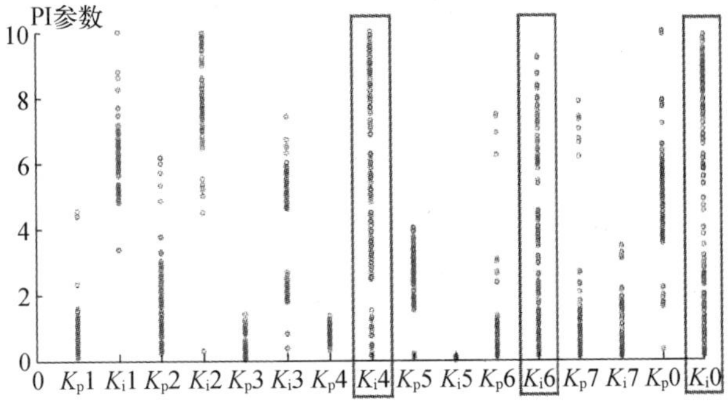

图 6.12　PI 控制器参数的最佳范围

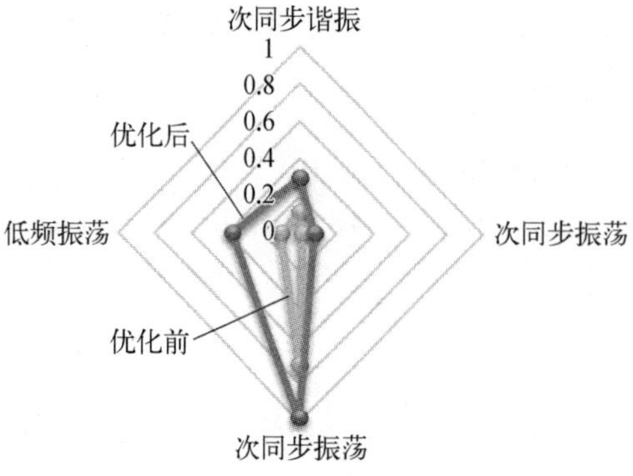

图 6.13　优化前后部分振荡模态阻尼比变化图

散在整个区域，将其原始参数视为最佳参数。优化前后振荡模态的阻尼比变化如图 6.13 所示。

从图 6.13 中可以看出，包括次同步振荡、次同步谐振和低频振荡在内的机网相互作用模态对应的阻尼比均得到了改善，表明本书所采用的通过优化 PI 控制参数的方法可以增大双馈风电机组中的机网相互作用振荡模态的阻尼比，有效抑制机网相互作用。由于 PI 控制参数之间存在着相互耦合，本书所采用的优化方法的目标并非使所有模态的阻尼比最大化，而是旨在找出合适的 PI 参数以抑制工程上关注的那些机网相互作用模态。

表 6.3　PI 控制器参数的最佳范围值

参　数	范　　围	参　数	范　　围
K_{p0}	950～1 860	K_{i0}	1 100
K_{p1}	0.005～0.05	K_{i1}	0.001 8～0.002 8
K_{p2}	0.5～15	K_{i2}	42～60
K_{p3}	0.05～0.5	K_{i3}	3×10^{-4}～5×10^{-4} 或 9×10^{-4}～1.2×10^{-4}
K_{p4}	0.9～6	K_{i4}	5
K_{p5}	3.12～3.42	K_{i5}	6.5
K_{p6}	0.093～0.93	K_{i6}	0.05
K_{p7}	0.083～1.66	K_{i7}	2～38

（3）最优 PI 控制器参数的适用性分析

为了研究最佳 PI 参数对不同输出功率的 DFIG 系统的适用性，本书在前述基础上研究了输出功率变化时特征值的轨迹变化，结果如图 6.14 所示。本书在小信号模型中将输出功率从 0.1 p.u. 增加到 1 p.u.。PI 参数基于表 6.3 中所示的优化控制器参数范围，具体仿真数值取其中间值。仿真结果表明，在输出功率增加时，只有 $\lambda_{15,16}$、$\lambda_{17,18}$ 和 $\lambda_{19,20}$ 发生变化。

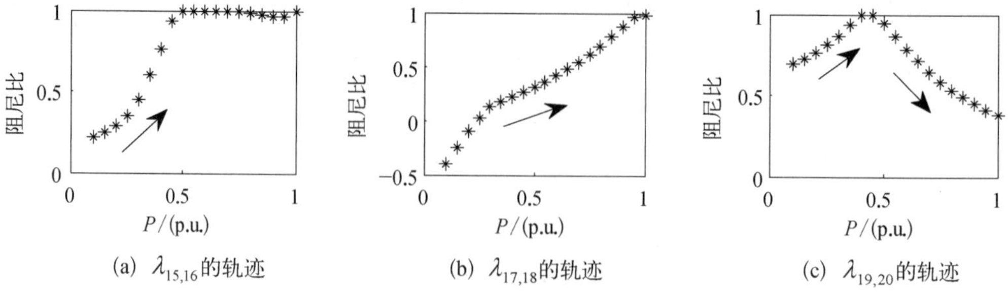

图 6.14　功率增加时特征值轨迹变化

图 6.14(b)表明随着输出功率的增加，$\lambda_{17,18}$ 振荡模态对应的阻尼比不断增大。且在输

出功率小于 0.24 p.u. 时，对应的阻尼比为负值，系统处于失稳状态。优化 PI 参数在输出功率接近额定功率时对机网相互作用有较好的抑制作用，随着输出功率的降低，某些振荡模态对应的阻尼比不断减小甚至出现负值。也就是说，额定功率优化下的变流器控制参数有一定的适用范围，随着输出功率的下降对机网相互作用的抑制越来越弱甚至出现失稳的现象。因此，有必要对 0.1~1 p.u. 全输出功率下的变流器控制参数进行优化，从而得到全输出功率下变流器控制参数的选取。

通过相同的方法，对输出功率从 0.1 p.u. 到 1.0 p.u. 变化时，最优 PI 参数的改变进行记录，如表 6.4 所示。

表 6.4　双馈风电机组变流器 PI 参数最佳区域随输出功率的变化

P/(p.u.)	K_{p0}	K_{i0}	K_{p1}	K_{p3}	K_{p4}	K_{p5}	K_{i5}	K_{p6}	K_{p7}
0.1	3 675~4 725	770~1 430	0.07~0.08	1.05~1.3	1.87~2.2	3.5~4.1	0.48~4.8	1.27~1.48	1.14~1.3
0.2	450~525	770~1 430	0.07~0.08	0.516~0.66	1.87~2.2	3.5~4.1	0.48~4.8	1.27~1.48	1.14~1.3
0.3	450~525	770~1 430	0.045~0.06	0.516~0.66	1.87~2.2	3.5~4.1	0.48~4.8	1.27~1.48	1.14~1.3
0.4	240~270	770~1 430	0.04~0.045	0.516~0.66	1.87~2.2	3.5~4.1	0.48~4.8	1.27~1.48	1.14~1.3
0.5	240~270	770~1 430	0.04~0.045	0.516~0.66	1.87~2.2	3.5~4.1	0.48~4.8	1.27~1.48	1.14~1.3
0.6	240~270	770~1 430	0.04~0.045	0.516~0.66	1.87~2.2	3.5~4.1	0.48~4.8	1.27~1.48	1.14~1.3
0.7	240~270	770~1 430	0.04~0.045	0.516~0.66	1.87~2.2	3.5~4.1	0.48~4.8	1.27~1.48	1.14~1.3
0.8	240~270	770~1 430	0.04~0.045	0.516~0.66	1.87~2.2	3.5~4.1	0.48~4.8	1.27~1.48	1.14~1.3
0.9	240~270	770~1 430	0.04~0.045	0.516~0.66	1.87~2.2	3.5~4.1	0.48~4.8	1.27~1.48	1.14~1.3
1.0	300~360	110~550	0.05~0.06	0.58~0.62	2~2.4	3.12~3.42	20.8~28.6	0.93~1.395	0.83~1.245

在风力发电系统输出功率变化的过程中，各个变流器控制参数的最佳运行范围如图 6.15 所示。其中，控制参数 K_{p4}、K_{p5}、K_{p6} 和 K_{p7} 基本保持不变，K_{p1} 和 K_{p3} 变化范围较小，而 K_{i0}、K_{p0} 和 K_{i5} 发生了显著的变化。

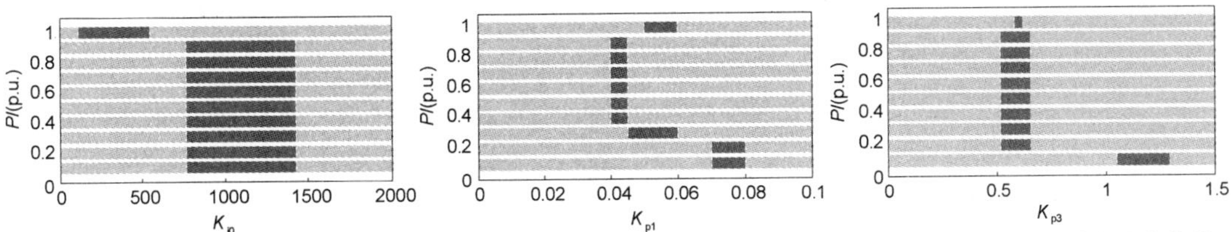

(a)　K_{i0} 随输出功率的变化趋势　　(b)　K_{p1} 随输出功率的变化趋势　　(c)　K_{p3} 随输出功率的变化趋势

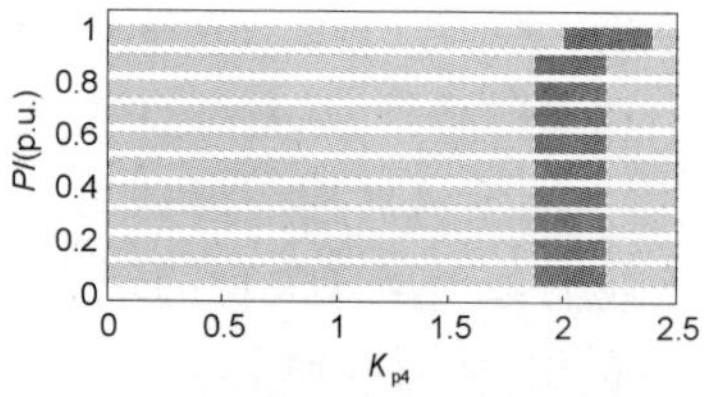

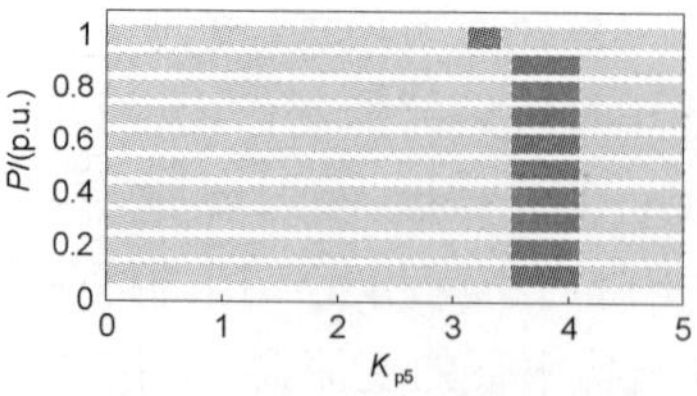

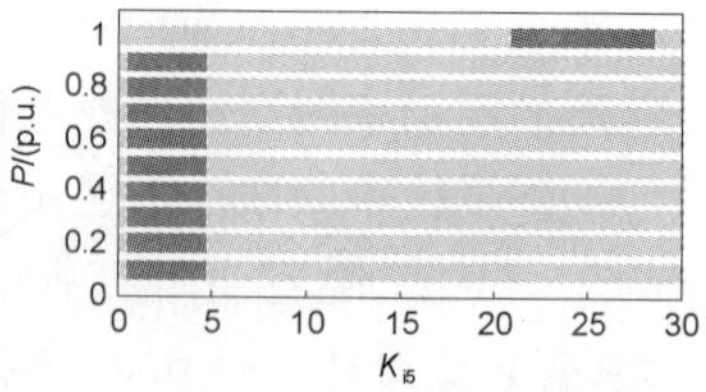

(d) K_{p4} 随输出功率的变化趋势　(e) K_{p5} 随输出功率的变化趋势　(f) K_{i5} 随输出功率的变化趋势

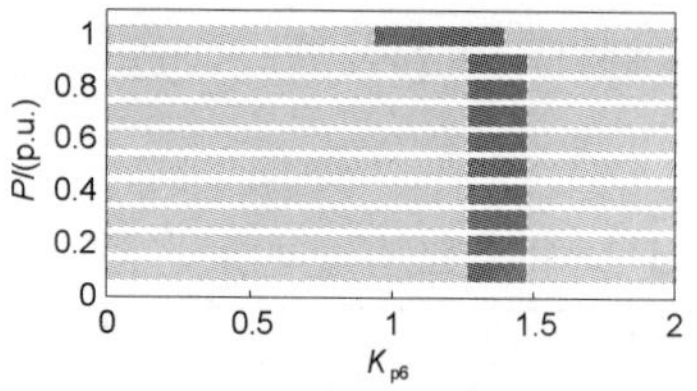

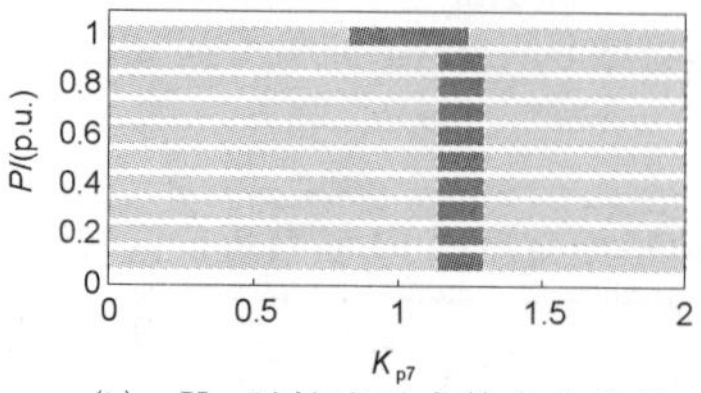

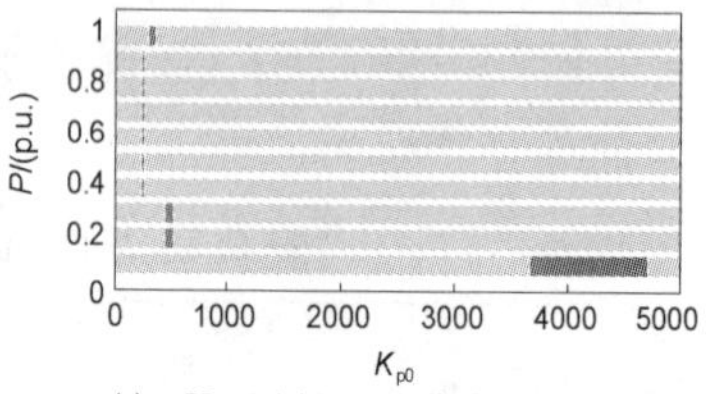

(g) K_{p6} 随输出功率的变化趋势　(h) K_{p7} 随输出功率的变化趋势　(i) K_{p0} 随输出功率的变化趋势

图 6.15　各控制参数最佳运行范围随输出功率的变化趋势

6.1.3　风机变流器锁相环的机网相互作用抑制作用

1. 锁相环参数对稳定性的影响

电力电子变流器具有很强的非线性，控制环节也较为复杂，需要考虑有功、无功、电压、电流以及锁相环(phase locked loop, PLL)等控制的共同作用。目前，对于电力电子变流器并网稳定问题的理论分析主要沿用线性系统理论，在运行点做小干扰分析，采用线性系统稳定判据及其衍生判据方法。其中，基于阻抗的稳定性判据最初被运用于直流电源系统，后经相关学者延拓到交流网络中，为复杂电力电子互联系统的稳定性分析提供了有力的理论依据。其中，奈奎斯特稳定判据(简称“奈氏判据”)是最常用一种频域稳定判据，它的特点就是根据开环系统频率特性曲线判定闭环系统的稳定性。

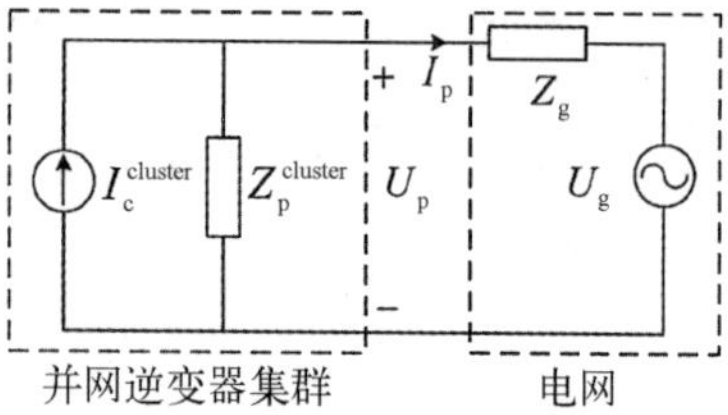

图 6.16　并网集群系统正序网络

在得到集群系统的等效电路后，由于 n 个模块独立控制，不受外部电气量的影响，因此可以将基于阻抗的逆变器集群系统等效电路化简为如图 6.16 所示的小信号模型，其中 $I_c^{cluster}=nI_c$，$Z_p^{cluster}=Z_p/n$。并网逆变器集群模块综合考虑了锁相环、电流控制环和滤波器等因素的频率特性，与等值电网不存在耦合元件，两者相互独立并互联为整体。

设 $n=100$，电网等值电感 $L_g=0.5$ mH 时，利用奈奎斯特稳定判据分析锁相环带宽对逆变器集群并网系统稳定性的影响，如图 6.17、图 6.18 所示，图中灰色阴影表示单位圆。从图 6.17 可以看出，并网系统的相角裕度随锁相环带宽的减小而增大，由奈奎斯特曲线绕过 $(-1, 0)$ 可知当带宽为 64 Hz 时系统不稳定，但此时输出阻抗的虚拟阻值相对虚拟电容不能忽略，因此此带宽下系统不一定存在 70.6 Hz 的超同步谐波分量，需要更精确的建模。

2. 基于锁相环参数的机网相互作用抑制策略及效果分析

锁相环的作用是实现并网电压的相位跟踪，使并网逆变器和电网保持同步，因此极易受到电网电压谐波分量的影响。并网电压参考相角经锁相环控制回路输出后，继续为电流控制环路提供坐标变换基准角，因此锁相环的动态特性会使电路等效关系更加复杂，对逆变器

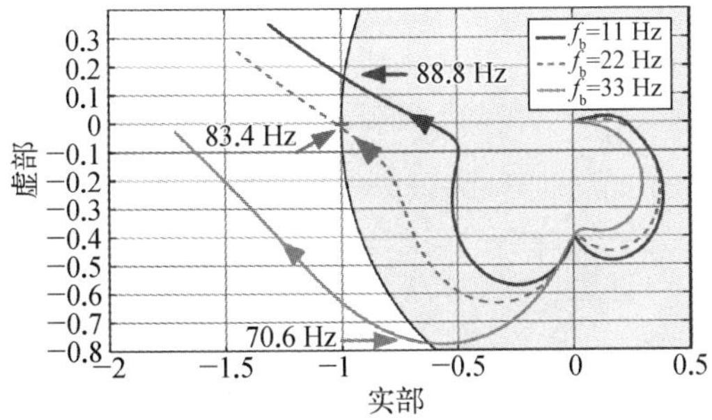

图 6.17　PI 控制下锁相环带宽对并网系统稳定性的影响

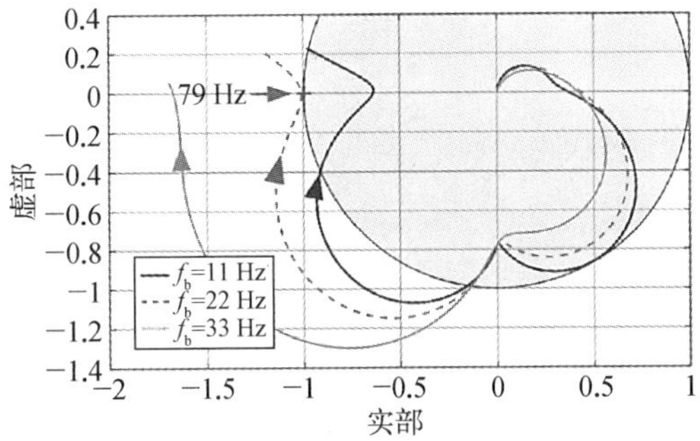

图 6.18　准 PR 控制下锁相环带宽对并网系统稳定性的影响

集群正序网络的稳定性起着关键作用。

从解析模型和仿真结果来看，降低带宽可以达到提高集群输出阻抗的目的，从而增强互联系统的抗干扰性。但锁相环带宽过低一方面会破坏系统的动态响应特性，主要原因在于锁相环无法以正常精度跟踪频率高于带宽的并网点电压分量；另一方面会造成功率解耦特性变差，因此需要在满足约束条件的情况下，寻找锁相环带宽的最优解。

基劳斯判据是一种在不计算闭环系统特征根的情况下，判定某线性系统特征根（极点）是否全部具有负实部的快速算法。已知并网逆变器集群的稳定性取决于下式：

$$G(s)=\frac{1}{1+Z_g(s)/Z_p^{\text{cluster}}(s)} \tag{6.18}$$

式(6.18)可以看作是某一控制系统的闭环传递函数，基于定义，其闭环特征方程为 $1+Z_g(s)/Z_p^{\text{cluster}}(s)=0$。根据广义劳斯矩阵，针对含有复值系数的特征方程式列出了其特征根均位于 s 平面左边的充要条件。

首先，为方便计算，对逆变器集群正序网络作如下假设：① 忽略前馈项对网络输出阻抗的影响；② 集群输出功率因数接近 1。

因此，在低于电流控制器闭环传递函数截止频率以下的低频区域，逆变器集群正序网络输出阻抗等效为

$$Z_w(s)=\frac{K_m U_{dc} H_i(s-j\omega_1)+sL_f}{1-\frac{1}{2}F(s-j\omega_1)K_m U_{dc} H_i(s-j\omega_1) I_1}\approx\frac{K_m U_{dc} H_i(s)}{1-\frac{1}{2}F(s-j\omega_1)K_m U_{dc} H_i(s) I_1} \tag{6.19}$$

式中，变量均是基于逆变器集群定义的，$F(s)$ 为锁相环的闭环传递函数，$H_i(s)$ 为 PI 控制器的传递函数。

由于工程上通常将 PI 控制器的零点设置在电流环闭环系统的截止频率处（即电流环带宽），因此电流环控制回路的参数可用如下关系近似估计：

$$K_{dp}\approx\frac{\omega_i L_f}{K_m U_{dc}},\ K_{di}\approx\frac{\omega_i^2 L_f}{K_m U_{dc}} \tag{6.20}$$

设定系统基准值如下：

$$U_B = U_N/\sqrt{3},\ I_B = I_N,\ Z_B = U_B/I_B \tag{6.21}$$

由系统短路比的定义可知：

$$\mathrm{SCR} = \frac{1}{Z_g} \times \frac{U_N^2}{P_{dcN}} = \frac{1}{Z_g} \times \frac{U_N^2}{\sqrt{3}U_N I_N} = \frac{Z_B}{Z_g} = \frac{L_B}{L_g} \tag{6.22}$$

并用单机传递函数近似估计锁相环传递函数：

$$Z_B F(s - j\omega_1) I_1 = U_1 F(s - j\omega_1) \approx \frac{1}{1 + s/\omega_{PLL}} \tag{6.23}$$

以上近似处理可以消除闭环特征方程中的复值系数，便于给出该多项式稳定的充要条件，但不影响锁相环带宽的计算。

将式(6.22)~式(6.23)代入特征方程 $1 + Z_g(s)/Z_w(s) = 0$ 中，依据上述参数的定义，可进一步将其整理为如下形式：

$$A_3 s^3 + A_2 s^2 + A_1 s + A_0 = 0 \tag{6.24}$$

其中：

$$\begin{cases} A_3 = 1 \\ A_2 = \omega_{PLL} - \dfrac{L_f \omega_{PLL} \omega_i}{2Z_B} + \dfrac{L_f \omega_i}{L_g} \\ A_1 = \dfrac{L_f \omega_i^2}{L_g} - \dfrac{L_f \omega_{PLL} \omega_i^2}{2Z_B} + \dfrac{L_f \omega_{PLL} \omega_i}{L_g} \\ A_0 = \dfrac{L_f \omega_{PLL} \omega_i^2}{L_g} \end{cases} \tag{6.25}$$

根据劳斯判据，该三阶多项式必须满足以下条件：

(1) 各系数皆为正，即 $A_i > 0,\ i = 0,\ 1,\ 2,\ 3$；

(2) $A_1 A_2 - A_0 > 0$

① 考虑 $A_2 > 0$ 有：

$$\frac{\omega_i}{\omega_{PLL}} > \frac{L_g}{L_f}\left(\frac{1}{a} - 1\right) \tag{6.26}$$

式中，$a = 2\dfrac{\omega_1/\omega_i}{L_f/L_B}$。

② 考虑到实际控制器中 $\omega_i \gg \omega_{PLL}$，即 $\omega_{PLL}/\omega_i \approx 0$，因此 $A_1 > 0$ 等价为

$$\omega_{PLL} < 2Z_B/L_g = 2\omega_1 \mathrm{SCR} \tag{6.27}$$

当电网阻抗增大时，会造成电网短路比降低，锁相环带宽应相应减少以保证互联系统的稳定性。

③ 考虑 $A_1A_2 - A_0 > 0$ 等价为

$$\omega_{\mathrm{PLL}} < 2\omega_1 \mathrm{SCR} \frac{1}{1+\sqrt{a}} \tag{6.28}$$

相较于第 2 个约束条件，由于常数 $a > 0$，上式对锁相环参数的要求更为苛刻，可以使用式寻找锁相环带宽的最优解。同时可以发现，a 与电流环带宽呈反比关系，这意味着电流环带宽越小，互联系统稳定所需的锁相环带宽也越小。为引入一定的稳定裕度，式(6.28)可由如下约束条件代替设计 PLL 的带宽上限：

$$\omega_{\mathrm{PLL}} < K_0 2\omega_1 \mathrm{SCR} \frac{1}{1+\sqrt{a}} \tag{6.29}$$

式中，$0 < K_0 < 1$，次数设置为 0.7。

锁相环带宽确定后，可以根据“最佳 2 阶系统”设计规则进一步确定 PI 控制器中的比例/积分系数。当电网阻抗增大导致互联系统稳定裕度不足时，可以通过在锁相环带宽允许的限度内为控制器重新选择合适的控制参数，进一步降低互联系统中的次/超同步振荡分量。

由逆变器集群的基本参数，可计算得到当电网电感 $L_g = 0.5$ mH，即系统短路比 SCR = 1.28 时，PI 控制策略下锁相环带宽最大值应为 15.28 Hz。

经锁相环参数优化后，逆变器集群输出阻抗的幅值和相角裕度均有所提高（见图 6.19），基于阻抗比的奈奎斯特曲线也不绕过复平面上的点（−1，0）（见图 6.20），该并网系统是稳定的。在仿真中调整锁相环参数，输出波形趋于稳定，如图 6.21 和图 6.22 所示，验证了锁相环参数优化设计方法的可行性。

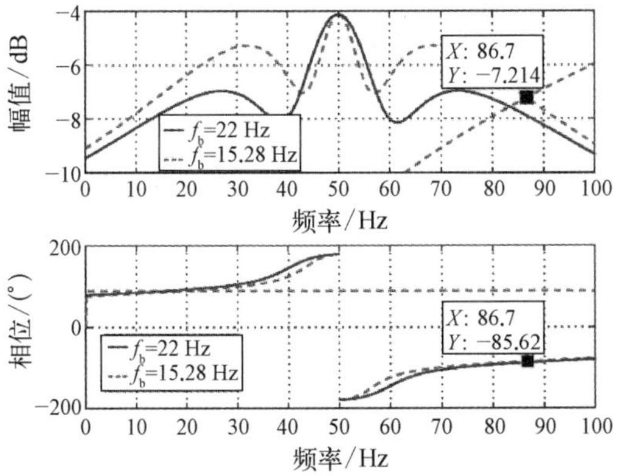

图 6.19　优化锁相环参数后的阻抗幅频特性

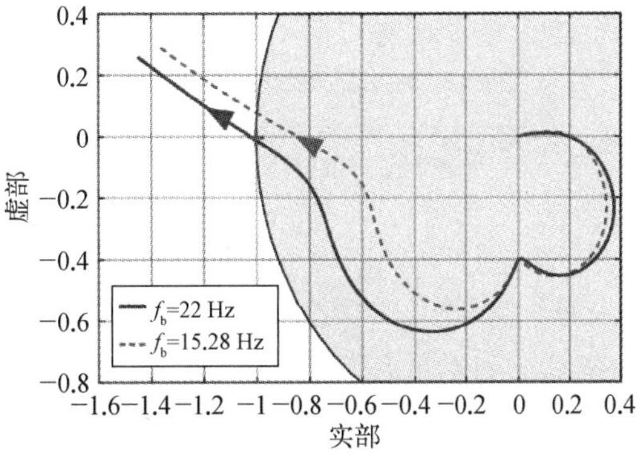

图 6.20　优化锁相环参数后的阻抗比奈奎斯特曲线

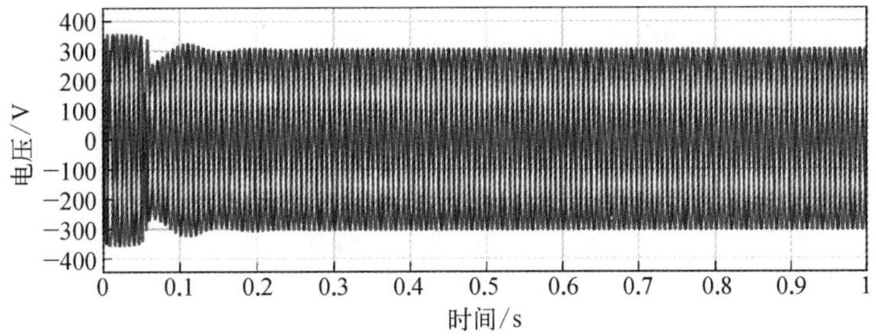

图 6.21　优化锁相环参数后的并网电压波形

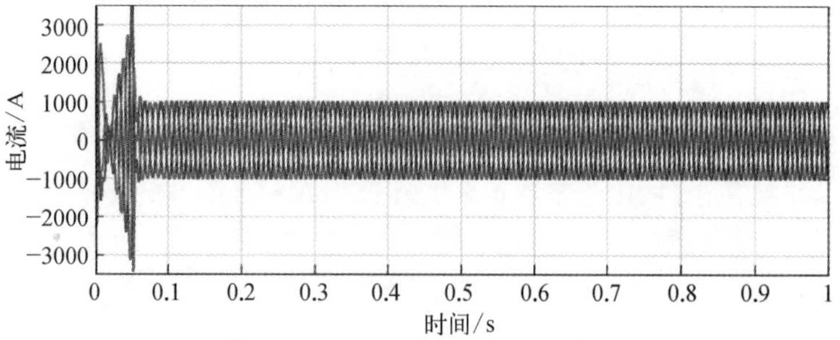

图 6.22　优化锁相环参数后的并网电流波形

6.1.4　风电机组的阻尼控制器设计

1. 风电机组对次同步轴系相互作用的转矩阻尼控制

维持风电机组传动轴系统较高的阻尼水平对于提高风电机组可靠性以及保证电力系统安全稳定运行具有重要意义。为提高风电机组轴系振荡阻尼，近年来国内外学者已对此开展了相关的研究。

变速变桨距风电机组的控制系统如图 6.23 所示，该控制系统包括转矩-转速控制环和桨距-转速控制环。为了提高风能利用效率，在低于额定风速下，转矩控制器通过调整发电机转矩来控制发电机转速，即转矩-转速控制环起作用，获得最优的叶尖速比从而提高气动扭矩效率。另一方面，当风速高于额定风速时，发电机转矩应当一直处于额定的最大值，通过桨距调节来控制气动转矩使涡轮处于额定转速，即桨距-转速控制环起作用。

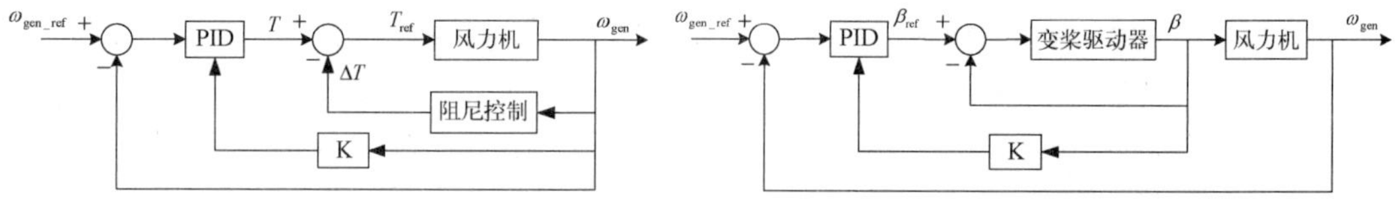

(a) 变速变桨距风机转矩-转速控制环　　(b) 变速变桨距风机桨距-转速控制环

图 6.23　变速变桨距风机转速控制环

如图 6.23(b)所示，桨距-转速控制器通过控制叶轮捕获的风能使得风力机在额定状态下运行，从而控制发电机转速在适当的范围。桨距角控制器包括一个 PID 控制器，由此可以通过发电机转速偏差得到参考桨距角 β_{ref}。为了取得更好的控制效果，PID 控制器在设计时应当具有良好的相应速度。常见的两种阻尼器，分别为仅包含传动轴振荡模态的阻尼器和包含轴系与桨叶弹性的三质量块振荡模态的阻尼器。

针对变速变桨距风电机组的转矩阻尼控制策略，主要有① 根据转矩控制环要求，设计转矩阻尼控制器，运用 RBF 神经网络控制方法实现转矩控制系统的 PID 参数的自寻优整定，由于传动链阻尼的设计，可有效减小齿轮箱振荡扭矩，减小外界干扰对传动链的冲击，延长机组寿命，并使系统有很好的动态性能和稳定性；PID 参数的自寻优，使得转矩控制器在额定风速下很好地跟随最大 C_p 曲线，达到预期控制效果。② 根据双馈风电机组闭环系统电磁转矩-转速微增量的表达式，得到电气阻尼转矩系数与机组有功控制策略、运行状态以及控制系统参数之间的定量关系，设计基于双馈电机转速信号的扭转振荡阻尼控制器，根据电磁转矩-转速相位特性确定合适的补偿相位并设计阻尼控制器参数。

2. 风电机组对次同步轴系相互作用的附加阻尼控制

本节提出一种对网侧电气小扰动引发机网扭振的抑制策略。该策略通过在转子侧逆变器功率控制环节引入阻尼器,当轴系发生扭振时,利用发电机转速波动信号产生阻尼功率,再附加到逆变器有功功率参考值上,使系统额外输出有功功率来增大系统阻尼,从而抑制轴系扭振。

(1) 附加阻尼控制对稳定性的影响机理

由于机械轴上的扭矩振荡本质为有功功率的振荡,为了能够在轴系发生扭振时提高系统阻尼,可以考虑在扭振发生时,让风机附加输出一个与扭振功率相位相反、幅值相当的附加阻尼功率,起到抑制扭振的作用。这种提高阻尼的办法可以通过在有功功率控制环路中引入扭振阻尼器来实现,阻尼器通常由滤波器和相位补偿环节构成,滤波器的作用是当异步电机输入机械扭矩发生振荡时,将其振荡频率提取出来,相位补偿环节在滤波的基础上提供相位补偿,使发电机输出的附加阻尼功率与目标抑制功率相位相反。当轴系发生扭振时,发电机转速波动与输入机械转矩波动之间的关系如下式:

$$\Delta T = J_{\text{gen}} \frac{\mathrm{d}\omega_{\text{gen}}}{\mathrm{d}t} \tag{6.30}$$

可见,发电机转速的变化能够反映机械扭矩的波动,因此,阻尼器的输入为发电机机械转速,经过滤波器后,转速波动被提取,再经过增益放大和相位补偿,阻尼器输出附加阻尼参考功率。

这里采用基于低通滤波器设计的阻尼器,相比传统窄带宽阻尼器具有更大的低频带宽,在振荡模态不止一种的复杂情况下,无需针对每一个目标抑制频率都设计一个滤波器,具有设计简单,计算量小等优势。基于低通滤波器的阻尼器结构示意图如图 6.24 所示。

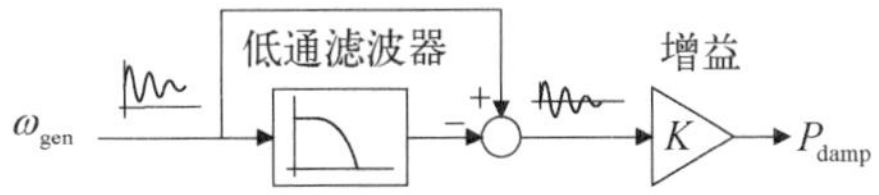

图 6.24　基于低通滤波器的振荡阻尼器

此处采用典型的二阶低通滤波器,低通滤波器传递函数如下:

$$H_{\text{LPF}}(s) = \frac{1}{1 + \dfrac{s}{Q\omega_{\text{c}}} + \dfrac{s^2}{\omega_{\text{c}}^2}} \tag{6.31}$$

ω_{c} 为截止频率, Q 为品质因数, Q 越大由截止频带向阻带过渡越快,但品质因数过大会导致在截止频率处的幅值超调,此处设定 $Q = 0.707$, 即滤波器具有平滑的巴特沃兹响应。阻尼器的输入信号为发电机转速,低通滤波器的截止频率取小于轴系固有振荡频率,从而通过低通滤波器后能够得到转速直流分量,输出的直流信号与测得的转速信号做减法运算得到转速波动信号,该信号能够实时反应转矩的振荡情况,再经过增益放大后得到与振荡功率幅值相当的阻尼功率参考值,叠加到转子侧有功功率参考值上,当扭振发生时,附加阻尼控制能够使逆变器输出额外的阻尼功率,起到抑制转矩振荡的作用。通过以上分析可得转子侧逆变器附加阻尼控制框图,如图 1.10(a)所示。

值得注意的是,此处合理假设阻尼器的响应延迟相比于整个转速功率控制环路的响应时间要小得多。因此,扭振发生时,转子侧变流器能够及时地响应输出阻尼功率,后续的仿真也验证了假设的正确性。根据图 1. 10(a)和式(6. 30)可得阻尼器转速功率传递函数,如式(6. 32)所示。

$$\frac{P_{\mathrm{damp}}(s)}{\omega_{\mathrm{gen}}} = K\left(1 - \frac{\omega_{\mathrm{c}}^{2}}{s^{2} + 2\zeta\omega_{\mathrm{c}}s + \omega_{\mathrm{c}}^{2}}\right) \tag{6.32}$$

其中,$\zeta = 1/2Q$,定义为阻尼比。为了建立振荡阻尼器的小信号模型,根据式(6. 32),引入中间状态变量 x_1 和 x_2,阻尼器的状态表达式为式(6. 33)。

$$\begin{aligned}&\frac{\mathrm{d}x_1}{\mathrm{d}t} = x_2;\ x_1 = P_{\mathrm{damp}} - K\omega_{\mathrm{gen}}\\&\frac{\mathrm{d}x_2}{\mathrm{d}t} = -\omega_{\mathrm{c}}^{2}(x_1 + K\omega_{\mathrm{gen}}) - 2\zeta\omega_{\mathrm{c}}x_2\end{aligned} \tag{6.33}$$

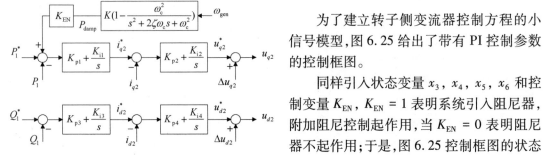

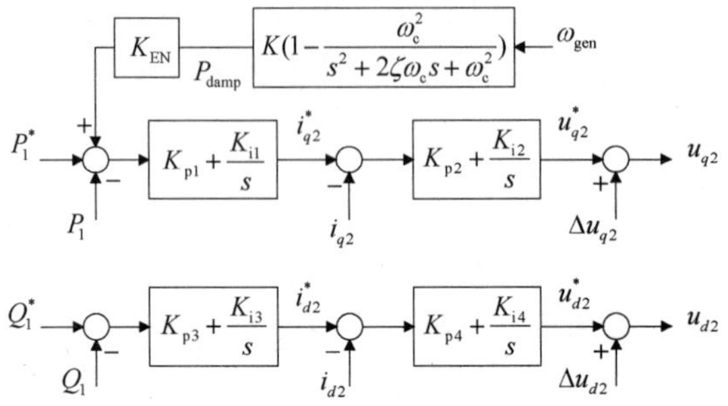

图 6. 25 转子侧变流器控制框图对应传递函数

为了建立转子侧变流器控制方程的小信号模型,图 6. 25 给出了带有 PI 控制参数的控制框图。

同样引入状态变量 x_3, x_4, x_5, x_6 和控制变量 K_{EN}, $K_{\mathrm{EN}}=1$ 表明系统引入阻尼器,附加阻尼控制起作用,当 $K_{\mathrm{EN}}=0$ 表明阻尼器不起作用;于是,图 6. 25 控制框图的状态方程可表示为式(6. 34)。

$$\begin{aligned}&\frac{\mathrm{d}x_3}{\mathrm{d}t} = P_1^* - P_1 + K_{\mathrm{EN}}P_{\mathrm{damp}} = \Delta P_1 + K_{\mathrm{EN}}(x_1 + K\omega_{\mathrm{gen}})\\&i_{q2}^* = K_{\mathrm{p1}}[\Delta P_1 + K_{\mathrm{EN}}(x_1 + K\omega_{\mathrm{gen}})] + K_{\mathrm{i1}}x_3\\&\frac{\mathrm{d}x_4}{\mathrm{d}t} = i_{q2}^* - i_{q2} = K_{\mathrm{p1}}[\Delta P_1 + K_{\mathrm{EN}}(x_1 + K\omega_{\mathrm{gen}})] + K_{\mathrm{i1}}x_3 - i_{q2}\\&\frac{\mathrm{d}x_5}{\mathrm{d}t} = Q_1^* - Q_1 = \Delta Q_1\\&i_{d2}^* = K_{\mathrm{p3}}\Delta Q_1 + K_{\mathrm{i3}}x_5\\&\frac{\mathrm{d}x_6}{\mathrm{d}t} = i_{d2}^* - i_{d2} = K_{\mathrm{p3}}\Delta Q_1 + K_{\mathrm{i3}}x_5 - i_{d2}\end{aligned} \tag{6.34}$$

变流器的输出为转子电压:

$$\begin{aligned}&u_{q2} = K_{\mathrm{p2}}\{K_{\mathrm{p1}}[\Delta P_1 + K_{\mathrm{EN}}(x_1 + K\omega_{\mathrm{gen}})] + K_{\mathrm{i1}}x_3 - i_{q2}\} + K_{\mathrm{i2}}x_4 + \Delta u_{q2}\\&u_{d2} = K_{\mathrm{p4}}(K_{\mathrm{p3}}\Delta Q_1 + K_{\mathrm{i3}}x_5 - i_{d2}) + K_{\mathrm{i4}}x_6 + \Delta u_{d2}\end{aligned} \tag{6.35}$$

整理成矩阵方程形式,转子侧变流器控制小信号模型如式(6. 36)所示。

$$\begin{aligned}&\dot{\boldsymbol{x}}_{\mathrm{RSC}} = \boldsymbol{A}_{\mathrm{RSC}}\boldsymbol{x}_{\mathrm{RSC}} + \boldsymbol{B}_{\mathrm{RSC}}\boldsymbol{u}_{\mathrm{RSC}}\\&\boldsymbol{y}_{\mathrm{RSC}} = \boldsymbol{C}_{\mathrm{RSC}}\boldsymbol{x}_{\mathrm{RSC}} + \boldsymbol{D}_{\mathrm{RSC}}\boldsymbol{u}_{\mathrm{RSC}}\end{aligned} \tag{6.36}$$

其中状态变量 $\boldsymbol{x}_{\mathrm{RSC}} = [x_1, x_2, x_3, x_4, x_5, x_6]^{\mathrm{T}}$，输入 $\boldsymbol{u}_{\mathrm{RSC}} = [\Delta P_1, \Delta Q_1, \omega_{\mathrm{gen}}, i_{d2}, i_{q2}, \psi_1]^{\mathrm{T}}$，输出 $\boldsymbol{y}_{\mathrm{RSC}} = [u_{q2}, u_{d2}]^{\mathrm{T}}$，状态矩阵为

$$\boldsymbol{A}_{\mathrm{RSC}} = \begin{bmatrix} 0 & 1 & 0 & 0 & 0 & 0 \\ -\omega_{\mathrm{c}}^2 & -2\zeta\omega_{\mathrm{c}} & 0 & 0 & 0 & 0 \\ K_{\mathrm{EN}} & 0 & 0 & 0 & 0 & 0 \\ K_{\mathrm{p1}}K_{\mathrm{EN}} & 0 & K_{\mathrm{i1}} & 0 & 0 & 0 \\ 0 & 0 & 0 & 0 & 0 & 0 \\ 0 & 0 & 0 & 0 & K_{\mathrm{i3}} & 0 \end{bmatrix},\ \boldsymbol{B}_{\mathrm{RSC}} = \begin{bmatrix} 0 & 0 & 0 & 0 & 0 & 0 \\ 0 & 0 & -\omega_{\mathrm{c}}^2 K & 0 & 0 & 0 \\ 1 & 0 & K_{\mathrm{EN}}K & 0 & 0 & 0 \\ K_{\mathrm{p1}} & 0 & K_{\mathrm{p1}}K_{\mathrm{EN}}K & 0 & -1 & 0 \\ 0 & 1 & 0 & 0 & 0 & 0 \\ 0 & K_{\mathrm{p3}} & 0 & -1 & 0 & 0 \end{bmatrix},$$

$$\boldsymbol{C}_{\mathrm{RSC}} = \begin{bmatrix} K_{\mathrm{p2}}K_{\mathrm{p1}}K_{\mathrm{EN}} & 0 & K_{\mathrm{p2}}K_{\mathrm{i1}} & K_{\mathrm{i2}} & 0 & 0 \\ 0 & 0 & 0 & 0 & K_{\mathrm{p4}}K_{\mathrm{i3}} & K_{\mathrm{i4}} \end{bmatrix},$$

$$\boldsymbol{D}_{\mathrm{RSC}} = \begin{bmatrix} K_{\mathrm{p2}}K_{\mathrm{p1}} & 0 & K_{\mathrm{p2}}K_{\mathrm{p1}}K_{\mathrm{EN}}K & \sigma L_2 & -K_{\mathrm{p2}} & \omega_{\mathrm{s}}\dfrac{L_{\mathrm{m}}}{L_1} \\ 0 & K_{\mathrm{p4}}K_{\mathrm{p3}} & 0 & 0 & -\omega_{\mathrm{s}}\sigma L_2 & 0 \end{bmatrix}。$$

（2）附加阻尼控制对机网相互作用的抑制策略及效果分析

为了研究转子侧附加阻尼控制对系统阻尼的影响，首先计算无阻尼附加控制的系统的共轭特征根，计算这些振荡模态与机械传动轴相关状态变量的相关因子。然后计算带有附加阻尼控制的系统的特征根，再次观察轴系扭振对应的振荡模态的阻尼情况，如果特征根实部绝对值变大，说明轴系扭振的阻尼特性提高，附加阻尼控制确实有效增大了系统阻尼。值得注意的是，本书在此只研究与轴系扭振相关的振荡模态，为了方便研究，简化计算量，本节只关注与轴系相关的状态变量，即 $x_{\mathrm{mech}} = [\theta_1, \theta_2, \theta_3, \omega_{\mathrm{rot}}, \omega_2, \omega_{\mathrm{gen}}]^{\mathrm{T}}$，也只计算振荡模态与该组状态变量的相关因子。表 6.5 给出了系统无附加阻尼控制情况下所有含有振荡模态的特征根，其他特征根均为单个的负实数，表明系统是稳定的，这里不予列出。同时，从中可以看出，低速轴扭矩角 θ_2 和低速轴转速 ω_2 主导 $\lambda_{5,6}$ 对应的振荡模态，因此 $\lambda_{5,6}$ 代表了轴系扭振的一个机械振荡模态，即低速轴振荡模态；同理可见 $\lambda_{9,10}$ 代表了轴系扭振的另一个机械振荡模态，即高速轴振荡模态。

表 6.5　馈风机小信号系统的振荡模态

λ	特　征　根	特征频率	阻尼比
$\lambda_{1,2}$	−102. 702±j306. 985	48. 858	16. 346
$\lambda_{3,4}$	−1. 973±j314. 159	50. 000	0. 314
$\lambda_{5,6}$	−0. 154±j1. 587	14. 576	0. 025
$\lambda_{7,8}$	−22. 664±j6. 876	1. 094	3. 607
$\lambda_{9,10}$	−0. 028±j17. 737	2. 823	0. 005
$\lambda_{11,12}$	−0. 354±j0. 354	0. 056	0. 056

表 6.6 计算了这些振荡模态与轴系相关的状态变量的相关因子，其中加粗的参与因子值表明这组振荡模态与所对应的状态变量高度相关。

表 6.6　振荡模态与轴系状态变量的相关因子

	θ_1	θ_2	θ_3	ω_{rot}	ω_2	ω_{gen}
$\lambda_{1,2}$	0.000	0.000	0.000	0.000	0.000	0.000
$\lambda_{3,4}$	0.000	0.000	0.000	0.000	0.000	0.000
$\lambda_{5,6}$	0.000	**0.471**	0.028	0.000	**0.471**	0.028
$\lambda_{7,8}$	0.000	0.000	0.003	0.000	0.000	0.007
$\lambda_{9,10}$	0.022	0.022	**0.450**	0.022	0.022	**0.450**
$\lambda_{11,12}$	0.000	0.000	0.000	0.000	0.000	0.000

从表 6.6 可以看出，低速轴扭矩角 θ_2 和低速轴转速 ω_2 主导 $\lambda_{5,6}$ 对应的振荡模态，因此 $\lambda_{5,6}$ 代表了轴系扭振的一个机械振荡模态，即低速轴振荡模态；同理可见 $\lambda_{9,10}$ 代表了轴系扭振的另一个机械振荡模态，即高速轴振荡模态。

接着观察带有附加阻尼控制系统的特征根 $\lambda_{5,6}$ 和 $\lambda_{9,10}$ 的阻尼情况。可以看出 $\lambda_{5,6}$ 和 $\lambda_{9,10}$ 的阻尼比有不同程度的增长，附加阻尼控制对提高低速轴振荡模态 $\lambda_{5,6}$ 的阻尼有限，从 0.025 增大到 0.026；而对于高速轴振荡模态 $\lambda_{9,10}$，阻尼比显著增大，从 0.005 提高到 0.065。因此，附加阻尼控制可以有效地增大双馈风机系统轴系的阻尼。

表 6.7　带有附加阻尼控制的系统振荡模态

λ	特　征　根	特征频率	阻尼比
$\lambda_{1,2}$	−102.702±j306.985	48.858	16.346
$\lambda_{3,4}$	−1.973±j314.159	50.000	0.314
$\lambda_{5,6}$	−0.154±j91.587	14.576	0.026
$\lambda_{7,8}$	−22.935±j6.876	1.079	3.650
$\lambda_{9,10}$	−0.407±j18.121	2.884	0.065
$\lambda_{11,12}$	−0.865 7±j2.346	0.373	0.138

6.2　无功补偿装置的抑制作用

6.2.1　SVC 的机网相互作用的抑制作用

1. SVC 的工作原理

将 SVC 通过专用变压器连接到被保护发电机组出口母线上 SVC 是抑制次同步振荡的典型的接线方式，该 SVC 仅由晶闸管控制电抗器（TCR）组成，并装设滤波器，专用多绕组变压器抵消了 SVC 产生的部分高次谐波电流。SVC 控制器的输入信号为含有发电机组轴系扭振模态频率的量，通过控制晶闸管的触发延迟角 α，改变晶闸管控制电抗器支路电流的大小，调节发电机组的电磁功率，产生阻尼转矩来抑制次同步振荡。

当系统没有发生次同步振荡时，应选择合适的静态工作点和滤波器参数，使 SVC 装置的参数配合达到最佳抑制效果,并降低 SVC 对电力系统的不良影响。SVC 引入的 0.1~2 Hz 在惯性频率范围内的阻尼可以提高系统输送能力的控制,引入的在系统较高的扭振模态频率 5~45 Hz 的范围内的阻尼可以抑制系统次同步振荡。

SVC 通过注入电压来提高暂态稳定性、改善振荡阻尼特性等。把晶闸管控制电抗器与被保护发电机的机端母线并联,通过调节其电流来抑制次同步振荡。晶闸管控制电抗器的电纳值与触发角有关。确定了电抗器的额定电感值后,TCR 的等效电纳值可以通过调节控制触发角的大小而改变。触发角与补偿电抗器的支路电纳值关系如下:

$$B_{\mathrm{SVC}} = \frac{2\pi - 2\alpha + \sin 2\alpha}{\pi\omega L_1} \tag{6.37}$$

式中,α 为晶闸管控制电抗器的触发角;L_1 为支路电感值。

控制器的输入信号为含有原动机扭振模式分量的测量值,通过控制晶闸管的触发角来调节晶闸管控制电抗器支路电流的大小,调节发电机的输出功率,产生阻尼转矩来抑制次同步振荡。高压杠速度偏差、输出功率等信号都含有需要阻尼的所有原动机的扭振模式分量。由于这两种信号对控制器的相移更敏感,因此,为提高 SVC 的控制效果,控制器的输入信号选择发电机的转速偏差。

控制器的输入信号为转速偏差信号时,晶闸管控制电抗器中的无功电流应与发电机转子速度偏差反相。当转速减小时,晶闸管控制电抗器的感性电流增大了,机端电压减小,发电机送出的电磁功率减小,发电机转子的速度增加。反之,发电机的转子减速。因晶闸管控制电抗器的控制速度快,所以能够抑制次同步振荡。晶闸管控制电抗器 TCR 起到可变电感的作用,它所吸收的感性无功功率可以快速、平滑地调节。晶闸管控制的电抗器简化基本结构就是一个电抗器 TCR 和两个反并联的晶闸管串联。

因为电感具有储能作用,在晶闸管控制的电感电路中,晶闸管一旦导通,只有当回路电流大于零时才能关断。延迟关断的时间不仅与触发角有关,还与电源电压和回路电流间的相位角(或称电路阻抗角)有关。因此,对于双向开关来说,在其中一个晶间管还没有关断的情况下,不可能触发另一晶闸管导通。在这种情况下应采用宽脉冲或脉冲列触发方式,以保证两个晶阐管的正常工作。两个晶闸管的触发延迟角取值也应相同,以避免正负半周波形不对称而产生的偶次谐波和直流分量。由于假定电抗器为纯感性的,故触发延迟角的有效移相范围是 90°~180°。

晶闸管控制的电抗器 TCR 支路中,当晶闸管完全导通时,触发延迟角 $\alpha = 90°$,导通角 $\theta = 180°$ 无功功率流和吸收的基波电最大,流过电感的电流呈正弦波形。当晶闸管部分区间导通时,触发延迟角 α 在 90°~180°,导通角 $\theta < 180°$。当 α 角增大时,其等效电纳减小了,即增大补偿器的等效电抗,因此其吸收的无功功率减小了。

从以上的分析中可以得到,通过改变晶闸管可控电抗器的触发延迟角 $90° < \alpha < 180°$ 可以控制回路中的电流,晶闸管控制的电抗器 TCR 起到了可变电感的作用,它所吸收的感性无功功率可以在零到最大值间快速、平滑地调节。

当次同步振荡发生时。向机组电枢注入与轴系次同步扭振频率互补的电流可以抑制次同步振荡。而在相控原则下。控制变量与 SVC 的次同步频率电纳之间没有直接联系。很难通过改变 α 角来控制 SVC 的次同步频率电纳;在次同步振荡发生时。工频电纳数量与 SVC

的次同步频率电纳相同。而工频电压远远超过发电机端母线电压的次同步频率分量。所以,产生的次同步频率的电流远低于工频电流,难以通过改变次同步电纳来产生互补的次同步频率电流。因此,本节将着重分析次同步频率调制的控制原理。通过调节 SVC 的基波电纳产生与发电机组轴系扭振模态频率互补的电流分量。进而在发电机组中产生相应模态阻尼转矩以达到抑制系统次同步振荡的目的。

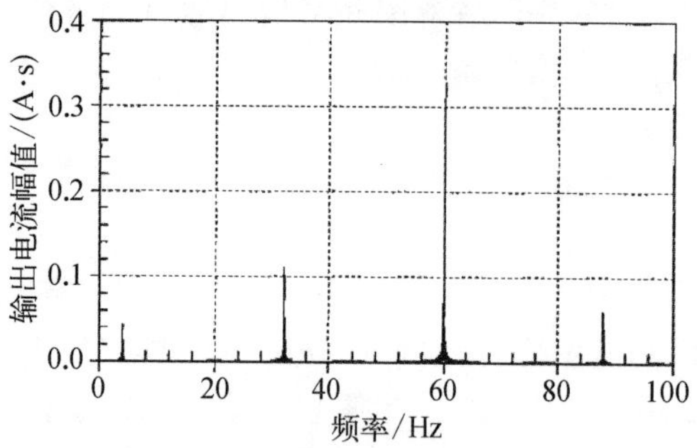

图 6.26 基波电纳次同步调制输出电流频谱分析图

当次同步振荡发生时,SVC 的母线电压有很多不同频率的分量,此外,还在 SVC 的特征谐波电流两侧产生了谐波电流,其幅值远远低于与工频电压下的次同步频率电流。通过仿真模型对 SVC 基波电纳控制原理进行了验证,可以用 60 Hz 恒频率电源代替,把 28 Hz 的次同步频率分量叠加在 SVC 的基波导纳上,来消除频率电压分量的影响,图 6.26 为 SVC 基波电纳次同步调制输出电流的频谱分析。

由图 6.26 可知,采用 28 Hz 的次同步频率对 SVC 的基波电纳进行调制,在其输出电流中含有的 88 Hz 超同步频率分量和 32 Hz 次同步频率分量,其中,采用抑制系统次同步振荡需要的电流分量是 32 Hz。

取各模态频率的 ω_m,对 SVC 的基波电纳进行次同步频率的调制,SVC 的输出电流包含次同步频率为 $(\omega_1-\omega_m)$ 和超同步频率为 $(\omega_1+\omega_m)$ 的电流分量,而进入发电机定子的以次同步电流为主,改变基波电纳的调制信号的初相位和幅值,在机组轴系形成了合适的次同步阻尼转矩,从而达到抑制次同步振荡的目的,这就是 SVC 抑制次同步振荡的原理。

系统发生次同步振荡时,发电机定子上感应的扰动电压有两个频率不等的分量,它们分别为次同步频率分量和超同步频率分量,前者与轴系扭振频率互补,在线性系统中,采用叠加定理能够分别求出系统的超同步和次同步扰动的电流分量。

当转速偏差 $\Delta\omega$ 与发电机转子的电磁转矩的相位差在$-90°\sim+90°$之间时,次同步频率转矩会使发电机的转速振荡增强。尤其当与转子自然扭振频率互补的次同步频率为电气系统的谐振频率时,该负阻尼将达到最大值,发电机组在该振荡模式下将存在严重的次同步振荡问题。

在谐振频率点,如果发电机转速偏差与 SVC 产生的次同步频率电流互成 180°,即二者相位相反时,能够在发电机转子的自然扭振频率点产生最大的阻尼转矩。所以,在设计 SVC 的控制装置时,为了保证在相同容量的情况下 SVC 的阻尼效果最佳,需要按照这种反相位的原则进行相位补偿环节的设计。

2. SVC 中的附加阻尼控制器设计

(1) 相位补偿环节参数设计

SVC 是一种并联型无功补偿设备,由晶闸管控制并联电抗器和晶闸管投切并联电容器组成。在 SVC 中引入次同步阻尼控制器可以为系统提供正的电气阻尼,从而对次同步相互作用起到抑制作用。在风电场出口并联的 SVC 中附加次同步阻尼控制器,对不稳定模态进行抑制,如图 6.27 所示。将直驱风电场输出的有功功率偏差 ΔP_g 作为 SSDC 的输入信号。为了使 SSDC 在抑制系统次同步相互作用的同时不对系统的稳态特性造成影响,在 SSDC 作用通道上增加一个限幅环节，使 SSDC 输出信号受限幅环节的限制。SSDC 输出信号经限幅环节后得到的信号 $\Delta\alpha$ 为 SVC 的触发角增量。

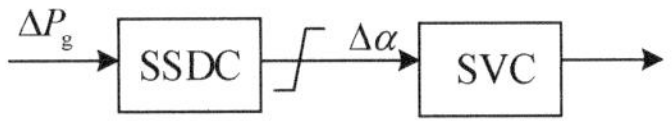

图 6.27　SVC-SSDC 的作用原理图

未加 SSDC 时，以 SSDC 输出信号的注入点为输入，以 SSDC 的输入信号为输出的开环系统的伯德图如图 6.28 所示，其中伯德图中的频率范围为 5~25 Hz。可以通过图 6.28 中的开环系统的伯德图中的对数幅频特性曲线和对数相频特性曲线得到该系统在特定频率下的幅频特性。通过伯德图中的对数相频特性曲线得到 $\varphi_{P_1}(\omega_i)$ 为 $-308°$，由于 SSDC 中相位补偿环节之外的其他环节在次同步振荡频率的相位和为 0°，可计算得到 SSDC 的补偿相位为 308°，此时对应的相位补偿环节的时间常数 $T=0.0033$。

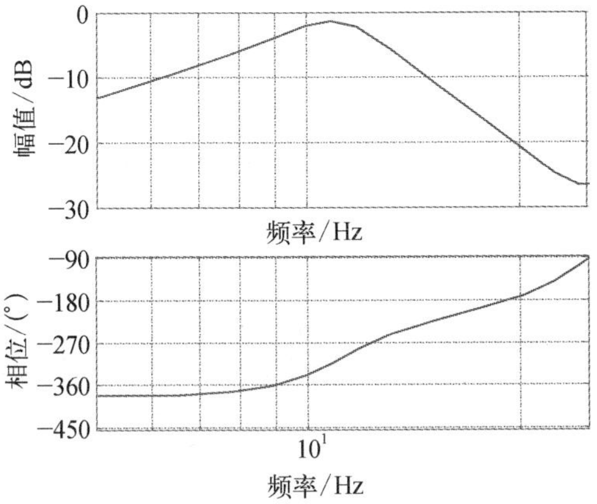

图 6.28　未加 SSDC 时开环系统伯德图

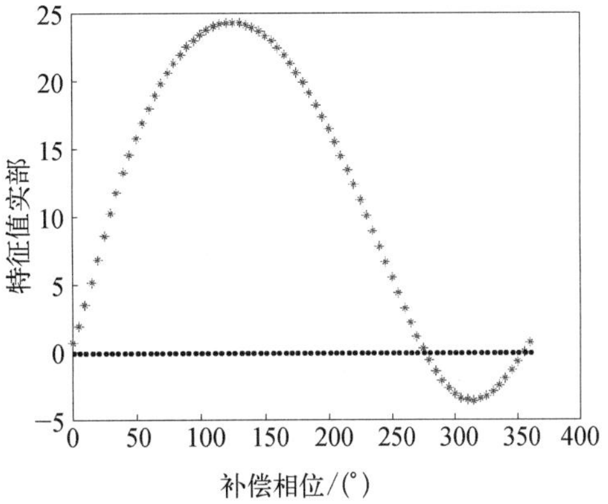

图 6.29　补偿相位和受控模态特征值实部关系曲线

为了验证 SSDC 补偿相位设计方法的正确性，在比例环节参数取 1.5 的基础上，次同步阻尼控制器的补偿相位从 0°~360°递增，其中相位补偿环节的时间常数 T 可以通过补偿相位计算得到。得到受控模态的特征值实部与补偿相位之间的关系曲线，如图 6.29 所示。

从图 6.29 可以看出，当次同步阻尼控制器的补偿相位从 0°~360°递增时，受控模态的特征值呈现出增大，后减小，再增大的趋势。当次同步阻尼控制器的补偿相位从 0° ~ 120° 递增时，受控模态的特征值实部持续增大。当次同步阻尼控制器的补偿相位从 120° ~ 308° 递增时，受控模态的特征值实部持续减小。当次同步阻尼控制器的补偿相位从 308° ~ 360° 递增时，受控模态的特征值实部持续增大。当次同步阻尼控制器的补偿相位在 285° ~ 340° 范围内时。受控模态的特征值实部为负值，此时系统稳定。

从图 6.29 可以得到，当补偿相位为 308° 时，受控模态特征值实部最小，对应的阻尼比最大，此时补偿效果最佳。当补偿相位在 308° 附近取值时，受控模态也具有较大的阻尼比，此时也具有较好的补偿效果。因此采用遍历的方法取得的最佳补偿相位与理论结果一致，因此相位补偿环节参数设计方法的合理性得到验证。

（2）比例环节参数设计

通过图 6.28 中的对数幅频特性曲线可以计算得到 $M_{P_1}(\omega_i)$ 为 0.854，由此计算得到次同步阻尼控制器的临界增益 $M_H^0(\omega_i)$ 为 1.17。因此根据 SSDC 比例环节参数设计方法，

SSDC 的比例环节参数应取大于 1.17 的合理值。

为了验证次同步阻尼控制器比例环节参数设计方法的正确性，在补偿相位确定的基础上，取比例环节的参数 K 分别为 0.80，1.00，1.17，1.40，1.60，对比补偿后受控模态的阻尼变化情况，具体结果如表 6.8 所示。

表 6.8　K 变化对模态的影响

比例系数 K	特　征　值	振荡频率/Hz
0.80	3.910±68.762i	10.94
1.00	1.800 0±68.804i	10.95
1.17	−0.000±68.899i	10.97
1.40	−2.474±69.133i	11.00
1.60	−4.623±69.453i	11.05

从表 6.8 可以看出，当 K 的取值为 0.80 和 1.00 时，受控模态的特征值实部大于 0，此时系统不稳定。当 K 的取值为 1.17 时，受控模态的特征值实部等于 0，系统处于临界稳定状态。当 K 的取值为 1.40 和 1.60 时，受控模态的特征值实部小于 0，此时系统稳定。随着 K 取值的变化，受控模态对应的振荡频率在 11 Hz 附近有小幅度的变化。

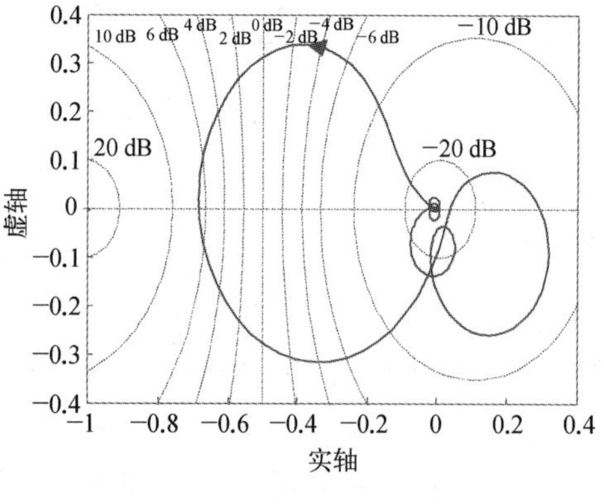

图 6.30　K=0.80 时的奈奎斯特曲线

当 K 的取值为 0.80 时，对应的开环系统 ω 从 $0\to\infty$ 变化时的奈奎斯特曲线如图 6.30 所示，奈奎斯特曲线穿越负实轴 $(-\infty,-1)$ 段的次数为 0，由于附加 SSDC 前的系统有 1 个不稳定模态，所以根据奈奎斯特稳定性判据，此时闭环系统不稳定。

当 K 的取值为 1.17 时，系统对应的开环系统 ω 从 $0\to\infty$ 变化时的奈奎斯特曲线如图 6.31 所示，奈奎斯特曲线正好经过(−1，j0)，根据奈奎斯特稳定性判据，此时闭环系统处于临界稳定的情况。当 K 的取值为 1.60 时，系统对应的开环系统 ω 从 $0\to\infty$ 变化时的奈奎斯特曲线如图 6.32 所示，奈奎斯特曲线穿越负实轴 $(-\infty,-1)$

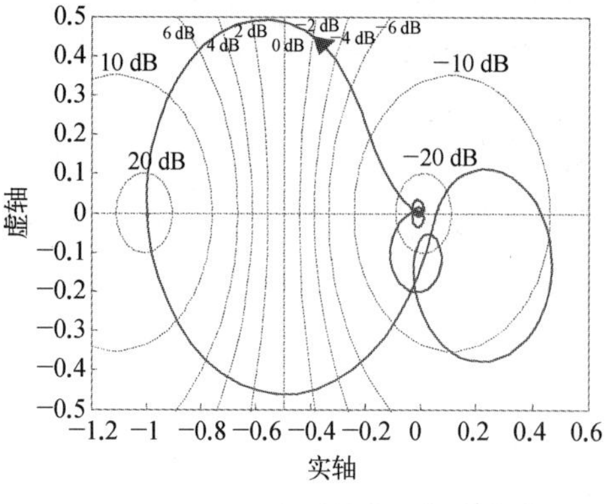

图 6.31　K=1.17 时的奈奎斯特曲线

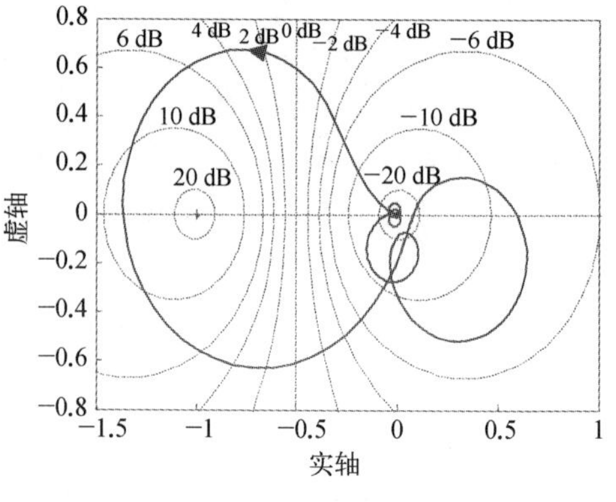

图 6.32　K=1.60 时的奈奎斯特曲线

段的次数为 1,由于附加 SSDC 前的系统有 1 个不稳定模态,所以根据奈奎斯特稳定性判据,此时闭环系统稳定。

当 K 小于 1.17 时,系统不稳定;当 K 大于 1.17 时,系统稳定。因此,SSDC 比例环节参数 K 应取大于 1.17 的合适值。比例环节参数设计方法的合理性得到验证。

6.2.2　STATCOM 的机网相互作用的抑制作用

1. STATCOM 的工作原理

(1) STATCOM 的拓扑结构及调制方法

STATCOM 是一种具有良好动态响应特性的无功补偿装置,在输电线路无功补偿等方面得到了人们的广泛研究。目前投入工业生产应用的 STATCOM 设备大多为电压型变流器,即并联电容作为变流器的直流输入,通过 PWM 技术调节变流器交流侧输出电流的幅值和相位,从而补偿无功功率。由于 PWM 整流器的四象限运行特性,STATCOM 与网侧的无功交换也是双向的,但与一般的 PWM 并网变流器控制不同,STATCOM 更强调网侧无功电流的控制性能。图 6.33 为 STATCOM 与电网系统的电气连接图。

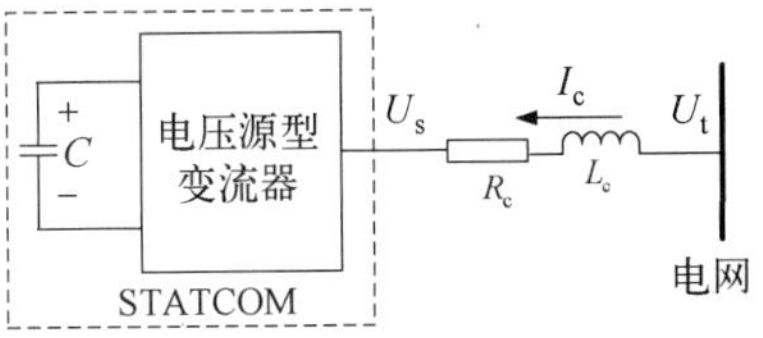

图 6.33　STATCOM 系统工作原理

其中,$\dot{U}_t$ 为电网电压向量,$\dot{U}_s$ 为 STATCOM 交流侧输出电压向量,$\dot{I}_c$ 为 STATCOM 与电网之间的交换电流向量,R_c 和 L_c 是 STATCOM 与系统连接的耦合等效电阻和等效电感,当 STATCOM 交流侧输出电压向量与电网电压向量同相位时,假设忽略 STATCOM 的内部损耗且线路电阻远小于电感,STATCOM 通过电抗 X_c 与电网系统连接,则 STATCOM 的输出电流 $\dot{I}_c$ 的相位滞后电网电压相位 90°, STATCOM 和系统只交换无功功率,按照图 6.33 所示的电流方向,电网流向 STATCOM 的电流 $\dot{I}_c$ 及 STATCOM 吸收的无功功率 Q_c 如式(6.29)。

根据电网系统与 STATCOM 之间交换的无功功率公式,可以通过调节 STATCOM 交流侧输出电压来控制两者之间无功功率交换的方向和大小。当 STATCOM 输出电压 $\dot{U}_s$ 大于电网电压 $\dot{U}_t$ 时,STATCOM 向电网系统输出容性无功功率;当 STATCOM 输出电压 $\dot{U}_s$ 小于电网电压 $\dot{U}_t$ 时,STATCOM 向电网系统输出感性无功功率,即系统向 STATCOM 输出容性无功功率。图 6.34 描绘了 STATCOM 工作的向量原理图。

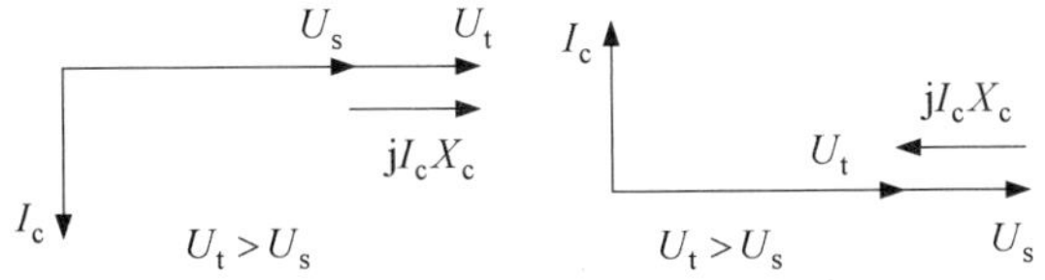

图 6.34　STATCOM 不同运行模式下的向量图

$$
\begin{aligned}
\dot{I}_c &= \frac{\dot{U}_t - \dot{U}_s}{jX_c} = -j\frac{U_t - U_s}{X_c} \\
Q_c &= \operatorname{Im}\{\dot{U}_t\dot{I}_c\} = \frac{U_t(U_t - U_s)}{X_c}
\end{aligned}
\tag{6.38}
$$

STATCOM 在实际运行中,由于内部变流器的功率开关并不是理想没有损耗的,且输出耦合线路也存在有功损耗,直流侧电容存储的能量逐渐被消耗来补偿各种有功损耗,因此若直流侧电容电压不加以控制维持,电容两端电压会持续下降,可以通过调节 STATCOM 交流侧输出电压向量的相角,使其滞后电网电压向量一个小角度,这时,电网就会向 STATCOM 输出有功功率,用来维持直流侧电容电压。

(2) STATCOM 的数学模型及控制系统

级联 H 桥 STATCOM 采用隔离直流电源输入的 STATCOM 拓扑结构具有模块化、便于扩展、多电平、谐波少等优势,因而备受关注。级联型 H 桥变流器的每一相都是由若干单相全桥可控单元级联而成,每个功率单元都有其独立的电源,如并联电容器,以单相 N 单元级联 H 桥为例,其输出波形的电平数为 $2N+1$,级联单元越多,电平数越大,输出电压谐波含量越少,并且每一个级联单元的开关承受电压越低。

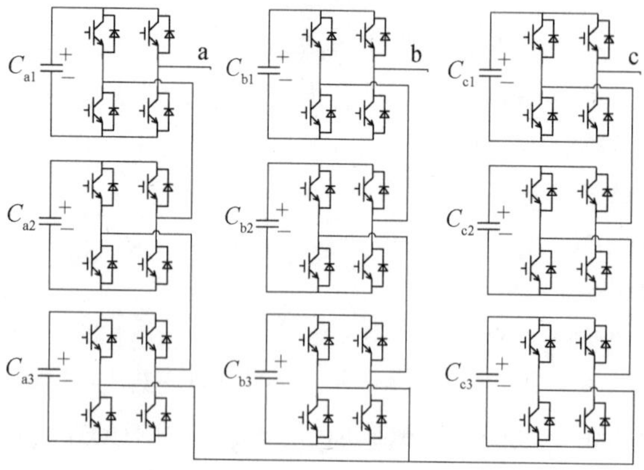

图 6.35 级联型星形连接的 PWM STATCOM 电路结构图

这里采用的单相 3 单元级联桥拓扑结构,其输出电平数为 7,图 6.35 所示为 7 电平级联 H 桥的拓扑结构,三相之间为 Y 型连接,每一相的级联单元具有相通的结构,由一个单相全桥逆变器并联一个输入直流电容器组成,每个基本单元都可以输出方波,同一相通过各个单元输出的方波叠加,从而形成多电平的阶梯波,电平数越多,越逼近正弦波形。

根据上述级联 H 桥 STATCOM 的拓扑结构,若要输出谐波含量少,三相对称的电压波形,还需选择合适的多电平调制策略。PWM 技术是多电平调制策略的基础,近年来,大量的基于 PWM 的多电平调制方法被提出和应用,主要包括多电平叠波调制技术,多电平的空间矢量 PWM 技术,相移载波 SPWM 技术。叠波调制技术需要计算每一个逆变单元的导通角控制输出方波的占空比,通过链节各单元的叠加,产生阶梯波来逼近正弦波,但该方法输出的电压质量很大程度上依赖于直流电压的平衡和各逆变单元的导通角计算精度,实际输出电压谐波含量较大。多电平空间矢量 PWM 技术与两电平 SVPWM 的原理类似,但是随着电平数的增大,其电压空间矢量的数目成三次方增加,这对于在一个开关周期内合理优化安排零矢量和非零矢量是一个复杂的问题,因此,该方法受到电平数的很大限制,目前应用一般只限于五电平以下。本书采用相移载波 SPWM 调制技术,该方法广泛地应用于大功率场合,得益于其能在同样的开关频率下实现较高的等效开关频率,极大地降低了输出电压的谐波含量,是近年来广泛应用的多电平调制策略。

以七电平级联 H 桥拓扑结构为例,同一单相链节的三个逆变单元有共同的调制波信号,而他们的三角载波信号虽然频率相同,但其相位依次错开载波周期的 $1/2N$,$N=3$,这保证了各逆变单元中,左右半桥功率开关的载波信号相差 180°;又因为同相链节中各逆变器单元调制信号波相同,使得其输出的电压基波一致,这样由这 N 个逆变单元叠加出的输出波形的电平数为 $2N+1$,这种移相再叠加的方法使 SPWM 的等效开关频率提高了一倍,各功率器件在提高开关频率的情况下大大降低了输出电压的谐波含量。

在 MATLAB/Simulink 中对 $N=3$ 的 7 电平级联 H 桥逆变器进行了仿真,以保证以此为拓扑结构基础的 STATCOM 的可行性。直流侧电压源电压为 4 000 V,载波频率为 2 kHz,调制比 $M=0.95$,7 电平级联 H 桥逆变器 a 相输出电压的仿真结果如图 6.36 所示,可见,对于

$N=3$ 的级联 H 桥逆变器，输出电压为单个逆变单元输出电压的 N 倍，输出电压为 $2N+1$ 电平。

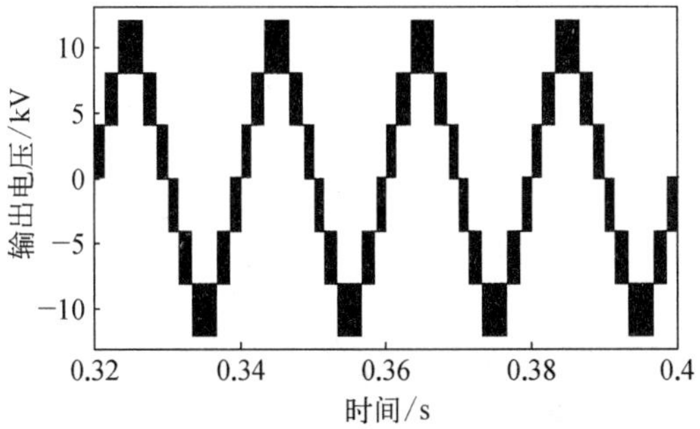

图 6.36　STATCOM 七电平输出电压

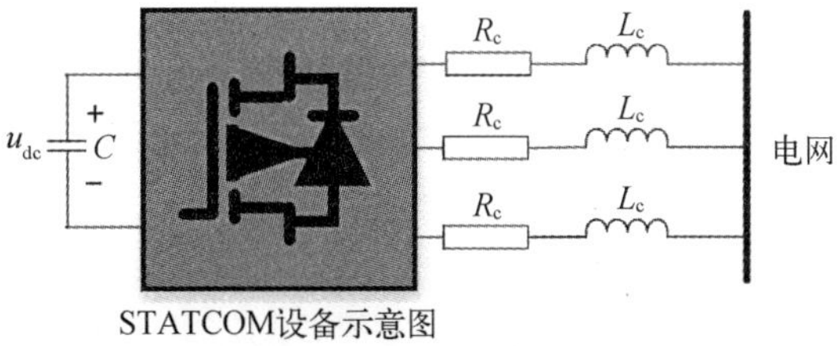

图 6.37　STATCOM 并网示意图

2. STATCOM 机网相互作用的抑制策略及效果分析

本节将建立 STATCOM 数学建模，为后续控制系统提供数学依据。由于本书只讨论 STATCOM 的输入输出特性，即设计合适的控制系统，实现 STATCOM 可控输出无功功率，满足系统的动态特性要求，假设不考虑功率开关器件内部的开关特性。为了简化 STATCOM 的数学建模，只考虑基波分量忽略谐波分量的影响，并且假设系统和装置都是三相对称的，电路元件用集中参数等效。

图 6.37 中 STATCOM 设备为示意图，内部拓扑结构为 $N=3$ 级联 H 桥逆变器，L_c 和 R_c 为 STATCOM 设备与电网之间的等效连接电感和电阻，STATCOM 输出相电压峰值为 u_s，电网模型为无穷大电网，相电压峰值为 u_t，电网电压与变换器输出电压的关系式可表示为

$$
\begin{aligned}
u_{ta} &= L_c \frac{\mathrm{d}i_{ca}}{\mathrm{d}t} + R_c i_{ca} + u_{sa} \\
u_{tb} &= L_c \frac{\mathrm{d}i_{cb}}{\mathrm{d}t} + R_c i_{cb} + u_{sb} \\
u_{tc} &= L_c \frac{\mathrm{d}i_{cc}}{\mathrm{d}t} + R_c i_{cc} + u_{sc}
\end{aligned}
\tag{6.39}
$$

将上述电压方程变换至同步旋转坐标系中，坐标 d 轴与电网电压向量一致，可得

$$
\begin{aligned}
u_{dt} - u_{ds} \underbrace{+\omega L_c i_{qc}}_{\Delta u_{ds}} &= L_c \frac{\mathrm{d}i_{dc}}{\mathrm{d}t} + R_c i_{dc} \\
u_{qt} - u_{qs} \underbrace{-\omega L_c i_{dc}}_{\Delta u_{qs}} &= L_c \frac{\mathrm{d}i_{qc}}{\mathrm{d}t} + R_c i_{qc}
\end{aligned}
\tag{6.40}
$$

式(6.40)即 STATCOM 并网在同步 dq 坐标系下的数学模型。

(1) STATCOM 机网相互作用的抑制策略

在与网侧电压向量同步的 dq 坐标系下，满足 $u_{dt}=u_t$，$u_{qt}=0$，STATCOM 的输出功率可以表示为

$$\begin{aligned} P_s &= 1.5(u_{dt}i_{dc} + u_{qt}i_{qc}) = 1.5u_{dt}i_{dc} \\ Q_s &= 1.5(u_{qt}i_{dc} - u_{dt}i_{qc}) = -1.5u_{dt}i_{qc} \end{aligned} \tag{6.41}$$

可见,在 dq 旋转坐标系下,有功功率和无功功率可以实现解耦控制,通过控制输出电流的 q 轴分量来调节无功功率,无功电流指令通常按照系统运行过程中的实际无功需求,根据公式计算得到;有功功率可以通过调节 d 轴电流分量控制,但是 STATCOM 的电压源为电容器,有功功率输出能力有限,因此在 STATCOM 的控制系统中,有功功率的交换用来平衡直流侧电容电压,有功电流,即 d 轴电流的指令值由外环的直流电压调节器获得。值得注意的是,在多电平级联拓扑结构中,因为各逆变单元都有独立的电容作为直流电源输入,电容电压的控制目标不仅要保证各直流电压维持在参考电压附近,同时也要考虑各电容电压的平衡问题,即电容电压参考值要与三相电容电压的平均值做差,再经过 PI 控制器得到有功电流指令。综上所述,得到如图 6.39 所示的 STATCOM 解耦控制框图。

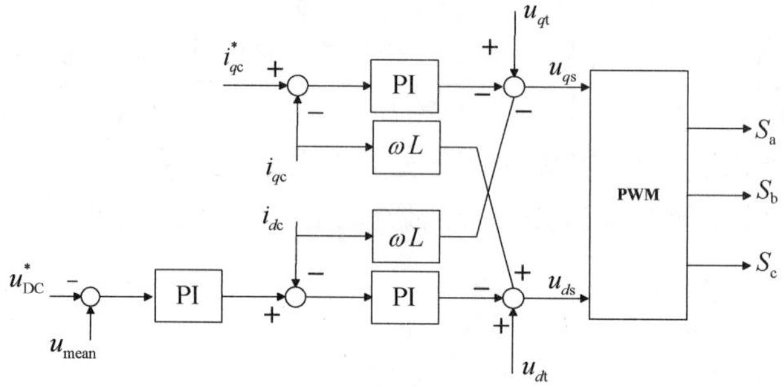

图 6.38 基于母线电压控制的 STATCOM 控制框图

带有附加阻尼控制策略的 STATCOM 控制框图如图 6.38 所示,与典型的无功功率控制策略不同,在典型的无功功率控制中 q 轴电流指通常由网侧的无功功率需求得到,而带有附加阻尼控制的 q 轴控制回路由电压外环和电流内环组成,电压外环的作用是稳定 STATCOM 接入母线的电压,因为风机系统母线电压若没有相关控制,容易受到网侧干扰或线路故障的影响,从而引起母线电压波动而激发风机轴系扭振,电压控制以 STATCOM 接入母线的电压偏差量为扰动信号,并作为 q 轴外环的指令信号,经过电压 PI 调节器后,产生 STATCOM 交流侧输出电流的 q 轴分量参考值,与实测输出电流 q 轴分量做差后再通过电流 PI 调节器,输

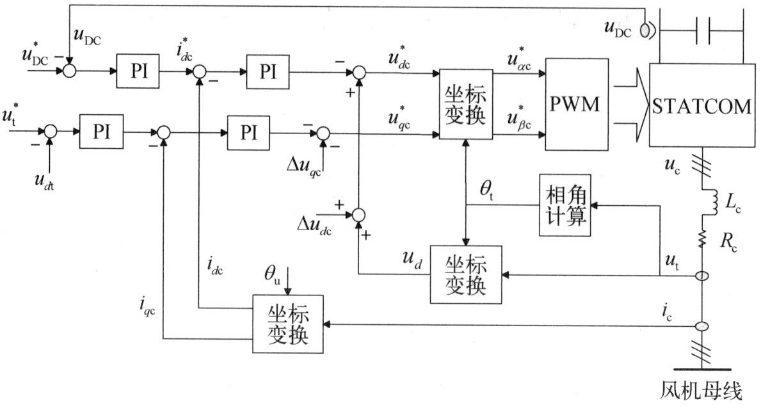

图 6.39 STATCOM 功率解耦控制策略

出信号叠加 d 轴解耦补偿项和网侧电压 q 轴分量前馈项，便得到 STATCOM 电压型变流器的 q 轴输出电压指令参考信号；带有附加阻尼控制的 d 轴控制回路由也由级联双控制环组成，其中电压外环控制直流侧电容电压稳定，直流电压控制以直流电容电压偏差量作为 d 轴外环的指令信号，经过外环电压 PI 调节器后，产生 STATCOM 交流侧输出电流的 d 轴分量参考值，与实测输出电流 d 轴分量做差后再通过电流 PI 调节器，输出信号叠加 q 轴解耦补偿项和网侧电压 d 轴分量前馈项，便得到 STATCOM 电压型变流器的 d 轴电压指令参考信号。

（2）STATCOM 机网相互作用的抑制效果分析

通过在 Matlab/Simulink 平台上建立含有 STATCOM 附加阻尼控制的双馈风机对无穷大电网的时域仿真系统，并以电压暂降作为网侧电气小扰动，来激发风机轴系扭振，以验证 STATCOM 附加阻尼控制对风机轴系扭振的抑制效果。

STATCOM 通过耦合电抗接入风机并网处的母线端，并网母线与供电系统通过 10 km 线路连接，STATCOM 模块电路参数及控制参数如见表 6.9 至表 6.10。

表 6.9　STATCOM 模块电路参数

STATCOM 模块电路参数	数　值
直流侧电容电压参考值	4 000 V
直流侧电容容值	20 000 μF
交流侧出口耦合电感 L_c	20 mH
交流侧出口耦合电阻 R_c	1 Ω
载波频率	20 kHz

表 6.10　STATCOM 控制模块参数

STATCOM 模块控制参数	数　值
直流电压调节器比例系数 K_p	0.02
直流电压调节器积分洗漱 K_i	0.01
母线电压调节器比例系数 K_p	10
母线电压调节器积分系数 K_i	2
电流内环调节器比例系数 K_p	0.04
电流内环调节器比例系数 K_i	0.01

当系统稳态运行时，利用网侧电压波动激发双馈风机轴系扭振，分别观察系统无 STATCOM 及投入 STATCOM 情况下，风机轴系扭矩的振荡情况。

为了研究 STATCOM 对轴系扭振的抑制原理，对线路末端无限大系统电压暂降的情况进行仿真，观察 STATCOM 对电压波动的响应情况及风机母线电压的稳定状况。表 6.11 描述了两组仿真 10 kV 无限大系统的电压波动情况，分别为持续时间为 0.1 s 电压幅值降至 0.93 p.u. 的三相对称电压暂降，和持续时间为 0.1 s 电压幅值增至 1.05 p.u. 的三相对称电压升高。

表 6.11　网侧电压暂降情况

情　况	持续时间	电　压
电压暂降	1.0~1.1 s	0.93 p.u.
电压升高	1.0~1.2 s	1.05 p.u.

为了分析 STATCOM 附加阻尼控制对扭振的抑制作用，分别观察双馈风机低速轴转矩 T_{lss}，发电机转速 ω_{gen}，STATCOM 输出电流 i_{c}，STATCOM 输出无功功率 Q_{c} 和风机母线电压 u_{t} 的响应曲线。图 6.40 画出了电压暂降至 0.93 p.u. 持续时间为 0.1 s 情况下投入 STATCOM 前后的母线电压曲线。10 kV 系统电压在 1.0 s 时跌落至 0.93 p.u. 并且在 0.1 s 后扰动清除，系统电压恢复至额定值；在此期间，风机母线电压并没有降落至 0.93 p.u.，且保持在接近 1.0 p.u. 的电压水平，说明 STATCOM 的电压控制策略效果明显，在电压暂降期间，STATCOM 利用风机母线电压偏差值输入电压外环 PI 调节器产生无功电流指令，使 STATCOM 向系统输入容性无功功率，起到支持母线电压的作用。图 6.41 画出了电压暂降情况下风机母线向远端系统的输出电流、STATCOM 的输出电流波形及输出无功功率，稳态运行时，STATCOM 交流侧输出电流很小，STATCOM 输出无功功率在零附近波动，当远端系统电压跌落时，即在 1.0 s 时刻，STATCOM 快速响应，输出无功电流开始增加，并向风机母线输入 1.5 MVar 左右的无功功率，从而抑制了风机母线电压的跌落程度，在 1.1 s 时刻，故障清除，STATCOM 输出无功功率继续保持在零附近。

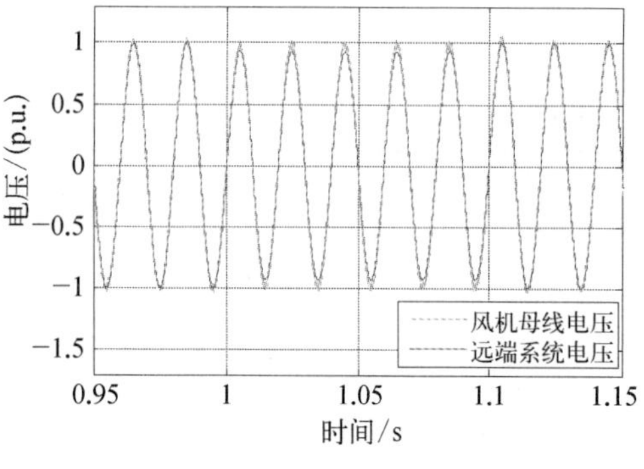

图 6.40　网侧电压暂降期间的风机母线电压

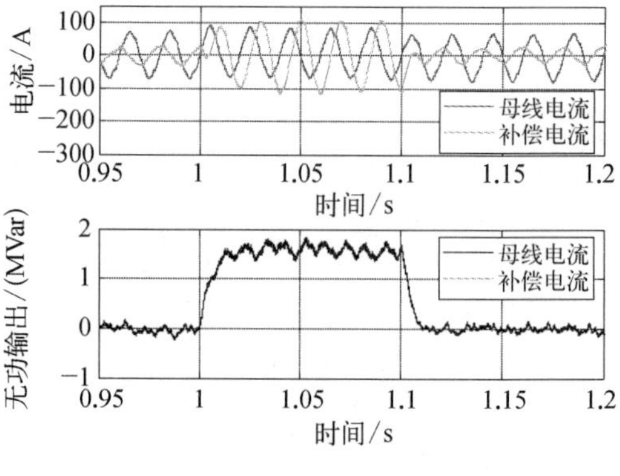

图 6.41　网侧电压暂降期间 STATCOM 输出电流和无功功率曲线

图 6.42 所示为电压暂降对双馈风机低速轴转矩和发电机转速的影响，系统未投入 STATCOM 时，双馈风机母线受远端 10 kV 系统电压暂降的影响产生电压跌落，发电机的电气暂态行为受此影响从而激发了传动轴系的扭矩振荡。从无 STATCOM 的低速轴转矩曲线可观察到，在 1.0 s 时转矩开始振荡，起振幅值为 1.01 p.u.，经历 4 s 至 5 s 后扭矩振荡逐渐减小并且恢复稳态；而当 STATCOM 投入系统、并联至风机母线时，STATCOM 能够快速响应母线电压降落，输出容性无功功率支持母线电压，从而减弱了远端系统电压暂降对风机的干扰，从图中含 STATCOM 曲线可以看出，在 1.0 s 时，风机低速轴扭矩并没有发生明显振荡，可见，STATCOM 能够有效地支持风机母线电压，降低了远端系统对风机母线

电压的影响，减轻了风机轴系的扭振程度。值得注意的是，低速轴转矩和发电机转速曲线在稳态运行是仍然可以观察到波动十几 Hz 的小幅振荡，这是因为仿真系统中三质量块模型的自阻尼和互阻尼参数均设置为零，而实际风机轴系传动轴自身和各传动轴之间都是具有一定机械阻尼。

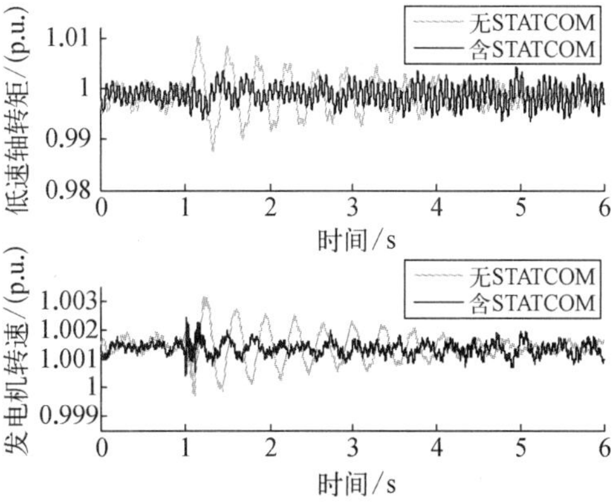

图 6.42　网侧电压暂降情况下低速轴转矩和发电机转速曲线

6.2.3　基于调相机的次同步振荡网侧抑制措施

根据高渗透率风电并网系统主导模态影响因子分析，机网相互作用主要影响因素除了风机变流器控制，还有交流电网强度。为了抑制系统次同步振荡源网相互作用，也可考虑在网侧配置调相机，缓解交流电网强度较弱的情况，从而抑制机网相互作用的发展和传播。调相机对机网相互作用的抑制作用详细分析见第 5 章。

6.3　HVDC 换流站对机网相互作用的抑制作用

6.3.1　HVDC 换流站锁相环的抑制作用

1. 锁相环参数对稳定性的影响

图 6.43～图 6.47 为 HVDC 换流站的阻抗频扫图，取标幺值后对应的锁相环带宽分别为 1 Hz、3 Hz、5 Hz、9 Hz、20 Hz。从图中可以看出，随着锁相环带宽的不断增高，HVDC 换流站的阻抗幅值下降，而相频特性可以看出在频率较低时整体呈感性，频率较高时整体呈容性。

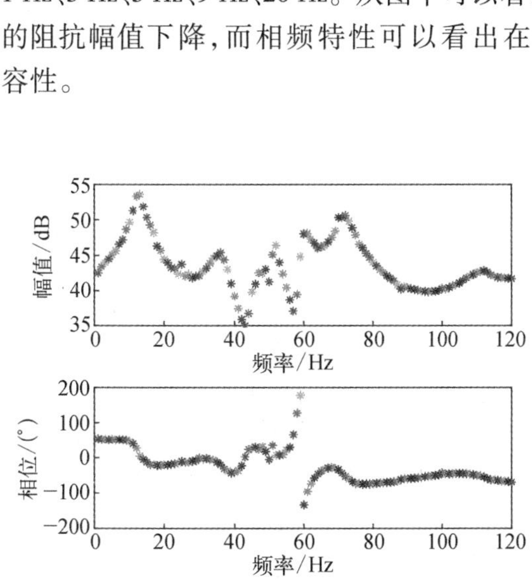

图 6.43　HVDC 锁相环带宽 1 Hz 阻抗频扫图

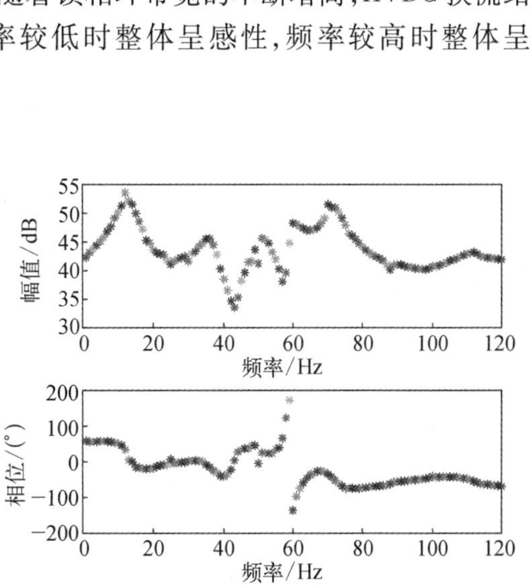

图 6.44　HVDC 锁相环带宽 3 Hz 阻抗频扫图

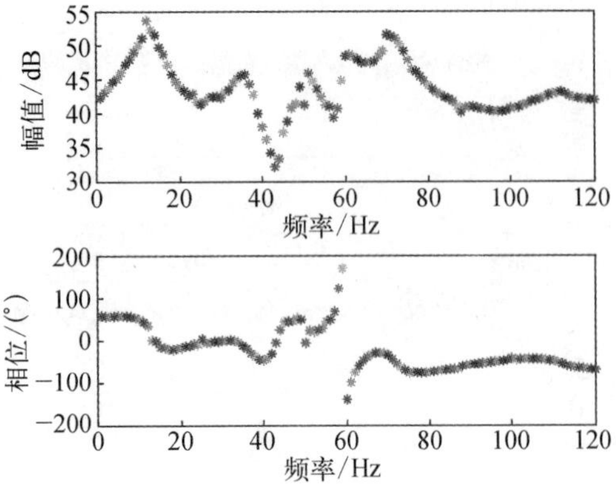

图 6.45 HVDC 锁相环带宽 5 Hz 阻抗频扫图

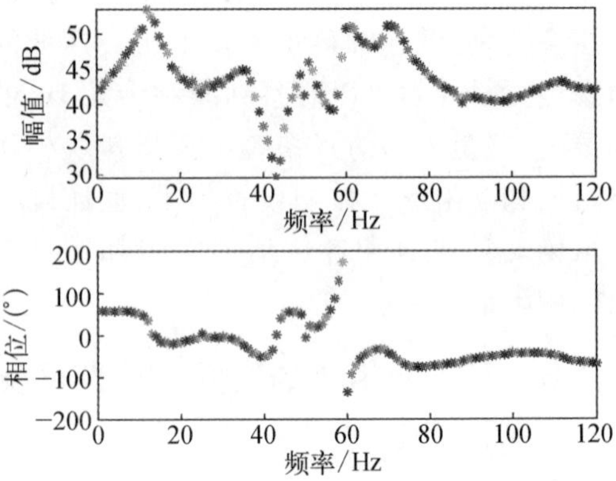

图 6.46 HVDC 锁相环带宽 9 Hz 阻抗频扫图

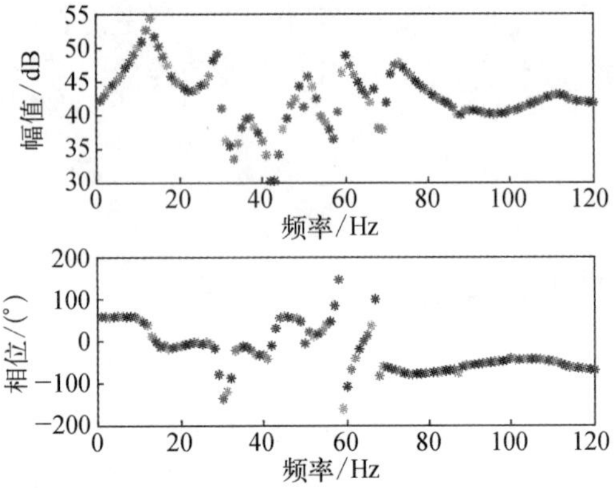

图 6.47 HVDC 锁相环带宽 20 Hz 阻抗频扫图

2. 基于锁相环参数的机网相互作用抑制策略

在得到的 HVDC 不同锁相环带宽的阻抗图基础上绘制新能源场站的阻抗图，得到图 6.48 至图 6.51。随着锁相环带宽增大 HVDC 的阻抗幅频曲线整体下移，而新能源场站的阻抗幅频曲线相较于 HVDC 阻抗幅频曲线低，因此在锁相环带宽较小时即带宽为 1 Hz、3 Hz、5 Hz 无相交点，根据奈奎斯特稳定判据此时系统稳定。

而对于 HVDC 锁相带宽 20 Hz 的前提下，此时新能源场站的幅频特性曲线与 HVDC 幅频特性曲线交点频率约为 42.5 Hz，经计算在 42.5 Hz 新能源场站与 HVDC 换流站共同构成的系统稳定裕度为 30°，因此在 HVDC 锁相环带宽为 20 Hz 时系统不会振荡。

当 HVDC 换流站锁相环带宽 9 Hz 时，此时新能源场站的幅频特性曲线与 HVDC 幅频特

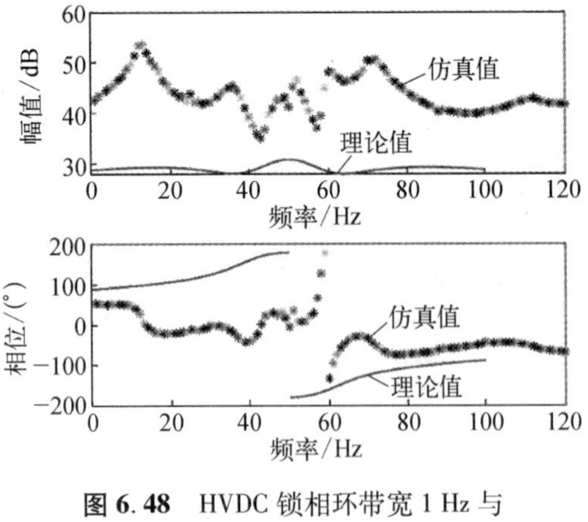

图 6.48 HVDC 锁相环带宽 1 Hz 与新能源场站阻抗波特图

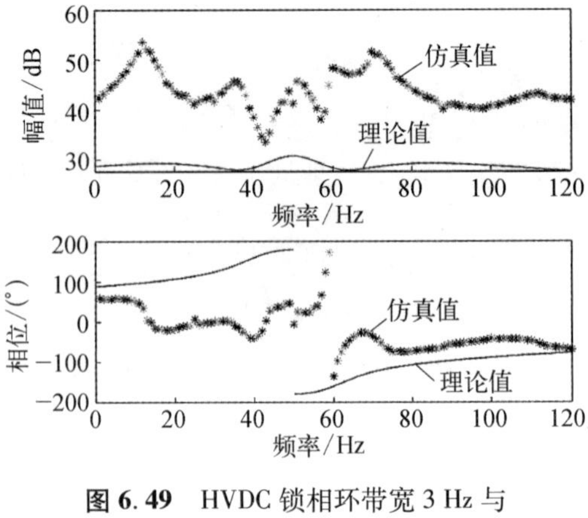

图 6.49 HVDC 锁相环带宽 3 Hz 与新能源场站阻抗波特图

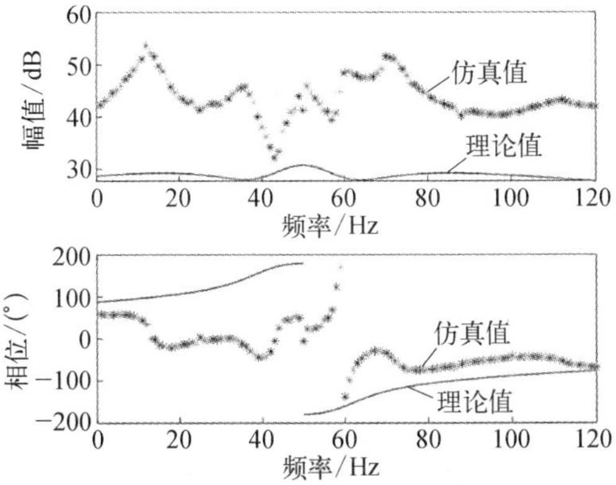

图 6.50　HVDC 锁相环带宽 5 Hz 与新能源场站阻抗波特图

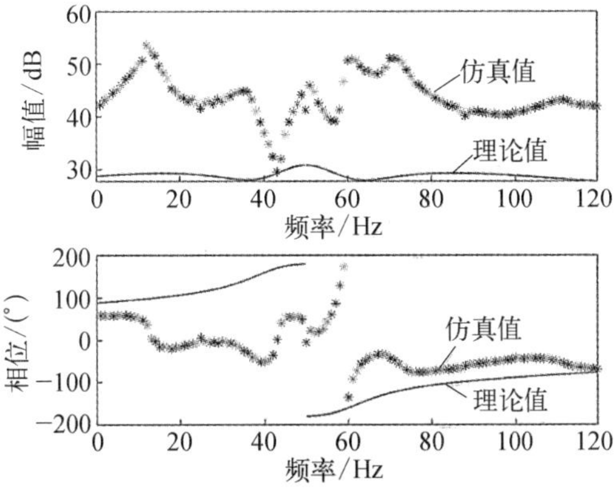

图 6.51　HVDC 锁相环带宽 9 Hz 与新能源场站阻抗波特图

性曲线交点频率约为 43.3 Hz，经计算在 43.3 Hz 新能源场站与 HVDC 换流站之间的相位差约为 173°，HVDC 换流站与新能源场站共同构成的系统稳定裕度只有 7°，因此在 HVDC 锁相环带宽为 9 Hz 时系统极易发生振荡。

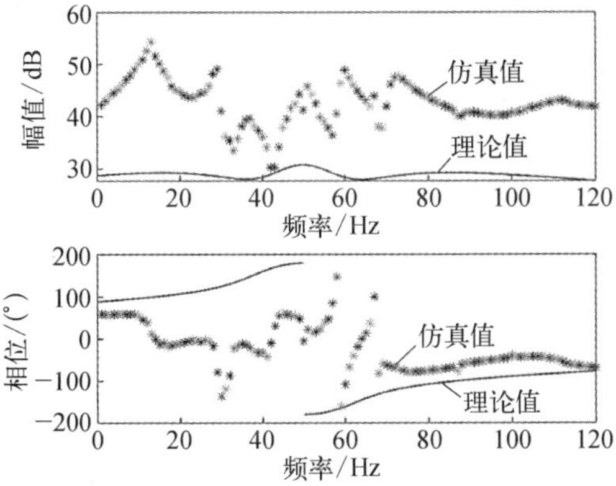

图 6.52　锁相环带宽 20 Hz 与新能源场站阻抗波特图

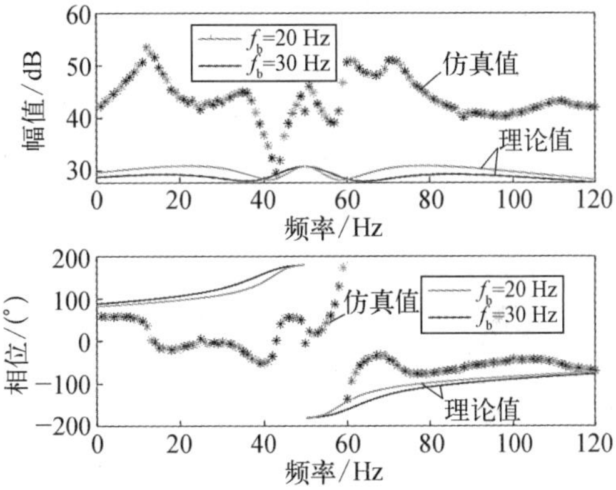

图 6.53　锁相环带宽 9 Hz 与新能源场站阻抗波特图振荡抑制前后

如图 6.53 所示，在 HVDC 锁相环带宽为 9 Hz 时，通过减小新能源场站的锁相环带宽从 30 Hz 调低至 20 Hz，这样可以保证 HVDC 换流站与新能源场站的波特图的幅频曲线不相交，通过奈奎斯特稳定判据知系统稳定，振荡抑制措施有效。

6.3.2　HVDC 系统的附加阻尼控制器设计

1. HVDC-SSDC 对系统稳定性的影响机理

交直流电力系统以及待研究发电机和轴系的小扰动线性化模型如图 6.54 所示。为了便于下文设计附加控制器，在结构上将直流整流侧的定电流控制独立表示。通过计算该线性化系统的特征值，可以判断次同步振荡的稳定性。

从机理上来讲，直流系统引起整流站附近汽轮机组轴系次同步振荡的原因可以直观地理解为当发电机的频率发生扰动 $\Delta\omega$ 时，在整流器快速控制的作用下，电气系统提供反相位

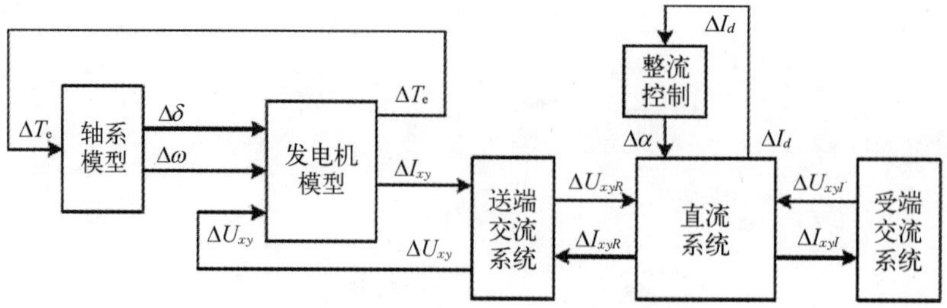

图 6.54 交直流系统的小扰动模型结构图

分量的电磁转矩 ΔT_e，即负阻尼，引发次同步振荡。特征值方法很难诠释次同步振荡的产生过程，利用复转矩系数法中电气阻尼的定义则很容易分析交直流系统对待研究发电机的作用特性。

将图 6.54 中的轴系模型移除，只保留系统的电气部分，系统模型如图 6.55 所示。以图 6.55 中发电机频率 $\Delta\omega$ 作为输入变量，发电机电磁转矩 ΔT_e 作为输出变量，电气阻尼系数可以表示为

$$D_e(\mathrm{j}h) = \mathrm{Re}(\Delta\vec{T}_e/\Delta\vec{\omega}) = \mathrm{Re}[\mathrm{Mag}(\mathrm{j}h)\cdot \mathrm{e}^{\mathrm{j}\cdot \mathrm{Phase}(\mathrm{j}h)\pi/180^\circ}] \tag{6.42}$$

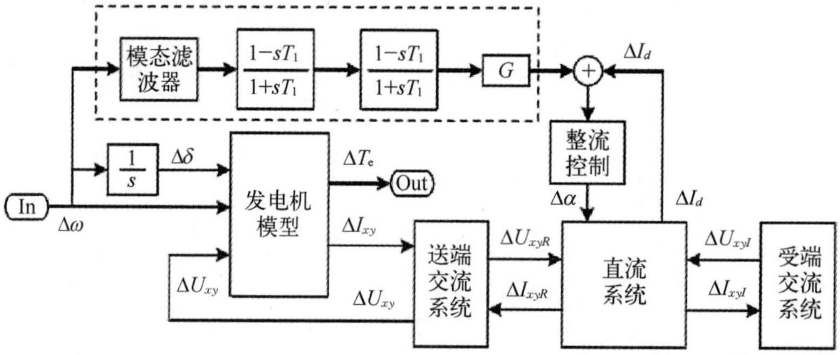

图 6.55 SSDC 的基本结构

SSDC 影响系统稳定性原理是在 HVDC 整流控制上叠加一个附加传递函数，使得电气系统在待抑制的次同步振荡频率范围内另外提供适当的正阻尼。SSDC 的结构如图 6.55 中虚线框内所示，其输入信号为发电机的转速 $\Delta\omega$，输出信号与整流基本控制的输入信号相叠加。

SSDC 有三个基本环节：① 模态滤波器，其作用是根据分离模态设计原则，使 SSDC 仅对转速信号 $\Delta\omega$ 中的待抑制次同步模态分量起作用，避免 SSDC 对系统其他模态产生负面影响；② 相位补偿环节，其作用是调节 SSDC 所补偿电磁转矩的相位，使之与发电机转速的相位差在 0°左右，为次同步振荡补偿正阻尼；③ 增益 G，其作用是调整 SSDC 附加阻尼的倍率。

2. HVDV - SSDC 的机网相互作用抑制策略及效果分析

(1) SSDC 参数整定方法

SSDC 的模态滤波器可采用 Butterworth 结构，阶次取 2 阶即可，中心频率一般取次同步振荡模态频率，带宽一般取 1～2 Hz。如果相邻的两个次同步振荡模态频率靠得很近（小于 2 Hz），由于相近模态的最佳相位补偿值基本相等，因此可以利用一个 SSDC 回路同时阻尼控

制这两个模态。

从线性化系统输入输出频率响应的角度来讲，图 6.55 中输出 ΔT_e 对输入 $\Delta\omega$ 的响应等于 ΔT_e 对发电机模型输入 $\Delta\omega$ 响应与 ΔT_e 对 SSDC 输入 $\Delta\omega$ 响应之和。SSDc 相位补偿环节的最佳补偿相位可以通过图 6.56 所示的系统模型计算得到：

$$P_c(jh) = -\mathrm{Mod}[\mathrm{Phase}(jh),\ 360] \tag{6.43}$$

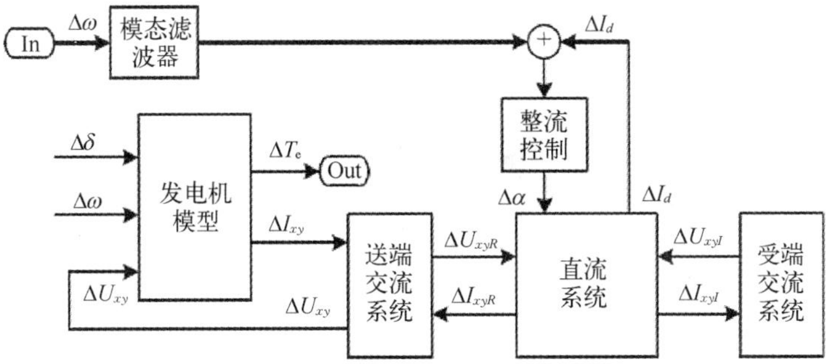

图 6.56　用以计算补偿相位的系统模型结构图

其中，h 为次同步振荡模态中心频率，单位为 rad/s；Phase(jh) 为 h 点的相频响应；Mod 表示取模运算；P_c 为相位补偿环节的最佳相频响应，单位为°，其值域为(-360, 0]。

相位补偿环节的最佳时间常数 T_1 可以表示为

$$T_1 = \tan\left(-\frac{P_c}{4}\frac{\pi}{180}\right)\Big/ h \tag{6.44}$$

SSDC 中增益 G 越大，抑制次同步振荡的效果越好，但 G 太大也可能会影响系统其他模态的稳定性，同时控制器输出也更容易达到限幅环节的极大极小值。因此，调节 G 使得次同步振荡模态具有适当的阻尼比即可。

(2) SSDC 有效性验证

以并网系统所含 HVDC 系统进行仿真验证，其中，仿真设置整流侧的发电系统采用孤岛运行方式。当 HVDC 整流侧触发角 $\alpha = 18°$ 时，次同步振荡的第 1 模态 (f_1 = 17.85 Hz) 和第 2 模态 (f_2 = 32.43 Hz) 均不稳定。

针对次同步振荡第 1 模态和第 2 模态分别设计 SSDC。模态 1 的 SSDC 参数为 T_{f_1} = 0.008 323 s，G_{f_1} = 1.5；模态 2 的 SSDC 参数为 T_{f_2} = 0.004 289 s，G_{f_2} = 0.4。安装 SSDC 前后系统的电气阻尼曲线如图 6.57 所示。由此可见，SSDC 可以有效提高次同步振荡模态 1 和模态 2 的电气阻尼，抑制系统的次同步振荡。

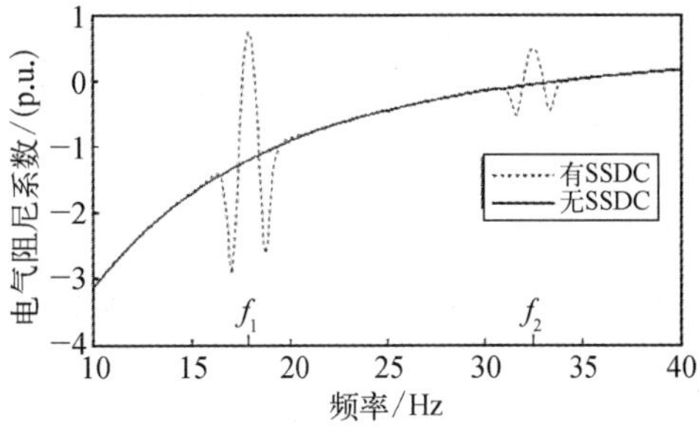

图 6.57　安装 SSDC 前后系统的电气阻尼

(3) 基于 BP 神经网络的自适应 SSDC 设计

对多源系统中 2 400 MW 火电机组设计自适应 SSDC 抑制系统的次同步振荡。其轴系扭振模态 1(13.45 Hz)和模态 2(24.73 Hz)均可能产生不稳定的次同步振荡。为便于研究，设轴系机械阻尼为 0，设计自适应 SSDC 抑制次同步振荡模态 1。

首先采用之前设计方法,考虑功率 P 和触发角 α 在一定范围变化,离线确定一系列最佳 SSDC 参数作为神经网络的学习信号。然后以直流整流侧的功率 P 和触发角 α 为 BP 神经网络的输入信号,以 SSDC 的相位补偿环节时间常数 T_1 和增益环节 G 为输出信号,建立一个 BP 神经网络。神经网络采用一个 Sigmoid 型隐含层和一个线性输出层,隐含层采用 4 个神经元。时间常数 T_1 的期望误差取为 0.000 1 s,增益 G 的期望误差取为 0.01。对神经网络进行训练后,即可将神经网络投入系统,含神经网络自适应 SSDC 控制器的系统结构如图 6.58 所示,其中 $G\Delta\omega$ 为 2 400 MW 火电厂发电机的转速角频率。

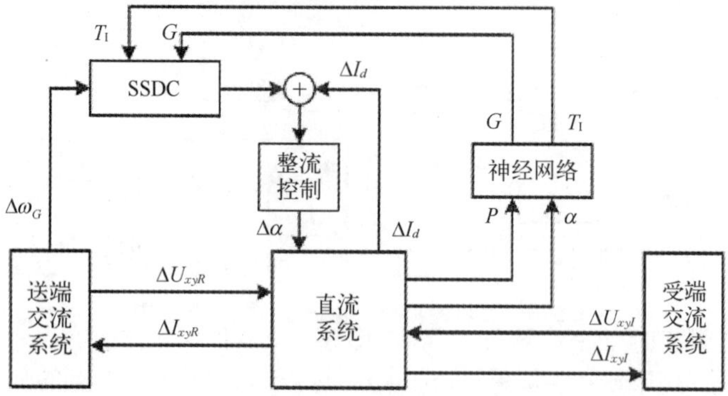

图 6.58 基于神经网络的自适应 SSDC

以整流侧触发角 $\alpha = 15°$、直流输送功率 $P = 1.0$ p.u.(2 700 MW)的系统正常运行工况为基础,设计固定参数 SSDC。然后分别将固定参数 SSDC 和神经网络自适应 SSDC 投入系统,利用 PSCAD 进行时域仿真,比较两种控制器的效果。在正常运行工况下,两种控制器的效果基本一致,但系统运行状态发生不利于 SSO 稳定变化时,固定参数的控制效果不尽如人意。

PSCAD 仿真程序的设置为第 5 s 在火电厂母线发生单相对地故障,0.02 s 后清除故障,在第 9 s 投入 SSDC,采用模态滤波器观测第 2 质量块和第 3 质量块之间扭矩的模态 1 分量。图 6.59 分别给出了 $P = 1.25$ p.u.、$\alpha = 15°$ 和 $P = 1.0$ p.u.、$\alpha = 30°$ 时两种控制器抑制次同步振荡的实际效果。由图可见,当直流输送功率增大 25%后,定参数 SSDC 虽然仍然可以抑制 SSO,但轴系扭矩收敛速度较慢。当触发角 α 增大为 30°后,定参数 SSDC 的投入可以降低轴系扭矩的发散速度,但达不到抑制 SSO 的效果。基于神经网络的自适应 SSDC 在两种工况下都可以较好的抑制 SSO,使轴系扭矩的模态 1 分量较快收敛。

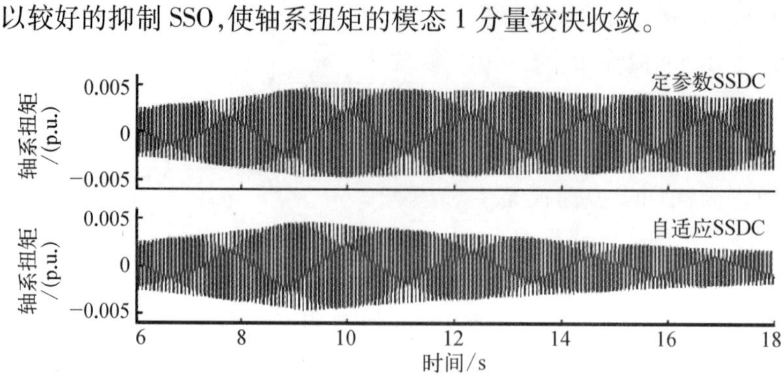

(a) P=1.25 p.u., α=15°

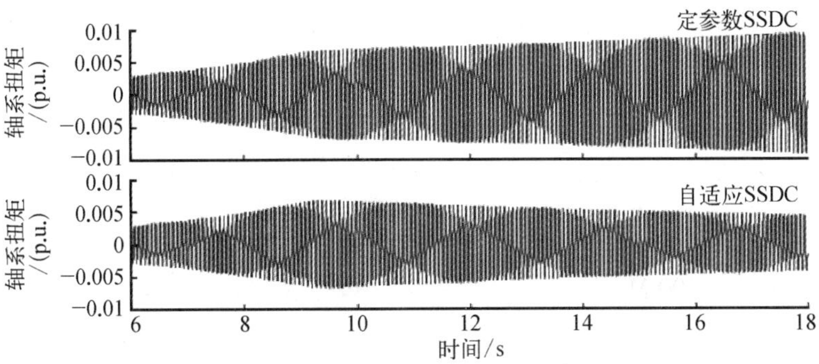

(b) P=1.0 p.u., α=30°

图 6.59　投入 SSDC 前后的轴系扭矩

6.4　储能系统对风电场机网相互作用的抑制作用

储能系统按照其储存能量的形式，分为电磁储能、化学储能和物理储能等，其中常见的电磁储能有超级电容储能和超导储能等，物理储能有飞轮储能和抽水储能等，本书研究的是基于蓄电池的储能设备，属于化学储能，由于蓄电池储能电站既可以根据上级电网系统调度指令运行，也可以就地控制，具有运行方式灵活、控制简单、不受客观自然条件影响等优势，极具发展前景，目前获得了广泛的关注和研究。

本章讨论蓄电池储能系统对机网相互作用的抑制作用，研究其对母线有功功率波动的补偿作用。储能系统作为既能大规模输出有功功率又能输出无功功率的电力电子装置，可以如 STATCOM 一样，响应输出无功功率稳定风机母线电压，从而抑制机网扭振，其控制方法可以参照前文 STATCOM 基于母线电压的控制策略；此外，储能系统的直流侧电源，如电池等，具有输出有功功率的能力，因此，储能设备可以并联在风机母线上，对补偿母线有功功率波动或电压频率波动有重要应用价值，从而有效抑制机网扭振。

6.4.1　储能系统工作原理

储能系统的核心任务是能量交换，为简化处理，假设蓄电池为理想直流电源，不考虑电池损耗等问题。图 6.60 描述了储能系统的两种基本工作模式。

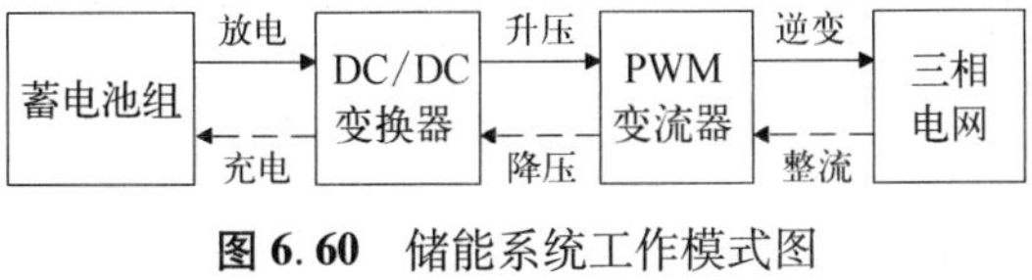

图 6.60　储能系统工作模式图

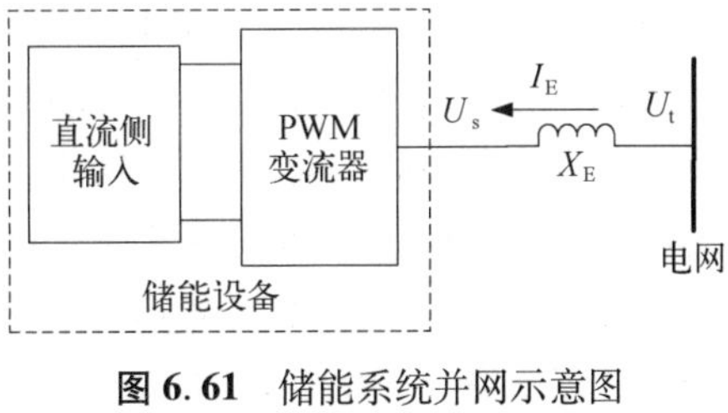

图 6.61　储能系统并网示意图

当蓄电池组向电网放电输出能量时，DC/DC 变换器为 Boost 电路，工作在升压模式，PWM 变流器工作在逆变状态；当蓄电池组从电网吸收能量充电时，PWM 变流器工作在整流状态，DC/DC 变换器为 Buck 电路，工作在降压模式。PWM 变流器为电压源型，直流侧并联电容器与 DC/DC 变换器输出端相连,稳态运行时,电容电压维持在恒定值。图 6.61 为储能系统连接无限大电网的示意图。

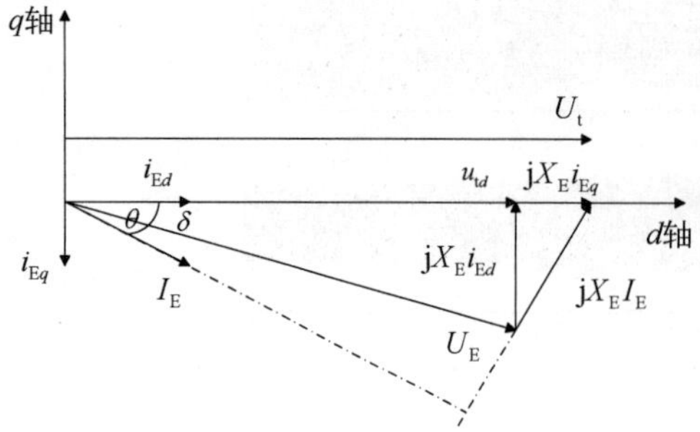

图 6.62 储能系统运行向量图

PWM 变流器和三相电网之间通过耦合电抗 X_E 连接,PWM 变流器的交流侧输出电压向量为 $\dot{U}_E$,若忽略高次谐波,则可以把 PWM 变流器看成可控正弦交流电压源,调节 $\dot{U}_E$ 的相位和幅值,便可得到系统所需相位和幅值的输出电流,假设电网电压向量为 $\dot{U}_t$, PWM 变流器输出电压和电流的向量图如图 6.62 所示,旋转坐标系的 d 轴与电网电压向量 $\dot{U}_t$ 重合,PWM 变流器输出电压 $\dot{U}_E$ 滞后于电网电压 δ 角度,输出电流为 $\dot{I}_E$。

在向量图所示的运行状态下,PWM 变流器交流侧输出电压与电流之间的向量关系可以表示为:

$$\dot{U}_E + jX_E\dot{I}_E = \dot{U}_t \tag{6.45}$$

$\dot{I}_E$ 滞后电网电压 $\dot{U}_t$ 的角度为 θ, 在电网电压定向的 dq 坐标系下, $\dot{I}_E$ 的 d 轴电流代表有功电流, q 轴电流代表无功电流,可得 PWM 变流器从电网吸收的有功和无功功率分别为

$$\begin{aligned} P_E &= u_t i_{Ed} = u_t I_E \cos\theta = \frac{u_t u_E}{X_E}\sin\delta \\ Q_E &= u_t i_{Eq} = u_t I_E \sin\theta = \frac{u_t(u_t - u_E\cos\delta)}{X_E} \end{aligned} \tag{6.46}$$

由式(6.46)可见,当 $\dot{U}_E$ 滞后于电网电压,即 δ 大于零时,变流器从电网吸收有功功率,变流器工作在整流运行,向直流侧蓄电池充电,DC/DC 变换器工作在 Buck 降压模式运行;当 $\dot{U}_E$ 超前于电网电压,即 δ 小于零时,变流器向电网输出有功功率,变流器工作在并网逆变运行,直流侧蓄电池放电,同时,调节变流器输出电压幅值也可以控制输出功率大小。从无功功率表达式可以得出,改变变流器输出电压幅值,当 $u_t - u_E\cos\delta < 0$, 变流器向电网输出无功功率;当 $u_t - u_E\cos\delta > 0$, 变流器从电网吸收无功功率。因此,通过控制 PWM 变流器的输出电压,可以实现变流器的四象限运行。

1. 储能系统的拓扑结构

为了实现功率双向流动,直流侧采用双向 DC/DC 变换器的拓扑结构,这里使用元器件较少,电路结构比较简单的双向半桥 DC/DC 变换器,其主拓扑结构如图 6.63 所示,其中 L 为变换器直流侧电感, R_L 为寄生电阻, i_L 为流过 R_L 和 L 的电流, u_{bat} 为直流电池电压, u_{dc} 为输出端电容器电压, u_{in} 为下桥臂开关管两端电压。

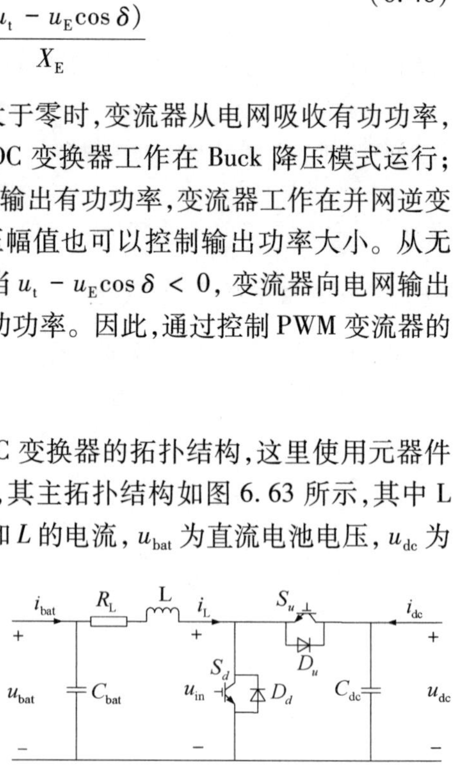

图 6.63 DC/DC 变换器电路结构

分析双向 DC - DC 变换器电路的两种运行模式,若 S_k 为开关管功率器件 S_d 和 S_u 的开关函数,则有

$$S_k = \begin{cases} 1, 导通 \\ 0, 关闭 \end{cases} \quad (k = d,\ u) \tag{6.47}$$

当 $S_d=1$，$S_u=0$ 时，DC/DC 变换器工作在 BOOST 模式下，开关 S_d 工作在恒频 PWM 下，占空比为 D_d，等效电路如图 6.64 所示。

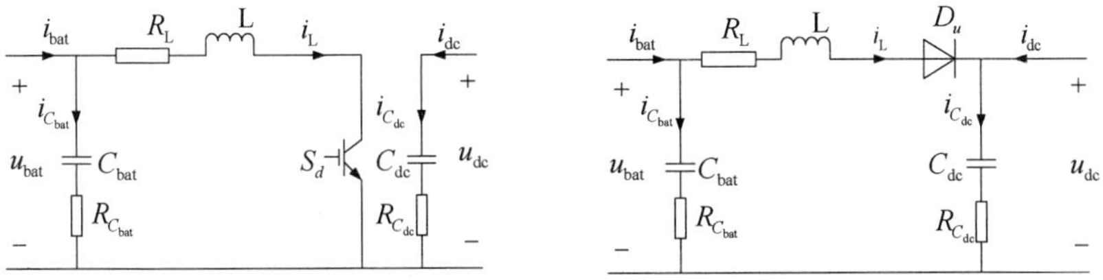

(a) $s_d=1$，即 S_d 导通　　(b) $s_d=0$，即 S_d 关断

图 6.64　BOOST 电路工作原理

当 S_d 导通时，电流流向如图 6.64(a) 所示，电感线圈 L 电流线性增加，电能以磁能形式存储在电感线圈中，忽略串联电阻阻值，电感两端电压为 u_{bat}；当 S_d 关断时，等效电路如图 6.64(b) 所示，电感线圈开始放电，向电容充电，电感两端电压为 $u_{bat}-u_{dc}$，在一个开关周期内，电感线圈储存与放出的能量守恒，于是有等式：

$$D_d u_{bat}+(1-D_d)(u_{bat}-u_{dc})=0 \tag{6.48}$$

则直流输入电压与电容电压的关系可以表示为

$$u_{dc}=\frac{1}{1-D_d}u_{bat} \tag{6.49}$$

可见 DC/DC 变换器的输出端电压大于直流电源输入电压，为 BOOST 运行模式，功率从左向右流。

当 $S_d=0$，$S_u=1$ 时，DC/DC 变换器工作在 BUCK 模式下，开关 S_u 工作在恒频 PWM 下，占空比为 D_u，等效电路如图 6.65(a) 所示。当 S_u 导通时，电流由电容器流向电池，给电池充电，如图电感两端电压为 $u_{dc}-u_{bat}$；当 S_u 关断时，电流回路如图 6.65(b) 所示，电感线圈继续放电，给直流电源充电，电感两端电压为 $-u_{bat}$，在一个开关周期内，电感线圈能量守恒，于是有

$$D_u(u_{dc}-u_{bat})-(1-D_u)u_{bat}=0 \tag{6.50}$$

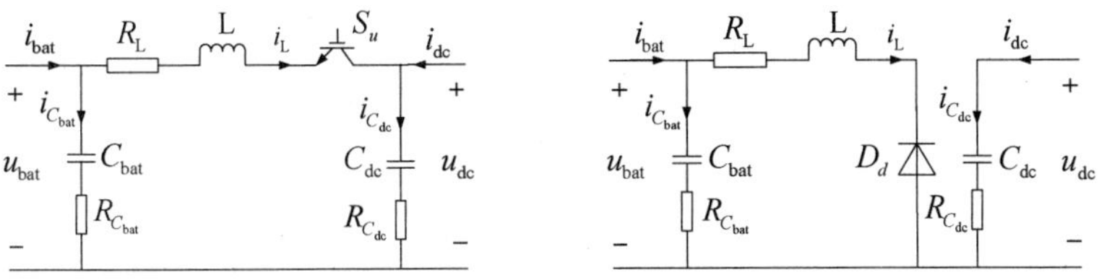

(a) $s_u=1$，即 S_u 导通　　(b) $s_u=0$，即 S_u 关断

图 6.65　BUCK 电路工作原理

则直流输入电压与电容电压的关系可以表示为：

$$u_{bat}=D_u u_{dc} \tag{6.51}$$

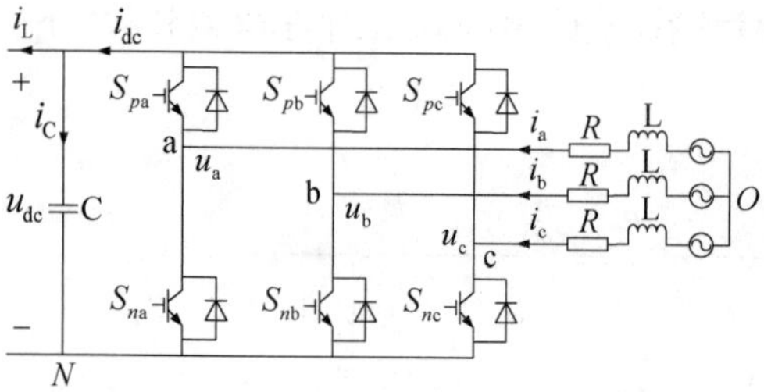

图 6.66　PWM 变流器的电路结构图

此时，从功率流动方向来看，电路为 BUCK 电路，电容侧为直流输入端，直流电源侧为输出端，功率从右向左流动。

PWM 变流器为三相全桥电压型逆变器，采用 SVPWM 调制策略，其拓扑结构如图 6.66 所示，变流器的直流侧为并联电容，连接 DC/DC 变换器的输出端，变流器网侧出线端通过耦合电感与电网连接。

2. 储能系统的数学模型

根据前文介绍的储能系统 DC/DC 变换器和 PWM 变换器的拓扑结构，储能系统电路结构如图 6.67 所示。其中，DC/DC 变换器目标是控制直流电池的充电和放电电流，即控制流过 R_L 和 L 串联通路的电流 i_L，根据能量守恒原理，直流电源的输出功率等于 PWM 变流器交流侧的输出功率，因此，电流 i_L 包括两部分，一部分电流用来维持输出端电容器电压稳定，保证 PWM 变换器正常工作，另一部分作为有功功率电流，最终转换为 PWM 变流器的有功功率输出。DC/DC 变换器的数学模型可以描述如下：

$$L\frac{\mathrm{d}i_L}{\mathrm{d}t}+i_LR_L=u_{bat}-u_{in} \tag{6.52}$$

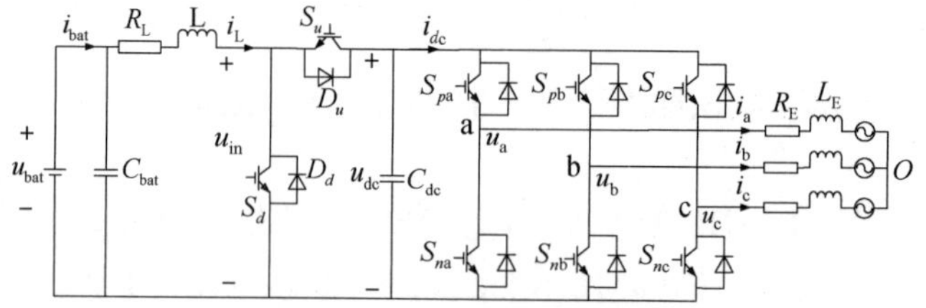

图 6.67　储能系统电路结构图

PWM 变流器的目标是控制交流侧输出功率，采用功率解耦控制法，同步旋转坐标系 d 轴与电网电压向量重合，仿照 STATCOM 逆变器数学模型，交流侧输出电压与电网电压的关系在同步坐标系下表示为

$$\begin{aligned}u_{dt}-u_{dE}\underbrace{+\omega L_Ei_{qE}}_{\Delta u_{dE}}&=L_E\frac{\mathrm{d}i_{dE}}{\mathrm{d}t}+R_Ei_{dE}\\u_{qt}-u_{qE}\underbrace{-\omega L_Ei_{dE}}_{\Delta u_{qE}}&=L_E\frac{\mathrm{d}i_{qE}}{\mathrm{d}t}+R_Ei_{qE}\end{aligned} \tag{6.53}$$

6.4.2 基于储能系统的机网相互作用的抑制策略

1. 储能站机网相互作用的附加阻尼控制的抑制策略

DC/DC 变换器采用串级双闭环控制方法，控制框图如图 6.68 所示外环为电压控制，内环为电流控制，且电流控制环的带宽远小于电压控制环的带宽，图中，$P_{E\_ref}^*$ 代表储能设备交

流侧输出有功功率参考值,根据能量守恒原理,直流侧输出电流指令值 $i_{L\_ref}^*$ 由两部分组成,其中电压偏差经过 PI 调节器所产生的有功指令电流目的是稳定输出端电容器电压,另一部分为储能设备有功电流输出参考值,等于交流侧有功功率参考值除以电池电压。$i_{L\_ref}^*$ 与实际电流 i_L 偏差值经过内环 PI 调节器产生电压指令 $u_{in\_ref}^*$,经过归一化之后得到调制比,与载波信号比较后便产生 PWM 信号,该 PWM 信号在电池放电模式下驱动电路下管 S_d 工作,上管 S_u 关断;当电池充电时,该 PWM 信号驱动电路上管 S_u 工作,下管 S_d 关断,通过判断直流侧电池输出电流 i_L 的方向完成驱动信号切换。

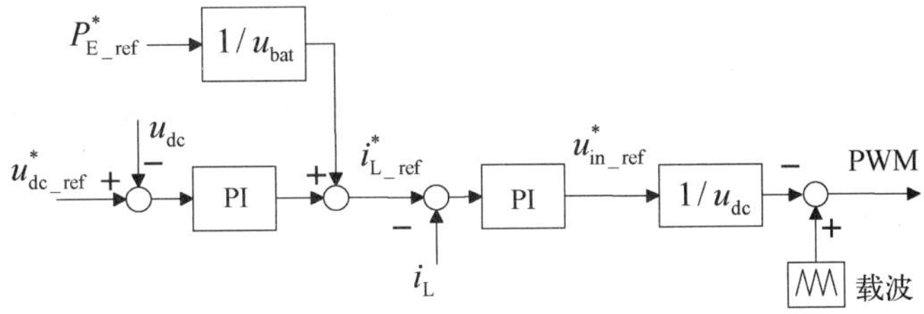

图 6.68　DC/DC 变换器控制框图

PWM 采用功率解耦控制,在电压定向的同步旋转坐标系下,由于交流侧输出有功功率可以通过控制输出电流的 d 轴分量调节,无功功率可以通过控制输出电流的 q 轴分量调节,根据交流侧输出电压与电网电压的关系式,可得 PWM 功率解耦控制的框图,如图 6.69 所示。

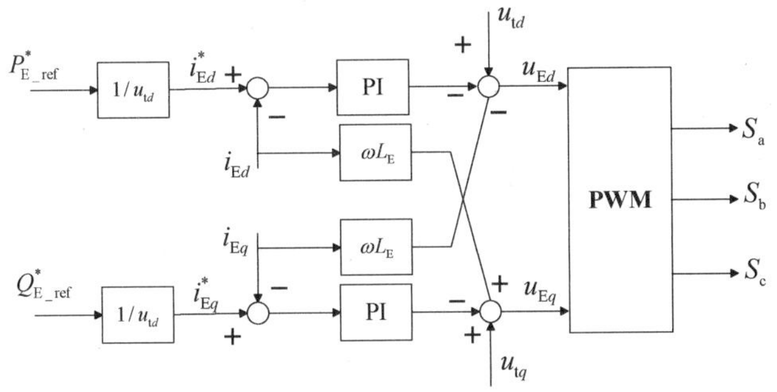

图 6.69　PWM 变流器的控制框图

储能系统利用其自身既能输出无功功率又输出有功功率的优势,参考传统大型旋转发电机低频振荡抑制方法,采用频率偏差和幅值偏差等扰动信号,当风机轴系发生扭振时,储能系统响应输出或吸收有功功率、无功功率,起到稳定母线电压的作用,提高风机系统的阻尼。根据上一节介绍的 PWM 变流器功率解耦控制框图,在电流环基础上引入外环控制,母线电压频率偏差作为有功外环 PI 调节器的输入,输出信号为有功电流附加指令;母线电压幅值偏差作为无功外环 PI 调节器的输入,输出信号即无功电流附加指令。储能系统 PWM 变流器附加阻尼控制框图如第一章图 1.10(b)所示。

在该控制模式下,储能系统可以在稳态模式下按照功率指令输出有功功率和无功功率,通过计算有功电流和无功电流参考值达到稳态输出功率的目的;当母线电压波动时,频率偏差和幅值偏差信号可以分别产生附加阻尼有功和无功电流,叠加到稳态电流参考指令上,使储能系统额外输出阻尼功率,起到稳定风机母线电压,增强风机系统阻尼特性的作用。

2. 储能站机网相互作用的抑制效果分析

网侧电压暂降对风机系统干扰可以参考 STATCOM 对机网扭振抑制策略的仿真,储能设备的控制原理与 STATCOM 相同,当网侧电压暂降引起风机母线电压波动时,储能系统利用电压幅值偏差信号,产生附加无功电流指令,储能增加无功输出支撑母线电压。

图 6.70、图 6.71 为储能设备对线路末端无穷大系统电压暂降至 0.92 p.u. 持续时间 0.1 s 的响应情况。稳态时,储能系统输出恒定有功功率 0.5 MW,无功输出为零,直流侧输出电流、交流侧输出电流以及直流母线电压均保持稳定,在 1.2 s 时,系统电压降落至 0.92 p.u.,从直流输出电流可以看出,储能系统有功输出保持不变,而交流侧输出电流的变化表明,储能无功电流输出增加,直流母线电压保持稳定;当电压波动清除时,储能系统直流输出电流和交流侧输出电流恢复稳定值,输出无功功率为零。从图 6.71 所示的风机低速轴转矩的振荡情况可以看出,当投入储能系统后,其附加阻尼控制使得扭振情况得到明显改善,扭振幅度大幅减小,可见,风机系统动态阻尼特性显著提高。

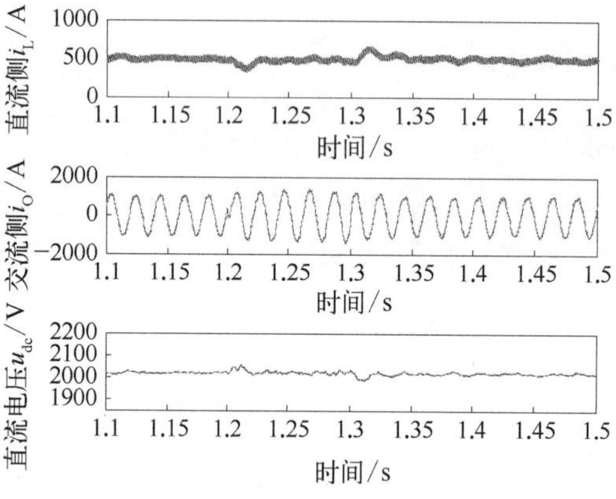

图 6.70 储能系统对网侧电压暂降的响应

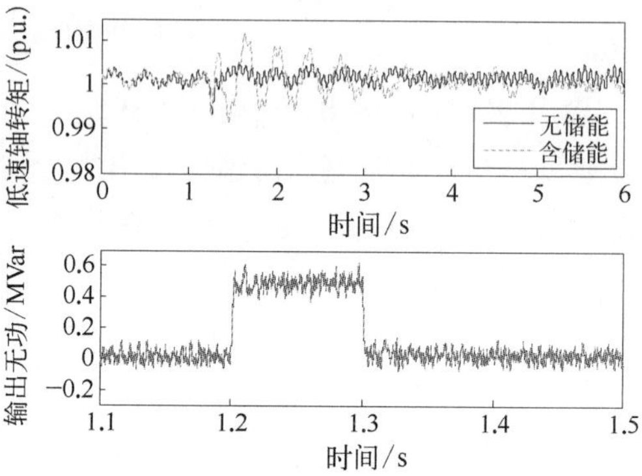

图 6.71 无功功率输出及扭振抑制效果

当线路末端无穷大系统电压出现频率波动干扰时,储能系统附加阻尼控制中的有功控制回路起作用,利用风机母线频率偏差信号,产生附加有功电流指令,于是储能系统响应输出阻尼功率,对风机轴系扭矩振荡起到抑制作用。表 6.12 所示为无穷大系统电压频率波动的情况,分别观察投入储能设备前后,电压频率升高和频率降低风机轴系的振荡情况,验证储能系统附加阻尼控制对扭振的抑制效果。储能设备稳态时,输出有功和无功均为零。

表 6.12 网侧电压频率波动情况

情 况	持续时间	频率波动
频率降低	1.0~1.2 s	−0.2 Hz
频率升高	1.0~1.2 s	+0.2 Hz

系统母线电压频率降低时储能系统的响应如图 6.72 所示,从低速轴转矩曲线可以观察到,不含储能系统时,发生在 1.0 s 的频率扰动激发轴系扭矩振荡,扭振振幅接近 1.02 p.u.,经过 4 s 左右转矩逐渐收敛至稳态;而投入储能设备后,扭矩的起振幅值很小,相当于风机稳态运行时的扭矩波动,储能输出的有功功率有效地抑制了风机轴系扭振。当母线频率升高时,PWM 变流器交流侧输出电流、输出有功功率和无功功率响应曲线如图 6.73 所示,含储

能系统时,几乎观察不到风机轴系扭振现象,扭矩振荡得到明显抑制。值得注意的是,储能设备的有功功率支持并没有改善风机母线电压频率的降低程度,这是因为风机系统具有最大有功功率跟踪输出特性,与传统大型旋转发电机不同,风机转子没有固定转速,而是依靠变流器输出工频电压,输出电压频率与有功功率之间并没有天然的下垂特性。因此,储能系统的附加阻尼有功功率不会改善风机母线电压频率。

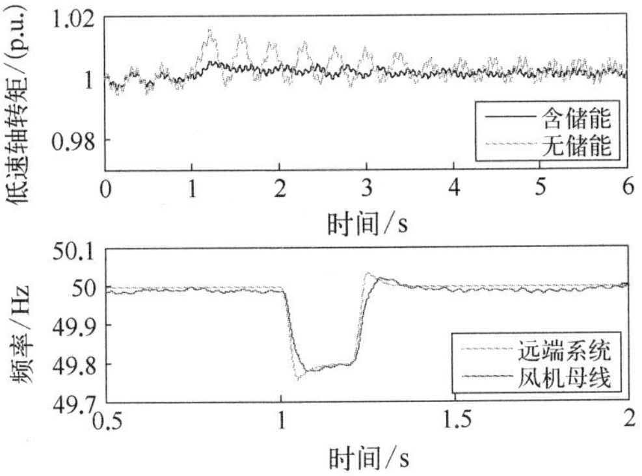

图6.72　频率降低情况扭振抑制效果

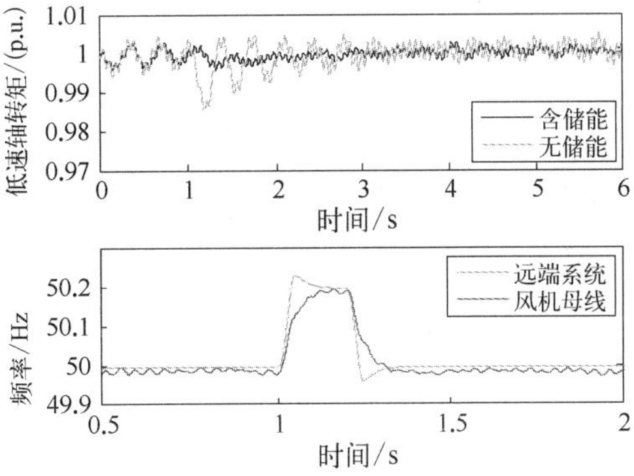

图6.73　频率升高情况扭振抑制效果

6.5　附加PSS控制的机网相互作用抑制作用

6.5.1　电力系统稳定器PSS的工作原理

低频振荡的产生是因为系统阻尼的减小,那么抑制低频振荡的手段,一是减小负阻尼,二是增加正阻尼。减小负阻尼的措施有:采用动态增益衰减减小负阻尼,检出低频振荡电压并加以抑制,复根补偿等。增加正阻尼的措施有:采用电力系统稳定器(PSS),最优励磁控制,静止补偿器,直流输电控制等。

PSS作为广泛应用于发电机励磁控制的辅助调节装置,通过提高电力系统的机电振荡模式以抑制自发低频振荡的产生,减小系统中由负荷波动引起的联络线功率波动,加速功率振荡的衰减,从而提高电力系统稳定性。常规PSS通过励磁控制系统来消除系统负阻尼的作用。PSS采用ΔP_e、$\Delta\omega$或Δf中的一个或两个信号作为附加反馈控制,从而使发电机产生与一个转子角度偏差相同的电磁分量,从而增加正阻尼,该控制不降低励磁系统电压环的增益,不影响励磁系统的暂态性能,电路简单,效果良好,在国内外都得到了广泛的应用。

PSS由隔直、超前-滞后校正、放大、限幅等几个环节组成,通用框图如图6.74所示。

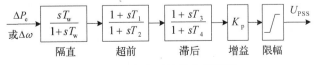

图6.74　电力系统稳定器框图

第一个环节为隔直环节,该环节本质上是一个高通滤波器,可以防止因速度变化而导致的磁场电压的变化。信号的隔直特性取决于时间常数 T_w，通常取值为 1~20。该环节是为了避免因 PSS 输入信号的稳态值不同导致输出值的差异，因此也被称为冲洗器，可以去除频率小于 0. 01 Hz 的直流。第二、三个环节是超前滞后环节，可用来调整稳定器的超前滞后角度，也称为相位补偿环节。第四个环节增益环节，可以保证 PSS 能产生足够阻尼转矩，有利于提高机组的暂态稳定。加入 PSS 以后，励磁控制系统框图如图 6. 75 所示。

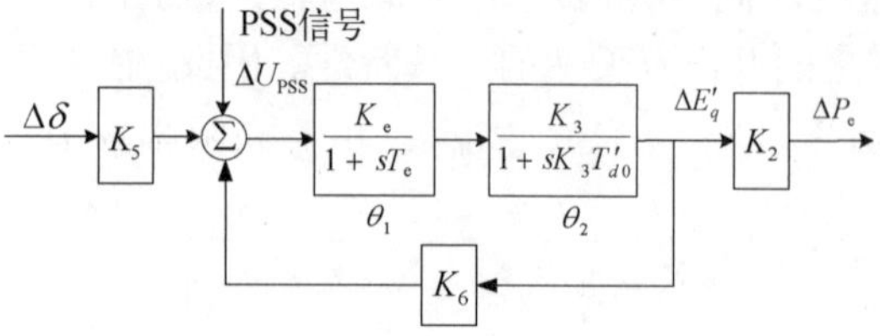

图 6. 75　励磁控制系统传递函数

励磁系统是一个滞后单元，它由励磁滞后角 θ_1 和发电机磁场滞后角 θ_2 构成，在未添加 PSS 控制时，系统传递函数为

$$G_{EC}(s) = \frac{K_2K_5K_3K_e}{(1 + K_3T'_{d0}s)(1 + T_es) + K_3K_6K_e} \tag{6.54}$$

总滞后角 $\theta_g < \theta_1 + \theta_2$。由于 K_5 为负值时，由电压调节器产生的电磁转矩 ΔP_e 在 $\Delta\omega$ 上的投影为负。考虑 PSS 控制信号后，如果由 PSS 的附加力矩 ΔP_{ePSS} 产生的正阻尼大于电压调节器 AVR 的电磁转矩 ΔP_e 的负阻尼，则可抑制系统低频振荡。励磁系统 AVR 及 PSS 产生的阻尼转矩如图 6. 76 所示。

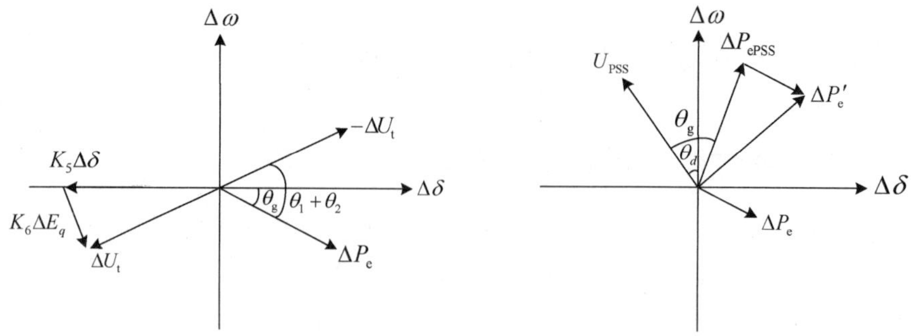

(a) AVR产生负阻尼　　　　(b) PSS产生正阻尼

图 6. 76　AVR 及 PSS 产生阻尼转矩

图 6. 76 中 E_a 为发电机空载电动势，θ_d 为 PSS 超前补偿相位角，θ_g 为励磁系统滞后角，U_{PSS} 为 PSS 在励磁系统相加点的输入信号，P_{ePSS} 为 PSS 系统产生的电磁转矩，P'_e 为附加 PSS 后的合成电磁转矩。

如图 6. 76(b) 所示，当 PSS 输入信号为 $\Delta\omega$ 时，只有满足 $\theta_d = \theta_g$，即 PSS 超前补偿相位角与励磁系统滞后角相同，才能使 PSS 产生的附加力矩与 $\Delta\omega$ 同相位。这在实际系统中的整个振荡频率范围内是不可能实现的，一般需要保持 θ_d 稍微小于 θ_g。当 ω 发生变化时，ΔP_{ePSS} 会滞后于 $\Delta\omega$ 一个角度，一般为 0°~45°。因此，在低频振荡频率范围内，通过附加 PSS 控制，由 PSS 产生的附加力矩 ΔP_{ePSS} 对应的正阻尼大于电压调节器 AVR 的电磁转矩 ΔP_e 对应的负阻尼，从而使得整个系统呈现正阻尼，达到抑制系统低频振荡的目的。

6.5.2 附加 PSS 控制的机网相互作用抑制策略

1. PSS 机网相互作用抑制策略

由于双馈风电机组的励磁电压由转子侧变流器提供，为了在励磁系统附加 PSS 控制，可以将转速偏差 $\Delta\omega$ 或者转差率偏差 Δs 作为输入信号，经隔直、超前-滞后、增益和限幅环节后，输出一个附加输出信号 u_{PSS} 作用到转子电压 q 轴分量 u_{qr} 上，如图 6.77 所示。

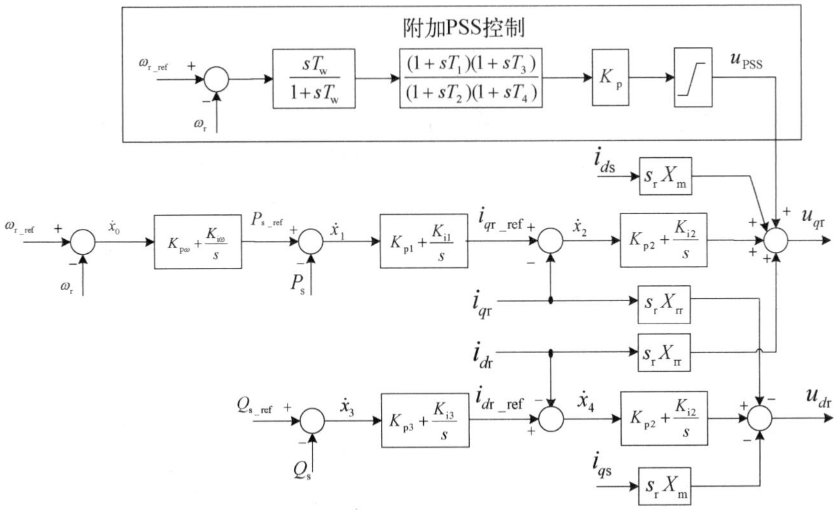

图 6.77　双馈风电机组转子侧附加 PSS 控制框图

附加 PSS 控制的内部结构如图 6.77 中框图所示，其中 K 为增益，T_w 为隔直环节时间常数，$T_1 \sim T_4$ 分别为两级超前-滞后环节时间常数。转子侧变流器在功率解耦控制方式中，所有控制方程均被转换到与定子磁链同步的 dq 坐标系下，且 d 轴与定子磁链方向一致。根据以上条件，定子磁链的 q 轴分量为零，d 轴分量为磁链幅值，电机磁链方程如式所示。

$$
\begin{aligned}
\psi_{ds} &= \psi_s = L_s i_{ds} + L_m i_{dr} \\
\psi_{qs} &= 0 = L_s i_{qs} + L_m i_{qr}
\end{aligned}
\tag{6.55}
$$

忽略定子磁链暂态过程和定子电阻，可以得到电磁转矩表达式：

$$
T_e = -\frac{L_m}{L_s}\psi_s i_{qr} \tag{6.56}
$$

式中，T_e 为风机电磁转矩，L_s 和 L_m 分别为 dq 坐标系下等效的定子自感、定转子互感，ψ_s 为定子磁链。忽略定子磁链暂态，可认为定子磁链恒定不变。因此，双馈风电机组的电磁转矩可由转子电流 q 轴分量 i_{qr} 独立控制。可得转子电压 dq 分量和转子电流 dq 分量的控制关系：

$$
\begin{aligned}
u_{dr} &= R_r i_{dr} + \sigma L_r \frac{\mathrm{d}}{\mathrm{d}t} i_{dr} - \omega_s \sigma L_r i_{qr} \\
u_{qr} &= R_r i_{qr} + \sigma L_r \frac{\mathrm{d}}{\mathrm{d}t} i_{qr} + \omega_s \left(\frac{L_m}{L_s}\psi_s + \sigma L_r i_{dr} \right)
\end{aligned}
\tag{6.57}
$$

其中 $\sigma=1-\frac{L_m^2}{L_sL_r}$。由上式可知,转子电流的 dq 轴分量可以由转子电压 dq 轴分量分别控制,式中第三项为交叉耦合项,这些耦合干扰了转子电压对转子电流的控制作用,可看成系统的内扰动。合理整定附加 PSS 控制参数,当系统发生扰动时,可以使得 PSS 模块的输出信号 u_{PSS} 作用到转子电压 q 轴分量 u_{qr} 上,进而调整转子电流 q 轴分量 i_{qr} 的大小,产生一个与 $\Delta\omega$ 同相的附加电磁转矩 ΔT_{ePSS},即可以起到增强系统阻尼的作用。

2. PSS 机网相互作用效果分析

(1) 时域仿真

建立带有 PSS 的风机并网系统时域仿真模型,电压参考值在 5 s 时从 0 p. u. 阶跃为 0. 05 p. u. ,观测此时转速偏差的响应。改变 PSS 增益 K_p,分别设置为 0. 1、1、10、100 来分析 PSS 对低频振荡的影响,总仿真时长 20 s,时域仿真结果如图 6. 78 所示。

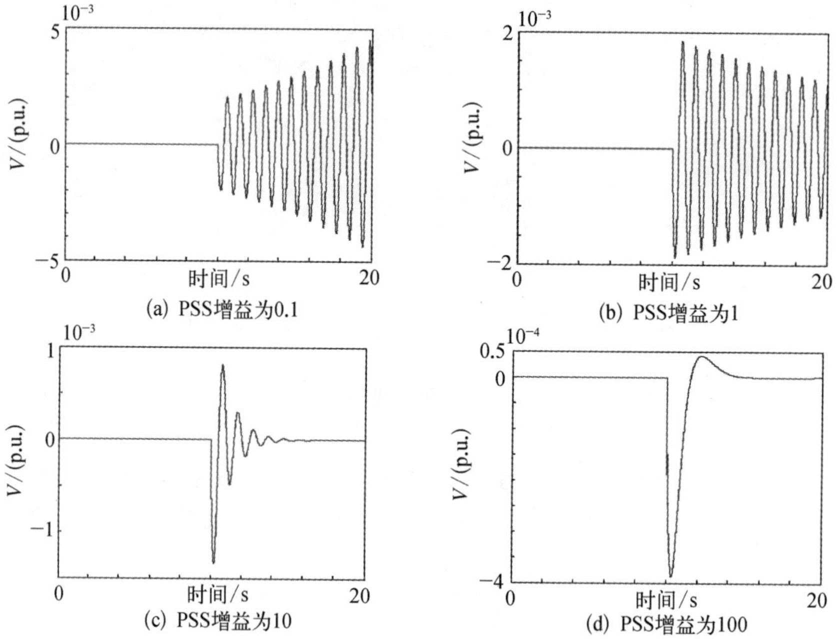

图 6. 78 不同 PSS 增益下转速偏差波形

根据图中显示,PSS 增益较小时,系统不稳定;随着 PSS 增益的增大,系统稳定性提高,即振荡的幅值减小且更快达到稳定。

(2) 小信号分析法

通过小信号模型求取特征值来分析 PSS 对系统小信号稳定性的影响,结果如表 6. 13 所示,所关心的振荡模式频率范围设置为 0. 2~2. 5 Hz。

表 6. 13 不同 PSS 增益下的模态变化

K_p	模态频率/Hz	模态特征值
0. 1	1. 19	0. 085 7±7. 482 5i
1	1. 17	−0. 051 0±7. 351 9i

续　表

K_p	模态频率/Hz	模态特征值
10	0.98	−0.990 1±6.178 1i
100	/	/

由特征值分析结果可知,当 K_p 较小时,特征值实部为正,系统具有负阻尼,不稳定;随着 K_p 增大,系统特征值实部变为负,系统的正阻尼增大,系统稳定性提高。综上,时域仿真法和小信号分析法相互验证,在 PSS 参数合理的情况下,PSS 能够增强系统的稳定性。

第7章　基于大数据的风力发电机网相互作用在线识别

前述章节通过数学建模分析了风力发电机网/场网相互作用的模型、计算和抑制等问题，研究建立在数学模型的基础上。然而，风力发电的数学模型并不是很容易获得的，主要是因为各个风力发电系统生产厂商所采用的机械系统、电机、控制系统并不统一，而且控制系统内部的控制算法也各有不同，所以，一个精确的数学模型可能在实际中无法获得。但是在风电场运行中，分析并消除风电并网系统中存在的复杂振荡，是目前新能源并网规划设计和运行工作中必须解决的一个实际问题。

实际的风电场运行中所能够直接获得的信息，一般都是来自现场的监测数据，这些数据本身就具有现实的实际意义，因为这其中就包含了风力发电机网相互作用的内容，直接体现在风电场网间的电流和功率的瞬时波形中。由于振荡类型的多样性及振荡发生与电网运行方式的相关性，只有通过在线监测合理识别振荡类型，才可以快速准确地选择合适的抑制措施。分析振荡关联因素、定位振荡源有助于振荡的快速抑制。本章介绍了基于大数据技术的振荡识别、振荡关联因素和振荡源定位。

7.1　风电大数据概述

7.1.1　风电大数据的分析的意义

随着风电场规模的发展，逐渐暴露出风电场在数据共享不足情况下引起的风电场运行问题。风电场的管理运行可分为两个层次：电网层和业主层。对于电网层而言，仅能获得风电场在电网接入点的电流、电压、功率等数据，但对风电场内部的数据获取不足；对于业主层而言，能够获得风机和风电场两个层面的详细数据，数据内容丰富全面，但是缺乏对海量的数据进行详细分析的兴趣。这就导致了风电场的两级管理单位对数据不能实现共享和分析，因此对风电场自身的运行状况以及风电场对电网的影响分析不够准确。从电力系统的运行角度看，电网侧关心的是风电场与电网接口断面的功率、接入点电压稳定等问题，但是大型风电场近年来机网/场网相互作用频发，如美国2009年得州风电场SSCI脱网事件，英国2019年停电事件，都是因为电网缺乏风场内部数据而无法有效分析、预测及应对，所以主动解列成为了解决问题的唯一手段。另一方面，风电场业主虽然拥有海量的有价值数据，但是由于业主仅关注于功率的输出而缺少对信息分析的兴趣，关注度的缺失影响了对风机及风电场运行的有效调节，这同样是引起风电场脱网的重要原因。因而，有必要对风电场产生的海量数据进行深度的挖掘，判断各风电机组、风电场所处的运行状态，预测其可能的运行趋势，利用数据分析结果，可以驱动风电场对电网的支持作用，同时提高业主和电网对风电场的运行管理水平。

风电场容量的增加，伴随着风电场风机类型的繁杂化，以及风机台数不断增长两方面问题，这使得风机监测数据呈现指数级增长。从传统的结构体数据采集角度讲，关于风电场的数据包括：风电场并网接入点 110 kV/220 kV 母线的电压、电流、功率等电气量数据，也包括风电场内部风机输出端 690 V 母线的相应电气量数据和转速、转矩、风速等机械量数据，以及风电场分区运行输出点 35 kV/10 kV 母线数据，即电网侧数据。随着技术的发展，风电场的视频监控数据等非结构体和半结构体数据也被大量的记录，这一切使得数据量呈现爆炸的趋势。通过多年的观测发现，这些数据包含了风电机组和风电场的运行状态和特征，但并不能直接反映深入的机网乃至场网相互作用的主要特征，仍需要对上述基础数据进行深入挖掘。由于风电场大部分分布在经济不发达地区以及电网末端，风电接入点常介于输电网和配电网之间，电能质量较差，电压波动、三相不平衡、谐波等问题大量存在，影响了风机的正常运行，这些现象和问题都可以从观测的数据中分析得到。通过对采集得到的数据的挖掘分析，可对风机的状态进行评估，然后采取相应的控制方法使风机运行在正常状态。另一方面，大规模风电的接入给地区电网潮流也带来了很大影响，以内蒙古、甘肃和新疆为例，风电的大规模接入改变了电网原有的潮流分布，影响到整个系统的稳定；同时由于风电机组单机的备用无功容量不足，在电网发生故障期间无法为电网提供无功支撑，极易引起系统稳定性的破坏。因此，利用观测的数据，通过对风电场的数据挖掘分析，实时对风电场的无功支撑能力进行评估，可以为调度中心的无功调度管理提供参考。

目前，国内外风电场使用的运行数据主要是风电场有功功率调度数据，以国内某风电场为例，该风电场拥有 257 台风力发电机组，对这些风机进行传统的结构体数据采集，每台风机每周数据约 3 MB，整个风电场每周数据量约 800 MB。风电场总共有 257 台风机和一个总厂的数据，每个月产生的数据量大约为 6 G，一年数据量可达 70 G 以上，但是这样的数据量还远远不能完全展示风电场的完整状况。如果要将风电场并网接入点 110 kV/220 kV 母线的电压、电流、功率等电气量数据，以及风电场内部风机输出端 690 V 母线的相应电气量数据和转速、转矩、风速等机械量数据完全记录的话，一年的数据量将达到数十 TB。要完成如此海量的数据分析，对硬件支持提出了较高的要求。目前含有功率调度（自动发电控制 AGC、自动电压控制 AVC）功能的风电场通信系统采用光纤双环网，为风电大数据研究和应用提供了硬件基础，保证了海量数据的实时传输，避免了数据传输通道的数据阻塞。

针对上述海量数据，采用大数据技术对风电场运行状态进行研究成为一个重要的手段，这是因为在当前风电场规模动辄上千台风电机组的现实下，对风电场从单台风机起采取精确数学建模的方法进行研究，即使能够建立精确的风电场数学模型，也会遇到不可避免的“维数灾”问题导致求解困难，大数据技术为此提供了一个有效的解决方案。

7.1.2　风电大数据的分析方法和研究内容

针对风电领域不断增长的海量的数据，有必要选取适当的数学分析方法对其进行研究分析,并挖掘出数据中的意义和价值。常用的数据研究技术主要有概率与统计、机器学习和数据挖掘方法。其中,传统的概率与统计方法包括多重线性回归分析、蒙特卡罗方法等。而机器学习(machine learning)包括人类学习过程的理解与模拟、人机间自然语言接口、不完全信息的推理与新事物的构造,其技术包括无监督学习(聚类分析和关联分析等)、监督学习(回归分析、分类分析和预测分析等)、强化学习。数据挖掘(data mining)价值在于从大型数据库中挖掘有价值信息并进行预测,其方法包括数据库管理、机器学习、并行计算、降维、预测等。

风电场数据不断增长且实时更新,符合大数据 3V3E 特征: volume(体量大)、variety(类型多)、velocity(速度快);energy(数据即能量)、exchange(数据即交互)、empathy(数据即共情)。在大数据背景下,需要分析的数据从低维数大体量变成了高维数大体量数据。因此,需要综合采用以往的数据分析方法,并采用一些适用于大数据的数学分析方法。传统的低维度数据的统计分析方法,可能不再适合大数据分析。因此,需要利用高维数据统计与概率分析的方法对海量的大数据进行处理,然后利用机器学习、数据挖掘等人工智能技术,进行数据的深度挖掘。

总的来说,完整的风电大数据的研究应包括高维数据统计、数据分析技术、数据管理技术、数据处理技术等。高维数据统计主要利用随机矩阵理论方法对数据进行统计处理。数据分析技术包括风电并网安全在线分析、风力发电预测、风机运行状态分析等技术。数据管理技术包括风电场电力数据提取、转换和装载 ETL(extract,Transfer and Load, ETL)、风电场电力数据统一公共模型等技术。数据处理技术,包括电力云、电力数据中心软硬件资源虚拟化等技术。要完成风电大数据的分析与研究,必然对数学应用研究能力提出了较高的要求。除此之外,要完成风电大数据的分析与研究,深入探讨风电机组模型与风机/风电场并网特性也显得尤为重要。

风电场海量数据构成复杂,动态变化并且相互耦合,针对风电场的海量数据,目前已有的研究主要集中在风电场功率预测、风电机组状态估计、风电场故障识别等方面。本章在上述研究的基础上,将从以下两个方面对风电海量数据进行挖掘分析。一方面,进行风电大数据的实时在线分析。选择合适的数学方法对采集到的海量风电大数据进行粗选,除去异常数据。对粗选后的数据进行的数据挖掘,提取出有意义和有价值的信息。从风电场并网接入点 110/220 kV 母线、风电场分区运行输出点 10/35 kV 母线和风机输出端 690 V 母线三个物理层面对风电场状态进行实时状态估计。另一方面,进行风电大数据的离线深度挖掘,以用于动态模型验证、设备诊断和预测维护、控制器的设计。此时将海量的风电大数据建立为完整的历史数据库,通过大数据分析,挖掘出风电场的状态信息,并对未来状态进行预测。进一步,还可根据实时状态估计和基于历史数据库的状态特征库,未来可用于调度风电场各层 FACTS 设备,保证风电机组及整个风电场运行在正常运行的状态。

当前主要的风力发电相关大数据研究主要集中于以下几个方面。① 风电场功率预测方面,能够提供与风力预测相关联的不确定性的信息的概率预测逐渐获得越来越多的关注,总的来说,目前风电场功率预测方面限于基础研究数据不够完善,对各层数据的处理只能采用单一的处理方式,预测的时间尺度短且精度不高,导致预测效果与实际功率偏离较大。② 风电机组状态估计及故障识别预警方面,当前的研究不多,但是目前是热点问题,因为大数据可以帮助开展风电机组健康状态监测和故障诊断,提前预警风电机组故障并锁定故障部件，使得风电机组运维检修变被动为主动，根据风况在风电机组定期维修和小修时提前处理潜在故障，将风电机组“大故障”化“小故障”，延长大部件的寿命周期，减少或避免突发事故，有利于排除风电机组运行过程中的安全隐患，缩短运维时间，提升发电量，保障风电平稳高效运行。③ 风电机组状态估计方面，目前这方面的研究还主要关注单一风电机组的状态估计，缺少不同机组之间和整个风电场的状态估计研究。④ 风电场故障识别预警方面，目前这方面的研究侧重于风电机组的单一故障识别，针对风电场的故障识别研究工作较少，对风电机组的部分故障类型识别较好，但还不能实现所有故障类型的识别。

7.1.3 风电大数据采集体系

风电大数据需要采集风电场及电网每层各节点数据，其中电网参数由 SCADA 系统采集，风电机组性能、状态参数由风电场数据中心提供，风力参数、环境参数可由现场测量仪器获得。根据风电机组、风电场和电网数据分层采集的特点，对海量数据进行分层处理，并建立三个物理层面海量数据相应的历史数据库，所存储的数据为进一步的数据深度挖掘提供基础。多风电场与电网数据管理与交互如图 7.1 所示。

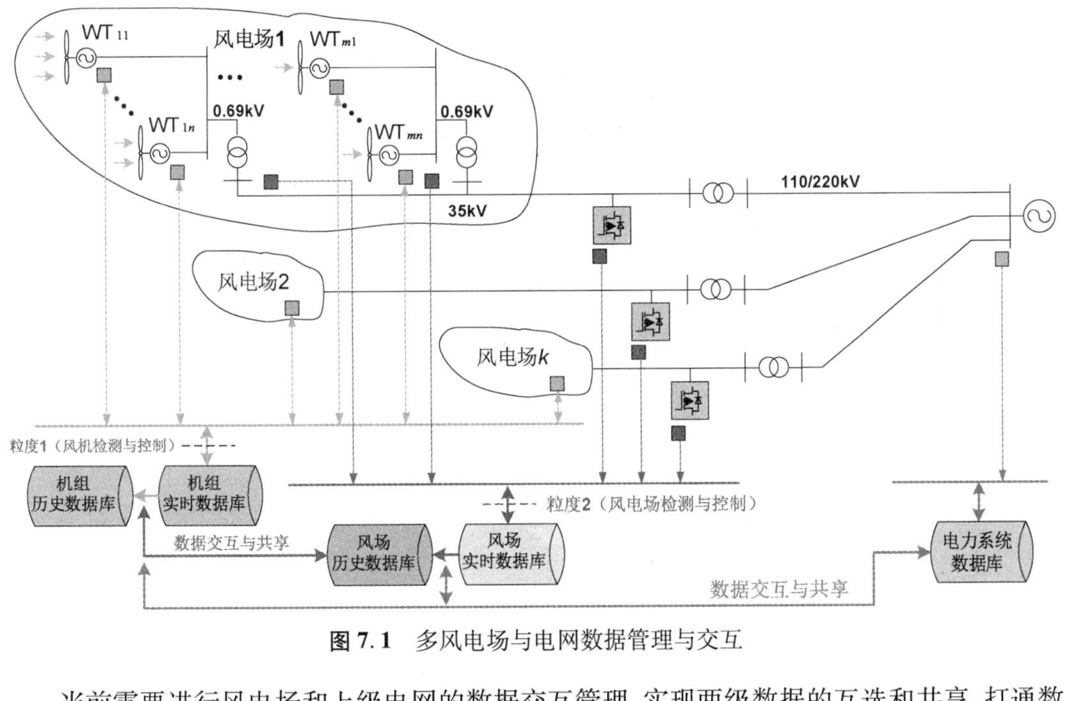

图 7.1 多风电场与电网数据管理与交互

当前需要进行风电场和上级电网的数据交互管理，实现两级数据的互选和共享，打通数据壁垒。应采用有效的数学方法，针对分层数据的多时间尺度、多空间尺度特性，以风电机组惯性时间常数建立函数特性决定合适的数据筛选粒度，结合粗糙集理论等对分层数据进行筛选及删除，得到相同时间尺度的分层精选数据，作为基础实时数据。再利用信息实时处理和信息融合理论对分层数据进行整合重构，建立实时数据库，为风电场正常、紧急和故障等运行状态认知提供有效数据。此外，对于大数据的可视化实现也是数据采集和表现的一个重要部分。

7.2 振荡识别

7.2.1 风电大数据的处理

风电场运行过程中每时每刻会产生海量的数据,这些数据不仅涵盖电网内部的运行参量,而且包含其他相关变量信息。这些数据来源的厂家和类型均不一致,对后续的数据分析带来了巨大的麻烦。风电大数据的处理对振荡识别来说至关重要。

1. 风电大数据的构成

电力行业和其他行业相比更需要对大数据进行研究。随着大数据技术的不断发展,电网运行时产生的大量数据能否实现电力信息化,当前正是这样一个重要的转折点。从应用前景考虑,研究风电大数据的研究非常有意义。

按照电气连接和硬件配置来分类的话,风电大数据可以分为三个层次,数据分别来自风电场、风电机组和系统接入点。风电大数据的构成如图 7.2 所示,风电场大数据由一次设备数据、二次设备数据和设备测温数据组成;风电机组大数据由电气量数据、机械量数据和其他数据组成;电力系统接入点大数据主要包括有潮流数据、AGC、AVC、STATCOM 等。

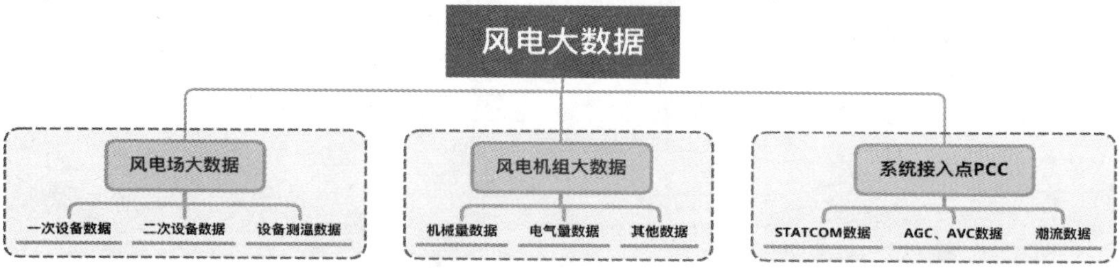

图 7.2 风电场运行过程中产生的大数据成分

目前广泛使用的风电机组主要有双馈、定速和永磁直驱风电机组。这三类风电机组运行时产生的数据类型也并不相同。如图 7.3 所示,风电机组运行中会产生三类数据机械量数据、电气量数据和其他数据。

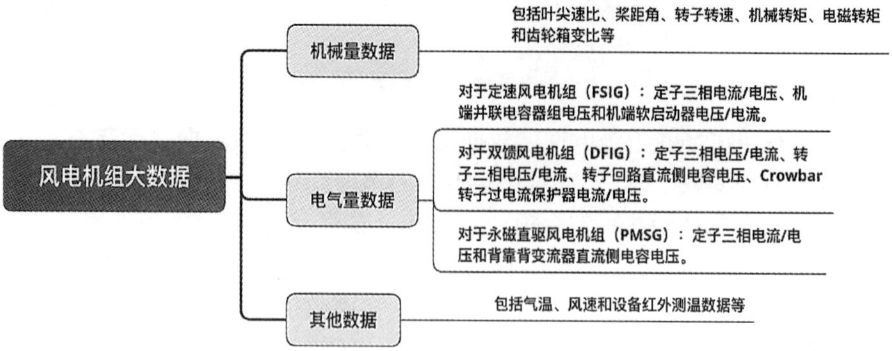

图 7.3 来源于风电机组的数据构成

风电场内部的大数据一般由设备配置以及运行与维护情况进行分类，一般分为一次高压设备的运行数据、二次保护设备的运行数据以及与重要设备运行状态的节点温度数据这三大类，具体类型以及详细的信息可参照图 7.4 所示。上述节点的运行数据通常来源于风电场本身，这些数据的内部也蕴藏着风电场运行状态的具体信息。所以风电场大数据也往往是各类监测系统所重点关注的对象。

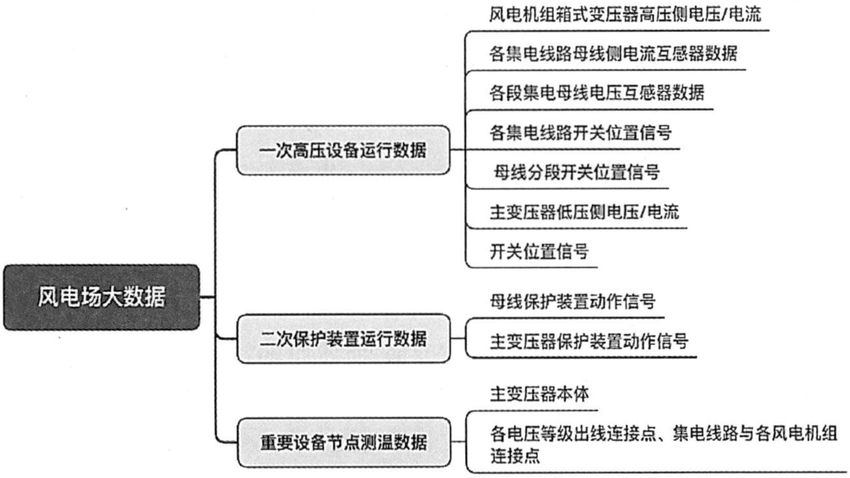

图 7.4　风电场大数据的主要构成

根据风电场在电力系统接入点的电气连接结构和控制器的运行情况，电力系统接入点数据的主要构成如图 7.5 所示。

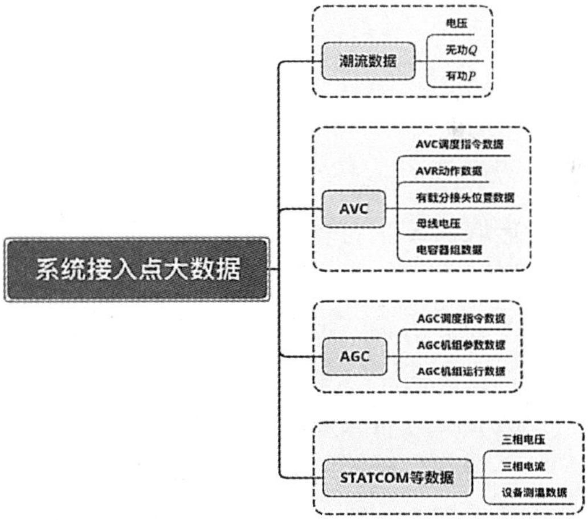

图 7.5　系统接入点的数据构成

2. 风电大数据预处理

风电场采集得到的数据一般不会直接进行分析，原因是，一方面，原始数据并不完整，有价值的信息会受到脏数据掺杂。另一方面，未经预处理的数据会存在数据格式、量纲等不一致情况，对后续数据分析产生不良影响。大数据挖掘和处理是建立在数据准确的基础上的，因此进行数据预先处理相当有必要。

1) 基于 PCA 和 t-SNE 进行风电大数据处理

(1) 主成分分析原理

主成分分析法的思想是寻找一个或几个投影方向，使得原始数据样本在投影后的方差最大。从机器学习的角度，这种投影方法可以理解对特征的重构或者是组合。对于原始的 m 维特征通过投影到新的 n 维空间上，并且一般满足 $n < m$，这 n 维空间表述的特征就是主成分。其中，需要指出的是，这个 n 维空间表述的特征和原先的 m 维特征的含义并不一样，是通过线性组合后的新的特征。主成分选择的主要考量方式是通过方差，新特征的

方差越大,越能体现这个特征包含的信息量,因此在计算上,会累计方差的贡献百分比进行主成分的选择。一般选取累计贡献百分比在75%~95%左右的维度作为PCA降维的参考维度。

有样本集 $X=\{x_1, x_2, \cdots, x_m\}$,假定样本集进行了中心化,即 $\sum_i x_i=0$,再假定投影变换后的新坐标系为 $\{w_1, w_2, \cdots, w_d\}$,其中 w_i 是标准正交基向量, $\|w_i\|_2=1$。

若某数据点 x_i 在新坐标系 w 中的投影为 $W^{\mathrm{T}}x_i$,如果在这个新坐标系下原始样本集中数据点的投影可以被有效分隔,则在新坐标系下不同样本数据点的方差为 $\sum_i W^{\mathrm{T}}x_i x_i^{\mathrm{T}}W$。因此优化目标为最大化这个方差:

$$\max_w \operatorname{tr}(W^{\mathrm{T}}XX^{\mathrm{T}}W) \quad \text{s. t.} \quad W^{\mathrm{T}}W=1 \tag{7.1}$$

对于式(7.1)使用拉格朗日乘子法可得

$$XX^{\mathrm{T}}W=\lambda W \tag{7.2}$$

因此只需对协方差矩阵 XX^{T} 进行特征值分解,将求得的特征值排序: $\lambda_1 \geqslant \lambda_2 \geqslant \cdots \geqslant \lambda_m$。一般,选取累计贡献率在75%~95%左右的维度作为PCA降维后的参考维度。因此按照累计方差贡献来对计算求得的主成分进行排序,满足累计贡献率的要求的前 x 个成分就是通过此算法选择出的主成分。

方差贡献率和累计方差贡献率分别为

$$\eta_i=\frac{100\%\lambda_i}{\sum_m \lambda_i} \tag{7.3}$$

$$\eta_{\Sigma}(\mathrm{p})=\sum_i^p \eta_i \tag{7.4}$$

再取前 x 个特征值对应的特征向量构成 $W=(w_1, w_2, \cdots, w_x)$,就是主成分分析的解。通过以上的分析可以得出,主成分分析作为一种特征提取的方法,本质就是寻找一个或几个投影方向,使得样本值投影后的方差最大。这种投影可以理解对特征的重构或者是组合。

(2) t-分布邻域嵌入原理

t-分布邻域嵌入(t-distributed stochastic neighbor embedding, t-SNE)是用于降维的一种机器学习算法,是由 Laurens van der Maaten 和 Geoffrey Hinton 提出的对邻域嵌入算法(stochastic neighbor embedding, SNE)的改进,是一种非线性降维算法,非常适用于高维数据降维到二维或者三维从而进行可视化。本质是在高维空间将数据点间的相似性映射到低维空间。与PCA方法相比,t-SNE这一算法的优势为:不仅实现非线性降维,而且解决了映射后低维数据点拥挤问题;可视化效果良好,为聚类等方法提供基础。

SNE是通过仿射变换将数据点映射到概率分布上。从数学的角度可以这样理解,SNE是先将欧式距离转换为条件概率来表达点与点之间的相似度。

给定 N 个高维的数据 $x_1, x_2, \cdots, x_N$, SNE算法首先构建正比于 x_i 和 x_j 之间相似度的条件概率 p_{ij}:

$$p_{j|i}=\frac{\exp\left(\frac{-\parallel x_i-x_j\parallel^2}{2\sigma_i^2}\right)}{\sum_{k\neq i}\exp\left(\frac{-\parallel x_i-x_k\parallel^2}{2\sigma_i^2}\right)} \tag{7.5}$$

其中，σ_i 对不同的点 x_i 的取值不同，因为关注两者的相似度，故设置 $p_{x|x}=0$。

对于低维度下的 y_i，且指定高斯分布的方差为 $\frac{1}{\sqrt{2}}$，q_{ji} 表示两点之间的相似度，计算公式如下：

$$q_{j|i}=\frac{\exp(-\parallel x_i-x_j\parallel^2)}{\sum_{k\neq i}\exp(-\parallel x_i-x_k\parallel^2)} \tag{7.6}$$

同式，设 $p_{i|i}=0$。如果 y_i，y_j 准确的保留了 x_i，x_j 的概率分布，说明降维效果比较好，有下式成立：

$$p_{j|i}=q_{j|i} \tag{7.7}$$

由上述可知，SNE 的目标就是找到一个可以最小化 p_{ij} 和 q_{ji} 的不同的数据表达方式。可以通过优化 p_{ij} 和 q_{ji} 这两个概率分布之间的距离，即 KL 散度（Kullback-Leibler divergences），目标函数如下式：

$$C=\sum_i KL(P_i\parallel Q_i)=\sum_i\sum_j p_{j|i}\log\frac{p_{j|i}}{q_{j|i}} \tag{7.8}$$

式中，P_i 表示给定 x_i 后其他数据点的条件概率分布。由于 KL 散度具有不对称性的特点，在映射关系中不同距离的惩罚项权重不同，距离较远的两个点来表达距离较近的两个点的惩罚比较大，因此 SNE 倾向于保留数据的局部特征。

不同的点具有不同的 σ_i，P_i 的熵会随着 σ_i 的增加而增加。SNE 使用困惑度（perplexity）的概念，通过二分搜索来寻找最佳的 σ。其中困惑度指：

$$prep(P_i)=2^{H(P_i)} \tag{7.9}$$

式(7.9)的 $H(P_i)$ 是 P_i 的熵：

$$H(P_i)=-\sum_j p_{j|i}\log_2 p_{j|i} \tag{7.10}$$

困惑度的物理解释为某个点附近有效近邻点的个数。确定 σ 的取值后，问题就变成梯度的求解，由于目标函数与 softmax 非常的类似，softmax 的目标函数 $-\sum y\log p$ 对应的梯度是 $y-p$。因此可以推导 SNE 的目标函数的梯度公式如下：

$$\frac{\delta C}{\delta y_i}=2\sum_j(p_{j|i}-q_{j|i}+p_{i|j}-q_{i|j})(y_i-y_j) \tag{7.11}$$

一般使用较小的 σ 下的高斯分布进行初始化，为加速优化过程和避免陷入局部最优解，梯度更新中需使用一个较大的动量，即参数更新需要引入之前的梯度累加的指数衰减项，参数更新公式如下：

$$Y^{(t)} = Y^{(t-1)} + \eta \frac{\delta C}{\delta Y} + \alpha(t)(Y^{t-1} - Y^{t-2}) \tag{7.12}$$

式中，$Y^{(t)}$ 表示迭代 t 次的解，η 表示学习速率，$\alpha(t)$ 表示迭代 t 次的动量。另外，初始优化阶段每次迭代中可以引入一些高斯噪声，然后类似模拟退火算法，逐渐减小该噪声从而避免陷入局部最优解。

SNE 的缺点在于难以优化，且存在拥挤问题，为解决这些问题 Laurens van der Maaten 和 Hinton 等人提出了 t-SNE 的方法。

t-SNE 在低维空间下使用 t 分布来表征两点之间的相似度。由于正态分布和 t 分布的概率分布形态的不同，由图 7.6 可见，深色部分代表正态分布，虚线代表 t 分布，可以看到，t 分布比正态分布更具与长尾效应，也就是说在数据值比较紧凑的高维空间，通过 t 分布可以使数据在降维后的空间散开程度更大。如图 7.6(a)所见，在没有异常值的情况下，t 分布可以更好地描述边缘数据，如图 7.6(b)可见，有异常值的情况下，t 分布也能更好的反应数据的概率分布。较小的距离在映射后比正态分布的距离更大，很好的捕获了数据的整体特征。

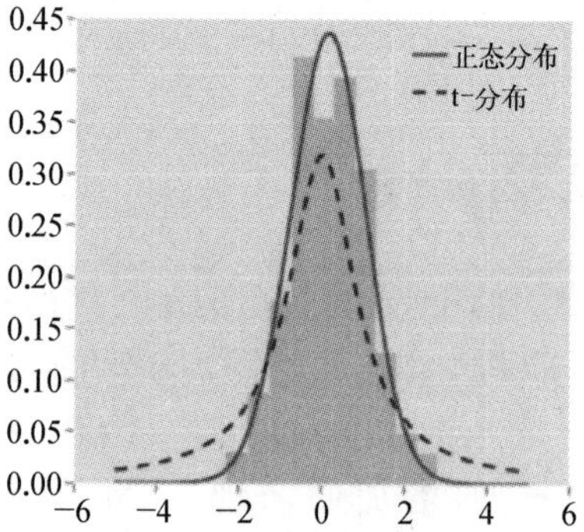

(a) 无异常值的分布曲线

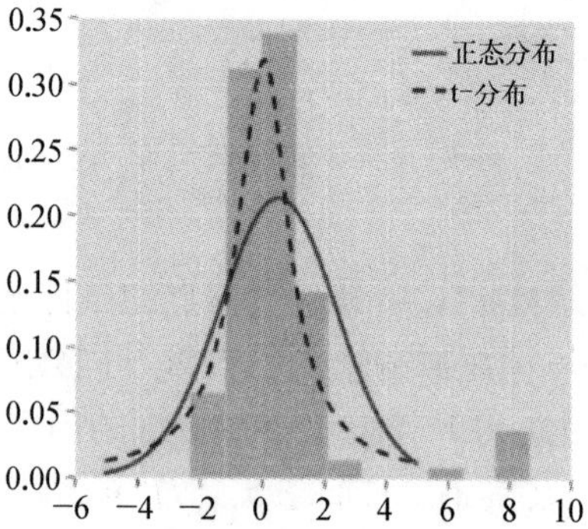

(b) 有异常值的分布曲线

图 7.6 正态分布和 t 分布曲线对比

使用了 t 分布之后的 q 变化如下：

$$q_{ij} = \frac{(1 + \| y_i - y_j \|^2)^{-1}}{\sum_{k \neq l} [(1 + \| y_i - y_j \|^2)^{-1}]} \tag{7.13}$$

另外，在计算的时间复杂度上，由于 t-分布是高斯分布的线性和，并不会加大时间复杂度。通过 t-分布优化后梯度如式(7.14)。

$$\frac{\delta C}{\delta y_i} = 4 \sum_j (p_{ij} - q_{ij})(y_i - y_j)(1 + \| y_i - y_j \|^2)^{-1} \tag{7.14}$$

根据上述算法的推导，总结后可以得到如图 7.7 的 t-SNE 算法流程图。

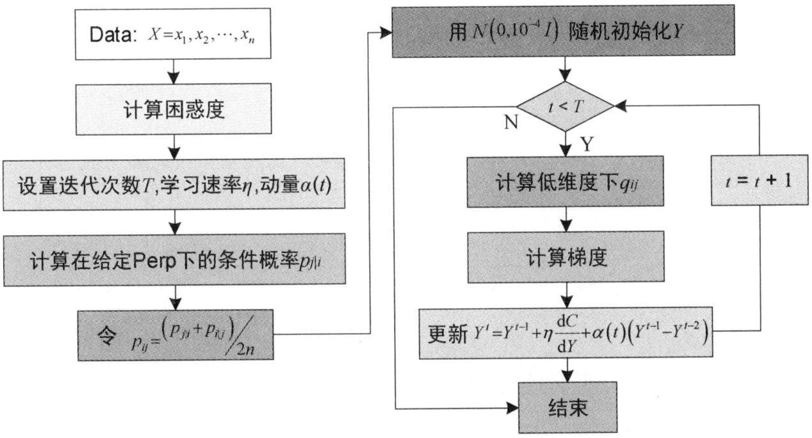

图 7.7　t-SNE 算法流程图

2）算例分析

采用的样本数据来自某风电机组采集的数据段。采样开始时间为 2013 年 8 月 6 日 13 点 33 分，一共 2 400 000 组数据。剔除缺测变量后，NWP 数据剩余降水量、气压、温度、湿度、不同高度的风速和风向等 22 个动力学指标，详细见表 7.1。从表 7.1 可以看出，NWP 数据的维数非常高，并且不能确定每个特征是否会对风电场运行状态产生影响，如果不加处理直接输入后续的预测模型，过多的数据不仅会导致运算时间大大增加，甚至还会影响模型表达特征的能力，因此需要通过合适的算法从中选择有价值的特征。本部分将分别采用上述介绍的 PCA 和 t-SNE 方法进行特征选择。

表 7.1　NWP 指标

变量数	指　标	缩　写	单　位	变量数	指　标	缩　写	单　位
1	气压	p	mbar	12	二氧化碳浓度	CO_2	ppm*
2	气温	T	℃	13	最大风速	maxWs	m/s
3	热力学温度	Tpot	K	14	10 m 风速	wv	m/s
4	相对湿度	rh	%	15	10 m 风向	wd	°
5	相对气压	VPact	mbar	16	10 m 风力等级	ws	/
6	重量绝对湿度	sh	g/kg	17	20 m 风速	wv	m/s
7	空气密度	rho	g/m^3	18	20 m 风向	wd	°
8	最小风速	minWs	m/s	19	20 m 风力等级	ws	/
9	雨量	TP	mm	20	30 m 风速	wv	m/s
10	光合有效辐射	PAR	μmol/m/s	21	30 m 风向	wd	°
11	对数气温	Tlog	℃	22	30 m 风力等级	ws	/

* 1 ppm = 0.000 1%。

(1) 基于 PCA 的风电大数据降维分析

原始数据量纲并不一致，因此首先对数据进行归一化处理，统一各参数的量纲。对归一化的数据求解其协方差矩阵,解得其特征根和方差贡献百分比,并对方差贡献百分比进行排序。表 7.2 是计算后的前十个主成分的成分变量名,特征值,方差贡献百分比和累计方差贡献百分比。

表 7.2　前十个特征的特征值、方差贡献百分比和累计方差百分比

成分变量名	特征值	方差贡献百分比	累计贡献百分比	成分变量名	特征值	方差贡献百分比	累计贡献百分比
Z_1	11.917 2	89.273	89.273	Z_6	0.302 9	0.057	99.922
Z_2	3.207 6	6.467	95.740	Z_7	0.273 5	0.047	99.969
Z_3	1.994 3	2.500	98.240	Z_8	0.166 4	0.017	99.987
Z_4	1.461 4	1.342	99.583	Z_9	0.129 6	0.010	99.997
Z_5	0.669 4	0.281	99.865	Z_{10}	0.043 4	1.19E-03	99.998

从表 7.2 中可以看出,第一个成分 Z_1 的贡献率为 89.273%, Z_2 的贡献率为 6.467%,两者的累积方差贡献率为 95.74%。说明 Z_1 和 Z_2 基本包含了原始数据的全部信息,可以反映原始多个变量中包含的主要信息,由主成分判断依据可以得出主成分为 Z_1 和 Z_2。 还有一种选择主成分的方法是检查方差相对于成分个数的散点图,并选择图形接近水平的点,此外可以看出第二个主成分 Z_2 后图形接近水平,其他成分变量贡献率非常低,因此确定主成分为 Z_1 和 Z_2。 通过主成分分析,将 22 维的原始数据降低至 2 维,大大减少后续模型的运算消耗。

表 7.3 中的原参数变量 X_1 ~ X_{10} 分别表示雨量,气压,相对湿度,温度,最大风速,最小风速,风向,风速,空气密度,风力等级。成分得分系数 r 是[−1, 1]中的实数。当 $r>0$ 时,两变量正相关,反之,则负相关。$|r|$越大,两变量的相关程度越高。因为 Z_1 这个主成分的方差贡献率为 89.273%,远大于 6.467%的 Z_2。 因此以下以 Z_1 为例进行分析,从表 7.3 成分得分系数矩阵可以看出, Z_1 这个第一主成分主要与原参数变量 X_8 相关联,关联系数为 0.964 7, X_8 对应的是风速,其次 Z_1 与 X_7 相关联,关联系数是−0.088 72, X_7 对应的是风向,也就是说特征抽取得到的 Z_1 是对所有特征进行线性变换后得到的特征衍生,它主要包含了风速和风向信息,既保证了信息最大程度的保留,又降低了维度。

表 7.3　成分得分系数矩阵

原参数变量	主成分 Z_1	原参数变量	主成分 Z_1	原参数变量	主成分 Z_1	原参数变量	主成分 Z_1	原参数变量	主成分 Z_1
X_1	−0.010 73	X_3	−0.003 87	X_5	0.000 04	X_7	−0.088 72	X_9	−0.011 48
X_2	0.001 29	X_4	0.000 10	X_6	0.000 11	X_8	0.964 69	X_{10}	0.000 24

(2) 基于 t-SNE 算法的风电大数据降维分析

为去除 NWP 样本的噪声且在低维度空间直观反映风电场气象数据的特性,这里采用 t-SNE 算法将样本集从 22 维降到 2 维空间,困惑度设定为 20,迭代 5 000 次。选取 40 样本日共 3 000 个数据来展示 t-SNE 算法的降维结果,如图 2.7 所示。图中的圆点表示数据点,不同颜色深浅代表不同的变量。

如图 7.8 所示，使用 t-SNE 算法能在二维空间比较清晰表示所有数据点，不同特征的数据大部分数据点呈现一段或者几段的短线结构，且 t-SNE 比较明显地把不同类别的数据分割了开来。但同时可以发现，有一些数据点发生了重合，例如图中的两种颜色重合在一起，比较难以区分。因此下面尝试采用 t-SNE 算法把原始样本集降维至 3 维子空间。困惑度设定为 20，迭代 5 000 次。同样选取 40 样本日共 3 000 个数据来展示降维结果，如图 7.9 所示，图中的圆点表示数据点，不同颜色代表不同的变量。

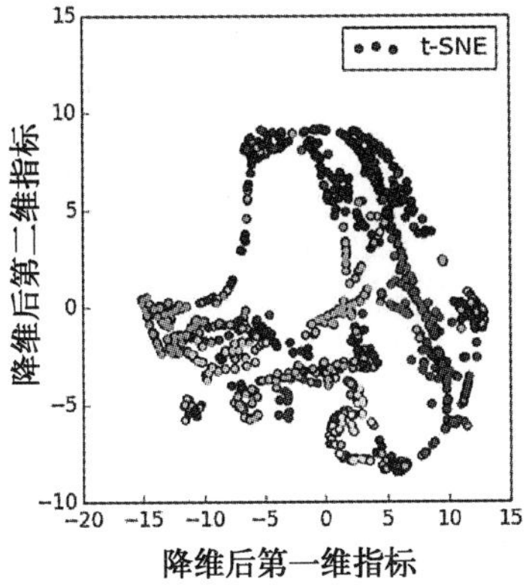

图 7.8 t-SNE 算法的降维效果（后附彩图）

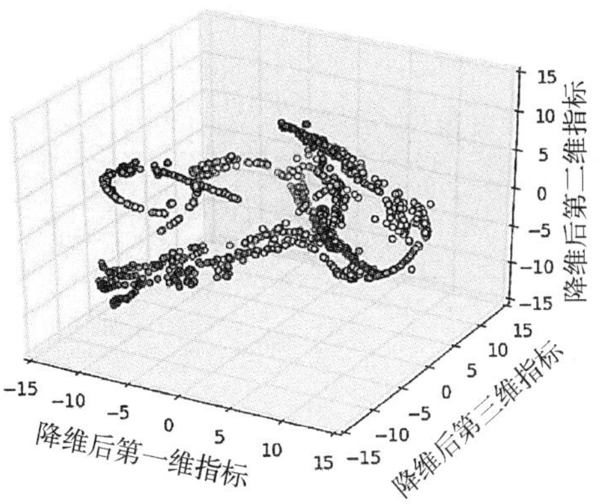

图 7.9 t-SNE 算法在数据段 1 的降维效果（后附彩图）

此外，为了验证 t-SNE 模型的泛化性，增加了此风电场其他时间的气象数据段作为实验对象，此数据段的采样开始时间为 2013 年 8 月 8 日，对数据采用同样预处理方式后输入模型，降维可视化结果如图 7.10 所示。由上述图可见，用 t-SNE 算法能在三维空间清晰表示所有数据点。大部分数据点呈现一段或者几段的短线状的线段结构，反映出天气变化的时间上的连续性。图中不同颜色的点代表不同特征，这些特征在三维空间被明显的区分开来，这证实了 t-SNE 算法在处理风电场运行数据中的气象数据的有效性。

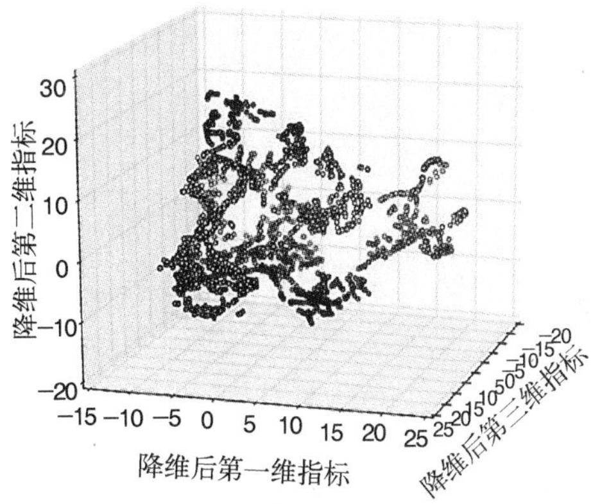

图 7.10 t-SNE 算法在数据段 2 的降维效果（后附彩图）

分析数据点之间距离关系并不能推断出数据的定量信息，因此 t-SNE 降维方法的目的主要是用于可视化数据。让我们对需要挖掘的数据模式有一个宏观的认识。对于某组数据，若 t-SNE 在分割特征上表现良好，那么寻找到一种将这组数据投影到不同类别的机器学习方法的可能性就很大。相反的，若 t-SNE 在分割特征上表现一般，例如出现类别重叠的情况，那么就需要构建更复杂的模型。

（3）不同算法的降维效果对比

为了对比 t-SNE 算法和 PCA 方法的降维效果，我们把风电场气象数据段 1 的数据降维到 2 维、3 维、5 维和 8 维空间，采用可信度作为评价标准。可信度表示数据原始结构在降维至低维空间时局部结构的保留情况，可信度的大小范围是[0, 1]。可信度越大，数据保留程度越好，同理可信度越低表示降维后数据保留程度越差。可信度的数学定义如下：

$$T(k) = 1 - \frac{2}{nk(2n - 3k - 1)} \sum_{i=1}^{n} \sum_{j \in u_i} [r(i, j) - k] \tag{7.15}$$

其中，$r(i, j)$ 表示根据低维数据点之间的成对距离来决定的低维数据点 j 的秩，U_i^k 表示低维空间中 k 近邻数据点的集合。以下将通过实验比较采用 PCA 和 t-SNE 将高维数据降维至 2、3、5、8 维后的可信度。

表 7.4 是使用 t-SNE 算法和 PCA 方法对数据进行降维后的可信度对比，可以发现 t-SNE 和 PCA 在二维空间已能较好保留样本点在高维空间的局部相似性。由图 7.12 所示，在三维空间时样本可信度曲线已经基本平行，接近饱和状态。由表 7.4 和图 7.11 可以发现 t-SNE 的降维可信度在实验的各低维空间均优于 PCA 降维方法且 t-SNE 基本保留了原始数据的时序特征。

表 7.4　数据集低维表示的可信度对比

维度/降维算法	PCA	t-SNE
2	0.918	0.921
3	0.970	0.975
5	0.975	0.983
8	0.977	0.989

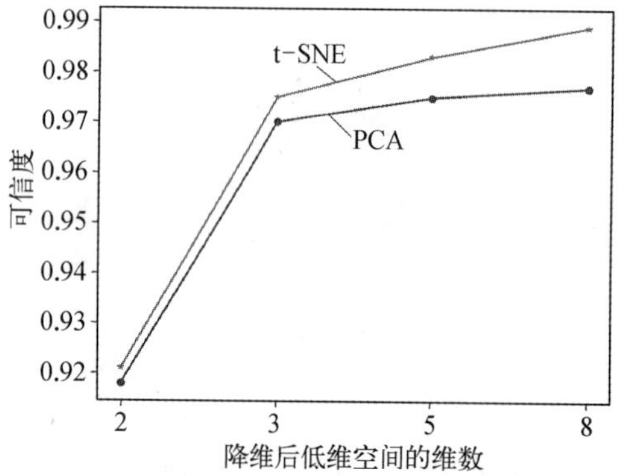

图 7.11　PCA 和 t-SNE 算法降维后可信度曲线

由于 PCA 和 t-SNE 原理不同，因此后者保留的属性信息更能体现样本间的差异，但根据实际情况，运行时间也是算法性能的一个重要的参考方向。t-SNE 算法会计算成对条件概率并尝试最小化高维和低维概率差的总和，这个过程涉及大量的计算。根据上部分的原理分析可知，t-SNE 在运算时有平方次的时间和空间复杂度，因此在数据量很大的情况下运算速度非常慢。

通过实验比较采用 PCA 和 t-SNE 将高维数据降维至 2、3、5、8 维过程的算法运行时间，从时耗和实验计算机的性能考虑，仅取 10 000 条数据进行实验比较，得到表 7.5。

表 7.5　PCA 和 t-SNE 算法运行时间对比

降维后维度的耗时(s)/降维算法	PCA	t-SNE
2	8.9	1 631.8
3	11.6	1 840.3
5	13.7	2 031.7
8	34.4	5 401.3

由表 7.5 可知，把高维数据降维至不同的低维时，相对 PCA 方法，t-SNE 的运行速度都

非常慢。在降至 2 维空间的情况下，t-SNE 的算法耗时是 PCA 的 183.3 倍，在降至 3、5、8 维空间的情况下，t-SNE 的算法耗时分别是 PCA 的 158.6、148.3、157.0 倍。而且随着维数的增加，PCA 和 t-SNE 方法的运行时间均有增加，且降至较低的 2、3 维的耗时远小于降至 5、8 维度的算法耗时。

通过比较两个不同的数据预处理方法发现，t-SNE 的优点是降维可信度在试验的各个低维空间均略优于 PCA 降维方法，缺点是算法计算效率较低，比 PCA 耗时更多。因此在实际使用中，需要对各算法进行权衡，选择最适合当前场景的算法。

3. 风电大数据可视化

可视化作为信息最直观的方式，能够直观展示风电机组设备监测数据与运行状态的变化，不仅对风电场运行状态的认知具有重要意义，而且可以通过可视化展示风电场运行趋势为后续的趋势预测模型的搭建提供基础。

（1）可视化平台系统整体架构

风电场监测数据可视化平台的系统整体架构如图 7.12 所示。可视化平台主要由数据处理模块和数据可视化模块组成，数据处理模块负责处理原始数据并导入到数据库，可视化模块负责读取和聚合数据并进行可视化。其中数据可视化模块还包括组合查询条件的数据聚合操作。通过实现这两大模块，可以实现风电场监测数据可视化平台。

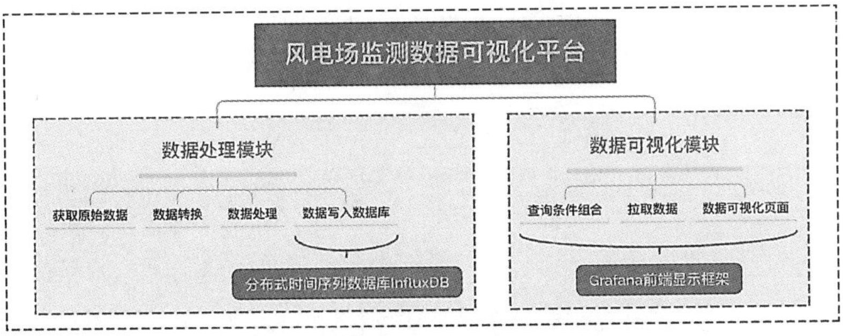

图 7.12　风电场监测平台系统整体架构

由于风电场收集数据的系统把风电机组运行过程中产生的数据存储在 csv 格式的文件，由于 InfluxDB 并不支持 csv 格式文件的读写，所以这里设计了数据处理模块来实现 csv 文件写入数据库的操作。如图 7.12 所示，数据处理模块主要细分为四个步骤，首先是从 csv 格式的文件中获取风电数据，然后对电压、电流、功率等不同的数据进行数据预处理，滤除无用数据，最后把数据写入到 InfluxDB 数据库。

整个风电场监测数据可视化系统采用浏览器/服务器模式，由于系统是运行在本机上的服务，因此当开启 Grafana Server 后，可以在本地的 8080 端口对平台进行访问操作。在设计模式上，本平台采用的是 MVC 设计模式，即把控制和视图与模型分离，因此本系统具有良好的可扩展性。

（2）可视化平台系统工作流程

风电场监测数据可视化平台的工作流程如图 7.13 所示。从图中可以看出，用户首先登录进入可视化平台的浏览器端并选择需要观测的风电场运行数据和其类型，选择需要观测的风机编号以及带观测时间段。以上请求将发送给系统后端，系统后端会把这些请求转换为数据库的查询语句，然后在数据库中查询相应的数据并封装后返回。在可视化平台的浏览器端使用合适的可视化工具对返回值进行相应的可视化处理后返回给用户。

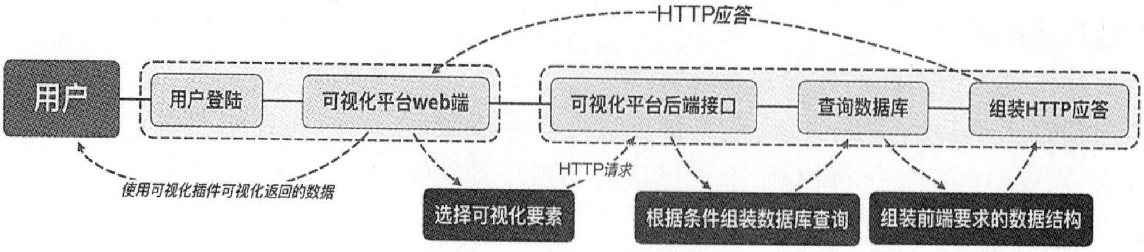

图 7.13 系统工作流程

整个系统主要采用了 InfluxDB+Grafana 的解决方案。InfluxDB 是一个开源的分布式时间序列数据库，用于实时的记录各类风机运行过程中的产生的数据。Grafana 是一个前端显示框架，主要负责表达风机运行状态的各类数据的显示，可以动态实时的显示数据随时间的变化情况。Grafana 支持 InfluxDB 作为后端，易于整合。

（3）可视化平台系统实现和演示

可视化平台系统利用 InfluxDB 数据库和 Grafana 可视化套件实现风电大数据的监测。Grafana 中可视化面板的构成比较自由，图和表都是由用户自定义，可以自由选择图标类型、大小和位置。风电机场的各个气象因素的可视化面板如图 7.14 所示，主要通过表格、热力图、折线图、柱状图、仪表盘和散点图的形式来实现对降水量、气压、温度、湿度、风速和风向等气象数据的可视化。

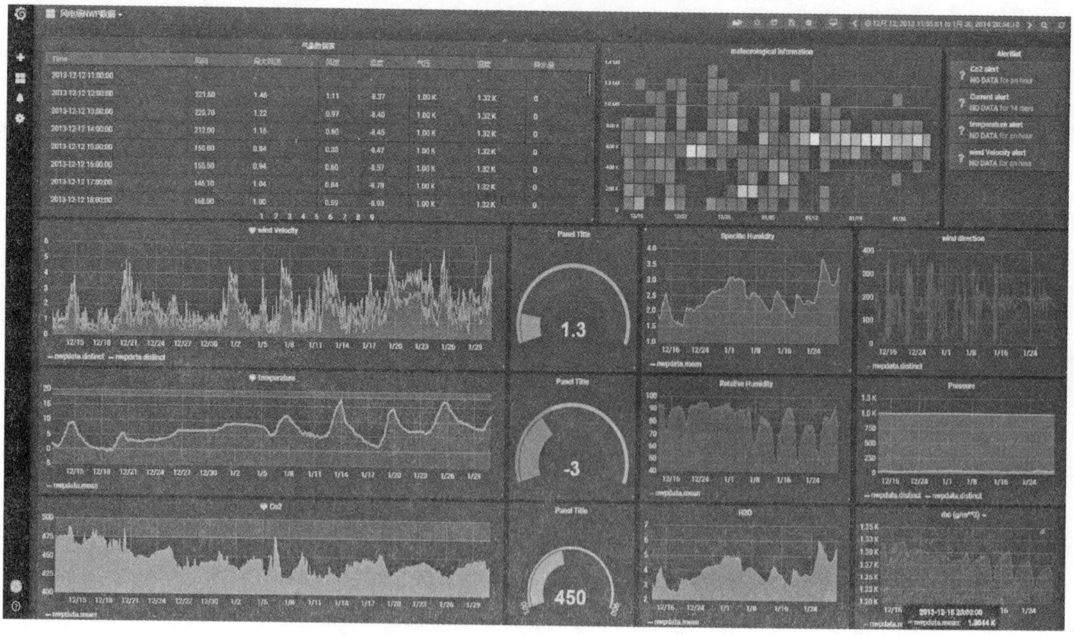

图 7.14 风电场数据可视化面板

可视化仪表盘（dashboard）是 Grafana 的核心所在，仪表盘由排列在界面上的各个面板组成，Grafana 配有各种面板，可以轻松构建所需要的查询，并自定义显示属性，以便根据需要创建对应的仪表板。Grafana 中所有的面板均以插件的形式进行使用，当前内置了图(graph)、状态图(singlestat)、热力图(heatmap)、仪表盘列表(dashlist)、表格(table)以及文本(text)这六种类型的面板。每个面板(panel)都可以与来自任何已配置的 Grafana 数据源的数据进行交互，另外，仪表板可以使用注释来显示面板中的事件数据，使面板中的时间序列数据与其他事件相关联。

在 Grafana 中，不仅通过图可以看到数据的变化趋势，也能通过观察表格获得准确的数据。表格以小时为单位采用取平均值的方式聚合了原始数据，可以看到风向、风速、湿度等各个气象数据的具体数值。

Grafana 还提供通过设置预警阈值的报警(alert)功能，可以进行自定义的报警配置，最常用的报警方式有钉钉预警、邮件预警和 webhook 预警三种方式。目前的 Grafana 版本中只有图面板支持报警，用户可以对不同的指标设置不同的预警规则和警报通知方式。在报警的设置中可以自定义预警的执行频率，预警的判断标准，以及可以通过查询语句 query( ) 选择预警的执行区间。

7.2.2　基于风电大数据 FFT 分析的振荡识别

1. 风电大数据的平均值 FFT 分析

(1) 平均值 FFT 分析方法

实时采集的风电大数据维数较多，且实时更新，数据量非常大。继续采用传统小数据集的直接分析方法将无法完成预期的分析目标。因而，有必要对原始数据进行预处理。对于在风电场采集的电气量(电压值、电流值)，在求平均值后，高于同步频率(50 Hz)的谐波频率成分将可以过滤掉，且大多数的间谐波成分也将明显减少。因而，可以按照要求先求取平均值，再对产生的平均值数据集进行频谱分析的方法，分析风电场低于同步频率(50 Hz)的风电场-电网相互作用分析。一般来讲，风电场-电网相互作用的振荡频率点应与特定频段的频谱幅度最大值对应，因而通过查找特定频段幅度最大值对应的频率，即可找到风电场机网相互作用的振荡频率。具体的分析流程方法如下。

第 1 步：对原始数据进行预处理，全部转化为标幺值；

第 2 步：对每个周期(0.02 s)计算一次平均电压 U_i，平均电流 I_i 和平均功率 P_i 等；

第 3 步：采用带移动时间窗的 FFT 分析方法对平均值数据进行分析。其中，选用矩形时间窗，时间窗宽度为 5 000 个数据点(即 5 000 个周波)。

第 4 步：将每个时间窗的数据进行特定频段的数据提取。

第 5 步：通过求取特定频段的极值点，找出频谱幅度最大值点对应的频率。

由于测量的原始数据是按照不同风速段进行数据记录，每个数据段记录了 10 min 的数据，当对全天(24 h)甚至更长时间的风电大数据进行分析时，需要按照上面的分析流程，循环处理不同的数据段。完整的风电大数据平均值 FFT 分析的程序流程图如图 7.15 所示。

由于原始数据采集记录可能存在错误或者空值，在用分析软件(如 MATLAB)进行数据分析时，将会造成计算结果为非数 NAN 的情况，若对含有非数 NAN 的平均值进行 FFT 分析，将导致进一步的非数 NAN 扩散，因而，有必要在计算的平均值结果后增加异常数据(非数 NAN)分析处理，检测出非数 NAN 所在的位置。为了不影响整体的 FFT 分析效果，一种

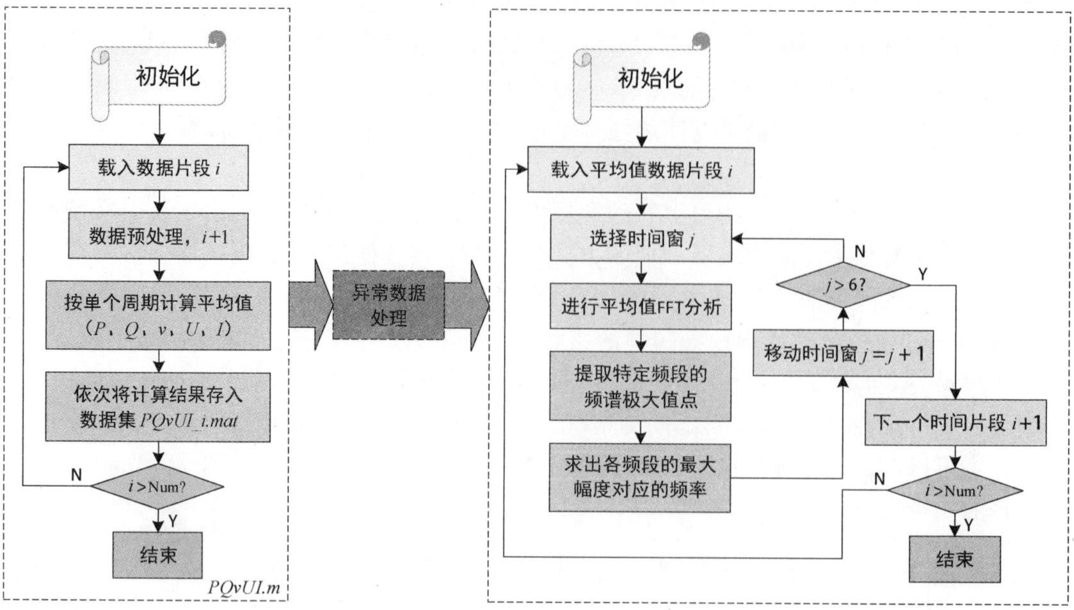

图 7.15 风电大数据平均值 FFT 的程序流程图

可行的方案是取前后两个平均值点的均值，代替 MALAB 计算得出的非数 NAN，从而保证平均值频谱分析的顺利进行。

一般地，若风电场电压、电流的采样频率为 f_s，则每个周期有 $n=f_s/50$ 个数据点，按一个周期时间长度分别取平均值后，平均值数据集的等效采样频率应为

$$f_{es}=f_s/n=50\ \text{Hz} \tag{7.16}$$

由式可以看出，平均值的等效采样频率不受原始数据采样频率影响。因而，在考虑奈奎斯特频率 $f_n=f_s/2$ 的情况下，平均值数据集可以用于 0~25 Hz 频段的风电场-电网相互作用的研究。

另一方面，随着风电场持续的并网运行，数据量急剧上升，采用基于平均值的数据分析方法，将有效实现数据降维的作用。按每个周期求取的平均值的方法计算，数据量可以缩小 $n=f_s/50$ 倍。

（2）实例分析

由于次同步振荡（SSO）主要与轴系转矩强相关，而转矩与平均功率具有线性对应关系，所以可以通过分析平均功率的频谱进行 SSO 的振荡频率分析；由于 SSCI 主要与变流器控制装置强相关，而控制装置的输入量中电压受电网电压决定（基本不变），所以可以通过分析平均电流的频谱进行 SSCI 的振荡频率分析；由于低频振荡与轴系和控制装置都强相关，所以也可以通过分析平均电流的频谱机型低频振荡的频率分析。

基于对 2 MW 双馈风力发电系统并网的小信号模型和时域模型的分析，对于实时采集的风电大数据（采样频率 $f_s=4\,000$ Hz），可取平均功率的 1.7~2.2 Hz 和 12~14 Hz 频段进行次同步振荡（SSO）分析；取平均电流的 3~8 Hz 频段进行次同步控制相互作用（SSCI）分析；取平均电流的 0.2~2.5 Hz 频段进行低频振荡分析。分别提取以上四个频段 0.2~2.5 Hz（电流 I），1.7~2.2 Hz（功率 P），3~8 Hz（电流 I），12~14 Hz（功率 P）的细节频谱图进行

分析，如图 7.16 所示。利用 MATLAB 找出这四个频段的极大值点后，即可筛选出各个频段的频谱最大幅度及其对应的频率值。利用 MATLAB 分析可得，上述四个频段的最大幅度对应的频率分别为 1.95 Hz（功率 P）、12.07 Hz（功率 P）、0.31 Hz（电流 I）、5.01 Hz（电流 I）。

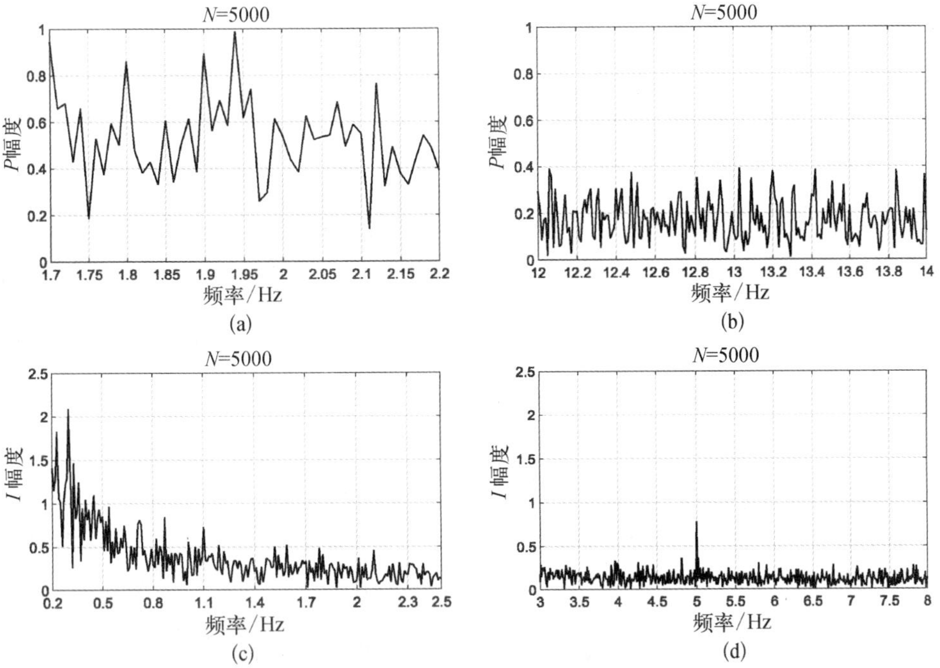

图 7.16　平均功率 P 和平均电流 I 的特定频段频谱图

图 7.16 仅仅对第一个平均值时间窗（5 000 数据点）进行了特定频段的最大幅度及频率进行了分析。由于风速的随机性，平均功率和平均电流的频谱也具有一定随机特征，因而有必要采用数理统计的方法对更多数据进行处理分析，以观察其变化规律。

2. FFT 结果的数理统计分析

首先，可以利用箱线图观察最大幅度-频率数据的分布特征，进而对异常值进行分析过滤，如图 7.16 所示。其中，图 7.17（a）和（b）分别为功率 P 和电流 I_1 的 FFT 最大幅度-频率数据箱线图，观察可知二者均存在一个远远大于其他值的异常点。通过筛选最大值发现：（a）和（b）中的异常点均为第 318 个平均值 FFT 分析时间窗，可能由原始数据采集设备记录错误或者风机启停造成，应予以剔除。（c）和（d）即为去除异常点后的箱线图。

然后，利用条形图统计各个频段子区间的最大幅度-频率点出现的频次，以及各子区间的加权平均值分布。相应的最大幅度-频率点出现频次分布图如图 7.18 所示，其加权平均值分布图如图 7.19 所示。其中，以图 7.18（a）为例，分别表示区间［1.7 1.75］、［1.75 1.8］、［1.8 1.85］、［1.85 1.9］、［1.9 1.95］、［1.95 2.0］、［2.0 2.05］、［2.05 2.1］、［2.1 2.15］、［2.15 2.2］和［2.2，+∞）的出现频次。

最后，即可基于获得的各子区间最大幅度-频率点出现频次分布图和加权平均值分布图进行分析，找出最重要的频率点（或者小区间）。

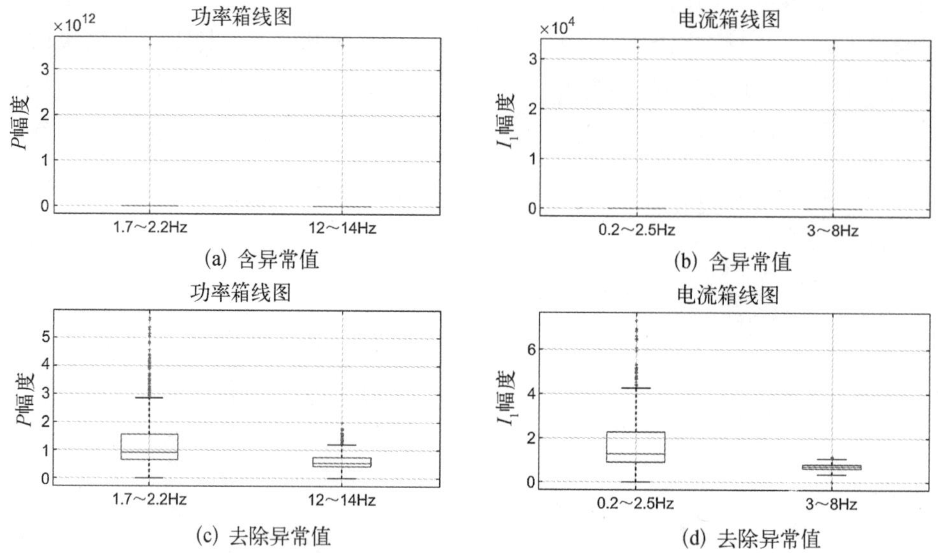

图 7.17　最大幅度-频率数据箱线图

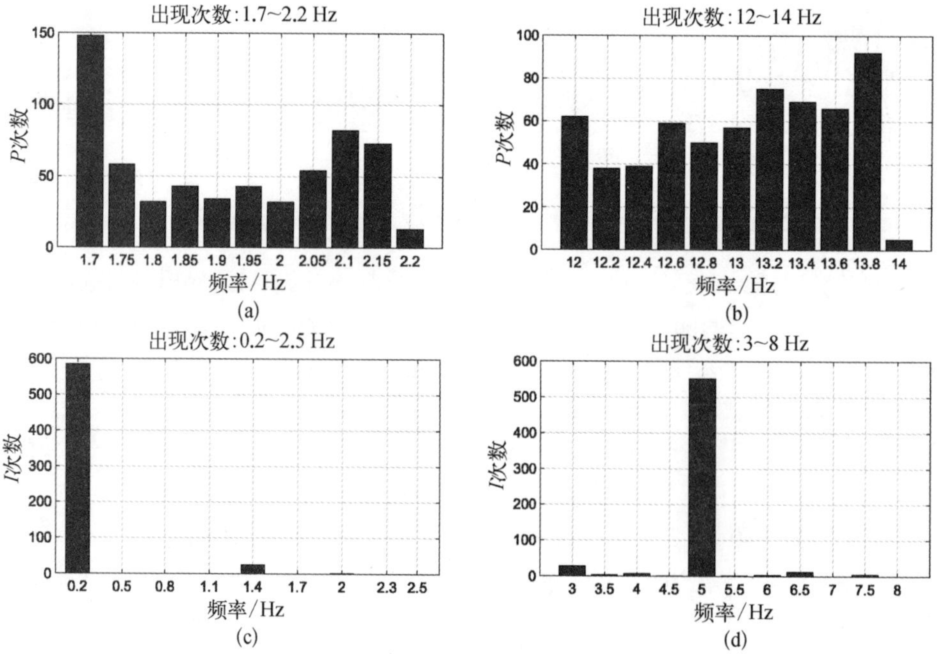

图 7.18　最大幅度-频率出现频次分布图

将小信号模型分析结果和风电大数据分析结果进行对比,如表 7.6 所示。该小信号模型是在输入功率(主要有风速决定)恒定,且线路串补度为 0.4 的条件下进行分析,风电大数据来源于双馈风电场实际采集的数据进行的分析。对比发现,小信号分析所得到的风电场-电网相互作用模态频率与风电大数据分析结果非常接近。在考虑线路串补度的影响后,可以认为风电大数据分析得出的最重要的最大幅度-频率区间中心频率,即为对应的风电场-电网相互作用振荡模态频率。

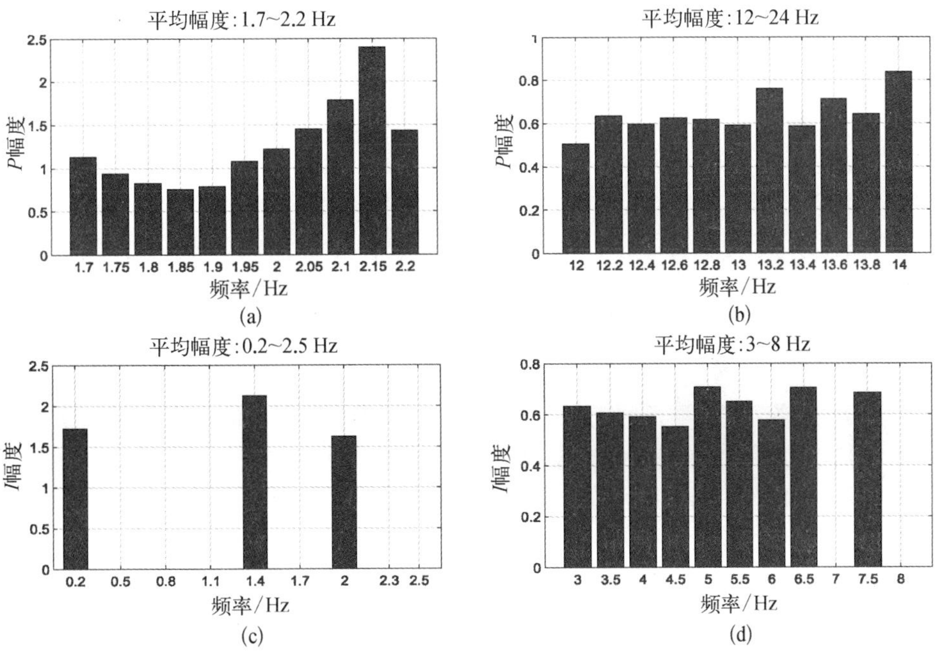

图 7.19　最大幅度-频率加权平均值分布图

表 7.6　振荡模态对比分析

方法/频段	功率 P/1.7~2.2 Hz	功率 P/12~14 Hz	电流 I/0.2~2.5 Hz	电流 I/3~8 Hz
小信号模型分析	1.9 Hz(SSO)	12.4 Hz(SSO)	0.5 Hz(低频)	5 Hz(SSCI)
风电大数据分析	2.05~2.2 Hz	13.8~14 Hz	0.2~0.5 Hz	5~5.5 Hz

7.2.3　基于风电大数据 HHT 分析的振荡识别

1. HHT 分析方法

(1) 经验模式分解(EMD)原理

对于一个平稳的信号 $x(t)$，经由傅里叶变换后,其可表示为

$$x(t) = \sum_{i=1}^{k} a_i \cos \phi_i \tag{7.17}$$

对于平稳信号,式(7.17)的变换结果是行之有效的。然而,在实际的应用中,常常要应对的处理信号则基本为非平稳的信号。此时,式(7.17)的变换结果则是不能够进行有效表示原始信号的。

经验模态分解的基本思路是将一个频率不规则、波动的非平稳信号分解为多个单一频率分量与残余分量部分,如式(7.18)所示。IMF 分量即为原始信号的不同时间尺度的局部特征信号,而残余分量则蕴含着原始输入信号的发展走向的信息。

$$\text{原始信号} = \sum \text{IMFs} + \text{res} \tag{7.18}$$

也可表示为

$$x(t)=\sum_{i=1}^{k}x_i(t)=\sum_{i=1}^{k}a_i(t)\cos\phi_i(t) \tag{7.19}$$

在式中，$x_i(t)$ 能同时表征信号的幅值和频率跟随时间的变化情况。

EMD 方法是一种自适应的数据处理与挖掘的算法。在 EMD 分解过程中，第 1 步是寻找输入信号的极值点；第 2 步是绘制包络线，并求解包络线的平均值；第 3 步是将输入信号与包络线平均值作差，即可得到可能的 IMF 分量之一；第 4 步是判断 IMF 是否满足终止条件，满足条件终止；否则返回第一步。

在 EMD 分解过程中，EMD 分解是先将高频段的分量 IMF1 先提取出来，再依次从高频段到低频段将各个 IMF 分量分离出来。同时，对于原来复杂的非平稳的功率信号，被分解成了多个 IMF 分量，这样对功率信号的研究转换成了对 EMD 分解后的较为简单的 IMF 分量的研究。在风电场采集的数据中应用 EMD 算法，一方面可以有效滤除原始数据中存在的畸形波，另一方面可以降低相近波形间的振幅差距。另外，分解出来的 IMF 分量可以便于后面的分析工作。

（2）HHT 变换

一般来说，经过 EMD 处理的信号是唯一的，同时常被用来分析信号自身包含的局部动态特性。对于一个连续的信号 $x(t)$，其 Hilbert 变换 $y(t)$ 的计算方法为

$$y(t)=x(t)*\frac{1}{\pi t}=\frac{1}{\pi}\int_{-\infty}^{+\infty}\frac{x(\tau)}{t-\tau}\mathrm{d}\tau=\frac{1}{\pi}\int_{-\infty}^{+\infty}\frac{x(t-\tau)}{\tau}\mathrm{d}\tau \tag{7.20}$$

式中，“$*$”表示 $x(t)$ 与 $1/(\pi t)$ 的卷积。一般原始信号 $x(t)$ 经过 HHT 变换，正频率的分量相当于进行了顺时针旋转 90° 的操作，负频率的分量则逆时针旋转 90°。$x(t)$ 的解析信号 $z(t)$ 可表示为

$$z(t)=x(t)+\mathrm{j}y(t) \tag{7.21}$$

对于被分析信号的瞬时相位 $\varphi(t)$、瞬时频率 $f(t)$、瞬时幅值 $A(t)$、Hilbert 幅值谱 $H(\omega,t)$、Hilbert 边际谱 $h(\omega)$ 的计算方法参照等式所示。

$$\begin{cases}\phi(t)=\arctan[y(t)/x(t)]\\ f(t)=1/(2\pi)\cdot\dfrac{\mathrm{d}\phi(t)}{\mathrm{d}t}\\ A(t)=\sqrt{x(t)^2+y(t)^2}\\ H(\omega,t)=\mathrm{Re}\sum\limits_{i=1}^{n}a_i(t)\mathrm{e}^{\mathrm{j}\int w_i(t)\mathrm{d}t}\\ h(\omega)=\displaystyle\int_{-\infty}^{+\infty}H(\omega,t)\mathrm{d}t\end{cases} \tag{7.22}$$

常见的 HHT 信号分析的整个流程囊括 EMD 和 Hilbert 变换，其完整的程序流程参照图 7.20 所示。此外，针对研究问题本身的差异以及需求，可相应计算分解信号的瞬时频率、相位、幅值和幅值谱、边际谱等信息，从而实现对原始信号的分析。在本部分的研究中，HHT 分析方法可以从非平稳的风电场原始数据中挖掘出有关振荡现象的信息，从而支持风电场机网相互作用的研究。

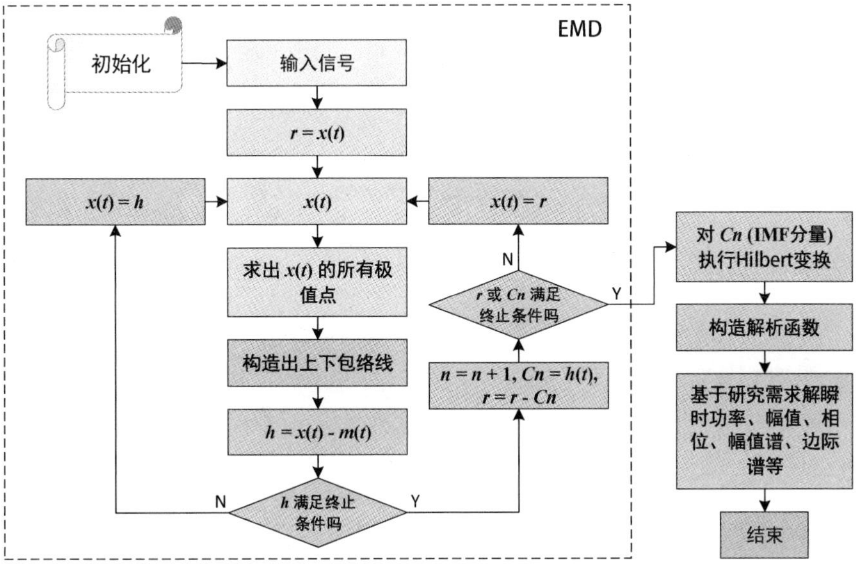

图 7.20 基于希尔伯特-黄变换的信号分析方法流程图

2. 基于 HHT 的振荡分析方法

(1) IMF 分量的预处理

在利用 HHT 变换对原始的输入信号进行分析的过程中,一方面出于剔除噪声信号干扰的目的,另一方面为了消除无关分量的影响,可以通过 IMF 分量的能量占比和功率波动对分解出的 IMF 分量进行遴选:能量占比越大、功率波动越剧烈的信号在原始信号中起的作用就越大,另外输出功率的波动情况也与风电机组并网点的运行状态相关。

以 IMF 分量振幅为衡量能量多少的特征,故第 i 个 IMF 分量的能量 E_i 的计算方式为

$$E_i = \sum_{j=1}^{N} |A_{ij}(t)|^2/N \tag{7.23}$$

式中,N 表示用于分析的离散信号的数据点数,$A_{ij}(t)$ 表示第 i 个 IMF 分量在第 j 点的振幅值。

第 i 个 IMF 分量的能量占比 E_i'的计算式为

$$E_i' = E_i \Big/ \sum_{k=1}^{M} E_k \tag{7.24}$$

式中,M 表示分解出的 IMF 分量的个数。

IMF 分量的功率波动 P_i' 的计算式为

$$P_i' = \frac{\max\{P_{i1}, P_{i2}, \cdots, P_{iN}\} - \min\{P_{i1}, P_{i2}, \cdots, P_{iN}\}}{\sum_{k=1}^{N} P_{ik}/N} \times 100\% \tag{7.25}$$

式中,P_{ik} 表示第 i 个 IMF 分量在第 k 点的有功功率值。

(2) 适用于 IMF 分量的特征参数提取

对于第 i 个 IMF 分量,描述其变化趋势的方程可表示为

$$x(t)_{\text{IMF}i}=A_{i0}e^{-\lambda_i t}\cos(w_i t+\theta_{i0}) \tag{7.26}$$

式中，A_{i0} 表示第 i 个 IMF 分量信号的初始振幅，λ_i 表示衰减因子，w_i 表示频率值，θ_{i0} 表示初始相角。

第 i 个 IMF 分量信号的瞬时幅值为

$$A_i(t)=\sqrt{x_i(t)^2+y_i(t)^2}=A_{i0}e^{\lambda_i t} \tag{7.27}$$

对式两侧取对数，可得到

$$\ln A_i(t)=\ln A_{i0}+\lambda_i t \tag{7.28}$$

相应地，瞬时相位 $\varphi(t)$ 的计算式为

$$\phi_i(t)=w_i t+\theta_{i0} \tag{7.29}$$

接下来，可以通过数据拟合的方式求得 IMF 分量的特征参数值，如振幅（A_{i0}）、衰减因数（λ_i）、角频率（w_i）、初始相角（θ_{i0}）。另外，阻尼比的计算式为

$$\zeta=\frac{\lambda}{[(w)^2+(\lambda)^2]} \tag{7.30}$$

基于 HHT 变换的信号分析流程参见图 7.21 所示，其主要分为五个步骤，即 EMD 分解、能量占比与功率波动计算、筛选、求解、曲线拟合。

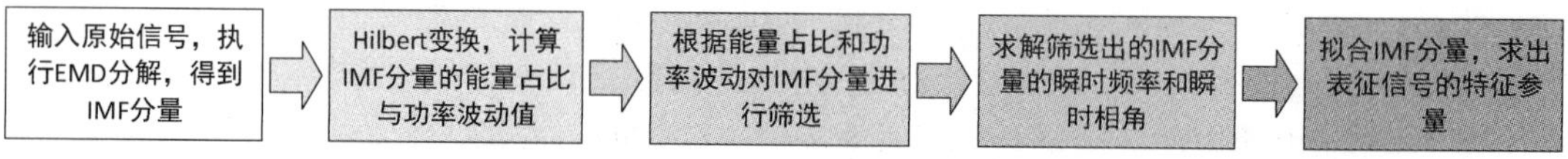

图 7.21 基于 HHT 变换的信号分析流程

3. 算例分析

(1) EMD 分解及 IMF 分量处理

本部分用于分析的数据时间长度 10 s，且为连续采集的结果，数据包含 40 000 个点。双馈风电机组的机端输出有功功率的曲线如图 7.22 所示。从图中可以看出，实际测算得到的瞬时功率随时间的波动较大，是一个典型的非线性、非平稳信号，可以且比较适合用 HHT 分析的方法进行分析。

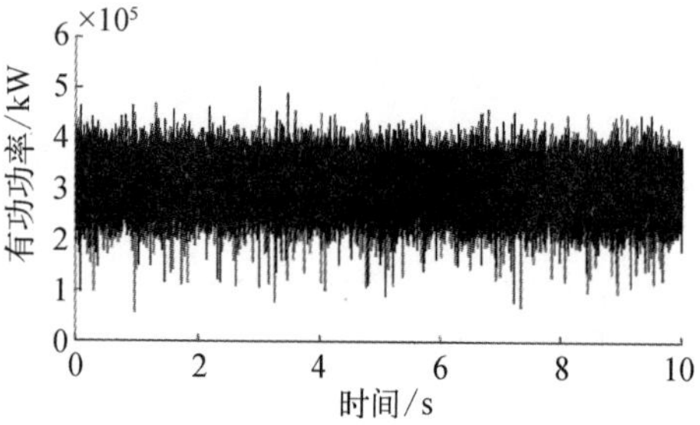

图 7.22 双馈风电机组输出有功功率

表 7.7 每个 IMF 分量的能量占比情况

IMF 分量	1	2	3	4	5	6	7	8	9	10	11	12	13
能量占比/%	58.51	12.33	13.69	8.88	3.30	1.68	0.86	0.36	0.17	0.10	0.06	0.02	0.03

对输出有功功率的信号进行 EMD 分解，其结果如图 7.23 所示，其包含 13 个 IMF 分量和一个残余分量。从 IMF1～IMF13 的图像可以看出，EMD 分解后得到了不同频率段的功率信号。

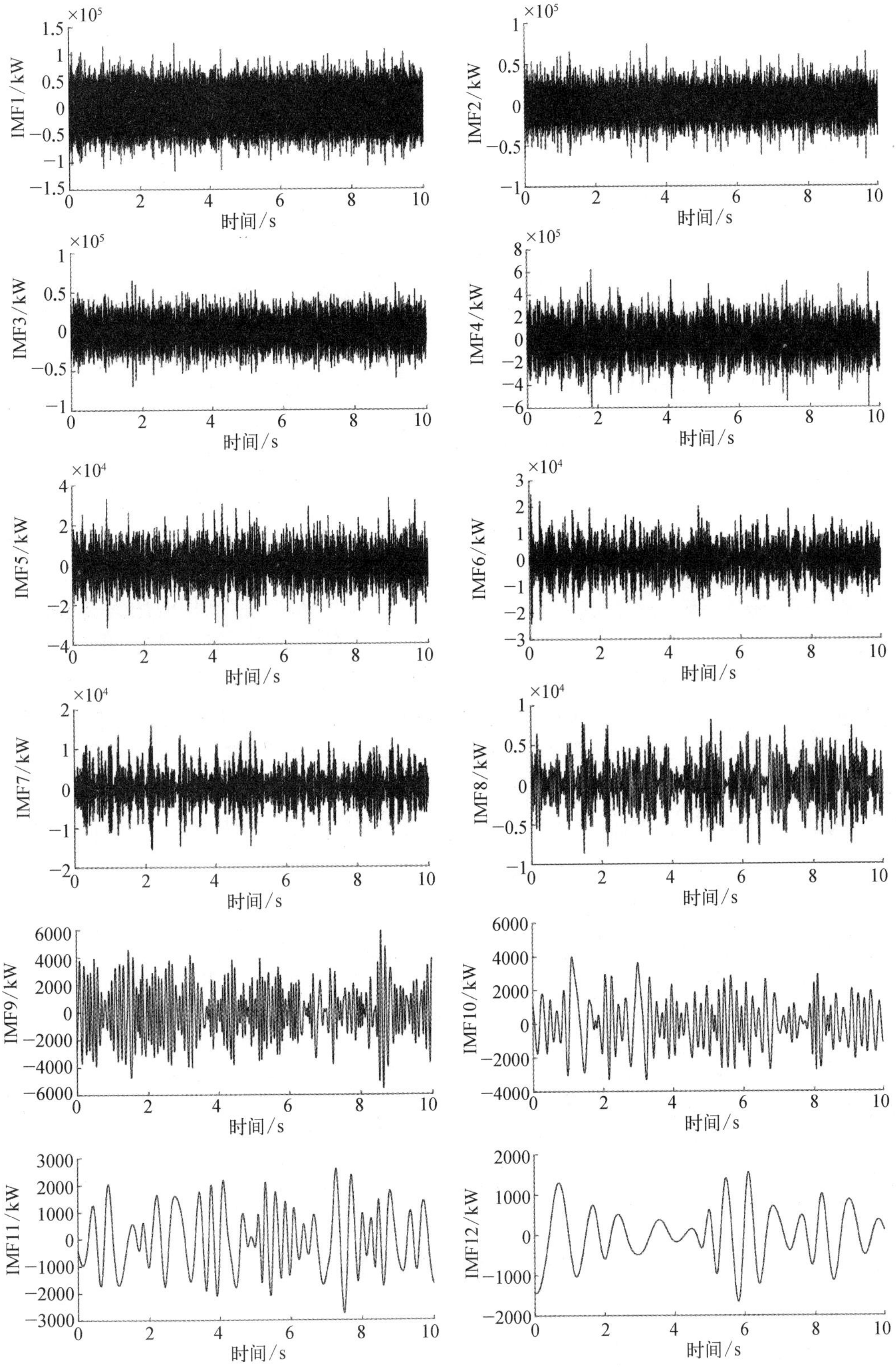
×10^5
IMF1/kW
×10^5
IMF2/kW
×10^5
IMF3/kW
×10^5
IMF4/kW
×10^4
IMF5/kW
×10^4
IMF6/kW
×10^4
IMF7/kW
×10^4
IMF8/kW
IMF9/kW
IMF10/kW
IMF11/kW
IMF12/kW
时间/s

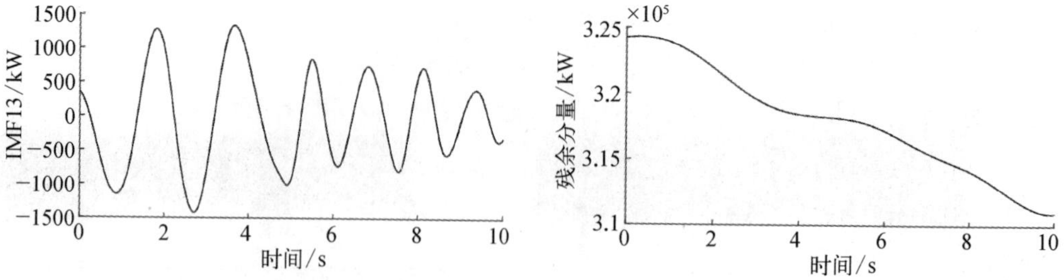

图 7.23 原始信号分解后的 IMF 分量以及残余分量

IMF 分量从左至右、从上到下的排列,分别为 IMF1~IMF13 和残余分量。

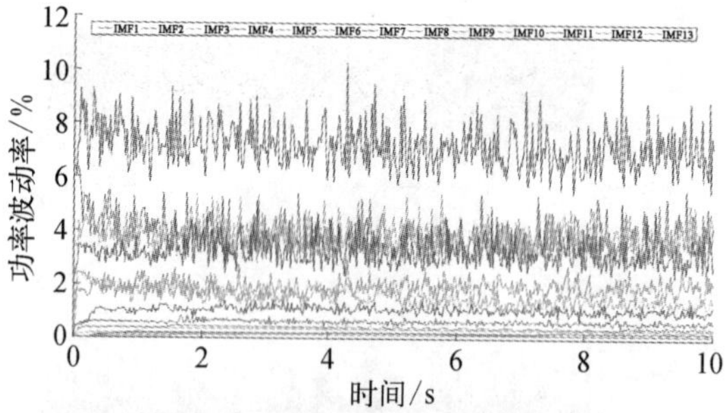

图 7.24 输出有用功率的 IMF 分量功率波动情况(后附彩图)

此外,每个 IMF 分量的能量占比情况可参照表 7.7 所示,输出有功功率的 IMF 分量的功率波动情况参照图 7.24 所示。易知,在所有的 IMF 分量中,分量 IMF8~IMF13 中的能量占比较少。另外分量 IMF5~IMF13 的功率波动较小,其基本保持在一个稳定值附近,其对原始信号的影响也较小。故后面的分析重点对分量 IMF1~IMF7 进行研究。

(2) 机网相互作用的振荡模态研究

通过对分量 IMF1~IMF7 进行一定的滤波,然后进行数据拟合,依次可以求出每个分量的振幅(A)、衰减因子(λ)、角频率(w)、初始相角(θ_0)、阻尼比(ζ),其结果参照表 7.8 所示。易知,双馈风电机组的输出有功功率中主要存在以下的四种振荡形式,即为次同步谐振(SSR,21.67)、次同步振荡(SSO,14.32 Hz、2.01 Hz 和 1.62 Hz)、次同步控制相互作用(SSCI,6.01 Hz)和低频振荡(0.37 Hz)。另外,根据不同振荡模态的初始振幅值可知,次同步控制相互作用比次同步谐振和低频振荡的影响更明显。进一步,次同步振荡比较容易产生于输出功率的信号中。

表 7.8 每个 IMF 分量的特征参数

IMF 分量	1	2	3	4	5	6	7
振幅(A)	3.999e4	1.693e3	1.833e4	1.474e4	8.418e3	6.275e3	4.297e3
衰减因子(λ)	0.004 6	0.001 5	0.002 6	0.008 2	0.002 9	0.006 2	0.001 8
角频率(w)	304.313	136.096	89.938	37.736	12.623	10.167	2.333
频率(f)	48.43 Hz	21.66 Hz	14.31 Hz	6.01 Hz	2.01 Hz	1.62 Hz	0.37 Hz
初始相角(θ_0)	−0.003 4	0.003 6	0.007 9	0.006 4	−0.001 1	0.000 6	0.006 9
阻尼比(ζ)	0.212	0.672	0.034	0.721	0.344	0.362	0.325

7.2.4 基于风电大数据 Prony 分析的振荡识别

1. 实测数据的预处理

(1) 数据标幺化

数据来源于江苏盐城风电场风电机组运行数据,数据包括 a、b、c 三相的相电压、相电流,和相应的风速值,数据采样频率为 4 000 Hz。

首先三相输出功率值,对原始数据进行标幺化处理。

基准功率设定为 $S_n = 2e^6$, 单位为 VA;基准相电压设定为 $U_n = 690/\sqrt{3}$, 单位 V;则准电流为 $I_n = S_n/(\sqrt{3} * U_n)$, 单位为 A;额定风速设定为 $V_n = 10.4$, 单位为 m/s。

(2) 滤波

由于输出功率中含有大量高频谐波成分,为了研究次同步频段的模态含有情况,首先对功率进行低通滤波。设计低通滤波器,(Fp,Fst,Ap,Ast)参数设置为(50,100,100,100),以滤除 100 Hz 以上的振荡分量。绘制出 2 400 000 个采样点(即 600 s 时间段)功率输出曲线及低通滤波后的功率输出曲线如图 7.25 所示。

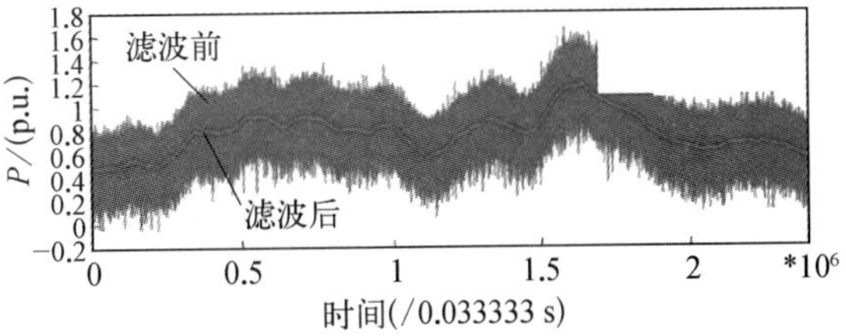

图 7.25　滤波前后功率输出曲线

可见经过低通滤波,与所研究的次同步频段无关的高频成分被滤除,为 Prony 分析去除了噪声。

(3) 离群点检测

下面进一步对滤波后的数据进行离群点检测和均值填充。取 *abc* 三相电压有效值和风速值进行利群点检测。采用 K-Means 算法,设置 *k* 值为 6 得表 7.9。可见聚簇中有一个点被分到了单独的一簇如图 7.26。该点的数量级与其他点相差很大,故应为数据异常值而非不正常状态值,采用前后数据点均值进行填充。对数据进行预处理之后,获得可以用于次同步相互作用分析的数据。

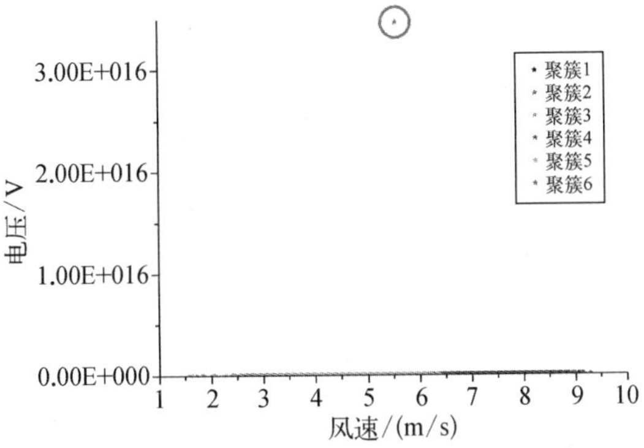

图 7.26　离群点检测结果(后附彩图)

表 7.9　离群点检测结果

聚　簇	聚簇中的个数	欧式距离和	平均距离	最大距离
聚簇 1	491	746.782 91	1.081 37	5.198 03
聚簇 2	1 938	1 432.074 88	0.784 12	3.141 94
聚簇 3	1 306	1 127.009 02	0.817 57	3.873 84
聚簇 4	956	888.945 9	0.886 76	2.809 51
聚簇 5	704	1 303.263 47	1.096 84	11.894 09
聚簇 6	1	0	0	0

2. Prony 分析

为了获得功率信号中的振荡模态信息,可以采用 Prony 算法将其进行分解。Prony 算法由 Prony 于 1795 年提出。Prony 的方法从均匀采样的信号中提取有价值的信息,并构建一系列阻尼复指数或正弦曲线。通过 Prony 算法可以估计信号的频率、幅度、相位和阻尼分量。

设 $x(t)$ 是由 N 个均匀间隔的样本组成的信号。Prony 算法一般用指数项的线性组合来进行拟合，其计算表达式为

$$x(t)=\sum_{i=1}^{p}x_i(t)=\sum_{i=1}^{p}A_i\exp(\alpha_i t)\sin(\omega_i t+\phi_i) \tag{7.31}$$

等间隔采样生成的时间序列 Prony 算法常用指数项的线性组合来进行拟合，其离散化的表达式为

$$\hat{x}(n)=\sum_{i=1}^{p}b_i z_i^n=\sum_{i=1}^{p}A_i\exp(\alpha_i n)\sin(2\pi f_i n+\varphi_i) \tag{7.32}$$

其中

$$\begin{cases}b_i=A_i\exp(\mathrm{j}\varphi_i)\\ z_i=\exp[(\alpha_i+\mathrm{j}2\pi f_i)\Delta t]\end{cases} \tag{7.33}$$

A_i、α_i、f_i、$\varphi_i(i=1,2,\cdots,p)$ 分别表示第 i 个拟合分量的幅值、衰减因子、频率、初始相角；p 为拟合函数分量个数；$n=1,2,\cdots,N-1$，N 为拟合数据点的个数。Prony 算法是一种拟合算法，Prony 算法的目标函数为误差函数，如式(7.34)所示：

$$\min\left[\varepsilon=\sum_{n=0}^{N-1}|x(n)-\hat{x}(n)|^2\right] \tag{7.34}$$

采用最小二乘法，可以获得式中的未知参量的数值，从而可以将原始序列分解为一系列的衰减分量和直流分量。

3. 风电输出功率振荡模态提取

采用 Prony 算法分析风电输出功率的振荡模态。为了研究 50 Hz 以下的振荡模态，将经过预处理的数据每 40 个数据取一个平均值，生成新的功率序列，此时 Prony 采样频率为 100 Hz。取 1 000 个采样点(即 10 秒的数据)做 Prony 分析。拟合阶数选为 20，输出功率的 Prony 算法拟合分析结果如表 7.10 所示。各振荡模态已经按照幅值进行排序。由表 7.10 可知，所有模态具有负衰减因子即正阻尼，系统是稳定的。但是由于这些模态的存在，使得风电的输出功率一直处于波动状态。

表 7.10　输出功率 Prony 分析结果

幅值(A)	频率 f/Hz	衰减因子	幅值(A)	频率 f/Hz	衰减因子
0.020 696	3.512 597	−22.070 3	0.001 023	37.288 24	−7.232 21
0.014 166	50.095 83	−19.459 9	0.001 015	1.477 798	−0.519 68
0.008 303	0.388 304	−1.224 49	0.000 839	8.156 9	−3.663 56
0.007 182	50.043 84	−13.158	0.000 767	16.775 93	−5.472 85
0.002 79	0.940 301	−0.562 48	0.000 694	42.482 48	−6.437 37
0.001 864	39.414 65	−10.542 5	0.000 502	45.675 71	−5.287 93
0.001 133	12.028 76	−5.542 4			

所选取的功率段数据模态分析结果与小信号模型得到的固有频率有所差别，一方面是因为参数设置导致振荡模态稍有区别；一方面是所选取的数据并非故障数据。而往往越接近固有模态的振荡频率在负阻尼情况下越容易激发相应频率的振荡模态，因此，需要参照小信号分析的结果定义一个频率筛选如表 7.11 所示，可用来评估相应振荡模态。当 Prony 分析结果中出现了某一筛选范围内的振荡频率时，可以认为所分析的对象中含有相应振荡模态分量。表 7.11 中的关联规则标记含义是当该时间段功率 Prony 分析结果中含有该模态分量是，标记为 1；如果不含有，则标记为 0。这样就对振荡模态的 Prony 分析结果进行了量化的数据转换，便于进一步进行关联规则的分析。

表 7.11　频率筛选表

机网相互作用类别	编　号	小信号模型振荡模态/Hz	Prony 结果删选规则/Hz	标　记
SSCI	模态 1	5.730 8 Hz	[5.230 8, 6.230 8]	1
			无	0
	模态 2	4.432 9 Hz	[4.332 9, 4.532 9]	1
			无	0
	模态 3	4.627 3 Hz	[4.537 3, 4.727 3]	1
			无	0
	模态 4	1.625 Hz	[1.6, 1.65]	1
			无	0
SSO	模态 5	12.419 4 Hz	[12.379 4, 12.449 4]	1
			无	0
	模态 6	12.480 6 Hz	[12.450 6, 12.510 6]	1
			无	0
	模态 7	1.658 6 Hz	[1.598 6, 1.718 6]	1
			无	0
	模态 8	1.770 6 Hz	[1.720 6, 1.820 6]	1
			无	0
	模态 9	1.870 3 Hz	[1.820 3 Hz, 1.920 3 Hz]	1
			无	0
SSR	模态 10	56.868 Hz	[56.368, 57.368]	1
			无	0
	模态 11	43.130 4 Hz	[42.630 4, 43.630 4]	1
			无	0

7.3 振荡关联因素分析

本节在振荡模态识别基础上，采用 Apriori 算法挖掘风电场实测数据中振荡模态与影响因素之间的隐含联系，分析振荡关联因素。

7.3.1 基于动态数据的影响因素特征提取

根据当前工程的实际观测，风电机组的机网相互作用往往发生在低风速下，同时，接入 PCC 点的电压变化也会产生同样的作用。为了探究风速和电压的这两种因素的共同作用对风电机组振荡模态的影响，本章采用 K-Means 算法对测量数据按风速和电压指标进行聚类。聚类后，同一聚簇的影响因素组合具有相同的特征。

根据 K-Means 算法中 k 值的选取方法，首先选取较少的样本，以获得最佳分类聚簇数。拥有最佳聚簇数的聚簇中心，可以在进一步分析中设置为聚簇中心初值，以保证聚类中心的一致性。

为了探究风速和电压对风机输出功率的影响，选定风速和电压波动为研究对象。其中，电压波动指每个 Prony 分析的数据段中电压三相电压有效值的极差的平均值，如式所示。

$$\Delta V = \frac{1}{3}[(V_{\mathrm{arms\,max}} - V_{\mathrm{arms\,min}}) + (V_{\mathrm{brms\,max}} - V_{\mathrm{brms\,min}}) + (V_{\mathrm{crms\,max}} - V_{\mathrm{crms\,min}})] \quad (7.35)$$

统计发现，存在三相电压的波动不平衡点，部分不平衡点如表 7.12 所示。总电压波动指标使得这些不平衡点回归“正常”，故将 ΔV_a、ΔV_b、ΔV_c、ΔV 均纳入聚类的特征指标中。

表 7.12 三相电压波动量的不平衡点

数据段编号	ΔV_a/V	ΔV_b/V	ΔV_c/V	ΔV/V
194	2.402 734	5.550 984	2.249 529	3.401 082
368	1.871 972	5.155 122	1.653 698	2.893 598
390	5.843 715	1.523 72	1.579 056	2.982 164
670	1.264 966	1.411 4	5.052 243	2.576 203
740	3.019 533	5.612 454	3.063 76	3.898 582
827	6.353 977	2.666 576	2.234 522	3.751 692
882	2.607 657	6.222 201	2.494 647	3.774 835
1 005	2.096 289	1.734 021	5.357 087	3.062 466

同时，与功率数据的预处理一样，将每 40 个点的风速值取平均作为一个采样点的风速值，作为每个数据段的风速因素值。这样，每个 Prony 分析的数据段对应一个风速值 WS 和电压波动值 ΔV_a、ΔV_b、ΔV_c、ΔV。为了研究 5 个变量的共同作用，按这 5 个变量对数据段进

行聚类。

为了确定最佳聚簇范围,首先取600个数据段,取 k 分别为6、8、10进行聚类分析,将聚类结果以风速为横坐标,三相电压波动为纵坐标,得到如图7.27所示的聚类结果,不同颜色表示不同的聚簇。

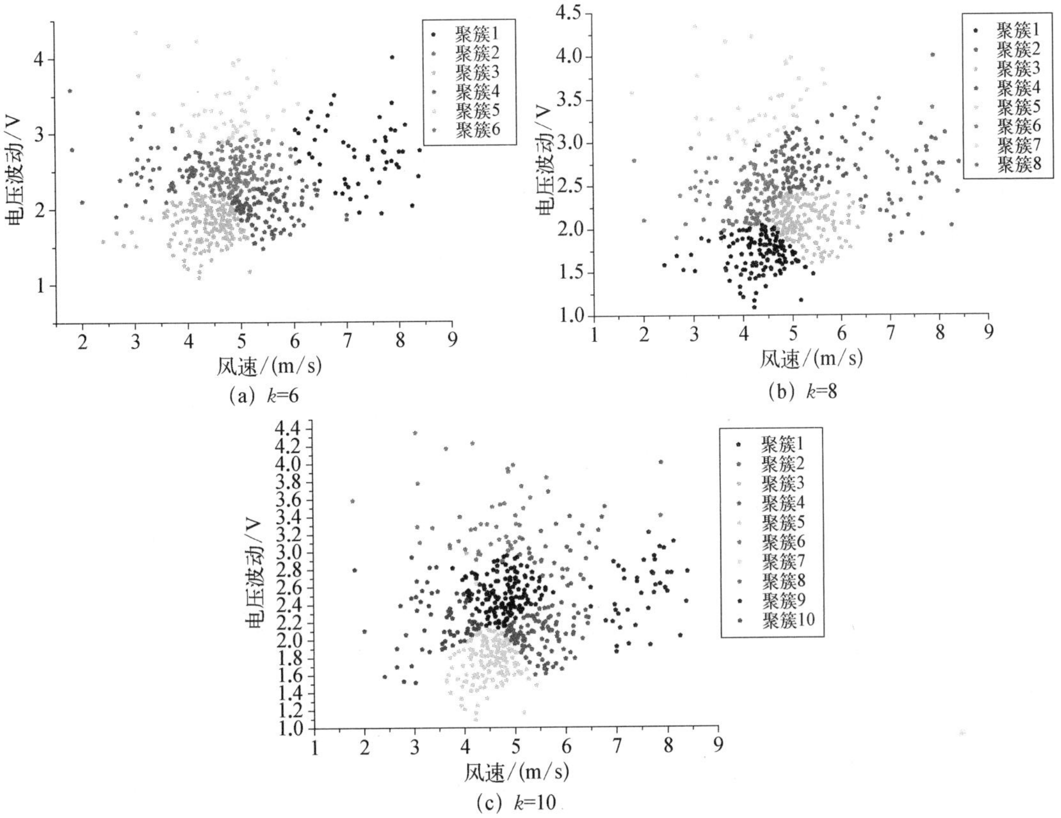

图7.27 不同聚簇数下的K-Means聚类结果(后附彩图)

k=6时,这600个点被分为了6类,如图7.27(a)所示。从风速和 ΔV 的二维平面上看,聚簇与聚簇之间有明显的区分。其中聚簇1为图中黑色数据点,电压波动在2 V到3.5 V之间,风速值在6 m/s以上;聚簇2为图中红色数据点,电压波动也在2 V到3.5 V之间,风速值在4 m/s以下;聚簇3为图中绿色数据点,电压波动在2 V以下,风速值在5 m/s以下;聚簇4为图中深蓝色数据点,电压波动在1.5 V到2.5 V之间,风速值在5 m/s到7 m/s之间;聚簇5为图中淡蓝色数据点,电压波动在3 V以上,风速值在3 m/s到6 m/s之间;聚簇6为图中枚红色数据点,电压波动在2 V到3 V之间,风速值在4 m/s到6 m/s之间。

$k=8$ 时,与 $k=6$ 时相比,基本聚类结果分布不变,但是多了2个聚簇,这两个聚簇中均只有一个点,如图7.27(b)黄色聚簇和枚红色聚簇,这两个聚簇反映了三相电压的不平衡性,应当被保留,故可见取 $k=8$ 要比 $k=6$ 更适合,但考虑到还有三个相电压的波动量不能在图中体现出来,故还有比 $k=8$ 更合适的聚类数;进一步看聚簇10,可见聚簇10中多了3个元素含量很少的聚簇,在原有的基础上进一步将聚簇6中的6个聚簇细分为了7个。表7.13给出了聚簇的分类情况。

表 7.13　$k = 10$ 分类结果

聚簇编号	元素数量	欧式距离和	平均距离	最大距离
聚簇 1	157	56.248 38	0.553 38	1.619 42
聚簇 2	35	27.294 38	0.781 31	2.749 57
聚簇 3	1	0	0	0
聚簇 4	109	39.270 03	0.566 79	1.127 39
聚簇 5	144	50.759 27	0.544 92	1.331 48
聚簇 6	44	51.209 89	0.956 74	2.625 35
聚簇 7	1	0	0	0
聚簇 8	2	5.368 96	1.638 44	1.638 44
聚簇 9	41	37.018 46	0.886 24	1.764 37
聚簇 10	66	46.147 17	0.744 95	2.081 97

可见聚簇 3、聚簇 7、聚簇 8 为数量较少的聚簇。进一步看聚簇中心如表 7.14 所示。

表 7.14　$k=10$ 聚簇中心

聚簇编号	ΔVa(V)	ΔVb(V)	ΔVc(V)	ΔV(V)	风速(m)
聚簇 1	2.523 48	2.497 81	2.507 54	2.509 61	4.800 67
聚簇 2	3.045 44	3.018	3.041 4	3.034 95	5.972 16
聚簇 3	5.843 72	1.523 72	1.579 06	2.982 16	4.056 52
聚簇 4	2.071 15	2.029 03	2.041 19	2.047 13	5.488 44
聚簇 5	1.755 47	1.726 56	1.734 65	1.738 89	4.499 3
聚簇 6	3.440 96	3.337 38	3.356 25	3.378 2	4.385 68
聚簇 7	1.438 54	1.786 66	4.681 61	2.635 6	4.242 22
聚簇 8	2.137 35	5.353 05	1.951 61	3.147 34	6.328 08
聚簇 9	2.613 03	2.434 28	2.578 14	2.541 82	7.494 45
聚簇 10	2.237 68	2.184 91	2.208 56	2.210 38	3.545 57

可见聚簇 3 存在 a 相电压波动与 bc 相的不一致，聚簇 8 存在 b 相电压波动与 ac 相的不一致，聚簇 7 存在 c 相电压波动与 ab 相的不一致。聚簇数为 10 可以很好地将这几个非正常的运行状态分类出来。故相比于 $k = 6$ 和 $k = 8$ 更具有优越性。

最后定义特征标记方案以便于后面的关联分析，若 $k = 10$ 时，当某一数据段被分在簇 1 中，则该数据段的标记为[聚簇 1，聚簇 2，聚簇 3，聚簇 4，聚簇 5，聚簇 6，聚簇 7，聚簇 8，聚簇 9，聚簇 10] = [1, 0, 0, 0, 0, 0, 0, 0, 0, 0]。

7.3.2 Apriori 算法及关联分析建模

1. Apriori 算法

设 D 表示风力发电数据集，是关联分析的输入数据。若存在关联规则“Cluster1→SSTI”，其含义是当影响因素在聚簇 1 中时，很有可能导致输出功率振荡模态中含有 SSTI 分量。这里“Cluster1”和“SSTI”都是风电数据项集，该项集还可能是“Cluster1&Cluster2”等不同的聚簇组合及“SSR”等不同的振荡类型。对于关联规则“Cluster1→SSTI”，其支持度 support(Cluster1→SSTI) 为“Cluster1”和“SSTI”同时发生的事务占全体事务的百分比。置信度 confidence(Cluster1→SSTI) 为在所有“Cluster1”发生的事务中，“SSTI”同时发生的事务的占比，如式(7.36)所示。在事务集 D 中，设定最小支持度 min sup 和最小置信度 min conf 的规则。满足支持度大于最小支持度、置信度大于最小置信度的规则就是所要寻找的强关联规则。

$$\text{support}(\text{Cluster1} \rightarrow \text{SSTI}) = \frac{\text{count}(\text{Cluster1} \cap \text{SSTI})}{\text{count}(D)} \tag{7.36}$$

$$\text{confidence}(\text{Cluster1} \rightarrow \text{SSTI}) = \frac{\text{support}(\text{Cluster1} \cap \text{SSTI})}{\text{support}(\text{Cluster1})} \tag{7.37}$$

Apriori 算法具体分为两步，先用最小支持度为阈值求取频繁项目集，再用最小置信度为阈值求取强关联规则，在本书中，由于关联规则的前项和后项是被限制的，据此可以减少扫描的时间成本，对原算法进行改进。其算法流程如图 7.28 所示。

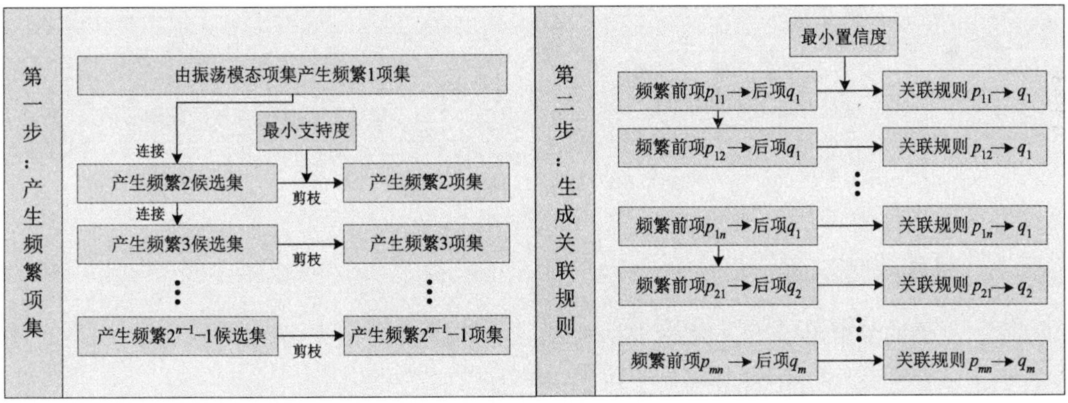

图 7.28　Apriori 算法流程

由于第一步中的限制，频繁项集中只含有一个振荡模态，且作为后项，记为 q_i。第二步是在挖掘了所有的频繁项集之后，对每个频繁前项项集 $p_j(j=1,2,\cdots,m)$ 的不含 q 子集 $p_i(i=1,2,\cdots,n)$，对应不同的后项 q_j 生成关联规则，并计算置信度按式筛选，当不等式成立时，就可以输出规则为“$p_{ji} \rightarrow q_i$”。

$$\frac{\text{support}(q_i)}{\text{support}(p_{ji})} \geqslant \text{min conf} \tag{7.38}$$

2. 关联分析建模

对风速/电压波动与振荡模态的关联分析进行建模，建模流程如图 7.29 所示。首先对原始数据进行预处理，利用 k-Means 聚类算法对原始数据进行聚类，找出噪声数据并进行剔除，使用前后数据的均值来填充空缺数据，并对功率数据低通滤波，滤除高频分量。接着是数据变换，这一步是为了获得关联分析的输入数据。对数据进行分段之后同时进行两个步骤，一方面是对每段的功率数据进行 Prony 分析，拟合阶数均取 20，采样频率为 100 Hz，将 Prony 分析得到的分量进行对比筛选，最终得到振荡模态的标记数据集；另一方面是对风速和电压波动聚类分析，得到风速/电压聚簇数据集。汇总振荡模态的标记数据集和风速/电压聚簇数据集就可以得到关联规则的输入数据集。进一步可以采用 Apriori 算法进行关联分析。

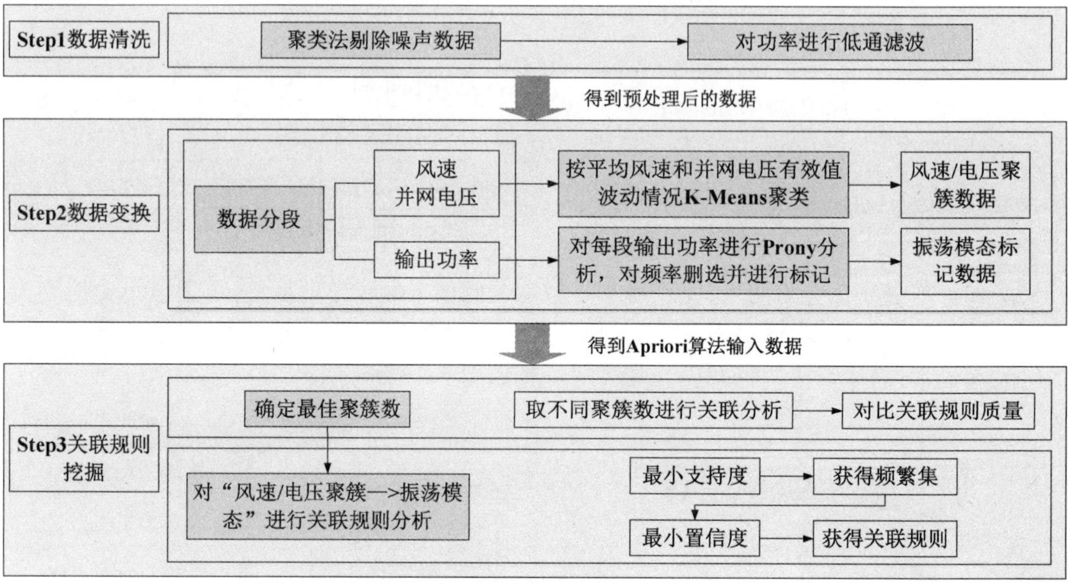

图 7.29 关联分析建模流程

7.3.3 最佳 k 值选择

根据上面的分析可知，仅考虑聚类结果时，$k = 10$ 比 $k = 8$ 和 $k = 6$ 更具有优越性，下面可以进一步考虑关联分析结果，比较 $k = 10$ 和 $k = 9$。

取 $k = 9$ 和 $k = 10$ 对 5 400 数据点进行聚类，获得风速/电压聚簇数据集 5 400 点聚类结果如图 7.30 所示。将振荡模态的标记数据集和风速/电压聚簇数据一一对应，将聚簇数据作为输入，振荡模态数据作为目标，调整阈值，使得输出的关联规则具有较高的置信度和支持度。应先设定较小的支持度阈值，将输出规则按置信度大小排序，取置信度较大的规则，并取其支持度的最小值作为支持度阈值，置信度设置其中的最小值。

经调试发现，风力系统运行正常时，功率数据段的 Prony 分析结果中包含的振荡模态较少，所以支持度和置信度都不高，为了考虑到所有潜在的可能性，设定 min sup 为 0.3，min conf 为 1。就可以得到振荡模态与风速/电压聚簇之间的关联规则，见表 7.15。

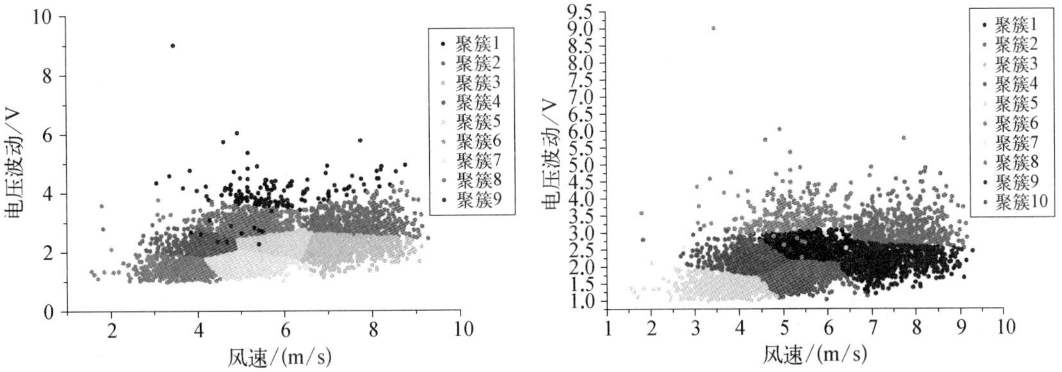

(a) k=9　　(b) k=10

图 7.30　5 400 点聚类结果(后附彩图)

表 7.15　关联规则

k	序　号	后　项	前　项	支持度百分比	置信度百分比
k = 9	1	模态 11	聚簇 9	0. 388 888 889	4. 761 904 762
	2	模态 6	聚簇 9	0. 388 888 889	4. 761 904 762
	3	模态 2	聚簇 6	14. 370 370 37	2. 448 453 608
	4	模态 3	聚簇 8	10. 555 555 56	1. 929 824 561
	5	模态 6	聚簇 6	14. 370 370 37	1. 804 123 711
	6	模态 6	聚簇 5	16. 888 888 89	1. 644 736 842
	7	模态 5	聚簇 5	16. 888 888 89	1. 535 087 719
	8	模态 3	聚簇 4	15. 111 111 11	1. 470 588 235
	9	模态 3	聚簇 7	16. 740 740 74	1. 438 053 097
	10	模态 9	聚簇 1	2. 611 111 111	1. 418 439 716
	11	模态 3	聚簇 2	9. 481 481 481	1. 367 187 5
	12	模态 6	聚簇 8	10. 555 555 56	1. 228 070 175
	13	模态 3	聚簇 3	13. 851 851 85	1. 203 208 556
	14	模态 11	聚簇 2	9. 481 481 481	1. 171 875
	15	模态 6	聚簇 7	16. 740 740 74	1. 106 194 69
	16	模态 1	聚簇 3	13. 851 851 85	1. 069 518 717
	17	模态 6	聚簇 3	13. 851 851 85	1. 069 518 717
k = 10	1	模态 3	聚簇 7	0. 277 778	6. 666 667
	2	模态 11	聚簇 8	0. 388 889	4. 761 905
	3	模态 6	聚簇 8	0. 388 889	4. 761 905
	4	模态 2	聚簇 5	16. 5	2. 244 669

续　表

k	序　号	后　项	前　项	支持度百分比	置信度百分比
$k=10$	5	模态 6	聚簇 5	16.5	1.795 735
	6	模态 6	聚簇 1	17.407 41	1.702 128
	7	模态 3	聚簇 4	20.370 37	1.545 455
	8	模态 5	聚簇 1	17.407 41	1.489 362
	9	模态 3	聚簇 10	15.148 15	1.466 993
	10	模态 3	聚簇 2	8.851 852	1.464 435
	11	模态 3	聚簇 1	17.407 41	1.276 596
	12	模态 11	聚簇 2	8.851 852	1.255 23
	13	模态 3	聚簇 9	15.222 22	1.216 545
	14	模态 6	聚簇 10	15.148 15	1.100 244
	15	模态 6	聚簇 4	20.370 37	1

为了便于比较,表 7.16 给出了 $k=9$ 和 $k=10$ 输出关联规则的主要参数。

表 7.16　不同聚簇数关联规则统计量比较(预测)

比较项	$k=9$	$k=10$	比较项	$k=9$	$k=10$
规则数	17	15	最小增益	0.89%	0.83%
有效事务数	5 400	5 400	最大增益	6.27%	6.27%
最小支持度	0.39%	0.28%	最小部署能力	0.37%	0.26%
最大支持度	16.89%	20.37%	最高部署能力	16.63%	20.17%
最小置信度	1.07%	1.00%	最低规则支持度	0.02%	0.02%
最大置信度	4.76%	6.67%	最高规则支持度	0.35%	0.37%

从规则数来看,$k=9$ 在相同支持度和置信度的条件下产生了 17 条关联规则,多于 $k=10$ 时的 15 条,规则所涉及的模态也比 $k=10$ 多一个;但 $k=10$ 的 15 条规则的最大置信度和最大支持度均显著大于 $k=9$,最高部署能力也要高于 $k=9$,其他条件均没有太大区别。据此,取 $k=10$ 可以给出质量更高的关联规则。此处选择 10 为最佳聚簇数。

7.3.4　关联规则分析

确定 10 为最佳聚簇,可以进一步分析表 7.17 的关联分析结果。表 7.17 给出了 5 400 个数据段的 10 聚簇关联分析结果和模态频率的对应关系。

对于支持度较低且置信度也不高的规则结合图 7.30(b)可以进一步分析振荡模态与风速/电压之间的关联。对于其中置信度较低的几个规则不予讨论。

表 7.17　5 400 数据段关联规则(最佳聚簇数)

规　　则	置信度	支持度
聚簇 7—>4.627 3 Hz	6.666 667	0.277 778
聚簇 8—>43.130 4 Hz	4.761 905	0.388 889
聚簇 8—>12.480 6 Hz	4.761 905	0.388 889
聚簇 5—>4.432 9 Hz	2.244 669	16.5
聚簇 5—>12.480 6 Hz	1.795 735	16.5
聚簇 1—>12.480 6 Hz	1.702 128	17.407 41
聚簇 4—>4.627 3 Hz	1.545 455	20.370 37
聚簇 1—>12.419 4 Hz	1.489 362	17.407 41
聚簇 10—>4.627 3 Hz	1.466 993	15.148 15
聚簇 2—>4.627 3 Hz	1.464 435	8.851 852
聚簇 1—>4.627 3 Hz	1.276 596	17.407 41
聚簇 2—>43.130 4 Hz	1.255 23	8.851 852
聚簇 9—>4.627 3 Hz	1.216 545	15.222 22
聚簇 10—>12.480 6 Hz	1.100 244	15.148 15
聚簇 4—>12.480 6 Hz	1	20.370 37

由表 7.14 可的分析可知,聚簇 3、聚簇 7 和聚簇 8 均是由三相电压波动的不平衡点组成,可以很好地解释置信度最高的三个关联规则,规则“聚簇 7—>4.627 3 Hz”、规则“聚簇 8—>43.130 4 Hz”、规则“聚簇 8—>12.480 6 Hz”,聚簇 8 存在 b 相电压的波动异常,引起了输出功率中含有 SSR 和 SSO 模态;聚簇 7 存在 c 相电压的波动异常,引起了 SSCI 振荡模态。

规则“聚簇 5—>4.432 9 Hz”的置信度也较高,由图 7.30(b)聚簇 5 具有电压波动小于 2 V,风速小于 5 m/s 的特点,而模态 4.432 9 Hz 是次同步控制相互作用,是由风电机组的变流器与电网相互作用引起的振荡,表明在低风速情况下,为了使输出稳定变流器需要不断调整控制系统,易引起输出功率中含有 SSCI 振荡分量;同理可以解释支持度较高的规则“聚簇 10—>4.627 3 Hz”。聚簇 10 风速低于 5 m/s,电压波动较大,在 1.5~3 V 之间,表明低风速容易引发 SSCI 成分。

聚簇 2 具有电压波动大的特点,相关关联规则有“聚簇 2—>4.627 3 Hz”和“聚簇 2—>43.130 4 Hz”,表明在电压扰动较大额情况下容易引起 SSR 的 43.130 4 Hz 模态和 SSCI 的 4.627 3 Hz 模态。可以解释为 SSR 是由线路参数和串补引起的,受电压影响较大。

聚簇 1 具有风速较大的特点,相关的关联规则有“聚簇 1—>12.480 6 Hz”、“聚簇 1—>12.419 4 Hz”和“聚簇 1—>4.627 3 Hz”,表明在风速较大时容易引发 SSO 的 12.480 6 Hz 和 12.419 4 Hz 模态,及 SSCI 的 4.627 3 Hz 模态。这三个模态均是与发电机的变流器控制或者机械部分有关,受风速影响大。

7.4 基于多信号相关性分析方法的振荡扰动源定位技术研究

振荡源是振荡产生的根本原因,对于强迫振荡来说,振荡源一般是发电机的机械扰动或者是周期性的负荷扰动;对于负阻尼振荡来说,振荡源的概念可以定义为振荡时阻尼为负的机组。找出振荡源是解决振荡问题的关键所在。目前所采用的振荡源定位方法都有一定的适用范围和准确度,如有的方法可以很好地定位强迫振荡,但对负阻尼振荡不适用;有的方法对单振荡源适用,但在多振荡源的情况下失效。本章介绍了基于多信号相关性分析方法的振荡扰动源定位技术。

7.4.1 基于随机矩阵原理的数据源建立

1. 随机矩阵理论

随机矩阵理论是对复杂网络进行统计分析的重要数学工具之一。随机矩阵理论通过对复杂系统的能谱和本征态进行统计分析,得到复杂系统的本征,并能从随机数据中分析数据关联性,以表征数据的波动特性,还能将数据特征映射到物理系统中。随机矩阵理论能够分析高维度大样本数据,并对传统统计分析呈现病态的高维度小样本有一定的适用性。

在实际系统中,变量受到外部环境影响,数值呈现一定的随机性。将实际系统中变量数据按照一定规则排列,可得到元素具有一定随机性的矩阵,可将这种矩阵认为是随机矩阵。随机矩阵理论在金融、交通、量子物理学和无线通信等领域已得到了广泛应用。这些特征为随机矩阵理论在电力系统的应用提供了理论基础和实践经验。本文以随机矩阵理论为基础,结合时间序列特征,分析时空大数据,并从中挖掘有效信息,用于辨识电网运行状态。

(1) Marchenko-Pastur 定理(M-P 定理)

M-P 定理可用于描述大维协方差矩阵的特征值分布,具有较强的适用性。假设 $X = \{x_{ij}\}$ 为 $N \times T$ 阶非 Hermitian 随机矩阵中元素为独立同分布,且满足 $\mu = 0$, 方差 $\mu < \infty$。当 $N, T \to \infty$ 且 $c = N/T \in [0, 1]$ 时 X 的样本协方差矩阵 S_N 的经验谱分布非随机的收敛于密度函数 $f(\lambda_{S_N})$ 如式:

$$f(\lambda_{S_N}) = \begin{cases} \dfrac{1}{2\pi_C \lambda_{S_N} \sigma^2}\sqrt{(b - \lambda_{S_N})(\lambda_{S_N} - b)}, & a \leqslant \lambda_{S_N} \leqslant b \\ 0, & \text{其他} \end{cases} \tag{7.39}$$

其中, λ_{S_N} 为样本协方差矩阵 S_N 的特征值; $a = \sigma^2(1 - \sqrt{c})^2$; $b = \sigma^2(1 + \sqrt{c})^2$。

(2) 单环定理

假设 $\boldsymbol{X} = \{x_{ij}\}$ 为 $N \times T$ 阶非 Hermitian 随机矩阵中元素独立同分布且满足 $E(x_{ij}) = 0$, $E(|x_{ij}|^2) = 1$。考虑 L 个非 Hermitian 矩阵的情况,令 $\tilde{Z} = \prod_{i=1}^{L} \tilde{X}_{u,i}$, 其中 $\tilde{X}$ 为非 Hermitian 矩阵 $\boldsymbol{X} \in N \times T$ 的奇异值等价矩阵。当 $N, T \to \infty$ 且 $c = N/T \in (0, 1]$ 时, $\tilde{Z}$ 的经验谱分布几乎一定分布于单环定律,概率密度函数如下:

$$f(\lambda_i)=\begin{cases}\dfrac{1}{\pi cL}|\lambda_i|^{L/2-2}, & (1-c)^{L/2}\leqslant|\lambda_i|\leqslant 1\\ 0, & 其他\end{cases} \tag{7.40}$$

根据单环定理，高维非 Hermitian 矩阵 $\tilde{Z}$ 特征值将分布于外环半径 1 和内环半径 $(1-c)^{2/L}$ 之间。

2. 基于增广矩阵法的数据源建立

假设在电网中，可量测的电网状态变量有 n_g 个，待研究的影响因素有 n_f 个。经过 T 次采样，n_g 个电网状态变量的量测数据可以构成一个矩阵 $D_g\in C^{n_g\times T}$ 称为状态数据矩阵；n_f 个影响因素的量测数据可以构成一个矩阵 $D_f\in C^{n_t\times T}$，称为因素数据矩阵。

在大多数情况下，电网状态变量的个数 n_g 大于（甚至远大于）待研究的影响因素的个数 n_f。因此，首先需要对因素矩阵进行扩展。因素矩阵的扩展分为 2 个步骤。

第一步，将因素数据矩阵复制 k 次，如式(7.41)所示。

$$D_c=[D_f\quad D_f\quad \cdots\quad D_f]^{\mathrm{T}}_{(k\times n_f)\times T} \tag{7.41}$$

其中，$k=[n_g/n_f]$，$[\cdot]$ 是不超过“·”的最大整数。

第二步，在 D_c 中引入随机噪声，以降低重复数据的相关性，如式(7.42)所示。

$$E_f=D_c+m\times N \tag{7.42}$$

其中，$\boldsymbol{E}_f$ 为因素扩展矩阵；$\boldsymbol{N}\in \boldsymbol{C}^{(k\times n_t)\times T}$ 为噪声矩阵，每一个元素都是服从标准正态分布的随机变量；m 为噪声的幅值。噪声幅值的大小会影响相关性分析的结果，如果噪声太小，则 $\boldsymbol{D}_c$ 中重复数据的相关性将会造成干扰；如果噪声太大，将会降低 $\boldsymbol{D}_e$ 中数据的真实性和准确性。为此，我们定义因素扩展矩阵 $\boldsymbol{E}_f$ 的信噪比(signal-to-noise ratio, SNR)为

$$\rho=\frac{\boldsymbol{T}_r(\boldsymbol{E}_f\boldsymbol{E}_f^{\mathrm{T}})}{\boldsymbol{T}_r(\boldsymbol{N}\boldsymbol{N}^{\mathrm{T}})\cdot m^2} \tag{7.43}$$

其中，$T_r(\cdot)$ 为矩阵的迹。为了保证分析结果的一致性，在分析不同影响因素时需要采用相同的信噪比。

利用状态数据矩阵和因素扩展矩阵，按式构造增广矩阵，作为相关性分析的数据源。其中状态数据矩阵为数据源的基本部分，因素扩展矩阵为数据源的增广部分。

$$\boldsymbol{A}=\begin{bmatrix}\boldsymbol{D}_g\\ \boldsymbol{E}_f\end{bmatrix} \tag{7.44}$$

此外，为了排除状态数据矩阵中数据相关性对结果的干扰，可以利用状态数据矩阵和噪声矩阵构造一个参照增广矩阵，如式(7.45)所示。

$$\boldsymbol{A}_N=\begin{bmatrix}\boldsymbol{D}_g\\ \boldsymbol{N}\end{bmatrix} \tag{7.45}$$

3. 线性特征值统计量与平均谱半径

矩阵的线性特征值统计量(linear eigenvalue statistic, LES)是通过连续检验函数

(continuous test function) φ: $\mathbf{R} \to \mathbf{C}$ 来定义:

$$N_n(\varphi) = \sum_{i=1}^{n} \varphi(\lambda_i) \tag{7.46}$$

式中, $\lambda_i(i = 1, 2, \cdots, n)$ 为矩阵 $\boldsymbol{X}$ 特征值, $\varphi(g)$ 是一个测试函数,选择不同的测试函数,线性特征值统计量的形式也不同。

平均谱半径(mean spectral radius, MSR)是一类特殊的 LES,它是矩阵特征值在复平面上到原点的距离。系统状态发生变化时,随机矩阵的迹会随之发生改变,MSR 能够反映这种变化的动态过程,可以作为评价指标。MSR 的定义如下:

$$r_{\text{MSR}} = \frac{1}{N}\sum_{i=1}^{N} |\lambda_i|,\ i = 1, 2, \cdots, n \tag{7.47}$$

式中, r_{MSR} 表示随机矩阵的平均谱半径, $\lambda_i(i = 1, 2, \cdots, n)$ 为矩阵的 n 个特征值。

LSE 描述了随机矩阵的迹,大数定律(law of large numbers)和中心极限定理(central limit theorem, CLT)表明,对于一个随机矩阵而言,矩阵的迹能够反映矩阵元素的统计特性,而矩阵的单个特征值由于具有随机性而无法反映这种特性。因此,作为线性特征值统计量的一种,平均谱半径能够反映随机矩阵的统计特性。

4. *相关性分析方法的步骤*

本书采用平均谱半径作为相关性分析的指标,将平均谱半径与单环定理的理论预测进行比较,可以反映数据之间的相关性。在每个采样时刻,比较增广矩阵和参照增广矩阵的平均谱半径,揭示影响因素与电网运行状态的相关性。定义平均谱半径差为

$$d_{\text{MSR}}(t) = \kappa_{\text{MSR},\,A_N}(t) - \kappa_{\text{MSR},\,A}(t) \tag{7.48}$$

其中, $\kappa_{\text{MSR},\,A_N}$、$\kappa_{\text{MSR},\,A}$ 分别为参照增广矩阵和增广矩阵的平均谱半径。$d_{\text{MSR}} - t$ 曲线能够反映影响因素对电网运行状态的作用规律。定义平均谱半径积分为

$$s_{\text{MSR}} = \int_{t_1}^{t_T} d_{\text{MSR}}(t)\,\mathrm{d}t \tag{7.49}$$

s_{MSR} 能够定性表征影响因素在 T 次采样内与电网运行状态的相关程度。

基于随机矩阵理论和增广矩阵法,这里提出一种针对电网运行状态的相关性分析方法,其流程如图 7.31 所示。

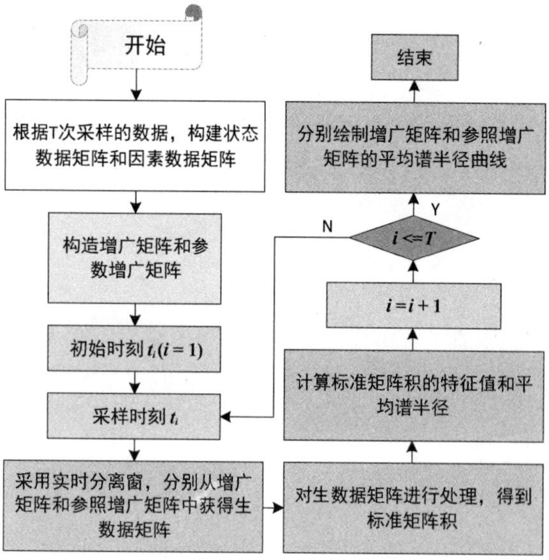

图 7.31 相关性分析方法流程

电网的运行状态是各种影响因素共同作用的结果。这些影响因素以直接或间接的方式影响电网的运行状态,并且彼此之间存在耦合关系。提出的相关性分析方法是基于统计学理论的大数据分析方法,能够分析复杂系统中海量数据的相关性。在分析相关性的过程中,不涉及各种影响因素与电网运行之间的作用机理,也不需要

对每种影响因素进行解耦；同时不受限于电网规模和结构，也不需要预知电网具体参数。因此，与模型法相比，提出的方法一方面不涉及对问题的假设和简化，提高了分析的准确性；另一方面能够用于分析各类因素对电网的直接或间接影响，提高了方法的通用性，从而更好地应对电网规模庞大、运行机理复杂、随机程度高的发展趋势。此外，与其他数据挖掘技术相比，提出的方法采用了实时分离窗技术，能够实时分析数据相关性。

5. 算例分析

将各节点的有功负荷视为电网运行状态的影响因素，分析影响因素与电网运行状态的相关性，取不同类型和数量的电网状态变量构造状态数据矩阵，与单一影响因素进行相关性。

电网状态变量类型和数量的选择：

取不同类型或数量的电网状态数据构造状态数据矩阵，分别与全网各节点的有功负荷进行相关性分析（$n_f = 1$），算例中节点 2 有功负荷的变化情况如表 7.18 所示，其中 t_s 表示采样时刻的序号。设 $T_w = 75$，$\rho = 500$，$T = 200$。

表 7.18　节点 2 有功功率的变化情况

节 点 号	采样时刻 t_s	负荷/kW
2	$t_s = 1 \sim 239$	0
	$t_s = 480 \sim 719$	0
	$t_s = 240 \sim 479$	30
	$t_s = 720 \sim 1\,000$	63
其他	$t_s = 1 \sim 1\,000$	不变

取全网节点的电压幅值数据构造状态数据矩阵（$n_g = 33$，$N_w = 66$）。对整个节点网络全采样时刻进行分析，通过计算高维统计指标 MSR 来分析其状态。当受振荡影响时，状态矩阵的特征根将会发生坍塌，可知 MSR 在此时也会发生突变。

结合这两点，这里提出电网扰动定位的方法。以节点拓扑图为依据，将整个节点网络按照拓扑关系进行分割，如图 7.32 所示。

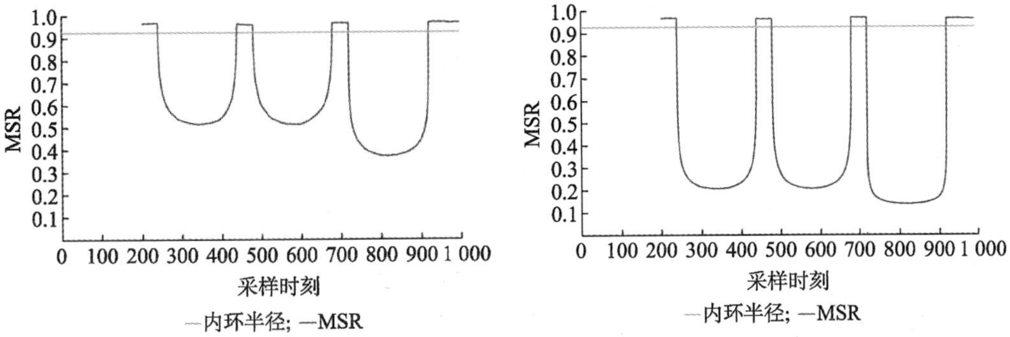

图 7.32　全网节点有功负荷的平均谱半径曲线

在采样时刻 $t_s = 240$，节点 2 的负荷由 0 上升到 30 MW。此时状态数据不再只有高斯白噪声，振荡事件影响了状态数据间的相关性，从而使得状态数据不再符合单环定理。

在图 7.32 中，由于 $T=200$，MSR 的计算从 $t_s=200$ 开始。$t_s=239$ 时，MSR 在 0.9 附近，而 $t_s=240$ 时候则突变到 0.6 附近，说明在 $t_s=200$ 时，节点网络受振荡事件影响。

比较增广矩阵和参照增广矩阵的平均谱半径曲线，可以得到以下信息：

（1）$t_s=439$ 时，采样时刻 $t_s=240\sim439$ 中的状态数据都是在新的状态下达到平衡，所以此时 MSR 恢复到初始水平。需要注意的是，MSR 恢复了稳定，并不说明系统在一个采样周期内波动就结束了。本书的方法是采用数据驱动，不涉及具体的机理过程，所以算例并不涉及电网的暂态过程。在不同的状态下达到平衡后 MSR 都会恢复到 0.9 附近，而与不同的状态无关，这是因为 $E(\phi\text{MSR})$ 只与维容比有关。分析 $t_s=240$ 和 $t_s=480$ 以及 $t_s=720$ 时 MSR 的突变可知，振荡功率变化越大则 MSR 突变程度越大。

（2）$\kappa_{\text{MSR},A}$ 和 κ_{MSR,A_N} 基本相同，d_{MSR} 取值在 0 附近。这说明影响因素数据和电网状态数据之间不具有相关性，即节点 2 的负荷与电网运行状态无关。

（3）影响因素数据和电网状态数据之间存在相关性，即节点 2 的负荷影响了电网运行状态。

7.4.2 基于行波的振荡扰动源定位

1. 提取振荡扰动变量的希尔伯特变换

当发生振荡时，电网中的工频电压变量 $u(t)$ 相当于一个包含衰减分量的 50 Hz 的余弦信号：

$$u(t)=a(t)\cos(\omega t+\varphi) \tag{7.50}$$

为提取上述电压变量中的扰动分量 $a(t)$，需要用到希尔波特变换（hilbert transform，HT）。HT 用于求取与信号 $u(t)$ 正交的共轭信号 $v(t)$，HT 变换 $H[\cdot]$ 的定义为

$$v(t)=H[u(t)]=\frac{1}{n}\int_{-\infty}^{+\infty}\frac{u(\tau)}{t-\tau}\mathrm{d}\tau \tag{7.51}$$

求取的 $v(t)$ 是一个与 $u(t)$ 类似的正弦信号，即 $v(t)=a(t)\sin(\omega t+\varphi)$。再将 $v(t)$ 与 $u(t)$ 组成一个如下所示的复信号：

$$z(t)=a(t)\cos(\omega t+\varphi)+\mathrm{j}a(t)\sin(\omega t+\varphi) \tag{7.52}$$

即

$$z(t)=a(t)\mathrm{e}^{\mathrm{j}(\omega t+\varphi)} \tag{7.53}$$

则待求的扰动变量 $a(t)$ 是上述式（7.53）复信号的模，即扰动变量 $a(t)$ 可由式计算而得：

$$a(t)=|z(t)|=\sqrt{u^2(t)+v^2(t)} \tag{7.54}$$

2. 计算扰动行波传播延时时间的方法

当电网中发生振荡扰动时，振荡源所在点的电压发生畸变，该畸变中具有特殊形状的电压行波便会沿着输电线路四处传播。由于中国电网规模庞大，该具有特殊形状的扰动行波在长距离输电线路上的传播将会产生一定的时间延时，同时，在电网中不同地点测量的扰动

行波还具有相似的特点。通过比较 2 个不同测量点的电压波形相似度以计算扰动行波在两测量点之间线路上传播延时时间的方法如下：

如果在电网中不同地点安装的 2 个测量单元分别为 A 和 B，当电网中发生振荡扰动时，测量单元 A 和 B 在设定的时长 t 内，同时测得的电压数据分别为 $f_{VA}(\tau)$ 和 $f_{VB}(\tau)$ $(\tau \in [0, t])$，在测量单元 A 和 B 内，分别对测得的电压数据进行 HT 变换，提取得到对应的振荡扰动分量分别为 $f_{HVA}(\tau)$ 和 $f_{HVB}(\tau)$，分别将数据发送到监控单元，在监控单元内，定义顺序相关度函数如下：

$$R_{AB}(x) = \int_0^t f_{HVA}(\tau - x) f_{HVB}(\tau)\,\mathrm{d}\tau \tag{7.55}$$

$$R_{BA}(x) = \int_0^t f_{HVB}(\tau - x) f_{HVA}(\tau)\,\mathrm{d}\tau \tag{7.56}$$

在时间段 $[0, t]$ 内，令 $R_{AB\cdot\max}$ 为 $R_{AB}(x)$ 中的最大值，$R_{BA\cdot\max}$ 为 $R_{BA}(x)$ 中的最大值；如果 $R_{AB\cdot\max} > R_{BA\cdot\max}$，则扰动行波先到达测量单元 A，然后到达测量单元 B，在 $R_{AB}(x)$ 中，$R_{AB-\max}$ 对应的 $x_{\max(R_{AB})}$ 值乘以采样间隔时间即为扰动行波在测量单元 B 和 A 之间的传播延时时间 ΔT_{AB}，即扰动行波在电网中 A 点和 B 点之间的传播延时时间为：

$$\Delta T_{AB} = x_{\max(R_{AB})} \frac{1}{f_s} \tag{7.57}$$

式中，f_s 为采样频率。反之，若 $R_{AB-\max} < R_{BA-\max}$，则扰动行波先到达测量单元 B，然后到达测量单元 A。如果在电网中安装多个测量单元，利用式(7.55)、(7.56)，分别计算各测量单元提取的扰动行波之间的顺序相关度函数，便可在众多的测量单元中确定扰动行波最先到达的测量单元，该测量单元便是距离振荡扰动源最近的区域。

3. *确定振荡扰动源位置的定位方法*

为了确定扰动源在电网中的具体位置，需要安装一定数量的电压行波测量单元，该测量单元的安装数量不是越多越好，只要根据电网的局部结构特征安装适量的测量单元即可。数量最少的测点安装方法是：对于放射型无环路的线路，在线路首端和末端各安装 1 个测量单元；对于环形结构的线路，选择不同的结点，安装 3 个测量单元。以图 7.33 所示风电场并

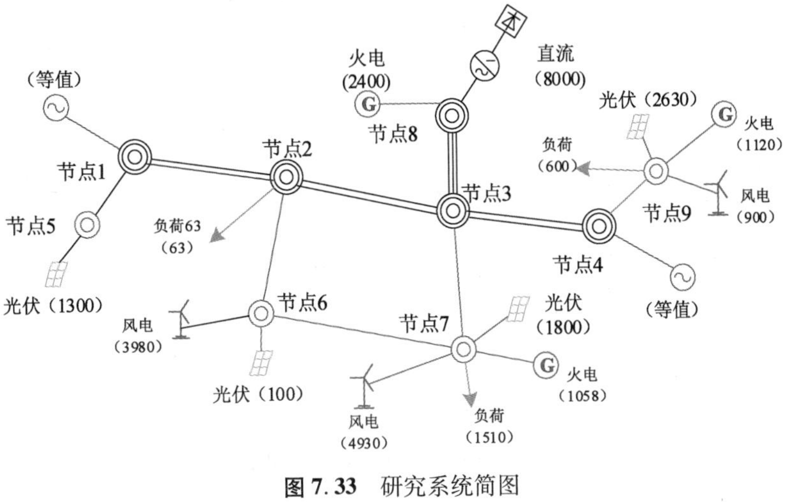

图 7.33　研究系统简图

网系统为例,说明确定振荡扰动源位置的具体定位计算方法。

在图 7.33 中,在线路间的结点上安装 C1~C4 共计 4 个测量单元;各结点之间线路的已知长度分别为 L1~L7;G1~G5 为 5 台单元发电机组。为使分析问题更具普遍性,假设发电机 G3 由于励磁系统参数配置不当和干扰的影响,使之发生了振荡,将测量单元 C1~C4 在一段时间内同时测得的电压信号进行 HT 变换处理,提取扰动变量,分别计算各相邻测量单元间的顺序相似度函数,提取各相邻测量单元的时差,确定扰动行波分别到达各测量单元的先后顺序,以图 7.33 系统为例,则扰动行波先到达的测量单元为 C2,令 C2 与 C1、C3 之间的时差分别为 T21 和 T23,C1 与 C4 间的时差为 T14,由于扰动行波在不含扰动源线路上的波速基本一致,则测点 C2 与 C1 间及 C1 与 C4 间的行波波速可由式算出:

$$\frac{\Delta T_{21}}{L_1} = \frac{\Delta T_{14}}{L_4 + L_5} = \frac{1}{c_b} \tag{7.58}$$

式中, c_b 为扰动行波的波速。

如果相邻两测量点之间的时差与相邻测点间线路长度的比值发生明显变化,则可以确定扰动源在该两相邻测量单元之间。

$$\Delta T_{23}/(L_2 + L_3 + L_6) < 1/c_b \tag{7.59}$$

在确定的扰动变量首先到达的测量单元是 C2 后,并且测点 C2 与 C3 之间的线路总长度 $L_2 + L_3 + L_6$ 已知,则扰动源 G3 距离 C2 的长度 s 为

$$s = (L_2 + L_3 + L_6 - c_b \Delta T_{23})/2 \tag{7.60}$$

式(7.60)适用于振荡源所在结点未安装测量单元的情况;如果振荡源所在结点安装了测量单元,则各测点之间的时差与线路长度的比值都满足式(7.53),不存在波速突变的情况,此时,扰动变量首先到达的测量单元便是扰动源所在点。上式所示的扰动源定位算法还可以用于其他类型的故障扰动点的定位计算。

4. 算例分析

仿真设置低频振荡来验证上述振荡扰动源定位算法的可行性。采用上述节点系统仿真模型,各线路的长度参数如表 7.19 所示,假设在发电机 G_1 的励磁调节系统在 $t = 2$ s 时刻出现了 1 Hz 的持续干扰噪声,使得 G1 发生了 1 Hz 的低频振荡,进而引起整个电网的低频振荡。

表 7.19　各线路的长度参数

L_1	L_2	L_3	L_4	L_5	L_6	L_7
100	150	200	50	200	100	150

各测点都以 a 相电压为例进行分析,测点 C1 的瞬时电压 $u_1(t)$ 如图 7.34 所示。由图 7.34 可看出,低频振荡的特征不明显。对 $u_1(t)$ 进行 HT 变换后,利用式(7.50)便可提取得到 $u_1(t)$ 的电压包络变量 $u_{h1}(t)$,如图 7.35 所示。从图 7.35 可以看出:振幅只有额定电压幅值约 1%的低频振荡电压扰动分量可被清晰地提取出来。

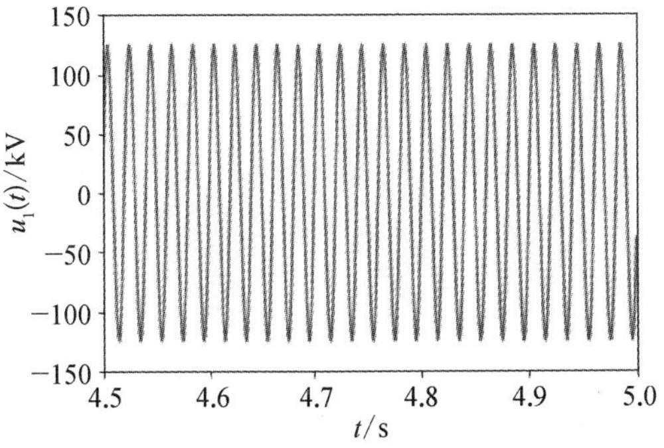

图 7.34　测点 C1 的电压 $u_1(t)$

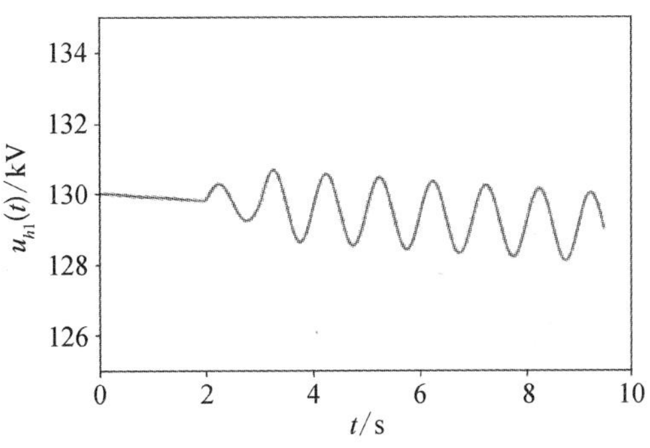

图 7.35　测点 C1 的电压包络变量 $u_{h1}(t)$

参照提取 C1 点电压包络变量的处理方法，分别对测点 C2～C4 处的电压 $u_2(t)$、$u_3(t)$、$u_4(t)$ 进行 HT 变换，提取的相应电压包络变量分别为 $u_{h2}(t)$、$u_{h3}(t)$、$u_{h4}(t)$。测点 C2、C3 提取的电压包络变量 $u_{h2}(t)$、$u_{h3}(t)$，如图 7.36 所示。

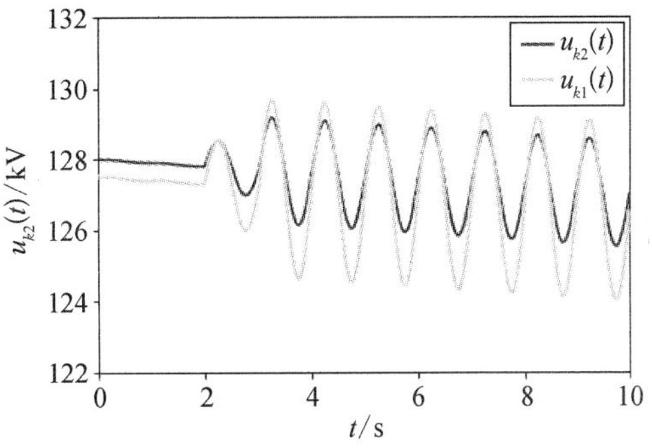

图 7.36　测点 C2 和 C3 的包络变量

由图 7.35、图 7.36 可看出：各测点的电压包络变量能够准确反映电网中发生的低频振荡现象，所以称各测点的电压包络变量为反应特殊故障类型的扰动变量。

利用提取的扰动变量到达测点 C2 与 C1、C3 间以及 C1 与 C4 间的时差如表 7.20 所示；计算得各测点间的波速如表 7.21 所示。由表 7.21 可看出，在测点 C2 与 C3 间的波速 c_{b23} 明显比其他测点间的波速大很多，说明低频扰动源在测点 C2 与 C3 之间。

表 7.20　提取的各测点间的时差

ΔT_{21}	ΔT_{23}	ΔT_{14}
2.2	3.1	3.8

表 7.21　计算的各测点间的波速

c_{b21}	c_{b14}	c_{b23}
45.5	65.7	145.2

如果以测点 C_2 与 C_1 间的扰动波速 c_{b21} 作为 C_2 与 C_3 间的扰动波速 C_b，计算得到扰动源距离 C_2 的距离为 $s = 154.4$ km，该距离与已知线路 L_2 的长度 150 km 的误差是 4.4 km；如果以计算的平均波速 $\bar{c}_b = 55.6$ km/ms 作为 C_2 与 C_3 间的扰动波速 c_b，利用式(7.60)计算的扰动源距离 C_2 的距离为 $s = 138.8$ km，该距离与已知线路长度 L_2 的误差是−11.2 km；可见，以与扰动首次到达的测点相邻线路上的波速作为扰动源定位计算中的波速，其定位计算的误差较小，可以较准确地定位低频振荡扰动源的位置。

7.4.3 基于证据理论的振荡源在线定位

1. 证据理论

不同振荡源定位策略的适用性不同,得出的结果对于不同的振荡类型、不同的振荡复杂性的参考价值也不同。因此,当系统中出现振荡时,无法采用单一的方法来确定振荡源,而不同策略的振荡源判定结果也可能会互相冲突。因此可以将这种确定性的定位转化为概率问题,对于不同的定位策略可以给出相应的定位结果和结果的可信度概率。这样可以解决不同结果的矛盾冲突,也可以综合多种适合不同场景的方案给出振荡定位结果。

这里采用证据理论对不同的振荡定位信息进行融合。

在证据理论中,会有一个基本的假设空间,记为 Θ。针对大部分的振荡问题,可以将定位问题转化为对每个输出节点是否是振荡源的分析。Θ 就包含了两个元素,即

$$\Theta = \{\text{Yes},\ \text{No}\} \tag{7.61}$$

Yes 表示该节点是振荡源,No 表示该节点不是振荡源。证据理论中的几个概念:

(1) 质量函数

在假设空间中,质量函数是 $2^{\Theta} \to [0,\ 1]$ 的函数,记为 m,定位问题中 m 即是否是振荡源的概率函数。m 满足:

$$m(\varnothing) = 0 \quad \& \quad \sum_{A \subseteq \Theta} m(A) = 1\ [m(A) > 0] \tag{7.62}$$

即是振荡源和不是振荡源的概率之和为 1。

(2) 信任区间

DS 证据理论中信任函数可以用来给出概率的下限,定义为

$$\text{Bel}(A) = \sum_{B \subseteq A} m(B) \tag{7.63}$$

DS 证据理论中似然函数可以用来给出概率的上限,定义为

$$\text{Pl}(A) = \sum_{B \cap A \neq \varnothing} m(B) \tag{7.64}$$

综合信任函数和似然函数就可以给出输出结果的信任区间为 $[\text{Bel}(A),\ \text{Pl}(A)]$。

(3) 合成规则

DS 证据理论的核心是合成规则,$\forall A \subseteq \Theta$,$\Theta$ 上的 n 个质量函数 $m_1,\ m_2,\ ...,\ m_n$ 的合成规则为

$$(m_1 \oplus m_2 \oplus \cdots \oplus m_n)(A) = \frac{1}{K} \sum_{A_1 \cap A_2 \cap \cdots \cap A_n = A} m_1(A_1) \cdot m_2(A_2) \cdots m_n(A_n) \tag{7.65}$$

其中,K 为归一化常数:

$$K = \sum_{A_1 \cap \cdots \cap A_n \neq \varnothing} m_1(A_1) \cdot m_2(A_2) \cdots m_n(A_n) = 1 - \sum_{A_1 \cap \cdots \cap A_n = \varnothing} m_1(A_1) \cdot m_2(A_2) \cdots m_n(A_n) \tag{7.66}$$

2. 三种用于振荡源定位的基本方法

(1) 振荡能量流法

按照振荡能量流理论,定义一个节点或一个系统割集的振荡能量为

$$W_{ij} = \int \mathrm{Im}(\dot{I}_{ij} \mathrm{d} \dot{U}_i) \tag{7.67}$$

展开可得:

$$W_{ij} = \int [P_{ij} 2\pi \Delta f_i \mathrm{d}t + Q_{ij} \mathrm{d}(\ln U_i)] \tag{7.68}$$

标幺制系统中,可知 $\ln U_i$ 很小,经计算发现第二部分积分 $\int Q_{ij} \mathrm{d}(\ln U_i)$ 可以忽略不计。故振荡能量可以由 $\int P_{ij} 2\pi \Delta f_i \mathrm{d}t$ 近似表示。

设流出节点或割集的电流为正,当一个节点的振荡能量为正,振荡能量曲线有正斜率时,说明该节点一直在向外输出能量,是振荡源;当一个节点的振荡能量为负时,振荡能量有负斜率,说明该节点一直在接收振荡能量,不是振荡源。根据这个原理分别对强迫振荡案和负阻尼振荡案例进行分析。

(2) 振荡相位差法

在电网中,要想输出功率,两个节点的电压之间必须要有角度差,即功角。当其中一个节点成为扰动源时,沿着振荡扩散的方向,节点电压的振荡相位也依次后延。因此振荡源电压角度振荡相位应超前于与振荡源相连的节点电压的角度振荡相位。

以 3ND 为例,该振荡是振荡源为节点 11 的负阻尼振荡,故障源为节点 30,另外,节点 6 具有弱阻尼特点。关注这 3 个节点的电气量和机械量。对所研究的节点和相邻节点的电压角度曲线进行 FFT 分析,对相应幅值最大的分量的相位进行对比分析得到表 7.22。

表 7.22　案例 3ND 部分节点电气量和机械量相位差分析

节点号	模态相位角 $\varphi 1$	相邻节点编号	模态相位角 $\varphi 2$	相位差($\varphi 1-\varphi 2$)
11	−1 013.236 34	5	−1 018.239 77	大于 0
6	−1 018.204 03	5	−1 018.239 77	约为 0
30	−212.388 59	31	−212.314 58	约为 0

可见节点 11 满足判定条件。但值得注意的是,算例中给出的振荡模式是单一的,FFT 分解可以很好的获得主要振荡模态,进而可以做相应的分析。而实际运行中,振荡发生时,PMU 测量的数据干扰大,振荡相位往往是在一直变化的,无法通过一个瞬间的振荡相位差来判断振荡源属性。故用式(7.69)来定义相位差指标:

$$\Delta\varphi = \int (\varphi_1 - \varphi_2) \mathrm{d}t \tag{7.69}$$

φ_1 和 φ_2 分别为振荡源节点和相邻节点的电压角度振荡相位。要求取该指标,需要引入 HHT 来求瞬时的振荡相位。

HHT 算法由经验模态分解(EMD)和希尔伯特变换(HT)两部分组成。EMD 将信号分解

为固有模态函数(IMF)。IMF 是满足极值点与过零点相差不能够多于一个且局部极大值极小值平均值为 0 的信号。利用 HT 可以获得 IMF 分量在任意时刻的相位、频率和幅值。采用插值法对极值点进行拟合。

给出振荡相位差法的流程如图 7.37。

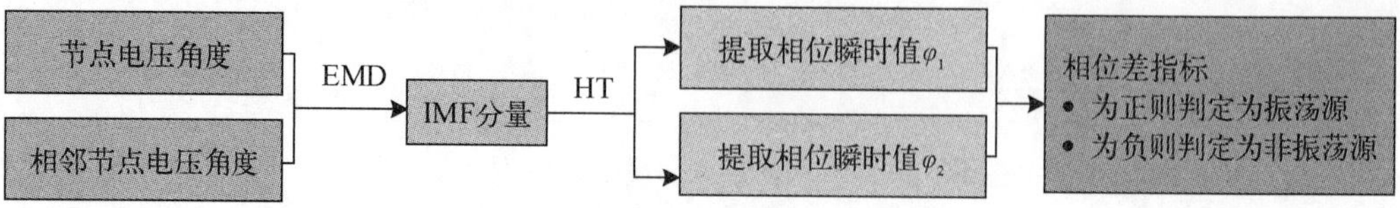

图 7.37 振荡相位差法判定流程图

锁定节点电压角度和相邻节点电压角度数据,对二者进行 EMD 分解,获得 IMF 分量;接着对 IMF 分量进行 HT,提取瞬时相位,获得瞬时相位差,最后积分得到相位差指标,如果指标为正,判定该节点为振荡源;为负则判定为非振荡源。

(3) 强迫振荡相位差判定法

根据发电机转子的标幺制运动方程

$$\begin{cases} \dfrac{d\delta}{dt} = \Delta\omega \times \omega_0 \\ \dfrac{d\Delta\omega}{dt} = \dfrac{1}{2H}(\Delta T_m - \Delta T_e - D\Delta\omega) \end{cases} \tag{7.70}$$

其中,δ 为转子角;ω 为角速度;H 为惯性常数;ΔT_m 为机械转矩;ΔT_e 为电气转矩;D 为阻尼系数。

假设功率的标幺值与转矩一致,这一简化影响可以忽略。则

$$\begin{cases} \dfrac{d\delta}{dt} = \Delta\omega \times \omega_0 \\ \dfrac{d\Delta\omega}{dt} = \dfrac{1}{2H}(\Delta P_m - \Delta P_e - D\Delta\omega) \end{cases} \tag{7.71}$$

其中,ΔP_m 为机械输入功率;ΔP_e 为电气输出功率。

已知从而可以推导出已知 $\Delta\dot{I}_e$ 和 $\Delta\dot{\omega}$ 时,$\Delta\dot{P}_m$ 的计算公式。

$$\Delta\dot{P}_m = j2H\Omega\Delta\dot{\omega} + \Delta\dot{P}_e \tag{7.72}$$

ΔP_m、ΔP_e 之间的关系:

$$\frac{\Delta P_m}{\Delta P_e} = \frac{K(j\Omega)}{K(j\Omega) - j2H\Omega} \tag{7.73}$$

其中,Ω 为功率波动的角频率,$K(s)$ 为原动机及调速器的传递函数。可见如果 ΔP_m 与 ΔP_e 的波动相位差大于 0,则该机组为振荡源。判定流程如图 7.38 所示。

3. 振荡源在线定位融合模型

给出振荡源定位的建模流程如图 7.39 所示。首先采用三种适用性不同的振荡源定位方法对节点进行振荡源定位分析,得到证据理论的输入规则集合,再利用 DS 证据理论对三

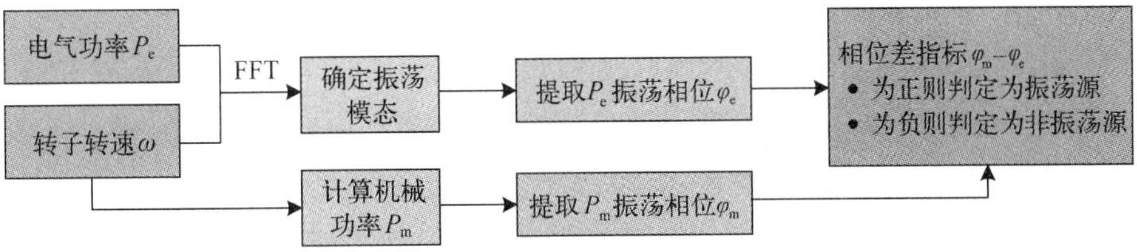

图 7.38　强迫功率振荡相位差判定法流程图

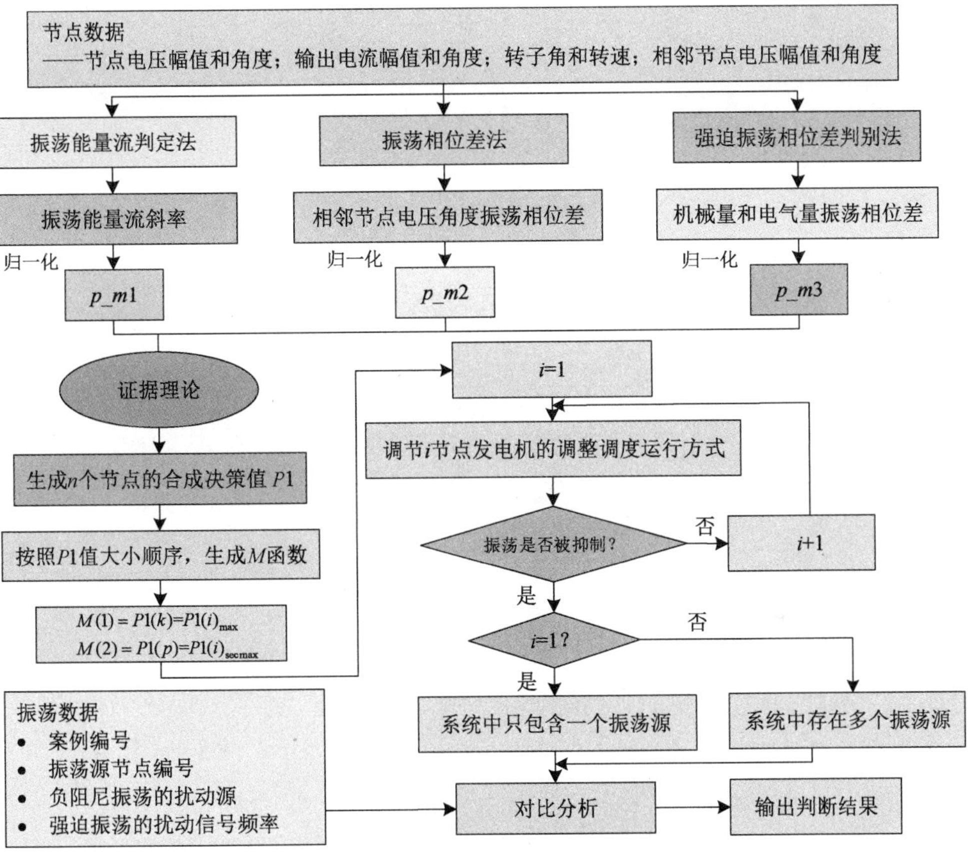

图 7.39　振荡源定位算法建模

方信息进行融合，得到合成规则及合成规则的信任函数和似然函数值。

4. *质量函数的构建*

上面给出了三种判定振荡源的方案，对于振荡能量流法和振荡相位差法，负阻尼振荡和强迫振荡均适用，当振荡能量流法的斜率最大，或者振荡相位法的相位差最大时，相应节点为振荡源的概率设置为1，接着选择变化先快后慢的函数生成初始化概率 pp，pp 满足：

$$\begin{cases} pp(1) = 1 \\ pp(k) = pp(k-1)/(0.8\hat{\ }k + 1),\ k = 2,\ 3,\ \cdots,\ 29 \end{cases} \tag{7.74}$$

给定一个节点 i，在一个案例中，将所有29个节点的振荡能量流曲线斜率进行从大到小的排序，假定节点 i 的振荡能量流曲线斜率排在第 j_m1 个，则定义振荡能量流法的质量函数

p_m1 为

$$p\_m1(i) = pp(j\_m1) \tag{7.75}$$

将所有 29 个节点的电压角度振荡相位差进行从大到小的排序，假定节点 i 的振荡能量流曲线斜率排在第 j_m2 个，则定义振荡相位差法的质量函数 p_m2 为

$$p\_m2(i) = pp(j\_m2) \tag{7.76}$$

在强迫振荡相位差判定法中，将所有 29 个节点的机械和电气振荡相位差进行从大到小的排序，假定节点 i 的振荡能量流曲线斜率排在第 j_m3 个，则定义强迫振荡相位差法的质量函数 p_m3 为

$$p\_m3(i) = pp(j\_m3) \tag{7.77}$$

5. 证据理论模型

利用上述结论，可以合成所示的证据理论原始表格。对于某一节点，证据理论的模型构建如表 7.23：

表 7.23 证据理论模型

振荡性质	$m1$(振荡能量流)	$m2$(相位差法)	$m3$(强迫振荡)	m(合成规则)
是振荡源	P_m1	P_m2	P_m3	$P1$
不是振荡源	$1 - P\_m1$	$1 - P\_m2$	$1 - P\_m3$	$P2$

其中：

$$P1 = \frac{1}{K}(P\_m1 \times P\_m2 \times P\_m3) \tag{7.78}$$

$$P2 = \frac{1}{K}(1 - P\_m1) \times (1 - P\_m2) \times (1 - P\_m3) \tag{7.79}$$

$$K = P\_m1 \times P\_m2 \times P\_m3 + (1 - P\_m1) \times (1 - P\_m2) \times (1 - P\_m3) \tag{7.80}$$

6. 算例

将方法应用于一个多源复杂仿真系统，该电网具有电网位置偏远、用电负荷较轻、网架结构相对薄弱的特点。该系统中，风电和光伏通过辐射网络接入交流系统，在新能源发电系统和直流输电系统附近存在汽轮发电机组，形成风光火打捆经直流外送系统。在 PSCAD/EMTDC 中仿真的时域模型，观察系统是否会出现次同步振荡现象。设置一种典型仿真条件，风机出力水平为 4%左右，光伏出力水平为 0.3 左右，在 0.7 s 时刻提高线路连接电抗(模拟电网强度变弱)。

对仿真案例采用振荡能量法进行分析。计算得到 11 个发电机节点的振荡能量以及各个节点电气功率、机械功率、电压的幅值和相角，所有节点的振荡能量图、振荡相位差指标以及强迫功率振荡相位差指标如图 7.40。

振荡能量流法：从图 7.40(a)分析可知，振荡源节点 5,6 和 7 的振荡能量的输出随时间持续增加，且节点 7 为斜率最大的节点，由此，可以得出该方法可以较有效的定位出振荡的节点。其中节点 7 由于斜率最大，很有可能为振荡发生的原始节点。

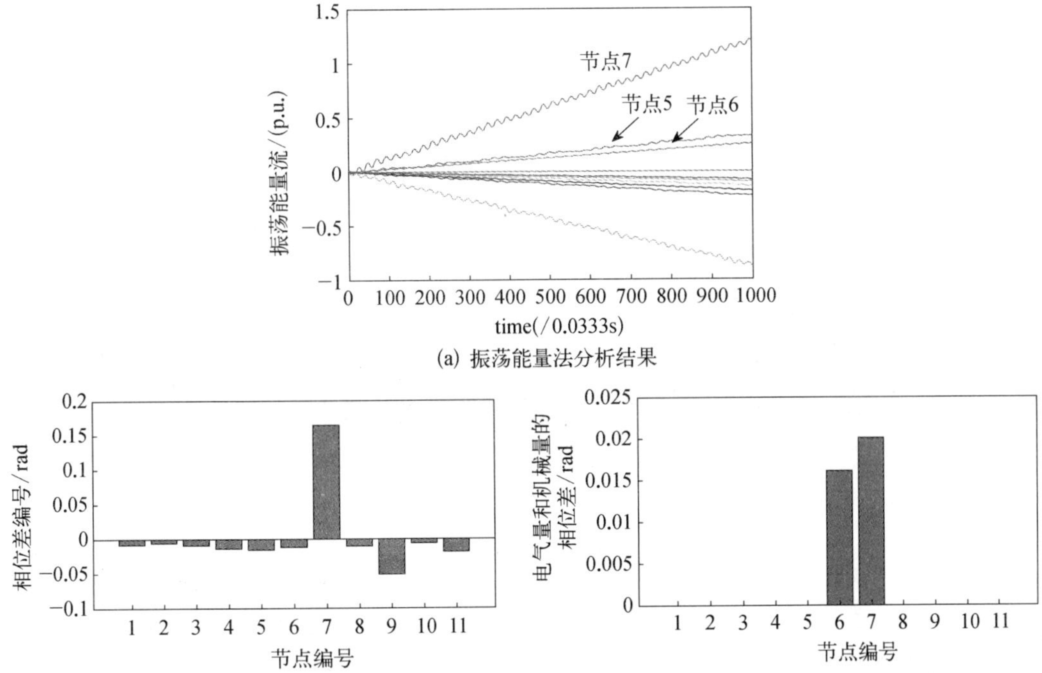

(a) 振荡能量法分析结果

(b) 相位差指标分析结果　　(c) 强迫功率振荡相位差判定法分析结果

图 7.40　3 种传统振荡定位方法的结果分析

振荡相位差法：由图 7.40(b)所示，仅有节点 7 被正确定位出，节点 5 和节点 6 都被漏判。

强迫功率振荡相位差法：由图 7.40(c)所示，采用强迫功率振荡相位差判定法，节点 6 和 7 被有效定位，但是节点 5 没有被判定出，因此有一定程度上的漏判，从而对振荡抑制策略产生影响。

采用三种方案计算质量函数，结果如图 7.41(a)：计算合成规则，得到结果图 7.41(b)：

从图 7.41(b)的合成规则得到结果可以看出，经过证据理论的优化后获得的判定结果，节点 7 是概率函数最高的节点，为 2.804。按照合成规则得到的大小顺序依次消除振荡，节点 7 被优先考虑；同理，节点 70 和节点 30 的合成规则的值也为正，也可判定为潜在的振荡源。与振荡源信息对比发现，判定正确。

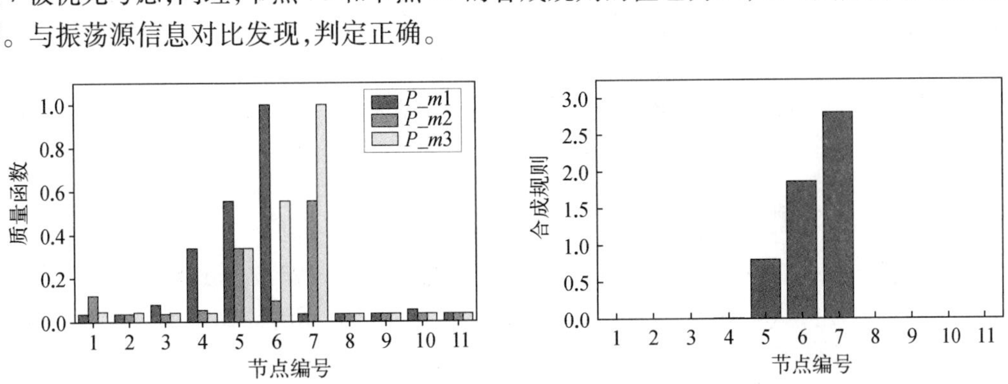

(a) 质量函数　　(b) 合成规则

图 7.41　证据理论模型分析结果

第 8 章　风电场的电能质量

电能质量问题是电力系统运行中的一个重要课题，通常输电、配电网中的电能质量主要包括电压偏差、电压瞬变、频率异常、供电中断、谐波、闪变等问题。其中，风电场电能质量主要有电压稳定性、频率稳定性、闪变和谐波这几项因素。目前风电场中出现的问题主要集中在电压问题，但当风电在电网中所占比例超过 10%时，频率问题也需要考虑。大规模风电开发、并网运行后，风电的不稳定特性增加了电网电能质量的治理难度，风电场对电网电能质量的主要影响有电压波动、闪变及谐波，因为电压问题已有大量的研究资料，所以本书仅讨论风电场的谐波和闪变问题。

8.1　概述

8.1.1　风电场的谐波与闪变

谐波问题是风电系统的一个难题，风机本身的电力电子装置在工作时能够产生谐波。风电场谐波的检测一般依据 IEC61000－4－7、IEC 61400－21：2008 和 GB/T 20320－2006 标准。有大量文献对风电机组的谐波和闪变情况进行了研究，包括在理论上对风力发电机和风电场的各次谐波、间谐波和闪变的类型，产生原因及基于实测数据的检测评估方法等。

按照 IEC 标准对谐波和间谐波的测量要求，被测电信号可以表示为如下的傅里叶级数形式：

$$f(t) = A_0 + \sum_{n=1}^{\infty} A_n \sin\left(\frac{n}{N}\omega_0 t + \varphi_n\right) \tag{8.1}$$

其中，$\omega_0 = 2\pi f_0$ 是电网基波电压的角频率，A_n 是相应谐波频率分量 $f_n = \frac{n}{N} f_0$ 的幅值，N 是进行傅里叶分析的数据窗口时间相当于基波周期的个数，φ_n 是该谐波分量的初始相位角。A_0 是该电信号的直流分量。对于 50 Hz 的电网，标准规定每个采用时间窗口的长度为 200 ms，即 $N = 10$，相应的傅里叶级数的频率分辨率为 5 Hz，即包含所有频率为 5 Hz 整数倍的频率。

当前的研究主要集中于谐波和间谐波检测方法，细化谐波和间谐波的测量环境和衡量指标，一般情况是把信号与信息系统分析中对确定信号和随机信号的处理方法扩展到电力系统的谐波、闪变等方法的分析和诊断中。研究风电机组的谐波和闪变，需要针对风电机组和风电场的特殊性，对其产生的谐波、闪变进行分类，再根据各个类型的特点，分别进行分析。

大多数的电能质量分析过程中，把谐波和闪变分别独立研究，两者在对电网及电力用户的影响上有一定区别，相应的关注点也各有侧重，由此产生的分析方法也有很大差异，但理论和测量方面有很多共性，通常是采用同一套仪器完成谐波和闪变的测量。要求数据的差别是谐波分析需要高频（至少 20 kHz 以上）短时（200 ms）的数据段，闪变对数据的采样频率要求 2 kHz 即可，采样时间则要 10 min。闪变从幅值的角度看到的影响是 50 Hz 正弦波信号幅值波动，类似于调幅波。从频率的角度来说，闪变是一种低频的调幅信号，频率通常低于间谐波标准要求计算从 0.5 Hz 到 40 Hz 中 7 个给定的频率点，频率范围正好与间谐波频点的下限相接，闪变在概念上容易与低频间谐波混淆，实际两者有一定联系，但也有着本质的区别。

由于风速的随机变化引起转子的旋转速度随时间变化，相应地引起励磁电流的频率变化，这使得各次谐波和间谐波的频率随转子速度而变化。风机转速的周期性波动最主要来自叶轮旋转一周过程中的风速差异，由于大型风电机组的风轮直径超过 100 m，相应叶片运行轨迹的最高点和最低点相差 100 m，风速也有很大差距，尤其是叶片通过最低点时，会扫过塔筒形成风速涡流的塔筒效应，此时整个叶轮的风动力扭矩最小，叶片通过最高点时扭矩最大，产生相应的扭矩波动，网侧变流器需要不断调整励磁电流，形成阻尼来减小轴系的扭振。

随着风电机组单机容量的不断增大，机组对电力系统电能质量的影响日益明显。对于小功率机风电机组，各机组所产生的谐波和间谐波由于相位的偏差大部分都相互抵消，对系统造成的影响相对较小。当单机容量达到 5 MW 以上时，机组的间谐波会对系统和其他机组的运行造成影响。风电机组的谐波类型按频率范围分为三类，第一类是由变流器电力电子元件的开关频率产生的高次谐波，频率为 5 kHz 及其倍频 10 kHz，超大功率变流器的也有采用较低的开关频率 3 kHz 及 6 kHz。第二类为电力系统常见的 5、7、11、13、17、19、23 等次特征谐波。第三类为频率低于基波频率的间谐波及介于整数次谐波之间，频率为非整数倍基波频率的分量。随着风电机组单机容量的增大，含有大容量电力电子装置的变速风力发电机组已成为不可忽视的间谐波源。间谐波问题当前的研究集中于间谐波的信号检测，对于风电机组间谐波产生的机理，及特征频率等问题还缺少深入的分析。2010 年西北百万千瓦级风电并网后，对电能质量情况的研究结论表明，直驱、双馈机型为主的风电场，并网发电的闪变值小于标准规定的闪变限值，但部分机型的电流谐波不符合国标规定，在并网、切换和风速波动时定桨恒速型风机会给电网带来一定的闪变问题。虽然风力发电机组大多采用软并网方式，但在启动时仍然会产生较大的冲击电流。当风速超过切出风速时，整个风电场的风机会从额定出力状态几乎同时自动退出运行，对电网冲击很大。风机的塔影效应及风速的变化都会影响风机出力，造成功率波动。其波动频率处于电压闪变的频率范围（低于 25 Hz），因此，风机正常运行也会因功率波动给电网带来闪变问题。

此外，风电场风机的排布即风电场微观选址对风电场电能质量也会产生一定影响，每台风力发电机的瞬时输出功率主要决定于该时段的瞬时风速和风向，单台风机在风速波动或紊流状态下很难获得稳定或变化平滑的输出功率，功率往往有大幅快速波动。这种功率波动通常会对电网的电压和频率稳定性带来一定影响。整个风电场通常有几十台风电机组，这种功率波动叠加起来可能造成的影响不容忽视。机组间的功率波动叠加可能会有两种结果，增强或者相互抵消，分析这种波动对整个风电场功率稳定性的影响，结合每台风机的安装位置，对 50 Hz 以下的各种频率的功率波动做出频率-相位分析，在该风电场最常见的特征风速波动下，通过对各台风机的功率波动进行分析，结合风机的尾流效应，得出整个风电场的功率波动情况。以整个风电场功率波动最小为优化目标，结合最大功率获取，给出风机排布方案。

8.1.2 风电机组谐波分类和谐波模型

目前，针对风机机组的各个主要系统都有了比较完善的模型，如风机的叶轮气动模型、传动链机械模型、发电机与变流器的电气模型、控制模型等，对风机的工作参数特性也有相应的数学关系式或数学模型，如风速-功率特性、转速转矩特性、有功和频率特性、无功和电压特性等相应的数学模型。对于风电机组和风电场谐波和闪变的研究相对要少一些，目前还没有文献提出风电机组和风电场的谐波和闪变模型。

现在通常对风电场谐波的测量和分析都是参照相应的国际标准 IEC61400 - 21 并网型风电机组电能质量特性的测量和评估。但目前所有基于 IEC 标准的研究文献，还只是对风机谐波和闪变等相关数据的检测，和统计方法的应用与改进及限定值的修正，目前没有建立统一模型的主要原因是无法解释风机峰值谐波变化分布的随机性问题。

风电机组谐波可以按照频率分为高次谐波和低次谐波，高次谐波通常在 50 次左右或更高，产生的原因和频率点分布与电网基波频率关系不大。低次谐波与电网频率关系密切，相对于电网基波的倍频关系，又分为整数次谐波和分数谐波(或间谐波)，整数次谐波又可以分为偶次谐波和奇次谐波，正常情况下，风机变流系统和发电机的输出电流波形正负半波通常有良好的对称性，偶次谐波通常很少出现，除非风机变流系统出现故障或电网出现谐振情况，否则偶次谐波幅值通常很小，风电现场实际测量情况与理论分析相同。奇次谐波中由于对于风机这类三相对称型负荷，变流器和电气系统的其他部分基本上都是无中线系统，零线的作用仅做 EMC 屏蔽保护，几乎所有的滤波器、功率因数补偿器等装置都是三角形联接，变压器高压侧和风电场补偿装置也都有三角形联接。按照传统的谐波理论，在电网三相电压平衡的系统中，所有的零序三次谐波相角一致，这些三角形连接的装置对于零序 $3n$ 次谐波相当于开路，从而消除了零序 $3n$ 次谐波，不会对电网造成任何影响。剩下的主要是 5、7、11、13，…，49、51 次等 $6n\ \pm 1$ 次谐波。下面就这些谐波特点及其产生原因进行简要分析。

1. 高次谐波

风机的高次谐波的产生主要有两个原因，一是由于变流器开关元件的 PWM 开关频率而产生的开关脉冲谐波。通常 MW 级变流器 IGBT 大多数采用 2. 5 kHz 的开关频率，实际工作过程中可能有一定偏差。这种谐波在电能质量分析仪器或用存储示波器记录后，在时域波形上可以看到叠加在正弦波上的毛刺，FFT 分析后反映出来的频率，通常主要在 2. 5 kHz 附近，即 47、49、51、53 次等。还有其倍频 5 kHz、7. 5 kHz 和 10 kHz 附近等。二是风机系统中的高频滤波器，通常调谐在变流器开关频率附近，也可能与系统线路电抗发生稳态的串联谐振，谐振频率在 1~2 kHz，具体频点取决于滤波电容与线路电抗的数值，是否产生这种谐波及其幅值决定于和滤波电容串联的电阻值，电阻值小容易谐振，阻值大开关高频滤波效果弱、功耗增加。由于风电场系统无功调节的变化，引起系统阻抗特性不确定，这种谐振对各类并网型变流器都难以避免。

2. 整数次谐波

风电机组的变流器与其他各种类型的并网型逆变器，其电网侧变流器都是采用 PWM 整流器的设计原理，硬件拓扑结构和基本控制算法都非常相近，通常都是以直流母线实测电压与参考电压的差值形成有功目标，结合风电场调度及主控系统给出的无功目标，进行有功无功解耦，得出目标电流幅值和相位，形成标准正弦波的电流目标波形。系统给定的变流器输出电流虽然是标准正弦波参考电流作为其控制模板，但由于电流采样及控制电路计算的延时，IGBT 的开关死区影响，造成实际输出波形发生畸变。在过零点处输出电流波形与控制目标差别不大，但在峰值附件相对于目标的正弦波不可避免的产生波形发生扭曲滞后，造成波形不规范，发生变形而产生的谐波，集中在 5~43 次，由此原因产生的高次谐波幅值非常小，通常 5、7、11、13 次谐波幅值较大，表 8.1 给出了 IEC 标准中对风机各次谐波限值的要求。

表 8.1　IEC61400－21 所规定的风电谐波限值

谐 波 次 数	奇次谐波(I_{ref}%)	偶次谐波(I_{ref}%)
$h<11$	4.0	1.0
$11\leqslant h<17$	2.0	0.5
$17\leqslant h<23$	1.5	0.4
$23\leqslant h<35$	0.6	0.2
$35\leqslant h<50$	0.3	0.1

3. 间谐波

当单台风机功率很大或整个风电场风机台数很少时，间谐波与整数次谐波具有同样的危害性，必须考虑间谐波影响。标准要求从 75 Hz 到 1 975 Hz 每 50 Hz 一个观测点。但由于测点固定，而间谐波频率分布不一定在测点上，这种定频检测方法本身就存在较大误差，要实现精确测量，必须采用小波分析等可变基频的分析方法。

传统的间谐波研究都是基于传统的固定频率谐波的思路，虽然理论上都清楚风电机组间谐波主要是由转子相关的频率与电网频率共同作用的结果，频率不固定，但由于检测设备和分析手段不足，无法正确测量计算出其幅值。认为其幅值和影响很小，可以忽略不计。实际变速恒频风机的有些可变频率谐波有时会是该风机所有特征谐波中幅值最大的。目前还没有文献提出可变频率谐波的概念，忽略了可变频率谐波，就无法解释风机特征谐波峰值的变化原因，也就无法建立风机的谐波模型。

8.2　风电电能质量检测

8.2.1　风电场电能质量的检测方法

要准确分析评估风电机组对电网的影响，至少需要风机、风电场和电网三个方面的检测数据用于分析评估。

风电电能质量控制的目标是保证风电汇入大电网的电压、电流、谐波、闪变等各项指标达标。评估测量分为接入电网、风电场、风电机组三个主要观测点，由于接入的大电网短路容量很大，风电场对大电网电压造成的影响很小，电网的电压异常多数来源于风电场之外，110 kV 侧对风电场相当于无穷大电源。但电网电压异常同样会对风电场中的风电机组正常运行造成一定影响。电网电流体现了风电场各台及风电场风电机组总体对合并后的汇入电网的电流数据，是风电电能质量的最终考核目标。如图 7.1 所示，电网侧电压测点接风电场主变压器 110 kV 侧电压互感器二次侧，电流用电流钳取自 110 kV 电流互感器二次侧。

风电场测点的电压、电流都会同时受到电网、风电机组、风电场补偿装置的影响，是风电场电能质量控制和有功、无功调度的核心。电压测点接在风电场主变压器 35 kV 侧电压互感器二次侧，电流用电流钳取自 35 kV 电流互感器二次侧。高压系统的测量由于经过了两级电压、电流互感器，相移和高频损耗稍大于对单机的 690 V 系统的测量，谐波幅值比实际值略偏小。

风电机组单机的电压、电流数据可以作为该机组的性能评价，但对于整个风电场的影响取决于这些特性是否是各台机组的共性，这种影响合并到风场电网中会叠加还是相互抵消。通过有效控制可以减小各风机带给电网的不良影响相互叠加的机会，从而提高整体的风电电能质量。

8.2.2 机组数据要求和接线形式

风电电能质量需要分析的数据如图 8.1 所示，包括 7 个采样通道，分别为风速、三相电压、三相电流，对于采样频率和数据段长度，闪变和谐波有不同的要求。谐波数据要求为 10 kHz 或 20 kHz 采样频率，200 ms 采样长度，每个风速段都有 10 组以上数据。闪变数据要求连续测量并计算 10 min 的电压、电流值，统计其中的波动幅度及波动次数。长时段闪变要求连续记录 2 h 为一个统计周期。

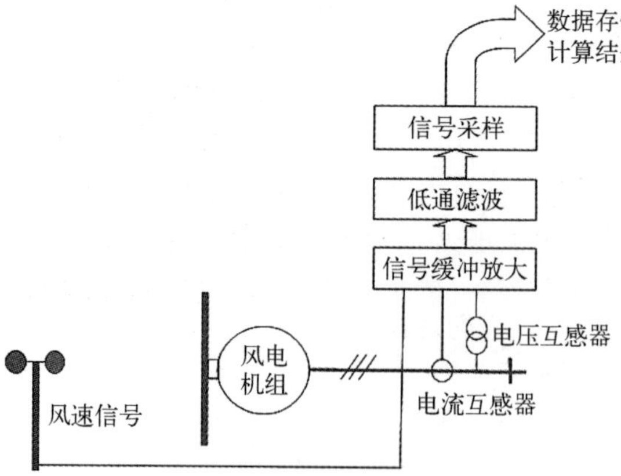

图 8.1 IEC 标准对风电机组电能质量检测的测点要求

现场采样信号采样的连接方式如图 8.2 所示，针对三相四线电路，采用三电压、三电流传感器的采样方式。为保证相位误差最小，电压采样直接从 690 V 母线采集，通过测量设备内部的 PT 进行降压采样，电流信号采样柔性电流钳直接从机组到箱变的 690 V 主电缆采集。

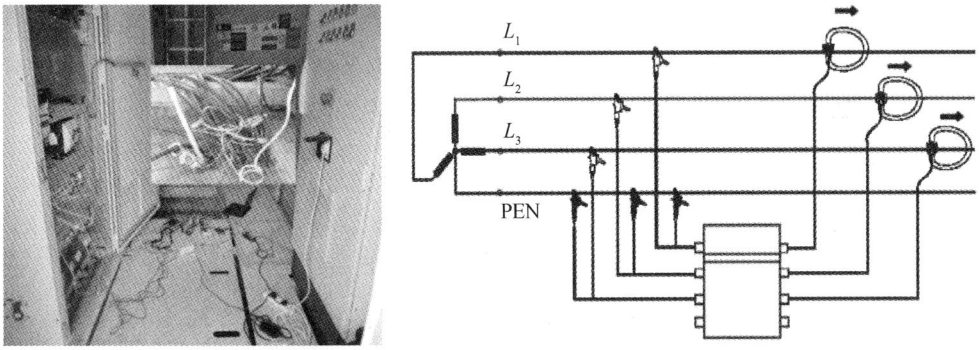

图 8.2　风电机组电能质量检测测点分布

8.3　整数次谐波和高次谐波测量分析

8.3.1　整数次谐波分析和计算

电力系统谐波通常主要来自变流器等电力电子装置，以及变压器、铁芯电抗器等器件接近饱和时的非线性特性。传统谐波方面的理论分析和波形分析都是基于 6 脉波、12 脉波整流方式的二极管整流或可控硅整流、逆变电路的理论，通常电流波形畸变较大，与当前的 PWM 整流、逆变有很大差距。对现在主流的以 IGBT 为开关器件的 PWM 变流器来说，波形非常接近于标准正弦波，通常总谐波失真（THD）都在 5%以下，远小于以二极管、可控硅为主的整流、逆变电路，缺点是由高速开关器件产生了一定的高次谐波。

1. 整数次谐波基本理论

通常电网电压、电流除了 50 Hz 基波分量外，还含有一些其他频率的交流成分，这些交流成分的频率绝大多数是基波的整数倍，根据相关数学知识，对于任意周期性的信号，只要满足狄里赫勒条件，即信号波形只有有限个一次不连续点时，都可以分解为收敛的傅里叶级数，相应的变流系统电压、电流都可以表示为

$$u(t) = a_0 + \sum_{n=1}^{\infty} (a_n \cos n\omega t + b_n \sin n\omega t) \tag{8.2}$$

$$\begin{aligned} a_0 &= \frac{1}{2\pi}\int_0^{2\pi} u(t)\,\mathrm{d}(\omega t) \\ a_n &= \frac{1}{\pi}\int_0^{2\pi} u(t)\cos n\omega t\,\mathrm{d}(\omega t) \\ b_n &= \frac{1}{\pi}\int_0^{2\pi} u(t)\sin n\omega t\,\mathrm{d}(\omega t) \end{aligned} \tag{8.3}$$

或统一表示为

$$u(t) = a_0 + \sum_{n=1}^{\infty} C_n \sin(n\omega t + \varphi_n) \tag{8.4}$$

$$C_n = \sqrt{a_n^2 + b_n^2},\ \varphi_n = \mathrm{arctg}(a_n/b_n) \tag{8.5}$$

对于谐波的相位分析要关系到谐波的产生原因,大多数情况下,谐波都是由基波倍频产生的,对于倍频谐波,三相电压、电流的 n 次谐波有如下关系:

$$\begin{cases} u_{\mathrm{a}n} = \sqrt{2}U_n\sin(n\omega t + \varphi_n) \\ u_{\mathrm{b}n} = \sqrt{2}U_n\sin\left[n\left(\omega t - \dfrac{2\pi}{3}\right) + \varphi_n\right] \\ u_{\mathrm{c}n} = \sqrt{2}U_n\sin\left[n\left(\omega t + \dfrac{2\pi}{3}\right) + \varphi_n\right] \end{cases} \tag{8.6}$$

对各整数次谐波,当 $n = 3k$(k 为整数),即 3、6、9 次等各次谐波时

$$u_{\mathrm{a}n} = u_{\mathrm{b}n} = u_{\mathrm{c}n} = \sqrt{2}U_n\sin(n\omega t + \varphi_n) \tag{8.7}$$

此时三相谐波幅值和相位都一致,与系统的零序电压相似,定义为零序性谐波。同理当 $n = 3k + 1$ 和 $n = 3k - 1$ 时,其三相谐波的相角差分别与电网基波正序分量的三相相角差和负序分量三相相角差一致,故分布叫做正序谐波和负序谐波。

根据零序的特点,三个相电压中可能有零序电压,但线电压中零序电压为 0,风电场都采用三相三线制,理论上不会有零序电流通过。但所有以上的理论推导,都是基于 n 次三相谐波的分量的相角差是三相基波向量的角差的 n 倍这一假设,实际上这一假设并不总能成立,这取决于谐波产生的原因。在风电场经常可以检测到较大的 3 次谐波电流、电压,且三相线路中 3 次谐波的相角互差 120°,与正序分量相同;同时,当系统三相电压有少量不平衡时,变流器就会产生较大不平衡电流和一定的三次谐波电流。

表 8.2 对定子电流给出了具体数值,其中发电机的 $3n$ 次谐波都是标准的零序谐波,在无零线电流系统中不会形成谐波电流,故不予计算。从表中可以看出,双馈风机的定子谐波电流频次主要集中在 $6n \pm 1$ 次,通常不到总电流的 1%,风电机组的谐波来源主要集中在变流器上。风电机组变压器由于励磁饱和等原因,而产生的谐波相比风机变流器数值较小,也可以忽略不计。所以降低风电机组变流器的谐波含量,或控制风机变流器 5 次、7 次等各次谐波的相位,使其谐波电流相位角具有一定的离散性,降低风电场各机组间谐波的相互叠加的概率,可以降低风电场电网谐波含量。

表 8.2　1.25 MW 风机定子最大谐波电流

谐 波 次 数	最大谐波电流	占定子额定电流百分比
5	4.14	0.42
7	5.98	0.62
11	3.83	0.39
13	2.55	0.26
17	1.47	0.15
19	1.16	0.12

续　表

谐 波 次 数	最大谐波电流	占定子额定电流百分比
23	0.74	0.08
25	0.51	0.05

2. 谐波功率法判断谐波的性质

电气设备发出的谐波根据相位的不同，可以分为谐波源与谐波负荷，如果此谐波是由该电气设备产生的，则此设备叫做谐波源。如果是系统中本身就有一定的谐波电压，该设备的谐波是由系统电压造成的，则该设备就称作谐波负荷。例如当电网中有谐波电压时，纯电阻电路也会有一定的谐波电流，该电流不仅不会增加谐波电压，而是有助于消耗谐波能量，减小系统的谐波电压，类似滤波器的作用。

如何判断设备发出的谐波电流是作为电源还是负载，有两种基本方法。一种方法是从相位来判断，如果该次谐波的电压、电流相角差在正负 90°之间，则该设备对于当前谐波为谐波负荷，否则为谐波源。但由于风机的谐波相位角的测量存在一定误差，尤其是对高次谐波，实际应用中采用该判据用于风电机组的检测有很大难度，按照该判据，往往一个周期内有时判断为谐波源，有时为谐波负荷，无法准确实施。第二种方法是功率法，以谐波的有功功率来判断。假设风机的全电压信号和全电流信号分别为

$$
\begin{aligned}
u(t) &= \sum_{h=1}^{\infty} U_h \cos(h\omega_0 t + \theta_h) \\
i(t) &= \sum_{h=1}^{\infty} I_h \cos(h\omega_0 t + \phi_h)
\end{aligned}
\tag{8.8}
$$

分别计算出的谐波电压和谐波电流的幅值和相角后，能够计算相应的谐波功率，按照产生的谐波电流与谐波电压的关系可以分为谐波源和谐波负荷。谐波功率的计算对谐波的评估有很大意义，从功率的符号可以判定当前的设备对于供电网是 n 次谐波负荷还是谐波源。

$$
\int_t^{t+T} \cos(n\omega t + \phi_{kn}) \cos(m\omega t + \phi_{km})\, \mathrm{d}t = \begin{cases} T/2 & m = n \\ 0 & m \neq n \end{cases} \tag{8.9}
$$

由此可以得出，不是同次的谐波电压和电流作用产生的有功功率为 0。对 n 次电流谐波其产生的功率可以表示如下：

$$
\begin{aligned}
P &= \frac{1}{T}\int_0^T p(t)\,\mathrm{d}t = \frac{1}{2}\sum_{h=2}^{\infty} U_h I_h \cos(\theta_h - \phi_h) = \sum_{h=2}^{\infty} U_{h_{\mathrm{rms}}} I_{h_{\mathrm{rms}}} \cos(\theta_h - \phi_h) \\
Q &= \frac{1}{2}\sum_{h=2}^{\infty} U_h I_h \sin(\theta_h - \phi_h) = \sum_{h=2}^{\infty} U_{h_{\mathrm{rms}}} I_{h_{\mathrm{rms}}} \sin(\theta_h - \phi_h)
\end{aligned}
\tag{8.10}
$$

可见，同次的谐波功率与电压和电流相角差与基波的情况一样，谐波功率与其功率因数的余弦成正比，相应的就有正、负谐波有功功率的情况。因此，同样对于一个风机发出的相位固定不变谐波，在电网谐波相位发生变化时，其性质也会发生变化。假如风场电网某次谐波相位改变了 180°，则该风机的本次谐波也会从谐波源变为谐波负荷，能够减小风场的该次电压谐波，起到类似有源滤波器的作用。相应的同样可以定义谐波无功。

高频滤波和功率因数补偿等并联电容器,大多数时间都工作在谐波负荷状态。但如果RLC组成的滤波系统内部阻尼很小,就可能与系统产生谐振,变为谐波源。变流器输出端口的电容滤波器,也可以给变流器提供谐波无功,作用与对基波的无功补偿一样,减小谐波无功同样可以减小谐波电流,理论推算过程是一样的。

$$S = U_{\text{rms}} I_{\text{rms}} = \sqrt{\sum_{h=2}^{\infty} U_{h_{\text{rms}}}^2 I_{h_{\text{rms}}}^2} \tag{8.11}$$

视在功率的计算公式已经包含了所有的谐波功率,也称为畸变功率,用 D 表示,在对谐波含量较高的设备功率因数进行补偿时,必须考虑这部分功率。

8.3.2 风电变流器谐波理论分析

双馈风机的发电机组由双馈异步发电机和为发电机提供交流励磁的变频系统组成,变频系统基本采用交-直-交电压型双PWM变流器。由于发电机本身的谐波可忽略不计,变频器成为风机系统最大的谐波源。各种采用变流器并网的风力发电机组,由于都是采用AC/DC,DC/DC,DC/AC的结构,通常发电机侧整流器的交流侧为低频交流电,电网侧变流器将直流逆变为工频交流接入电网,其产生各种频率间谐波的机理和双馈机组相同。目前风电机组变流器技术已经非常成熟,控制算法已经有很大改进,只有如下两个控制环节有可能产生谐波。

1. 直流母线电压控制

由于传统的电解电容器耐压非常有限,受原理限制最高只能做到500 V,而风机变流器的直流母线电压大多数为1 150 V,需要三组电容串联,结构复杂而且工作寿命很短。很多变流器采用薄膜电容替代电解电容,薄膜电容具有很好的高频特性,缺点是电容量比电解电容小很多。对于三相平衡电网,变流器功率脉动很小,整体电压波动很小,但电网不平衡时会产生较大的功率脉动,引起电容电压产生周期性波动,直流母线电压波动在算法中会使变流器的目标波形包含谐波分量,是产生三次谐波和间谐波的主要原因。

2. 目标波形的跟踪控制

控制方法的主要作用是通过闭环控制使变流器的输出波形与目标正序波形完全一致,主要有三种闭环方式:滞环控制、正弦波脉宽调制(SPWM)、空间电压矢量脉宽调制(SVPWM)。出于工作可靠性的目的,几乎所有的开关器件都有一段不受控制的关断时间,这段关断时间叫做死区。虽然不受控制的时间相同,但在此期间产生的电流变换量会有很大不同,受IGBT开关死区影响,在正负峰值附近,由于此时正、负两个方向的电压差很大,必然会产生同样的死区时间,会在正、负方向上的误差电流有很大差距,从而产生波形畸变,这种畸变从算法上很难补偿。畸变率与死区时间成正比,与直流母线电压和电网峰值电压的差值成反比。以上三种算法各有特点,但都不可避免的会产生 $6n \pm 1$ 次谐波。

采用变流器并网的风电机组,大多数情况下电源侧变流器和发电机侧变流器的频率不同,并且电机侧变流器的频率随风速变化而变化。对于双馈机组考虑转子绕组向外供电,即定转子同时发电的情况,设三相交流电压为

$$e_i = \sum_{m=1}^{\infty} \sum_{s} E_{ms} \cos(\omega_m t + \theta_i) \tag{8.12}$$

其中，$i = a, b, c$ 三相，$s = p, n, 0$ 分别表示正序、负序和零序。

整流后得到的直流电压表达式为

$$u_{\mathrm{dc}} = \sum_{m=1}^{\infty}\sum_{n=1}^{\infty}\sum_{s} 0.5E_{ms}A_{nu}\{(1 + 2\cos[2\pi(n+s)/3]) \times \sin[(\omega_m + n\omega_1)t + \theta_a]\} + \{1 + 2\cos[2\pi(n-s)/3] \times \sin[(\omega_m - n\omega_1)t + \theta_a]\} \tag{8.13}$$

式中，A_{nu} 为变流器控制中电压开关函数对应的系数；ω_1 为调制波频率。

考虑能量通过直流侧经电源侧变流器接入电网的过程，对三相逆变桥的 6 只 IGBT，最常用的分析方法是将其控制方式的最终实现按照类似于相控方式的空间矢量控制，沿用相控整流逆变的分析方法，将三相六脉波变流器的开关函数表示为

$$s_{ia} = k_1\cos(\omega_2 t) - \sum_{j=1}^{\infty} k_{6j-1}\cos[(6j-1)\omega_2 t] - k_{6j+1}\cos[(6j+1)\omega_2 t] \tag{8.14}$$

其中，k_i 表示各次分量系数；ω_2 表示网侧变流器的调制波频率。b、c 相可类似计算。

将式(8.13)对应的直流电流表示为

$$i_{\mathrm{dc}} = I_{\mathrm{dc}} + \sum_{k=0}^{\infty} I_{6k}\sin(6k\omega_1 t + \theta_{kp}) + \sum_{k=0}^{\infty}\{I_{6k+1}\sin[(6k+2)\omega_1 t + \theta_{kn}] + I_{6k-1}\sin\}[(-6k+2)\omega_1 t + \theta_{kn}] + \sum_{m=1}^{\infty}\sum_{k=1}^{\infty}\{I_{(6k+1)m}\sin[(-6k+1)\omega_1 t + \omega_m t + \theta_{km}] + I_{(6k-1)m}\sin[(6k-1)\omega_1 t + \omega_m t + \theta_{km}]\} \tag{8.15}$$

式(8.15)结果可分为四部分，每部分分别对应直流分量，整流变流器的交流侧电压基波正序、负序分量和各次谐波对直流侧电流的影响。

则逆变侧变流器的输出电压为(b、c 相可类似计算)：

$$i_a = i_{\mathrm{dc}}s_{ia} \tag{8.16}$$

将式(8.14)和(8.15)代入式(8.16)，可得到各次谐波成分。

8.3.3　风电机组整数次谐波幅值分析

风电机组的谐波无论在幅值和相位方面，与传统的相控整流器产生的谐波都有很大不同。前面推导得出的结论从相角来分析，相控整流中电路，三次谐波属于零序谐波不能通过无中线系统，而风电系统中三次谐波属于正序谐波，与基波一样能够通过各种变压器。例如最常见的三相六脉波整流电路电流波形，其傅里叶级数展开主要包含 $6n \pm 1$ 次谐波分量：

$$i(t) = \frac{2\sqrt{3}}{\pi}I_d\left(\sin\omega t - \frac{1}{5}\sin 5\omega t - \frac{1}{7}\sin 7\omega t + \frac{1}{11}\sin 11\omega t + \frac{1}{13}\sin 13\omega t - \cdots\right) \tag{8.17}$$

一般情况下，对于常见的相控整流类谐波源，从幅值方面来说，输出谐波电流与基波电流成正比，且 n 次谐波幅值不大于基波幅值的 n 分之一，传统的谐波分析方法也主要基于这种谐波源，常见的描述电流谐波的参数主要有以下几种。

(1) h 次谐波电流含量：I_h

(2) h 次谐波电流含有率：$\mathrm{HRI}_h = \dfrac{I_h}{I_1} \times 100\%$

（3）谐波电流含量：$I_H = \sqrt{\sum_{h=2}^{\infty} I_h^2}$

（4）电流总畸变率：$\mathrm{THD}_i = \dfrac{I_H}{I_1} \times 100\%$

对于传统的谐波源，若相控电路控制角不变，当设备工作电流变化时，通常谐波电流同比例变化，电流谐波含有率和电流畸变率的值较为稳定，最适合用来描述该设备的电能质量特性。而变速恒频风机的谐波，主要来自变流器的电网侧输出单元，谐波幅值较为稳定，谐波含量主要取决于变流器的控制和电网三相电压的平衡程度，不随输出电流和输出功率成比例增减，甚至在输出电流很小时，谐波电流反而增大。上述参数中 I_h 和 I_H 的值较为稳定，适合用来描述变速恒频风机的谐波情况，HRI_h 和 THD_i 对于同一台风机，随功率增大而减小，变化非常大，仅对 I_1 取额定功率时计算才有意义。对于电压的评估，有同样类似的四项指标，由于电压基波幅值波动不大，描述电压谐波的上述指标都适用。

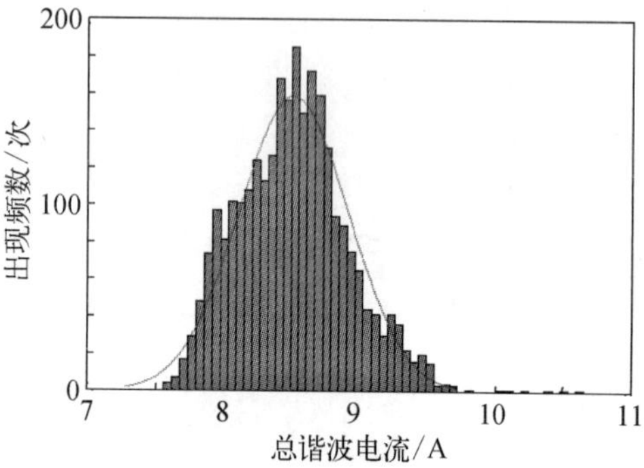

图 8.3 3.6 MW 风机谐波电流有效值统计分布图

图 8.3 是对一台 3.6 MW 双馈风机在不同功率下的近 3 000 次采样实测数据分别进行谐波分析的结果。对该风机进行的 48 h 运行数据记录，在其中每分钟采集一个时间窗，计算出的 2 880 个数据点，按功率从 30～3 000 kW 顺序排列，采样点数据可近似为相应的功率值，可以近似看做风机功率-谐波电流含量分布图。风机采用双馈电机，额定电流 700 A，额定电压 3 kV，经 3/35 kV 变压器升压后并网，当前工作状态三相电压、三相电流不平衡度小于 1%，因工作状态电压稳定、平衡度较好，功率因数接近于 1，基波电流基波与有功功率成正比。

计算出总谐波含量 I_H 分布图，如图 8－3 所示，横轴为总谐波电流，纵轴为采样出现频数。从图中可以看出，风机的谐波电流含量比较稳定，95%的数值分布在 7.8～9.3 A，与平均值偏差在±10%。说明采样 I_H 描述风机电流谐波数值较为稳定，可以找出其中变化的规律性，并建立统一的谐波模型。

图 8.4 为谐波电流 I_H 随风机输出功率变化的分布特性，纵轴为电流，横轴为有功功率，从图中可以看出，大多数功率段电流谐波幅值平稳，不随功率增大而成比例增减。输出总谐波电流仅在 500 kW 附近有增大接近 1 A 的峰值，主要由于 3 次谐波异常增大引起的，系统三相电压不平衡是造成 3 次风电机组谐波增大的主要原因之一。除了这个峰值点外，在风机输出功率很大，接近额定时谐波也有明显增大，由于系统电压平衡度很好，主要原因是电机磁饱和造成的定子电流谐波异常增大。其他各次谐波幅值基本稳定，这里不一一列举。

只要在风机工作过程中，变流器不调整开关频率，高次谐波（本风机为 41～43 次）电流幅值也与输出功率及基波电流基本无关。采用软件仿真得出的数据波形结果与实测数据分析结果相似，这里不再重复。

从图 8.5 可以看出，三相电流中幅值较大的各次谐波为 3、5、7、11、13、16、17、41 次等，提取并比较分析各次谐波含量与输出功率的关系可以看出，谐波电流幅值非常稳定，基本不随功率变化而变化。

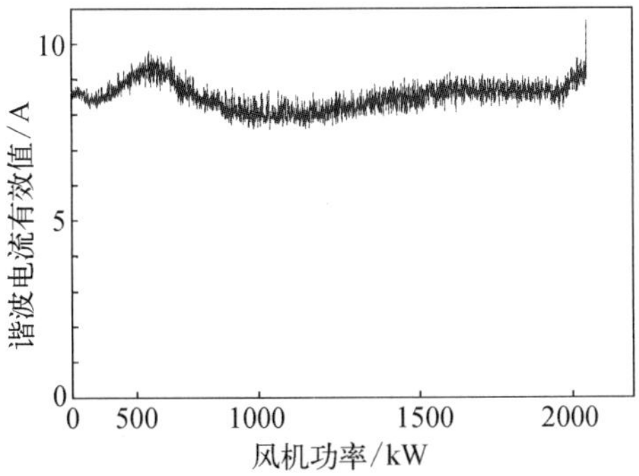

图 8.4　3.6 MW 风机有功功率-谐波电流有效值分布图

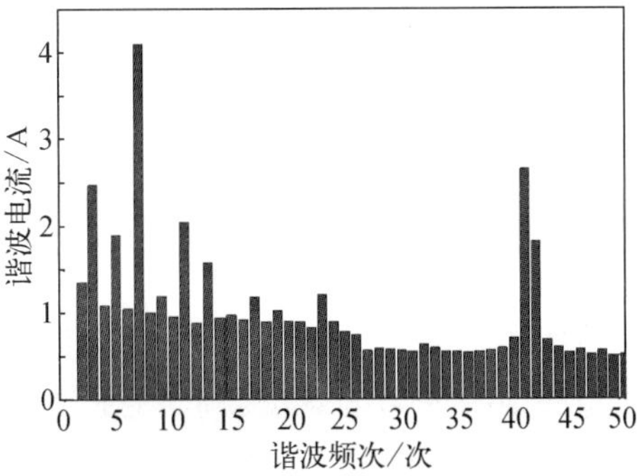

图 8.5　3.6 MW 风机谐波电流有效值频谱图

除电网电压不平衡、变流器主回路及测量回路的三相参数差异，造成风机产生 3 次谐波外，发电机磁饱和同样是 3 次谐波的主要来源。实测 3.6 MW/3 kV 双馈风机的 3 次谐波电流状态，可以发现当风电机组输出功率在 560 kW 时，3 次谐波含量最大，有效值接近 5 A，是间谐波的特征谐波与 3 次谐波叠加造成的。三相 3 次谐波有效值差异较大，最大差值达到 25%，且差值比较稳定属于系统误差，表明系统或变流器三相分布参数有较大差异。整体来看，由于 3 次谐波频率较低，在输出负功率时，受转子侧电流频率及幅值的影响较大。超过 1 650 MW 风机进入恒转速控制状态，变流器输出的转子转差功率不再增加，随着目标电磁转矩增大，转子侧励磁电流无功电流逐渐增加，3 次谐波电流也逐渐增大。谐波电流幅值与基波电流和输出有功功率没有直接线性关系。

图 8.6 对各次谐波分布的离散性进行分析，采用箱式图进行统计，每个箱内为 75%的采样数据，中间的线是平均值。从每个数据箱的长度可以看出各次谐波分布的离散情况。可以看出，除了 3、5、7 次谐波分布范围较大，其他各次谐波电流幅值的分布都非常集中。由于基波电流数值太大，影响对其他各次谐波的观测，在分析数据中删除了基波分量。

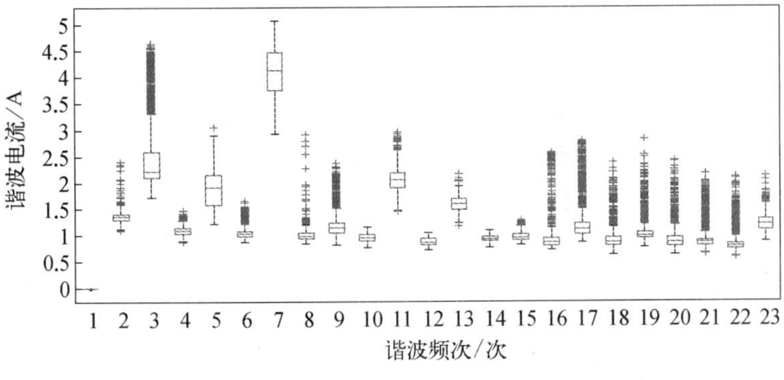

图 8.6　3.6 MW 风机 2-23 次谐波电流有效值分布图

由此可见，采用传统的谐波分析方法对风电机组的电流谐波含量评估，有很大差距。谐波电流含有率和电流总畸变率用于风电机组评估，只有对额定功率输出时计算才有意义，其他工作状态下，对同一台机组，数值差异都会非常大。而在整个工作过程中，各次谐波电流的幅值差距不大,直接用谐波电流含量 I_h 来描述风机机组谐波更为合理。若能找出一种方法来描述分布在数据箱外的离散点的分布规律,就可以建立完备的谐波模型,使风电谐波由随机信号变为有规律可循的确定信号。

8.3.4 风电机组高次谐波分析

目标波形的跟踪控制即 IGBT 的开关控制是产生高次谐波的主要原因。控制方法的主要控制目标是使变流器的输出波形与目标正序波波形完全一致,其控制方式和控制要求决定了高次谐波的频率特性。

滞环控制具有最好的实时性,对目标波形的跟踪效果也最好,只要输出与目标两者之间误差大于给定的环宽,控制就马上起作用翻转 IGBT 的上、下桥臂开关,把输出与目标的差距控制在环宽度的附近。缺点是开关频率不固定,高次谐波频谱很宽,难以滤除。SPWM 算法中 IGBT 按照固定的时间周期开关,把当前实测电流值与目标的电流值在比较器中进行比较,按照差值算出本周期 IGBT 的开通、关断时间。SPWM 方法的优点是开关频率固定,便于滤波,死区影响可做一定补偿。缺点是受电压谐波影响较大。在电网电压谐波含量低的场合,有很好的输出效果,也是目前应用最多的一种控制方式。SVPWM 采用空间矢量定出 3 个逆变桥臂的 6 只 IGBT 的开关表,把空间分成每 60°一个的 6 个扇区,按照 8 种可能的开关组合,作为 8 个空间矢量进行排列。优点是开关频率低,功率损耗小,直流母线电压利用率高。缺点是与上述两种控制方法一样,会产生一定的高次开关谐波。

大量的高次谐波对风电机组控制系统和自身的电气设备会产生很大影响,造成控制的干扰误动、设备的发热、绝缘老化等。通常电缆线路和变压器等都有很强的低通特性,对高次谐波都有一定的滤波作用。各风机所产生的开关高次谐波幅值虽然与系统电压和风机输出功率有一定关系,但其相位却完全随机,差别很大,基本上不会叠加,当风电场风机数量很多时,大多数高次谐波在风电场风机的汇流母线上会相互抵消。所以,风机的高次谐波对这个风电场和电网造成的影响不大。较强的高次谐波可能会造成本机的低压侧电缆和变压器发热,对于风机的计算机控制系统、通信等方面的电磁干扰很大。对于微网中独立运行的风电机组,高次谐波就会对系统产生较大影响,可以在并网变压器高、低压侧加装无源滤波器滤除。标准测量要求为从 2.1 kHz 到 8.9 kHz 每 0.2 kHz 一个观测点。

以实测的 3.6 MW 双馈风机 41 次即 2.05 kHZ 谐波为例,大部分时间其有效值基本上为 3.2~4 A,变流器高次谐波含量与输出功率或输出电流基本无关。风电场电压偏高时,补偿电容切除,造成风电场电网高频阻抗特性变化,电网阻抗增大,风机开关谐波更多的被变流器内的高频滤波回路吸收,释放到电网中的含量相应减小。由于 2 kHz 频率的周期仅 0.5 ms,且 PWM 控制与电网电压相位无关,高次谐波的相位通常较离散。

8.4 风力发电的间谐波分析

8.4.1 间谐波产生的原理

对于双馈风电机组变流器电机侧输出的励磁电流频率 f_r 与风机转子的机械转速 n、极

对数 p 和电网频率 f_0 之间有如下关系：

$$f_0 = \frac{pn}{60} + f_r \tag{8.18}$$

由于风况的随机变化，发电机的转子转速 n 也频繁发生变化，变流器电机侧频率也在不断发生变化。由此造成的结果是，风力发电机出口处的谐波和间谐波的频率成分也不断发生变化，因此需要有一个实时的算法能检测到各次谐波的时间变化和频率幅值等信息。由于双馈发电机转子侧变流器的频率与电网侧变流器的频率不同，电网侧变流器的频率等于电网频率。通过调整转子侧变流器的频率使风机能跟踪随机变化的风速，以便获得最大的发电效率，相当于转子侧频率和电网侧频率是两个调制源。

整流器直流侧电压和交流电流的关系可以表示为

$$\begin{cases} u_{dc} = u_a s_{ua} + u_b s_{ub} + u_c s_{uc} \\ i_a = i_{dc} s_{ia}；\ i_b = i_{dc} s_{ib}；\ i_c = i_{dc} s_{ic} \end{cases} \tag{8.19}$$

对于逆变器，直流电流和交流电压的关系可以表示为

$$\begin{cases} i_{dc} = i_a s_{ia} + i_b s_{ib} + i_c s_{ic} \\ u_a = u_{dc} s_{ua}；\ u_b = u_{dc} s_{ub}；\ u_c = u_{dc} s_{uc} \end{cases} \tag{8.20}$$

从式(8.19)和式(8.20)的频率可以计算出相应的调整频率。对于指定的调制模式（切换功能是 s_{ua}，s_{ub}，s_{uc} 和 s_{ia}，s_{ib}，s_{ic}，），如果工作条件（输入电压是 u_a，u_b，u_c；直流电压是 u_{dc}）满足，则直流电压的波动频率和交流电流的频率分布可以计算出来。

用三角级数表示开关功能函数：

$$s_{ua} \cong \sum_{j=1}^{\infty} k_j^u \cos(\omega_j^u t) \tag{8.21}$$

$$s_{ia} \cong \sum_{j=1}^{\infty} k_j^i \cos(\omega_j^i t) \tag{8.22}$$

其中，ω_j^u 和 ω_j^i 是调谐信号的角频率，k_j^u 和 k_j^i 是第 j 个分量的系数。b、c 相的公式与 a 相类似，PWM 的开关函数形成了相关的调制波和载波。对于三角波 PWM 调制有

$$\begin{cases} k_j^i = \dfrac{4}{n^2 \mu \pi} \times \sin\dfrac{n\pi}{2} \times \cos\dfrac{n\pi}{6} \times \cos\dfrac{n\mu}{2} \\ k_j^u = \dfrac{4}{n\pi} \times \sin\dfrac{n\pi}{2} \times \cos\dfrac{n\pi}{6} \times \cos\dfrac{n\mu}{2} \end{cases} \tag{8.23}$$

转子侧变流器、直流母线和电网侧变流器形成了一个 AC－DC－AC 链接。相应的直流电压的脉动分量的调制频率是

$$\omega_{dc}^{md} = | m\omega_r \pm n\omega_0 | \quad m,\ n = 0,\ 1,\ 2,\ \cdots \tag{8.24}$$

直流电压的其他特征频率可以由式(8.23)计算出。整流器的直流电压特征频率由它的输入电压和开关函数决定，直流母线电压的非整数次频率波动与交流侧的基波频率调制，产生了电网侧的非整数倍间谐波的成分。直流电压的整数倍波动频率与电网基波调制导致了

电网侧的整数次谐波分量。对于电网侧变流器,特征频率和间谐波和谐波幅度可以从式(8.24)计算出。对于六脉冲转换器(整流器和逆变器是相控方式),其直流电压特征频率为

$$6k\omega_r,\ 6k\omega_0\ 和\ |6k\omega_r \pm 6k\omega_0| \tag{8.25}$$

相应的电网侧间谐波的主要频率可表示为

$$f_h = 6k(1-s)f_0 \pm f_0 \tag{8.26}$$

其中,$k = 1, 2, 3, \cdots$, s 为双馈发电机的转差率,f_0 为电网频率。

8.4.2 IEC 框架下的间谐波测量

IEC61000-4-7 规定:对于 50 Hz 电力系统,采用矩形窗函数,窗口宽度为 10 个基波周期 200 ms,使用离散傅里叶变换 DFT 作为谐波、间谐波分析的处理工具,分辨率为 5 Hz,间谐波的分量由频谱给定的频率点决定,间谐波群频率指间谐波群所处其间的两个谐波频率的平均值,谐波含量在 0.1%以上的均需要检测。IEC 61400-21:2008 和 GB/T 20320-2006 标准对并网风电场谐波的检测亦作了同样的说明。根据这些规定,对于我国电网,$f_0 = 50$,间谐波由以下频率来表示:

$$f = nf_0 \pm \frac{1}{2}f_0 \tag{8.27}$$

与此对应的间谐波的有效值为

$$C_{nf_0+\frac{1}{2}f_0} = \sqrt{\sum_{i=1}^{9} C^2_{nf_0+5i}} \tag{8.28}$$

其中,$nf_0 + 5i$ 表示 DFT 频谱对应的频率值。即频率分辨率为 25 Hz。

$$C_{nf_0} = \sqrt{\frac{C^2_{nf_0}}{2} + \sum_{i=-4}^{4} C^2_{nf_0+5i} + \frac{C^2_{(n+1)f_0}}{2}} \tag{8.29}$$

由于双馈风电机组的励磁电流调节频繁,其电流的频率、相位和幅值波动较大。而根据以上的分析,该方法的频谱对应的频率间隔为 5 Hz,不能检测到位于规定检测点之间的间谐波分量,所给出的间谐波幅值,频率和相位信息也是不准确的,因此需采用具有更高频率分辨率和更高检测精度的间谐波检测算法。

基于 IEC 标准的间谐波检测方法,计算的间谐波频率幅值忽略了每两个 5 Hz 之间的成分,从前面对于间谐波频率分布的分析中,已经得出双馈风电机组间谐波的分布规律以及其特征频率,由于转子电流频率随风速波动,其特征频率很少会刚好位于 $nf_0 \pm 0.5f_0$ 或 5 Hz 的整数频点上。因此,由式(8.28)和式(8.29)中的检测方法并不适用于计算风机的输出电流间谐波的准确分布。

8.4.3 可变时间窗口的间谐波测量方法

定子电流的特征分量主要来自转子电流的基波成分,这两个频率与转子的转速相关,因此,可变的时间窗口的设计成基于转子的速度(或转子电流频率)。时间起始点和矩形窗口

的时间宽度是计算的两个关键参数,可以用这两个参数来设计可变时间窗。起始点有两类,一类是转子的新转速(SP1)的开始点,另一类是上一个矩形的结束点(SP2)。在此我们按照从检测到的转子电流频率计算出的值来调整起始点 SP1,转子的转速可以通过转子电流实时计算转子的转速,可以通过相应的公式从转子的转速计算出相应的变流器转子侧基波频率。

$$k(t) = floor\left(\frac{n_r(t)}{m}\right) \tag{8.30}$$

$$P = \begin{cases} 1 & k(t) - k(t-1) \neq 0 \\ 0 & \text{else} \end{cases} \tag{8.31}$$

其中, m 是一个恒定值, $n_r(t)$ 是所检测到的转子速度(转/分钟); $floor(x)$ 是小于等于 x 的最小整数。为了准确的得到特征频率的幅值,测量方法的频率分辨率要小于等于 $50 - k(t)/6$。如果 $50 - k(t)/6$ 被选定为符合计算目标的最小时间,时间窗口的宽度可以按以下公式计算:

$$W(t) = \frac{2}{50 - \dfrac{m \cdot k(t)}{60}} \tag{8.32}$$

$W(t)$ 的单位是秒。当 $P = 1$ 时,时间窗口宽度按照以上公式调整,否则,按照前一个时间窗口的宽度保持恒定。然后,用图 8.7 的方法,按照 $k(t)$ 的突变时间的起点 SP1 调节子窗口宽度和位置,这种测量方法的频率分辨率随着转子的转速的波动而变化。

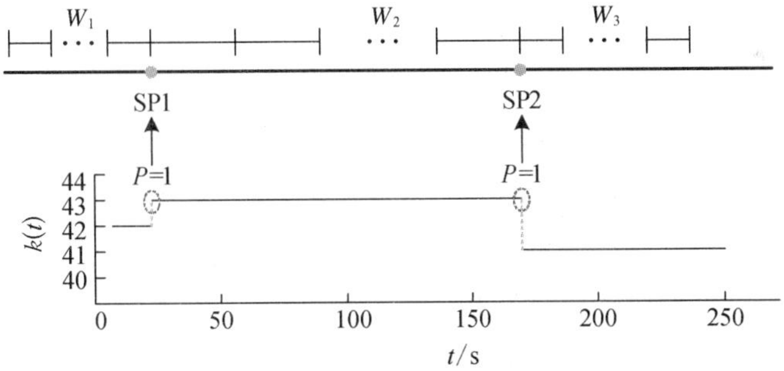

图 8.7　时间窗的宽度

在 t 时刻,测量过程如下所示。

步骤 1: 通过转子电流采样、整形获取当前转子转速,并用上述公式计算出 $k(t)$。

步骤 2: 如果 $P = 1$, 调节的时间窗口 $W(t)$ 的宽度,或者保持前面一个时间窗口的宽度。

步骤 3: 用在步骤 1 和 2 中计算出的时间窗口,运行离散傅里叶变换。

下面采用一个算例,分别用两种计算方法进行分析计算,对由 IEC 标准的计算方法和可变窗口计算方法进行性能对比。以下面的测试信号作为分析对象:

$$i_1 = \begin{cases} 0.4\sin(16\pi t) + 0.2\sin(84\pi t) + \sin(100\pi t) + 0.2\sin(116\pi t) + 0.4\sin(300\pi t) & t < 0.5 \\ 0.3\sin(24\pi t) + 0.3\sin(76\pi t) + \sin(100\pi t) + 0.3\sin(124\pi t) + 0.3\sin(300\pi t) & t \geq 0.5 \end{cases}$$

对于上述被测电流，发电机转子转速从 1 260 r/min 到 1 140 r/min 变化。此时，转子电流的基波频率变化与之相对应的为 8 Hz、12 Hz。设 m = 30，速度 1 即上图中 SP1 处于 t = 0.5 s 时刻。采用频率为 1 kHz，表 8.3 和表 8.4 中所示为采用 IEC 方法对 200 ms 的测试信号，分析间谐波/次谐波的计算结果。表 8.5 为采用考虑转子速度的新方法计算出的结果。分析对比可以看出，表 8.5 的结果与原信号的实际值完全一致。表 8.3 和表 8.4 中的数据误差大于 5%。

表 8.3 基于 IEC-5 赫兹分辨率方法对测试信号的谐波/间谐波分析结果

f/Hz	5	10	15	20	25	30	35	40	45	50
幅值	0	0.380	0	0.076 9	0	0.063	0	0.208	0	0.948
f/Hz	55	60	65	70	75	80	85	90	95	100
幅值	0	0.193	0	0.037 3	0	0.022 7	0	0.017	0	0.013 9
f/Hz	105	110	115	120	125	130	135	140	145	150
幅值	0	0.012	0	0.011	0	0.009	0	0.009	0	0.41

表 8.4 使用 IEC 方法对测试信号间谐波/次谐波分析结果

f/Hz	25	50	75	100	125	150	175	200	225	250
幅值	0.444	0.993	0.199	0.035	0.020	0.408	0.014	0.013	0.011	0.011

从表 8.5 的结果可以看出，基于可变窗方法可以检测到 IEC－5 Hz 分辨率方法检测不到的间谐波分量为 8 Hz、42 Hz、58 Hz，这些间谐波分量的幅度都达到基波分量的 20%以上，IEC 方法检测到的 50 Hz 基波的幅度也小于其真值，因为转子电流的频率是随时间变化的，方法一无法计算出准确的各频率分量幅值。与 IEC 定义的风力发电机组间谐波测量方法相比，基于可变窗方法的优点在于能够准确找到间谐波的特征频点，对特征频率的幅度计算结果与老方法相比更准确。基于可变窗方法的另一个优点是自适应间谐波特征频率组转子转速的变化而变化，与其他信号处理方法相比，该方法的计算量最小，由于时间窗长度根据转子速度变化，避免了数据的截断误差和计算过程中的频谱泄漏。

表 8.5 可变窗方法对间谐波/谐波分析检测结果

f/Hz	8	42	50	58	150
幅值	0.4	0.2	1	0.2	0.4

下面针对国内某一风电场的 2 MW 双馈风力发电机组进行实际分析。所选择监测量为发电机的定子电流和转子电流，通过采用多通道录波器同时采样得到数据波形，采样频率为 6 kHz。为了分析方便，只对该采样信号中的 a 相电流信号进行分析。图 8.8 为其中一段发电机定子侧电流原始波形和转子励磁电流原始波形，横坐标为采样点，纵坐标表示标幺化幅值（以峰值为基准值）。图中的频谱分析是对以从标号 1 000 采样点开始的 200 ms 信号采用加高斯窗的 FFT 变换得到的发电机电流频谱分析图，频率分辨率为 5 Hz。

表 8.6 和表 8.7 中数据是采用 IEC 方法对 200 ms 的时间片的风机电网电流计算出的谐

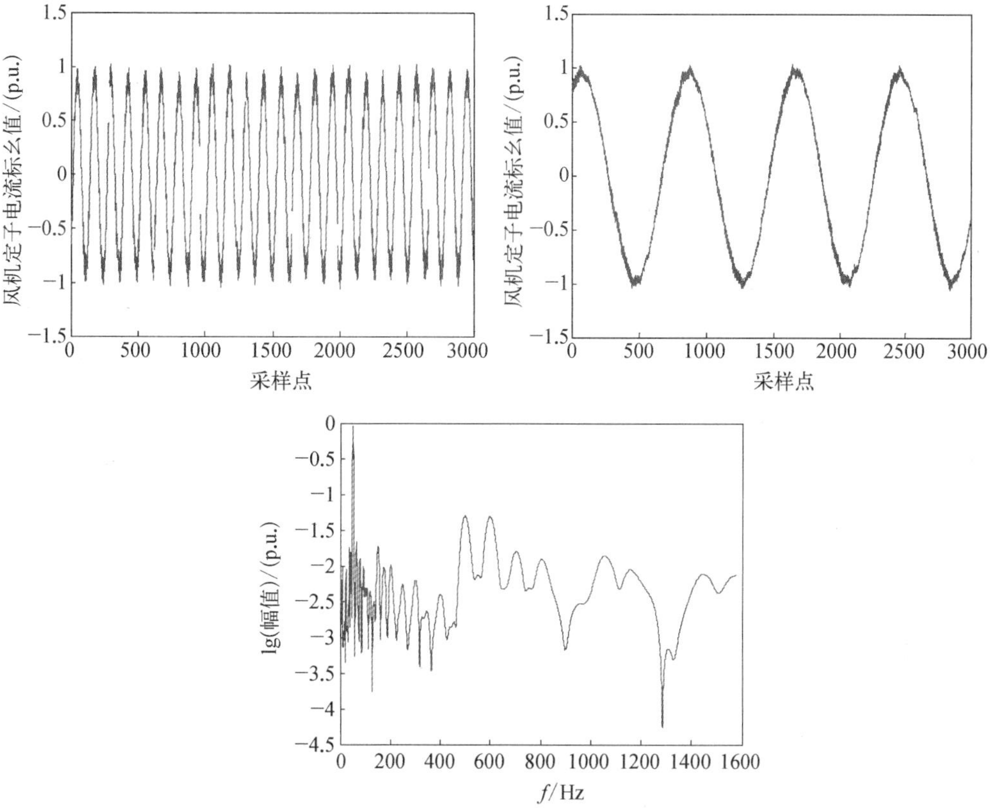

图 8.8　风机定子、转子电流实测波形及频谱分析

波分析情况，表 8.6 列出了幅值超过 1%的前 20 个谐波的频点和幅值。表 8.7 列出了 1 kHz 以下的谐波和间谐波频率和幅值，与表 8.6 的区别是其谐波分析方法的目标不是同一类，分别基于 IEC 方法的 1 kHz 以下信号分析，和 1 kHz 以上频率分析。

表 8.6　采用 IEC 基本模型加 5 Hz 频率分辨率方法计算出的谐波/间谐波实时数据

f/Hz	5	10	15	25	30	35	40	45	50	55
幅值	0.075	0.015	0.012	0.023	0.019	0.048	0.047	0.012	0.99	0.025
f/Hz	60	65	75	150	620	720	2 550	2 570	2 575	2 625
幅值	0.037	0.022	0.028	0.021	0.024	0.014	0.089	0.011	0.016	0.014

表 8.7　仅采用 IEC 基本模型分析计算得到谐波/间谐波实时数据

f/Hz	50	100	150	200	250	550	600	650	700
幅值	1.002	0.028	0.025	0.012	0.011	0.010	0.027	0.011	0.016
f/Hz	25	75	125	175	625	725			
幅值	0.078	0.059	0.017	0.011	0.027	0.016			

表 8.8 是采用可变窗方法针对同一现场电流波形计算出的谐波/间谐波数据结果，表中同样只列出幅值超过基波 1%的谐波分量频率和含量。与上述两组计算数据对比可以看出，

基于 IEC 法的频率分辨率为 5 Hz,因此,一些特征频率的幅值分量无法被计算到。可变窗方法提供了一个准确的特性频率组计算方法,13 Hz、26 Hz、37 Hz 等特征分量可以精确计算到,并且分析设备的计算量没有很大增加。同时当单个风力发电机组容量很大时,特征频率分析对电力系统的稳定性有很大意义。以上对双馈风力发电机组的分析同样适用于永磁直驱风力发电机组。

表 8.8　采用改进方法计算出的谐波/间谐波数据

f/Hz	13	26	37	50	63	76	87	100	113	130
幅值	0.026	0.047	0.108	1.05	0.096	0.059	0.035	0.021	0.020	0.023
f/Hz	150	173	200	250	271	350	550	613	650	713
幅值	0.045	0.025	0.018	0.013	0.012	0.01	0.02	0.038	0.011	0.021

8.4.4　不依赖转子速度的改进型 S 变换测量方法

可变窗方法计算是基于发电机转速可直接得到的情况,对于无法与风机控制器通信,且无外接转速传感器,无法获得发电机转速的时候上述方法就难以实施。在对频点精度要求不太高的场合,可以采用短时傅里叶变换的一种变化——改进型 S 变换,来检测系统的间谐波。S 变换具有较高的频率分辨率,并可根据待分析信号的频率分布调快或减慢高斯窗宽度随频率变化的速度。根据所选频率段,选择合理的高斯窗调节因子可得到较好的效果。加入调节因子的 S 变换原理如下:

$$S(\tau, f) = \int_{-\infty}^{\infty} h(t) \frac{\lambda \mid f \mid}{\sqrt{2\pi}} e^{-\frac{(\tau-t)^2\lambda^2 f^2}{2}} e^{-j2\pi f t} dt \tag{8.33}$$

其中,$h(t)$ 为待分析的信号;λ 为调节因子,当 $\lambda > 1$ 时,窗宽度随频率呈反比加快改变,时间分辨率更高;当 $0 < \lambda < 1$ 时,减慢高斯窗变化速度,可以提高频率分辨率。

令 $f \to \frac{n}{NT}$, $\tau \to iT\ h(kT)$, $k = 0, 1, \cdots, N-1$

改进 S 变换离散表达式为

$$\begin{cases} S\left[iT, \dfrac{n}{NT}\right] = \sum\limits_{m=0}^{N-1} H\left(\dfrac{m+n}{NT}\right) e^{-\frac{2\pi^2 m^2}{\lambda^2 n^2}} e^{\frac{j2\pi mi}{N}}, & n \neq 0 \\ S[iT, 0] = \dfrac{1}{N} \sum\limits_{m=0}^{N-1} h\left(\dfrac{m}{NT}\right), & n = 0 \end{cases} \tag{8.34}$$

可以理解为 S 变换是加高斯窗的 FFT 变换。根据测不准原理,时、频分辨率不能同时提高,必须根据实际信号进行选择。图 8.9 为变流器电网侧电流 S 变换后的二维的时频分析图和频谱分析图,可以看到此时的电流的基频为 50 Hz。

图 8.10 为变流器转子侧电流的时频分析和在采样点为 1 000 时的瞬时频谱分析;转子电流的基波频率保持 13 Hz,和转子的转速 1 890 r/min 相对应。

图 8-9(a)和图 8-10(a)中,颜色的深浅表明了幅值的大小。由两图可以清晰地看出,发电机的输出电流主频率为 50 Hz,除了有 3、5、7 次等整数次谐波外,还有 22 Hz、36 Hz、

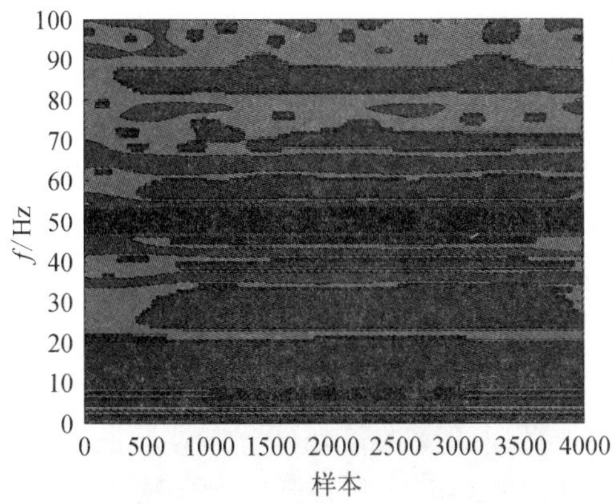

(a) 时频分析

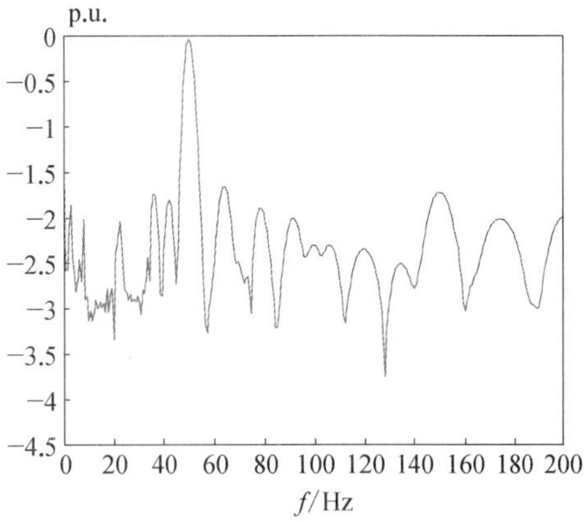

(b) 采用加高斯窗的FFT变换的频谱分析

图 8.9　发电机输出电流的频谱分析

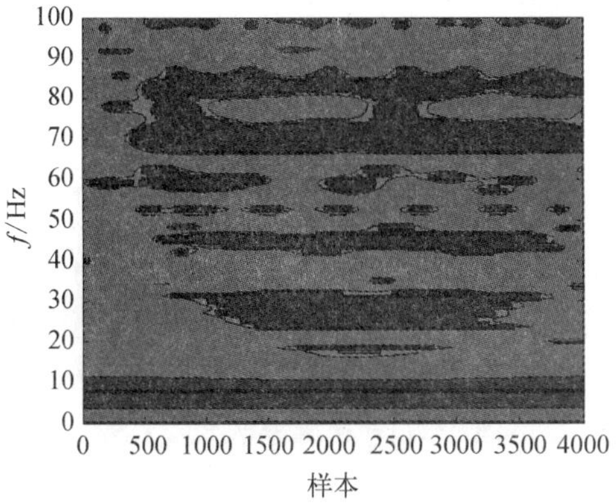

(a) 时频分析

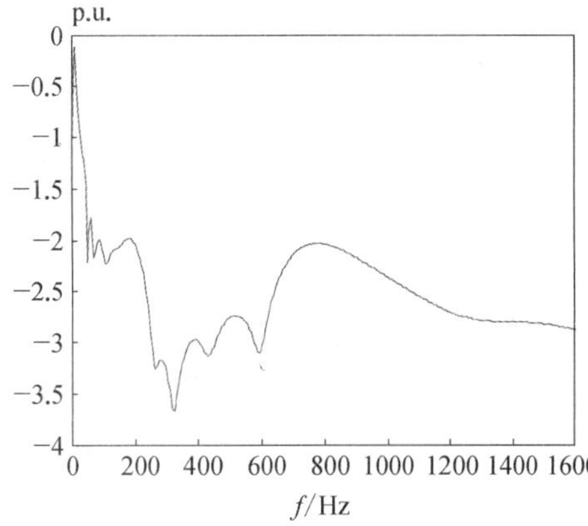

(b) 采用加高斯窗的FFT变换的频谱分析

图 8.10　发电机励磁电流的频谱分析

42 Hz、64 Hz、78 Hz、120 Hz、175 Hz 等间谐波出现。并且可以看到每次谐波产生时间和持续的时间长度，如图 8.10(a)中浅色区域所示的短时出现的间谐波。发电机的励磁电流的主频率为 7.85 Hz，还有 2.8 Hz 的频率，除了有 3、4、5、7 次整数次谐波(相对于 7.85 Hz)外，还有 11、15、17 次谐波(相对于 50 Hz)。而采用 5 Hz 分辨率的 FFT 算法无法分辨出这些谐波和间谐波的频率次数。通过对上面两图的对比分析，还可以得出：双馈风力发电机组的间谐波有很明显的尖峰，说明间谐波有其特征频率，该特征频率所处的间谐波集合群的能量大都集中于该特征频率。从上述分析可以看出采用加高斯窗的 FFT 变换所做的频谱分析结果与前述可变窗方法结果接近，只是要想达到同样精度所需的数据量和计算量要大很多。优点是改进型 S 变换同样适用于高次谐波的分析计算，对于幅值和相位随机变换的高次谐波具有很好的跟随特性。

8.5　变速恒频风电机组特征谐波模型

传统的谐波分类方法都是从频率上来区分，其中幅值较大需要重点分析研究的有 2、3、

5、7、… 6n ±1 次，按是否基波整数倍来区分谐波和间谐波，且认为所有谐波的频率都是静态不变的，而幅值是随电气设备输出功率增减而成比例增减。结合前两节的分析计算，而实际风电机组很多时候情况下正好相反：对大型风电机组在平衡的电网状况下，其主要频次谐波的幅值 90%概率值变化很小，与输出功率没有相应的比例关系，而频率有些是固定的有些随转速而变化，其中整数次谐波在大电网中其频率几乎不变，在风电变流器中其幅值变化也不大，幅值出现峰、谷的原因主要是由于间谐波簇的频率刚好与其重合。由于对变速恒频风机谐波特性的理解和认识不足，造成我们看到的谐波幅值表现出一种随机分布特性，缺乏规律性。

这里换一种新的思路来建立谐波模型，不再按照是否整数倍来区分谐波。把谐波分为恒定频率谐波和可变频率谐波，简称“恒频谐波”和“变频谐波”，任何一个频次的谐波都是由恒定频率谐波和变频谐波累加而成。整数 2、3、5、7、11、13 次谐波的主要幅值，是由恒定频率谐波组成，但其峰、谷值点一般都是与变频谐波叠加产生的。其他整数次谐波中，恒定频率谐波幅值很低，通常被测量分析到的数值，都来自变频谐波的整数频率点。

以下用一台 3.6 MW 风机的实测数据为基础，研究建立变速恒频风电机组谐波模型的基本方法。

8.5.1 机组特征谐波分析与建模

前面提出按间谐波簇即变频谐波簇的分析方法，是因为对某一簇变频谐波，由于其频率是随风机转速变化的，在风电机组工作的全部功率对应的转速段中，特征间谐波频率随转速大范围变化，无法用一个固定频率来描述，同时幅值也有一定变化，而常规的谐波分析方法对间谐波的研究和整数谐波一样，按固定频率来分析，由于频率分辨率较低，无法实现对其各项参数的辨识。

图 8.11 是采用 Fluke1760 对 3.6 MW 风机测量记录的原始数据，2 760 组数据按有功功率排列，每组数据包含 1～50 次谐波电流有效值，因基波电流幅值过大，影响对其他各谐波分量的观测，图中删去了基波电流。

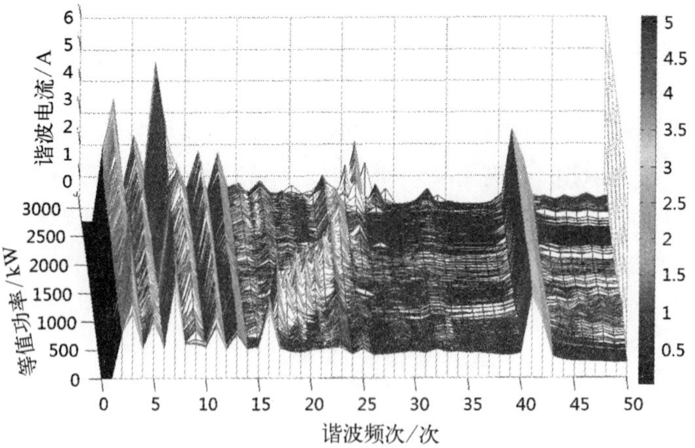

图 8.11　3.6 MW 风机功率-谐波电流原始数据图(后附彩图)

从图 8.11 中可以看出谐波电流峰值点的分布情况，可以从中发现很多规律性。变频谐波频率与固定频率谐波频点重合出现相应的谐波的幅值，利用这些峰值点来实现变频谐波模型参数的辨识。下面对其各峰值点的频率进行分析来找出各谐波分量频率和幅值的分布规律。首先是 3、5、7、11、13 次等幅值较大的主要整数次谐波幅值的变化情况。

从图 8.12 中可以看出当风电机组输出功率在 1 350 kW 时，5、7 次谐波含量都达到最大值，与最小值相差 1 A。6 次谐波在 800 kW 出现 1.6 倍的峰值。单独研究整数次谐波无法解释产生这个峰值的原因，人们通常会认为是工作过程中随机产生或特殊频点谐振产生的，这说明单独采用从固定频率点的方式来分析谐波是不够的，采用特征间谐波的分析方法很容易解释这一现象。对谐波进行解耦分析，把谐波看做频率和幅值都基本不变的整数次谐波和频率变化的间谐波叠加的结果，风机输出功率小于 1 350 kW 时，风机转速低于 1 500 r/min，工作在亚同步状态，变流器从电网吸收有功功率，转速越低吸收功率越大，定义转子电流频率 $f_r < 0$。反之为超同步状态，向电网输出功率 $f_r > 0$。1 350 kW 对应于该风机的同步转速点，转子电流频率 $f_r = 0$，风机特征间谐波组 $6(f_0 + f_r) \pm f_0$ 与 5、7 次谐波的频率重合，造成幅值叠加，从而在 1 350 kW 附近出现较大峰值，16、17、19 次也都在不同功率时出现峰值，这些峰值都是与特征间谐波叠加引起的。

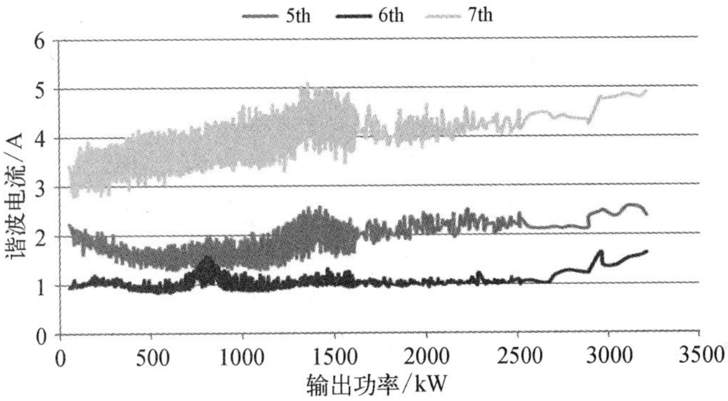

图 8.12　3.6 MW 风机功率和 5、7 次谐波电流有效值分布图

超过 1 800 kW 之后 5、7 次谐波又明显开始增大，经电磁仿真分析，主要原因来自磁饱和，双馈风电机定子谐波含量虽然非常低，最大的 5、7 次谐波峰值谐波不到额定电流的 1%，但具有很强的非线性，与发电机硅钢材料的磁饱和特性一致。随着输出电流增大或电网电压升高，发电机铁芯接近饱和区，输出电流发生畸变，畸变波形与变流器网侧谐波叠加，造成 5、7 次谐波增大。在发电机接近满发状态时，由于接近发电机磁性材料饱和区，各 $6k \pm 1$ 次总谐波电流明显快速增加。变流器的输出电抗器同样存在饱和问题，输出电流达到或超过额定电流时，输出电流的波形畸变会有所增加，增大的量值取决于发电机和输出电抗器的设计余量。

同样从图 8.13 中可以看到，16、17、19 次谐波除了在特殊功率点增大到平时的 2.5 倍，其他时段分布非常平稳，也不随输出功率及基波电流值而改变。实际情况从 16 次至 26 次谐波都有相同幅值的峰值点，这里就不一一列举了。

图 8.14 中横轴为 2~50 次谐波，纵轴为有功功率，右侧图例标示出 0.5~5 A 电流值所对应的颜色。可以看出三个谐波的峰值，都属于同一簇特征间谐波在不同转子频率下表现出的不同频率，经计算该间谐波频率为 $24(f_0 + f_r) - f_0$。从中可以更清楚的看出，各整数次谐

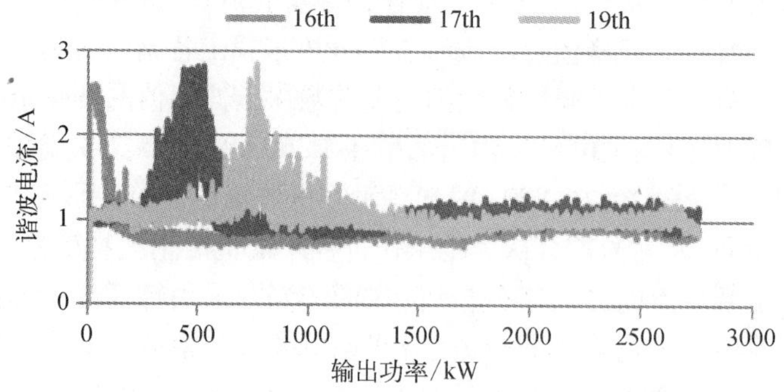

图 8.13 3.6 MW 风机功率-16、17、19 次谐波电流有效值分布图

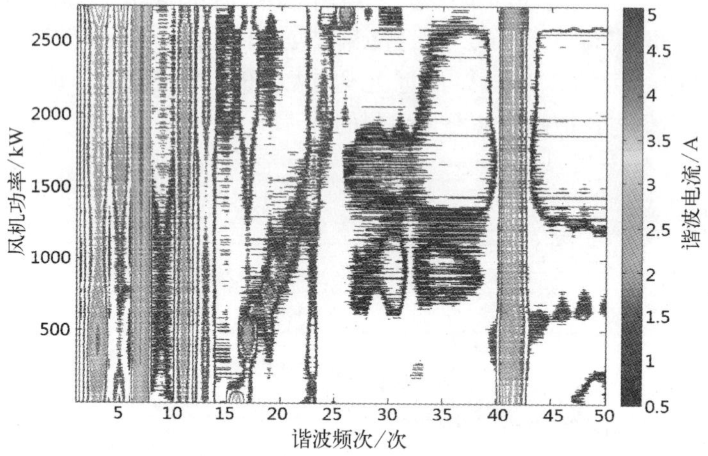

图 8.14 3.6 MW 风机功率-各次谐波电流有效值分布图(后附彩图)

波频率随功率变化没有明显的的规律性增加。有一个从 16 次到 26 次之间随风机转速变化各次谐波都有的峰值谐波频点,虽然次频率点是基波频率的整数倍,但其频率是随转子频率变化的间谐波的一个特征频点。通过相应的间谐波频率可以计算出当前功率时刻风机的转速。虽然图 8.14 没有计算间谐波,仍然可以看出该频点是随转速连续变化的,经过仿真对大量风电机组现场的测量数据和数值仿真结果进行的 65 536 点的 FFT 分析,可以总结出幅值较大的几个谐波的特征频点。f_0 代表电网频率 50 Hz,f_r 代表变流器转子侧频率,低于同步转速时取负值。按谐波幅值从大到小排列为

$$|f_r|,\ 24(f_0+f_r)-f_0,\ f_0+6f_r,\ 6(f_0+f_r)+f_0,\ 24(f_0+f_r)+f_0,\ 6(f_0+f_r)-f_0$$

其中,前三项幅值很大,常常与最大的 5、7 次谐波幅值相当。平时计算时所采用的 FFT 计算方法点数少,频率分辨率低,适合对整数次谐波进行分析。上一节讨论的结果,若不在频率点的中心位置,计算出的幅值比实际值要小得多。另外,这三个频率往往容易被忽视。$|f_r|$ 由于频率值一般在 0~15 Hz,检测时若频率分辨率不够高,通常会被大的基波电流的幅值而淹没,或被当做闪变来处理,实际其幅值是谐波中最大的。表 8.9 中加黑的数据就是与整数次谐波叠加的特征谐波频点。$24(f_0+f_r)-f_0$ 即为图 8.13、图 8.14 中的 16~26 次谐波峰值点出现时的频率,用这种方法可以计算出风机在此时刻的转子电流频率及转速。先从谐波

数据表从查出特征谐波频率及对应的功率,再代入公式计算出相应的转速,该发电机为 6 极电机,同步转速 1 000 r/min。

从表 8.9 中可以看出在部分功率段的转速、功率和三个幅值较大的特征谐波的频率变化范围。其他还有很多频率随转速变化的特征谐波,这些谐波在特定转速下其频率与某整数次谐波重合产生叠加效应,表现出该整数次谐波在这个频率下出现峰值。表中加黑数据为原始数据,其他数据由计算得出,可以看到加黑的整数次谐波点对应的功率正是谐波峰值出现的功率。由此看到变频谐波不仅对 13 次以上的谐波影响非常大,对 5~7 次谐波也有一定影响。变频谐波是平时谐波测量中幅值不确定因素的主要来源。

表 8.9　风机转速、转子频率、功率及特征谐波

特征谐波 $24(f_0+f_r)-f_0$（谐波阶次）	**800（16）**	**850（17）**	**900（18）**	**950（19）**	**1 000（20）**	**1 050（21）**	**1 100（22）**	**1 150（23）**	**1 200（24）**	**1 250（25）**	**1 300（26）**
转子频率 f_r/Hz	−14.6	−12.5	−10.4	−8.33	−6.23	−4.16	−2.07	0	2.1	4.17	6.27
特征谐波 $6(f_0+f_r)-f_0$/Hz	162	175	188	200	213	225	238	**250（5）**	262.6	275	287.6
特征谐波 $6(f_0+f_r)+f_0$/Hz	262	275	288	**300（6）**	313	325	338	**350（7）**	362.6	375	387.6
风机功率/kW	110	590	700	800	887	1 025	1 207	1 350	1 545	1 700	2 150
转速/（r/min）	708	750	792	833	875	917	959	1 000	1 042	1 083	1 125

以上分析是在电能质量分析仪给出结果的基础上进行的,要做更深入的分析,建立完备的谐波模型,需要有原始电压电流波形数据。图 8.15 是采用 48 kHz 采样频率 16 位分辨率录制的风机电流波形,从 0 s 至 45 s 是风机平稳加速的过程,风机速度从启动加速到接近额定转速。针对以上风机加速过程的原始数据,进行 65 536 点 FFT,数据长度为 1 s,使频率分辨率达到 1 Hz。其中 45 s 加速段测量数据进行时频分析。

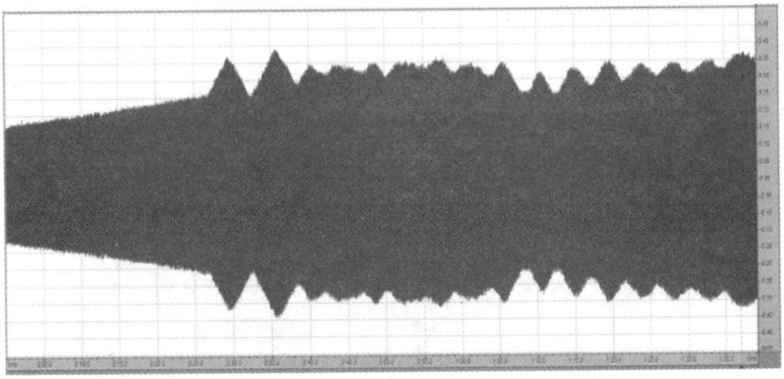

图 8.15　3.6 MW 风机并网后加速段电流波形

图 8.16 中横轴是采样时间,1 s 计算一次 FFT,纵轴是频率值,图例中颜色表示电流,从图中的数据中可以发现很强的规律性。图中可以清楚的看出,特征频率分布呈现出三类,一类为水平线,全部是整数次谐波,一类为几组递增的平行斜线为 $6k(f_0+f_r)\pm f_0$,幅值最大的

一条是 $24(f_0+f_r)-f_0$，以此为基准，其频率为 1 024-1 308 Hz 可以计算出转子频率 f_r 在 0 s 时刻为-5.25 Hz，45 s 时刻为 6.72 Hz，19 s 时为 0 Hz。还有一簇频率点，呈现出 V 字形排列，其中心特征频率为 $390|f_r|$，幅值为 0.5~1 A，怀疑是由于采样信号线屏蔽不好，共模抑制比不够高，受变流器空间电磁干扰产生的噪波。其余白色部分电流值都小于 0.1 A。最大一簇频率与整数次谐波叠加，是造成整数次幅值波动的主要原因。图 8.17 将图 8.15 的数据取对数并用三维图表示出来，可以更直观的发现其中的规律性。显然，呈斜线的为间谐波簇，幅值在 1 A 以上的间谐波簇为

$$f_{\text{inter}}=\begin{cases}|f_r|\\ f_0+6f_r\\ 6k(f_0+f_r)\pm f_0,\ k=1,3,4,5\\ 4(f_0+f_r)\pm f_0\\ 2f_r+\dfrac{1}{3}kf_0,\ k=1,2,3,5,7,8,9,11\end{cases} \tag{8.35}$$

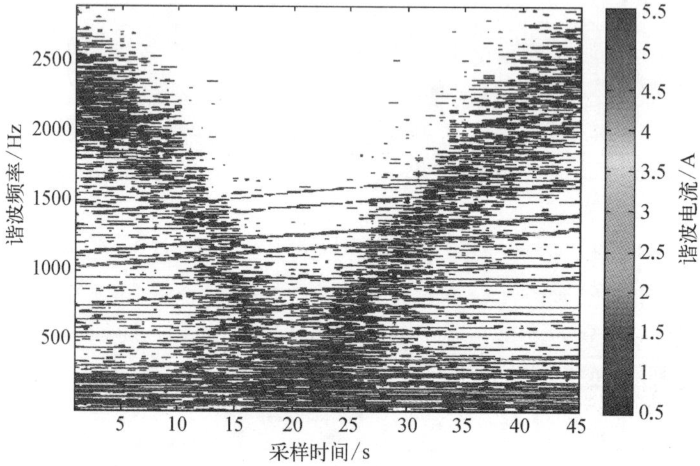

图 8.16 3.6 MW 风机并网加速段各次谐波电流有效值分布图(后附彩图)

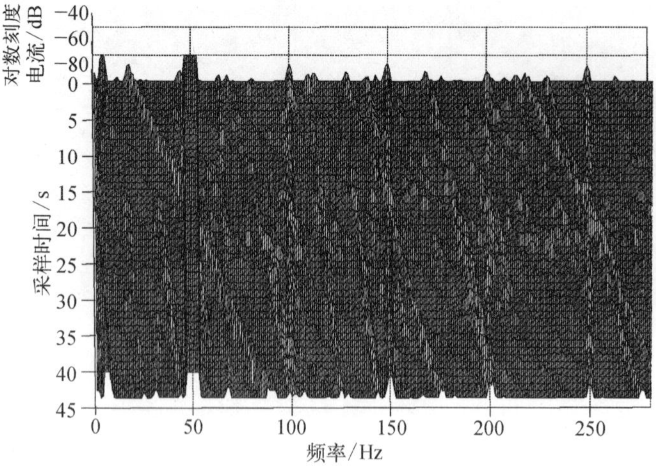

图 8.17 3.6 MW 并网加速段各次谐波电流对数 3D 图(后附彩图)

以上 5 组特征变频谐波组中，前 3 种是共性的，对各种风机都是同样。可以作为共性的风电机组谐波模型的一部分。这里用间谐波的名称不科学，因为该谐波的频率是可变的，有时也可变到整数值，比较好的名称是可变频率谐波。第 4、5 种是由电网不平衡引起的，标准格式应该为 $2f_r+f_0$，由于当前变流器为三组逆变单元耦合而成，所以出现三分之一基波频率。

基于以上分析。风机谐波电流模型可以统一表示为

$$i_h(p) = \sum_n i_{cn} + \sum_n i_{sn}(p) + \sum i_{hi} + \sum i_{Vf}(p) + \sum i_{unb}(p) \tag{8.36}$$

其中，p 表示风机的输出功率，i_n 表示整数次谐波，除去 IGBT 开关频率附近的频点，频率固定不变，90%概率值可以认为其幅值和相位角都是固定值。i_{hi} 是高次谐波，主要是开关频率及其倍频，与 i_n 不能重复计算，其幅值固定，相位为随机相位。$i_{Vf}(p)$ 为所有可变频率谐波电流的和，幅值需针对各种不同的特定机型分别测定，由于相位角与转子电流相位和频率相关，以基波电压相位为基准考察，其相位角随时间在 0~360°旋转而均匀分布。频率是转速的函数，由于电量信号中不包含转速，转速虽然与功率直接不是线性关系，但每一个功率点的转速基本固定，从功率可以查出非常接近的转速。因此间谐波也可以近似看做关于有功功率 p 的函数。$i_{unb}(p)$ 为所有由于电网电压不平衡造成的谐波电流的和，主要为 3 次和 $3n$ 次谐波，幅值与输出功率和电网不平衡度有关。

上述谐波模型在电网电压质量较好时，是一组确定性模型，各谐波频率幅值只与输出功率相关。消除了谐波测量中的随机性和不确定因素。以下验证这一结论的正确性，并给出简单实用的模型的参数辨识方法。

8.5.2　模型验证

前面的模型辨识中需要大量的实时数据来进行分析，但这些实时数据往往很难得到，风机的电能质量检测报告通常提供两种谐波统计数据表，一个是各整数次谐波的峰值数据及其对应的功率值，另一个是风机间谐波最大电流值及其对应功率表。这些数据对于用户是开放的，可以分别利用这两组数据来建立初步的谐波模型。

下面用 1.25 MW 和 2 MW 风机的谐波检测报告数据来对谐波模型进行验证。表 8.10 为 1.25 MW 的谐波报告数据。

表 8.10　1.25 MW 双馈风机谐波-最大电流值-对应功率表

频率/Hz	功率/kW	谐波电流/A	频率/Hz	功率/kW	谐波电流/A	频率/Hz	功率/kW	谐波电流/A
75	1 015	10.77	125	245	2.30	187.5	214	1.99
81.25	989	6.49	131.25	135	1.88	193.75	244	2.93
93.75	1 265	5.65	150	1 237	4.50	200	297	2.41
100	1 275	6.38	162.5	1 240	1.05	206.25	250	1.15
106.25	915	6.17	168.75	99	2.51	212.5	285	2.30
112.5	320	2.51	175	1 233	3.76	218.75	319	2.41
118.75	289	2.41	181.25	222	2.09	225	326	2.09

续 表

频率/Hz	功率/kW	谐波电流/A	频率/Hz	功率/kW	谐波电流/A	频率/Hz	功率/kW	谐波电流/A
231.25	322	1.99	293.75	1 265	6.49	356.25	544	5.02
237.5	378	2.82	300	1 275	3.87	362.5	686	6.38
243.75	370	2.20	306.25	1 275	3.45	368.75	914	8.16
250			312.5	285	2.41	375	1 093	9.62
256.25	554	4.81	318.75	319	2.62	381.25	1 224	7.85
262.5	686	5.96	325	326	2.09	387.5	1 240	10.98
268.75	914	7.53	331.25	322	1.99	393.75	1 265	7.11
275	1 093	8.58	337.5	378	3.03	400	1 275	4.18
281.25	1 234	7.22	343.75	370	2.20	406.25	1 275	3.56
287.5	1 240	9.83	350			412.5	1 275	1.15

表 8－10 为风机生产厂家公布的风机电能质量测试报告中间谐波测试结果中 75 Hz 到 412.5 Hz 的间谐波检测数据。直接从数据表很难看出其中隐藏的规律性，把数据表扩充到全部的功率和频率区域，其中的空白区域数据都填 0 后生成三维图 8.18。

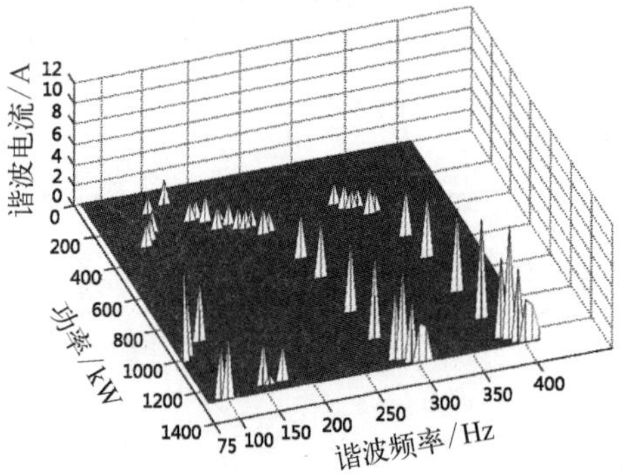

图 8.18　1.25 MW 风机功率-间谐波电流有效值三维分布图

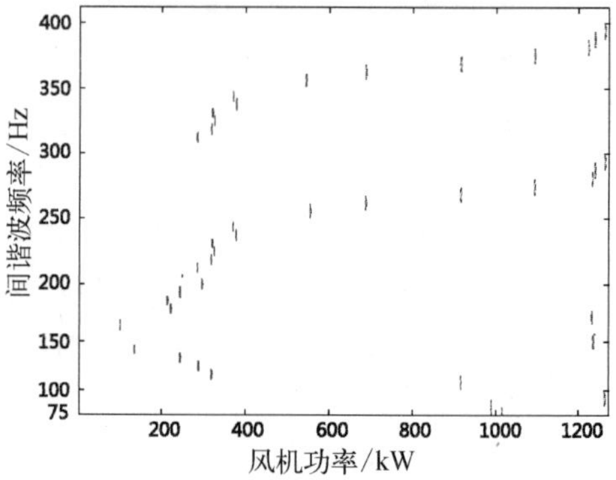

图 8.19　1.25 MW 风机功率-间谐波电流有效值平面分布图

把图 8.18 平面化变为图 8.19，从图 8.19 中可以清楚的看出间谐波峰值分布的规律性。有两组平行线，每组有两条，相距 100 Hz，同组平行线幅值非常接近。从以上数据中提取出相应的两条谱线数据，分别为平行谱线 1A 和 1B，代入特征间谐波频率公式 $6k(f_0+f_r)\pm f_0$，$k=1, 2, 3, \cdots$，可计算出 $k=1$。

由此可以得出相应的转子电流频率及转速，见表 8.11。

表 8.11　特征谐波频谱-功率表

1A 平行谱线 $6(f_0+f_r)-f_0$			1B 平行谱线 $6(f_0+f_r)+f_0$			转子电流频率及转速	
频率/Hz	功率/kW	电流/A	频率/Hz	功率/kW	电流/A	f_r/Hz	转速/(r/min)
181.25	41	2.09				**−11.46**	**770.8**
187.5	214	1.99				**−10.42**	**791.7**

续　表

1A 平行谱线 $6(f_0+f_r)-f_0$			1B 平行谱线 $6(f_0+f_r)+f_0$			转子电流频率及转速	
频率/Hz	功率/kW	电流/A	频率/Hz	功率/kW	电流/A	f_r/Hz	转速/(r/min)
193.75	244	2.93				**−9.38**	**812.5**
200	297	2.40				**−8.33**	**833.3**
206.25	*250*	*1.15*				**−7.29**	**854.2**
212.5	285	2.30	312.5	285	2.41	**−6.25**	**875**
218.75	319	2.41	318.75	319	2.62	**−5.21**	**895.8**
225	326	2.09	325	326	2.09	**−4.17**	**916.7**
231.25	322	1.99	331.25	322	1.99	**−3.13**	**937.5**
237.5	378	2.82	337.5	378	3.03	**−2.08**	**958.3**
243.75	370	2.20	343.75	370	2.20	**−1.04**	**979.2**
256.25	554	4.81	356.25	544	5.02	**1.04**	**1 020.8**
262.5	686	5.96	362.5	686	6.38	**2.08**	**1 041.7**
268.75	914	7.53	368.75	914	8.16	**3.13**	**1 062.5**
275	1 093	8.58	375	1 093	9.62	**4.17**	**1 083.3**
281.25	1 234	7.22	381.25	1 224	7.8	**5.21**	**1 104.2**
287.5	1 240	9.83	387.5	1 240	10.98	**6.25**	**1 125**
293.75	1 265	6.49	393.75	1 265	7.11	**7.29**	**1 145.8**
300	1 275	3.87	400	1 275	4.18	**8.33**	**1 166.7**
306.25	1 275	3.45	406.25	1 275	3.56	**9.38**	**1 187**
			412.5	1 275	1.15	**10.42**	**1 208**

表中加黑数据为计算数据，其余为原始数据。根据该风机技术资料数据，发电机转速范围：700～1 300 r/min，与计算值相符。两条谱线计算数据吻合的非常好，两条谱线在各谐波频点对应的转子频率、发电机转速、输出功率、谐波电流值等非常一致。只有一个标为斜体的数据点（加底色的数据）与理论有差异，从转矩曲线上看，应该是控制系统作用产生的转矩滞环，以避开特定转速的机械谐振点。

由此得到模型中第一组间谐波，幅值取所有电流的平均值：

$$i_{1\_hint}(t) = I(I_r)\cos\{2\pi[6(f_0+f_r)\ \pm f_0]t+\varphi_1(t)\} \tag{8.37}$$

式中，$i_{1\_hint}(t)$ 为该类型风机谐波模型中，第一组的两簇间谐波电流。f_0 为电网频率 50 Hz，f_r 由功率值查表可得。$\varphi_1(t)$ 为第一组谐波的相位角，该相角不固定，以角频率 $2\pi*6(f_0+f_r)$ 的速度随时间 t 而变化。$I(I_r)$ 为该组间谐波电流幅值，与发电机转矩或转子的电流相关。

从图 8.20 可以看出两簇谐波分量幅值非常一致。图 8.21 为风机转速-转矩-谐波电流幅值图。风机转速在 830～875 r/min 有一个滞回区，转子转矩分为三段：① 转速低于 1 000 r/min，即风机转矩低于 550 kW，发电机转矩变化很小。谐波电流幅值平稳；② 转速在 1 000～1 125 r/min，即风机功率低于 1 250 kW，转矩线性增加。谐波电流同样线性增加；

③ 转速高于 1 125 r/min，即风机功率高于 1 250 kW，超过风机的额定转速，发电机转矩线性减小。电流幅值也随转速增加快速减小。

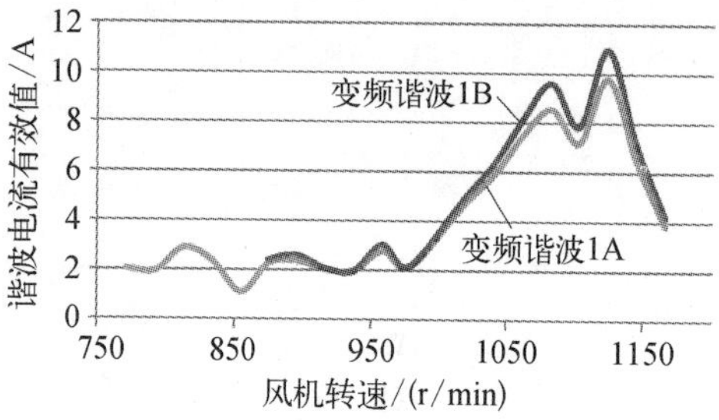

图 8.20 1A、1B 变频谐波电流有效值分布图

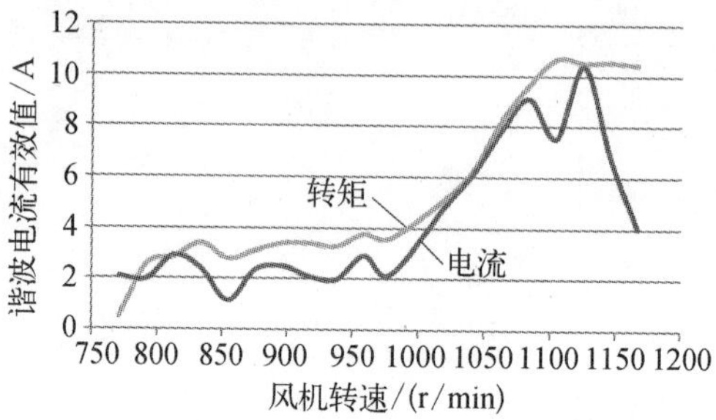

图 8.21 1.25 MW 风机功率-间谐波电流有效值分布图

由风机的定、转子功率分配，测量或计算出转子有功功率，可以进一步计算出 $I(I_r)$。

为确定上述谐波模型适用于各种双馈风电机组，并非为一种或几种机型的特例。下面再以某风场运行的 2 MW 风机的电能质量报告原始数据（表 8.12）为基准，来进一步验证前面归纳出的谐波模型的准确性，原始数据仅提供了部分幅值较大的整数次谐波，谐波电流占额定基波电流百分比和对应的输出功率。为方便比较，统一转换成电流有效值计算。

表 8.12　2 MW 双馈风机谐波-最大电流值-对应功率表

谐波频次	功率/kW	谐波电流/A	谐波频次	功率/kW	谐波电流/A	谐波频次	功率/kW	谐波电流/A
2	1 658	13.38	18	147	3.35	34	2 034	6.69
3	996	8.37	19	222	3.35	35	1 963	5.02
4	1 789	5.02	20	260	3.35	36	1 593	1.67
5	185	15.06	21	325	3.35	37	1 593	1.67
6	1 598	3.35	22	383	5.02	38		
7	185	13.38	23	458	5.02	39		
8	1 598	3.35	24	524	5.02	40		
9	185	15.06	25	622	5.02	41		
10			26	1 124	5.02	42		
11	1 683	8.37	27	1 593	5.02	43	1 696	1.67
12			28	1 124	10.04	44		
13	707	6.69	29	1 593	10.04	45		
14			30	2 041	8.37	46		
15	1 598	3.35	31	1 593	1.67	47	1 696	6.69
16			32	1 124	5.02	48		
17			33	1 593	6.69	49	1 559	5.02

以上为 2 MW 风机电能质量检测报告中的整数次谐波峰值数据，单独从以上原始数据表中同样看不出任何的规律性，把数据表转为三维图形（见图 8.22），从中可以看出谐波电流的幅值-频率和输出功率（与转速直接相关）的规律性，从中找出成线性分布的特征频率组。由于原始数据量太小，只能计算出两条谱线各自的一个片段，无法得到全部的幅值-频率分布信息。

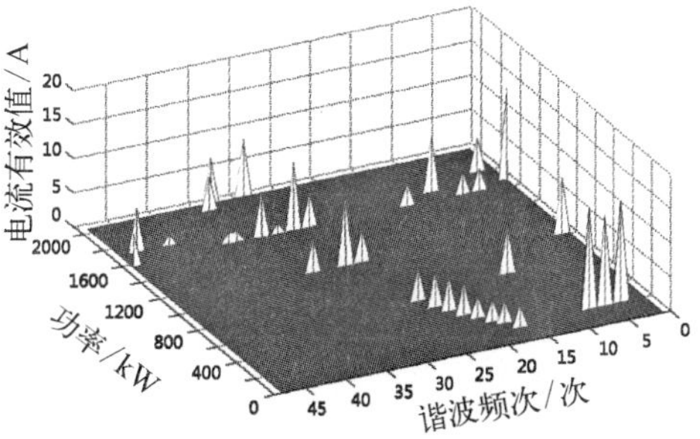

图 8.22　2 MW 风机功率-间谐波电流有效值分布图

图 8.22 平面中，可以看出三条成线性分布的频率组，用谐波组去推算，找出满足转子频率 f_r 分布范围（$-15<f_r<15$）的谱线，计算得出特征频率如表 8.13 所示。

表 8.13　特征谐波频谱-功率表

平行谱线 $24(f_0+f_r)-f_0$			平行谱线 $24(f_0+f_r)+f_0$			转子电流频率及转速	
频次/次	功率/kW	电流/A	频次/次	功率/kW	电流/A	f_r/Hz	转速/(r/min)
18	147	3.35				**-10.42**	**1 187.5**
19	222	3.35				**-8.33**	**1 250**
20	260	3.35				**-6.25**	**1 312.5**
21	325	3.35				**-4.17**	**1 375**
22	383	5.02				**-2.08**	**1 437.5**
23	458	5.02				**0**	**1 500**
24	524	5.02				**2.08**	**1 562.5**
25	622	5.02				**4.17**	**1 625**
26	1 124	5.02	28	1 124	10.04	**6.25**	**1 687.5**
27	1 593	5.02	29	1 593	10.04	**8.33**	**1 750**
			30	2 041	8.37	**10.42**	**1 812**
平行谱线 $30(f_0+f_r)-f_0$			平行谱线 $30(f_0+f_r)+f_0$				
32	1 124	5.02				**5**	**1 650**
33	1 593	6.69				**6.67**	**1 700**
34	*2 034*	6.69	36	1 593	1.67	**8.33**	**1 750**
35	1 963	5.02	37	*1 593*	1.67	**10**	**1 800**
平行谱线 $12(f_0+f_r)-f_0$							
9	185	15.057				**-8.33**	**1 250**

其中加黑数据为根据原始数据得出的计算结果，从数据上看计算结果与理论的符合精度非常好，大部分数据都非常吻合，只有两个标为斜体的功率值与理论有差异，可能是由于控制系统的功率调节产生的功率奇点。该风机发电机转速范围：983～1 983 r/min，额定转

速：1 812 r/min，与计算得到的转速范围和额定转速相符。由于原始数据仅有 34 个整数次的谐波点，不足以辨识出所有的谐波，只能辨识出两对特征谐波谱线，其他谱线只能靠推测得到。如 9 次谐波在 185 kW 出现 15 A 电流峰值，相应功率点的转子频率约为-8. 33 Hz。分析主要是与 $12(f_0+f_r)-f_0$ 谐波叠加产生的。5、7 次谐波峰值理论上应该在转子频率 0 Hz 时出现，由 $6(f_0+f_r)\pm f_0$ 叠加产生，对应功率应该为 458 kW，与实测值有较大偏差，不排除还有其他特征频谱由于数据不足未观测到。要想建立完整的谐波模型还需要更多的观测数据。

从对上述三种机型的分析可以看出，高次谐波主要分布在开关频率的附近，对于采用滞环控制 PWM 调整方式的变流器，其开关频率分布范围很广，表现为 FFT 分析系统本底噪声较高，谐波为一个固定频率群，如在 2. 5 kHz±100 Hz 范围内普遍幅值较广，在低分辨率 FFT 下，看到的结果为相邻的 2~3 个整数次谐波，如 49、50 次或 50、51 次谐波，及其倍频谐波，频率和幅值都固定不变。对于采用定频 PWM 方式，开关频率固定如 2. 4 kHz，对应 48 次谐波，通常会与 50 Hz 基波电流发生调制效应，产生上、下两个频点，即相间的两个频率，如 47、49 次。除有些变流器在功率增大或温度过高时，采用降频控制，否则其频率和幅值都是定值。

8.5.3 谐波模型的参数辨识

综合前面几节的分析，可以得出包含多个参数的变速恒频风电机组的谐波模型。该模型的简化模型稍加变化同样适用于其他各种风机机组，如定速风机没有这些变频谐波组和高次谐波，增加了与电网电压谐波成正比的补偿电容谐波。

1. 定子谐波及变流器固定频率谐波

产生原因主要是铁磁性材料的非线性，IGBT 死区等。特点频率、幅值基本固定，输出接近功率时，开始有明显增大。正常工作时，风机功率因数接近于 1，这部分谐波相位也比较固定，可用定值表示。

$$\sum_n i_{cn}+\sum_n i_{sn}(p)=\sum_n [A_n+A_n(p)]\cos(n2\pi f_0 t+\varphi_n) \quad n=2,\ 3,\ 4,\ 5,\ 7,\ 11,\ 13 \tag{8.38}$$

i_{cn} 表示变流器输出电流中固定频率谐波，$i_{sn}(p)$ 表示发电机定子输出电流中固定频率谐波。A_n 表示谐波电流中幅值不随功率变化部分，$A_n(p)$ 谐波电流幅值与输出功率有一定关系，功率接近额定时，谐波幅值增大。实测数据显示 13 次以上固定频率谐波幅值远小于变频谐波组。

需要辨识的参数有幅值的固定部分 A_n，幅值的变化部分 $A_n(p)$，一般在风机功率很小时和接近额定功率时幅值会有所增大，其他范围变化很小。谐波相位角 φ_n，相位角通常有一定的离散性，会在一定范围内变化。

2. 变流器变频谐波及其影响

$$\begin{aligned}\sum i_{Vf}(p)=&A_v(p)\cos(2\pi\,|f_r(p)|\,t+\varphi_{v1})+A_{v0}(p)\cos\{2\pi[f_0+6f_r(p)]t+\varphi_{v2}\}+\\&\sum_{k=1}^{5}A_{vpk}(p)\cos\{2\pi[(6k+1)f_0+6kf_r(p)]t+\varphi_{vpk}\}+\\&\sum_{k=1}^{5}A_{vnk}(p)\cos\{2\pi[(6k-1)f_0+6kf_r(p)]t+\varphi_{vnk}\}\end{aligned} \tag{8.39}$$

对于大多数类型的风机机组主要变频谐波由以上的 4 项最多 12 条谱线组成，有些谱线幅值非常低，实际计算时可以忽略，对风机主要有影响的谱线固定有 5~6 条。

需要辨识的参数有幅值 $A(p)$，幅值变化有很强的规律性，电流幅值与转子的有功功率成正比，转子侧电压开关谐波很大，而且频率变化范围较大，用功功率不容易直接测得。可以通过对变流器网侧有功功率的测量获得。由于相位角 φ_v 变化范围较大而且有一定的随机性，所以不用确定其相位参数。

在所有的变频谐波中，转子频率 $f_r(p)$ 形成的低于 50 Hz 的低频谐波影响较大。按照 IEC 电能质量标准，采用 200 ms 的数据片段来采样，最小频率分别率为 5 Hz，往往无法检测到该谐波。使大多数低于 50 Hz 的谐波都被忽略，各风机的低频谐波频率和相位都呈现出随机分布的状态，通常情况不会叠加形成较大的低频谐波。但是当风速较低时，风机输出功率很小，各风机转速相差不大。各风机的转速变化也很缓慢，频率和相位都比较稳定容易形成同频、同相叠加，可以按照蒙特卡洛分析方法来计算最大叠加出现的概率和幅值。

图 8. 23 是对 3. 6 MW 双馈风电机组启动时，转子和定子回路电流波形情况，从中可以看出，受转子电流频率影响，定子电流也有同频率的小幅抖动。

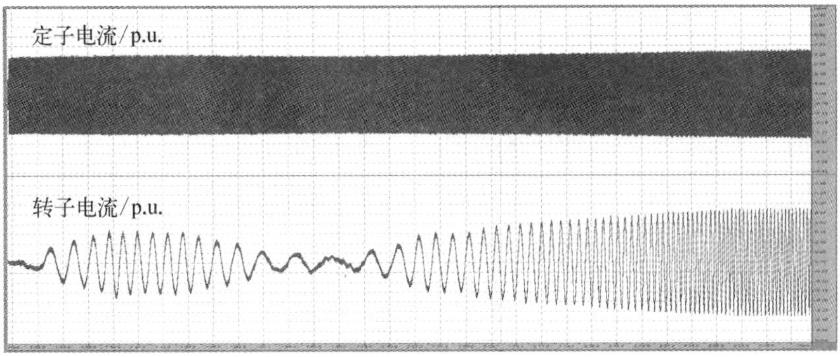

图 8. 23　3. 6 MW 风机定子、转子瞬时电流波形

对这一信号进行高分辨率谐波分析时，可以采用可变时间窗方法，为了保证低频分量的计算精度，按照闪变计算的数据要求，截取稳定运行段数据，时间窗取 10 s，同时为了降低数据量，对原有的采样信号进行抽取，抽取后采样频率为 1 200 Hz，计算相应的 FFT，得到图 8. 24。定子电流频谱中可以看到与转子频率相同的 5. 25 Hz，随电机转速而变化。定子基波

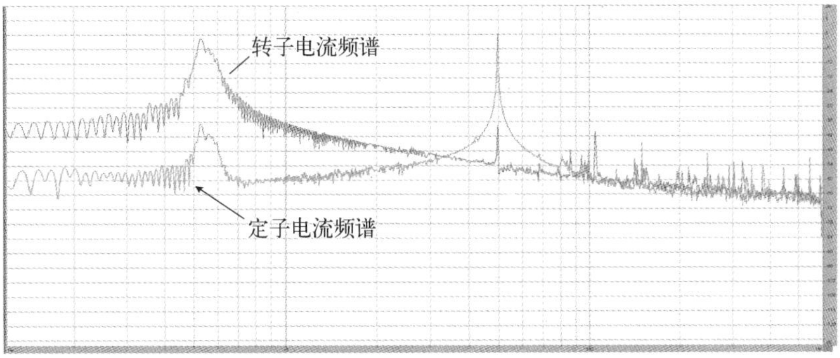

图 8. 24　3. 6 MW 风机定子、转子电流频谱

电流幅值定为 0 dB,则 5.25 Hz 为-36 dB,约为基波电流的 0.4%,定子电流的 3、5、7 次谐波及其他间谐波分量相对较低。

低次谐波在电网中的传输损耗很小,叠加后可能对电网造成一定影响。已经出现的情况是在一个由 33 台 1.5 MW 风机组成的风电场,每一个月就可能出现一次这种严重的叠加情况,从整个风场的外特性表现为次同步振荡,发生在电网 110 kV 到风电场的线路上,从录波装置采集到的信号波形可以看出系统电流出现的 8 Hz 左右的次同步振荡。主要是输电网中存在可控串联补偿,这种次同步振荡会被放大。由于这种现象出现的概率极低,且具有随机性,目前还无法由分析数据证明双馈风机组成的风电场次同步振荡问题的原因之一来自机组低频间谐波,有待于更进一步的深入研究。

8.6 风力发电的谐波相位分析

8.6.1 谐波相位分析的意义

PWM 变流器输出电流与标准正弦波相比有少量形变和失真,从叠加有谐波分量的电流波形直观分析,通常有如下的几种表现形式:近似方波的平顶正弦波、类似三角波的尖顶正弦波、峰值前移或后移的正弦波,这三种波形在对谐波的相位估计时有很强的代表性,主要是由谐波相位的不同。

多台逆变器同时工作时,其波形失真往往非常接近,正常工作时由于控制电路 A/D 采样、计算,IGBT 开关死区等造成的波形峰值滞后,加入补偿控制后可能会出现过补偿造成峰值超前。直流母线电压偏低或系统电压异常升高都会造成变流器峰值输出异常,在整流和逆变两种工作状态下分别会出现平顶正弦波、类似三角波的尖顶正弦波的情况。这几种划分对分布式发电和负荷非常有意义,简单来看,其中三角形谐波和矩形谐波可以互相抵消,峰值前移谐波和峰值后移谐波可以互相抵消。用三角函数简单分析可以得出,负荷电流若是三角形或发电电流为矩形都会造成电网电压的矩形畸变,负荷电流若是矩形或发电电流为三角形都会造成电网电压的三角形畸变,大多数新能源发电并网型变流器输出电流是峰值后移波形,大多数采用 PWM 整流器的负荷其输出电流也是峰值后移波形,采样二极管整流电容滤波的波形是峰值迁移,增加串联电抗后可以将峰值后移。由此分析可以得出,改变变流器或负荷的阻抗特性可以改变其谐波相位,最终达到各台谐波源设备电流汇总后谐波互相抵消。这是假定系统只有 5 次谐波的情况,实际系统中有各种频次的谐波,波形会变得非常复杂,但基本原理是一致的,对于整个风电场来说,研究谐波相位的意义是这些谐波将会互相抵消,还是会完全叠加。

从以上的分析可以看出,风电机组谐波的相位,不能像相控整流中 n 次谐波相位就简单的用电流相位角的 n 倍来表示,其相位角可以为任意值。

8.6.2 谐波相位的计算方法

为了对比整个风电场各台机组的各次谐波相位,各次谐波都需要有一个统一的参考零点,以系统基波电压的零时刻为参考具有较好的一致性。相应的谐波相位的定义为:本相基波电压信号为 0°时刻，谐波电压或电流的相位角。理论上式(8.38)和式(8.39)很容易得出各次的电压或电流谐波相位。但实际计算时，由于测量装置采样的零时刻不可能刚好与基波电压信号为 0°时刻重合，而且三相基波电压之间存在相差，故需要在计算结果中减去本相基波电压相位角的 n 倍。

以 5 次谐波电压、电流相位角为例进行分析，如图 8.25 所示，若能够控制同步采样电路的启动时间，把数据采集的 0 时刻控制在基波电压的正向过零点，由此计算出的各次谐波电压相位 α_{U5}、电流相位 α_{i5} 即为标准相位。否则对 5 次谐波，需要减去基波相位角的 5 倍。实际操作中因为三相基波电压的过零点互差 120°，不可能在同一时刻启动采样，还是需要进行相应的相位角修正。

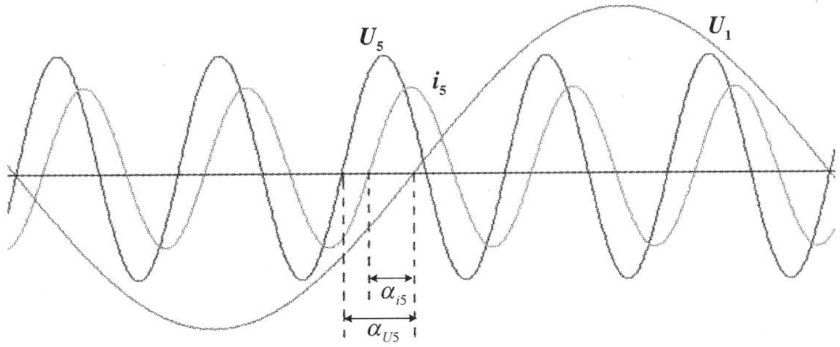

图 8.25　谐波电压、电流幅值相位分析示意图

对如图 8.26 所示的一组实测数据进行计算，通过简单算例说明具体计算过程，并分析对提高整个风电场电能质量的意义。基本采样数据要求 10 kHz 至 20 kHz 采样频率，对整个 10 个周波 200 ms 数据进行 FFT 计算，得出相应次数谐波的幅值和相位数据。以下分析数据采样与同一台 2 MW 风机 5 m/s 风速段，原始采样数据为 21 个 200 ms(每段数据 2 048 个三相电压、三相电流和中线电流)，每分钟 1 个 200 ms 采样数据段，共采样 20 min。采用 10.24 kHz 采样频率，相比整 10 k 或 20 kHz 采样频率，其优点是整 10、20 周期数据量都是 2 的 N 次方，采样 FFT 计算避免了截断误差或频谱泄露，其结果中的特征谐波点都对于整数点，避免了频率误差。由此计算一段实时测量的风机数据，并列出幅值较高的主要频次谐

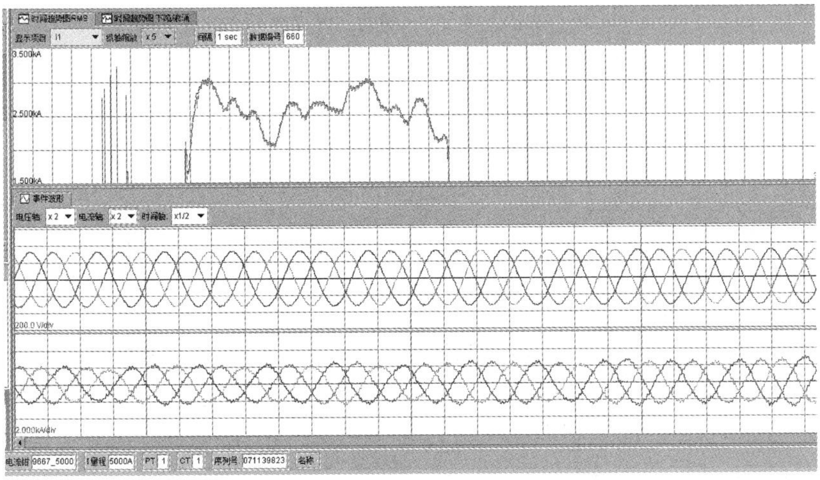

图 8.26　2 MW 风电机组电压、电流实时采样数据

波，比较其相位评估方法。

计算方法流程如下。

首先，对每段的 2 048 个采样点用 FFT 算法得到：

$$X(k)=\mathrm{FFT}[x(n)], n=0,\ 1,\ 2\cdots,\ 2\,047 \tag{8.40}$$

$x(n)$ 分别为对某一相的电压、电流采样数值 $u(n)$ 或 $i(n)$，相应的从其复数结果 $X(k)$ 中可以计算出电压、电流的幅值和相角。ABS 为复数取模，Angle 为复数取幅角函数，频率分辨率为 5 Hz，实际对应的信号频率为 k 的 5 倍。根据式(8.41)~式(8.43)分别得到电压直流分量 U_{dc}、基波电压幅值 U_1 和基波电压相位。

$$U_{dc}=X(0)/2\,048 \tag{8.41}$$

$$U_1=\mathrm{ABS}[X(10)]/1\,024=\sqrt{\mathrm{Re}^2[X(10)]+\mathrm{Im}^2[X(10)]}/1\,024 \tag{8.42}$$

$$\angle U_1=\mathrm{Angle}[X(10)]=\mathrm{arctg}\frac{\mathrm{Im}[X(10)]}{\mathrm{Re}[X(10)]}=\alpha \tag{8.43}$$

其中基波电压相位的准确性非常重要，因为各风机采样没有一个统一的时标，要进行相位对比，必须有一个共同的时间起点。整个风电场各台风机最终汇入一个接入点，并且同一风电场同类型风机的接入变压器基本一致，虽然线路长度有差别，但其总阻抗彼此间差距不大，所以其基波相位基本一致。主要特征谐波相位的计算对比都要以基波相位为准，基波相位测量的微小偏差都会对谐波相位计算准确性参数很大影响。

$$U_n=\mathrm{ABS}[X(10n)]/1\,024 \tag{8.44}$$

$$\angle U_n=\mathrm{Angle}[X(10n)]-n\alpha \tag{8.45}$$

$$\angle I_n=\mathrm{Angle}[X_i(10n)]-n\alpha \tag{8.46}$$

同样可以根据式(8.44)~式(8.46)得出各分数次谐波和间谐波的幅值和相位角，在当前测量方式下频率分辨率为 5 Hz，由此可以计算出从直流到 5 kHz 每隔 5 Hz 的各频率点的间谐波幅值和相位。

图 8.27(a)中把基波电压相角调整到 0°，相应的电流相角即为功率因数角。从(b)、(c)、(d)中可以看出，在整个测量时段内，5、7、11 次谐波的幅值和相位角都相对较为稳定。(e)、(f)对应的是 13 次和 17 次谐波，幅值很大小相位角变化较大。主要原因是 13 次以上谐波幅值较小，频率高、周期短，对基波相位测量的微小误差都会造成很大的相位角波动。

8.6.3 谐波相位分析评估方法

1. 风电场电网谐波模型参数的评估方法

从图 8.28 的(c)、(d)图可以看出，风电机组谐波电压、电流分布情况符合图 8.29 所示的电流源模型，由此把机组看做 250 Hz 的电流源，可从单台机组 690 V 出口，计算出风电场电网的 5 次谐波阻抗。对于 5 次谐波有：$|U_5|=|I_5|\times|Z_5|$，$\angle U_5=\angle I_5+\angle Z_5$。从以上数据可以计算得出风场电网参数：$|Z_5|\approx 0.06\,\Omega$，$\angle Z_5\approx 95°$。同理可以计算出风电场电网对应其他各次谐波的模型参数。

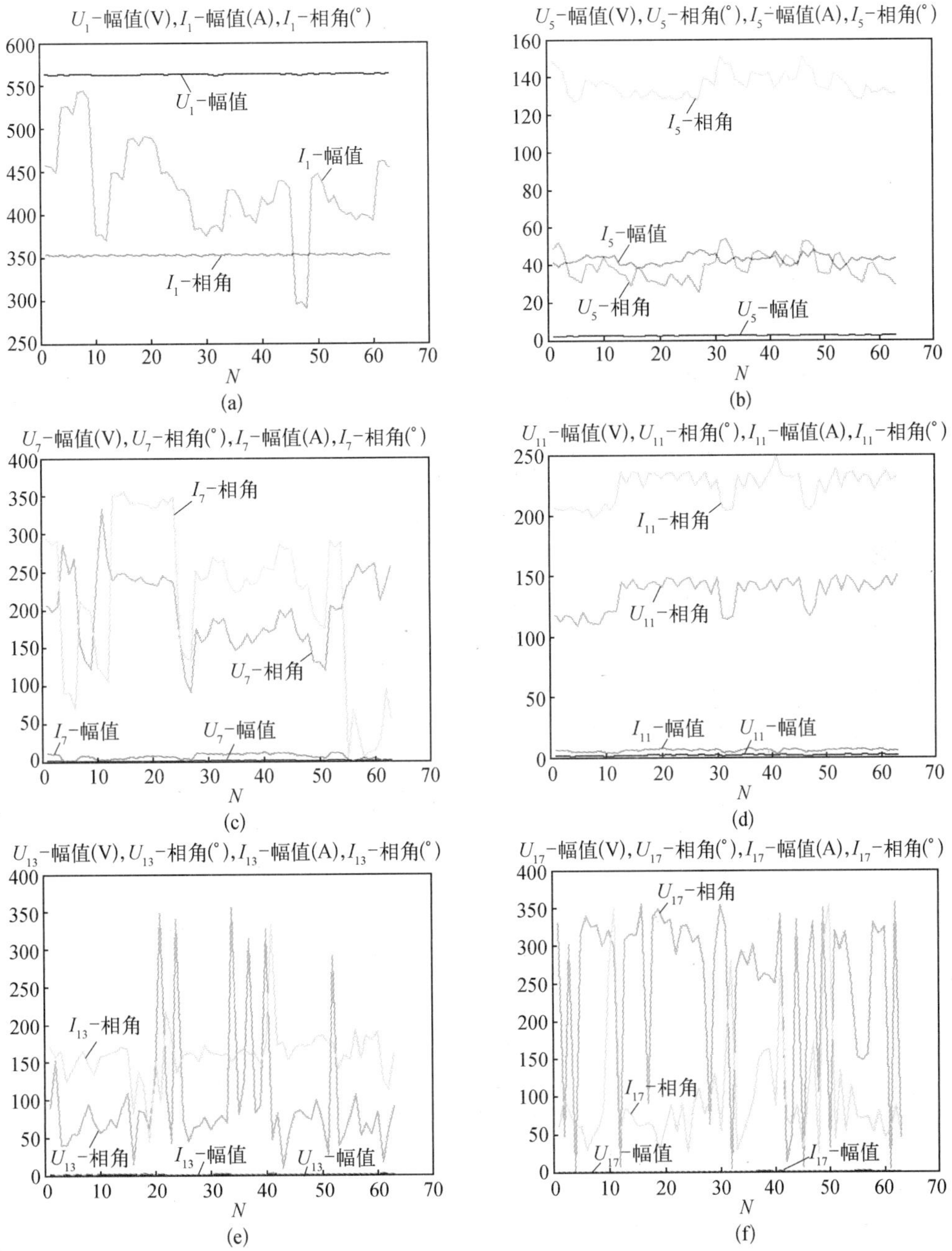

图 8.27　基波及特征谐波电压、电流幅值相位分析

2. 风机谐波相位的统计分析与评估方法

针对每个 200 ms 采样片段进行 FFT 计算，通过计算可以得出一系列复数结果 $X(k)$，每个 $X(k)$ 中包含了相应分辨率下所有频率点的谐波的幅值和相位。从这些 $X(k)$ 中找出与我们关注的、相对基波的整数 n 次谐波的频率点的 k 值及 $X(k)$，表示为 h_n，每 200 ms 数据计算出一个 h_n，第 i 次的结果为 h_{ni}。则第 i 次求出 n 次谐波的相位角为：

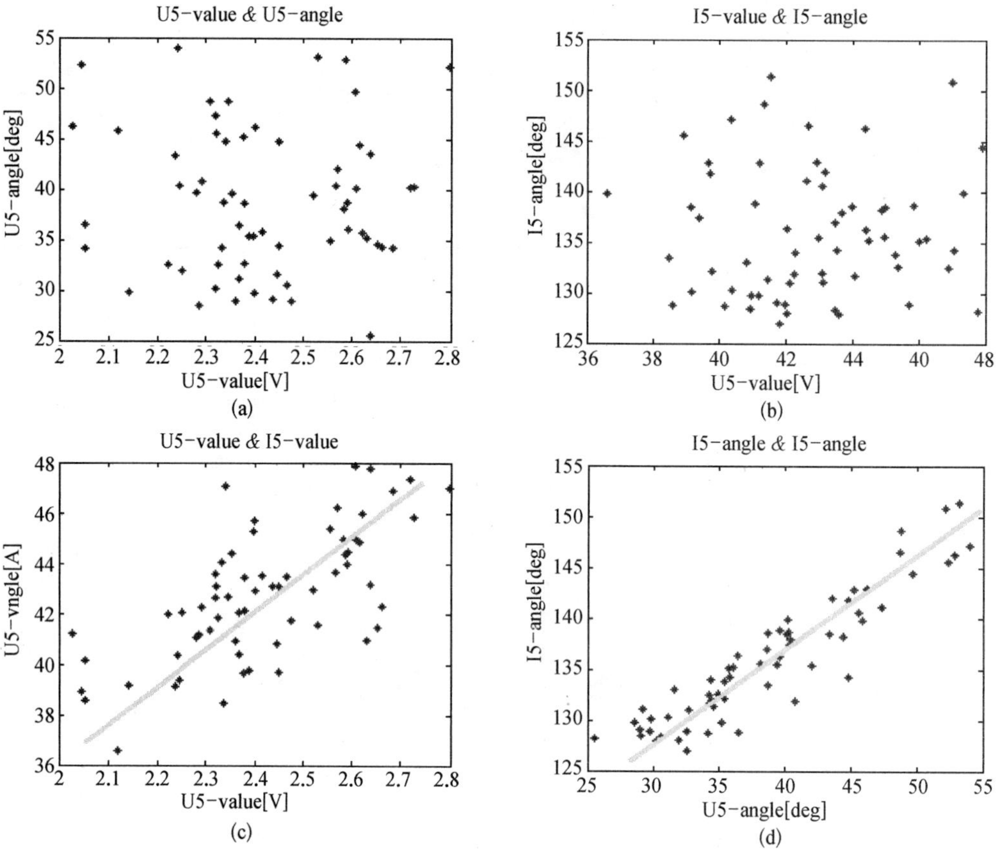

图 8.28 风机 5 次谐波电压、电流幅值及相位分布图

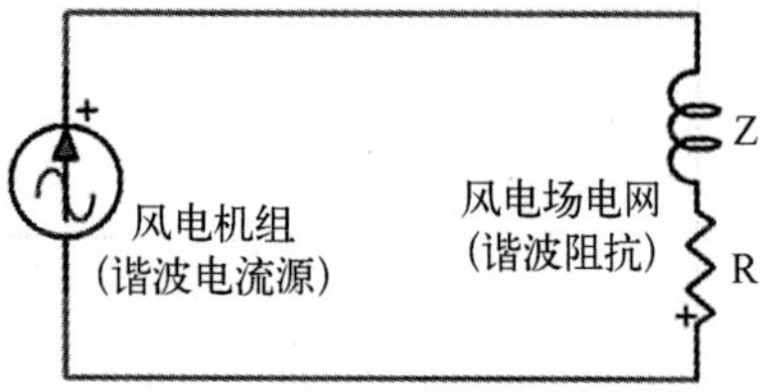

图 8.29 风机-风场电网谐波模型

$$\theta_{ni} = \operatorname{arctg}\frac{\operatorname{Im}(h_{ni})}{\operatorname{Re}(h_{ni})} \tag{8.47}$$

相关次谐波的相位可以用以上的方法直接求出，但往往其相位角有一定的离散性，如何对其相位角做一个统计，得出合理的平均相位角，有一定难度。

参考风资源评估中对于风能评估的风玫瑰图，提出了比较可行的一种与风速、风向评估类似的 Bin 方法，下面以 5 次谐波为例来验证本评估方法的直观性和实用性。由于对谐波相位角的测量和计算本身存在较大误差，实际应用中对谐波相位角的精度要求不高，以 30° 为一个 Bin，做出图 8.30 所示的谐波分布曲线，可以直观判断 5 次谐波的分布情况。

很小幅值的谐波其相位角对整个风电场系统的影响很小，这个平均应该是一种加权平均，主要统计那些大幅值，长时间作用的谐波相位角。式(8.48)是对 N 次采集计算结果的加权平均统计公式。

$$\bar{\theta}_n = \operatorname{arctg}\frac{\sum_{i=0}^{N}\operatorname{Im}(h_{ni})}{\sum_{i=0}^{N}\operatorname{Re}(h_{ni})} \tag{8.48}$$

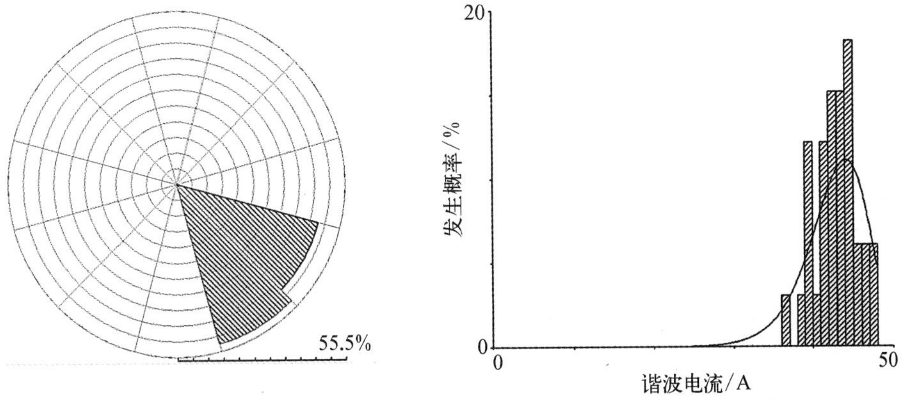

图 8.30 风机谐波相位评估的 Bin 模型

除此之外，还可以统计该次谐波相位角的一致性。计算结果接近于 1，说明一致性越高，风电场谐波的叠加效应越强。

$$P(\theta_n) = \operatorname{arctg}\frac{\sqrt{\sum_{i=0}^{N}\mathrm{Im}^2(h_{ni}) + \sum_{i=0}^{N}\mathrm{Re}^2(h_{ni})}}{\sum_{i=0}^{N}\sqrt{\mathrm{Re}^2(h_{ni}) + \mathrm{Im}^2(h_{ni})}} \tag{8.49}$$

实测数据的系统中，5、7、11 次谐波相位角分布都比较集中，变化范围基本上集中在 30°之内。其 $P(\theta_n)$ 值都接近于 1。对于其他一些非特征谐波如图 8.31 所示，可能会有较大的离散性。

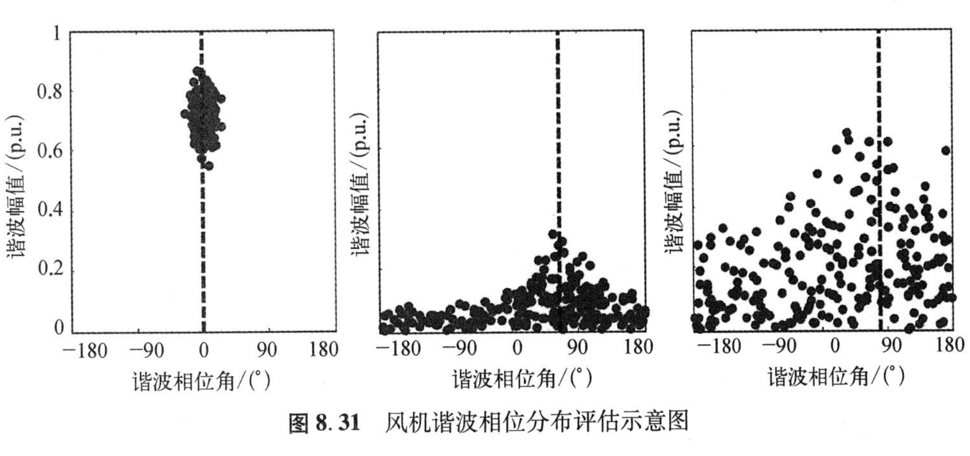

图 8.31 风机谐波相位分布评估示意图

图 8.31 可以很好的说明相位分布评估值 $P(\theta_n)$ 的作用，三个图中的横坐标为谐波相位角，纵坐标为对应谐波分量幅度的标幺值，分布的散点为测量计算出的该谐波的幅值和相位所对应的数据点，虚线为从这些测点中计算出的平均相位角 $\bar{\theta}_n$。图中左边部分谐波的平均相位 $\bar{\theta}_n$ 为 0°，分布评估值 $P(\theta_n)$ 为 0.9，中间部分的 $\bar{\theta}_n$ 为 80°，$P(\theta_n)$ 为 0.5，右边部分的 $\bar{\theta}_n$ 为 82°，$P(\theta_n)$ 为 0.2。这样我们就得到了与谐波幅度平均值计算相类似的相位角平均值和相位角一致性评价指标。

3. 谐波的补偿与信号的准确快速还原

要精确定量分析风电场谐波的叠加情况，并对谐波电流的补偿，需要进行快速的谐波波形的还原，如图 8. 32 所示。还原有两种基本方法，一种是 FFT 方法，对整个 10 个周波 200 ms 数据进行 FFT 计算，得出相应次数谐波的幅值和相位数据，再用这些数据还原出 1 个固定的谐波波形。此方法的优点是用于计算的点数较多，计算出的谐波幅值和相位数据较为精确。缺点是 10 个周波计算一个相位和幅值，每 200 ms 变化一次，实时性不好，与实际谐波波形有一定差距。而且计算量太大，同时计算出所有各次谐波的相位和幅值，实际需要还原应用的只是 3、5、7、11 等很少的几个数据，没有必要计算出所有的各次谐波。计算完成后可能就存在相位滞后，无法用于风电场谐波的叠加合成和实时的谐波补偿。

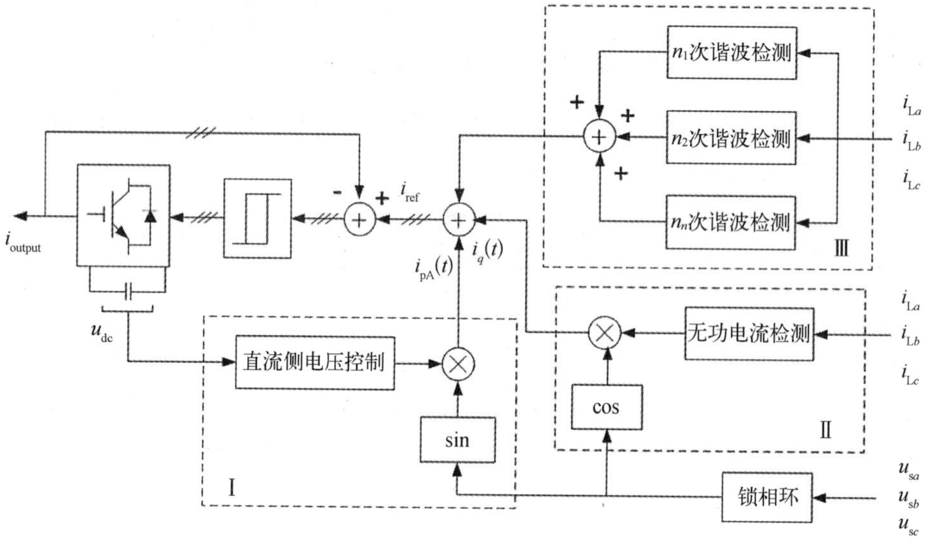

图 8. 32 风机各次谐波的补偿与信号检测还原

另一种方法是 PLL 锁相环方法，以宽度为 20 ms 的移动窗口来进行锁相环计算，还原出补偿所需要的几个主要频次的谐波。对于采用 10 240 Hz 频率采样得到的电压、电流信号，每周期约 205 个采样点，计算公式如下。

首先采用单相锁相环计算出指定谐波的幅值和相位：

$$U_{k\max} = \frac{2}{205}\sqrt{\left\{\sum_{m=0}^{m=204}\left[u(n+m)\cos\left(\cos\frac{2mk\pi}{205}\right)\right]\right\}^2 + \left\{\sum_{m=0}^{m=204}\left[u(n+m)\sin\left(\sin\frac{2mk\pi}{205}\right)\right]\right\}^2} \tag{8.50}$$

$$\varphi = \mathrm{arctg}\frac{\sum_{m=0}^{m=204}\left[u(n+m)\sin\left(\sin\frac{2mk\pi}{205}\right)\right]}{\sum_{m=0}^{m=204}\left[u(n+m)\cos\left(\cos\frac{2mk\pi}{205}\right)\right]} \tag{8.51}$$

代入计算还原出 k 次谐波电压、电流信号：

$$U_k(n) = \frac{2}{205}\sum_{m=0}^{m=204}\left[u(n+m)\cos\left(\cos\frac{2mk\pi}{205}\right)\right] \tag{8.52}$$

同理：

$$I_k(n)=\frac{2}{205}\sum_{m=0}^{m=204}\left[I(n+m)\cos\frac{2mk\pi}{205}\right]\tag{8.53}$$

$k=1, 3, 5, 7, 11, 13, 17, 19$。 $n=0, 1, 2, 3, \cdots, 2\,047$。

图 8.33 为对 5 次谐波的电压电流信号的还原。采用本方法计算量很小，可以准确、快速的实现对所需要的各次谐波的检测还原，对特定频率谐波的补偿和综合分析提供了很大帮助。

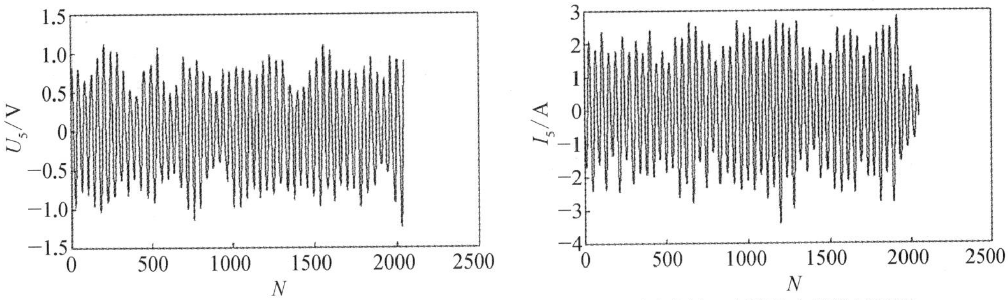

(a) 风机5次谐波电压信号还原　　(b) 风机5次谐波电流信号还原

图 8.33　风机谐波信号的还原

8.7　风力发电的闪变

8.7.1　风电机组闪变分析

1. 基于 IEC 标准的闪变分析方法

图 8.34 中，$u_0(t)$ 为等值电网的电压源、R_{fic}、L_{fic} 为电网的内阻抗，$i_{\text{m}}(t)$ 是电流源用来代表风电机组。$u_{\text{fic}}(t)$ 为风机电流源的电压，其数值可以表示为

$$u_{\text{fic}}(t)=u_0(t)+R_{\text{fic}}\cdot i_{\text{m}}(t)+L_{\text{fic}}\cdot\frac{\mathrm{d}i_{\text{m}}(t)}{\mathrm{d}t}\tag{8.54}$$

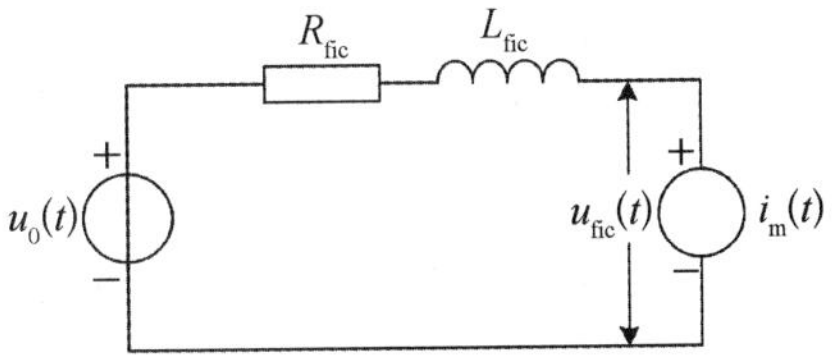

图 8.34　风机的电流源形式

闪变的计算方法如图 8.35 所示。

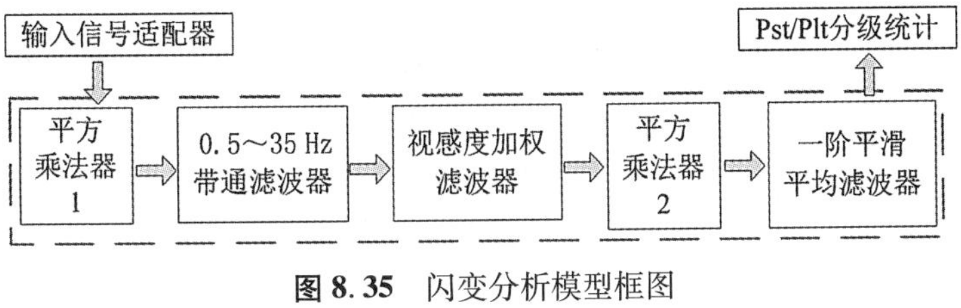

图 8.35　闪变分析模型框图

闪变问题的提出是从电压波动引起白炽灯闪烁对人视觉感官的影响来评估的，最主要是描述电流或电压的幅值变化，造成的用电负荷功率波动的现象。通常幅值波动的频率低于电网频率，从零点几赫兹到十几赫兹。

2. 风电机组特征闪变的分类与计算

风电场各台风机所产生的闪变不同于其他工业设备的闪变，看上去大多数闪变的发生及其幅度都是随机性的，其实从风电机组和整个风电场来看，所有的这些随机性基本上都是伪随机。往往具有很强的规律性，掌握了这些规律，就不仅能够准确预估、计算出相应的闪变数据，还可以采用一定的技术手段来减小整个风电场的闪变频次和幅值。按照风电场和机组闪变发生的这些规律，可以分为两种类型。

（1）短时闪变

短时闪变从整个风电场来看，具有一定随机性，但对每台风机都有较为准确的周期性规律。如风机叶片的塔影效应，是叶轮由于上、下风速差和塔影效应引起的周期性功率波动，其频率为叶轮转动频率的 3 倍，对于大型风电机组这种闪变出现的频率在 1 Hz 附近。还有变流器的励磁调节过程，变桨机构的动作等由风机本身原因产生的风机转矩和功率的周期性波动。这类闪变通常发生的频度较高，幅度不大，有一定的周期性，便于准确分析计算。

对于这种周期性闪变，可以采取上一节中间谐波的计算方法，采样可变时间窗 FFT 计算出各个特征闪变的幅值和特征频率。不同的是需要先对电压或电流信号进行周期平方和方式的处理，把幅值的波动和闪变，从原来的电压、电流信号转变成功率信号。风机的闪变功率来源主要有两部分产生，一部分来自定子。变流器的低频可变频率间谐波也可以产生少量的闪变。

短时闪变的计算通常按照图 8. 35 中描述的闪变分析模型来进行计算。采用闪变率来描述：

$$c(\psi_k) = P_{\mathrm{st}} \frac{S_k}{S_n} \tag{8.55}$$

其中，$c(\psi_k)$ 是在电网阻抗角为 ψ_k 情况下的闪变率，P_{st} 是采用闪变模型给出的计算方法得到的闪变值，S_k 是图 8. 34 中电网的短路容量，S_n 是电网中风机的视在功率。式中的电网络短路阻抗角为

$$\psi_k = \arctan(X_{\mathrm{fic}}/R_{\mathrm{fic}}) = \arctan\left(\frac{2\pi f L_{\mathrm{fic}}}{R_{\mathrm{fic}}}\right) \tag{8.56}$$

对应的电网短路容量为

$$S_k = \frac{U_n^2}{\sqrt{R_{\mathrm{fic}}^2 + X_{\mathrm{fic}}^2}} \tag{8.57}$$

特别地，针对这些周期性的闪变，按照风机闪变的特征频率，分别计算 0. 5 Hz、1. 5 Hz、8. 8 Hz、20 Hz、25 Hz、33. 3 Hz、40 Hz 等频率的电流波动率 $\Delta I/I$。

还有一些非周期性的短时闪变，是由风机控制和风电场控制的操作引起的操作性闪变。风场调度控制的操作对于每台单机来看是随机出现的，但对于整个风电场有很强的规律性，是每台机组同时发生的闪变问题。通常由风电接入的电网产生变化或风电场补偿调节装置

的动作产生的。由于风电场的有功功率随风速大范围变化，变化的范围从 0 甚至负功率到额定功率，风电场的集中式电压、无功调节装置就需要频繁调节。风场的补偿装置通常有固定电容器（FC）、可控硅开关投切电容器（TSC）、静态无功补偿器（SVC）和静态无功发生器（STATCOM、SVG）等，用于风电场和高压电网连接的主变压器通常都采用有载调压器，在无功补偿装置无法达到电压和无功的统一调配目标时，就需要在风电场风机发电工作状态下调节变压器的分接头。所有这些补偿装置的动作，都会产生系统电压和无功的波动。由此带来的闪变对于整个风电场的内部和外部是一致的，对于风场调度和电力系统调度是可预知的。还有一些是由风电机组的状态切换或一些特殊操作产生的输出功率或输出电流波动。如风机的并网、电容切换、用于限制功率的变桨操作等，这些操作造成的闪变幅值和发生时间对于风机本身是可预知的，也可以通过通信将操作时间和预计影响提前发给风电场的控制系统。风场控制可以通过适当的调度错开各风机和风场控制操作的发生时间，避免发生相互的干扰和闪变的叠加，把操作闪变的幅值和影响减小到最低。对于这种由风机和风场控制进行的操作产生的闪变，相应的评估方法是采用计数的方法，以 10 min 和 2 h 为周期，分别统计发生带来闪变的操作最大出现次数 N_{10m} 和 N_{120m}。

（2）长时闪变

长时闪变主要是由风速变化而产生，包括风机的输出功率随风速风向的变化而产生的各种功率波动。这种闪变的特点是，通常变化幅度较大，变化速度缓慢，不具有周期性。从单机和风场来看似乎都没有任何规律性，其实对于风场微观选址信息非常详细的风电场，在风场附件测风塔的实时气象数据下，这些闪变发生的时间、幅度、频次都是可以准确计算的。

这类闪变的计算首先要获得风场一个特征点的风速信息，最好是不受风机影响的测风塔的风速、风向数据。在获得完整的风电场各风机坐标和地形、地表粗糙度、障碍物、尾流效应等信息后，按照风玫瑰图所分风向扇区和风速 Bin，以测风塔瞬时风速为基准，考虑计算出对应基准风速、风向处于每一个扇区、Bin 时的各台风机位置的风速风向。再计算到风速阶跃从测风塔每台风机的时间差（可为负），同时考虑风机的风向为平均风向，有效风速为瞬时风速在风机迎风向上的投影，即风向偏离角的余弦，在风机现有功率的基础上，按照风机的惯性时间常数，根据每台风机所获得的风功率计算每台风机的输出功率。由此获得每台风机的实时预估功率表，与实测功率对比修正，最终获得风场每台风机的预估功率表。这个表对于降低风电场的闪变和功率波动，进行有功功率调度有很强的实用性。

对于风电机组闪变实测过程，需要调节线路中的串联电抗器使 ψ_k 为 30°、50°、70° 和 85°，分别测量相应的电网状态下的闪变值。

3. 闪变与低频间谐波的区别和联系

闪变测量中也出现了 0.5 Hz 到 40 Hz 的频率的概率，但与谐波中的低频间谐波有本质的区别。

由于低频间谐波在由火电、水电为主的电力系统中很少见，通常只有在故障状态或开关设备操作的暂态出现，正常情况下，很少有持续的低频间谐波。所以在概念上经常混淆，认为低于电网频率的都属于闪变，其实两者对电网的作用有很大差别。

图 8.36 中的两个波形非常相似，都是 50 Hz 基波叠加了 20% 的 10 Hz 低频波动，其中左图为包含低频间谐波的基波信号，右图为包含闪变的基波信号，两者的含量占基波的比例都是 20%。左图的表达式为 $u(t) = \sin(100\pi t) + 0.2\sin(20\pi t)$，其中低频间谐波分量为

$0.2\sin(20\pi t)$；右图表达式为 $u(t)=[1+0.2\sin(20\pi t)]\sin(100\pi t)$，其中闪变分量为 $0.2\sin(20\pi t)\sin(100\pi t)$。若对两个波形都进行平方操作，可以看出低频间谐波中也包含了少量的闪变成分。

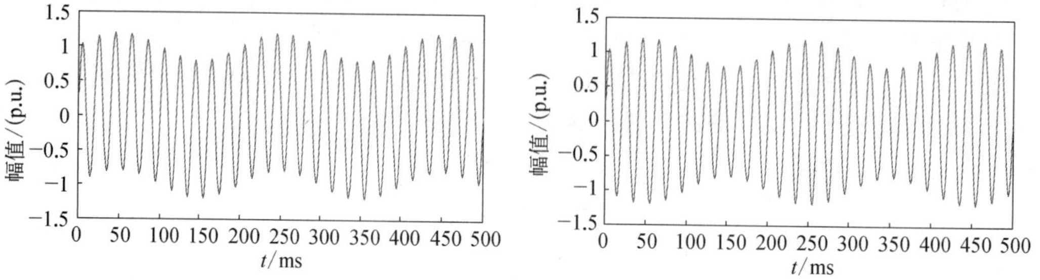

图 8.36 低频间谐波与闪变的区别

从图 8.37 中无法分辨出各自的闪变情况，按照前面闪变分析模型给出的方法，若要进行闪变含量的比较还需要通过一个 0.5~35 Hz 的带通滤波器。由于上面两图的信号中带通滤波器之外的频率主要为 50 Hz 的基波分量及其倍频的谐波分量，故只要进行周期平均即可滤除基波及其倍频。每周期的采样点数为 N，可以计算出相应的周期平方均值，或功率信号标幺值，即

$$p(t)=\frac{1}{N}\sum_{n=1}^{N}u^2(t+n) \tag{8.58}$$

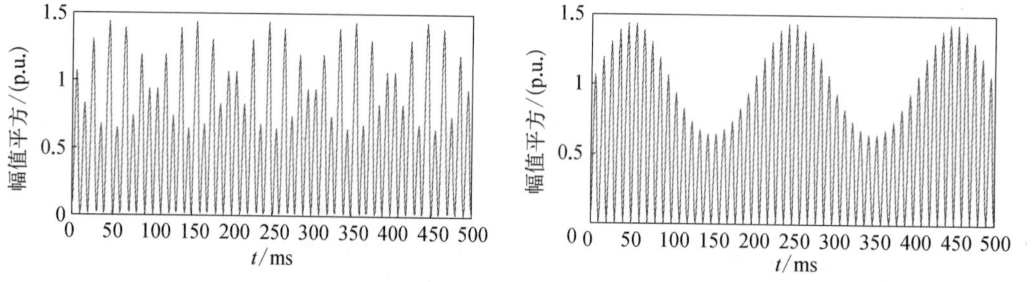

图 8.37 低频间谐波幅值平方与闪变幅值平方

从图 8.38 的结果对比中可以看出，低频间谐波所含的闪变分量远小于标准闪变信号，在相同信号幅值情况下，功率波动仅为后者的十分之一，且波动的主要频率为没有滤除的 50 Hz 和 100 Hz 信号，不属于闪变的范围。虽然其中也包含有低频波动的趋势，但其幅值非

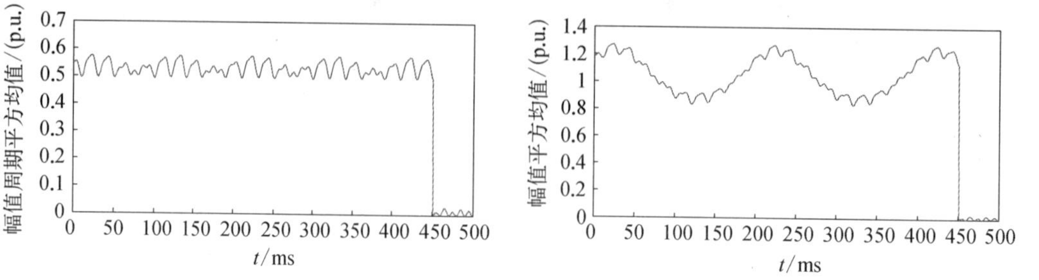

图 8.38 低频间谐波与闪变幅值周期平方均值

常小。由此可以确定低频间谐波几乎不会引起闪变。

稳定的周期性闪变信号是标准的幅度调制信号，载波为 f_0 = 50 Hz 的电网基波信号，通常调制信号的频率 f_s 低于 f_0，调制后的频率包含上、下两个频率。对公式中闪变信号三角函数积化和差后得到，两个间谐波频率分别为 f_0+f_s 和 f_0-f_s。由此得出，周期性的闪变可以产生以工频的中心频率的一对低频间谐波。

图 8.39 为双馈风机机组的运行电流，其中上图为风机总输出电流，下图为转子励磁电流，从上图中可以看到幅度的波动，放大后可以看出调制信号的作用是低频间谐波信号，不是闪变类的信号。变速风机变流器的恒转矩控制可以很好的抑制塔影效应等闪变的发生。

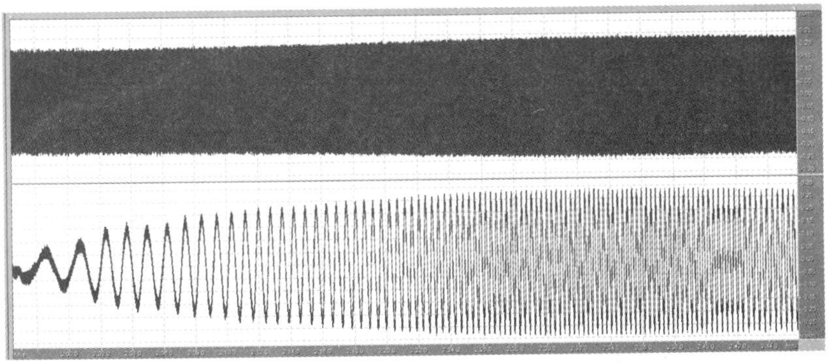

图 8.39　双馈风机转子励磁频率引起的低频间谐波

图 8.40 是定速风机的工作电流波形图，从 2 分 35 秒风机开始软启动并网。上图为补偿电容电流波形，下图为风机总输出电流，从中可以明显看到塔影效应等电流闪变波动，电流的幅值同时在正负两个方向增减。从两种风机的电流比较可以看出，变速风机功率波动小，闪变指标优于定速风机。

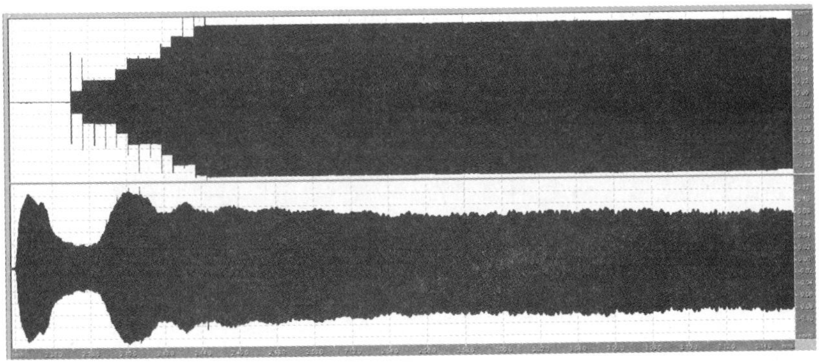

图 8.40　定速风机塔影效应产生的闪变

8.7.2　风电场谐波闪变分析

风电场电网主要包括，对各台风电机组经过箱式变压器升压后，得到的中压电源的电能进行汇集，经过风场内部的电力网络送到风电场变电站，升压后送入高压输电网络共同送往负荷中心。通常模型除了风机、变压器、电力线路还包括风电场的无功补偿调节装置等。

1. 风电场电力系统谐波传输模型

通常风电场内部输电线路距离较短，包括从风机到单机的箱变的 690 V 电缆线路，以及从箱变到风场变电所的 35 kV 电缆或架空线路，整个风场的高次谐波可以忽略不计，间谐波由于频率和相位分布离散、差别较大，大部分互相抵消。所以对整个风场的谐波问题可以仅分析低频整数次谐波。相应的可以简化线路的分布电容，把电容简单的并入风电场网侧的无功补偿中，不单独列出。如图 8.41 所示，用简单的 R－X 串联电路简化线路模型。

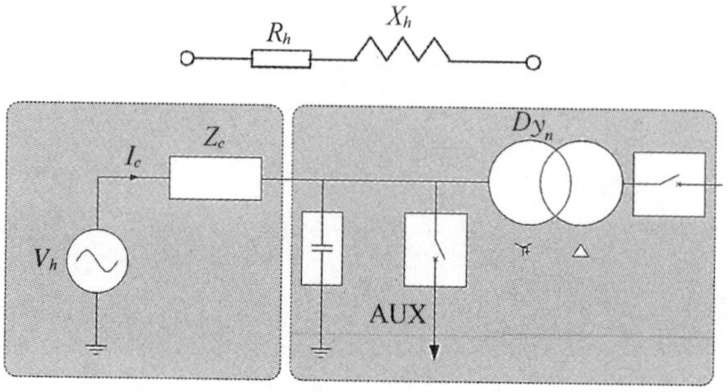

图 8.41 风电场谐波和闪变的传输模型

按照相应的工程化计算方法，考虑到谐波电流的趋肤效应，实际的输电线路谐波阻抗计算公式如下：

$$Z_h = R_h + X_h = (0.288R + 0.138\sqrt{hR}) + \mathrm{j}hX \tag{8.59}$$

同理变压器的谐波阻抗为

$$Z_h = R\sqrt{h + \mathrm{j}X_{\mathrm{T}}h} \tag{8.60}$$

本书提出的风力发电建模方法，可以应用在风电场设计过程中，用相应的电网模型和风机模型共同组成风电场模型，通过仿真测试提前发现风电场投运后可能出现的问题。风电场风机选型确定后，结合风资源数据和风电机组微观选址、风电网络参数等，可以计算出风电并网后风电场和电网的电能质量状况。对于风电场的运行评估，也可以由一台风机运行数据的谐波、闪变数据推算出整个风电场的情况。

2. 风电场谐波和闪变的叠加计算

对于两台机组的同次谐波叠加，计算情况较为简单，可以按照三角函数求和的计算方法进行计算。对于相位角确定的两个谐波源，其同次谐波电流叠加，相应的计算公式。假设两个谐波源的 h 次谐波幅值分别为 I_{h1} 和 I_{h2}，两者相角差为 θ_h，其在同一个接入点合并后的计算为

$$\begin{aligned} I_h &= I_{h1}\sin h(h\omega t + \varphi_{h1}) + I_{h2}\sin(h\omega t + \varphi_{h1} + \theta_h) \\ &= (I_{h1} + I_{h2}\cos\theta_h)\sin h(h\omega t + \varphi_{h1}) + I_{h2}\sin\theta_h\cos(h\omega t + \varphi_{h1}) \\ &= \sqrt{I_{h1}^2 + I_{h2}^2 + 2I_{h1}I_{h2}\cos\theta_h}\,\sin\left(h\omega t + \varphi_{h1} + \mathrm{arctg}\frac{I_{h2}\sin\theta_h}{I_{h1} + I_{h2}\cos\theta_h}\right) \end{aligned} \tag{8.61}$$

从以上结果可以看出，两台机组的同次谐波叠加后的幅值与两者相角差 θ_h 密切相关，当 θ_h 接近 180°时，可以相互抵消。

$$I_h = \sqrt{I_{h1}^2 + I_{h2}^2 + K_h I_{h1} I_{h2}} \tag{8.62}$$

其中，$K_h = 2\cos\theta_h$。当相角不确定时 K_h 系数按表 4.13 选取：

表 8.14　国标给出的系数 K_h 值

H	3	5	7	11	13	9, >13,偶次
K_h	1.62	1.28	0.72	0.18	0.08	0

计算多台风机谐波叠加时，可重复使用上述公式，两两相加。但计算会比较麻烦，IEC61400－21 给出了一个风电场多台风机谐波电流合成的统一计算公式：

$$I_{h\sum} = \sqrt[\beta]{\sum_{i=1}^{N_{\mathrm{WT}}} \left(\frac{I_{hi}}{n_i}\right)^{\beta}} \tag{8.63}$$

其中，$I_{h\sum}$ 为汇总后的谐波电流幅值，N_{WT} 为风电场接入的风机数目，I_{hi} 为第 i 台风机 h 次谐波幅值；β 为该次谐波的合并系数，如表 8.15 所示；n_i 为第 i 台风机变压器的变比。

表 8.15　国标给出的系数 β 值

谐波次数	$h < 5$	$5 \leqslant h \leqslant 10$	$h > 10$
β	1.0	1.4	2.0

对于风电场的闪变分析，结合各台风机的闪变情况，计算整个风电场的闪变阶跃系数和电压波动系数能够很好的评估风电场的风电机组闪变对电网的影响。

参考文献

[1] Update A M. Global wind report[J]. Global Wind Energy Council, 2021.

[2] 陈国平,李明节,许涛,等.关于新能源发展的技术瓶颈研究[J].中国电机工程学报,2017,37(1):20-27.

[3] Zhu R, Chen Z, Wu X, et al. Virtual damping flux-based LVRT control for DFIG-based wind turbine[J]. IEEE Transactions on Energy Conversion, 2015, 30(2): 714-725.

[4] Ibanez-Lopez A S, Moratilla-Soria B Y. An assessment of Spain's new alternative energy support framework and its long-term impact on wind power development and system costs through behavioral dynamic simulation[J]. Energy, 2017, 138: 629-646.

[5] Luo X, Niu S. A novel contra-rotating power split transmission system for wind power generation and its dual MPPT control strategy [J]. IEEE Transactions on Power Electronics, 2016, 32(9): 6924-6935.

[6] Gryning M P S, Wu Q, Blanke M, et al. Wind turbine inverter robust loop-shaping control subject to grid interaction effects[J]. IEEE Transactions on Sustainable Energy, 2017, 7(1): 41-50.

[7] Rahmanian E, Akbari H, Sheisi G H. Maximum power point tracking in grid connected wind plant by using intelligent controller and switched reluctance generator [J]. IEEE Transactions on Sustainable Energy, 2017, 8(3): 1313-1320.

[8] Wang Z D , Li K J, Ren J, et al. A coordination control strategy of voltage-source-converter-based MTDC for offshore wind farms [J]. IEEE Transactions on Industry Applications, 2015, 51(4): 2743-2752.

[9] 解大,冯俊淇,娄宇成,等.基于三质量块模型的双馈风机小信号建模和模态分析[J].中国电机工程学报,2013,33: 21-29.

[10] Lee C H T, Chau K T, Liu C. Design and analysis of a cost-effective magnetless multiphase flux-reversal DC-field machine for wind power generation[J]. IEEE Transactions on Energy Conversion, 2015, 30(4): 1565-1573.

[11] Bai Y, Kou B, Chan C C. A simple structure passive MPPT standalone wind turbine generator system[J]. IEEE Transactions on Magnetics, 2015, 51(11): 1-4.

[12] Hussein D N, Matar M, Iravani R. A type-4 wind power plant equivalent model for the analysis of electromagnetic transients in power systems [J]. IEEE transactions on power

systems, 2012, 28(3): 3096 - 3104.

[13] 陈杰,龚春英,陈家伟,等.变速定桨风力发电机组的全风速功率控制[J].中国电机工程学报,2012,32(30): 98 - 104.

[14] 杨志强,殷明慧,谢云云,等.面向风力机变速运行的叶素运行攻角分布的影响因素分析[J].中国电机工程学报,2015,35: 162 - 169.

[15] Wessels C, Hoffmann N, Molinas M, et al. STATCOM control at wind farms with fixed-speed induction generators under asymmetrical grid faults [J]. IEEE Transactions on Industrial Electronics, 2013, 60(7): 2864 - 2873.

[16] Ademi S, Jovanović M G, Chaal H, et al. A new sensorless speed control scheme for doubly fed reluctance generators[J]. IEEE Transactions on Energy Conversion, 2016, 31(3): 993 - 1001.

[17] Mozayan S M, Saad M, Vahedi H, et al. Sliding mode control of PMSG wind turbine based on enhanced exponential reaching law[J]. IEEE Transactions on Industrial Electronics, 2016, 63(10): 6148 - 6159.

[18] Sun X, Chen L, Yang Z. Overview of bearingless permanent-magnet synchronous motors [J]. IEEE Transactions on Industrial Electronics, 2013, 60(12): 5528 - 5538.

[19] 谢小荣,刘华坤,贺静波,等.直驱风机风电场与交流电网相互作用引发次同步振荡的机理与特性分析[J].中国电机工程学报,2016,36(9): 2366 - 2372.

[20] Muyeen S M, Takahashi R, Ali M H, et al. Transient stability augmentation of power system including wind farms by using ECS[J]. IEEE Transactions on Power Systems, 2008, 23(3): 1179 - 1187.

[21] Fan L, Kavasseri R, Miao Z L, et al. Modeling of DFIG-based wind farms for SSR analysis [J]. IEEE Transactions on Power Delivery, 2010, 25(4): 2073 - 2082.

[22] 李志鹏,谢小荣.应用静止同步补偿器抑制次同步谐振的模态互补电流控制方法[J].中国电机工程学报,2010,30(34): 22 - 27.

[23] 栗然,卢云,刘会兰,等.双馈风电场经串补并网引起次同步振荡机理分析[J].电网技术,2013,37(11): 3073 - 3079.

[24] 汤涌.电力系统强迫功率振荡的基础理论[J].电网技术,2006,30(10): 29 - 33.

[25] 李明节,于钊,许涛,等.新能源并网系统引发的复杂振荡问题及其对策研究[J].电网技术,2017,41(4): 1035 - 1042.

[26] Xu W, Liu Y. A method for determining customer and utility harmonic contributions at the point of common coupling[J]. IEEE Transactions on Power Delivery, 2000, 15(2): 804 - 811.

[27] Zhu X, Sun H, Wen J, et al. Improved complex torque coefficient method using CPCM for multi-machine system SSR analysis[J]. IEEE Transactions on Power Systems, 2014, 29(5): 2060 - 2068.

[28] Tabesh A, Iravani R. On the application of the complex torque coefficients method to the analysis of torsional dynamics[J]. IEEE Transactions on Energy Conversion, 2005, 20(2): 268 - 275.

[29] Xie X, Wang L, Guo X, et al. Development and field experiments of a generator terminal subsynchronous damper[J]. IEEE Transactions on Power Electronics, 2014, 29(4): 1693 - 1701.

[30] Hu J, Wang B, Wang W, et al. Small signal dynamics of DFIG-based wind turbines during riding through symmetrical faults in weak AC grid[J]. IEEE Transactions on Energy Conversion, 2017, 32(2): 720 - 730.

[31] Turner R, Walton S, Duke R. A case study on the application of the Nyquist stability criterion as applied to interconnected loads and sources on grids[J]. IEEE Transactions on Industrial Electronics, 2013, 60(7): 2740 - 2749.

[32] Peng C, Sun J, Miao C, et al. A novel cross-feedback notch filter for synchronous vibration suppression of an MSFW with significant gyroscopic effects[J]. IEEE Transactions on Industrial Electronics, 2017, 64(9): 7181 - 7190.

[33] Xie X, Zhang X, Liu H, et al. Characteristic analysis of subsynchronous resonance in practical wind farms connected to series-compensated transmissions[J]. IEEE Transactions on Energy Conversion, 2017, 32(3): 1117 - 1126.

[34] Zhao S, Loparo K A. Forward and backward extended prony (FBEP) method for power system small-signal stability analysis[J]. IEEE Transactions on Power Systems, 2017, 32(5): 3618 - 3626.

[35] Hu J, Yuan H, Yuan X. Modeling of DFIG-based WTs for small-signal stability analysis in DVC timescale in power electronized power systems[J]. IEEE Transactions on Energy Conversion, 2017, 32(3): 1151 - 1165.

[36] Yuan H, Yuan X, Hu J. Modeling of grid-connected VSCs for power system small-signal stability analysis in DC-link voltage control timescale[J]. IEEE Transactions on Power Systems, 2017, 32(5): 3981 - 3991.

[37] Wang L, Vo Q S. Power flow control and stability improvement of connecting an offshore wind farm to a one-machine infinite-bus system using a static synchronous series compensator[J]. IEEE transactions on sustainable energy, 2013, 4(2): 358 - 369.

[38] Leon A E, Solsona J A. Power oscillation damping improvement by adding multiple wind farms to wide-area coordinating controls[J]. IEEE Transactions on Power Systems, 2014, 29(3): 1356 - 1364.

[39] Revel G, Leon A E, Alonso D M, et al. Dynamics and stability analysis of a power system with a PMSG-based wind farm performing ancillary services[J]. IEEE Transactions on Circuits and Systems I: Regular Papers, 2014, 61(7): 2182 - 2193.

[40] 喻锋,王西田,林卫星,等.模块化多电平换流器快速电磁暂态仿真模型[J].电网技术,2015,39(1): 257 - 263.

[41] Johansson N, Angquist L, Nee H P. A comparison of different frequency scanning methods for study of subsynchronous resonance[J]. IEEE Transactions on Power Systems, 2011, 26(1): 356 - 363.

[42] Annakkage M S, Karawita C, Annakkage U D. Frequency scan-based screening method for

device dependent sub-synchronous oscillations[J]. IEEE Transactions on Power Systems, 2016, 31(3): 1872-1878.

[43] 李天云,高磊,赵妍. 基于 HHT 的电力系统低频振荡分析[J]. 中国电机工程学报, 2006,26(14): 24-30.

[44] Laila D S, Messina A R, Pal B C. A refined Hilbert-Huang transform with applications to interarea oscillation monitoring[J]. IEEE Transactions on Power Systems, 2009, 24(2): 610-620.

[45] Messina A R, Vittal V. Nonlinear, non-stationary analysis of interarea oscillations via Hilbert spectral analysis[J]. IEEE Transactions on Power Systems, 2006, 21(3): 1234-1241.

[46] Zygarlicki J, Zygarlicka M, Mroczka J, et al. A reduced Prony's method in power-quality analysis—Parameters selection[J]. IEEE Transactions on power delivery, 2010, 25(2): 979-986.

[47] Tawfik M M, Morcos M M. ANN-based techniques for estimating fault location on transmission lines using Prony method[J]. IEEE Transactions on Power Delivery, 2001, 16(2): 219-224.

[48] Xi X, Geng H, Yang G, et al. Two-level damping control for DFIG-based wind farm providing synthetic inertial service[J]. IEEE Transactions on Industry Applications, 2017, 54(2): 1712-1723.

[49] Khalilinia H, Venkatasubramanian V. Subsynchronous resonance monitoring using ambient high speed sensor data[J]. IEEE Transactions on Power Systems, 2016, 31(2): 1073-1083.

[50] Wang Y, Meng J, Zhang X, et al. Control of PMSG-based wind turbines for system inertial response and power oscillation damping[J]. IEEE Transactions on Sustainable Energy, 2015, 6(2): 565-574.

[51] Surinkaew T, Ngamroo I. Hierarchical co-ordinated wide area and local controls of DFIG wind turbine and PSS for robust power oscillation damping[J]. IEEE Transactions on Sustainable Energy, 2016, 7(3): 943-955.

[52] Muljadi E, Butterfield C P, Parsons B, et al. Effect of variable speed wind turbine generator on stability of a weak grid[J]. IEEE Transactions on Energy Conversion, 2007, 22(1): 29-36.

[53] 赵祖熠,解大,楚皓翔,等. 基于储能系统的双馈风电机组机网扭振抑制策略[J]. 电力自动化设备,2016(8): 33-39.

[54] 李辉,胡姚刚,唐显虎,等. 并网风电机组在线运行状态评估方法[J]. 中国电机工程学报,2010,30(33): 103-109.

[55] 杨媛媛,杨京燕,夏天,等. 基于改进差分进化算法的风电并网系统多目标动态经济调度[J]. 电力系统保护与控制,2012,40(23): 24-29.

[56] Wang L, Sharkh S, Chipperfield A. Optimal coordination of vehicle-to-grid batteries and renewable generators in a distribution system[J]. Energy, 2016, 113: 1250-1264.

[57] 张昭遂,孙元章,李国杰,等. 超速与变桨协调的双馈风电机组频率控制[J]. 电力系统自动化,2011,35(17):20-25.
[58] Almeida R G D, Lopes J A P. Participation of Doubly Fed Induction Wind Generators in System Frequency Regulation[J]. IEEE Transactions on Power Systems, 2007, 22(3): 944-950.
[59] Vidyanandan K V, Senroy N. Primary frequency regulation by deloaded wind turbines using variable droop[J]. IEEE Transactions on Power Systems, 2013, 28(2): 837-846.
[60] Yoshikawa T. Lyapunov stability theory[J]. Massachusetts: MIT Press, 2003.
[61] 刘豹,唐万生. 现代控制理论[M]. 北京:机械工业出版社,1983.
[62] Salman S K, Teo A L J. Windmill modeling consideration and factors influencing the stability of a grid-connected wind power-based embedded generator[J]. IEEE Transactions on Power Systems, 2003, 18(2): 793-802.
[63] Papathanassiou S A, Papadopoulos M P. Dynamic behavior of variable speed wind turbines under stochastic wind[J]. IEEE Transactions on Energy Conversion, 1999, 14(4): 1617-1623.
[64] Kundur P. Power system stability and control[M]. New York: McGraw-hill, 1994.
[65] Akhmatov V. Induction generators for wind power[M]. Multi-Science Pub., 2005.
[66] Boukhezzar B, Siguerdidjane H. Nonlinear control of a variable-speed wind turbine using a two-mass model[J]. IEEE Transactions on energy conversion, 2011, 26(1): 149-162.
[67] 李东东,陈陈. 风力发电机组动态模型研究[J]. 中国电机工程学报,2005,25(3):117-121.
[68] Varma R K, Auddy S, Semsedini Y. Mitigation of subsynchronous resonance in a series-compensated wind farm using FACTS controllers [J]. IEEE Transactions on Power Delivery, 2008, 23(3): 1645-1654.
[69] Bongiorno M, Svensson J, Angquist L. On control of static synchronous series compensator for SSR mitigation [J]. IEEE Transactions on Power Electronics, 2008, 23 (2): 735-743.
[70] 王瑞琳,解大,王西田,等. 双馈式风电机组机网扭振的建模与仿真[J]. 电气自动化,2011,33(1):51-54.
[71] Padiyar K R, Prabhu N. Design and performance evaluation of subsynchronous damping controller with statcom [J]. IEEE Transactions on Power Delivery, 2006, 21 (3): 1398-1405.
[72] El-Moursi M S, Bak-Jensen B, Abdel-Rahman M H. Novel STATCOM controller for mitigating SSR and damping power system oscillations in a series compensated wind park [J]. IEEE Transactions on Power Electronics, 2010, 25(2): 429-441.
[73] Mei F, Pal B. Modal analysis of grid-connected doubly fed induction generators[J]. IEEE transactions on energy conversion, 2007, 22(3): 728-736.
[74] 鲁玉普,解大,孙俊博,等. 风电场机网扭振的小信号建模及仿真[J]. 电网技术,2016,40(4):1120-1127.

[75] 陈武晖,王龙,谭伦农,等. WECC 风力发电机组/场通用动态模型研究进展[J]. 中国电机工程学报,2017,37(3):738-751.

[76] 谢小荣,王路平,贺静波,等. 电力系统次同步谐振/振荡的形态分析[J]. 电网技术,2017,41(4):1043-1049.

[77] Du W, Wang Y, Wang H, et al. Concept of modal repulsion for examining the subsynchronous oscillations in power systems[J]. IEEE Transactions on Power Systems, 2018, 33(4): 4614-4624.

[78] 程时杰,曹一家,江全元. 电力系统次同步振荡的理论和方法[M]. 北京:科学出版社,2009:157.

[79] 王瑞琳. 风力发电机与电网之间扭振相互作用的研究[D]. 上海:上海交通大学,2012.

[80] 耿强,夏长亮,王志强,等. 永磁同步发电机与 Boost 斩波型变换器非线性速度控制[J]. 电工技术学报,2012,27(3):35-43.

[81] 陈爱康,喻松涛,解大,等. 两类矢量控制方法对永磁直驱风电机组机网相互作用的影响分析[J]. 电力科学与技术学报,2018,33(4):13-21.

[82] Carrasco J M, Franquelo L G, Bialasiewicz J T, et al. Power-electronic systems for the grid integration of renewable energy sources: A survey[J]. IEEE Transactions on industrial electronics, 2006, 53(4): 1002-1016.

[83] Simonetti D S L, Viera J L F, Sousa G C D. Modeling of the high-power-factor discontinuous boost rectifiers[J]. IEEE transactions on industrial electronics, 1999, 46(4): 788-795.

[84] Uehara A, Pratap A, Goya T, et al. A coordinated control method to smooth wind power fluctuations of a PMSG-based WECS[J]. IEEE Transactions on energy conversion, 2011, 26(2): 550-558.

[85] 宋亮亮. 大型风电场接入电网的小干扰稳定分析[D]. 北京:华北电力大学,2010.

[86] 徐琼璟,徐政. PSS/E 中的风电机组通用模型概述[J]. 电网技术,2010,34(8):176-182.

[87] 苏柏松,解大,娄宇成,等. 随机载荷激励下的风力发电机组首次穿越模型[J]. 电力系统保护与控制,2015,43(2):40-47.

[88] 魏巍,刘莹,丁理杰,等. 改进的双馈风力发电系统小干扰模型[J]. 电网技术,2013,10:2904-2911.

[89] 苗凤麟. 风机传动链多体动力学建模研究[D]. 北京:北京交通大学,2012.

[90] 宋战锋. 变速恒频双馈风力发电系统自抗扰控制[D]. 天津:天津大学,2006.

[91] 喻锋,王西田,林卫星,等. 模块化多电平换流器快速电磁暂态仿真模型[J]. 电网技术,2015,39(1):257-263.

[92] 耿华,许德伟,吴斌,等. 永磁直驱变速风电系统的控制及稳定性分析[J]. 中国电机工程学报,2009,29(33):68-75.

[93] 关宏亮,迟永宁,戴慧珠,等. 并网风电场改善系统阻尼的仿真[J]. 电力系统自动化,2008(13):81-85.

[94] Xie D, Lu Y, Sun J, et al. Small signal stability analysis for different types of PMSGs

connected to the grid[J]. Renewable Energy. 2017, 106: 149 - 164.
[95] Tang W, Hu J, Chang Y, et al. Modeling of DFIG-Based wind turbine for power system transient response analysis in rotor speed control timescale[J]. IEEE Transactions on Power Systems, 2018, 33(6): 6795 - 6805.
[96] Ostadi A, Yazdani A, Varma R K. Modeling and stability analysis of a DFIG-based wind-power generator interfaced with a series-compensated line[J]. IEEE Transactions on Power Delivery, 2009, 24(3): 1504 - 1514.
[97] Zhang Y, Xie D, Feng J, et al. Small-signal modeling and modal analysis of wind turbine based on three-mass shaft model[J]. Electric Power Components and Systems, 2014, 42(7): 693 - 702.
[98] 弗拉基斯拉夫·阿赫玛托夫. 风力发电用感应发电机[M]. 刘长浥,译. 北京: 中国电力出版社,2009.
[99] 苗洁蓉,解大,王西田,等. 双馈风电机组振荡模态与影响因子的关联分析[J]. 中国电机工程学报,2019,39(17): 5049 - 5060.
[100] 杨黎晖,马西奎. 双馈风电机组对电力系统低频振荡特性的影响[J]. 中国电机工程学报,2011,31(10): 19 - 25.
[101] 杨慧敏,文劲宇. 基于模式综合分析法的联络线功率振荡抑制措施[J]. 电力系统自动化,2009,33(9): 91 - 95.
[102] 张琛,李征,高强,等. 双馈风电机组的不同控制策略对轴系振荡的阻尼作用[J]. 中国电机工程学报,2013,33(27): 135 - 144.
[103] 徐政,罗惠群,祝瑞金. 电力系统次同步振荡问题的分析方法概述[J]. 电网技术,1999(6): 36 - 39.
[104] 肖湘宁. 电力系统次同步振荡及其抑制方法[M]. 北京: 机械工业出版社,2014.
[105] 张涛,王西田,张阳. 双馈风机次同步相互作用研究[J]. 电器与能效管理技术,2015(1): 51 - 55.
[106] 徐大平,肖运启,秦涛,等. 变桨距型双馈风电机组并网控制及建模仿真[J]. 电网技术,2008,32(6): 100 - 105.
[107] 熊飞,王雪帆,张经纬,等. 无刷双馈电机的小信号模型稳定性分析[J]. 中国电机工程学报,2009(33): 117 - 123.
[108] 鲁玉普,解大,孙俊博,等. 双馈风电场的轴系扭振特性与等值建模[J]. 太阳能学报,2017,38(5): 1383 - 1390.
[109] Mishra Y, Mishra S, Li F, et al. Small-signal stability analysis of a DFIG-based wind power system under different modes of operation [J]. IEEE Transactions on Energy Conversion, 2009, 24(4): 972 - 982.
[110] Leon A E, Solsona J A. Sub-synchronous interaction damping control for DFIG wind turbines[J]. IEEE Transactions on Power Systems, 2014, 30(1): 419 - 428.
[111] Cheng Y, Sahni M, Muthumuni D, et al. Reactance scan crossover-based approach for investigating SSCI concerns for DFIG-based wind turbines [J]. IEEE Transactions on Power Delivery, 2013, 28(2): 742 - 751.

[112] 王波,卢继平,龚建原,等. 含双馈机组转子侧附加控制的风电场次同步振荡抑制方法[J]. 电网技术,2013,37(9): 2580-2584.

[113] Miao Z. Impedance-model-based SSR analysis for type 3 wind generator and series-compensated network[J]. IEEE Transactions on Energy Conversion, 2012, 27(4): 984-991.

[114] Faried S O, Unal I, Rai D, et al. Utilizing DFIG-based wind farms for damping subsynchronous resonance in nearby turbine-generators[J]. IEEE Transactions on Power Systems, 2013, 28(1): 452-459.

[115] 林今,李国杰,孙元章,等. 双馈风电机组的小信号分析及其控制系统的参数优化[J]. 电力系统自动化,2009,33(5): 86-90.

[116] Chandrasekar S, Gokaraju R. Dynamic phasor modeling of type 3 DFIG wind generators (including SSCI phenomenon) for short-circuit calculations[J]. IEEE Transactions on Power Delivery, 2015, 30(2): 887-897.

[117] 董晓亮,谢小荣,刘辉,等. 双馈风力发电机串补输电系统全运行区域的次同步特性分析[J]. 电网技术,2014,38(9): 2429-2433.

[118] Chinchilla M, Arnaltes S, Burgos J C. Control of permanent-magnet generators applied to variable-speed wind-energy systems connected to the grid[J]. IEEE Transactions on energy conversion, 2006, 21(1): 130-135.

[119] 李建林,高志刚,胡书举,等. 并联背靠背 PWM 变流器在直驱型风力发电系统的应用[J]. 电力系统自动化,2008,32(5): 59-62.

[120] 胡家兵,贺益康,刘其辉. 基于最佳功率给定的最大风能追踪控制策略[J]. 电力系统自动化,2005(24): 36-42.

[121] Bhende C N, Mishra S, Malla S G. Permanent magnet synchronous generator-based standalone wind energy supply system[J]. IEEE transactions on sustainable energy, 2011, 2(4): 361-373.

[122] 姚骏,廖勇,庄凯. 永磁直驱风电机组的双 PWM 变换器协调控制策略[J]. 电力系统自动化,2008,32(20): 88-92.

[123] Wang L, Truong D N. Stability enhancement of a power system with a PMSG-based and a DFIG-based offshore wind farm using a SVC with an adaptive-network-based fuzzy inference system[J]. IEEE transactions on industrial electronics, 2012, 60(7): 2799-2807.

[124] Chen J, Chen J, Gong C. On optimizing the aerodynamic load acting on the turbine shaft of PMSG-based direct-drive wind energy conversion system[J]. IEEE Transactions on Industrial Electronics, 2013, 61(8): 4022-4031.

[125] Geng H, Xu D. Stability analysis and improvements for variable-speed multipole permanent magnet synchronous generator-based wind energy conversion system[J]. IEEE Transactions on Sustainable Energy, 2011, 2(4): 459-467.

[126] 李立浧,洪潮. 贵广二回直流输电系统次同步振荡问题分析[J]. 电力系统自动化,2007,31(7): 90-93.

[127] 徐琪,徐箭,施微,等.基于奇异值分解的含风电电力系统强迫振荡分析[J].中国电机工程学报,2016,36(18):4817-4827.
[128] 刘秋男,解大,王西田,等.大规模光伏电站小信号建模与降阶-分布式云算法[J].中国电机工程学报,2019,39(24):7218-7231.
[129] Holodniok M, Kubiček M. New algorithms for the evaluation of complex bifurcation points in ordinary differential equations. a comparative numerical study[J]. Applied Mathematics & Computation, 1984, 15(3): 261-274.
[130] 陈武晖,王丹辉,郭小龙,等.基于次同步振荡局部传播机制的建模边界识别[J].中国电机工程学报,2017,37(17):4999-5009+5219.
[131] Suriyaarachchi D H R, Annakkage U D, Karawita C. A procedure to study sub-synchronous interactions in wind integrated power systems[J]. IEEE Transactions on Power Systems, 2013, 28(1): 377-384.
[132] Mohammadpour H A, Santi E. Modeling and control of gate-controlled series capacitor interfaced with a DFIG-based wind farm[J]. IEEE Transactions on Industrial Electronics, 2015, 62(2): 1022-1033.
[133] 解大,王瑞琳,王西田,等.多机型风电机组机网扭振的模型与机理[J].太阳能学报,2011,32(9):1281-1287.
[134] Du W, Wang Y, Wang H F. Strong sub-synchronous control interactions caused by open-loop modal resonance between the DFIG and series-compensated power system [J]. International Journal of Electrical Power & Energy Systems, 2018, 102: 52-59.
[135] Liserre M, Teodorescu R, Blaabjerg F. Stability of photovoltaic and wind turbine grid-connected inverters for a large set of grid impedance values[J]. IEEE ransactions on Power Electronics, 2006, 21(1): 263-272.
[136] Zhang L, Abur A. Single and double edge cutset identification in large scale power networks[J]. IEEE Transactions on Power Systems, 2012, 27(1): 510-516.
[137] Yang N, Ma W, Wang X, et al. Defining SSO power and characterizing SSO propagation in power system with wind farms integration [J]. IEEE Transactions on Power Systems, 2020.
[138] Hakavik B, Holen A T. Power system modelling and sparse matrix operations using object-oriented programming [J]. IEEE Transactions on Power Systems, 1994, 9(2): 1045-1051.
[139] 娄宇成,冯俊淇,杨敏霞,等.基于滑差同调的风电场动态等值方法[J].电力科学与技术学报,2014,29(4):54-59.
[140] Levron Y, Belikov J. Reduction of power system dynamic models using sparse representations. IEEE Transactions on Power Systems, 2017, 32(5): 3893-3900.
[141] 叶小晖,刘涛,吴国旸,等.电池储能系统的多时间尺度仿真建模研究及大规模并网特性分析[J].中国电机工程学报,2015,35(11):2635-2644.
[142] 汤涌.交直流电力系统多时间尺度全过程仿真和建模研究新进展[J].电网技术,2017,41(4):1043-1049.

[143] 戴汉扬,汤涌,宋新立,等.电力系统动态仿真数值积分算法研究综述[J].电网技术,2018,12(12):3977－3984.

[144] Gurralag G, Dimitrovskia A, Pannalas S. Parareal in time for fast power system dynamics mulations[J]. IEEE Transactions on Power systems, 2016, 31(3): 1802－1830.

[145] 汪芳宗,王永,宋墩文,等.基于矩阵对角化的电磁暂态时间并行计算方法[J].电网技术,2017,41(8):2521－2527.

[146] Lin D Q , Yuan X D , Li Q. A direct method for searching power system second order resonance point[J]. Applied Mechanics and Materials, 2013, 325－326: 594－598.

[147] Sheng Q, Fadag M, Henderson J, et al. An exploration of combined dynamic derivatives on time scales and their applications[J]. Nonlinear Analysis: Real World Applications, 2006, 7(3): 395－413.

[148] 马闻达,王西田,解大.大规模风电场并网系统次同步振荡功率传播特性研究[J].中国电机工程学报,2020,40(16):5217－5229.

[149] 年珩,杨洪雨.不平衡运行工况下并网逆变器的阻抗建模及稳定性分析[J].电力系统自动化,2016,40(10):76－83.

[150] Céspedes M, Sun J. Impedance modeling and analysis of grid-connected voltage-source converters[J]. IEEE Transactions on Power Electronics, 2014, 29(3): 1254－1261.

[151] Wen Bo, Boroyevich D, Burgos R, et al. Small-signal stability analysis of three-phase AC systems in the presence of constant power loads based on measured d-q frame impedances [J]. IEEE Transactions on Power Electronics, 2015, 30(10): 5952－5963.

[152] Wen B, Boroyevich D, Burgos R, et al. Analysis of DQ small-signal impedance of grid-tied inverters[J]. IEEE Transactions on Power Electronics, 2015, 31(1): 675－687.

[153] Bakhshizadeh M K, Wang X, Blaabjerg F, et al. Couplings in phase domain impedance modeling of grid-connected converters [J]. IEEE Transactions on Power Electronics, 2016, 31(10): 6792－6796.

[154] Zhao M, Yuan X, Hu J, et al. Voltage dynamics of current control time-scale in a VSC-connected weak grid [J]. IEEE Transactions on Power Systems, 2016, 31 (4): 2925－2937.

[155] Liu Z, Liu J, Bao W, et al. Infinity-norm of impedance-based stability criterion for three-phase AC distributed power systems with constant power loads[J]. IEEE Transactions on Power Electronics, 2014, 30(6): 3030－3043.

[156] Xie D, Sun J, Lu Y, et al. Torsional vibration characteristics analysis of DFIG - based wind farm and its equivalent model[J]. IEEJ Transactions on Electrical and Electronic Engineering, 2017, 12(5): 646－656.

[157] Liu H, Xie X, Liu W. An oscillatory stability criterion based on the unified dq-frame impedance network model for power systems with high-penetration renewables[J]. IEEE Transactions on Power Systems, 2018, 33(3): 3472－3485.

[158] 张剑云.哈密并网风电场次同步振荡的机理研究[J].中国电机工程学报,2018,38(18):5447－5460.

[159] 金一丁,于钊,李明节,等. 新一代调相机与电力电子无功补偿装置在特高压交直流电网中应用的比较[J]. 电网技术,2018,42(7): 2095-2102.
[160] 李志强,种芝艺,黄金军. 快速动态响应同步调相机动态无功特性试验验证[J]. 中国电机工程学报,2019,39(23): 6877-6885+7101.
[161] 王雅婷,张一驰,周勤勇,等. 新一代大容量调相机在电网中的应用研究[J]. 电网技术,2017,41(1): 22-28.
[162] 辛焕海,李子恒,董炜. 三相变流器并网系统的广义阻抗及稳定判据[J]. 中国电机工程学报,2017,37(5): 1277-1293.
[163] Vieto I, Sun J. Sequence impedance modeling and analysis of type-III wind turbines[J]. IEEE Transactions on Energy Conversion, 2018, 33(2): 537-545.
[164] Sun J. Impedance-based stability criterion for grid connected inverters [J]. IEEE Transactions on Power Electronics, 2011, 26(11): 3075-3078.
[165] 胡家兵,袁小明,程时杰. 电力电子并网装备多尺度切换控制与电力电子化电力系统多尺度暂态问题[J]. 中国电机工程学报,2019,39(18): 5457-5467+5594.
[166] 刘时雨,王西田,杨冰灯,等. 基于阻抗模型的风电系统次同步振荡稳定性量化分析方法[J]. 南方电网技术,2019,13(5): 66-71.
[167] 何世恩,董新洲. 大规模风电机组脱网原因分析及对策[J]. 电力系统保护与控制,2012,40(1): 131-137.
[168] Liu L, Xie D, Chu H X, et al. A damping method for torsional vibrations in a DFIG wind turbine system based on small-signal analysis [J]. Electric Power Components and Systems, 2017, 45(5): 560-573.
[169] 杨冰灯,王西田,刘时雨,等. 电力系统附加次同步阻尼控制器的参数设计方法[J]. 南方电网技术,2019,13(5): 44-49.
[170] 孙华东,张振宇,林伟芳,等. 2011 年西北电网风机脱网事故分析及启示[J]. 电网技术,2012,36(10): 76-80.
[171] Iravani M R. Torsional oscillations of unequally-loaded parallel identical turbine-generators [J]. IEEE Transactions on Power Systems, 1989, 4(4): 1514-1524.
[172] Xie D, Wu W P, Wang X T, et al. An integrated electromechanical model of the fixed-speed induction generator for turbine-grid interactions analysis [J]. Electric Power Components and Systems, 2018, 46(4): 365-378.
[173] Jennings G D, Harley R G. Torsional interaction between nonidentical turbine generators [J]. IEEE Transactions on Power Systems, 1990, 5(1): 133-139.
[174] 薄保中,苏彦民. 多电平最优空间矢量 PWM 控制方法的研究[J]. 中国电机工程学报,2002,22(2): 89-92.
[175] 赵祖熠,刘李勃,解大,等. 基于阻尼器的双馈风力发电系统扭振抑制策略[J]. 电力系统保护与控制,2016,44(3): 8-14.
[176] 吴洪洋,何湘宁. 多电平载波 PWM 法与 SVPWM 法之间的本质联系及其应用[J]. 中国电机工程学报,2002,22(5): 10-15.
[177] 李建林. 载波相移级联 H 桥型多电平变流器及其在有源电力滤波器中的应用研究

[D]. 杭州：浙江大学，2005.
[178] Akagi H, Inoue S, Yoshii T. Control and performance of a transformerless cascade PWM STATCOM with star configuration[J]. IEEE Transactions on Industry Applications, 2007, 43(4): 1041 - 1049.
[179] Rao P, Crow M L, Yang Z. STATCOM control for power system voltage control applications[J]. IEEE Transactions on power delivery, 2000, 15(4): 1311 - 1317.
[180] 孙俊博，解大，杨敏霞，等. 计及尾流效应的风电场机网相互作用分析[J]. 电力科学与技术学报，2014，29(3)：73 - 79.
[181] 刘昌金，胡长生，李霄，等. 基于超导储能系统的风电场功率控制系统设计[J]. 电力系统自动化，2008，32(16)：83 - 88.
[182] 徐阳，王西田，柏嵩，等. 直驱风电场经 HVDC 送出系统的次同步阻尼控制器优化设计[J]. 南方电网技术，2018，12(4)：24 - 30.
[183] 张步涵，曾杰，毛承雄，等. 串并联型超级电容器储能系统在风力发电中的应用[J]. 电力自动化设备，2008，28(4)：1 - 4.
[184] 张建成，陈志业. 飞轮储能系统及其运行控制技术研究[J]. 中国电机工程学报，2003，23(3)：108 - 111.
[185] Chen A, Xie D, Zhang D, et al. PI parameter tuning of converters for sub-synchronous interactions existing in grid-connected DFIG wind turbines[J]. IEEE Transactions on Power Electronics, 2018, 34(7): 6345 - 6355.
[186] 张步涵，曾杰，毛承雄，等. 电池储能系统在改善并网风电场电能质量和稳定性中的应用[J]. 电网技术，2006，30(15)：54 - 58.
[187] 张旭辉，温旭辉，赵峰. 电机控制器直流侧前置双向 Buck/Boost 变换器的直接功率控制策略研究[J]. 中国电机工程学报，2012，32(33)：15 - 22.
[188] Malinowski M, Kazmierkowski M P, Hansen S, et al. Virtual-flux-based direct power control of three-phase PWM rectifiers[J]. IEEE Transactions on industry applications, 2001, 37(4): 1019 - 1027.
[189] Gulizhati H, Wang J. Multiple Time-varying delays analysis and coordinated control for power system wide area measurement [J]. Research Journal of Applied Sciences, Engineering and Technology, 2013, 6(19): 3540 - 3546.
[190] 吴汪平，楚皓翔，解大，等. PI 控制器参数对并网永磁直驱风力发电系统机网相互作用的影响[J]. 电力自动化设备，2017，37(10)：21 - 28.
[191] 王旭斌，杜文娟，王海风. 弱连接条件下并网 VSC 系统稳定性分析研究综述[J]. 中国电机工程学报，2018，38(6)：1593 - 1604.
[192] Wu R, Dewan S B, Slemon G R. Analysis of an ac-to-dc voltage source converter using PWM with phase and amplitude control[J]. IEEE Transactions on industry Applications, 1991, 27(2): 355 - 364.
[193] Melicio R, Mendes V M F, Catalao J P S. Modeling and simulation of wind energy systems with matrix and multilevel Power Converters. IEEE Latin America Transactions, 2009, 7(1): 78 - 84.

[194] 褚晓杰,印永华,高磊,等. 一种基于电力系统在线平台的广域阻尼协调控制方法[J]. 中国电机工程学报,2015,35(7):1557-1566.
[195] 赵祖熠,解大,楚皓翔,等. 基于 STATCOM 的双馈风机机网扭振抑制策略研究[J]. 电力科学与技术学报,2015,30(4):48-56.
[196] Mitra A, Chatterjee D. Active power control of DFIG-Based wind farm for improvement of transient stability of power systems[J]. IEEE Transactions on Power Systems, 2016, 31(1): 82-93.
[197] Harnefors L, Johansson N, Zhang L, et al. Interarea oscillation damping using active power modulation of multiterminal HVDC transmissions[J]. IEEE Transactions on Power Systems, 2014, 29(5): 2529-2538.
[198] 张鹏,毕天姝. HVDC 引起次同步振荡暂态扰动风险的机理分析[J]. 中国电机工程学报,2016,36(4):961-968.
[199] Stamatiou G, Bongiorno M. Stability analysis of two-terminal VSC-HVDC systems using the net-damping criterion[J]. IEEE Transactions on Power Delivery, 2016, 31(4): 1748-1756.
[200] Song Y, Wang X, Blaabjerg F. High frequency resonance damping of DFIG-based wind power system under weak network[J]. IEEE Transactions on Power Electronics, 2017, 32(3): 1927-1940.
[201] 刘诗怡,刘其辉. 风力发电系统中的变流器模型简化方法[J]. 可再生能源,2017(6).
[202] Liu L, Xie D. Performance comparison of two different filter design approaches for torsional vibration damping in a doubly fed induction generator-based wind turbine[J]. The Journal of Engineering, 2015, 1(1).
[203] 王依宁,解大,王西田,等. 基于 PCA-LSTM 模型的风电机网相互作用预测[J]. 中国电机工程学报,2019,39(14):4070-4081.
[204] 宋墩文,温渤婴,杨学涛,等. 基于多信息源的大电网低频振荡预警及防控决策系统[J]. 电力系统保护与控制,2016,44(21):54-60.
[205] 陈磊,王文婕,王茂海,等. 利用暂态能量流的次同步强迫振荡扰动源定位及阻尼评估[J]. 电力系统自动化,2016,40(19):1-8.
[206] 杨东俊,丁坚勇,周宏,等. 基于 WAMS 量测数据的低频振荡机理分析[J]. 电力系统自动化,2009,33(23):24-28.
[207] 陈剑,杜文娟,王海风. 采用深度迁移学习定位含直驱风机次同步振荡源机组的方法[J]. 电工技术学报,2021,36(1):179-190.
[208] 朱先贤,赵帅,贾宏杰. 基于高阶累积量的改进 Prony 低频振荡辨识方法[J]. 电力系统及其自动化学报,2017,29(9):1-8.
[209] 侯俊贤,韩民晓,汤涌,等. 机电暂态仿真中振荡中心的识别方法及应用[J]. 中国电机工程学报,2013,33(25):61-67.
[210] 张航,滕予非,王晓茹,等. 计及并联补偿高抗的电力系统对次同步振荡的影响研究[J]. 电力系统保护与控制,2019,47(4):25-34.
[211] 朱清代,张纯,石玉东,等. 直流输电单极故障引发接地极线路击穿的定位方法研究

[J]. 电力系统保护与控制,2018,46(12):64-70.
[212] 辛焕海,董炜,袁小明,等. 电力电子多馈入电力系统的广义短路比[J]. 中国电机工程学报,2016,36(22):6013-6027.
[213] 王官宏,于钊,张怡,等. 电力系统超低频率振荡模式排查及分析[J]. 电网技术,2016,40(8):2324-2330.
[214] 薛安成,王清,毕天姝. 双馈风机与同步机小扰动功角互作用机理分析[J]. 中国电机工程学报,2016,36(2):417-425.
[215] 张鹏,毕天姝,杨奇逊,等. 相近扭振频率并联发电机组次同步振荡研究[J]. 中国电机工程学报,2015,35(20):5181-5187.
[216] 解大,吴汪平,苗洁蓉,等. 双馈型风电机组谐波信息的大数据聚类分析[J]. 中国电机工程学报,2017,37(24):7067-7076+7421.
[217] 董晓亮,谢小荣,韩英铎,等. 基于定转子转矩分析法的双馈风机次同步谐振机理研究[J]. 中国电机工程学报,2015,35(19):4861-4869.
[218] 何剑,张健,郭强,等. 直流换相失败冲击下的两区域交流联络线功率波动峰值计算[J]. 中国电机工程学报,2015,35(04):804-810.
[219] 陈树勇,常晓鹏,孙华东,等. 风电场接入对电力系统阻尼特性的影响[J]. 电网技术,2013,37(6):1570-1577.
[220] 杨东俊,丁坚勇,邵汉桥,等. 基于 WAMS 的负阻尼低频振荡与强迫功率振荡的特征判别[J]. 电力系统自动化,2013,37(13):57-62.
[221] 李媛媛,邱跃丰,马世英,等. 风电机组接入对系统小干扰稳定性的影响研究[J]. 电网技术,2012,36(8):50-55.
[222] 高磊,张文朝,濮钧,等. 华北-华中-华东特高压联网大区模式下低频振荡模式的频率特性[J]. 电网技术,2011,35(5):15-20.
[223] 范成围,陈刚,史华勃,等. 基于统一频率模型的多死区环节对频率振荡影响的分析[J]. 电力系统自动化,2020,44(18):164-171.
[224] 杨帆,王西田,徐英新,等. 同型多机电力系统间扭振相互作用的等效简化研究[J]. 中国电机工程学报,2006(5):6-11.
[225] Petru T, Thiringer T. Modeling of wind turbines for power system studies[J]. IEEE transactions on Power Systems, 2002, 17(4):1132-1139.
[226] 马宁宁,谢小荣,贺静波,等. 高比例新能源和电力电子设备电力系统的宽频振荡研究综述[J]. 中国电机工程学报,2020,40(15):4720-4732.
[227] 董清,张玲,颜湘武,等. 电网中强迫共振型低频振荡源的自动确定方法[J]. 中国电机工程学报,2012,32(28):68-75+17.
[228] 束洪春. 电力工程信号处理应用[M]. 科学出版社,2009.
[229] 刘巨,汪锦,姚伟,等. 负阻尼和强迫功率振荡的特征分析与区分方法[J]. 电力系统保护与控制,2016,44(19):76-84.
[230] 代贤忠,沈沉. 基于端口供给能量分解的电力系统振荡类型区分方法[J]. 电力系统自动化,2014,38(23):40-45.
[231] Nomura Y , Mihara S , Taniguchi H . Third supplement to a bibliography for the study of

subsynchronous resonance between rotating machines and power systems[J]. IEEE Transactions on Power Systems, 1991, 6(2): 830-834.

[232] 谢小荣,刘华坤,贺静波,等. 电力系统新型振荡问题浅析[J]. 中国电机工程学报,2018,38(10): 2821-2828+3133.

[233] 董超,刘涤尘,廖清芬,等. 基于能量函数的电网低频振荡及扰动源定位研究[J]. 电网技术,2012,36(8): 175-181.

[234] 王茂海,孙昊. 强迫功率振荡源的在线定位分析技术[J]. 中国电机工程学报,2014,34(34): 6209-6215.

[235] 彭小圣,邓迪元,程时杰,等. 面向智能电网应用的电力大数据关键技术[J]. 中国电机工程学报,2015,35(3): 503-511.

[236] 王德文,孙志伟. 电力用户侧大数据分析与并行负荷预测[J]. 中国电机工程学报,2015,35(3): 527-537.

[237] 解大,张延迟,项真. 三种风力发电机组的建模与仿真[J]. 电力与能源,2008(6): 343-349.

[238] Polinder H, Van der Pijl F F A, De Vilder G J, et al. Comparison of direct-drive and geared generator concepts for wind turbines[J]. IEEE Transactions on energy conversion, 2006, 21(3): 725-733.

[239] Gautam D, Vittal V, Harbour T. Impact of increased penetration of DFIG-based wind turbine generators on transient and small signal stability of power systems. IEEE Transactions on Power Systems, 2009, 24(3): 1426-1434.

[240] 倪以信,陈寿孙,张宝霖. 动态电力系统的理论和分析[M]. 北京: 清华大学出版社,2002: 295-329.

[241] 宋亚奇,周国亮,朱永利. 智能电网大数据处理技术现状与挑战[J]. 电网技术,2013,37(4): 927-935.

[242] Xu X, He X, Ai Q, et al. A correlation analysis method for power systems based on random matrix theory[J]. IEEE Transactions on Smart Grid, 2017, 8(4): 1811-1820.

[243] 郑元兵,孙才新,李剑,等. 变压器故障特征量可信度的关联规则分析[J]. 高电压技术,2012,38(01): 82-88.

[244] 徐特威,鲁宗相,乔颖,等. 基于典型故障与环境场景关联识别的城市配电网运行风险预警方法[J]. 电网技术,2017,41(8): 2577-2584.

[245] 郑蕊蕊,赵继印,赵婷婷,等. 基于遗传支持向量机和灰色人工免疫算法的电力变压器故障诊断[J]. 中国电机工程学报,2011,31(7): 56-63.

[246] 杨毅强,刘天琪,李兴源,等. 基于等效电路法的负阻尼能量机理及振荡源定位方法探讨[J]. 电力系统自动化,2015,39(10): 63-68.

[247] Nguyen H K, Khodaei A, Han Z. A big data scale algorithm for optimal scheduling of integrated microgrids[J]. IEEE Transactions on Smart Grid, 2018, 9(1): 274-282.

[248] Buhan S, Özkazanç Y, Çadırcı I. Wind pattern recognition and reference wind mast data correlations with NWP for improved wind-electric power forecasts[J]. IEEE Transactions on Industrial Informatics, 2016, 12(3): 991-1004.

[249] Zhao Y, Ye L, Wang W, et al. Data-Driven correction approach to refine power curve of wind farm under wind curtailment[J], IEEE Transactions on Sustainable Energy, 2018, 9(1): 95 - 105.

[250] 熊音笛,刘开培,秦亮,等. 基于时序数据动态天气划分的短期风电功率预测方法[J]. 电网技术,2019,43(9): 3353 - 3359.

[251] 沈小军,付雪姣,周冲成,等. 风电机组风速-功率异常运行数据特征及清洗方法[J]. 电工技术学报,2018,33(14): 3353 - 3361.

[252] 鲍文,王西田,于达仁,等. 汽轮发电机组轴系扭振研究综述[J]. 汽轮机技术. 1998,40(4): 193 - 203.

[253] Quan H, Srinivasan D, Khosravi A. Short-Term load and wind power forecasting using neural network-based prediction intervals[J]. IEEE Transactions on Neural Networks and Learning Systems, 2014, 25(2): 303 - 315.

[254] 张义涛,王泽忠,刘丽平,等. 基于灰色关联分析和改进神经网络的 10 kV 配电网线损预测[J]. 电网技术,2019,43(4): 1404 - 1410.

[255] 黄纯德,陈晓亮,朱珊珊,等. 基于机器学习的电网大数据降维方法[J]. 计算机与网络,2018,44(18): 69 - 71.

[256] 李国,江晓东. 基于提升回归树与随机森林的风电功率集成预测方法[J]. 电力系统及其自动化学报,2018,30(11): 70 - 74.

[257] Haque A U, Nehrir M H, Mandal P. A hybrid intelligent model for deterministic and quantile regression approach for probabilistic wind power forecasting [J]. IEEE Transactions on power systems, 2014, 29(4): 1663 - 1672.

[258] 薛禹胜,雷兴,薛峰,等. 关于风电不确定性对电力系统影响的评述[J]. 中国电机工程学报,2014,34(29): 5029 - 5040.

[259] Han C, Huang A Q, Baran M E, et al. STATCOM impact study on the integration of a large wind farm into a weak loop power system [J]. IEEE Transactions on Energy conversion, 2008, 23(1): 226 - 233.

[260] Kusiak A, Verma A. A data-mining approach to monitoring wind turbines[J]. IEEE Transactions on Sustainable Energy, 2011, 3(1): 150 - 157.

[261] Chen W L, Xie C Z. Active voltage and frequency regulator design for a wind-driven induction generator to alleviate transient impacts on power grid[J]. IEEE Transactions on Industrial Electronics, 2013, 60(8): 3165 - 3175.

[262] Zhang Y, Xie D, Yu J, et al. Analysis on the harmonics and inter-harmonics of a variable speed wind turbine[J]. Journal of Renewable and Sustainable Energy, 2015, 7(4): 1765 - 1782.

[263] Luna A, Lima F K A, Santos D, et al. Simplified modeling of a DFIG for transient studies in wind power applications[J]. IEEE Transactions on Industrial Electronics, 2011, 58(1): 9 - 20.

[264] Slootweg J G, De Haan S W H, Polinder H, et al. General model for representing variable speed wind turbines in power system dynamics simulations[J]. IEEE Transactions on

power systems, 2003, 18(1): 144 - 151.
[265] Sainz L, Mesas J J, Teodorescu R, et al. Deterministic and stochastic study of wind farm harmonic currents[J]. IEEE Transactions on Energy Conversion, 2010, 25(4): 1071 - 1080.
[266] Lei Y, Mullane A, Lightbody G, et al. Modeling of the wind turbine with a doubly fed induction generator for grid integration studies [J]. IEEE transactions on energy conversion, 2006, 21(1): 257 - 264.
[267] Hu W, Chen Z, Wang Y, et al. Flicker mitigation by active power control of variable-speed wind turbines with full-scale back-to-back power converters[J]. IEEE Transactions on Energy Conversion, 2009, 24(3): 640 - 649.
[268] Li P, Banakar H, Keung P K, et al. Macromodel of spatial smoothing in wind farms[J]. IEEE Transactions on Energy Conversion, 2007, 22(1): 119 - 128.
[269] Tapia A, Tapia G, Ostolaza J X, et al. Modeling and control of a wind turbine driven doubly fed induction generator[J]. IEEE Transactions on energy conversion, 2003, 18(2): 194 - 204.
[270] Tentzerakis S T, Papathanassiou S A. An investigation of the harmonic emissions of wind turbines[J]. IEEE Transactions on Energy Conversion, 2007, 22(1): 150 - 158.
[271] Papathanassiou S A, Papadopoulos M P. Harmonic analysis in a power system with wind generation[J]. IEEE Transactions on power delivery, 2006, 21(4): 2006 - 2016.
[272] Chen Z, Spooner E. Grid power quality with variable speed wind turbines[J]. IEEE Transactions on energy conversion, 2001, 16(2): 148 - 154.
[273] Abdin E S, Xu W. Control design and dynamic performance analysis of a wind turbine-induction generator unit[J]. IEEE Transactions on energy conversion, 2000, 15(1): 91 - 96.
[274] 胡家兵,贺益康,王宏胜.不平衡电网电压下双馈感应发电机转子侧变换器的比例-谐振电流控制策略[J].中国电机工程学报,2010,30(6): 48 - 56.
[275] Xu L. Enhanced control and operation of DFIG-based wind farms during network unbalance[J]. IEEE Transactions on Energy Conversion, 2008, 23(4): 1073 - 1081.
[276] Xu L, Wang Y. Dynamic modeling and control of DFIG-based wind turbines under unbalanced network conditions[J]. IEEE Transactions on power systems, 2007, 22(1): 314 - 323.
[277] Chaudhary S K, Teodorescu R, Rodriguez P, et al. Negative sequence current control in wind power plants with VSC-HVDC connection[J]. IEEE Transactions on Sustainable Energy, 2012, 3(3): 535 - 544.
[278] 陈毅东,杨育林,王立乔,等.电网不对称故障时全功率变流器风电机组控制策略[J].电力系统自动化.2011,35(7): 75 - 80.
[279] 姚骏,廖勇,李辉,等.电网电压不平衡下采用串联网侧变换器的双馈感应风电系统改进控制[J].中国电机工程学报,2012,32(6): 121 - 130.
[280] Yao J, Li H, Chen Z, et al. Enhanced control of a DFIG-based wind-power generation

system with series grid-side converter under unbalanced grid voltage conditions[J]. IEEE Transactions on power electronics, 2013, 28(7): 3167 - 3181.

[281] Wang Y, Xu L. Coordinated control of DFIG and FSIG-based wind farms under unbalanced grid conditions[J]. IEEE Transactions on Power Delivery, 2009, 25(1): 367 - 377.

[282] 谢震,张兴,杨淑英,等.基于虚拟阻抗的双馈风力发电机高电压穿越控制策略[J].中国电机工程学报,2012,32(27): 16 - 23.

[283] Luo C, Ooi B T. Frequency deviation of thermal power plants due to wind farms[J]. IEEE Transactions on Energy Conversion, 2006, 21(3): 708 - 716.

[284] Asiminoaei L, Aeloiza E, Enjeti P N, et al. Shunt active-power-filter topology based on parallel interleaved inverters[J]. IEEE Transactions on Industrial Electronics, 2008, 55(3): 1175 - 1189.

[285] 宋新立,汤涌,卜广全,等.大电网安全分析的全过程动态仿真技术[J].电网技术,2008,32(22): 23 - 28.

[286] Fan L, Miao Z. Nyquist-stability-criterion-based SSR explanation for type - 3 wind generators[J]. IEEE Transactions on Energy Conversion, 2012, 27(3): 807 - 809.

[287] Xiang D, Ran L, Tavner P J, et al. Control of a doubly fed induction generator in a wind turbine during grid fault ride-through[J]. IEEE transactions on energy conversion, 2006, 21(3): 652 - 662.

[288] 孙涛,王伟胜,戴慧珠,等.风力发电引起的电压波动和闪变[J].电网技术,2003,27(12): 63 - 70.

[289] Zhou Y, Bauer P, Ferreira J A, et al. Operation of grid-connected DFIG under unbalanced grid voltage condition[J]. IEEE Transactions on Energy Conversion, 2009, 24(1): 240 - 246.

[290] 和萍,武欣欣,陈婕,等.含风电和光伏发电的综合能源系统的低频振荡[J].电力科学与技术学报,2019,34(1): 20 - 27.

[291] 戴先中,张凯锋.含控制器在内电力系统元件的完整结构化模型及其简化(II): SVC、TCSC 与 HVDC 建模应用[J].中国电机工程学报,2017,37(15): 4363 - 4371+4576.

[292] 周佩朋,李光范,孙华东,等.基于频域阻抗分析的直驱风电场等值建模方法[J].中国电机工程学报,2020,40(S1): 84 - 90.

[293] 周林,任伟,廖波,等.并网型光伏电站无功电压控制[J].电工技术学报,2015,30(20): 168 - 175.

[294] 谢宁,罗安,陈燕东,等.大型光伏电站动态建模及谐波特性分析[J].中国电机工程学报,2013,33(36): 10 - 17.

[295] 许德志,汪飞,毛华龙,等.多并网逆变器与电网的谐波交互建模与分析[J].中国电机工程学报,2013,33(12): 64 - 71.

[296] 杨硕,王伟胜,刘纯,等.改善风电汇集系统静态电压稳定性的无功电压协调控制策略[J].电网技术,2014,38(5): 1250 - 1256.

[297] 罗超,肖湘宁,张剑,等.并联型有源次同步振荡抑制器阻尼控制策略优化设计[J].电

工技术学报. 2016,31(21): 150-158.
[298] Pilotto L A S, Bianco A, Long W F, et al. Impact of TCSC control methodologies on subsynchronous oscillations[J]. IEEE Transactions on Power Delivery, 2003, 18(1): 243-252.
[299] Kunjumuhammed L P, Pal B C, Oates C, et al. Electrical oscillations in wind farm systems: Analysis and insight based on detailed modeling[J]. IEEE Transactions on Sustainable Energy, 2016, 7(1): 51-62.
[300] 毕天姝,孔永乐,肖仕武,等. 大规模风电外送中的次同步振荡问题[J]. 电力科学与技术学报,2012,27(1): 10-15.
[301] 余希瑞,周林,郭珂,等. 含新能源发电接入的电力系统低频振荡阻尼控制研究综述[J]. 中国电机工程学报,2017,37(21): 6278-6290.
[302] 宋墩文,杨学涛,丁巧林,等. 大规模互联电网低频振荡分析与控制方法综述[J]. 电网技术,2011,35(10): 22-28.
[303] 李辉,陈宏文,杨超,等. 含双馈风电场的电力系统低频振荡模态分析[J]. 中国电机工程学报, 2013, 33(28): 17-24.
[304] Dosiek L, Zhou N, Pierre J W, et al. Mode shape estimation algorithms under ambient conditions: A comparative review[J]. IEEE Transactions on Power Systems, 2013, 28(2): 779-787.
[305] 陈磊,闵勇,胡伟. 基于振荡能量的低频振荡分析与振荡源定位(一)理论基础与能量流计算[J]. 电力系统自动化,2012,36(3): 22-27+86.
[306] 陈磊,陈亦平,闵勇,等. 基于振荡能量的低频振荡分析与振荡源定位(二)振荡源定位方法与算例[J]. 电力系统自动化,2012,36(4): 1-5+27.
[307] 王娜娜,廖清芬,唐飞,等. 基于割集能量及灵敏度的强迫功率振荡扰动源识别[J]. 电力自动化设备,2013,33(1): 75-80.
[308] 段刚,严亚勤,谢晓冬,等. 广域相量测量技术发展现状与展望[J]. 电力系统自动化, 2015,39(1): 73-80.
[309] Segatori A, Bechini A, Ducange P, et al. A distributed fuzzy associative classifier for big data[J]. IEEE Transactions on Cybernetics, 2017, 48(9): 2656-2669.
[310] 黄辉,舒乃秋,李自品,等. 基于信息融合技术的电力系统暂态稳定评估[J]. 中国电机工程学报,2007,(16): 19-23.
[311] 贺之渊,汤广福,郑健超. 大功率电力电子装置试验方法及其等效机理[J]. 中国电机工程学报,2006,26(19): 47-52.

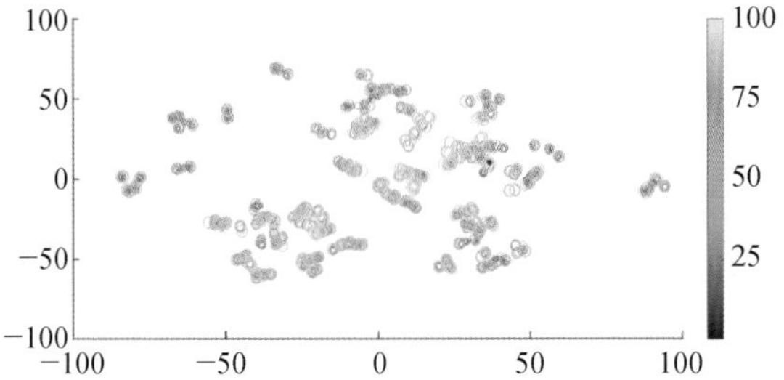

图 6.11　第 1 代……第 100 代的非支配解降维过程图

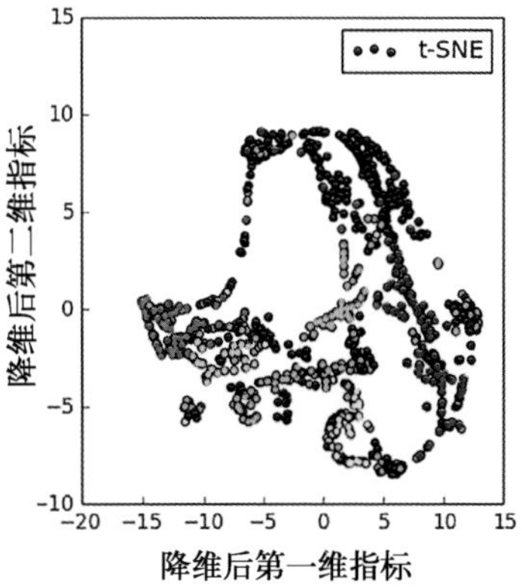

图 7.8　t-SNE 算法的降维效果

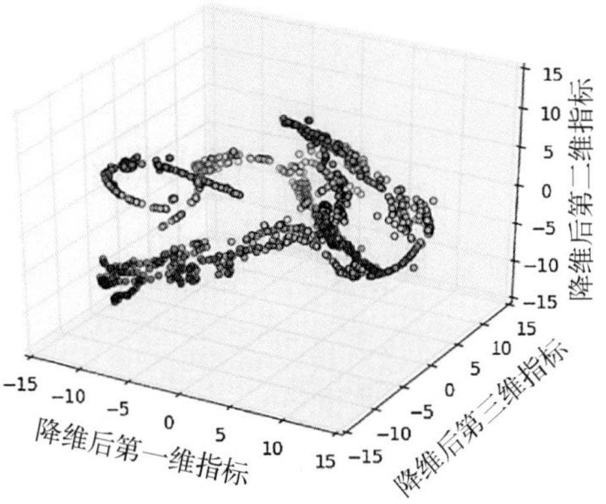

图 7.9　t-SNE 算法在数据段 1 的降维效果

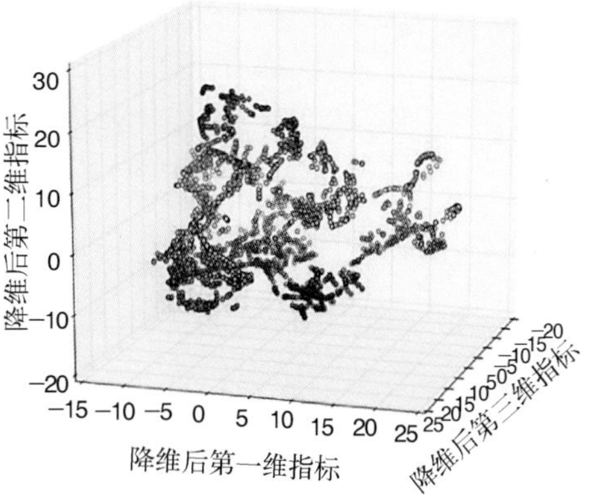

图 7.10　t-SNE 算法在数据段 2 的降维效果

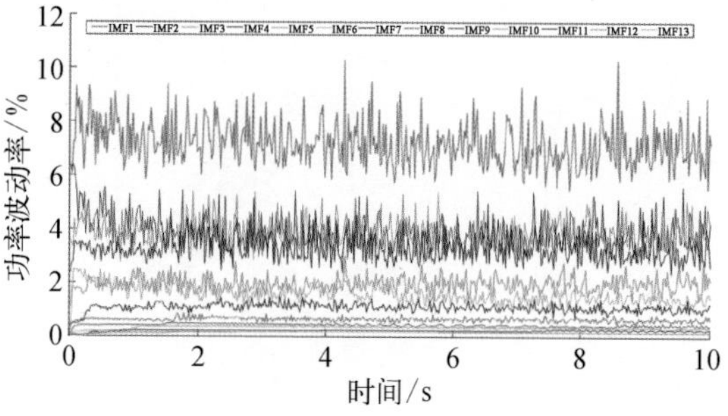

图 7.24 输出有用功率的 IMF 分量功率波动情况

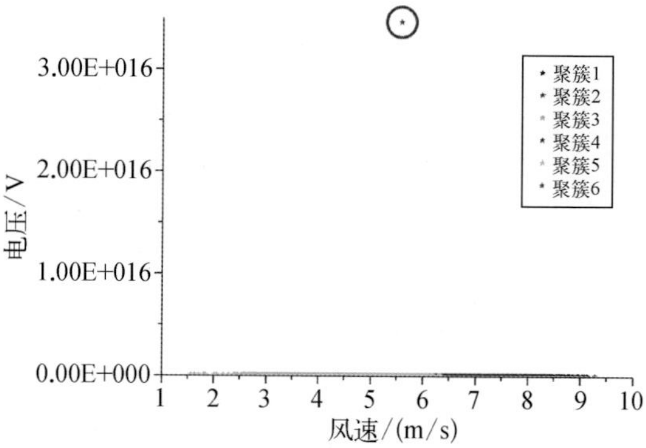

图 7.26 离群点检测结果

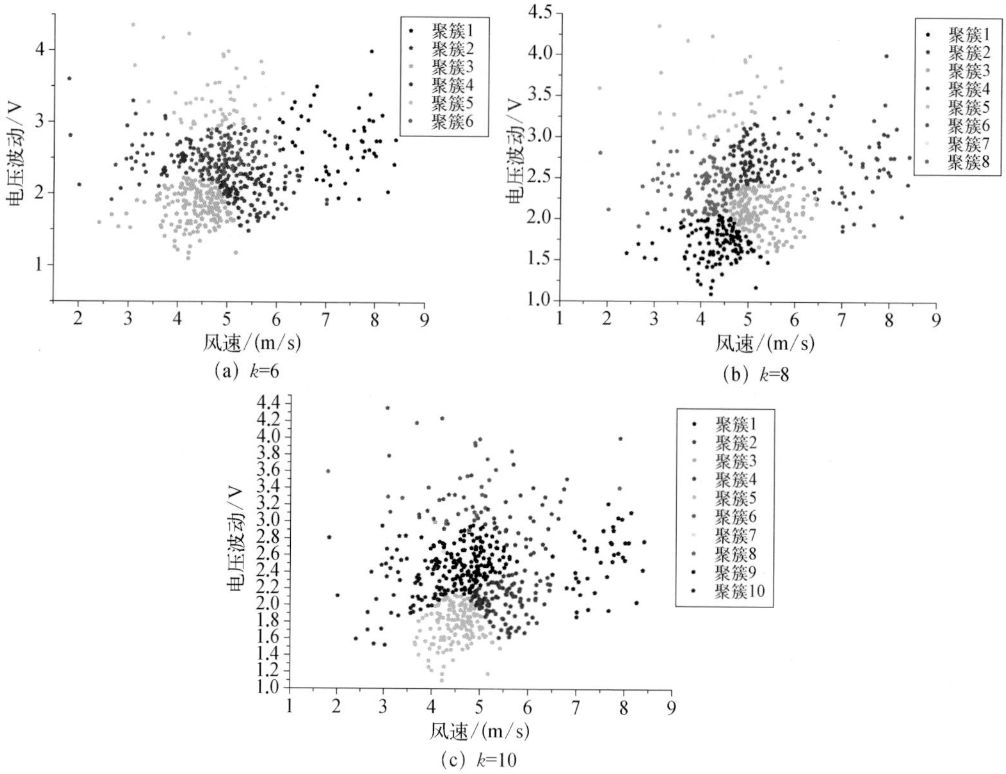

图 7.27 不同聚簇数下的 K-Means 聚类结果

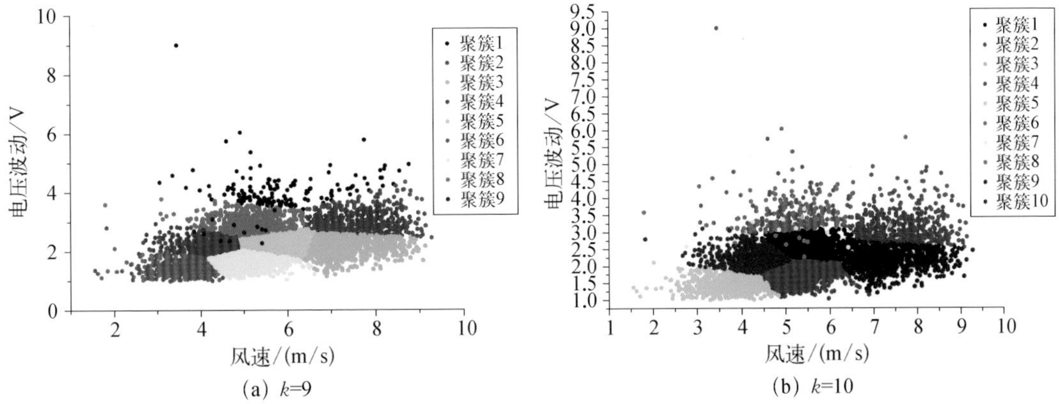

图 7.30 5 400 点聚类结果

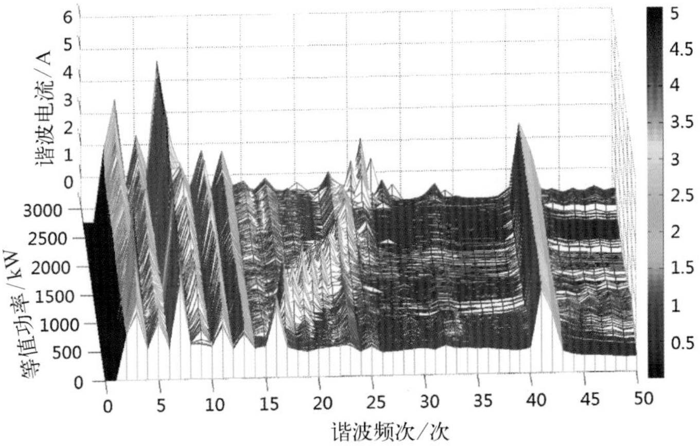

图 8.11 3.6 MW 风机功率-谐波电流原始数据图

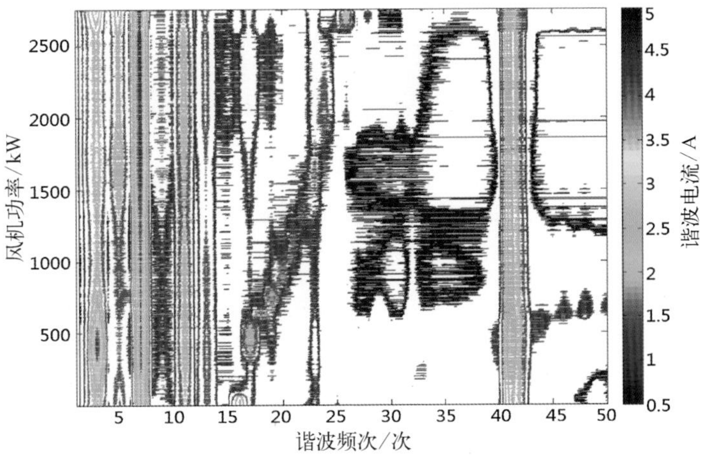

图 8.14 3.6 MW 风机功率-各次谐波电流有效值分布图

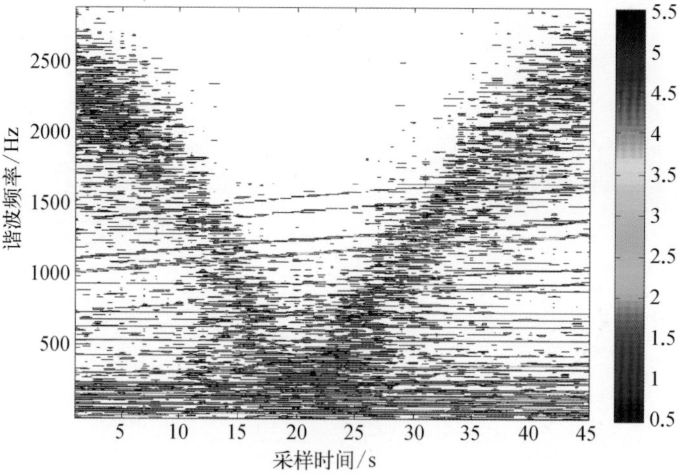

图 8.16 3.6 MW 风机并网加速段各次谐波电流有效值分布图

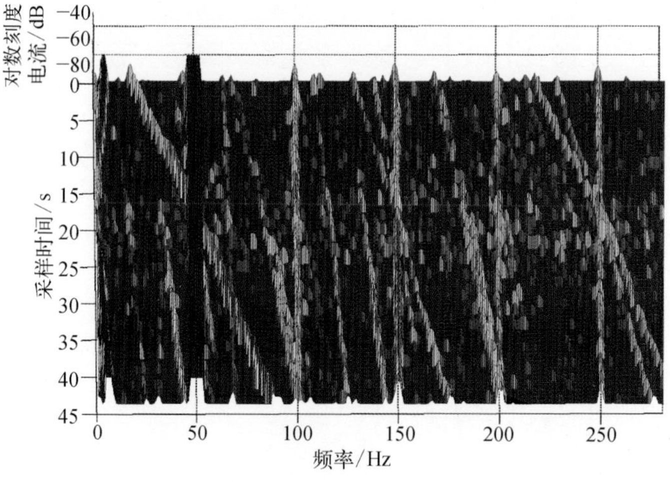

图 8.17 3.6 MW 并网加速段各次谐波电流对数 3D 图